中 国 国 家 标 准 汇 编

2008 年修订-46

中国标准出版社　编

中 国 标 准 出 版 社
北　京

图书在版编目（CIP）数据

中国国家标准汇编：2008年修订.46/中国标准出版社编.—北京：中国标准出版社，2009

ISBN 978-7-5066-5501-9

Ⅰ.中… Ⅱ.中… Ⅲ.国家标准-汇编-中国-2008 Ⅳ.T-652.1

中国版本图书馆CIP数据核字（2009）第183937号

中国标准出版社出版发行
北京复兴门外三里河北街16号
邮政编码：100045
网址 www.spc.net.cn
电话：68523946 68517548
中国标准出版社秦皇岛印刷厂印刷
各地新华书店经销

*

开本 880×1230 1/16 印张 39.5 字数 1 192 千字
2009年11月第一版 2009年11月第一次印刷

*

定价 200.00 元

ISBN 978-7-5066-5501-9

出 版 说 明

1.《中国国家标准汇编》是一部大型综合性国家标准全集。自1983年起，按国家标准顺序号以精装本、平装本两种装帧形式陆续分册汇编出版。它在一定程度上反映了我国建国以来标准化事业发展的基本情况和主要成就，是各级标准化管理机构，工矿企事业单位，农林牧副渔系统，科研、设计、教学等部门必不可少的工具书。

2.《中国国家标准汇编》收入我国每年正式发布的全部国家标准，分为"制定"卷和"修订"卷两种编辑版本。

"制定"卷收入上年度我国发布的、新制定的国家标准，顺延前年度标准编号分成若干分册，封面和书脊上注明"20××年制定"字样及分册号，分册号一直连续。各分册中的标准是按照标准编号顺序连续排列的，如有标准顺序号缺号的，除特殊情况注明外，暂为空号。

"修订"卷收入上年度我国发布的、被修订的国家标准，视篇幅分设若干分册，但与"制定"卷分册号无关联，仅在封面和书脊上注明"20××年修订-1，-2，-3，……"字样。"修订"卷各分册中的标准，仍按标准编号顺序排列（但不连续）；如有遗漏的，均在当年最后一分册中补齐。需提请读者注意的是，个别非顺延前年度标准编号的新制定的国家标准没有收入在"制定"卷中，而是收入在"修订"卷中。

读者配套购买《中国国家标准汇编》"制定"卷和"修订"卷则可收齐上一年度我国制定和修订的全部国家标准。

3．由于读者需求的变化，自1996年起，《中国国家标准汇编》仅出版精装本。

4．2008年制修订国家标准共5946项。本分册为"2008年修订-46"，收入新制修订的国家标准27项。

中国标准出版社

2009年10月

目　　录

ICS 67.160.20
X 51

GB

中华人民共和国国家标准

GB/T 8538—2008
代替 GB/T 8538—1995

饮用天然矿泉水检验方法

Methods for examination of drinking natural mineral water

2008-12-29 发布　　　　2009-04-01 实施

中华人民共和国国家质量监督检验检疫总局
中国国家标准化管理委员会　发布

前　言

本标准代替 GB/T 8538—1995《饮用天然矿泉水检验方法》。

本标准与 GB/T 8538—1995 相比主要变化如下：

——增加锑、矿物油、阴离子洗涤剂、溴酸盐、粪链球菌、铜绿假单胞菌、产气荚膜梭菌等 7 项指标的检验方法；

——对铅、镉等 17 项指标的检验方法进行修订或增加新的检验方法；

——删去正文中钼、溴化物、氨氮、菌落总数的检验方法；

——将饮用天然矿泉水中多种元素的检验方法：电感耦合等离子体发射光谱法和电感耦合等离子体质谱法列入附录 A，供参考使用；

——将硫化物、磷酸盐、氚、菌落总数的检验方法列入附录 B，供参考使用。

本标准的附录 A 和附录 B 为资料性附录。

本标准由中国轻工业联合会提出。

本标准由全国饮料标准化技术委员会归口。

本标准负责起草单位：中国疾病预防控制中心环境与健康相关产品安全所、中国地质科学院水文地质环境地质研究所、中国食品发酵工业研究院。

本标准参加起草单位：中国疾病预防控制中心营养与食品安全所、唐山市疾病预防控制中心、北京市疾病预防控制中心、广东省微生物研究所、北京市东城区疾病预防控制中心、北京市怀柔区疾病预防控制中心、北京市自来水集团公司水质检测中心、国家城市供水水质监测网石家庄检测站、中国水利水电科学研究院、北京吉天仪器有限公司。

本标准主要起草人：张岚、陈亚妍、康永璞、胡正芝、田来生、邢大荣、刘丽萍。

本标准参加起草人：齐继祥、艾有年、王绣燕、刘秀梅、吴清平、李勇、陈斌生、田佩瑶、应波、闫惠珍、雷觐韵、王红伟、周淑玉、黄嘉麟、杨秉南、李崇福、朱民、张妮娜、刘晓如、李冬梅、姬莉莉、柴文、杨占鸿、黄荣。

本标准所代替标准的历次版本发布情况为：

——GB 8538.1～8538.63—1987、GB/T 8538—1995。

饮用天然矿泉水检验方法

1 范围

本标准规定了饮用天然矿泉水的测定方法。

本标准适用于饮用天然矿泉水水源水及其直接提供给消费者的所有预包装产品的测定。

2 规范性引用文件

下列文件中的条款通过本标准的引用而成为本标准的条款。凡是注日期的引用文件，其随后所有的修改单(不包括勘误的内容)或修订版均不适用于本标准，然而，鼓励根据本标准达成协议的各方研究是否可使用这些文件的最新版本。凡是不注日期的引用文件，其最新版本适用于本标准。

GB/T 6682 分析实验室用水规格和试验方法(GB/T 6682—2008，ISO 3696:1987，MOD)

3 术语和定义

下列术语和定义适用于本标准。

3.1

恒重 constant weight

除溶解性总固体外，连续两次干燥后的质量差在 0.2 mg 以下。

3.2

量取 measure

用量筒取水样或试液。

3.3

吸取 pipet

用无分度移液管或分度移液管(又称吸管、吸量管)取水样或试液。

取水样体积小于 100 mL 时用无分度移液管吸取，大于 100 mL 时用量筒量取。

3.4

定容 constant volume

在容量瓶中用纯水或其他溶剂稀释至刻度。

3.5

最低检测质量 minimum detectable mass

方法能够准确测定的最低质量，相当于校准曲线直线部分最低点的质量，或减去空白后吸光度为 0.02 时所相当的质量(色谱分析等另行规定)。

3.6

最低检测质量浓度 minimum detectable mass concentration

最低检测质量所对应的浓度。

某物质未检出时，检验报告应写成“小于最低检测质量浓度”。在统计时，以“1/2×最低检测质量浓度”参加计算。

3.7

参比溶液 reference solution

本标准方法所列项目，除另有规定外，均以溶剂空白(纯水或有机溶剂)作参比。

4 方法

4.1 总则

4.1.1 试剂及浓度表示

4.1.1.1 试剂规格:本标准所用试剂,凡未指明规格者,均为分析纯(AR)。当需要其他规格时应另作说明,但指示剂和生物染料不分规格。

4.1.1.2 试剂溶液未指明用何种溶剂配制时,均指用纯水配制。

4.1.1.3 本标准中所用盐酸、硫酸、氨水等均为浓试剂,以 $HCl(\rho_{20}=1.19\ g/mL)$、$H_2SO_4(\rho_{20}=1.84\ g/mL)$ 等密度表示。配制后试剂的浓度以 mol/L 表示。

4.1.1.4 所用试剂的配制方法均在各项目中阐明,表 1 为几种常用酸、碱的浓度和配制稀溶液的配方。

表 1 几种常用酸、碱的浓度及稀释配方

酸、碱名称	盐 酸	硫 酸	硝 酸	冰乙酸	氨 水
密度 ρ_{20}/(g/mL)	1.19	1.84	1.42	1.05	0.88
物质的质量分数/%	36.8~38	95~98	65~68	99	25~28
物质的浓度/(mol/L)	12	18	16	17	15
配制每升下列溶液[a]所需浓酸或浓碱的毫升数					
6 mol/L 溶液	500	334	375	353	400
1 mol/L 溶液	83	56	63	59	67

[a] 各种溶液的基本单元分别为 $c(HCl)$,$c(H_2SO_4)$,$c(HNO_3)$,$c(CH_3COOH)$,$c(NH_3\cdot H_2O)$。

4.1.1.5 物质 B 的浓度,又称物质 B 的物质的量浓度,是物质 B 的物质的量除以混合物的体积。

$$c_B=\frac{n_B}{V} \qquad \cdots\cdots(1)$$

常用单位:mol/L。

4.1.1.6 物质 B 的质量浓度,是物质 B 的质量除以混合物的体积。

$$\rho_B=\frac{m_B}{V} \qquad \cdots\cdots(2)$$

常用单位:g/L,mg/L,μg/mL。

4.1.1.7 物质 B 的质量分数,是物质 B 的质量与混合物的质量之比。

$$w_B=\frac{m_B}{m} \qquad \cdots\cdots(3)$$

无量纲量,可用%表示浓度值。

4.1.1.8 物质 B 的体积分数,是物质 B 的体积除以混合物的体积。

$$\varphi_B=\frac{V_B}{V} \qquad \cdots\cdots(4)$$

无量纲量,常以%表示浓度值。

4.1.1.9 体积比浓度是两种液体分别以 V_1 与 V_2 体积相混。凡未注明溶剂名称时,均指纯水。两种以上特定液体与水相混合时,应注明水。例如:$HCl(1+2)$,$H_2SO_4+H_3PO_4+H_2O=(1.5+1.5+7)$。

4.1.1.10 气相色谱法的固定液使用的质量比是指"固定液与载体之间的质量比"。

4.1.1.11 应注意试剂的保存方法及有效时间。

4.1.2 纯水

纯水系指下述的蒸馏水或去离子水等。有特殊要求的纯水,则另作具体说明。一般实验室用水应符合 GB/T 6682 的要求。

4.1.2.1 蒸馏水:将洁净水用蒸馏器蒸馏制备。

4.1.2.2 重蒸馏水:用全玻璃蒸馏器将蒸馏水重蒸馏制备(蒸馏时应避免污染)。

4.1.2.3 去离子水:将洁净水通过阴、阳离子树脂交换床制备。

4.1.2.4 蒸馏去离子水:将蒸馏水通过阴、阳离子树脂交换床制备。

4.1.2.5 去离子蒸馏水:将去离子水用全玻璃蒸馏器蒸馏制备。

4.1.3 玻璃仪器

4.1.3.1 试剂瓶及采样容器,最好使用硬质玻璃瓶。当试剂或水样对玻璃具有侵蚀性,或玻璃对试剂与水样有影响时,则改用聚乙烯瓶。

4.1.3.2 玻璃仪器的检定与校正:容量瓶、滴定管、无分度移液管、分度移液管等按国家有关规定及规程进行检定与校正。配制标准系列时,应使用成套的比色管,各管内径与分度高低应该一致,必要时应校正体积。

4.1.3.3 玻璃仪器的洗涤

玻璃器皿应经彻底洗净后方能使用。一般方法是先用自来水冲洗,再用洗涤液等洗涤,然后用自来水冲洗干净,最后用纯水冲洗3次。洗净后的器皿内壁,能均匀地被水润湿,如果发现有小水珠或不沾水的地方,说明容器壁上有油垢,应重新洗涤。常用洗涤液配制和使用方法如下:

4.1.3.3.1 铬酸洗涤液(重铬酸钾的浓硫酸溶液):称取100 g工业用重铬酸钾于烧杯中,加入约100 mL水,缓缓加入工业用浓硫酸,边加边用玻璃棒搅动(注意:防止硫酸溅出),开始加入硫酸时有红色沉淀析出,继续加硫酸至沉淀刚好完全溶解为止。

这种洗涤液是一种很强的氧化剂,但作用比较慢,因此应使洗涤的器皿与洗涤液充分接触,浸泡数分钟至数小时。用铬酸洗涤液洗过的器皿,要用自来水充分清洗,一般要冲洗7次~10次,最后用纯水淋洗3次,用铬酸洗涤液洗过的器皿要特别注意吸附在器皿壁上的杂质的干扰。

铬酸洗涤液应储存于磨口瓶塞的玻璃瓶内,以避免吸收水分,用后仍倒回瓶中。多次使用后洗涤液变为绿褐色,就不能再用。

4.1.3.3.2 肥皂液、碱液及合成洗涤剂:用以洗涤油脂和有机物。

4.1.3.3.3 氢氧化钾酒精溶液(100 g/L):称取100 g氢氧化钾,加50 mL水溶解,加工业酒精至1 000 mL。它适用于洗涤油垢、树脂等。

4.1.3.3.4 酸性草酸或酸性羟胺洗涤液:适用于洗涤氧化性物质。如洗涤沾污氧化锰的容器,羟胺作用较快。其配方是:称取10 g草酸或1 g盐酸羟胺,溶于100 mL盐酸溶液(1+4)中。

4.1.3.3.5 硝酸溶液:测定金属离子时需用不同浓度的硝酸溶液[常用(1+9)]浸泡、洗涤玻璃仪器。

4.1.3.4 玻璃仪器应防止污染

洗涤玻璃仪器时应防止受到新的污染,如测铁所用的玻璃仪器不能用铁丝柄毛刷,可用塑料棒拴以泡沫塑料刷洗;测锌、铁用的玻璃仪器用酸洗后不能再用自来水冲洗,应直接用纯水淋洗;测氨和碘化物用的仪器洗净后应浸泡在纯水中。

4.1.4 在进行水中微量物质分析时还要注意实验室的环境条件。空气中有害气体和灰尘往往会严重干扰测定,必要时应采取净化措施。

4.1.5 检测仪器、设备的计量检定与维护

各项测定项目中使用的天平、分析仪器以及与检测数据直接有关的设备,应进行定期检定和经常维护,并应有详细记录,以保证仪器和设备在分析工作中正常运行。

4.1.6 本标准中各比色方法配制系列标准溶液,以及样品分析的比色溶液均用比色管替代容量瓶使用,目前在国内已成习惯。比色管只能专用于目视比色或对结果精确度能容许的情况下作为容量瓶的替代品使用。比色管本身不是容量器皿,比色管与容量瓶不能等同或等效使用,应根据数据的质量要

求，准确地、合理地使用这种器皿。在配制标准贮备溶液和标准使用溶液时，应采用容量瓶，不能以比色管代替容量瓶使用。

4.1.7　计算结果除色度、浑浊度以两位有效数字表示之外，其他指标均以三位有效数字表示。

4.1.8　检验方法的选择

同一个项目如果有两个或两个以上的检验方法时，可根据设备及技术条件选择使用，但第一法为仲裁法。

4.1.9　根据近年来国际标准化组织(ISO)的有关文件，对精密度和准确度有明确的说明，精密度和准确度是定性概念，不宜用于定量表示。需要用数量表示的均用“不确定度”。目前，国内正在推广采用不确定度的过渡阶段。本标准为与以前资料相衔接，仍沿用精密度和准确度，具体的参数采用相对标准偏差和回收率等。

4.2　采集和保存

4.2.1　范围

本法适用于各类饮用天然矿泉水水源——抽水井、自流井、泉等水样的采集和保存。

4.2.2　采样容器与洗涤

4.2.2.1　采样容器

磨口硬质玻璃瓶和高压无色聚乙烯塑料瓶。

4.2.2.2　容器的洗涤

4.2.2.2.1　新启用的硬质玻璃瓶和聚乙烯塑料瓶，应先用硝酸溶液(1+1)浸泡一昼夜，再分别选用不同的洗涤方法进行清洗。

4.2.2.2.2　硬质玻璃瓶先用盐酸溶液(1+1)洗涤，再用自来水冲洗。

4.2.2.2.3　聚乙烯塑料瓶可根据情况，选用盐酸或硝酸溶液(1+1)洗涤，也可用氢氧化钠溶液(10 g/L)洗涤，再用自来水冲洗。

4.2.2.2.4　用于盛装微生物检验样品的样瓶，最好采用500 mL具塞广口瓶。样瓶洗净后将瓶的头部及颈部用铝箔或牛皮纸等防潮纸包扎好，置于干燥箱内经160 ℃干热灭菌2 h或121 ℃高压蒸汽灭菌15 min。

4.2.3　各类水源的采样方法和要求

4.2.3.1　采样方法和要求

采样前要用所取水样冲洗采样瓶及瓶塞至少三次(用于微生物检验的水样瓶除外)，取样时应缓缓使水流入采样瓶中。采样时瓶口要留有1%～2%的空间。采好后立即盖好瓶塞，用纱布缠紧瓶口，最后用石蜡将口严密封固。

4.2.3.1.1　天然泉点的采样应避免在静滞的水池中采集，而应选择在尽量靠近主泉口集中冒泡处或泉的主流处，在流动但又不湍急的水中采样。

4.2.3.1.2　喷泉或自流井的采样，可在涌水处使用清洁导管将主流导出一部分收集。

4.2.3.1.3　钻孔的采样，应注意经一定时间抽水，大约抽出相当于井筒贮水体积2倍～3倍的水量之后再予收集。

4.2.3.1.4　取平行水样时，应在相同条件下同时采集，容器材料也应相同。

4.2.3.2　采样时需在野外现场测定水温、pH，观察和描述水的外观物理性质(色、臭、味、肉眼可见物等)，对于碳酸矿泉水，应现场测定游离二氧化碳、重碳酸根以及钙和镁的含量。

4.2.4　水样标签和水质检测送样单推荐格式

采样后应将填好的水样标签(见表2)贴在水样瓶上，送样时还应逐项填写送样单(见表3)，特殊要求应在备注栏内注明。

表 2　水样标签

孔(泉)号		样品编号	
采样地点			
采样深度	米至　米	水源类型	
水温		气温	
采样日期		采样人	
化学处理方法			
分析项目			
现场测定结果			
pH			
游离二氧化碳/(mg/L)			
碳酸氢盐碱度/($CaCO_3$)/(mg/L)			
碳酸盐碱度/($CaCO_3$)/(mg/L)			
钙/(mg/L)			
备注			

表 3　水质检测送样单

委托单位：　　　　　　　　　　　　　　　　取样日期：

送样日期：

编　号	取样地点	水　源　描　述			物　理　性　质				分析项目	化学处理方法	备　注
		类　型	层位岩性	采样深度	色	臭	味	浑浊度			

收样日期：　　　　　　　送样人：　　　　　　　收样人：

4.2.5　各类分析水样的采集和保存方法

各类分析水样的采集和保存，应符合下述有关规定。对需要加入保护剂的水样，采样时应严格注意试剂的纯度、浓度、加入量、加入的顺序和加入方法等具体规定。样品保存的一般技术要求见表 4。采样前应把所需的一切用品准备妥当。

表 4 样品保存的一般技术要求

测定项目	容器材料[a]	体积/mL	处理技术	保存时间	备注
色	G、P	100	2 ℃～5 ℃冷藏	24 h	最好现场测定
臭、味	G	100	—	6 h	最好现场测定
浑浊度	G、P	100	—	—	现场测定
总硬度	G、P	200	冷藏	1 d～3 d	—
			酸化至 pH<2	30 d	
总碱度、总酸度、HCO_3^-、CO_3^{2-}	G、P	200	冷藏	24 h	最好现场测定
As	G、P	100	用硫酸酸化至 pH<2	7 d	—
Al、Na、Ca、Mg、总 Fe、Mn、Cu、Zn、总 Cr、Pb、Cd、Mo、Co、Ni、Be、Ag、Ba、K、V	P	200	用硝酸酸化至 pH<2	6 个月	特别要注意样品不要被污染及加入硝酸的纯度
Cr	G、P	100	冷藏	尽快测定	—
Fe^{3+}、Fe^{2+}	G、P	250	加硫酸、硫酸铵，排除大气中氧	7 d	最好尽快测定
Se	G	100	用氢氧化钠碱化至 pH>11	6 个月	—
Hg	G	100	加硝酸酸化至 pH<2，并加入重铬酸钾，使其浓度为0.5 g/L	数月	—
氟化物、氯化物	P	500	冷藏	6 个月	—
碘化物	G、P	100	冷藏、避免阳光直射	尽快测定	—
硼酸盐	P	100	冷藏	12 个月	—
氨、硝酸盐	G、P	400	用硫酸酸化至 pH<2，2 ℃～5 ℃冷藏	24 h	—
亚硝酸盐	G、P	100	2 ℃～5 ℃冷藏	尽快测定	—
硫酸盐	G、P	100	2 ℃～5 ℃冷藏	28 d	—
硫化物	G、P	500	加乙酸锌处理，加氢氧化钠碱化	7 d	—
磷酸盐	G、P	100	用硫酸酸化至 pH<2	30 d	—
硅酸盐	P	100	大于 100 mg/L 时用硫酸酸化至 pH<2	20 d	—
CO_2、pH	G、P	100	—	现场测定	
耗氧量	G、P	100	用硫酸酸化至 pH<2，冷藏	7 d	—
氰化物	G、P	100	加氢氧化钠碱化至 pH>12	24 h	—
酚类	G	1 000	加氢氧化钠碱化至 pH>12	24 h	—
阴离子合成洗涤剂	G	100	加三氯甲烷，2 ℃～5 ℃冷藏	7 d	—

表 4(续)

测定项目	容器材料[a]	体积/mL	处理技术	保存时间	备 注
总 α、总 β	G	3 000	—	—	—
^{226}镭	G、P	2 000	用盐酸酸化至 pH<3	7 d	—
菌落总数、大肠菌群	G	500	冷藏	6 h	—
注：水样保存技术只是一般性的指导，它应和所使用的分析方法联系起来，二者应该兼顾。					
[a] G——硼硅玻璃；P——聚乙烯塑料。					

4.2.5.1 **原水样**

即水样不加任何保护试剂，供测定 pH、游离二氧化碳、重碳酸根、碳酸根、硝酸根、亚硝酸根、氯酸根、硫酸根、氟离子、溴离子、碘离子、硼酸盐、铬、偏硅酸、溶解性总固体等项目。用硬质玻璃瓶或聚乙烯塑料瓶取 2 500 mL 水样(测定硼和偏硅酸的水样应用聚乙烯塑料瓶)，并尽快送检。

4.2.5.2 **酸化水样**

取容积为 1 000 mL 的干净硬质玻璃瓶或聚乙烯塑料瓶，用待测水样冲洗后，加入 5 mL 硝酸溶液(1+1)，转动容器使酸浸润内壁，装入 1 000 mL 待测水样(若水样浑浊，应进行过滤)，摇匀(水样 pH 应小于 2)，密封(瓶盖不能用胶塞，也不能用胶布缠封，以防锌等污染)，供测定铜、铅、锌、镉、锰、总铁、镍、钴、铬、锂、铍、锶、钡、银、钒、钙、镁、钾、钠等项目。用容积为硬制玻璃瓶或塑料瓶取水样 100 mL～200 mL，加硫酸溶液(1+1)酸化，使 pH<2，供测定砷。

4.2.5.3 **碱化水样**

取水样 2 000 mL 于容积为 2 000 mL 的硬质玻璃瓶中，加入 5 mL 氢氧化钠溶液(400 g/L)(或 1 g 固体氢氧化钠)，摇匀，使水样 pH≥12，密封，低温保存，供测定挥发性酚类和氰化物。

4.2.5.4 **测定亚铁、三价铁的水样**

取水样 250 mL 于聚乙烯塑料瓶或硬质玻璃瓶中，加 2.5 mL 硫酸溶液(1+1)和 0.5 g 硫酸铵，摇匀、密封。

4.2.5.5 **测定硫化物的水样**

在 500 mL 硬质玻璃瓶中，加入 10 mL 乙酸锌溶液(200 g/L)和 1 mL 氢氧化钠溶液[$c(NaOH)$=1 mol/L]，然后注入水样(近满，留少许空隙)，盖好瓶塞反复振摇，密封。在水样标签上要注明所加试剂的准确体积。样品保存的一般技术要求见表 4。

4.3 色度

4.3.1 **范围**

水样不经稀释，本法最低检测色度为 5 度，测定范围为 5 度～50 度。

测定前应将水样中的悬浮物除去。

4.3.2 **原理**

用氯铂酸钾和氯化钴配制成与天然水黄色色调相同的标准色列，用于水样目视比色测定。规定 1 mg/L Pt[以$(PtCl_6)^{2-}$形式存在]所具有的颜色作为 1 个色度单位，称为 1 度。即便轻微的浑浊度也干扰测定，故浑浊水样测定时需先离心使之清澈。

4.3.3 **试剂**

铂-钴标准溶液：称取 1.246 g 氯铂酸钾(K_2PtCl_6)和 1.000 g 干燥的氯化钴($CoCl_2 \cdot 6H_2O$)，溶于 100 mL 纯水中，加入 100 mL 盐酸(ρ_{20}=1.19 g/mL)，用纯水定容至 1 000 mL。此标准溶液的色度为 500 度。

4.3.4 仪器

4.3.4.1 成套高型无色具塞比色管:50 mL。

4.3.4.2 离心机。

4.3.5 分析步骤

4.3.5.1 吸取 50 mL 透明的水样于比色管中。如水样色度过高,可少取水样,加纯水稀释后比色,将结果乘以稀释倍数。

4.3.5.2 另取比色管 11 支,分别加入铂-钴标准溶液(4.3.3)0,0.50,1.00,1.50,2.00,2.50,3.00,3.50,4.00,4.50 和 5.00 mL,加纯水至刻度,摇匀,即配制成色度为 0,5,10,15,20,25,30,35,40,45 和 50 度的标准系列。

4.3.5.3 将水样与铂-钴标准色列比较,如水样与标准系列的色调不一致,即为异色,可用文字描述。

4.3.6 结果计算

色度以度表示,按式(5)计算。

$$色度 = \frac{V_1 \times 500}{V} \qquad \cdots\cdots\cdots\cdots (5)$$

式中:

V_1——相当于铂-钴标准溶液的用量,单位为毫升(mL);

V——水样体积,单位为毫升(mL)。

4.4 臭和味

4.4.1 原水样的臭和味

4.4.1.1 范围

本法适用于原水样的臭和味的测定。

4.4.1.2 分析步骤

量取 100 mL 水样,置于 250 mL 锥形瓶中,振摇后从瓶口嗅水的气味,用适当词句描述,并按等级记录其强度,见表 5。

与此同时,取少量水样放入口中(此水样应对人体无害),不要咽下去,品尝水的味道,加以描述,并按等级记录其强度,见表 5。

表 5 臭和味的强度等级

等级	强度	说明
0	无	无任何臭和味
1	微弱	一般饮用者甚难察觉,但臭、味敏感者可以发觉
2	弱	一般饮用者刚能察觉
3	明显	已能明显察觉
4	强	已有很显著的臭味
5	很强	有强烈的恶臭或异味
注:有时可用活性炭处理过的纯水作为无臭对照水。		

4.4.2 原水煮沸后的臭和味

4.4.2.1 范围

本法适用于原水煮沸后臭和味的测定。

4.4.2.2 分析步骤

将上述锥形瓶内水样加热至开始沸腾,立即取下锥形瓶,稍冷后按上法嗅气和尝味,用适当的词句加以描述,并按等级记录其强度,见表 5。

4.5 可见物

将水样摇匀，用肉眼直接观察，记录。

4.6 浑浊度

4.6.1 范围

本法最低检测浑浊度为0.5散射浊度单位(NTU)。

4.6.2 原理

在相同条件下用福尔马肼标准混悬液散射光的强度和水样散射光的强度进行比较。散射光的强度越大，表示浑浊度越高。

4.6.3 试剂

4.6.3.1 纯水：取蒸馏水经0.2 μm膜滤器过滤。

4.6.3.2 硫酸肼溶液(10 g/L)：称取1.000 g硫酸肼[$(NH_2)_2 \cdot H_2SO_4$，又名硫酸联胺]加纯水溶解，并定容至100 mL容量瓶中。

警告——溶液具有致癌毒性，避免吸入、摄入和与皮肤接触！

4.6.3.3 六亚甲基四胺溶液(100 g/L)：称取10.00 g六亚甲基四胺[$(CH_2)_6N_4$]加纯水溶解，并定容至100 mL容量瓶中。

4.6.3.4 福尔马肼标准混悬液：分别吸取5.00 mL硫酸肼溶液(4.6.3.2)、5.00 mL六亚甲基四胺溶液(4.6.3.3)于100 mL容量瓶内，混匀，在(25±3)℃放置24 h后，加入纯水至刻度，混匀。此标准混悬液浑浊度为400 NTU。本标准溶液可使用约一个月。

4.6.3.5 福尔马肼标准使用液：将福尔马肼标准混悬液(4.6.3.4)用纯水稀释10倍。稀释后浑浊度为40 NTU，使用时再根据需要适当稀释。

4.6.4 仪器

散射式浑浊度仪。

4.6.5 分析步骤

按仪器使用说明书进行操作，浑浊度超过40 NTU时，可用纯水稀释后测定。

4.6.6 结果计算

根据仪器测定时所显示的浑浊度读数乘以稀释倍数计算出结果。

4.7 pH

4.7.1 范围

本法测定pH可准确到0.01。

水的色度、浑浊度、游离氯、氧化剂、还原剂、较高含盐量均不干扰测定，但在较强的碱性溶液中，当有大量钠离子存在时会产生误差，使读数偏低。

4.7.2 原理

pH是水中氢离子活度倒数的对数值，是评价水质的重要参数。水受到污染时可能会引起pH发生较大变化；水中含有大量游离二氧化碳时，可使水的pH明显降低。水的pH可用玻璃电极法和比色法测定，玻璃电极法较准确。

以玻璃电极为指示电极，饱和甘汞电极为参比电极，插入溶液中组成原电池。当氢离子浓度发生变化时，玻璃电极和甘汞电极之间的电动势也随着引起变化，在25 ℃时，每单位pH标度相当于59.1 mV电动势变化值，在仪器上直接以pH的读数表示。温度差异在仪器上有补偿装置。

4.7.3 试剂

配制下列缓冲溶液所用纯水均为新煮沸并放冷的蒸馏水。配成的溶液应储存在聚乙烯瓶或硬质玻璃瓶内。此类溶液可以稳定1个月～2个月。以下三种缓冲溶液的pH随温度而稍有变化，见表6。

4.7.3.1 苯二甲酸氢钾标准缓冲溶液：称取10.21 g在105 ℃烘干2 h的苯二甲酸氢钾($KHC_8H_4O_4$)，溶于纯水中，并稀释至1 000 mL，此溶液的pH在20 ℃时为4.00。

4.7.3.2 混合磷酸盐标准缓冲溶液：称取 3.40 g 在 105 ℃烘干 2 h 的磷酸二氢钾（KH_2PO_4）和 3.55 g 磷酸氢二钠（Na_2HPO_4），溶于纯水中，并稀释至 1 000 mL。此溶液的 pH 在 20 ℃时为 6.88。

4.7.3.3 四硼酸钠标准缓冲溶液：称取 3.81 g 四硼酸钠（$Na_2B_4O_7 \cdot 10H_2O$），溶于纯水中，并稀释至 1 000 mL，此溶液的 pH 在 20 ℃时为 9.22。

表 6 标准缓冲溶液在不同温度时的 pH

温度/℃	标准缓冲溶液的 pH		
	苯二甲酸氢钾缓冲溶液（4.7.3.1）	混合磷酸盐缓冲溶液（4.7.3.2）	四硼酸钠缓冲溶液（4.7.3.3）
0	4.00	6.98	9.46
5	4.00	6.95	9.40
10	4.00	6.92	9.33
15	4.00	6.90	9.28
20	4.00	6.88	9.22
25	4.01	6.86	9.18
30	4.02	6.85	9.14
35	4.02	6.84	9.10
40	4.04	6.84	9.07

4.7.4 仪器

4.7.4.1 精密酸度计：测量范围为 0～14；读数精度小于等于 0.02。

4.7.4.2 玻璃电极。

4.7.4.3 饱和甘汞电极。

4.7.4.4 温度计：0 ℃～50 ℃。

4.7.4.5 烧杯：50 mL。

4.7.5 分析步骤

4.7.5.1 玻璃电极在使用前应放入纯水中浸泡 24 h 以上。

4.7.5.2 仪器校正：仪器开启半小时后，按仪器使用说明书操作，进行调零、温度补偿以及满刻度校正等工作。

4.7.5.3 pH 定位：选用一种与被测水样 pH 接近的标准缓冲溶液，重复定位 1 次～2 次，当水样 pH＜7.0 时，使用苯二甲酸氢钾缓冲溶液（4.7.3.1）定位，以四硼酸钠标准缓冲溶液（4.7.3.3）或混合磷酸盐标准缓冲溶液（4.7.3.2）复定位；水样 pH＞7.0 时，则用四硼酸钠缓冲溶液定位，以苯二甲酸氢钾缓冲溶液或混合磷酸盐缓冲溶液复定位。

4.7.5.4 用洗瓶以纯水缓缓淋洗两个电极数次，再以水样淋洗 6 次～8 次，然后插入水样中，1 min 后直接从仪器上读出 pH 。

注 1：当室温升高时，甘汞电极内的饱和氯化钾溶液可能由饱和状态变为不饱和状态，故电极内应保持一定量氯化钾晶体。

注 2：pH 大于 9 的溶液，应使用高碱玻璃电极测定 pH。

4.7.6 精密度与准确度

经 68 个实验室用本法测定 pH 为 8.6 和 7.7 的合成水样，所含各成分的浓度（mg/L）为：钙，40 和 5.3；镁，8.4 和 1.8；钠，46.6 和 8.2；钾，9.8 和 2.1；硫酸盐，93.6 和 7.2；氯化物，87.9 和 18.4；氟化物，1.30 和 0.43；总硬度，136 和 20.7；溶解性总固体，338 和 54。相对标准偏差分别为 1.9% 和 2.7%，相对误差均为 0。

4.8 溶解性总固体

4.8.1 105 ℃干燥-重量法

4.8.1.1 范围

本法测定范围为 20 mg/L～2 000 mg/L。

4.8.1.2 原理

溶解性总固体是水中溶解的无机矿物成分的总量。水样经 0.45 μm 滤膜过滤除去悬浮物，取一定体积滤液蒸干，在 105 ℃干燥至恒重，可测得蒸发残渣含量，将溶解性固体含量加上碳酸氢盐含量的一半(碳酸氢盐在干燥时分解失去二氧化碳而转化为碳酸盐)即为溶解性总固体。

4.8.1.3 仪器

4.8.1.3.1 蒸发皿。

4.8.1.3.2 烘箱：控温精度±1 ℃。

4.8.1.3.3 水浴槽。

4.8.1.3.4 干燥器。

4.8.1.3.5 分析天平，感量 0.000 1 g。

4.8.1.4 分析步骤

将洗净的蒸发皿放入烘箱内于 105 ℃干燥 1 h，然后取出放入干燥器内冷却至室温，称重。重复干燥、冷却、称重，直至恒重(连续两次的称量差值小于 0.000 5 g)。

吸取适量(使测得可溶性固体为 2.5 mg～200 mg)清澈水样(含有悬浮物的水样应经 0.45 μm 滤膜过滤)于已恒重的蒸发皿中，在水浴上蒸干。

将蒸发皿放入烘箱内，于 105 ℃干燥 1 h，然后取出放干燥器内冷却至室温，称量。重复干燥、冷却、称量，直至恒重。

4.8.1.5 结果计算

水样中溶解性总固体的质量浓度按式(6)计算。

$$\rho = \frac{(m_2 - m_1) \times 1\,000}{V} + \frac{1}{2}\rho(HCO_3^-) \quad \cdots\cdots(6)$$

式中：

ρ——水样中溶解性总固体的质量浓度，单位为毫克每升(mg/L)；

m_1——蒸发皿质量，单位为毫克(mg)；

m_2——蒸发皿和溶解性固体质量，单位为毫克(mg)；

V——水样体积，单位为毫升(mL)；

$\rho(HCO_3^-)$——碳酸氢盐的质量浓度，单位为毫克每升(mg/L)。

4.8.1.6 精密度与准确度

同一实验室对一地下水样品平行测定 10 次，平均值为 164 mg/L，相对标准偏差为 4.6%。

4.8.2 180 ℃干燥-重量法

4.8.2.1 范围

本法测定范围为 20 mg/L～2 000 mg/L。

4.8.2.2 原理

当水样存在永久硬度时，构成永久硬度的钙、镁离子在蒸干时形成硫酸盐和氯化物，用 105 ℃干燥法(见 4.8.1.2)测定时，由于钙、镁的硫酸盐所含结晶水不能去除完全，将使结果偏高；钙、镁的氯化物由于具有很强的吸湿性，对测量精度也将产生影响。向水样中预先加入适量的碳酸钠，使钙、镁离子在蒸干后形成碳酸盐，并在 180 ℃干燥，将使上述影响得以消除。

4.8.2.3 试剂

碳酸钠(Na_2CO_3)。

4.8.2.4 仪器

同4.8.1.3。

4.8.2.5 分析步骤

称取0.2 g～0.4 g碳酸钠(Na_2CO_3)于洗净的瓷蒸发皿中，放入烘箱于180 ℃干燥2 h。取出放干燥器中冷却至室温，称重。重复干燥、冷却、称重，直至恒重(连续两次称量差值小于0.000 5 g)。

吸取适量清澈水样(同4.8.1.4)于已恒重的蒸发皿中，在水浴上蒸干。

将蒸发皿在烘箱内于180 ℃干燥2 h，然后取出放干燥器中冷却至室温，称量。重复干燥、冷却、称量，直至恒重。

4.8.2.6 结果计算

同4.8.1.5。

4.8.2.7 精密度与准确度

同一实验室对一地下水样品平行测定8次，平均值为261 mg/L，相对标准偏差为4.3%。

4.9 总硬度

4.9.1 范围

本法主要干扰元素铁、锰、铝、铜、镍、钴等金属离子，能使指示剂褪色，或终点不明显。硫化钠及氰化钾可掩蔽重金属的干扰，盐酸羟胺可使高价铁离子及高价锰离子还原为低价离子而消除其干扰。

4.9.2 原理

当水样中有铬黑T指示剂存在时，与钙、镁离子形成紫红色螯合物，这些螯合物的不稳定常数大于乙二胺四乙酸钙和镁螯合物的不稳定常数。当pH=10时，乙二胺四乙酸二钠先与钙离子、再与镁离子形成螯合物，滴定终点时，溶液呈现出铬黑T指示剂的天蓝色。

由于钙离子与铬黑T指示剂在滴定到达等当点时的反应不能呈现出明显的颜色转变，所以当水样中镁含量很小时，需要加入已知量的镁盐，以使等当点颜色转变清晰，在计算结果时，再减去加入的镁盐量，或者在缓冲溶液中加入少量络合性乙二胺四乙酸镁盐，以保证明显的终点。

4.9.3 试剂

4.9.3.1 缓冲溶液(pH=10)：将67.5 g氯化铵(NH_4Cl)溶于300 mL蒸馏水中，加570 mL氢氧化铵(ρ_{20}=0.90 g/mL)，用纯水稀释至1 000 mL。

4.9.3.2 铬黑T指示剂(5 g/L)：称取0.5 g铬黑T($C_{20}H_{12}N_3NaO_7S$)，溶于100 mL三乙醇胺($C_6H_{15}NO_3$)中。

4.9.3.3 硫化钠溶液(50 g/L)：称取5.0 g硫化钠($Na_2S \cdot 9H_2O$)，溶于纯水中，并稀释至100 mL。

4.9.3.4 盐酸羟胺溶液(10 g/L)：称取1.0 g盐酸羟胺($NH_2OH \cdot HCl$)，溶于纯水中，并稀释至100 mL。

4.9.3.5 氰化钾溶液(100 g/L)：称取10.0 g氰化钾(KCN)，溶于纯水中，并稀释至100 mL。

警告——此溶液剧毒。

4.9.3.6 乙二胺四乙酸二钠标准溶液(EDTA-2Na标准溶液)[$c(C_{10}H_{14}N_2O_8Na_2 \cdot 2H_2O)$=0.01 mol/L]：称取3.72 g乙二胺四乙酸二钠(简称EDTA-2Na)，溶解于1 000 mL蒸馏水中，按4.9.3.6.1～4.9.3.6.2标定其准确浓度。

4.9.3.6.1 锌标准溶液：称取0.6 g～0.7 g纯金属锌粒，溶于盐酸溶液(1+1)中，置于水浴上温热至完全溶解，移入容量瓶中，定容至1 000 mL。

按式(7)计算锌标准溶液的浓度。

$$c(Zn)=\frac{m}{65.38} \quad \cdots\cdots(7)$$

式中：

$c(Zn)$——锌标准溶液的浓度，单位为摩尔每升(mol/L)；

m——锌的质量，单位为毫克(mg)；

65.38——锌的摩尔质量，单位为克(g)。

4.9.3.6.2 吸取25.0 mL锌标准溶液(4.9.3.6.1)于150 mL三角瓶中，加入25 mL蒸馏水，加入几滴氨水至有微弱氨味，再加5 mL缓冲溶液(4.9.3.1)和4滴铬黑T指示剂(4.9.3.2)，在不断振荡下，用EDTA-2Na标准溶液(4.9.3.6)滴定至不变的天蓝色，同时做空白试验。

EDTA-2Na标准溶液的浓度按式(8)计算。

$$c(\text{EDTA-2Na}) = \frac{c(\text{Zn}) \times V_2}{V_1 - V_0} \quad \cdots\cdots\cdots\cdots\cdots\cdots (8)$$

式中：

c(EDTA-2Na)——EDTA-2Na标准溶液的浓度，单位为摩尔每升(mol/L)；

c(Zn)——锌标准溶液的浓度，单位为摩尔每升(mol/L)；

V_2——锌标准溶液的体积，单位为毫升(mL)；

V_1——消耗EDTA-2Na标准溶液的体积，单位为毫升(mL)；

V_0——空白试验消耗EDTA-2Na标准溶液的体积，单位为毫升(mL)。

4.9.4 仪器

4.9.4.1 滴定管：25 mL。

4.9.4.2 移液管：50 mL，25 mL和5 mL。

4.9.4.3 三角瓶：150 mL。

4.9.5 分析步骤

4.9.5.1 吸取50.0 mL水样(若硬度过大，可少取水样，用纯水稀释至50 mL，若硬度过低，改用100 mL)，置于150 mL三角瓶中。

4.9.5.2 加入1 mL～2 mL缓冲溶液(4.9.3.1)、5滴铬黑T指示剂(4.9.3.2)，立即用EDTA-2Na标准溶液(4.9.3.6)滴定至溶液从紫红色成为不变的天蓝色为止，同时做空白试验，记下用量。

4.9.5.3 若水样中含有金属干扰离子，使滴定终点延迟或颜色发暗，可另取水样，加入0.5 mL盐酸羟胺(4.9.3.4)及1 mL硫化钠溶液(4.9.3.3)或0.5 mL氰化钾溶液(4.9.3.5)再行滴定。

4.9.5.4 水样中钙、镁含量较大时，要预先酸化水样，并加热除去二氧化碳，以防碱化后生成碳酸盐沉淀，滴定时不易转化。

4.9.6 结果计算

总硬度按式(9)计算。

$$\rho(\text{CaCO}_3) = \frac{(V_1 - V_0) \times c(\text{EDTA-2Na}) \times 100.09}{V} \times 1\,000 \quad \cdots\cdots\cdots\cdots\cdots (9)$$

式中：

$\rho(CaCO_3)$——总硬度(以$CaCO_3$计)，单位为毫克每升(mg/L)；

V_1——滴定中消耗EDTA-2Na标准溶液体积，单位为毫升(mL)；

V_0——空白消耗EDTA-2Na标准溶液体积，单位为毫升(mL)；

c(EDTA-2Na)——EDTA-2Na标准溶液的浓度，单位为摩尔每升(mol/L)；

100.09——与1.00 mL EDTA-2Na标准溶液[c(EDTA-2Na)=1.000 mol/L]相当的以克表示的碳酸钙的质量；

V——水样体积，单位为毫升(mL)。

4.9.7 精密度与准确度

同一实验室对总硬度为108.5 mg/L(以$CaCO_3$计)，其中包含33.5 mg/L钙，6.04 mg/L镁，以及0.69 mg/L钾，9.12 mg/L钠，溶解性总固体151 mg/L的水样，经7次测定，其相对误差为1.0%，相对标准偏差为1.2%。

4.10 总碱度

4.10.1 范围

本法测定范围为 10 mg/L～1 000 mg/L(以 $CaCO_3$ 计)。

4.10.2 原理

碱度是水介质与氢离子反应的定量能力,通过用强酸标准溶液将一定体积的水样滴定至某一 pH 而定量确定。测定结果用相当于碳酸钙的质量浓度表示,单位为 mg/L。其数值大小与所选滴定终点的 pH 有关。本法采用甲基橙作指示剂,终点 pH 为 4.0,所测得的碱度称总碱度。

4.10.3 试剂

4.10.3.1 盐酸标准溶液[$c(HCl)=0.05$ mol/L]

配制:量取 4.2 mL 盐酸[$\rho_{20}=1.19$ g/mL],溶于纯水中,并稀释至 1 000 mL。

标定:称取 0.1 g～0.2 g(准确到 0.000 1 g)于 250 ℃干燥至恒重的碳酸钠(Na_2CO_3,基准试剂)于 250 mL 锥形瓶中,加 50 mL 纯水溶解,加 4 滴甲基橙指示剂(4.10.3.2),用配制的盐酸溶液滴定至溶液由黄色突变为橙色。同时做空白试验。

计算:盐酸标准溶液浓度按式(10)计算。

$$c(HCl)=\frac{m}{(V-V_0)\times 0.052\,99} \qquad \cdots\cdots(10)$$

式中:

$c(HCl)$——盐酸标准溶液的浓度,单位为摩尔每升(mol/L);

m——碳酸钠的质量,单位为克(g);

V——滴定碳酸钠所消耗盐酸标准溶液的体积,单位为毫升(mL);

V_0——空白试验消耗盐酸标准溶液的体积,单位为毫升(mL);

0.052 99——与 1.00 mL 盐酸标准溶液[$c(HCl)=1.000$ mol/L]相当的以克表示的碳酸钠的质量。

4.10.3.2 甲基橙指示剂(0.5 g/L):称取 0.050 g 甲基橙($C_{14}H_{14}O_3N_3SNa$),溶于 70 ℃的纯水中,冷却,稀释至 100 mL。

4.10.4 仪器

4.10.4.1 滴定管:25 mL。

4.10.4.2 移液管:50 mL。

4.10.4.3 锥形瓶:250 mL。

4.10.5 分析步骤

吸取 50.0 mL 水样于 250 mL 锥形瓶中,加 4 滴甲基橙指示剂(4.10.3.2),用盐酸标准溶液(4.10.3.1)滴定至试液由黄色突变为橙色。

4.10.6 结果计算

水样的总碱度按式(11)计算。

$$\rho(CaCO_3)=\frac{c(HCl)\times 50.04\times V_1}{V}\times 1\,000 \qquad \cdots\cdots(11)$$

式中:

$\rho(CaCO_3)$——水样的总碱度,单位为毫克每升(mg/L);

$c(HCl)$——盐酸标准溶液的浓度,单位为摩尔每升(mol/L);

V_1——滴定水样消耗盐酸标准溶液的体积,单位为毫升(mL);

V——水样体积,单位为毫升(mL);

50.04——与 1.00 mL 氢氧化钠标准溶液[$c(NaOH)=1.000$ mol/L]相当的以克表示的总碱度(以 $CaCO_3$ 计)的质量。

4.10.7 精密度与准确度

同一实验室对碱度为 497 mg/L(以 $CaCO_3$ 计)的人工合成水样,经 10 次测定,其相对标准偏差为 1.4%,相对误差为 2.2%。

4.11 总酸度

4.11.1 范围

本法测定范围为 10 mg/L～1 000 mg/L(以 $CaCO_3$ 计)。

4.11.2 原理

酸度是水介质与氢氧根离子反应的定量能力,通过用强碱标准溶液将一定体积的水样滴定至某一 pH 而定量确定。测定结果用相当于碳酸钙($CaCO_3$)的质量浓度表示,单位为 mg/L。其数值大小与所选滴定终点的 pH 有关。本法采用酚酞作指示剂,终点 pH 为 8.3,所测定的酸度称为总酸度。

4.11.3 试剂

以下配制试剂(及分析步骤中)所用纯水皆为无二氧化碳水。

4.11.3.1 无二氧化碳水:将纯水煮沸 15 min,然后在不与大气二氧化碳接触的条件下冷却至室温。此水 pH 应大于 6.0,否则应延长煮沸时间。最好用时制备。

4.11.3.2 氢氧化钠标准溶液[$c(NaOH)=0.05$ mol/L]

4.11.3.2.1 配制

称取 20 g 氢氧化钠,溶于 100 mL 纯水中,摇匀,移入聚乙烯瓶中,密闭放置至溶液清亮。吸取上层清液 10 mL,注入装有 1 000 mL 纯水的聚乙烯瓶中,密闭保存。

4.11.3.2.2 标定

称取 0.2 g～0.3 g(精确到 0.000 1 g)于 105 ℃～110 ℃干燥至恒重的邻苯二甲酸氢钾($KHC_8H_4O_4$,基准试剂)于 250 mL 锥形瓶中,加 50 mL 纯水溶解,加 4 滴酚酞指示剂(4.11.3.3),用配制的氢氧化钠溶液滴定至粉红色。同时做空白试验。

氢氧化钠标准溶液浓度按式(12)计算。

$$c(NaOH)=\frac{m}{(V-V_0)\times 0.2042} \quad \cdots\cdots(12)$$

式中:

$c(NaOH)$——氢氧化钠标准溶液的浓度,单位为摩尔每升(mol/L);

m——邻苯二甲酸氢钾的质量,单位为克(g);

V——滴定邻苯二甲酸氢钾所消耗氢氧化钠标准溶液的体积,单位为毫升(mL);

V_0——空白试验消耗氢氧化钠标准溶液的体积,单位为毫升(mL);

0.204 2——与 1.00 mL 氢氧化钠标准溶液[$c(NaOH)=1.000$ mol/L]相当的以克表示的邻苯二甲酸氢钾的质量。

4.11.3.3 酚酞指示剂(5 g/L):称取 0.25 g 酚酞($C_{20}H_{14}O_4$),用乙醇[$\varphi(C_2H_5OH)=95\%$]溶解并稀释至 50 mL。

4.11.4 仪器

4.11.4.1 滴定管:25 mL。

4.11.4.2 移液管:50 mL。

4.11.4.3 锥形瓶:250 mL。

4.11.5 分析步骤

吸取 50.0 mL 水样于 250 mL 锥形瓶中,加 4 滴酚酞指示剂(4.11.3.3),用氢氧化钠标准溶液(4.11.3.2)滴定至恰呈浅粉红色,记录其用量。

4.11.6 结果计算

水样的总酸度按式(13)计算。

$$\rho(CaCO_3)=\frac{c(NaOH)\times 50.04\times V_1}{V}\times 1\ 000 \qquad \cdots\cdots(13)$$

式中：

$\rho(CaCO_3)$——水样的总酸度，单位为毫克每升(mg/L)；

$c(NaOH)$——氢氧化钠标准溶液的浓度，单位为摩尔每升(mol/L)；

V_1——滴定水样消耗氢氧化钠标准溶液的体积，单位为毫升(mL)；

V——水样体积，单位为毫升(mL)；

50.04——与1.00 mL氢氧化钠标准溶液[$c(NaOH)=1.000$ mol/L]相当的以克表示的总酸度(以 $CaCO_3$ 计)的质量。

4.12 钾和钠

4.12.1 火焰发射光度法

4.12.1.1 范围

本法测钾、钠的最低检测质量浓度分别为0.1 mg/L和1.0 mg/L。

4.12.1.2 原理

钾和钠容易电离，在火焰中具有较高的发射强度，且在一定范围内其发射强度与浓度成正比。可分别用766.5 nm和589.0 nm灵敏共振线进行测定，与标准系列比较定量。

4.12.1.3 试剂

4.12.1.3.1 硝酸溶液(1+1)。

4.12.1.3.2 钾标准贮备溶液[$\rho(K^+)=1.00$ mg/mL]：称取1.906 7 g已在110 ℃烘至恒重的氯化钾(优级纯)，溶于少量纯水中，加入10 mL硝酸溶液(4.12.1.3.1)，再用纯水稀释至1 000 mL。

4.12.1.3.3 钠标准贮备溶液[$\rho(Na^+)=10.00$ mg/mL]：称取25.421 g在140 ℃烘至恒重的氯化钠(基准试剂)，溶于少量纯水中，加入10 mL硝酸溶液(4.12.1.3.1)，再用纯水稀释至1 000 mL。

4.12.1.3.4 钾、钠混合标准溶液：吸取适量钾、钠标准贮备溶液(4.12.1.3.2、4.12.1.3.3)，用纯水稀释10倍，使其1.00 mL含0.10 mg钾和1.00 mg钠。

4.12.1.4 仪器

4.12.1.4.1 原子吸收分光光度计。

4.12.1.4.2 空气压缩机或空气钢瓶气。

4.12.1.4.3 乙炔钢瓶气。

警告——乙炔易燃。

4.12.1.5 分析步骤

4.12.1.5.1 样品测定

按仪器说明书将发射部分调节至最佳状态：波长：钾766.5 nm，钠589.0 nm；火焰：贫燃性，测量高度为2 cm。将水样直接喷入火焰，测定其钾、钠发射强度。

若水样中钾、钠含量较高，可稀释样品；或选择较小的狭缝和较小的增益；或选用次灵敏共振线进行测定。

4.12.1.5.2 校准曲线的绘制

4.12.1.5.2.1 精确吸取钾、钠混合标准溶液(4.12.1.3.4)0，0.1，0.5，…，50.0 mL，用纯水稀释至1 L，配制为每升含钾0，0.1，0.5，…，5.0 mg，含钠0，1.0，5.0，…，50.0 mg的标准系列。应根据水样中钾、钠含量的高低选择适当的标准系列的质量浓度范围。

4.12.1.5.2.2 按4.12.1.5水样分析步骤同时测定其发射强度。

4.12.1.5.2.3 以质量浓度(mg/L)为横坐标，发射强度为纵坐标绘制校准曲线。

4.12.1.6 **结果计算**

水样中钾或钠的质量浓度按式(14)计算。

$$\rho(\text{K 或 Na}) = \rho_1 \times D \qquad \cdots\cdots(14)$$

式中：

ρ(K 或 Na)——水样中钾或钠的质量浓度，单位为毫克每升(mg/L)；

ρ_1——以水样测得的发射强度，从校准曲线上查得的水样中钾或钠的质量浓度，单位为毫克每升(mg/L)；

D——水样稀释倍数。

4.12.1.7 **精密度与准确度**

同一实验室对含钾 3.0 mg/L、钠 30.0mg/L，其中包含钙 60 mg/L、镁 18 mg/L、氯 213.5 mg/L 的人工合成水样，24 次测定的相对标准偏差均为 1.5%，相对误差分别为 0.33%和 0.6%。

4.12.2 **火焰原子吸收分光光度法**

4.12.2.1 **范围**

本法测钾和钠的最低检测质量浓度分别为 0.05 mg/L 和 0.01 mg/L。

在一般情况下共存元素干扰较小，但当大量钠存在时，钾的电离受到抑制，从而使钾的吸收强度增大，可在标准溶液中添加相应量的钠离子予以校正。铁稍有干扰，磷酸盐产生较大的负干扰，添加一定量镧盐后可以消除。在测定钠时，盐酸和氯离子通常使钠的吸收强度降低，可在标准溶液中添加相应量盐酸予以校正。

4.12.2.2 **原理**

钾、钠基态原子能吸收来自本金属元素空心阴极灯发射的共振线，且其吸收强度与钾、钠原子的质量浓度成正比。将水样导入火焰原子化器中使钾、钠离子原子化后，分别在其灵敏共振线 766.5 nm 和 589.0 nm 下测定其吸光度，与标准系列比较定量。钾、钠含量高时，可采用其次灵敏共振线 404.5 nm 和 330.2 nm。二者均可用空气-乙炔火焰。

4.12.2.3 **试剂**

4.12.2.3.1 硝酸溶液(1+1)。

4.12.2.3.2 钾标准贮备溶液：同 4.12.1.3.2。

4.12.2.3.3 钠标准贮备溶液：同 4.12.1.3.3。

4.12.2.3.4 钾、钠混合标准溶液：吸取适量钾、钠标准贮备溶液(4.12.2.3.2、4.12.2.3.3)，用纯水稀释至 1.00 mL 含 0.05 mg 钾和 0.05 mg 钠。

4.12.2.4 **仪器**

4.12.2.4.1 原子吸收分光光度计：配有钾、钠空心阴极灯。

4.12.2.4.2 空气压缩机或空气钢瓶气。

4.12.2.4.3 乙炔钢瓶气。

警告——乙炔易燃。

4.12.2.5 **分析步骤**

4.12.2.5.1 **样品测定**

按仪器说明书，将仪器调至测钾、钠最佳状态。将水样直接喷入火焰，测定其吸光度。

样品中钾、钠含量较高时，可转动燃烧器角度，或用次灵敏共振线 404.5 nm 和 330.2 nm 测定其吸光度。

4.12.2.5.2 **校准曲线的绘制**

4.12.2.5.2.1 精确吸取钾、钠混合标准溶液(4.12.2.3.4)或标准贮备液(4.12.2.3.2、4.12.2.3.3)，用纯水稀释配成下列含量的标准系列：

钾：0，0.05，…，3.00 mg/L(波长 486.5 nm)或 0，1，…，15.00 mg/L(波长 404.5 nm)。

钠：0，0.01，…，0.50 mg/L（波长 589.0 nm）或 0，1.00，…，60.00 mg/L（波长 330.2 nm）。

4.12.2.5.2.2 按 4.12.2.5.1 水样分析步骤与样品同时测定。

4.12.2.5.2.3 以质量浓度（mg/L）为横坐标，吸光度为纵坐标绘制校准曲线。

4.12.2.6 结果计算

同 4.12.1.6。

4.12.2.7 精密度与准确度

同 4.12.1.7。

4.12.3 离子色谱法

4.12.3.1 范围

取样 100 μL 时，最低检测质量浓度是锂 0.005 mg/L、钾 0.05 mg/L、钠 0.05 mg/L。

4.12.3.2 原理

由于锂、钾、钠三种阳离子的结构不同，它们对低交换容量的阳离子交换树脂的亲合力也不相同，分配系数存在着差异，所以在交换柱中被淋洗的速度也不相同。因此，当水样注入离子色谱仪后，在淋洗液的携带下，流过装有阳离子交换树脂的分离柱时，它们按 Li^+、Na^+、K^+ 的顺序被分离开，然后流入抑制柱，将强电解质的淋洗液转变成弱电解质，降低了背景电导。最后流经电导池，依次测定各离子的峰高（或峰面积）。用同样条件下绘制的校准曲线，即可求出水样中 Li^+、Na^+ 和 K^+ 的含量。

4.12.3.3 试剂

本法采用电导率小于 1 μS/cm 的蒸馏水（或去离子水）配制标准溶液和淋洗液。

4.12.3.3.1 盐酸溶液（1+1）。

4.12.3.3.2 淋洗液[$c(HCl)=0.005$ mol/L]：吸取 4.2 mL 盐酸（$\rho=1.19$ g/mL），用水稀释至 10 L，摇匀。

4.12.3.3.3 四甲基氢氧化铵再生溶液（3 g/L）：量取 240 mL 四甲基氢氧化铵溶液[$(CH_3)_4NOH$]，其中含四甲基氢氧化铵 24 g，加水稀释至 8 L，混匀。

4.12.3.3.4 锂标准贮备溶液[$\rho(Li^+)=1.00$ mg/mL]：称取 1.064 6 克碳酸锂（Li_2CO_3），加少许水湿润，然后逐滴加入盐酸溶液（4.12.3.3.1），使碳酸锂完全溶解后，再过量 2 滴，移入 200 mL 容量瓶中，加水稀释至刻度，混匀。

4.12.3.3.5 锂标准中间溶液[$\rho(Li^+)=0.10$ mg/mL]：吸取 10.00 mL 锂标准贮备溶液（4.12.3.3.4）于 100 mL 容量瓶中，加水稀释至刻度，混匀。

4.12.3.3.6 锂标准使用溶液[$\rho(Li^+)=0.01$ mg/mL]：吸取 10.00 mL 锂标准中间溶液（4.12.3.3.5）于 100 mL 容量瓶中，加水稀释至刻度，混匀。

4.12.3.3.7 钠标准贮备溶液[$\rho(Na^+)=1.00$ mg/mL]：称取 0.508 4 g 在 500 ℃灼烧 1 h，在干燥器中冷却 0.5 h 的氯化钠（NaCl），溶于少量水中，移入 200 mL 容量瓶中，加水稀释至刻度，混匀。

4.12.3.3.8 钠标准使用溶液[$\rho(Na^+)=0.50$ mg/mL]：吸取 25.00 mL 钠标准贮备溶液（4.12.3.3.7）于 50 mL 容量瓶中，加水稀释至刻度，混匀。

4.12.3.3.9 钾标准贮备溶液[$\rho(K^+)=1.00$ mg/mL]：称取 0.445 7 g 在 500 ℃灼烧 1 h，在干燥器中冷却 0.5 h 的硫酸钾（K_2SO_4），溶于少量水中，移入 200 mL 容量瓶中，加水稀释至刻度，混匀。

4.12.3.3.10 钾标准使用溶液[$\rho(K^+)=0.10$ mg/mL]：吸取 10.00 mL 钾标准贮备溶液（4.12.3.3.9）于 100 mL 容量瓶中，加水稀释至刻度，混匀。

4.12.3.4 仪器

4.12.3.4.1 离子色谱仪。

4.12.3.4.2 阳离子保护柱。

4.12.3.4.3 阳离子分离柱。

4.12.3.4.4 阳离子抑制柱。

4.12.3.5 分析步骤

4.12.3.5.1 水样的测定:按仪器说明书的要求,将仪器调至最佳状态。待基线稳定后,用注射器注入1 mL～2 mL待测样品,钾离子峰出完后,即可进行下一个水样的测定。根据记录的各离子的峰高(或峰面积),从校准曲线上即可求得水样中锂、钠、钾的含量。

4.12.3.5.2 校准曲线的绘制:准确吸取锂标准使用溶液(4.12.3.3.6)0,0.10,0.20,0.40,1.00和2.00 mL;钠标准使用溶液(4.12.3.3.8)0,0.20,0.40,0.80,2.00和4.00 mL,钾标准使用溶液(4.12.3.3.10)0,0.20,0.40,0.80,2.00和4.00 mL于一系列200 mL容量瓶中,加水稀释至刻度,混匀,此标准系列的质量浓度(mg/L)见表7。

表7 标准系列质量浓度

Li^+/(mg/L)	0	0.005	0.01	0.02	0.05	0.10
Na^+/(mg/L)	0	0.50	1.00	2.00	5.00	10.00
K^+/(mg/L)	0	0.10	0.20	0.40	1.00	2.00

按4.12.3.5.1水样的分析步骤进行测定,记录各离子的峰高(或峰面积),分别以它们的质量浓度为横坐标,峰高(或峰面积)为纵坐标绘制校准曲线。

4.12.3.6 结果计算

水样中K^+(Li^+或Na^+)的质量浓度按式(15)计算。

$$\rho(B^+) = \rho_1 \times D \qquad \cdots\cdots(15)$$

式中:

$\rho(B^+)$——水样中K^+(Li^+或Na^+)的质量浓度,单位为毫克每升(mg/L);

ρ_1——从K^+(Li^+或Na^+)的校准曲线上分别查得的试样中各离子的质量浓度,单位为毫克每升(mg/L);

D——水样稀释倍数。

4.12.3.7 精密度与准确度

同一实验室对含0.05 mg/L锂、2.00 mg/L钠、0.50 mg/L钾的人工合成溶液进行8次平行测定,其相对标准偏差分别为锂0.97%、钠0.79%、钾1.56%。

加标准回收时,锂0.01 mg/L、钠1.50 mg/L和钾0.4 mg/L,它们的回收率分别为:锂95%～104%、钠95%～102%、钾97%～104%。

4.13 钙

4.13.1 乙二胺四乙酸二钠滴定法

4.13.1.1 范围

本法测定水中钙含量大于200 mg/L时,应先稀释后测定。

4.13.1.2 原理

在碱性溶液中(pH=12)钙离子与钙试剂生成红色的络合物,其不稳定常数大于钙与乙二胺四乙酸二钠络合物的不稳定常数,在此溶液中滴加乙二胺四乙酸二钠溶液,就会将络合的钙试剂取代出来,滴定到终点时,呈现出游离指示剂的纯蓝色。

水样碱度大时,应加入盐酸,经煮沸后再进行测定,否则因加入氢氧化钠溶液而生成碳酸钙沉淀,使结果偏低。

4.13.1.3 试剂

4.13.1.3.1 刚果红试纸。

4.13.1.3.2 盐酸溶液(1+1)。

4.13.1.3.3 氢氧化钠溶液[$c(NaOH)=2$ mol/L]。

4.13.1.3.4 钙试剂:称取50 mg钙试剂($C_{12}H_{13}N_2NaO_7S$),加入25 g氯化钾,在研钵中充分研磨成细

粉后，贮存于密封的暗色瓶中。

4.13.1.3.5　乙二胺四乙酸二钠标准溶液[c(EDTA-2Na)＝0.01 mol/L]：称取 3.72 g 乙二胺四乙酸二钠(EDTA-2Na)，溶于 1 000 mL 蒸馏水中，按 4.9.3.6.1～4.9.3.6.2 标定其准确浓度。

4.13.1.4　**仪器**

4.13.1.4.1　滴定管：25 mL。

4.13.1.4.2　移液管：50 mL，25 mL 和 5 mL。

4.13.1.4.3　三角瓶：150 mL。

4.13.1.5　**分析步骤**

4.13.1.5.1　吸取 50.0 mL 水样，注入 150 mL 三角瓶中，放入刚果红试纸(4.13.1.3.1)一小块，加入盐酸溶液(4.13.1.3.2)酸化，直到试纸变成蓝紫色。

4.13.1.5.2　将溶液煮沸 2 min～3 min，冷却后，加 2 mL 氢氧化钠溶液(4.13.1.3.3)。

4.13.1.5.3　加入 20 mg～40 mg 钙试剂(4.13.1.3.4)，以 EDTA-2Na 标准溶液(4.13.1.3.5)滴定至红色变至纯蓝色为止，同时做空白试验，记下用量(溶液保存以测定镁离子)。

4.13.1.6　**结果计算**

水样中钙的质量浓度按式(16)计算。

$$\rho(\mathrm{Ca}) = \frac{(V_1 - V_2) \times c \times 40.08}{V} \times 1\,000 \qquad (16)$$

式中：

ρ(Ca)——水样中钙的质量浓度，单位为毫克每升(mg/L)；

V_1——滴定中所消耗 EDTA-2Na 溶液体积，单位为毫升(mL)；

V_2——空白所消耗 EDTA-2Na 溶液体积，单位为毫升(mL)；

c——EDTA-2Na 溶液的浓度，单位为摩尔每升(mol/L)；

40.08——与 1.00 mL EDTA-2Na 标准溶液[c(EDTA-2Na)＝1.000 mol/L]相当的以克表示的钙的质量；

V——水样体积，单位为毫升(mL)。

4.13.1.7　**精密度与准确度**

同一实验室对含 33.5 mg/L 钙，6.04 mg/L 镁以及 0.69 mg/L 钾，9.12 mg/L 钠，溶解性总固体 151 mg/L 的水样经 7 次测定，其相对标准偏差为 2.46%，相对误差为 2.4%。

4.13.2　**火焰原子吸收分光光度法**

4.13.2.1　**范围**

本法的最低检测质量浓度为 0.05 mg/L。

铍、铝、硅、钛、钒等的氧化物，磷酸盐，硫化物干扰测定，降低分析灵敏度，可加释放剂予以消除，本法选用氯化镧溶液为释放剂。

4.13.2.2　**原理**

钙的基态原子能吸收钙空心阴极灯发射的共振线，且其吸收强度与浓度成正比。将水样导入火焰使钙原子化后，在灵敏共振线 422.7 nm 下测定吸光度，与标准系列比较定量。使用氧化性火焰。

4.13.2.3　**试剂**

4.13.2.3.1　盐酸溶液(1＋2)。

4.13.2.3.2　氯化镧溶液：称取 80.2 g 氯化镧($LaCl_3 \cdot 7H_2O$，优级纯)，溶于水中，并用水稀释至 1 000 mL，此溶液含镧 30 mg/mL。

4.13.2.3.3　钙标准贮备液[ρ(Ca)＝0.50 mg/mL]：称取 1.248 5 g 已在 105 ℃烘干的碳酸钙(优级纯)于 100 mL 烧杯中，加入 20 mL 纯水，然后慢慢加入盐酸溶液(4.13.2.3.1)，使其完全溶解后，再加入 5 mL 盐酸溶液(4.13.2.3.1)，煮沸赶去二氧化碳，转移至 1 000 mL 容量瓶中，用纯水定容，摇匀，备用。

4.13.2.3.4 钙标准使用液[$\rho(Ca)=0.05$ mg/mL]：吸取 10.00 mL 钙标准贮备液(4.13.2.3.3)，于100 mL 容量瓶中，加纯水定容。

4.13.2.4 仪器

4.13.2.4.1 原子吸收分光光度计：配有钙空心阴极灯。

4.13.2.4.2 空气压缩机或空气钢瓶气。

4.13.2.4.3 乙炔钢瓶气。

警告——乙炔易燃。

4.13.2.4.4 具塞试管：10 mL。

4.13.2.5 分析步骤

4.13.2.5.1 样品测定

吸取 10.0mL 水样于 10 mL 干燥具塞试管中，加 0.60 mL 氯化镧溶液(4.13.2.3.2)，摇匀。按仪器说明书，将仪器调至测钙最佳状态。将水样直接导入火焰，测定其吸光度。钙含量高时，旋转燃烧器头或选用次灵敏线进行测定。

4.13.2.5.2 校准曲线的绘制

4.13.2.5.2.1 低含量钙校准曲线

精确吸取钙标准使用液(4.13.2.3.4)0，0.50，1.00，2.00，4.00，6.00，8.00，10.00 和 20.00 mL 于一系列 50 mL 容量瓶中，各加 3.0 mL 氯化镧溶液(4.13.2.3.2)，加水定容，摇匀。即得每升含钙 0，0.50，1.0，2.0，4.0，6.0，8.0，10.0 和 20.0 mg 的标准系列溶液。

按样品测定步骤与样品同时测定。

4.13.2.5.2.2 高含量钙校准曲线

精确吸取钙标准贮备液(4.13.2.3.3)0，0.50，1.00，2.00，4.00，6.00，8.00，10.00，12.00 和15.00 mL于一系列 50 mL 容量瓶中，各加 3.0 mL 氯化镧溶液(4.13.2.3.2)，加纯水至刻度，摇匀。即得每升含钙 0，5.0，10.0，20.0，40.0，60.0，80.0，100.0，120.0 和 150.0 mg 的标准系列溶液。

按样品测定步骤旋转燃烧头或选用次灵敏吸收线与样品同时测定。

4.13.2.5.2.3 以质量浓度(mg/L)为横坐标，吸光度为纵坐标绘制校准曲线。

4.13.2.6 结果计算

水样中钙的质量浓度按式(17)计算。

$$\rho(Ca)=\rho_1\times D \qquad (17)$$

式中：

$\rho(Ca)$——水样中钙的质量浓度，单位为毫克每升(mg/L)；

ρ_1——以水样吸光度从校准曲线上查得的钙的质量浓度，单位为毫克每升(mg/L)；

D——水样稀释倍数。

4.13.2.7 精密度与准确度

同一实验室对含钙 33.5 mg/L，镁 6.04 mg/L，钾 0.69 mg/L，钠 9.12 mg/L，溶解性总固体151 mg/L的水样经 10 次测定，其相对标准偏差为 1.79%。对钙含量为 10.0，30.0，50.0 和 80.0 mg/L 的加标水样测定，其回收率为 99%～103%。

4.14 镁

4.14.1 乙二胺四乙酸二钠滴定法

4.14.1.1 范围

本法的主要干扰元素为铁、锰、铝、铜、镍、钴等金属离子，能使指示剂褪色，或终点不明显。硫化钠及氰化钾可掩蔽重金属的干扰，盐酸羟胺可使高价铁离子及高价锰离子还原为低价离子而消除其干扰。

4.14.1.2 原理

取用乙二胺四乙酸二钠滴定法滴定钙后的溶液，破坏钙试剂指示剂后，当 pH=9～10 时，在有铬黑 T 指示剂存在下，以乙二胺四乙酸二钠(简称 EDTA-2Na)溶液滴定镁离子，当到达等当点时，溶液呈现天蓝色。

4.14.1.3 试剂

4.14.1.3.1 缓冲溶液(pH=10)：将 67.5 g 氯化铵(NH_4Cl)溶解于 300 mL 蒸馏水中，加 570 mL 氢氧化铵(ρ_{20}=0.88 g/mL)，用纯水稀释至 1 000 mL。

4.14.1.3.2 铬黑 T 指示剂(5 g/L)：称取 0.5 g 铬黑 T($C_{20}H_{12}N_3NaO_7S$)，溶于 100 mL 三乙醇胺($C_6H_{15}NO_3$)中。

4.14.1.3.3 乙二胺四乙酸二钠标准溶液[$c(C_{10}H_{14}N_2O_8Na_2 \cdot 2H_2O)$=0.01 mol/L]：称取 3.72 g 乙二胺四乙酸二钠(EDTA-2Na)，溶解于 1 000 mL 蒸馏水中，按 4.9.3.6.1～4.9.3.6.2 标定其准确浓度。

4.14.1.4 仪器

4.14.1.4.1 滴定管：25 mL。

4.14.1.4.2 移液管：50 mL，25 mL 和 5 mL。

4.14.1.4.3 三角瓶：150 mL。

4.14.1.5 分析步骤

取测定钙后的溶液，以盐酸溶液(1+1)酸化至刚果红试纸变为蓝紫色，放置 5 min～10 min，此时溶液应无色，若颜色不褪时，可加热使之褪色。

滴加氨缓冲溶液(14.1.3.1)到刚果红试纸变红，再过量 1 mL～2 mL，加 5 滴铬黑 T 指示剂(4.14.1.3.2)，用 EDTA-2Na 标准溶液(4.14.1.3.3)滴定，直到溶液颜色呈不变的天蓝色。记录用量。

4.14.1.6 结果计算

水样中镁的质量浓度按式(18)计算。

$$\rho(Mg)=\frac{V_1\times c\times 24.305}{V}\times 1\,000 \qquad \cdots\cdots(18)$$

式中：

$\rho(Mg)$——水样中镁的质量浓度，单位为毫克每升(mg/L)；

V_1——滴定消耗 EDTA-2Na 标准溶液的体积，单位为毫升(mL)；

c——EDTA-2Na 标准溶液的浓度，单位为摩尔每升(mol/L)；

V——水样体积，单位为毫升(mL)；

24.305——与 1.00 mL EDTA-2Na 标准溶液[c(EDTA-2Na)=1.000 mol/L]相当的以克表示的镁的质量。

4.14.1.7 精密度与准确度

同一实验室对含 21.4 mg/L 镁、39.2 mg/L 钙以及 3.90 mg/L 钾、29.4 mg/L 钠、溶解性总固体 283 mg/L 的水样经 7 次测定，其相对标准偏差为 1.65%，相对误差为 1.34%。

4.14.2 火焰原子吸收分光光度法

4.14.2.1 范围

本法测镁的最低检测质量浓度为 0.02 mg/L，最佳检测浓度范围为 0.02 mg/L～2.00 mg/L。

铍、铝、硅、钛、钒、锆的氧化物、磷酸盐、硫化物干扰镁的测定，可加释放剂予以消除。本法选用氯化镧溶液为释放剂。

4.14.2.2 原理

镁的基态原子能吸收镁空心阴极灯发射的共振线，且其吸收强度与浓度成正比。将水样导入火焰使镁离子原子化后，在灵敏共振线 285.2 nm 下测定吸光度，与标准系列比较定量。使用氧化型火焰。

4.14.2.3 **试剂**

4.14.2.3.1 盐酸溶液(1+1)。

4.14.2.3.2 氯化镧溶液：称取 80.2 g 氯化镧($LaCl_3 \cdot 7H_2O$,优级纯)，溶于水后，用水稀释至 1 000 mL。此溶液 1.00 mL 含 30 mg 镧。

4.14.2.3.3 镁标准贮备液[ρ(Mg)=0.50 mg/mL]：称取 1.959 0 g 氯化镁(优级纯)，溶于水中，用水定容 1 000 mL，摇匀。参照 4.14.1 法标定后，调整至 1.00 mL 含 0.50 mg 镁。

4.14.2.3.4 镁标准使用液[ρ(Mg)=0.05 mg/mL]：吸取 10.00 mL 镁标准贮备液(4.14.2.3.3)于 100 mL 容量瓶中，加纯水定容，摇匀。

4.14.2.4 **仪器**

4.14.2.4.1 原子吸收分光光度计：配有镁空心阴极灯。

4.14.2.4.2 空气压缩机或空气钢瓶气。

4.14.2.4.3 乙炔钢瓶气。

警告——乙炔易燃。

4.14.2.4.4 具塞试管：10 mL。

4.14.2.5 **分析步骤**

4.14.2.5.1 **低含量镁校准曲线的绘制**

精确吸取镁标准使用液(4.14.2.3.4)0,0.30,0.60,1.00,1.30,2.00 mL 于一系列 50 mL 容量瓶中，各加 3.0 mL 氯化镧溶液(4.14.2.3.2)及 1 滴盐酸溶液(4.14.2.3.1)，加水定容，摇匀，即得每升含 0,0.30,0.60,1.00,1.30 和 2.00 mg 镁的标准系列溶液。

按仪器说明将仪器工作条件调整至测镁最佳状态，选择灵敏吸收线 285.2 nm。依次将镁标准系列溶液导入火焰，测定其吸光度。

以质量浓度(mg/L)为横坐标，吸光度为纵坐标绘制校准曲线。

4.14.2.5.2 **一般含量镁校准曲线的绘制**

精确吸取镁标准使用液(4.14.2.3.4)0,0.50,1.00,3.00,5.00,7.00,10.00,15.00,20.00,25.00 和 30.00 mL 于一系列 50 mL 容量瓶中，各加 3.0 mL 氯化镧溶液(4.14.2.3.2)及 1 滴盐酸溶液(4.14.2.3.1)，加水定容，摇匀，即得每升含 0,0.50,1.0,3.0,5.0,7.0,10.0,15.0,20.0,25.0 和 30.0 mg镁的标准系列溶液。

按仪器说明书将仪器工作条件调至测镁最佳状态，旋转燃烧器头或选用次灵敏吸收线。按 4.14.2.5.1进行测定并绘制校准曲线。

4.14.2.5.3 **样品测定**

吸取水样 10.0 mL 于 10 mL 干燥具塞试管中，加 0.60 mL 氯化镧溶液(4.14.2.3.2)，摇匀。按 4.14.2.5.2测定其吸光度。

4.14.2.6 **结果计算**

水样中镁的质量浓度按式(19)计算。

$$\rho(\mathrm{Mg}) = \rho_1 \times D \qquad \cdots\cdots\cdots\cdots(19)$$

式中：

ρ(Mg)——水样中镁的质量浓度，单位为毫克每升(mg/L)；

ρ_1——以水样吸光度从校准曲线上查得的镁的质量浓度，单位为毫克每升(mg/L)；

D——水样稀释倍数。

4.14.2.7 **精密度与准确度**

同一实验室对含 21.4 mg/L 钙，39.2 mg/L 镁，3.90 mg/L 钾，29.4 mg/L 钠，151 mg/L 溶解性总固体的水样经 10 次测定，其相对标准偏差为 1.40%。对镁含量为 6.0,10.0,15.0 mg/L 的加标水样测定，其回收率为 99%～103%。

4.15 铁

4.15.1 火焰原子吸收分光光度法

直接法：同4.17.1.1。

4.15.2 二氮杂菲分光光度法

4.15.2.1 范围

本法最低检测质量为2.5 μg(以Fe计)，若取50 mL水样则最低检测质量浓度为0.05 mg/L(以Fe计)。

钴、铜超过5 mg/L，镍超过2 mg/L，锌超过铁的10倍时有干扰。铋、镉、汞、钼和银可与二氮杂菲试剂产生浑浊现象。

4.15.2.2 原理

在pH为3～9条件下，低价铁离子与二氮杂菲生成稳定的橙色络合物，在波长510 nm处有最大光吸收。二氮杂菲过量时，控制溶液pH为2.9～3.5，可使显色加快。

水样先经加酸煮沸溶解难溶的铁化合物，同时消除氰化物、亚硝酸盐、多磷酸盐的干扰。加入盐酸羟胺将高铁还原为低铁，还可消除氧化剂的干扰。水样过滤后，不加盐酸羟胺，可测定溶解性低价铁含量。水样过滤后，加盐酸溶液和盐酸羟胺，测定结果为溶解性总铁含量。水样先经加酸煮沸，使难溶性铁的化合物溶解，经盐酸羟胺处理后，测定结果为总铁含量。

4.15.2.3 试剂

4.15.2.3.1 盐酸溶液(1+1)。

4.15.2.3.2 乙酸铵缓冲溶液(pH=4.2)：称取250 g乙酸铵($NH_4C_2H_3O_2$)，溶于150 mL纯水中，再加入700 mL冰乙酸，混匀，备用。

4.15.2.3.3 盐酸羟胺溶液(100 g/L)：称取10 g盐酸羟胺($NH_2OH \cdot HCl$)，溶于纯水中，并稀释至100 mL。

4.15.2.3.4 二氮杂菲溶液(1.0 g/L)：称取0.1 g二氮杂菲($C_{12}H_8N_2 \cdot H_2O$，又名1,10-二氮杂菲，邻二氮菲或邻菲绕啉，有水合物及盐酸盐两种，均可用)溶解于加有2滴盐酸(ρ_{20}=1.19 g/mL)的纯水中，并稀释至100 mL。此溶液1 mL可测定100 μg以下的低价铁。

4.15.2.3.5 铁标准贮备溶液[ρ(Fe)=100 μg/mL]：称取0.702 2 g硫酸亚铁铵[$Fe(NH_4)_2(SO_4)_2 \cdot 6H_2O$]，溶于少量纯水，加3 mL盐酸($\rho_{20}$=1.19 g/mL)，于容量瓶中用纯水定容成1 000 mL。

4.15.2.3.6 铁标准使用溶液[ρ(Fe)=10.0 μg/mL]：吸取10.00 mL铁标准贮备液(4.15.2.3.5)，移入容量瓶中，用纯水定容至100 mL。此溶液使用时现配。

4.15.2.4 仪器

4.15.2.4.1 锥形瓶：150 mL。

4.15.2.4.2 具塞比色管：50 mL。

4.15.2.4.3 分光光度计。

4.15.2.5 分析步骤

吸取50.0 mL混匀的水样(含铁量超过50 μg时，可取适量水样加纯水稀释至50 mL)于150 mL锥形瓶中。

另取150 mL锥形瓶8个，分别加入铁标准使用溶液(4.15.2.3.6)0,0.25,0.50,1.00,2.00,3.00,4.00和5.00 mL，加纯水至50 mL。

向水样及标准系列锥形瓶中各加4 mL盐酸溶液(4.15.2.3.1)和1 mL盐酸羟胺溶液(4.15.2.3.3)，小火煮沸至约剩30 mL，冷却至室温后移入50 mL比色管中。

向水样及标准系列比色管中各加2 mL二氮杂菲溶液(4.15.2.3.4)，混匀后再加10.0 mL乙酸铵缓冲溶液(4.15.2.3.2)，各加纯水至50 mL，混匀，放置10 min～15 min。

于波长 510 nm 处,用 2 cm 比色皿,以纯水为参比,测量吸光度。绘制校准曲线,从曲线上查出样品管中铁的质量。

注 1:所有玻璃器皿每次用前均需用稀硝酸浸泡才能得到理想的结果。

注 2:总铁包括水体中悬浮性铁和微生物体中的铁,取样时应剧烈振摇均匀,并立即取样,以防止结果出现很大的差别。

注 3:乙酸铵试剂可能含有微量铁,故缓冲溶液的加入量要准确一致。

注 4:若水样较清洁,含难溶亚铁盐少时,可将所加各种试剂用量减半。但标准系列与样品应一致。

4.15.2.6 结果计算

水样中总铁的质量浓度按式(20)计算。

$$\rho(\mathrm{Fe}) = \frac{m}{V} \qquad \cdots\cdots(20)$$

式中:

$\rho(\mathrm{Fe})$——水样中总铁的质量浓度,单位为毫克每升(mg/L);

m——从校准曲线上查得的样品管中铁的质量,单位为微克(μg);

V——水样体积,单位为毫升(mL)。

4.15.2.7 精密度与准确度

有 39 个实验室用本法测定含铁 150 μg/L 的合成水样,其他金属离子浓度(μg/L)为:汞,5.1;锌,39;镉,29;锰,130。相对标准偏差为 18.5%,相对误差为 13.3%。

4.16 锰

4.16.1 火焰原子吸收分光光度法

4.16.1.1 直接法

同 4.17.1.1。

4.16.1.2 萃取法

同 4.17.1.2。

4.16.1.3 共沉淀法

同 4.17.1.3。

4.16.2 过硫酸铵分光光度法

4.16.2.1 范围

本法最低检测质量为 2.5 μg,若取 50 mL 水样测定,则最低检测质量浓度为 0.05 mg/L。

小于 100 mg/L 的氯化物不干扰测定。

4.16.2.2 原理

在硝酸银存在下,锰被过硫酸铵氧化成紫红色的高锰酸盐,其颜色的深度与锰的含量成正比。如果溶液中有过量的过硫酸铵时,生成的紫红色至少能稳定 24 h。

氯离子因能沉淀银离子而抑制催化作用,可由试剂中所含的汞离子予以消除。加入磷酸可络合铁等干扰元素。如水样中有机物较多,可多加过硫酸铵,并延长加热时间。

4.16.2.3 试剂

以下配制试剂及稀释溶液所用的纯水不得含还原性物质,否则可加过硫酸铵处理(例如取 500 mL 去离子水,加 0.5 g 过硫酸铵煮沸 2 min 放冷后使用)。

4.16.2.3.1 过硫酸铵[$(NH_4)_2S_2O_8$]:干燥固体。

注:过硫酸铵在干燥时较为稳定,水溶液或受潮的固体容易分解放出过氧化氢而失效。本法常因此试剂分解而失败,应注意。

4.16.2.3.2 硝酸银-硫酸汞溶液:称取 75 g 硫酸汞($HgSO_4$)溶于 600 mL 硝酸溶液(2+1)中,再加 200 mL 磷酸(ρ_{20}=1.19 g/mL)及 35 mg 硝酸银($AgNO_3$),放冷后加纯水至 1 000 mL,储于棕色瓶中。

4.16.2.3.3 盐酸羟胺溶液(100 g/L):称取 10 g 盐酸羟胺($NH_2OH \cdot HCl$)加纯水溶解,并稀释至

100 mL。

4.16.2.3.4 锰标准贮备溶液[$\rho(Mn)=1$ mg/mL]：同 4.17.1.1.3.3。

4.16.2.3.5 锰标准使用溶液[$\rho(Mn)=10$ μg/mL]：吸取 5.00 mL 锰标准贮备溶液(4.16.2.3.4)，用纯水定容至 500 mL。

4.16.2.4 **仪器**

4.16.2.4.1 锥形瓶：150 mL。

4.16.2.4.2 具塞比色管：50 mL。

4.16.2.4.3 分光光度计。

4.16.2.5 **分析步骤**

吸取 50.0 mL 水样于 150 mL 锥形瓶中。另取九个 150 mL 锥形瓶，分别加入锰标准使用溶液(4.16.2.3.5)0，0.25，0.50，1.00，3.00，5.00，10.0，15.0 和 20.0 mL，加纯水至 50 mL。

向水样及标准系列瓶中各加 2.5 mL 硝酸银-硫酸汞溶液(4.16.2.3.2)，煮沸至约剩 45 mL 时，取下稍冷。如有浑浊，可用滤纸过滤。

将 1 g 过硫酸铵(4.16.2.3.1)分次加入锥形瓶中，慢慢加热至沸。若水中有机物较多，取下稍冷后再分次加入 1 g 过硫酸铵(4.16.2.3.1)，再加热至沸，使显色后的溶液中保持有剩余的过硫酸铵。取下，放置 1 min 后，用水冷却。

将水样及标准系列瓶中的溶液分别移入 50 mL 比色管中，加纯水至刻度，混匀。于波长 530 nm 处，用 5 cm 比色皿，以纯水为参比，测定样品和标准系列的吸光度。

如原水样有颜色时，可向有色的样品溶液中滴加盐酸羟胺溶液(4.16.2.3.3)至生成的高锰酸盐完全褪色为止。再次测定此水样的吸光度。

绘制校准曲线，从曲线上查出样品管中的锰的质量。有颜色的水样，应由测得的样品溶液的吸光度减去测得的样品空白吸光度，再从校准曲线上查出锰的质量。

4.16.2.6 **结果计算**

水样中锰的质量浓度按式(21)计算。

$$\rho(Mn)=\frac{m}{V} \qquad (21)$$

式中：

$\rho(Mn)$——水样中锰的质量浓度，单位为毫克每升(mg/L)；

m——从校准曲线上查得的样品管中锰的质量，单位为微克(μg)；

V——水样体积，单位为毫升(mL)。

4.16.2.7 **精密度与准确度**

有 22 个实验室用本法测定含锰 130 μg/L 的合成水样，其他金属浓度(μg/L)为：汞，5.1；锌，39；铜，26.5；镉，29；铁，150；铬，46；铅，54。相对标准差为 7.9%，相对误差为 7.7%。

4.16.3 **甲醛肟分光光度法**

4.16.3.1 **范围**

本法最低检测质量浓度为 0.02 mg/L。

钴大于 1.5 mg/L 时，出现正干扰。

4.16.3.2 **原理**

在碱性溶液中，甲醛肟与锰形成棕红色的化合物，在波长 450 nm 处测定吸光度。

4.16.3.3 **试剂**

4.16.3.3.1 硝酸($\rho_{20}=1.42$ g/mL)。

4.16.3.3.2 过硫酸钾($K_2S_2O_8$)。

4.16.3.3.3 亚硫酸钠(Na_2SO_3)。

4.16.3.3.4 硫酸亚铁铵溶液:称取 70 mg 硫酸亚铁铵[$(NH_4)_2Fe(SO_4)_2 \cdot 6H_2O$],加入 10 mL 硫酸溶液(1+9),用纯水稀释至 1 000 mL。

4.16.3.3.5 氢氧化钠溶液(160 g/L):称取 160 g 氢氧化钠(NaOH),溶于纯水,并稀释至 1 000 mL。

4.16.3.3.6 乙二胺四乙酸二钠溶液(372 g/L):称取 37.2 g 乙二胺四乙酸二钠($C_{10}H_{14}N_2O_8Na_2 \cdot 2H_2O$),加入约 50 mL 氢氧化钠溶液(4.16.3.3.5),搅拌至完全溶解,用纯水稀释至 100 mL。

4.16.3.3.7 甲醛肟溶液:称取 10 g 盐酸羟胺($NH_2OH \cdot HCl$),溶于约 50 mL 纯水中,加 5 mL 甲醛溶液(ρ_{20}=1.08 g/mL),用纯水稀释至 100 mL。将试剂保存在阴凉处,至少可保存一个月。

4.16.3.3.8 氨水溶液(35+100):量取 70 mL 氨水(ρ_{20}=0.88 g/mL),用纯水稀释至 200 mL。

4.16.3.3.9 盐酸羟胺溶液(417 g/L):称取 41.7 g 盐酸羟胺($NH_2OH \cdot HCl$),溶于纯水并稀释至100 mL。

4.16.3.3.10 氨性盐酸羟胺溶液:将氨水溶液(4.16.3.3.8)和盐酸羟胺溶液(4.16.3.3.9)等体积混合即成。

4.16.3.3.11 锰标准使用溶液[ρ(Mn)=10 μg/mL]:同 4.16.2.3.5。

4.16.3.3.12 硝酸溶液[$c(HNO_3)$=0.1 mol/L]。

4.16.3.4 **仪器**

4.16.3.4.1 锥形瓶:100 mL。

4.16.3.4.2 具塞比色管:50 mL。

4.16.3.4.3 分光光度计。

4.16.3.5 **分析步骤**

4.16.3.5.1 **水样的预处理**

对含有悬浮锰及有机锰的水样,需进行预处理。处理步骤为:取一定量的水样于锥形瓶中,按每50 mL水样加 0.5 mL 硝酸(4.16.3.3.1)、0.25 g 过硫酸钾(4.16.3.3.2),放入玻璃珠数粒,在电炉上煮沸 30 min,取下稍冷,用快速定性滤纸过滤,用硝酸溶液(4.16.3.3.12)洗涤滤纸数次。滤液中加入约 0.5 g 亚硫酸钠(4.16.3.3.3),用纯水定容至一定体积,作为测试溶液。

若是清洁水样,可不经预处理直接测定。

4.16.3.5.2 **测定**

吸取 50.0 mL 水样或测试溶液于比色管中。另取 50 mL 比色管 8 支,分别加入锰标准使用溶液(4.16.3.3.11)0,0.10,0.25,0.50,1.00,2.00,3.00 和 4.00 mL,加纯水至刻度。

向水样及标准系列管中各加 1.0 mL 硫酸亚铁铵溶液(4.16.3.3.4)、0.5 mL 乙二胺四乙酸钠溶液(4.16.3.3.6),混匀后,加入 0.5 mL 甲醛肟溶液(4.16.3.3.7),并立即加 1.5 mL 氢氧化钠溶液(4.16.3.3.5),混匀后打开管塞静置 10 min。再加入 3 mL 氨性盐酸羟胺溶液(4.16.3.3.10),至少放置 1 h(室温低于 15 ℃时,放入温水浴中),在波长 450 nm 处,用 5 cm 比色皿以纯水为参比,测定吸光度。绘制校准曲线,并查出水样管中锰的质量。

4.16.3.6 **结果计算**

水样中锰的质量浓度按式(22)计算。

$$\rho(\mathrm{Mn}) = \frac{m}{V} \qquad \cdots\cdots(22)$$

式中:

ρ(Mn)——水样中锰的质量浓度,单位为毫克每升(mg/L);

m——从校准曲线上查得的样品管中锰的质量,单位为微克(μg);

V——水样体积,单位为毫升(mL)。

4.16.3.7 **精密度与准确度**

三个实验室测定了锰质量浓度为 0.02,0.10 和 0.40 mg/L 的人工合成水样,相对标准差分别为

10%～16.6%、4.6%～5.0%和1.4%～3.0%；单个实验室测定了锰质量浓度为0.8 mg/L的人工合成水样，相对标准差为1.1%。

七个实验室采用自来水、井水、河水、矿泉水和人工合成水样作加标回收试验，回收率为94%～108%。

4.17 铜

4.17.1 火焰原子吸收分光光度法

4.17.1.1 直接法

4.17.1.1.1 范围

本法适宜的测定范围：铜 0.2 mg/L～5.0 mg/L，铁 0.3 mg/L～5.0 mg/L，锰 0.1 mg/L～3.0 mg/L，锌 0.05 mg/L～1.0 mg/L，镉 0.05 mg/L～2.0 mg/L，铅 1.0 mg/L～20 mg/L。

4.17.1.1.2 原理

水样中金属离子被原子化后，吸收来自同种金属元素空心阴极灯发出的共振线（铜，324.7 nm；铅，283.3 nm；铁，248.3 nm；锰，279.5 nm；锌，213.9 nm；镉，228.8 nm），其吸收强度与样品中该元素的含量成正比。在其他条件不变的情况下，根据测定被吸收的谱线强度，与标准系列比较定量。

4.17.1.1.3 试剂

以下配制试剂所用的纯水均为去离子蒸馏水。

4.17.1.1.3.1 铁标准贮备溶液[$\rho(Fe)=1$ mg/mL]：称取1.000 g纯铁粉[$w(Fe)>99.9\%$]或1.430 0 g氧化铁（Fe_2O_3，优级纯），加入10 mL硝酸溶液（1+1），慢慢加热并滴加盐酸（$\rho_{20}=1.19$ g/mL）助溶，至完全溶解后加纯水定容至1 000 mL。

4.17.1.1.3.2 铜标准贮备溶液[$\rho(Cu)=1$ mg/mL]：称取1.000 g纯铜粉[$w(Cu)>99.9\%$]，溶于15 mL硝酸溶液（1+1）中，用纯水定容至1 000 mL。

4.17.1.1.3.3 锰标准贮备溶液[$\rho(Mn)=1$ mg/mL]：称取1.291 2 g氧化锰（MnO，优级纯）或称取1.000 g金属锰[$w(Mn)>99.8\%$]，加硝酸溶液（1+1）溶解后，用纯水定容至1 000 mL。

4.17.1.1.3.4 锌标准贮备溶液[$\rho(Zn)=1$ mg/mL]：称取1.000 g纯锌[$w(Zn)>99.9\%$]，溶于20 mL硝酸溶液（1+1）中，并用纯水定容至1 000 mL。

4.17.1.1.3.5 镉标准贮备溶液[$\rho(Cd)=1$ mg/mL]：称取1.000 g纯镉粉，溶于5 mL硝酸溶液（1+1）中，并用纯水定容至1 000 mL。

4.17.1.1.3.6 铅标准贮备溶液[$\rho(Pb)=1$ mg/mL]：称取1.598 5 g干燥的硝酸铅[$Pb(NO_3)_2$]，溶于约200 mL纯水中，加入1.5 mL硝酸（$\rho_{20}=1.42$ g/mL），用纯水定容至1 000 mL。

4.17.1.1.3.7 硝酸（$\rho_{20}=1.42$ g/mL），优级纯。

4.17.1.1.3.8 盐酸（$\rho_{20}=1.19$ g/mL），优级纯。

4.17.1.1.4 仪器

本方法中所有玻璃器皿，使用前均应先用硝酸溶液（1+1）浸泡，并直接用纯水清洗。特别是测定锌所用的器皿，更应严格防止与含锌的水（自来水）接触。

4.17.1.1.4.1 原子吸收分光光度计：配有铜、铁、锰、锌、镉、铅空心阴极灯。

4.17.1.1.4.2 电热板。

4.17.1.1.4.3 抽气瓶和玻璃砂芯滤器。

4.17.1.1.5 分析步骤

4.17.1.1.5.1 水样的预处理

澄清的水样可直接进行测定；悬浮物较多的水样，分析前需酸化并消化有机物。若需测定溶解的金属，则应在采样时将水样通过0.45 μm滤膜过滤，然后按每升水样加1.5 mL硝酸（4.17.1.1.3.7）酸化使其pH小于2。

水样中的有机物一般不干扰测定，为使金属离子能全部进入水溶液和促使颗粒物质溶解有利于萃取和原子化，可采用盐酸-硝酸消化法。于每升酸化水样中加入5 mL硝酸（4.17.1.1.3.7）。混匀后取定量水样，按每 100 mL 水样加入 5 mL 盐酸(4.17.1.1.3.8)。在电热板上加热 15 min。冷至室温后，用玻璃砂芯漏斗过滤，最后用纯水稀释至一定体积。

4.17.1.1.5.2 水样测定

将各种金属标准贮备溶液用每升含 1.5 mL 硝酸(4.17.1.1.3.7)的纯水稀释，并配制成下列浓度(mg/L)的标准系列：铜，0.20～5.0；铁，0.3～5.0；锰，0.10～3.0；锌，0.05～1.0；镉，0.05～2.0；铅，1.0～20。

将标准系列溶液和样品溶液依次喷入火焰，测量吸光度。绘制校准曲线，并查出各待测金属元素的质量浓度。

注：所列测定范围受不同型号仪器的灵敏度及操作条件的影响而变化时，可酌情改变上述测定范围。

4.17.1.1.6 结果计算

从校准曲线直接查出水样中待测金属的质量浓度(mg/L)。

4.17.1.1.7 精密度和准确度

8 个实验室测定含铁 78 μg/L 的合成水样，其他金属的浓度(μg/L)为：镉，27；铬，65；铜，37；汞，4；镍，96；铅，113；锌，26；锰，47。相对标准偏差为 12.3%，相对误差为 13.3%。

22 个实验室测定含锰 130 μg/L 的合成水样，其他金属浓度(μg/L)为：汞，5.1；锌，39；铜，26.5；镉，29；铁，150；铬，46；铅，54。相对标准偏差为 7.9%，相对误差为 7.7%。

11 个实验室测定含锌 478 和 26 μg/L 的合成水样，其他成分的浓度(μg/L) 为：铝，852 和 435；砷，182 和 61；铍，261 和 183；镉，59 和 27；钴，348 和 96；铬，304 和 65；铜，374 和 37；铁，796 和 78；汞，7.6 和 4.4；锰，478 和 47；镍，165 和 96；铅，383 和 113；硒，48 和 16；钒，848 和 470。相对标准偏差分别为 9.2%和 7.6%，相对误差分别为 4.0%和 0%。

18 个实验室测定含镉 27 μg/L 的合成水样，其他离子浓度(μg/L)为：汞，4.4；锌，26；铜，37；铁，7.8；锰，47。测得镉的相对标准偏差为 4.6%，相对误差为 3.7%。

17 个实验室测定含铅 383 和 13 μg/L 的合成水样，其他成分的浓度(μg/L) 为：铝，852 和 435；砷，182 和 61；铍，261 和 183；镉，59 和 27；镍，165 和 96；钴，348 和 96；铬，304 和 65；铜，374 和 37；铁，796 和 78；硒，48 和 16；汞，7.6 和 4.4；锰，478 和 47；钒，848 和 470；锌，478 和 26。测定铅的相对标准偏差分别为 5.5%和 5.2%，相对误差分别为 0.5%和 1.8%。

4.17.1.2 萃取法

4.17.1.2.1 范围

本法最低检测质量为铁、锰、铅，2.5 μg；铜，0.75 μg；锌、镉，0.25 μg。若取 100 mL 水样萃取，则最低检测质量浓度分别为铁、锰、铅，25 μg/L，铜，7.5 μg/L，锌、镉，2.5 μg/L。

本法适宜的测定范围：铁、锰、铅，25 μg/L～300 μg/L；铜，7.5 μg/L～90 μg/L；锌、镉，2.5 μg/L～30 μg/L。

4.17.1.2.2 原理

于微酸性水样中加入吡咯烷二硫代氨基甲酸铵，和金属离子形成络合物，用甲基异丁基甲酮萃取，萃取液喷雾，测定各自波长下的吸光度，求出待测金属离子的浓度。

4.17.1.2.3 试剂

4.17.1.2.3.1 各种金属离子的标准贮备溶液：同 4.17.1.1.3.1～4.17.1.1.3.6。

4.17.1.2.3.2 各种金属离子的标准使用溶液：用每升含 1.5 mL 硝酸(4.17.1.1.3.7)的纯水将各种金属离子贮备溶液稀释成 1.00 mL 含 10 μg 铁、锰和铅，1.00 mL 含 3.0 μg 铜及 1.00 mL 含 1.0 μg 锌、镉的标准使用液。

4.17.1.2.3.3 甲基异丁基甲酮[$(CH_3)_2CHCH_2COCH_3$，简称 MIBK]。

注：对品级低的甲基异丁基甲酮，需用 5 倍体积的盐酸溶液(1+99)振摇，洗除所含杂质，弃去盐酸相，再用纯水洗去过量的酸。

4.17.1.2.3.4　酒石酸溶液(150 g/L):称取 150 g 酒石酸($C_4H_6O_6$)溶于纯水中，稀释至 1 000 mL。酒石酸中如含有金属杂质时，在溶液中加入 10 mL APDC 溶液(4.17.1.2.3.8)，用 MIBK 萃取提纯。

4.17.1.2.3.5　硝酸溶液[$c(HNO_3)=1$ mol/L]:吸取 7.1 mL 硝酸($\rho_{20}=1.42$ g/mL)加到纯水中，稀释至 100 mL。

4.17.1.2.3.6　氢氧化钠溶液(40 g/L):称取 4 g 氢氧化钠(NaOH)溶于纯水中，并稀释至 100 mL。

4.17.1.2.3.7　溴酚蓝指示剂(0.5 g/L):称取 0.05 g 溴酚蓝($C_{19}H_{10}Br_4O_5S$)，溶于乙醇[$\phi(C_2H_5OH)=95\%$]中，并稀释至 100 mL。

4.17.1.2.3.8　吡咯烷二硫代氨基甲酸铵溶液(APDC)[20 g/L]:称取 2 g 吡咯烷二硫代氨基甲酸铵($C_5H_{12}N_2S_2$)溶于纯水中，滤去不溶物，并稀释至 100 mL，临用前配制。

4.17.1.2.4　仪器

4.17.1.2.4.1　原子吸收分光光度计:配有铁、锰、铜、锌、镉、铅空心阴极灯。

4.17.1.2.4.2　分液漏斗:125 mL。

4.17.1.2.4.3　具塞试管:10 mL。

4.17.1.2.5　分析步骤

吸取 100 mL 水样于 125 mL 分液漏斗中。

分别向 6 个 125 mL 分液漏斗中加入各金属标准使用溶液(4.17.1.2.3.2)0，0.25，0.50，1.00，2.00和 3.00 mL，加每升含 1.5 mL 硝酸(4.17.1.1.3.7)的纯水至 100 mL，成为含有 0，25.0，50.0，100.0，200.0 和 300.0 μg/L 铁、锰、铅和 0，7.50，15.0，30.0，60.0 和 90.0 μg/L 铜以及 0，2.50，5.00，10.0，20.0 和 30.0 μg/L 锌、镉的标准系列。

向盛有水样及金属标准溶液的分液漏斗中各加 5 mL 酒石酸溶液(4.17.1.2.3.4)，混匀。以溴酚蓝指示剂(4.17.1.2.3.7)，用硝酸溶液(4.17.1.2.3.5)或氢氧化钠溶液(4.17.1.2.3.6)调节水样及标准溶液的 pH 至 2.2～2.8，此时溶液由蓝色变为黄色。

向各分液漏斗加入 2.5 mL 吡咯烷二硫代氨基甲酸铵溶液(4.17.1.2.3.8)，混匀。再各加入10 mL 甲基异丁基甲酮(4.17.1.2.3.3)，振摇 2 min。静置分层，弃去水相。用滤纸或脱脂棉擦去分液漏斗颈内壁的水膜。另取干燥脱脂棉少许塞于分液漏斗颈末端，将萃取液通过脱脂棉滤入干燥的具塞试管中。

将甲基异丁基甲酮通过细导管喷入火焰，并调节进样量为每分钟 0.8 mL～1.5 mL。减少乙炔流量，调节火焰至正常高度。

将标准系列和样品萃取液及甲基异丁基甲酮(4.17.1.2.3.3) 间隔喷入火焰，测定吸光度(测定应在萃取后 5 h 内完成)。绘制校准曲线，并查出水样中待测金属的质量浓度(mg/L)。

4.7.1.2.6　结果计算

样品经浓缩或稀释后萃取，可从校准曲线上查得待测金属浓度后按式(23)计算。

$$\rho(B)=\frac{\rho_1\times 100}{V} \qquad \cdots\cdots(23)$$

式中：

$\rho(B)$——水样中待测金属的质量浓度，单位为毫克每升(mg/L)；

ρ_1——从校准曲线上查得的待测金属质量浓度，单位为毫克每升(mg/L)；

V——水样体积，单位为毫升(mL)；

100——用纯水稀释后的体积，单位为毫升(mL)。

4.17.1.2.7　精密度与准确度

有 5 个实验室用本法测定合成水样，其中各金属浓度(μg/L)分别为：铜，26.5；汞，5.1；锌，39；镉，29；铁，150；锰，130。相对标准偏差为 9.3%，相对误差为 6.8%。

4.17.1.3　共沉淀法

4.17.1.3.1　范围

本法最低检测质量：铜、锰，2 μg；锌、铁，2.5 μg；镉，1 μg；铅，5 μg。若取 250 mL 水样共沉淀，则最低检测质量浓度分别为铜、锰，0.008 mg/L；锌、铁，0.01 mg/L；镉，0.004 mg/L 和铅，0.02 mg/L。

本法适宜的测定范围：铜、锰，0.008 mg/L～0.04 mg/L；锌、铁，0.01 mg/L～0.05 mg/L；镉，0.004 mg/L～0.02 mg/L；铅，0.02 mg/L～0.1 mg/L。

4.17.1.3.2 原理

水样中的铜、铁、锌、锰、镉、铅等金属离子经氢氧化镁共沉淀捕集后，加硝酸溶解沉淀，酸液喷雾，测定各自波长下的吸光度，求出待测金属离子的浓度。

4.17.1.3.3 试剂

4.17.1.3.3.1 各种金属离子的标准贮备溶液：同 4.17.1.1.3.1～4.17.1.1.3.6。

4.17.1.3.3.2 各种金属离子的混合标准溶液：分别吸取一定量的各种金属离子标准贮备溶液置于同一容量瓶中，用每升含 1.5 mL 硝酸(4.17.1.1.3.7)的纯水稀释，使成下列浓度(μg/mL)：镉，1.00；铜、锰，2.00；铁、锌，2.50；铅，5.00。

4.17.1.3.3.3 氯化镁溶液(100 g/L)：称取 10 g 氯化镁($MgCl_2 \cdot 6H_2O$)用纯水溶解，并稀释至 100 mL。

4.17.1.3.3.4 氢氧化钠溶液(200 g/L)。

4.17.1.3.3.5 硝酸溶液(1+1)。

4.17.1.3.4 仪器

4.17.1.3.4.1 原子吸收分光光度计：配有铁、锰、铜、锌、镉、铅空心阴极灯。

4.17.1.3.4.2 量筒：250 mL。

4.17.1.3.4.3 容量瓶：25 mL。

4.17.1.3.5 分析步骤

4.17.1.3.5.1 量取 250 mL 水样于量筒中，加入 2 mL 氯化镁溶液(4.17.1.3.3.3)，边搅拌边滴加 2 mL氢氧化钠溶液(4.17.1.3.3.4)(如加酸保存水样，则先用氨水中和至中性)。然后继续搅拌 1 min。静置使沉淀下降到 25 mL 以下(约需 2 h)，用虹吸法吸去上清液至剩余体积为 20 mL 左右，加 1 mL 硝酸溶液(4.17.1.3.3.5) 溶解沉淀，转入 25 mL 容量瓶中，加纯水至刻度，摇匀。

4.17.1.3.5.2 另取 6 个量筒，分别加入混合标准溶液(4.17.1.3.3.2)0，1.00，2.00，3.00，4.00 和 5.00 mL，加纯水至 250 mL，以下操作按 4.17.1.3.5.1 进行。

4.17.1.3.5.3 将水样及标准系列溶液分别喷雾，测定各自波长下的吸光度。绘制校准曲线，并查出水样中各金属离子的质量浓度。

4.17.1.3.6 结果计算

可从校准曲线上直接查出各金属离子的质量浓度。

4.17.1.3.7 精密度与准确度

10 个实验室测定了含有低、中、高浓度铜的加标水样，相对标准偏差分别为：低浓度(0.008 mg/L～0.012 mg/L) 6.6%～13.5%；中浓度(0.024 mg/L～0.025 mg/L)4.8%～6.1%；高浓度(0.04 mg/L 以上)0.50%～6.9%。

10 个实验室测定了铅的精密度，相对标准偏差分别为：低浓度(0.02 mg/L～0.025 mg/L)4.4%～13.9%；中浓度(0.04 mg/L～0.06 mg/L)2.9%～13.2%；高浓度(0.08 mg/L 以上)3.8%～15.7%。

10 个实验室测定了镉的精密度，相对标准偏差分别为：低浓度(0.004 mg/L～0.01 mg/L)3.8%～11.2%；中浓度(0.04 mg/L～0.06 mg/L)2.9%～13.2%；高浓度(0.06 mg/L 以上)1.2%～12.4%。

8 个实验室测定了锌的精密度，相对标准偏差分别为：低浓度(0.005 mg/L～0.01 mg/L)4.4%～14.1%；中浓度(0.02 mg/L～0.04 mg/L)2.9%～10.6%；高浓度(0.05 mg/L 以上)1.4%～10.9%。

6 个实验室测定了铁和锰的精密度。铁的相对标准偏差分别为：低浓度(0.01 mg/L～0.015 mg/L)6.7%～17.8%；中浓度(0.04 mg/L)3.9%～15.5%；高浓度(0.05 mg/L 以上)0.9%～14.7%。锰的相对标准偏差分别为：低浓度(0.008 mg/L～0.01 mg/L)4.4%～14.4%；中浓度(0.02 mg/L～

0.04 mg/L)2.5%～9.4%；高浓度(0.05 mg/L 以上)0.8%～11.4%。

10 个试验室做了铜、铅的回收率试验。铜的回收率为：加标浓度 0.008 mg/L～0.016 mg/L 时，92.3%～109%；加标浓度 0.028 mg/L～0.05 mg/L 时，92.3%～108%；加标浓度 0.4 mg/L～2.0 mg/L 时，92.5%～105%。铅的回收率为：加标浓度 0.02 mg/L 时，86.8%～107%；加标浓度 0.04 mg/L～0.07 mg/L 时，91.4%～108%；加标浓度 0.16 mg/L～0.8 mg/L 时，82.3%～137%。

8 个试验室做了锌的回收率试验。加标浓度 0.01 mg/L 时，回收率 92.0%～107%；加标浓度 0.04 mg/L～0.08 mg/L 时，98.0%～110%；加标浓度 0.24 mg/L～2.0 mg/L 时，95.0%～117%。

6 个试验室做了镉、铁、锰的回收率试验。镉的回收率为：加标浓度 0.004 mg/L～0.016 mg/L 时，92.5%～105.5%；加标浓度 0.04 mg/L～0.08 mg/L 时，95.0%～106%；加标浓度 0.2 mg/L～0.24 mg/L时，95.0%～102.5%。铁的回收率为：加标浓度 0.04 mg/L 时，95.4%～112.8%；加标浓度 0.4 mg/L 时，97.5%～102.5%；加标浓度 1.2 mg/L～2.0 mg/L 时，94.0%～101%。锰的回收率为：加标浓度 0.04 mg/L 时，90%～100%；加标浓度 0.4 mg/L 时，97.5%～105%；加标浓度 1.2 mg/L～2.0 mg/L 时，92.5%～103%。

4.17.1.4 巯基棉富集法

4.17.1.4.1 范围

本法最低检测质量：铅，1 μg；镉，0.1 μg；铜，1 μg。若取 500 mL 水样富集，则最低检测质量浓度(mg/L)：铅，0.004；镉，0.000 4 和铜，0.004。

若取 500 mL 水样，经巯基棉富集分离与洗脱处理，大多数阳离子不干扰测定。

4.17.1.4.2 原理

水中痕量的铅、镉、铜经巯基棉富集分离后，在盐酸介质中用火焰原子吸收分光光度法测定，以吸光度定量。

4.17.1.4.3 试剂

以下配制试剂所用的纯水均为去离子蒸馏水，所用试剂均为优级纯。

4.17.1.4.3.1 铅、镉、铜标准贮备溶液：同 4.17.1.1.3.6、4.17.1.1.3.5、4.17.1.1.3.2。

4.17.1.4.3.2 铅、镉、铜混合标准溶液：用铅、镉、铜标准贮备溶液(4.17.1.4.3.1)稀释成下列浓度的混合标准溶液：$\rho(Pb)=10\ \mu g/mL$，$\rho(Cd)=10\ \mu g/mL$ 和 $\rho(Cu)=10\ \mu g/mL$。

4.17.1.4.3.3 巯基棉：取 100 mL 巯基乙醇酸($CH_2SHCOOH$)，70 mL 乙酸酐[$(CH_3CO)_2O$]，32 mL 乙酸[$\phi(CH_3COOH)=36\%$]，0.3 mL 硫酸($\rho_{20}=1.84$ g/mL)及 10 mL 去离子水，依次加到 250 mL 广口瓶中，充分摇匀，冷却至室温。另取 30 g 脱脂棉放入广口瓶中，让棉花完全浸湿，待反应热散去后(必要时可用冷水冷却)，加盖，在 35 ℃烘箱中放置 2 d～4 d 后取出，经漏斗或滤器抽滤至干。用纯水充分洗去未反应的物质，再加入盐酸溶液(1 mol/L)淋洗，最后用纯水淋洗至中性。抽干后摊开，在 30 ℃烘箱中烘干，放入棕色瓶中于密闭冷暗处保存，有效期至少可达一年。

4.17.1.4.4 仪器

本法所用玻璃器皿均用硝酸溶液(1+4)浸泡 12 h，并用纯水洗净。

4.17.1.4.4.1 原子吸收分光光度计：配有铜、镉、铅空心阴极灯。

4.17.1.4.4.2 巯基棉富集装置：用 500 mL 分液漏斗制成。

4.17.1.4.4.3 具塞刻度试管：10 mL。

4.17.1.4.5 分析步骤

4.17.1.4.5.1 称取 0.1 g 巯基棉均匀地装入分液漏斗的颈管中，加入少量纯水使巯基棉湿润。加入 5 mL 盐酸溶液(1+98)使其通过巯基棉，再用纯水淋洗至中性。

4.17.1.4.5.2 取 500 mL 加硝酸保存的水样，用氨水(1+9)调节 pH 至 6.0～7.5，移入 500 mL 分液

漏斗中,以 5 mL/min 的流速使水样通过巯基棉,水样流完后用洗耳球吹尽颈管中残留水样。用 4.5 mL 80 ℃热盐酸溶液分两次通过巯基棉洗脱待测组分,收集洗脱液于 10 mL 刻度试管内(每次吹尽巯基棉中的残留液),加纯水定容至 5 mL。

4.17.1.4.5.3 吸取铅、镉、铜混合标准溶液(4.17.1.4.3.2)0,1.00,3.00,5.00 和 7.50 mL 分别置于 5 支 25 mL 比色管中,用盐酸溶液(1+49)稀释至刻度。

4.17.1.4.5.4 将标准系列和样品溶液依次喷入火焰,测定吸光度,绘制校准曲线并查出各待测金属的质量。

4.17.1.4.6 结果计算

水样中铜(或镉、铅)的质量浓度按式(24)计算。

$$\rho(\mathrm{B}) = \frac{m}{V} \qquad \cdots\cdots(24)$$

式中:

$\rho(\mathrm{B})$——水样中铜(或镉、铅)的质量浓度,单位为毫克每升(mg/L);

m——从校准曲线查得的样品中的金属质量,单位为微克(μg);

V——水样体积,单位为毫升(mL)。

4.17.1.4.7 精密度与准确度

7 个实验室重复测定加标水样,其铅含量为 2.00 μg/L～22.0 μg/L,铜含量为 1.5 μg/L～22.0 μg/L,镉含量为 0.25 μg/L～3.0 μg/L。相对标准偏差,铅为 2.0%～10.0%;铜为 4.0%～6.0%;镉为 0.8%～10%。

测定含铅 5 μg/L～22 μg/L,铜 3 μg/L～22 μg/L,镉 0.5 μg/L～3 μg/L 的加标水样,回收率分别为铅 90.0%～105%,铜 96.0%～104%和镉 94.0%～105%。

4.17.2 无火焰原子吸收分光光度法

4.17.2.1 范围

本法最低检测质量 34pg,若取 20 μL 水样测定,则最低检测质量浓度为 1.7 μg/L。

水中共存离子一般不产生干扰。

4.17.2.2 原理

样品经适当处理后,注入石墨炉原子化器,所含的金属离子在石墨管内经原子化高温蒸发解离为原子蒸气。待测元素的基态原子吸收来自同种元素空心阴极灯发射的共振线,其吸收强度在一定范围内与金属浓度成正比。

4.17.2.3 试剂

4.17.2.3.1 铜标准贮备溶液[$\rho(\mathrm{Cu})=1$ mg/mL]:称取 0.500 0 g 纯铜粉溶于 10 mL 硝酸溶液(1+1)中,并用纯水定容至 500 mL。

4.17.2.3.2 铜标准中间溶液[$\rho(\mathrm{Cu})=50$ μg/mL]:吸取 5.00 mL 铜标准贮备溶液(4.17.2.3.1)于 100 mL 容量瓶中,用硝酸溶液(1+99)定容至刻度,摇匀。

4.17.2.3.3 铜标准使用溶液[$\rho(\mathrm{Cu})=1$ μg/mL]:吸取 2.00 mL 铜标准中间溶液(4.17.2.3.2)于 100 mL容量瓶中,用硝酸溶液(1+99)定容至刻度,摇匀。

4.17.2.4 仪器

4.17.2.4.1 石墨炉原子吸收分光光度计:配有铜元素空心阴极灯。

4.17.2.4.2 氩气钢瓶。

4.17.2.4.3 微量加液器:20 μL。

4.17.2.4.4 容量瓶:100 mL。

4.17.2.5 仪器工作条件

参考仪器说明书将仪器工作条件调整至测铜最佳状态,波长 324.7 nm,石墨炉工作程序见表 8。

表 8 石墨炉工作程序

程序	干燥	灰化	原子化	清除
温度/℃	120	900	2 300	2 500
斜率/s	20	10	—	—
保持/s	10	20	5	3
氩气流量/(mL/min)	—	300	0	300

4.17.2.6 **分析步骤**

4.17.2.6.1 吸取铜标准使用溶液(4.17.2.3.3)0,1.00,2.00,3.00 和 4.00 mL 于 5 个 100 mL 容量瓶内,用硝酸溶液(1+99)稀释至刻度,摇匀,分别配制成 $\rho(Cu)=0,10.0,20.0,30.0$ 和 40.0 ng/mL 的标准系列。

4.17.2.6.2 仪器参数设定后依次吸取 20 μL 试剂空白,标准系列和样品,注入石墨管,启动石墨炉控制程序和记录仪,记录吸收峰高或峰面积。绘制校准曲线,并从曲线上查出铜的质量浓度。

4.17.2.7 **结果计算**

若样品经处理或稀释,从校准曲线查出铜质量浓度后,按式(25)计算。

$$\rho(Cu)=\frac{\rho_1\times V_1}{V} \qquad \cdots\cdots(25)$$

式中:

$\rho(Cu)$——水样中铜的质量浓度,单位为微克每升(μg/L);

ρ_1——从校准曲线上查得的试样中铜的质量浓度,单位为微克每升(μg/L);

V——水样体积,单位为毫升(mL);

V_1——测定样品的体积,单位为毫升(mL)。

4.17.3 **二乙基二硫代氨基甲酸钠分光光度法**

4.17.3.1 **范围**

本法最低检测质量为 2 μg,若取 100 mL 水样测定,最低检测质量浓度为 0.02 mg/L。

铁与这种试剂形成棕色化合物对本法有干扰,可用柠檬酸掩蔽。镍、钴与试剂呈绿黄色至暗绿色,可用 EDTA 掩蔽。铋与试剂呈黄色,但在 440 nm 波长吸收极小,存在量为铜的两倍时,其干扰可以忽略。锰呈微红色,但颜色很不稳定,微量时显色后放置一段时间,颜色即可褪去。含量高时,加入盐酸羟胺,即可消除干扰。

4.17.3.2 **原理**

在 pH=9~11 的氨溶液中,铜离子与二乙基二硫代氨基甲酸钠反应,生成棕黄色络合物,用四氯化碳或三氯甲烷萃取后比色定量。

4.17.3.3 **试剂**

以下所有试剂均需用不含铜的纯水配制。

4.17.3.3.1 氨水(1+1)。

4.17.3.3.2 四氯化碳或三氯甲烷。

4.17.3.3.3 二乙基二硫代氨基甲酸钠溶液(1 g/L):称取 0.1 g 二乙基二硫代氨基甲酸钠[$(C_2H_5)_2NCS_2Na$],溶于纯水中并稀释至 100 mL。储存于棕色瓶内,在冰箱内保存。

4.17.3.3.4 乙二胺四乙酸二钠-柠檬酸三铵溶液:称取 5 g 乙二胺四乙酸二钠($C_{10}H_{14}N_2O_8Na_2\cdot 2H_2O$)和 20 g 柠檬酸三铵[$(NH_4)_3C_6H_5O_7$],溶于纯水中,并稀释成 100 mL。

4.17.3.3.5 铜标准使用溶液[$\rho(Cu)=10$ μg/mL]:吸取 10.00 mL 铜标准贮备溶液(4.17.1.1.3.2),用纯水定容至 1 000 mL。

4.17.3.3.6 甲酚红溶液(1.0 g/L):称取 0.1 g 甲酚红($C_{21}H_{18}O_5S$),溶于乙醇[$\varphi(C_2H_5OH)=95\%$]

并稀释至 100 mL。

4.17.3.4 仪器

4.17.3.4.1 分液漏斗:250 mL。

4.17.3.4.2 具色比色管:10 mL。

4.17.3.4.3 分光光度计。

4.17.3.5 分析步骤

4.17.3.5.1 取 100 mL 水样于 250 mL 分液漏斗中(若水样色度过高时,可置于烧杯中,加入少量过硫酸铵,煮沸,使体积浓缩至 70 mL,冷却后加水稀释至 100 mL)。

4.17.3.5.2 另取 6 个 250 mL 分液漏斗,各加 100 mL 纯水,然后分别加入铜标准使用溶液(4.17.3.3.5)0、0.20、0.40、0.60、0.80 和 1.00 mL,混匀。

4.17.3.5.3 向样品及标准系列溶液中各加 5 mL 乙二胺四乙酸二钠-柠檬酸三铵溶液(4.17.3.3.4)及 3 滴甲酚红溶液(4.17.3.3.6),滴加氨水(4.17.3.3.1)至溶液由黄色变为浅红色,再各加 5 mL 二乙基二硫代氨基甲酸钠溶液(4.17.3.3.3),混匀,放置 5 min。

4.17.3.5.4 各加 10.0 mL 四氯化碳或三氯甲烷(4.17.3.3.2),振摇 2 min,静置分层。用脱脂棉擦去分液漏斗颈内水膜,将四氯化碳相放入干燥的 10 mL 具塞比色管中。

4.17.3.5.5 于波长 436 nm 处,用 2 cm 比色皿,以四氯化碳为参比,测定样品及标准系列溶液的吸光度。绘制校准曲线,并从曲线上查出样品管中铜的质量。

4.17.3.6 结果计算

水样中铜的质量浓度按式(26)计算。

$$\rho(\mathrm{Cu}) = \frac{m}{V} \qquad \cdots\cdots(26)$$

式中:

$\rho(\mathrm{Cu})$——水样中铜的质量浓度,单位为毫克每升(mg/L);

m——从校准曲线上查得的样品管中铜的质量,单位为微克(μg);

V——水样体积,单位为毫升(mL)。

4.17.3.7 精密度与准确度

有 20 个实验室用本法测定含铜 26.5 μg/L 的合成水样,各金属浓度(μg/L)分别为:汞,5.1;锌,39;镉,29;铁,150;锰,130。相对标准偏差 25.8%,相对误差 17.0%。

4.18 锌

4.18.1 火焰原子吸收分光光度法

4.18.1.1 直接法

同 4.17.1.1。

4.18.1.2 萃取法

同 4.17.1.2。

4.18.1.3 共沉淀法

同 4.17.1.3。

4.18.2 锌试剂-环已酮分光光度法

4.18.2.1 范围

本法最低检测质量为 5 μg,若取 20 mL 水样测定,则最低检测质量浓度为 0.25 mg/L。

加入抗坏血酸钠可降低锰的干扰。Cu^{2+}、Pb^{2+}、Fe^{3+} 和 Mn^{2+} 质量浓度分别不超过 30,50,7 和 5 mg/L时,对测定无干扰。

4.18.2.2 原理

锌与锌试剂在 pH=9.0 条件下生成蓝色络合物。其他重金属也能与锌试剂生成有色络合物,加入氰化物可络合锌及其他重金属，但加入环己酮能使锌有选择性地从氰化络合物中游离出来，并与锌试剂发生显色反应。

4.18.2.3 **试剂**

4.18.2.3.1 环己酮。

4.18.2.3.2 抗坏血酸钠或抗坏血酸($C_6H_8O_6$)。

4.18.2.3.3 氰化钾溶液(10 g/L)：称取 1.0 g 氰化钾(KCN)溶于 100 mL 纯水中。

警告——此液剧毒!

4.18.2.3.4 缓冲溶液(pH=9)：称取 8.4 g 氢氧化钠(NaOH)，溶于 500 mL 纯水中，加入 31 g 硼酸(H_3BO_3)，溶解后再加纯水至 1 000 mL。

4.18.2.3.5 锌试剂溶液：称取 100 mg 锌试剂[$HOC_6H_3(SO_3H)N:NC(C_6H_5):NNC_6H_4COOH$]，溶于 100 mL 甲醇中。

4.18.2.3.6 锌标准贮备溶液[$\rho(Zn)$=1 mg/mL]：同 4.17.1.1.3.4。

4.18.2.3.7 锌标准使用溶液[$\rho(Zn)$=10 μg/mL]：临用前吸取 10.0 mL 锌标准贮备溶液(4.18.2.3.6)定容至 1 000 mL 。

4.18.2.4 **仪器**

4.18.2.4.1 比色管：50 mL。

4.18.2.4.2 分光光度计。

4.18.2.5 **分析步骤**

4.18.2.5.1 吸取澄清水样(如浑浊可用 0.45 μm 滤膜过滤)用盐酸溶液(1+5)或氢氧化钠溶液(80 g/L)调节 pH 至 7，然后吸取 20.0 mL 于 50 mL 比色管中。

4.18.2.5.2 分别吸取锌标准使用溶液(4.18.2.3.7)0，0.50，1.00，3.00，5.00，10.0 和 15.0 mL 置于 50 mL 比色管中，分别加水稀释至 20 mL。

4.18.2.5.3 加入 0.5 g 抗坏血酸钠，混匀。如用抗坏血酸，则需加约 0.6 mL 氢氧化钠溶液(200 g/L)，调至中性。

注：锰在 0.1 mg/L 以下时，可不加抗坏血酸钠。

4.18.2.5.4 向标准及水样管中各加 5.0 mL 缓冲液(4.18.2.3.4)，2.0 mL 氰化钾溶液(4.18.2.3.3)，3.0 mL 锌试剂溶液(4.18.2.3.5)。每加一种试剂均需充分混匀。

4.18.2.5.5 各加 1.5 mL 环己酮(4.18.2.3.1)，充分混合至溶液透明。

4.18.2.5.6 在波长 620 nm 处，用 1 cm 比色皿，以试剂空白为参比，测定吸光度。

4.18.2.5.7 绘制校准曲线并查出水样管中锌的质量。

4.18.2.6 **结果计算**

水样中锌的质量浓度按式(27)计算。

$$\rho(Zn) = \frac{m}{V} \quad \cdots\cdots(27)$$

式中：

$\rho(Zn)$——水样中锌的质量浓度，单位为毫克每升(mg/L)；

m——从校准曲线查得的水样管中锌的质量，单位为微克(μg)；

V——水样体积，单位为毫升(mL)。

4.18.2.7 **精密度与准确度**

同一实验室测定高、中、低三种浓度的加标水样，相对标准偏差 2.3%～4.6%。取两种地面水和一种自来水做回收试验，回收率 93.3%～107.6%。

另有两个实验室的测定结果，相对标准偏差分别为 0.7%～4.2%和 2.3%～6.8%；回收率分别为 97.1%～100.2%和 96.4%～107%。

4.18.3 催化示波极谱法

4.18.3.1 范围

本法最低检测质量为 0.1 μg，若取 10 mL 水样测定，则最低检测质量浓度为 10 μg/L。

下述共存物质(mg/L)对本法无干扰：Ca^{2+}，200；Mg^{2+}，40；Fe^{2+}、Mn^{2+}，1.0；Cu^{2+}、Cd^{2+}、Pb^{2+}、As^{3+}，20。大量的 K^{+}、Na^{+}、NO_2^{-}、SO_4^{2-}、F^{-}存在时不干扰测定。

4.18.3.2 原理

在酒石酸钾钠-乙二胺体系中，锌与乙二胺形成络合物，吸附于滴汞电极上，在－1.45 V 形成灵敏的络合物吸附催化波，其峰高与锌含量成正比。

4.18.3.3 试剂

4.18.3.3.1 酒石酸钾钠溶液(40 g/L)：称取 4 g 酒石酸钾钠($KNaC_4H_4O_6 \cdot 4H_2O$)，用纯水溶解并稀释至 100 mL。

4.18.3.3.2 乙二胺溶液(1＋1.5)：取 40 mL 乙二胺($H_2NCH_2CH_2NH_2$)，加 60 mL 纯水，混匀。

4.18.3.3.3 无水亚硫酸钠溶液(10 g/L)：称取 1 g 无水亚硫酸钠(Na_2SO_3)，用纯水溶解并稀释至100 mL。

4.18.3.3.4 硝酸-高氯酸(1＋1)：取硝酸(ρ_{20}＝1.42 g/mL)与高氯酸(ρ_{20}＝1.67 g/mL)等体积混合。

4.18.3.3.5 锌标准贮备溶液[ρ(Zn)＝1 mg/mL]：同 4.17.1.1.3.4。

4.18.3.3.6 锌标准使用液[ρ(Zn)＝1 μg/mL]：将锌标准贮备溶液(4.18.3.3.5)用纯水逐级稀释。

4.18.3.4 仪器

4.18.3.4.1 瓷坩埚：30 mL。

4.18.3.4.2 电热板。

4.18.3.4.3 示波极谱仪。

4.18.3.5 分析步骤

4.18.3.5.1 吸取 10.0 mL 水样于 30 mL 瓷坩埚中，加入 0.5 mL 硝酸-高氯酸(4.18.3.3.4)，在电热板上缓缓消化，直至得到白色残渣。同时作试剂空白。

4.18.3.5.2 取 8 个 30 mL 瓷坩埚，分别加入锌标准使用液(4.18.3.3.6)0，0.10，0.30，0.50，0.80，1.00，1.20 和 1.50 mL。

4.18.3.5.3 向样品及标准中各加入 2.0 mL 酒石酸钾钠溶液(4.18.3.3.1)，0.5 mL 无水亚硫酸钠溶液(4.18.3.3.3)，1.0 mL 乙二胺溶液(4.18.3.3.2)，加纯水至 10.0 mL。

4.18.3.5.4 于示波极谱仪上，用三电极系统，阴极化，原点电位为－1.30 V，导数扫描。在－1.45 V 处读取水样及标准系列的峰高。以锌质量为横坐标，峰高为纵坐标，绘制校准曲线，从曲线上查出水样中锌的质量。

4.18.3.6 结果计算

水样中锌的质量浓度按式(28)计算。

$$\rho(Zn) = \frac{m}{V} \qquad \cdots\cdots(28)$$

式中：

ρ(Zn)——水样中锌的质量浓度，单位为毫克每升(mg/L)；

m——从校准曲线中查出的水样中锌的质量，单位为微克(μg)；

V——水样体积，单位为毫升(mL)。

4.18.3.7 精密度与准确度

四个实验室对含锌 0.1 μg～5.0 μg 的水样，重复测定 66 次，相对标准偏差为 4.5%～12.2%。

四个实验室对加标 0.1 μg～0.5 μg 锌的 34 份水样进行回收试验，回收率为 86%～120%，平均回收率为 101%。

4.19 总铬

4.19.1 范围

本法的最低检测质量浓度为 0.47 μg/L。

4.19.2 原理

采用无火焰原子吸收分光光度法。本法基于样品所含铬离子在石墨管内，高温蒸发解离为原子蒸气，并吸收铬空心阴极灯发射的共振线，且吸收强度在一定范围内与铬浓度成正比。因此，可在其他条件不变的情况下，根据测得的吸收值与标准系列比较进行定量。

4.19.3 试剂

以下所用纯水均为去离子蒸馏水。

4.19.3.1 硝酸(ρ_{20}=1.42 g/mL)：优级纯。

4.19.3.2 硝酸溶液(1+99)。

4.19.3.3 铬标准贮备液[ρ(Cr)=1.0 mg/mL]：称取 1.413 5 g 经 110 ℃烘 2 h 的重铬酸钾(K_2CrO_4，优级纯)溶于水中，定容至 500 mL。

4.19.3.4 铬标准中间溶液Ⅰ[ρ(Cr)=100.0 μg/mL]：吸取 10.0 mL 铬标准贮备液(4.19.3.3)于 100 mL容量瓶中，用硝酸溶液(1+99)稀释至刻度，摇匀。

4.19.3.5 铬标准中间溶液Ⅱ[ρ(Cr)=1.0 μg/mL]：吸取 1.0 mL 铬标准中间溶液Ⅰ(4.19.3.4)于 100 mL 容量瓶中，用硝酸溶液(1+99)稀释至刻度，摇匀。

4.19.3.6 铬标准使用液[ρ(Cr)=100.0 ng/mL]：吸取 10.0 mL 铬标准中间溶液Ⅱ(4.19.3.5)于 100 mL容量瓶中，用硝酸溶液(1+99)稀释至刻度，摇匀。

4.19.4 仪器

4.19.4.1 原子吸收分光光度计：配有铬空心阴极灯。

4.19.4.2 氩气钢瓶气。

4.19.4.3 微量加液器：20 μL。

4.19.5 仪器工作条件

参照仪器说明书将仪器工作条件调整至测总铬的最佳状态，波长 357.9 nm，石墨炉工作程序见表 9。

表 9 石墨炉工作程序

程序	干燥			灰化	原子化	清除
	1	2	3			
温度/℃	85	95	120	1 000	2 600	2 700
斜坡/s	5	30	20	10	0.8	2
保持/s	—	—	—	7	2	—
氩气流量/(mL/min)	3 000			3 000，最后 2 s 停气	0	3 000

4.19.6 分析步骤

4.19.6.1 吸取铬标准使用溶液(4.19.3.6)0、2.0、4.0、6.0、8.0 和 10.0 mL 于 100 mL 容量瓶中，用去离子水定容至刻度，摇匀。分别配制成含铬为 0.00，2.00，4.00，6.00，8.00 和 10.00 μg/L 的标准系列。

4.19.6.2 仪器参数设定后依次吸取 20 μL 试剂空白、标准系列和样品，注入石墨管，启动石墨炉控制程序和记录仪，记录吸收峰高或峰面积。绘制校准曲线，并从曲线上查出样品中总铬的质量浓度。

4.19.7 结果计算

若水样经浓缩或稀释，从校准曲线上查出总铬的质量浓度后按式(29)计算。

$$\rho(\mathrm{Cr}) = \frac{\rho_1 \times V_1}{V} \qquad \cdots\cdots(29)$$

式中：

$\rho(\mathrm{Cr})$——水样中总铬的质量浓度，单位为微克每升（μg/L）；

ρ_1——从校准曲线上查得的试样中总铬的质量浓度，单位为微克每升（μg/L）；

V——水样体积，单位为毫升（mL）；

V_1——测定样品的体积，单位为毫升（mL）。

4.19.8 **精密度与准确度**

同一实验室测定含铬为(1.00±0.05)μg/mL 的标准物质，测定值均在标准值范围内。三个实验室测定不同浓度的水样各 7 次，计算高、中、低浓度范围内铬含量的相对标准偏差，均在 5.7%以内。三个实验室在矿泉水样品中分别加入一定浓度的铬标准溶液，测定加标回收率，加标回收率均在 86.0%～114.0%之间。

4.20 **铅**

4.20.1 **火焰原子吸收分光光度法**

4.20.1.1 **直接法**

同 4.17.1.1。

4.20.1.2 **萃取法**

同 4.17.1.2。

4.20.1.3 **共沉淀法**

同 4.17.1.3。

4.20.1.4 **巯基棉富集法**

同 4.17.1.4。

4.20.2 **无火焰原子吸收分光光度法**

4.20.2.1 **范围**

本法最低检测质量为 2.6 pg，若取 20 μL 水样测定，则最低检测质量浓度为 0.13 μg/L。

水中共存离子一般不产生干扰。

4.20.2.2 **原理**

样品经适当处理后，注入石墨炉原子化器，所含的金属离子在石墨管内经原子化高温蒸发解离为原子蒸气，待测元素的基态原子吸收来自同种元素空心阴极灯发出的共振线，其吸收强度在一定范围内与金属浓度成正比。

4.20.2.3 **试剂**

4.20.2.3.1 铅标准贮备溶液[$\rho(\mathrm{Pb})=1$ mg/mL]：称取 0.799 0 g 硝酸铅[$\mathrm{Pb(NO_3)_2}$]，溶于约 100 mL 纯水中，加入 1 mL 硝酸（$\rho_{20}=1.42$ g/mL），并用纯水定容至 500 mL。

4.20.2.3.2 铅标准中间溶液[$\rho(\mathrm{Pb})=50$ μg/mL]：吸取 5.00 mL 铅标准贮备溶液（4.20.2.3.1）于 100 mL 容量瓶中，用硝酸溶液（1+99）稀释至刻度，摇匀。

4.20.2.3.3 铅标准使用溶液[$\rho(\mathrm{Pb})=1$ μg/mL]：吸取 2.00 mL 铅标准中间溶液（4.20.2.3.2）于 100 mL容量瓶中，用硝酸溶液（1+99）稀释至刻度，摇匀。

4.20.2.3.4 磷酸二氢铵溶液（120 g/L）：称取 12 g 磷酸二氢铵（$\mathrm{NH_4H_2PO_4}$，优级纯），加水溶解并定容至 100 mL。

4.20.2.3.5 硝酸镁溶液（50 g/L）：称取 5 g 硝酸镁[$\mathrm{Mg(NO_3)_2}$，优级纯]，加水溶解并定容至 100 mL。

4.20.2.4 **仪器**

4.20.2.4.1 石墨炉原子吸收分光光度计：配有铅元素空心阴极灯。

4.20.2.4.2 **氩气钢瓶**。

4.20.2.4.3 微量加样器：20 μL。

4.20.2.4.4 容量瓶：100 mL。

4.20.2.5 **仪器工作条件**

参考仪器说明书将仪器工作条件调整至测铅最佳状态，波长 283.3 nm，石墨炉工作程序见表 10。

表 10 石墨炉工作程序

程 序	干 燥	灰 化	原子化	清 除
温度/℃	120	600	2 100	2 300
斜率/s	20	10	—	—
保持/s	10	20	5	3
氩气流量/(mL/min)	—	300	0	300

4.20.2.6 **分析步骤**

4.20.2.6.1 吸取铅标准使用溶液(4.20.2.3.3)0，1.00，2.00，3.00 和 4.00 于 5 个 100 mL 容量瓶内，分别加入 10 mL 磷酸二氢铵溶液(4.20.2.3.4)、1 mL 硝酸镁溶液(4.20.2.3.5)，用硝酸溶液(1+99)稀释至刻度，摇匀，分别配制成 $\rho(Pb)=0,10.0,20.0,30.0$ 和 40.0 ng/mL 的标准系列。

4.20.2.6.2 吸取 10 mL 水样，加入 1.0 mL 磷酸二氢铵溶液(4.20.2.3.4)，0.1 mL 硝酸镁溶液(4.20.2.3.5)，同时取 10 mL 硝酸溶液(1+99)，加入等量磷酸二氢铵溶液(4.20.2.3.4)和硝酸镁溶液(4.20.2.3.5)作为空白。

4.20.2.6.3 仪器参数设定后依次吸取 20 μL 试剂空白、标准系列和样品，注入石墨管，启动石墨炉控制程序和记录仪，记录吸收峰高或峰面积。绘制校准曲线，并从曲线中查出铅的质量浓度。

4.20.2.7 **结果计算**

若水样经浓缩或稀释，从校准曲线查出铅浓度后，按式(30)计算。

$$\rho(Pb)=\frac{\rho_1\times V_1}{V} \quad \cdots\cdots(30)$$

式中：

$\rho(Pb)$——水样中铅的质量浓度，单位为微克每升(μg/L)；

ρ_1——从校准曲线上查得的试样中铅的质量浓度，单位为微克每升(μg/L)；

V——水样体积，单位为毫升(mL)；

V_1——测定样品的体积，单位为毫升(mL)。

4.20.2.8 **精密度与准确度**

同一实验室用已知浓度(42.7 μg/L)的质控样品，在约两年内多次测定的相对标准偏差为 2.56%，相对误差为 0.37%。

4.20.3 **催化示波极谱法**

4.20.3.1 **范围**

铅和镉的最低检测质量为 0.2 μg，若取 20 mL 水样测定，则最低检测质量浓度为 0.01 mg/L。

水中常见共存离子，虽较大浓度也不干扰铅、镉的测定，但 Sn^{2+} 与 As^{3+} 分别对铅、镉测定有干扰，底液中加入磷酸可分开 Sn^{2+} 峰；消化时加入盐酸，可使砷挥发出去，从而减少砷的干扰。

4.20.3.2 **原理**

在盐酸-碘化钾-酒石酸底液中，铅在 −0.49 V，镉在 −0.60 V 产生灵敏的吸附催化波。在一定范围内，铅和镉的浓度分别与其峰电流呈线性关系，可分别测定水中铅和镉的含量。

4.20.3.3 **试剂**

4.20.3.3.1 盐酸($\rho_{20}=1.19$ g/mL)。

4.20.3.3.2 硝酸(ρ_{20}=1.42 g/mL)。

4.20.3.3.3 磷酸(ρ_{20}=1.71 g/mL)。

4.20.3.3.4 铅镉混合底液:称取 5 g 酒石酸($H_2C_4H_4O_6$)、5 g 碘化钾(KI)及 0.6 g 抗坏血酸($C_6H_8O_6$)于 200 mL 烧杯中,加 10 mL 盐酸(4.20.3.3.1)、5 mL 磷酸(4.20.3.3.3),加纯水溶解,移入 1 000 mL 容量瓶内,用纯水稀释为 1 000 mL。

4.20.3.3.5 铅标准贮备溶液[ρ(Pb)=100 μg/mL]:称取 0.159 8 g 经 105 ℃烘烤过的硝酸铅[$Pb(NO_3)_2$],溶于含有 1 mL 硝酸(ρ_{20}=1.42 g/mL)的纯水中,并用纯水定容至 1 000 mL。

4.20.3.3.6 镉标准贮备溶液[ρ(Cd)=100 μg/mL]:称取 0.100 0 g 镉[w(Cd)>99.9%],加入 30 mL 硝酸溶液(1+9)使其溶解,然后加热煮沸,最后用纯水定容至 1 000 mL。

4.20.3.3.7 铅镉混合标准使用溶液[ρ(Pb)=1 μg/mL,ρ(Cd)=1 μg/mL]:吸取 1.00 mL 铅标准贮备溶液(4.20.3.3.5)及 1.00 mL 镉标准贮备溶液(4.20.3.3.6)于 100 mL 容量瓶内,用铅镉混合底液(4.20.3.3.4)定容。

4.20.3.4 仪器

4.20.3.4.1 锥形瓶:100 mL。

4.20.3.4.2 电热板。

4.20.3.4.3 示波极谱仪。

4.20.3.5 分析步骤

4.20.3.5.1 吸取 20.0 mL 水样于 100 mL 锥形瓶内,加 1.0 mL 硝酸(4.20.3.3.2)、2.0 mL 盐酸(4.20.3.3.1),于电热板上缓缓加热蒸干并消化成白色残渣。加 5 mL 纯水,继续加热蒸干,同时作试剂空白。

4.20.3.5.2 向锥形瓶内加入 10.0 mL 铅镉混合底液(4.20.3.3.4),振摇使残渣溶解,移入 30 mL 瓷坩埚中。

4.20.3.5.3 分别吸取铅镉混合标准使用液(4.20.3.3.7)0,0.20,0.30,0.40,0.50,0.60,0.80 及 1.00 mL于 30 mL 瓷坩埚中,加混合底液(4.20.3.3.4)至 10.0 mL,混匀。

4.20.3.5.4 于示波极谱仪上,用三电极系统,阴极化,原点电位−0.3 V,导数扫描。在−0.49 V 与−0.60 V处读取水样(4.20.3.5.2)及标准系列(4.20.3.5.3)铅、镉的峰高。以铅和镉质量为横坐标,峰高为纵坐标,绘制校准曲线,从曲线上查出水样中铅和镉的质量。

4.20.3.6 结果计算

水样中铅和镉的质量浓度按式(31)计算。

$$\rho(\mathrm{Pb,Cd}) = \frac{m}{V} \qquad \cdots\cdots(31)$$

式中:

ρ(Pb,Cd)——水样中铅和镉的质量浓度,单位为毫克每升(mg/L);

m——从校准曲线上查得的铅和镉质量,单位为微克(μg);

V——水样体积,单位为毫升(mL)。

4.20.3.7 精密度与准确度

5 个实验室测定各种类型水样,铅含量为 0.015 mg/L~0.30 mg/L,共测定 370 次,相对标准偏差为 3.0%~8.5%;镉含量为 0.014 mg/L~0.70 mg/L,测定 370 次,相对标准偏差为 1.6%~4.9%;当加入铅标准溶液 0.025 mg/L~0.9 mg/L,50 次测定,回收率为 92.4%~112.0%;加入镉标准溶液 0.009 mg/L~1.5 mg/L,50 次测定,回收率为 91.0%~107.0%。

4.21 镉

4.21.1 火焰原子吸收分光光度法

4.21.1.1 直接法

同 4.17.1.1。

4.21.1.2 **萃取法**

同4.17.1.2。

4.21.1.3 **共沉淀法**

同4.17.1.3。

4.21.1.4 **巯基棉富集法**

同4.17.1.4。

4.21.2 **无火焰原子吸收分光光度法**

4.21.2.1 **范围**

本法最低检测质量为2.6 pg,若取20 μL水样测定,则最低检测质量浓度为0.13 μg/L。

水中共存离子一般不产生干扰。

4.21.2.2 **原理**

样品经适当处理后,注入石墨炉原子化器,所含的金属离子在石墨管内经原子化高温蒸发解离为原子蒸气,待测元素的基态原子吸收来自同种元素空心阴极灯发出的共振线,其吸收强度在一定范围内与金属浓度成正比。

4.21.2.3 **试剂**

4.21.2.3.1 镉标准贮备溶液[ρ(Cd)=1 mg/mL]:称取0.500 0 g镉,溶于5 mL硝酸溶液(1+1)中,并用纯水定容至500 mL。

4.21.2.3.2 镉标准中间溶液[ρ(Cd)=1 μg/mL]:吸取5.00 mL镉标准贮备溶液(4.21.2.3.1)于100 mL容量瓶中,用硝酸溶液(1+99)稀释至刻度,摇匀,此溶液ρ(Cd)=50 μg/mL。再吸取2.00 mL此溶液于100 mL容量瓶中,用硝酸溶液(1+99)定容。

4.21.2.3.3 镉标准使用溶液[ρ(Cd)=100ng/mL]:吸取10.00mL镉标准中间溶液(4.21.2.3.2)于100mL容量瓶中,用硝酸溶液(1+99)稀释至刻度,摇匀。

4.21.2.3.4 磷酸二氢铵溶液(120 g/L):称取12 g磷酸二氢铵($NH_4H_2PO_4$,优级纯),加水溶解并定容至100 mL。

4.21.2.3.5 硝酸镁溶液(50 g/L):称取5 g优级纯硝酸镁[$Mg(NO_3)_2$,优级纯],加水溶解并定容至100 mL。

4.21.2.4 **仪器**

4.21.2.4.1 石墨炉原子吸收分光光度计:配有镉元素空心阴极灯。

4.21.2.4.2 氩气钢瓶。

4.21.2.4.3 微量加样器:20 μL。

4.21.2.4.4 容量瓶:100 mL。

4.21.2.5 **仪器工作条件**

参考仪器说明书将仪器工作条件调整至测镉最佳状态,波长228.8 nm,石墨炉工作程序见表11。

表11 石墨炉工作程序

程 序	干 燥	灰 化	原子化	清 除
温度/℃	120	900	1 800	2 100
斜率/s	20	10	—	—
保持/s	10	20	5	3
氩气流量/(mL/min)	—	300	0	300

4.21.2.6 **分析步骤**

4.21.2.6.1 分别吸取镉标准使用溶液(4.21.2.3.3)0,1.00,3.00,5.00和7.00 mL于5个100 mL容量瓶内,分别加入10 mL磷酸二氢铵溶液(4.21.2.3.4)、1 mL硝酸镁溶液(4.21.2.3.5),用硝酸溶

液(1+99)定容至刻度,摇匀,配制成 ρ(Cd)=0,1,3,5 和 7 ng/mL 的标准系列。

4.21.2.6.2　吸取 10.0 mL 水样,加入 1.0 mL 磷酸二氢铵溶液(4.21.2.3.4)、0.1 mL 硝酸镁溶液(4.21.2.3.5),同时取 10 mL 硝酸溶液(1+99),加入等体积磷酸二氢铵溶液(4.21.2.3.4)和硝酸镁溶液(4.21.2.3.5)作为空白。

4.21.2.6.3　仪器参数设定后依次吸取 20 μL 试剂空白、标准系列和样品,注入石墨管,启动石墨炉控制程序和记录仪,记录吸收峰高或峰面积,绘制校准曲线,并从曲线中查出镉的质量浓度。

4.21.2.7　结果计算

若水样经浓缩或稀释,从校准曲线查出镉浓度后,按式(32)计算。

$$\rho(\mathrm{Cd}) = \frac{\rho_1 \times V_1}{V} \quad \cdots\cdots(32)$$

式中:

ρ(Cd)——水样中镉的质量浓度,单位为微克每升(μg/L);

ρ_1——从校准曲线上查得的水样中镉的质量浓度,单位为微克每升(μg/L);

V_1——测定样品的体积,单位为毫升(mL);

V——水样体积,单位为毫升(mL)。

4.21.2.8　精密度与准确度

13 个实验室用本法测定含镉 27 μg/L 的合成水样[其他离子浓度(μg/L)为:汞,4.4;锌,26;铜,37;铁,7.8;锰,47],相对标准偏差为 4.6%,相对误差为 3.7%。

4.21.3　催化示波极谱法

同 4.20.3。

4.22　汞

4.22.1　冷原子吸收法

4.22.1.1　范围

本法最低检测质量为 0.01 μg,若取 50 mL 水样测定,则最低检测质量浓度为 0.2 μg/L。

4.22.1.2　原理

汞蒸气对波长 253.7 nm 的紫外光具有最大吸收,在一定的汞浓度范围内,吸收值与汞蒸气的浓度成正比。水样经消解后加入氯化亚锡,将化合态的汞转为元素态的汞,用载气将其带入原子吸收仪的光路中,测定其吸光度。

4.22.1.3　试剂

应采用汞含量尽可能低的试剂,配制试剂和稀释样品用的纯水为去离子蒸馏水或经全玻璃蒸馏器蒸馏的蒸馏水。

4.22.1.3.1　硝酸溶液(1+19):取 50 mL 硝酸(ρ_{20}=1.42 g/mL),加至 950 mL 纯水中,混匀。

4.22.1.3.2　重铬酸钾硝酸溶液(0.5 g/L):称取 0.5 g 重铬酸钾($K_2Cr_2O_7$),用硝酸溶液(4.22.1.3.1)溶解,并稀释为 1 000 mL。

4.22.1.3.3　硫酸(ρ_{20}=1.84 g/mL)。

4.22.1.3.4　高锰酸钾溶液(50 g/L):称取 5 g 高锰酸钾($KMnO_4$),加热溶于纯水中,并稀释至 100 mL。放置过夜,取上清液使用。

注:高锰酸钾中含有微量汞时很难除去,选用时要注意。

4.22.1.3.5　盐酸羟胺溶液(100 g/L):称取 10 g 盐酸羟胺($NH_2OH \cdot HCl$),溶于纯水中并稀释至 100 mL。如果试剂空白值高,以 2.5 L/min 的流量通入氮气或净化过的空气 30 min。

4.22.1.3.6　氯化亚锡溶液(100 g/L):称取 10 g 氯化亚锡($SnCl_2 \cdot 2H_2O$),先溶于 10 mL 盐酸(ρ_{20}=1.19 g/mL)中,必要时可稍加热,然后用纯水稀释至 100 mL。如果试剂空白值高,以 2.5 L/min 的流量通入氮气或净化过的空气 30 min。

4.22.1.3.7 溴酸钾-溴化钾溶液：称取 2.784 g 溴酸钾（$KBrO_3$）和 10 g 溴化钾（KBr），溶于纯水中并稀释至 1 000 mL。

4.22.1.3.8 汞标准贮备溶液[$\rho(Hg)=100\ \mu g/mL$]：称取 0.135 3 g 经硅胶干燥器放置 24 h 的氯化汞（$HgCl_2$），溶于重铬酸钾硝酸溶液（4.22.1.3.2），并用此溶液定容至 1 000 mL。

4.22.1.3.9 汞标准使用溶液[$\rho(Hg)=0.05\ \mu g/mL$]：临用前吸取 10.00 mL 汞标准贮备溶液（4.22.1.3.8）于 100 mL 容量瓶中，用重铬酸钾硝酸溶液（4.22.1.3.2）定容至 100 mL。再吸取 5.00 mL此溶液，用重铬酸钾硝酸溶液（4.22.1.3.2）定容至 1 000 mL。

4.22.1.4 仪器

本法使用的玻璃仪器，包括试剂瓶和采水样瓶，均应用硝酸溶液（1+1）浸泡过夜，再依次用自来水、纯水冲洗洁净。

4.22.1.4.1 锥形瓶：100 mL。

4.22.1.4.2 容量瓶：50 mL。

4.22.1.4.3 汞蒸气发生管。

4.22.1.4.4 冷原子吸收测汞仪。

4.22.1.5 分析步骤

4.22.1.5.1 预处理：受到污染的水样采用硫酸-高锰酸钾消化法，清洁水样可采用溴酸钾-溴化钾消化法。

4.22.1.5.1.1 硫酸-高锰酸钾消化法

a) 于 100 mL 锥形瓶中，加入 2 mL 高锰酸钾溶液（4.22.1.3.4）及 40.0 mL 水样；
b) 另取 100 mL 锥形瓶 8 个，各加入 2 mL 高锰酸钾溶液（4.22.1.3.4），然后分别加入汞标准使用液（4.22.1.3.9）0，0.20，0.50，1.00，2.00，3.00，4.00 和 5.00 mL，加入纯水至 50 mL；
c) 向水样瓶及标准系列瓶中各滴加 2 mL 硫酸（4.22.1.3.3），混匀，置电炉上加热煮沸 5 min，取下放冷；
d) 逐滴加入盐酸羟胺溶液（4.22.1.3.5）至高锰酸钾紫红色褪尽，放置 30 min。分别移入 50 mL 容量瓶中，加纯水稀释至刻度。

注 1：试验证明，水源水用硫酸和高锰酸钾作氧化剂，直接加热分解，有机汞（包括氯化甲基汞）和无机汞均有良好的回收。高锰酸钾用量应根据水样中还原性物质的含量多少而增减。当水源水的耗氧量（酸性高锰酸钾法测定结果）在 20 mg/L 以下时，每 50 mL 水样中加入 2 mL 高锰酸钾溶液（4.22.1.3.4）已足够。加热分解时应加入数粒玻璃珠，并在近沸时不时摇动锥形瓶，以防止因受热不均匀而引起暴沸。

注 2：盐酸羟胺还原高锰酸钾过程中会产生氯气及氮氧化物，应在振摇后静置 30 min 使它逸失，以防止干扰汞蒸气的测定。

4.22.1.5.1.2 溴酸钾-溴化钾消化法

a) 吸取 40.0 mL 水样于 100 mL 容量瓶中；
b) 另取 100 mL 容量瓶 8 个，分别加入汞标准使用溶液（4.22.1.3.9）0，0.20，0.50，1.00，2.00，3.00，4.00 和 5.00 mL，加纯水至 50 mL；
c) 向水样及标准系列溶液中各加 2 mL 硫酸（4.22.1.3.3），摇匀，加入 4 mL 溴酸钾-溴化钾溶液（4.22.1.3.7），摇匀后放置 10 min；
d) 滴加几滴盐酸羟胺溶液（4.22.1.3.5），至黄色褪尽为止（中止溴化作用）最后加纯水至 100 mL。

4.22.1.5.2 测定：按照仪器说明书调整好测汞仪。从样品及标准系列中逐个吸取 25.0 mL 溶液于汞蒸气发生管中，加入 2 mL 氯化亚锡溶液（4.22.1.3.6），迅速塞紧瓶塞，轻轻振摇数次，放置 30 s。开启仪器气阀，此时汞蒸气被送入吸收池，待指针至最高读数时，记录吸收值。

注：影响汞蒸气发生的因素较多，如载气流量、温度、酸度、反应容器、气液体积比等。因此每次均应同时测定标准系列。

4.22.1.5.3 用峰高对浓度作图，绘制校准曲线，从曲线上查出所测水样中汞的质量。

4.22.1.6 结果计算

水样中汞的质量浓度按式(33)计算。

$$\rho(Hg) = \frac{m \times 1\ 000}{V} \quad \cdots\cdots\cdots\cdots (33)$$

式中：

$\rho(Hg)$——水样中汞的质量浓度，单位为微克每升(μg/L)

m——从校准曲线上查得的水样中汞的质量，单位为微克(μg)；

V——水样体积，单位为毫升(mL)。

4.22.1.7 精密度与准确度

有26个实验室用本法测定含汞5.1 μg/L的合成水样。其他各金属浓度(μg/L)分别为：铜，26.5；镉，29；铁，150；锰，130；锌，39。测定汞的相对标准偏差为5.8%，相对误差为2.0%。

4.22.2 原子荧光法

4.22.2.1 范围

本法最低检测质量为2.0 ng，若进样5 mL测定，最低检测质量浓度为0.4 μg/L。

4.22.2.2 原理

在一定酸度下，溴酸钾与溴化钾反应生成溴，消解试样，使所含汞全部转化为二价无机汞，用盐酸羟胺还原过剩的氧化剂，再用氯化亚锡将二价汞还原为单质汞，用氩气作载气将其带入原子化器，形成的汞蒸气被光辐射激发，产生共振荧光。在低浓度范围内，荧光强度与汞的含量成正比。

4.22.2.3 试剂

4.22.2.3.1 硫酸(ρ_{20}=1.84 g/mL)。

4.22.2.3.2 溴酸钾[$c(1/6KBrO_3)$=0.100 moL/L]-溴化钾(10 g/L)溶液：称取2.784 g溴酸钾($KBrO_3$)和10 g溴化钾(KBr)，溶于纯水中并定容至1 000 mL。

4.22.2.3.3 盐酸羟胺(120 g/L)-氯化钠(120 g/L)溶液：称取12 g盐酸羟胺($NH_2OH \cdot HCl$)和12 g氯化钠(NaCl)，溶于纯水稀释为100 mL。如试剂空白值过高，以每2.5 L/min的流量通入氮气或净化的空气30 min。

4.22.2.3.4 氯化亚锡溶液(100 g/L)：同4.22.1.3.6。

4.22.2.3.5 汞标准贮备溶液[$\rho(Hg)$=100 μg/mL]：同4.22.1.3.8。

4.22.2.3.6 汞标准使用溶液[$\rho(Hg)$=0.05 μg/mL]：同4.22.1.3.9。

4.22.2.4 仪器

原子荧光光度计：配有汞特种空心阴极灯。

4.22.2.5 仪器工作条件

参考仪器说明书将仪器工作条件调整至测汞最佳状态，原子荧光工作条件见表12。

表12 原子荧光工作条件

项　目	条　件
汞特种阴极灯电流/mA	40
光电倍增管负高压/V	250～260
原子化温度	室温
氩气压力/MPa	0.015～0.02
氩气流量/(mL/min)	800

4.22.2.6 分析步骤

4.22.2.6.1 样品测定

吸取50.0 mL水样于100 mL容量瓶中，加2.0 mL硫酸(4.22.2.3.1)，摇匀。加4.0 mL溴酸钾-

溴化钾溶液(4.22.2.3.2),摇匀后室温(若室温低于20 ℃可用水浴加热)下放置10 min,加盐酸羟胺-氯化钠溶液(4.22.2.3.3)至黄色褪尽,最后加纯水至100 mL。

于汞蒸气发生器中加入2.0 mL氯化亚锡溶液(4.22.2.3.4),通入氩气,随后向汞蒸气发生器中注入5 mL试样,立即盖上磨口塞,测定荧光强度。

4.22.2.6.2 校准曲线的绘制

吸取汞标准使用溶液(4.22.2.3.6)0、0.20、0.50、1.0、2.5、5.0、10.0 mL于一系列50 mL容量瓶中,补加盐酸溶液(1+9)至刻度。以下操作同样品测定。

以汞的质量(μg)为横坐标,荧光强度(峰高)为纵坐标,绘制校准曲线。

4.22.2.7 结果计算

水样中汞的质量浓度按式(34)计算。

$$\rho(Hg)=\frac{m}{V} \qquad \cdots\cdots(34)$$

式中:

$\rho(Hg)$——水样中汞的质量浓度,单位为毫克每升(mg/L);

m——从校准曲线上查得的汞的质量,单位为微克(μg);

V——水样体积,单位为毫升(mL)。

4.22.2.8 精密度与准确度

在同一个实验室对含有Hg 0.26 μg/L、1.20 μg/L及2.01 μg/L的水样进行多次测定,其相对标准偏差分别为7.5%、1.8%、1.0%。向水样加入Hg 50 ng、100 ng进行回收率测定,平均回收率分别为(101.9±1.7)%、(100.7±1.2)%。

4.23 银

4.23.1 无火焰原子吸收分光光度法

4.23.1.1 范围

本法最低检测质量为2.8 pg,若取20 μL水样测定,则最低检测质量浓度为0.14 μg/L。

水中共存离子一般不产生干扰。

4.23.1.2 原理

样品经适当处理后,注入石墨炉原子化器,所含的金属离子在石墨管内经原子化高温蒸发解离为原子蒸气,待测元素的基态原子吸收来自同种元素空心阴极灯发射的共振线,其吸收强度在一定范围内与金属浓度成正比。

4.23.1.3 试剂

4.23.1.3.1 银标准贮备溶液[$\rho(Ag)$=1 mg/mL]:称取0.787 5 g硝酸银($AgNO_3$),溶于硝酸(1+99)中,并用硝酸(1+99)稀释至500 mL,储存于棕色玻璃瓶中。

4.23.1.3.2 银标准中间溶液[$\rho(Ag)$=50 μg/mL]:取5.00 mL银标准贮备溶液(4.23.1.3.1)于100 mL容量瓶中,用硝酸溶液(1+99)稀释至刻度。

4.23.1.3.3 银标准使用溶液[$\rho(Ag)$=1 μg/mL]:取2.00 mL银标准中间溶液(4.23.1.3.2)于100 mL容量瓶中,用硝酸溶液(1+99)稀释至刻度。

4.23.1.3.4 磷酸二氢铵溶液(120 g/L):称取12 g磷酸二氢铵($NH_4H_2PO_4$,优级纯)加水溶解并定容至100 mL。

4.23.1.4 仪器

4.23.1.4.1 石墨炉原子吸收分光光度计:配有银元素空心阴极灯。

4.23.1.4.2 氩气钢瓶。

4.23.1.4.3 微量加样器:20 μL。

4.23.1.4.4 容量瓶:100 mL。

4.23.1.5 仪器工作条件

参考仪器说明书将仪器工作条件调整至测银最佳状态，波长324.7 nm，石墨炉工作程序见表13。

表13 石墨炉工作程序

程 序	干 燥	灰 化	原子化	清 除
温度/℃	120	600	1 700	2 000
斜率/s	20	10	—	—
保持/s	10	20	5	3
氩气流量/(mL/min)	—	—	50	—

4.23.1.6 分析步骤

4.23.1.6.1 吸取银标准使用溶液(4.23.1.3.3)0，0.50，1.00，2.00和3.00 mL于5个100 mL容量瓶内，各加入10 mL磷酸二氢铵溶液(4.23.1.3.4)，用硝酸溶液(1+99)定容至刻度，摇匀，分别配成$\rho(Ag)$=0、5、10、20和30 ng/mL的标准系列。

4.23.1.6.2 吸取10.0 mL水样，加入1.0 mL磷酸二氢铵溶液(4.23.1.3.4)。同时吸取10.0 mL硝酸溶液(1+99)，加入1.0 mL磷酸二氢铵溶液(4.23.1.3.4)，作为空白。

4.23.1.6.3 仪器参数设定后依次吸取20 μL试剂空白、标准系列和样品，注入石墨管，启动石墨炉控制程序和记录仪，记录吸收峰高或峰面积。绘制校准曲线，并从曲线上查出银的质量浓度。

4.23.1.7 结果计算

若样品经处理或稀释，从校准曲线查出银质量浓度后，按式(35)计算。

$$\rho(Ag)=\frac{\rho_1\times V_1}{V} \qquad \cdots\cdots\cdots(35)$$

式中：

$\rho(Ag)$——水样中银的质量浓度，单位为微克每升(μg/L)；

ρ_1——从校准曲线上查得的试样中银的质量浓度，单位为微克每升(μg/L)；

V_1——测定样品的体积，单位为毫升(mL)；

V——水样体积，单位为毫升(mL)。

4.23.1.8 精密度与准确度

同一实验室用已知浓度(3.4 μg/L)的质控样品，在约两年内多次测定的相对标准偏差为5.76%，相对误差为8%。

4.23.2 巯基棉富集-高碘酸钾分光光度法

4.23.2.1 范围

本法最低检测质量为1 μg，若取200 mL水样测定，则最低检测质量浓度为0.005 mg/L。

4.23.2.2 原理

水中痕量银经巯基棉富集分离后，在碱性介质中，在过硫酸钾助氧化剂存在下，高碘酸钾将氯化银(或氧化银)氧化成黄色银络盐，进行比色测定。

4.23.2.3 试剂

4.23.2.3.1 氢氧化钾溶液(140 g/L)：称取70 g氢氧化钾(KOH)，溶于纯水中，稀释至500 mL。

4.23.2.3.2 高碘酸钾溶液(23 g/L)：称取11.5 g高碘酸钾(KIO_4)，溶于500 mL氢氧化钾溶液(4.23.2.3.1)中。

4.23.2.3.3 过硫酸钾溶液(20 g/L)：称取2 g过硫酸钾($K_2S_2O_8$)，溶于100 mL纯水中。

4.23.2.3.4 盐酸溶液[c(HCl)=2 mol/L]：吸取16.7 mL盐酸(ρ_{20}=1.19 g/mL)，用纯水稀释至100 mL。

4.23.2.3.5 氢氧化钠溶液(200 g/L)：称取20 g氢氧化钠(NaOH)，溶于100 mL纯水中。

4.23.2.3.6　除干扰溶液：将乙二胺四乙酸二钠溶液（50 g/L）、氟化铵溶液（30 g/L）、柠檬酸钠（$Na_3C_6H_5O_7 \cdot 2H_2O$）溶液（50 g/L），临用时等体积混合。

4.23.2.3.7　缓冲溶液：临用时将乙酸溶液（1+49）和乙酸钠溶液（100 g/L）等体积混合。

4.23.2.3.8　硝酸溶液（1+9）。

4.23.2.3.9　铬酸钾溶液（50 g/L）：称取 5 g 铬酸钾（K_2CrO_4），溶于少量纯水中，加入硝酸银溶液至红色不褪，混匀，放置过夜，用纯水稀释至 100 mL。

4.23.2.3.10　巯基棉的制备：于广口瓶中依次加入 100 mL 巯基乙酸、60 mL 乙酐、40 mL 乙酸（ϕ=36%）、0.3 mL 浓硫酸，充分混匀，冷却至室温后，加入 30 g 脱脂棉，浸泡完全。待反应热散去后（必要时可用冷水冷却）加盖，置于 35 ℃～40 ℃烘箱中，2 d～4 d 后取出，用漏斗或滤器抽滤，用纯水充分洗涤，用 1 mol/L 盐酸淋洗后再用纯水洗至中性。抽干、摊干，于 30 ℃下烘干（最好减压干燥）。成品应避光、密闭、低温保存，备用。

4.23.2.3.11　氯化钠标准使用溶液（以 Cl^- 计，0.500 mg/mL）：将氯化钠（NaCl）置于坩埚内，于 700 ℃灼烧 1 h，冷却后称取 8.242 g，溶于纯水中并定容至 1 000 mL。再吸取 10.0 mL 溶液，用纯水定容至 100 mL，此溶液 1.00 mL 含 0.500 mg 氯化物。

4.23.2.3.12　硝酸银标准贮备溶液

配制：称取 2.4 g 硝酸银，溶于纯水并定容至 1 000 mL，用氯化钠标准溶液（4.23.2.3.11）标定其准确浓度。

标定：吸取 25.0 mL 氯化钠标准使用溶液（4.23.2.3.11），置于瓷蒸发皿内，加纯水 25 mL。另取一瓷蒸发皿，加 50 mL 纯水作为空白。各加入 1 mL 铬酸钾溶液（4.23.2.3.9），用硝酸银标准贮备溶液滴定。同时用玻璃棒不停搅拌，直到产生淡橘黄色为止。

每毫升硝酸银贮备溶液相当于银（Ag^+）的毫克数，可用式（36）计算。

$$\rho(Ag) = \frac{25 \times 1.52}{V_2 - V_1} \qquad \cdots\cdots (36)$$

式中：

$\rho(Ag)$——每毫升硝酸银相当于银的质量，单位为毫克每毫升（mg/mL）；

V_2——空白消耗的硝酸银标准贮备溶液的体积，单位为毫升（mL）；

V_1——氯化钠标准溶液消耗的硝酸银贮备溶液的体积，单位为毫升（mL）。

4.23.2.3.13　硝酸银标准使用液[$\rho(Ag)=5.0\ \mu g/mL$]：校正硝酸银标准贮备液（4.23.2.3.12）浓度，使 1.00 mL 含 5.0 μg 银。

4.23.2.4　仪器

4.23.2.4.1　比色管：25 mL。

4.23.2.4.2　分液漏斗：250 mL。

4.23.2.4.3　水浴锅。

4.23.2.4.4　分光光度计。

4.23.2.5　分析步骤

4.23.2.5.1　水样预处理

银的富集：取 200 mL 水样[每 100 mL 水样含 1 mL 硝酸（ρ_{20}=1.42 g/mL）]，加入 20 mL 缓冲液（4.23.2.3.7）和 20 mL 除干扰溶液（4.23.2.3.6），混匀。移入颈部装有 0.1 g 巯基棉的分液漏斗中，控制流速约为 3 mL/min，待水样流完后用 5 mL 缓冲液淋洗漏斗，再用 10 mL 纯水冲洗两次。加 10 mL 硝酸（4.23.2.3.8）通过巯基棉，并用纯水冲洗至中性。

银的洗脱：向分液漏斗中加入 5 mL 盐酸溶液（4.23.2.3.4），浸泡 2 min 后，使其缓缓流过巯基棉，再用 10 mL 纯水淋洗，将盐酸和水溶液一并收集于 25 mL 比色管中，待测。

4.23.2.5.2 测定

取25 mL比色管7支，分别加入硝酸银标准使用溶液(4.23.2.3.13)0,0.20,0.40,0.60,0.80,1.00和2.00 mL。各加5 mL盐酸溶液(4.23.2.3.4)。

向样品及标准管中分别加入2.5 mL氢氧化钠溶液(4.23.2.3.5)、1.0 mL高碘酸钾溶液(4.23.2.3.2)、0.5 mL过硫酸钾溶液(4.23.2.3.3)，用纯水稀释至25 mL，摇匀，立即放入沸水浴中，加热20 min，取出冷却至室温。

于波长355 nm处，用3 cm比色皿，以纯水为参比测定吸光度。绘制校准曲线，从曲线上查出样品管中银的质量。

4.23.2.6 结果计算

水样中银的质量浓度按式(37)计算。

$$\rho(Ag)=\frac{m}{V} \qquad \cdots\cdots(37)$$

式中：

$\rho(Ag)$——水样中银的质量浓度，单位为毫克每升(mg/L)；

m——从校准曲线查得的水样中银的质量，单位为微克(μg)；

V——水样体积，单位为毫升(mL)。

4.23.2.7 精密度与准确度

三个实验室用本法测定水源水中银，其回收率为94%～99%；0 μg/25 mL～20 μg/25 mL范围内的相对标准偏差为3%～7%。

4.24 锶

4.24.1 EDTA-火焰原子吸收分光光度法

4.24.1.1 范围

本法测锶的最低检测质量浓度为0.1 mg/L，适宜的测定范围为0.1 mg/L～5.0 mg/L。

水中大量阳离子对锶测定的干扰，可用EDTA络合消除。

4.24.1.2 原理

水样中的锶离子在富燃空气-乙炔火焰中被原子化后，其基态原子吸收来自锶空心阴极灯的共振线(460.7 nm)，其吸收强度与锶含量成正比。

4.24.1.3 试剂

以下配制试剂所用水为重蒸馏水。

4.24.1.3.1 硝酸溶液[$\phi(HNO_3)=0.15\%$]：吸取1.5 mL硝酸($\rho_{20}=1.42$ g/mL)，用纯水稀释至1 000 mL。

4.24.1.3.2 乙二胺四乙酸二钠溶液(74.4 g/L)：称取37.2 g乙二胺四乙酸二钠[$(NaOOCCH_2)_2NCH_2CH_2N(CH_2COOH)_2\cdot 2H_2O$]和4.0 g氢氧化钠(NaOH)，溶于纯水，稀释至500 mL。

4.24.1.3.3 锶标准贮备液[$\rho(Sr)=1.00$ mg/mL]：称取1.208 g硝酸锶[$Sr(NO_3)_2$]，溶于硝酸溶液(4.24.1.3.1)中，并用硝酸溶液(4.24.1.3.1)定容至500 mL，混匀。

4.24.1.3.4 锶标准使用液[$\rho(Sr)=10.0$ μg/mL]：吸取1.00 mL锶标准贮备液(4.24.1.3.3)，用硝酸溶液(4.24.1.3.1)定容至100 mL，混匀。

4.24.1.4 仪器

4.24.1.4.1 原子吸收分光光度计：配有锶空心阴极灯。

4.24.1.4.2 空气压缩机或空气钢瓶气。

4.24.1.4.3 乙炔钢瓶气。

警告——乙炔易燃。

4.24.1.4.4 具塞比色管：10 mL。

4.24.1.5 **分析步骤**

4.24.1.5.1 按仪器说明书，将原子吸收分光光度计调至测锶最佳工作状态。

4.24.1.5.2 吸取加硝酸保存的水样10.0 mL，于具塞比色管中。另吸取锶标准使用液(4.24.1.3.4) 0，0.20，0.50，1.00，1.50和2.00 mL于一系列具塞比色管中，用硝酸溶液(4.24.1.3.1)定容至10 mL。此标准系列分别含锶0，2.0，5.0，10.0，15.0和20.0 μg。向水样及标准系列管中各加2.0 mL乙二胺四乙酸二钠溶液(4.24.1.3.2)，混匀。

4.24.1.5.3 依次将标准系列液及样液喷入原子吸收分光光度计火焰中，测定其吸光度。以质量为横坐标，吸光度为纵坐标绘制校准曲线。

4.24.1.6 **结果计算**

水样中锶的质量浓度按式(38)计算。

$$\rho(\mathrm{Sr}) = \frac{m}{V} \qquad \cdots\cdots(38)$$

式中：

$\rho(\mathrm{Sr})$——水样中锶的质量浓度，单位为毫克每升(mg/L)；

m——从校准曲线中查得的样液中锶的质量，单位为微克(μg)；

V——水样体积，单位为毫升(mL)。

4.24.1.7 **精密度与准确度**

5个实验室对锶浓度为0.18 mg/L～0.19 mg/L的矿泉水、自来水、河水和深井水进行测定的相对标准偏差为8.1%～0.7%，加标浓度为0.20 mg/L时，回收率为92%～110%，加标浓度为1.0 mg/L时，回收率为98%～103%。

4.24.2 **高浓度镧-火焰原子吸收分光光度法**

4.24.2.1 **范围**

本法最低检测质量浓度为0.01 mg/L，适宜的测定范围为0.01 mg/L～0.50 mg/L。

加入高浓度镧可有效地抑制水中的磷酸盐、硅酸盐及铝盐的干扰。水中硅酸盐、磷酸盐和铝分别不超过150 mg/L、5 mg/L和2 mg/L时，对本法无干扰。

4.24.2.2 **原理**

水样中的锶离子在富燃空气-乙炔火焰中被原子化后，其基态原子吸收锶空心阴极灯发出的共振线(460.7 nm)，其吸收强度与锶含量成正比。

4.24.2.3 **试剂**

4.24.2.3.1 盐酸(ρ_{20}=1.19 g/mL)。

4.24.2.3.2 硝酸(ρ_{20}=1.42 g/mL)。

4.24.2.3.3 氯化钾溶液(38 g/L)。

4.24.2.3.4 氯化钠溶液(50 g/L)。

4.24.2.3.5 氧化镧溶液：称取29 g氧化镧(La_2O_3)于500 mL烧杯中，加少量纯水湿润，在不断搅拌下缓缓加入250 mL盐酸(4.24.2.3.1)，溶解后用纯水稀释至500 mL。此液1.00 mL含50 mg镧。

4.24.2.3.6 锶标准贮备液[$\rho(\mathrm{Sr})$=1.00 mg/mL]：称取2.415 g经105 ℃干燥的硝酸锶[$Sr(NO_3)_2$]，溶于200 mL纯水中，加2 mL硝酸(4.24.2.3.2)，用纯水定容为1 000 mL。

4.24.2.3.7 锶标准使用液[$\rho(\mathrm{Sr})$=10.0 μg/mL]：吸取1.00 mL锶标准贮备液(4.24.2.3.6)，用水定容至100 mL。

4.24.2.4 **仪器**

同4.24.1.4。

4.24.2.5 **分析步骤**

4.24.2.5.1 按仪器说明书，将原子吸收分光光度计调至测锶最佳工作状态。

4.24.2.5.2 吸取加硝酸保存的水样 10.0 mL，于具塞比色管中。另吸取锶标准使用液(4.24.2.3.7) 0,0.10,0.20,0.50,1.00,2.00 和 5.00 mL 于 7 支比色管中，加纯水至 10 mL。此标准系列分别含锶 0,1.0,2.0,5.0,10.0,20.0,50.0 μg。向水样及标准系列管中各加 0.4 mL 氯化钾溶液(4.24.2.3.3)、0.4 mL氯化钠溶液(4.24.2.3.4)和 0.5 mL 氯化镧溶液(4.24.2.3.5)，混匀。

4.24.2.5.3 依次将标准系列及样液喷入火焰，测定其吸光度。以质量为横坐标，吸光度为纵坐标绘制校准曲线。

4.24.2.6 **结果计算**

同 4.24.1.6。

4.24.2.7 **精密度与准确度**

同一实验室对锶浓度为 0.1 mg/L 和 1.0 mg/L 的标准液各测定 8 次，相对标准偏差分别为 5.3% 和 2%。分别用井水、地面水、自来水和矿泉水做回收试验，回收率为 93%～108%。

4.24.3 **火焰发射光谱法**

4.24.3.1 **范围**

本法最低检测质量浓度为 5 μg/L。适宜的测定范围为 0.01 mg/L～4.0 mg/L。

铝、钙、硅酸盐或磷酸盐有干扰，大量碱金属有不同程度增感作用，需加入镧盐和控制溶液中的钾、钠含量。

4.24.3.2 **原理**

锶在火焰中易被激发，当被激发的原子返回基态时，以光量子的形式辐射出所吸收的能量，于 460.7 nm处测定其发射强度，其发射强度与锶含量成正比，可在其他条件不变的情况下，根据测得的发射强度与标准系列比较进行定量。

4.24.3.3 **试剂**

4.24.3.3.1 锶标准贮备溶液[$\rho(Sr)=1.0$ mg/mL]：称取 0.483 1 g 硝酸锶[$Sr(NO_3)_2$，光谱纯]，溶于少量硝酸溶液[$c(HNO_3)=0.2$ mol/L]中，在 200 mL 容量瓶中用蒸馏水定容。

4.24.3.3.2 锶标准使用溶液[$\rho(Sr)=5.0$ μg/mL]：吸取锶标准贮备溶液(4.24.3.3.1)用蒸馏水逐级稀释为 1 mL 含 5.0 μg 锶。

4.24.3.3.3 氯化钾溶液：称取 47.67 g 氯化钾(KCl，优级纯)，用纯水定容并稀释至 1 000 mL。此液每毫升含 25 mg 钾。

4.24.3.3.4 氯化钠溶液：称取 63.55 g 氯化钠(NaCl，优级纯)，用纯水溶解并稀释至 1 000 mL，此液每毫升含 25 mg 钠。

4.24.3.3.5 镧盐溶液：称取 2.98 g 高纯氧化镧(La_2O_3)，用硝酸溶液(1+1)溶解后，用蒸馏水稀释至 100 mL，此溶液 1 mL 含 25 mg 镧。

4.24.3.4 **仪器**

4.24.3.4.1 火焰分光光度计或具发射方式的原子吸收分光光度计。

4.24.3.4.2 测定条件

a) 波长：460.7 nm；

b) 狭缝：0.2 nm；

c) 燃烧器高度：7.5 mm；

d) 火焰性质：中性火焰。

4.24.3.5 **分析步骤**

4.24.3.5.1 按仪器说明书，将火焰分光光度计或原子吸收分光光度计调至测锶最佳工作状态。

4.24.3.5.2 吸取 20.0 mL 水样于 25 mL 容量瓶中，根据样品中钾、钠含量，补加氯化钾溶液(4.24.3.3.3)

和氯化钠溶液(4.24.3.3.4),使试样中分别含有钾 300 mg/L 和钠 1 000 mg/L。加入1 mL镧盐溶液(4.24.3.3.5),用蒸馏水稀释至刻度,充分摇匀。在波长 460.7 nm 处测定其发射强度。

4.24.3.5.3 吸取锶标准使用溶液(4.24.3.3.2)0,0.25,0.50,…,100.0 μg 于一系列 25 mL 容量瓶中。加 0.3 mL 氯化钾溶液(4.24.3.3.3)、1 mL 氯化钠溶液(4.24.3.3.4)、1 mL 镧盐溶液(4.24.3.3.5),用蒸馏水稀至刻度,与水样同时测定其发射强度。以质量浓度为横坐标,发射强度为纵坐标绘制校准曲线。

4.24.3.6 结果计算

水样中锶的质量浓度按式(39)计算。

$$\rho(\mathrm{Sr}) = \rho_1 \times D \qquad \cdots\cdots(39)$$

式中:

$\rho(\mathrm{Sr})$——水样中锶的质量浓度,单位为毫克每升(mg/L);

ρ_1——从校准曲线上查得的样品中锶的质量浓度,单位为毫克每升(mg/L);

D——水样稀释倍数。

4.24.3.7 精密度与准确度

同一实验室测定锶含量为 0.19 mg/L 的水样,10 次测定的相对标准偏差为 2.58%。

4.25 锂

4.25.1 火焰发射光谱法

4.25.1.1 范围

本法最低检测质量浓度为 0.01 mg/L。

4.25.1.2 原理

锂在火焰中极易被激发,当被激发的原子返回基态时,以光量子的形式辐射出所吸收的能量,于 670.8 nm 处测定其发射强度,其发射强度与锂含量成正比,可在其他条件不变的情况下,根据测得的发射强度与标准系列比较进行定量。

4.25.1.3 试剂

4.25.1.3.1 硫酸盐-碳酸铵溶液:溶解 5 g 硫酸钠(Na_2SO_4)、13 g 硫酸钾(K_2SO_4)和 12 g 碳酸铵[$(NH_4)_2CO_3$]于 100 mL 纯水中。

4.25.1.3.2 锂标准贮备溶液[$\rho(Li^+)=1.00$ mg/mL]:称取 1.221 6 g 已在 105 ℃烘干的无水氯化锂,溶于纯水中,并用纯水定容至 200 mL,摇匀。

4.25.1.3.3 锂标准中间液[$\rho(Li^+)=0.05$ mg/mL]:吸取 10.00 mL 锂标准贮备液(4.25.1.3.2),用纯水定容至 200 mL,摇匀。

4.25.1.3.4 锂标准使用液[$\rho(Li^+)=0.005$ mg/mL]:吸取 10.00 mL 锂标准中间液(4.25.1.3.3),用纯水定容至 100 mL,摇匀。

4.25.1.4 仪器

4.25.1.4.1 火焰光度计或具备发射测定方式的原子吸收分光光度计。

4.25.1.4.2 空气压缩机或空气钢瓶气。

4.25.1.4.3 乙炔钢瓶气。

警告——乙炔易燃。

4.25.1.4.4 比色管:50 mL。

4.25.1.5 分析步骤

4.25.1.5.1 样品分析

按仪器说明书,将仪器调整至测锂最佳工作状态。

取水样 50.0 mL,加 5 mL 硫酸盐-碳酸铵溶液(4.25.1.3.1),充分摇匀。待沉淀完全下沉后,过滤除去沉淀或取上层清液喷入火焰测定其发射强度(水样中钙、锶、钡含量低时,可能无沉淀生成)。

4.25.1.5.2 校准曲线的绘制

取一系列 50 mL 比色管,加锂标准使用液(4.25.1.3.4)0,0.1,…,10.0 mL,用纯水稀释至 50 mL,配成含锂 0,0.01,…,1.00 mg/L 的标准系列。同 4.25.1.5.1 步骤操作,测定标准系列的发射强度。以质量浓度为横坐标,发射强度为纵坐标绘制校准曲线。

4.25.1.6 结果计算

水样中锂的质量浓度按式(40)计算。

$$\rho(\mathrm{Li}) = \rho_1 \times D \qquad \cdots\cdots\cdots\cdots(40)$$

式中:

$\rho(\mathrm{Li})$——水样中锂的质量浓度,单位为毫克每升(mg/L);

ρ_1——从校准曲线上查得的样品中锂的质量浓度,单位为毫克每升(mg/L);

D——水样稀释倍数。

4.25.1.7 精密度与准确度

同一实验室测定含锂 0.013 mg/L 水样的相对标准偏差 5.2%。

4.25.2 火焰原子吸收分光光度法

4.25.2.1 范围

本法最低检出质量浓度为 0.05 mg/L。

共存元素钾、钠对其有增感效应,但含量达 2 500 mg/L 即趋于恒定,通常补加氯化钾和氯化钠使其钾、钠含量分别增加至 2 500 mg/L,予以校正。钙、镁、锶超过一定限量,呈现干扰时,则采用稀释法或标准加入法加以克服。

4.25.2.2 原理

本法基于基态原子能吸收来自锂空心阴极灯发出的共振线,且其吸收强度与样品中锂的含量成正比。可在其他条件不变的情况下,根据测得的吸收强度,与标准系列比较进行定量。使用空气-乙炔火焰,在波长 670.8 nm 处,测定其吸收强度。

4.25.2.3 试剂

4.25.2.3.1 氯化钾溶液:称取 47.67 g 氯化钾(KCl,优级纯),用纯水溶解并稀释至 1 000 mL。此液每毫升含 25 mg 钾。

4.25.2.3.2 氯化钠溶液:称取 63.55 g 氯化钠(NaCl,优级纯),用纯水溶解并稀释至 1 000 mL,此液每毫升含 25 mg 钠。

4.25.2.3.3 锂标准贮备液:同 4.25.1.3.2。

4.25.2.3.4 锂标准中间液:同 4.25.1.3.3。

4.25.2.3.5 锂标准使用液:同 4.25.1.3.4。

4.25.2.4 仪器

4.25.2.4.1 原子吸收分光光度计:配有锂空心阴极灯。

4.25.2.4.2 空气压缩机或空气钢瓶气。

4.25.2.4.3 乙炔钢瓶气。

警告——乙炔易燃。

4.25.2.5 分析步骤

4.25.2.5.1 水样测定

按仪器说明书,将仪器调整至测钾、钠或锂最佳工作状态,首先测定钾、钠离子含量。

取水样 5.00 mL 于 10mL 容量瓶中,补加氯化钾溶液(4.25.2.3.1)和氯化钠溶液(4.25.2.3.2)使样液中钾、钠含量均达到 2 500 mg/L,再用纯水定容至刻度,摇匀。按常规操作步骤测定锂的吸光度。

4.25.2.5.2 校准曲线的绘制

吸取锂标准使用液(4.25.2.3.4)0,0.5,…,5.0 mL,添加氯化钾(4.25.2.3.1)和氯化钠

(4.25.2.3.2)各 5 mL,用纯水定容至 50 mL,配制成每升含锂 0,0.05,…,5.0 mg 且含钾、钠各 2 500 mg的标准系列。按常规操作步骤测定标准系列的吸光度。以质量浓度为横坐标,吸光度为纵坐标绘制校准曲线。

4.25.2.6 结果计算

同 4.25.1.6。

4.25.2.7 精密度与准确度

同一实验室对含锂 0.67 mg/L 的水样进行 10 次测定的相对标准偏差为 2.8%。

4.25.3 离子色谱法

同 4.12.3。

4.26 钡

4.26.1 范围

本法最低检测质量为 123.6 pg,若取 20 μL 水样测定,最低检测浓度为 6.18 μg/L。

水中共存离子一般不产生干扰。

4.26.2 原理

采用无火焰原子吸收分光光度法。样品经适当处理后,注入石墨炉原子化器,所含钡离子在石墨管内经原子化高温蒸发解离为原子蒸气,待测钡元素的基态原子吸收来自钡元素空心阴极灯发出的共振线,其吸收强度在一定范围内与钡浓度成正比。

4.26.3 试剂

4.26.3.1 钡标准贮备溶液[ρ(Ba)=1 mg/mL]:称取 1.778 8 g 氯化钡($BaCl_2 \cdot 2H_2O$,含量 99.99%)于 250 mL 烧杯中,加水溶解,加入 10 mL 硝酸(ρ_{20}=1.42 g/mL),转移至 1 000 mL 容量瓶中,并加水定容。

4.26.3.2 钡标准中间溶液[ρ(Ba)=50 μg/mL]:吸取 5.00 mL 钡标准储备溶液(4.26.3.1)于 100 mL 容量瓶中,用硝酸溶液(1+99)稀释至刻度,摇匀。

4.26.3.3 钡标准使用溶液[ρ(Ba)=1 μg/mL]:吸取 2.00 mL 钡标准中间溶液(4.26.3.2)于 100 mL 容量瓶中,用硝酸溶液(1+99)稀释至刻度,摇匀。

4.26.4 仪器

4.26.4.1 石墨炉原子吸收分光光度计。

4.26.4.2 钡元素空心阴极灯。

4.26.4.3 氩气钢瓶。

4.26.4.4 微量加样器:20 μL。

4.26.4.5 聚乙烯瓶:100 mL。

4.26.5 仪器工作条件

参考仪器说明书,将仪器工作条件调整至测钡最佳状态,波长 553.6 nm,石墨炉工作程序见表 14。

表 14 石墨炉工作程序

程 序	全热解石墨管	热解涂层石墨管
干燥(1)	90 ℃,20 s	90 ℃,20s
干燥(2)	120 ℃,10 s	120 ℃,10 s
灰化	700 ℃,20 s	700 ℃,20 s
原子化	2 300 ℃,4 s	2 100 ℃,40 s
净化	2 700 ℃,3 s	2 500 ℃,3 s
氩气流量	50 mL/min	50 mL/min
进样量	20 μL	20 μL

4.26.6 分析步骤

4.26.6.1 吸取钡标准使用溶液(4.26.3.3)0,2.00,4.00,6.00和8.00 mL于5个100 mL容量瓶内,用硝酸溶液(1+99)稀释至刻度,摇匀,分别配制成$\rho(Ba)$=0,20,40,60和80 μg/L的标准系列。

4.26.6.2 仪器工作条件设定后依次吸取20 μL试剂空白[用(1十99)硝酸溶液作为试剂空白]、标准系列和样品,注入石墨管,启动石墨炉控制程序和记录仪,记录吸收峰高或峰面积,以浓度为横坐标,峰高或峰面积为纵坐标绘制校准曲线,并从曲线上查出样品中钡的质量浓度。

4.26.7 结果计算

4.26.7.1 直接进样品水样,可从吸光度-浓度(μg/L)校准曲线直接查得水样中钡的质量浓度(μg/L)。

4.26.7.2 若样品经处理或稀释,则从吸光度-浓度校准曲线查出钡的质量浓度后,按式(41)计算。

$$\rho(\mathrm{Ba}) = \frac{\rho_1 \times V_1}{V} \quad \cdots\cdots(41)$$

式中:

$\rho(\mathrm{Ba})$——水样中钡的质量浓度,单位为微克每升(μg/L);

ρ_1——从校准曲线上查得的试样中钡的质量浓度,单位为微克每升(μg/L);

V_1——水样稀释后的体积,单位为毫升(mL);

V——水样体积,单位为毫升(mL)。

4.27 钒

4.27.1 无火焰原子吸收分光光度法

4.27.1.1 范围

本法的最低检测质量为139.6 pg,若取20 μL水样测定,则最低检测质量浓度为6.98 μg/L。

水中共存离子一般不产生干扰。

4.27.1.2 原理

样品经适当处理后,注入石墨炉原子化器,所含钒离子在石墨管内经原子化高温蒸发解离为原子蒸气,待测钒元素的基态原子吸收来自钒元素空心阴极灯发出的共振线,其吸收强度在一定范围内与钒浓度成正比。

4.27.1.3 试剂

4.27.1.3.1 钒标准贮备溶液[$\rho(V)$=1 mg/mL]:称取2.296 6 g偏钒酸铵(NH_4VO_3,优级纯),溶于水中,加入20 mL硝酸溶液(1+1),再用水定容至1 000 mL。

4.27.1.3.2 钒标准中间溶液[$\rho(V)$=50 μg/mL]:吸取5.00 mL钒标准贮备溶液(4.27.1.3.1)于100 mL容量瓶中,用硝酸溶液(1+99)稀释至刻度,摇匀。

4.27.1.3.3 钒标准使用溶液[$\rho(V)$=1 μg/mL]:吸取2.00 mL钒标准中间溶液(4.27.1.3.2)于100 mL容量瓶中,用硝酸溶液(1+99)稀释至刻度,摇匀。

4.27.1.4 仪器

4.27.1.4.1 石墨炉原子吸收分光光度计。

4.27.1.4.2 钒元素空心阴极灯。

4.27.1.4.3 氩气钢瓶。

4.27.1.4.4 微量加样器:20 μL。

4.27.1.4.5 聚乙烯瓶:100 mL。

4.27.1.5 仪器工作条件

参考仪器说明书,将仪器工作条件调整至测钒最佳状态,波长318.3 nm,石墨炉工作程序见表15。

表 15　石墨炉工作程序

程　序	干　燥	灰　化	原子化	净　化
温度/℃	100	1 100	2 650	2 700
斜率/s	2	2	0	1
保持/s	30	20	6	4
氩气流量/(mL/min)	—	300	0	300

4.27.1.6　分析步骤

4.27.1.6.1　吸取钒标准使用溶液(4.27.1.3.3)0,1.00,2.00,3.00 和 4.00 mL 于 5 个 100 mL 容量瓶内,用硝酸溶液(1+99)稀释至刻度,摇匀,分别配制成 $\rho(V)=0,10,20,30$ 和 40 $\mu g/L$ 的标准系列。

4.27.1.6.2　仪器参数设定后依次吸取 20 μL 试剂空白[硝酸溶液(1+99)作为试剂空白]、标准系列和样品,注入石墨管,启动石墨炉控制程序和记录仪,记录吸收峰值或峰面积。以浓度为横坐标,峰高或峰面积为纵坐标绘制校准曲线,并从曲线上查出样品中钒的质量浓度。

4.27.1.7　结果计算

从吸光度-浓度校准曲线查出钒的质量浓度后,按式(42)计算。

$$\rho(V)=\frac{\rho_1\times V_1}{V} \qquad \cdots\cdots(42)$$

式中:

$\rho(V)$——水样中钒的质量浓度,单位为微克每升($\mu g/L$);

ρ_1——从校准曲线上查得的试样中钒的质量浓度,单位为微克每升($\mu g/L$);

V_1——测定样品稀释后的体积,单位为毫升(mL);

V——水样体积,单位为毫升(mL)。

4.27.1.8　精密度与准确度

同一实验室用本法测定水样 10 次的相对标准偏差为 3.4%,不同类型水样(矿泉水、地下水)的加标回收率为 98%～99%。

4.27.2　催化极谱法

4.27.2.1　范围

本法的最低检测质量为 0.002 μg,若取 10 mL 水样测定,其最低检测质量浓度为 0.2 $\mu g/L$。

4.27.2.2　原理

钒在铜铁试剂-六次甲基四胺-硫酸钠体系中有一极灵敏的催化波。根据在一定范围内其催化电流和钒浓度成正比关系,测定水中微量钒的含量。

4.27.2.3　试剂

4.27.2.3.1　硫酸钠溶液[$c(1/2Na_2SO_4)=1.5$ mol/L]:称取 322 g 硫酸钠($Na_2SO_4\cdot 10H_2O$),加纯水溶解后,稀释至 1 000 mL。

4.27.2.3.2　缓冲溶液:称取 175 g 六次甲基四胺[$(CH_2)_6N_4$],加纯水溶解后,加入 63 mL 盐酸($\rho_{20}=1.19$ g/mL),用纯水稀释至 1 000 mL。

4.27.2.3.3　铜铁试剂溶液(3 g/L):称取 3 g 铜铁试剂(亚硝基苯胲胺铵盐,$C_6H_9O_2N_3$),加纯水溶解后,稀释至 1 000 mL。

4.27.2.3.4　干扰抑制剂:称取 5 g 酒石酸钾钠($KNaC_4H_4O_6$)和 2 g 氟化钠(NaF),加纯水溶解后,稀释至 100 mL。

4.27.2.3.5　钒标准贮备液[$\rho(V)=1$ mg/mL]:精确称取 0.892 6 g 在 105 ℃干燥 2 h 的五氧化二钒(V_2O_5),加 5 mL 氢氧化钠溶液(100 g/L)溶解后,转入 500 mL 容量瓶中,用纯水稀释至刻度。

4.27.2.3.6 钒标准使用液[$\rho(V)=0.01\ \mu g/mL$]:吸取 1.00 mL 钒标准贮备液(4.27.2.3.5)于 100 mL容量瓶中,加纯水约 80 mL,加 5 mL 硫磷混酸(4.27.2.3.7),用水稀释至刻度,摇匀。吸取此液 10.0 mL,再用纯水稀释至 100 mL,此溶液每毫升含钒 1 μg(可 3 d 配制一次)。临用前吸取此液 1 mL,再稀释至 100 mL。

4.27.2.3.7 硫磷混酸(1+1):称取 2.5 g 过硫酸铵[$(NH_4)_2S_2O_8$],加纯水溶解后,加热至刚沸,冷却后,加 25 mL 磷酸($\rho_{20}=1.70$ g/mL)。此溶液应现用现配,超过 48 h 则不能使用。

4.27.2.4 仪器

4.27.2.4.1 示波极谱仪。

4.27.2.4.2 具塞比色管:25 mL。

4.27.2.5 分析步骤

4.27.2.5.1 吸取 10.0 mL 水样,置于 25 mL 具塞比色管中(样品管)。另取 7 支 25 mL 具塞比色管(标准管),分别加入钒标准使用液(4.27.2.3.6)0,0.20,0.50,1.00,1.50,2.00 和 3.00 mL,加纯水至 10 mL。

4.27.2.5.2 向样品管和标准管各加入 1.0 mL 干扰抑制剂(4.27.2.3.4)、2.0 mL 硫酸钠溶液(4.27.2.3.1)、2.0 mL 缓冲溶液(4.27.2.3.2)和 2.0 mL 铜铁试剂溶液(4.27.2.3.3),加纯水稀释至 25 mL,混匀,放置 30 min 后测定。

4.27.2.5.3 在预先调整好的示波极谱仪上,用三电极阴极化二阶导数系统于电流倍率 0.025 开始测定标准系列和样品管中钒催化波的峰高(同时记录电流倍率)。以峰高为纵坐标,钒的质量浓度为横坐标,绘制校准曲线。

4.27.2.6 结果计算

从校准曲线上求得钒的质量浓度后,按式(43)计算。

$$\rho(V)=\frac{m\times V_2}{V_1} \qquad \cdots\cdots\cdots\cdots(43)$$

式中:

$\rho(V)$——水样中钒的质量浓度,单位为毫克每升(mg/L);

m——从校准曲线上查得的样液中钒的质量浓度,单位为微克每毫升(μg/mL);

V_2——水样稀释后的体积,单位为毫升(mL);

V_1——水样体积,单位为毫升(mL)。

4.27.2.7 精确度与准确度

相对标准偏差为 3.5%,加标回收率范围为 89%～102%。

4.27.3 没食子酸催化分光光度法

4.27.3.1 范围

本法的最低检测质量为 0.01 μg,若取 10 mL 水样测定,则其最低检测质量浓度为 0.001 mg/L。

4.27.3.2 原理

在酸性溶液中,微量钒的存在,能使过硫酸铵氧化没食子酸,生成黄至橙色产物,根据被氧化没食子酸的量与钒浓度成正比关系,测定微量钒的含量。

4.27.3.3 试剂

4.27.3.3.1 硝酸汞溶液(3.5 g/L):称取 0.35 g 硝酸汞[$Hg(NO_3)_2$],加少量纯水溶解后,加 3 滴硝酸($\rho_{20}=1.42$ g/mL),用纯水稀释至 100 mL。

4.27.3.3.2 过硫酸铵磷酸溶液:称取 2.5 g 过硫酸铵[$(NH_4)_2S_2O_8$],加纯水溶解后,加热至刚沸,冷却后,加 25 mL 磷酸($\rho_{20}=1.70$ g/mL)。此溶液应现用现配,超过 48 h 则不能使用。

4.27.3.3.3 没食子酸溶液(10 g/L):称取 1 g 没食子酸($C_7H_6O_5$),加纯水溶解后,加热至近沸,稀释至 100 mL，趁热过滤，临用前现配。

4.27.3.3.4　钒标准贮备液[$\rho(V)=0.1$ mg/mL]：称取 0.229 6 g 偏钒酸铵(NH_4VO_3)，加 500 mL 纯水溶解后，加 15 mL 硝酸溶液(1+1)，用纯水稀释至 1 000 mL。

4.27.3.3.5　钒标准使用液[$\rho(V)=0.01$ μg/mL]：吸取 10.0 mL 钒标准贮备液(4.27.2.3.5)用纯水稀释至 1 000 mL。再吸取此液 10.0 mL，用纯水定容至 1 000 mL，临用前现配。

4.27.3.4　仪器

4.27.3.4.1　分光光度计。

4.27.3.4.2　恒温水浴：控温精度±0.1 ℃。

4.27.3.4.3　具塞比色管：25 mL。

4.27.3.5　分析步骤

吸取 10.0 mL 水样，置于 25 mL 具塞比色管中(样品管)。另取 7 支 25 mL 具塞比色管(标准管)，分别加入钒标准使用液(4.27.3.3.5)0，1.00，2.00，4.00，6.00，8.00 和 10.00 mL，加纯水至 10 mL。

向样品管和标准管各加入 1.0 mL 硝酸汞溶液(4.27.3.3.1)，混匀，置于(25±0.1)℃水浴中，从水样温度达到(25±0.1)℃时开始计时，准确恒温 30 min。

将过硫酸铵磷酸溶液(4.27.3.3.2)置于水浴中，使溶液温度达到(25±0.1)℃，向各管加入 1.0 mL，加塞混匀后，放回水浴中。

将没食子酸溶液(4.27.3.3.3)置于水浴中，使溶液温度达到(25±0.1)℃，按顺序每隔 1 min 向各管加入 1.0 mL，加塞混匀后，放回水浴中。从加入没食子酸溶液算起，准确恒温 30 min。

于波长 415 nm 处，用 4 cm 比色皿，以试剂空白做参比，测定样液和标准系列的吸光度。以吸光度对钒质量绘制校准曲线，从校准曲线上查出样液中钒的质量。

4.27.3.6　结果计算

水样中钒的质量浓度按式(44)计算。

$$\rho(V)=\frac{m}{V} \qquad \cdots\cdots(44)$$

式中：

$\rho(V)$——水样中钒的质量浓度，单位为毫克每升(mg/L)；

m——从校准曲线上查得的样液钒质量，单位为微克(μg)；

V——水样体积，单位为毫升(mL)。

4.27.3.7　精密度与准确度

同一实验室对不同矿泉水样加入钒标准，测定其回收率，范围为 98%～103%，平均回收率为 100%。在矿泉水中加入 20 μg 钒标准样，测得的相对误差为 0.1%。

4.28　锑

4.28.1　氢化物原子荧光法

4.28.1.1　范围

本法最低检测质量浓度为 0.078 μg/L。

当砷、锗、锡、汞、硒浓度高时，对锑产生一定程度的干扰，浓度低时，无干扰。矿泉水中这些离子的浓度都较低。另外加入一定量的硫脲-抗坏血酸混合溶液，可以消除干扰离子对锑的干扰。

4.28.1.2　原理

在酸性条件下，以硼氢化钠为还原剂使锑生成锑化氢，由载气带入原子化器原子化，受热分解为原子态锑，基态锑原子在特制锑空心阴极灯的激发下产生原子荧光，其荧光强度与锑含量成正比。

4.28.1.3　试剂

4.28.1.3.1　氢氧化钠溶液(2 g/L)：称取 1 g 氢氧化钠(NaOH)溶于纯水中，稀释至 500 mL。

4.28.1.3.2 硼氢化钠溶液(20 g/L):称取 10.0 g 硼氢化钠($NaBH_4$),溶于 500 mL 氢氧化钠溶液(4.28.1.3.1)中,混匀。

4.28.1.3.3 盐酸(ρ_{20}=1.19 g/mL),优级纯。

4.28.1.3.4 载流[盐酸溶液(φ=5%)]:取 25 mL 盐酸(4.28.1.3.3),用纯水稀释至 500 mL。

4.28.1.3.5 硫脲-抗坏血酸溶液:称取 12.5 g 硫脲[$(NH_2)_2CS$]加约 80 mL 纯水,加热溶解,冷却后加入 12.5 g 抗坏血酸($C_6H_8O_6$),稀释至 100 mL。

4.28.1.3.6 锑标准贮备液[ρ(Sb)=1.0 mg/mL]:称取 0.500 0 g 锑(光谱纯)于 100 mL 烧杯中,加 10 mL盐酸(4.28.1.3.3)和 5 g 酒石酸($C_4H_6O_6$),在水浴中温热使锑完全溶解,放冷后,转入 500 mL 容量瓶中,用纯水定容,摇匀备用。

4.28.1.3.7 锑标准中间溶液[ρ(Sb)=10.0 μg/mL]:吸取 10.0 mL 锑标准贮备液(4.28.1.3.6)于 1 000 mL容量瓶中,加 3 mL 盐酸(4.28.1.3.3),用纯水定容。

4.28.1.3.8 锑标准使用溶液[ρ(Sb)=0.10 μg/mL]:吸取 5.0 mL 锑标准中间溶液(4.28.1.3.7)于 500 mL 容量瓶中,用纯水定容。

4.28.1.4 仪器

4.28.1.4.1 原子荧光光度计。

4.28.1.4.2 锑特种空心阴极灯。

4.28.1.5 分析步骤

4.28.1.5.1 仪器工作条件

参考仪器说明书将仪器工作条件调整至测锑最佳状态,原子荧光工作条件见表 16。

表 16 原子荧光工作条件

项 目	条 件
灯电流/mA	75
光电倍增管负高压/V	310
原子化器高度/mm	8.5
载气流量/(mL/min)	500
屏蔽气流量/(mL/min)	1 000

4.28.1.5.2 样品测定

吸取 10.0 mL 水样于 1 支比色管中。另分别吸取锑标准使用溶液(4.28.1.3.8)0,0.05,0.10,0.30,0.50,0.70,1.00 mL 于 7 支比色管中,用纯水定容至 10 mL。

分别向水样和标准系列管中加入 1.0 mL 硫脲-抗坏血酸溶液(4.28.1.3.5),1.0 mL 盐酸(4.28.1.3.3),混匀,以硼氢化钠溶液(4.28.1.3.2)为还原剂,上机测定,记录荧光强度值,绘制校准曲线,从校准曲线上查出水样中锑的质量。

4.28.1.6 结果计算

水样中锑的质量浓度按式(45)计算。

$$\rho(\mathrm{Sb}) = \frac{m \times 1\,000}{V} \quad \cdots\cdots(45)$$

式中:

ρ(Sb)——水样中锑的质量浓度,单位为微克每升(μg/L);

m——从校准曲线上查得的样品中锑的质量,单位为微克(μg);

V——水样体积,单位为毫升(mL)。

4.28.1.7 精密度与准确度

四个实验室测定含锑 0.97 μg/L～8.07 μg/L 的水样，测定 8 次，其相对标准偏差为 1.2%～6.5%，在 1 μg/L～8 μg/L 范围内，回收率为 85.7%～113%。

4.28.2 氢化物发生原子吸收分光光度法

4.28.2.1 范围

本法最低检测质量为 6.25 ng，若取 25.0 mL 水样测定，最低检测质量浓度为 0.25 μg/L。

4.28.2.2 原理

硼氢化钠与酸反应生成新生态氢，在碘化钾和硫脲存在下，五价锑还原为三价锑，三价锑与新生态氢生成锑化氢气体，以氮气为载气，在石英炉中 930 ℃原子化，217.6 nm 波长测锑的吸光度。

4.28.2.3 试剂

4.28.2.3.1 还原溶液：称取 10 g 优级纯碘化钾(KI)和 2 g 分析纯硫脲(N_2H_4CS)，溶于纯水中，并稀释至 100 mL，储于棕色瓶中。

4.28.2.3.2 盐酸(ρ_{20}=1.19 g/mL)，优级纯。

4.28.2.3.3 硼氢化钠溶液(20 g/L)：称取 2 g 硼氢化钠($NaBH_4$)，加 0.2 g 氢氧化钠(NaOH，优级纯)，用纯水溶解后，稀释至 100 mL，必要时过滤，临用时配制。

4.28.2.3.4 锑标准贮备溶液[ρ(Sb)=1 mg/mL]：称取 0.500 0 g 锑(光谱纯)于 100 mL 烧杯中，加 10 mL盐酸(ρ_{20}=1.19 g/mL)和 5 g 酒石酸($C_4H_6O_6$)，在水浴中温热使锑完全溶解，放冷后，转入 500 mL容量瓶中用纯水定容，摇匀。

4.28.2.3.5 锑标准使用溶液[ρ(Sb)=0.1 μg/mL]：吸取 5.00 mL 锑标准贮备溶液(4.28.2.3.4)于 500 mL 容量瓶中，加纯水定容至 500 mL。按上法将所配成的标准溶液再稀释 100 倍。

4.28.2.4 仪器

原子吸收分光光度计：附氢化物发生器。

4.28.2.5 分析步骤

4.28.2.5.1 根据仪器说明书，将主机测定条件(灯电流、波长等)调至最佳状态，然后将氢化物发生器安装好，调节燃烧器至石英炉处于最佳位置固定，将原子化温度调至 930 ℃，氮气流量调至 1 000 mL/min，用纯水清洗反应瓶，关闭反应器上的活塞 1 和 2(见图 1)即可进行样品测定。

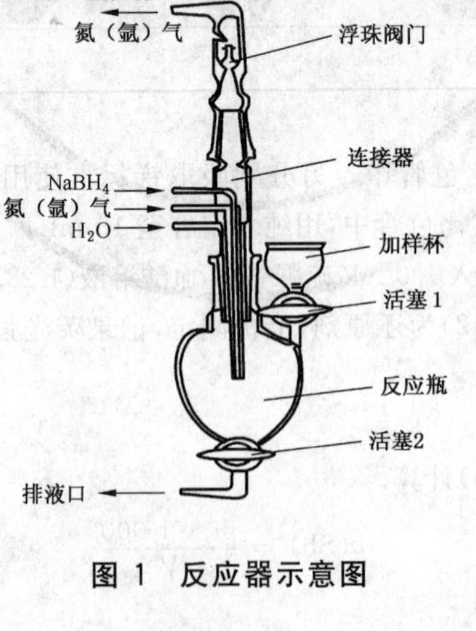

图 1 反应器示意图

4.28.2.5.2 水样测定

4.28.2.5.2.1 取 25.0 mL 水样[如水样含锑量低于 0.25 μg/L 时，可取适量水样加 1 mL 盐酸溶液(1+1)浓缩 2 倍～5 倍]，置于 25 mL 比色管中，加入 1.0 mL 还原溶液(4.28.2.3.1)，0.5 mL 盐酸(4.28.2.3.2)，摇匀，放置 30 min。

4.28.2.5.2.2　打开反应器活塞 1,将样品转移到反应瓶中,关闭活塞 1,用自动加液器加入 3 mL 硼氢化钠溶液(4.28.2.3.3)。

4.28.2.5.2.3　以氮气流量 1 000 mL/min,原子化温度为 930 ℃,光谱通带为 0.4 nm,波长 217.6 nm,测定锑的吸光度或用记录仪记录峰值。

4.28.2.5.2.4　打开反应器上活塞 1 和 2 把废液排除,用纯水清洗反应瓶,并关闭活塞 1 和 2。

4.28.2.5.3　校准曲线的制备

取 6 个 25 mL 比色管,分别加入锑标准使用溶液(4.28.2.3.5)0,0.25,0.50,1.00,1.50 和 2.50 mL,加入纯水至 25.0 mL,摇匀。按 4.28.2.5.2 测定锑的吸光度。绘制校准曲线,由校准曲线上查出水样中锑的质量。

4.28.2.6　结果计算

水样中锑的质量浓度按式(46)计算。

$$\rho(\mathrm{Sb}) = \frac{m \times 1\,000}{V} \qquad \cdots\cdots(46)$$

式中:

$\rho(\mathrm{Sb})$——水样中锑的质量浓度,单位为微克每升(μg/L);

m——从校准曲线上查得的样品中锑的质量,单位为微克(μg);

V——水样体积,单位为毫升(mL)。

4.28.2.7　精密度与准确度

四个实验室测定锑的含量范围为 0.21 μg/L～10.0 μg/L 的水样,相对标准偏差为 1.9%～11.9%,回收率为 91%～115%,平均回收率为 101%。两个实验室测定锑的含量范围为 1.5 μg/L～3.2 μg/L的浓缩水样,其相对标准偏差为 2.9%～13.2%,回收率为 92%～116%。

4.29　钴

4.29.1　亚硝基-R 分光光度法

4.29.1.1　范围

本法的最低检测质量为 0.5 μg,若取 20 mL 水样测定,则其最低检测质量浓度为 0.025 mg/L。

4.29.1.2　原理

在中性或微碱性介质中,钴和亚硝基-R 盐反应,生成稳定的红色络合物,其吸光度与钴离子含量在一定浓度范围内成正比。

4.29.1.3　试剂

4.29.1.3.1　硝酸(ρ_{20}=1.42 g/mL):(1+1)。

4.29.1.3.2　柠檬酸溶液[$c(C_6H_8O_7)$=0.2 mol/L]:称取 4.2 g 柠檬酸($C_6H_8O_7 \cdot H_2O$),加纯水溶解后,稀释至 100 mL。

4.29.1.3.3　缓冲溶液:称取 35.6 g 磷酸氢二钠(Na_2HPO_4)和 6.2 g 硼酸(H_3BO_3),用 500 mL 氢氧化钠溶液[$c(NaOH)$=1 mol/L]溶解后,用纯水稀释至 1 000 mL。

4.29.1.3.4　亚硝基-R 盐溶液(2 g/L):称取 0.20 g 亚硝基-R 盐{1-亚硝基-2-萘酚-3,6-二磺酸二钠,[$NOC_{10}H_4OH(SO_3Na)_2$]},加纯水溶解后,稀释至 100 mL,贮于棕色瓶中。

4.29.1.3.5　钴的标准贮备溶液[$\rho(\mathrm{Co})$=1 000 μg /mL]:称取 1.000 0 g 金属钴(w>99.9%),置于 250 mL 烧杯中,加 30 mL 硝酸溶液(4.29.1.3.1),盖上表面皿,加热溶解。冷却到室温后,移入 1 000 mL容量瓶中,用纯水定容。

4.29.1.3.6　钴标准使用溶液[$\rho(\mathrm{Co})$=1.0 μg/mL]:吸取 10.00 mL 钴标准贮备溶液(4.29.1.3.5)于 100 mL 容量瓶中,用纯水定容,摇匀。再用吸取此溶液 10.00 mL 于 1 000 mL 容量瓶中,用纯水定容,摇匀。

4.29.1.4 仪器

4.29.1.4.1 分光光度计。

4.29.1.4.2 容量瓶:50 mL。

4.29.1.5 分析步骤

4.29.1.5.1 吸取适量水样(含钴量小于20 μg)于50 mL烧杯中,加2 mL柠檬酸溶液(4.29.1.3.2)、2.4 mL缓冲溶液(4.29.1.3.3),补加纯水至20 mL,摇匀。另吸取钴标准使用溶液(4.29.1.3.6)0,0.50,1.00,2.00,5.00,8.00,12.0,16.0,20.0 mL于一系列50 mL烧杯中,补加纯水至20 mL,摇匀。

4.29.1.5.2 向烧杯中各加0.50 mL亚硝基-R盐溶液(4.29.1.3.4),摇匀,加热至沸,1 min后加2.0 mL硝酸(4.29.1.3.1),再加热沸腾1 min,冷却至室温,将溶液分别移入50 mL容量瓶中,用纯水定容。

4.29.1.5.3 用试剂空白做参比,于波长425 nm处测定吸光度。以标液中的钴质量为横坐标,吸光度为纵坐标绘制校准曲线。从校准曲线上查出样品溶液中钴的质量。

4.29.1.6 计算

水样中钴的质量浓度按式(47)计算。

$$\rho(Co) = \frac{m}{V} \quad \cdots\cdots(47)$$

式中:

$\rho(Co)$——水样中钴的质量浓度,单位为毫克每升(mg/L);

m——从校准曲线上查得的样液钴质量,单位为微克(μg);

V——水样的体积,单位为毫升(mL)。

4.29.1.7 精密度与准确度

同一实验室用同一水样平行测定12次,平均值为0.071 mg//L,相对标准偏差为2.2%,加标回收率为97.2%~102%。

4.29.2 火焰原子吸收分光光度法

4.29.2.1 范围

本法的最低检测质量浓度为0.50 mg/L和0.05 mg/L。

水中大量碱金属和碱土金属离子的干扰还可经离子交换消除。干扰和消除方法同4.17.1.1.5.1。

4.29.2.2 原理

本法基于水样中钴的基态原子能吸收来自钴空心阴极灯发出的共振线,其吸收强度与钴元素含量成正比,可在其他条件不变的情况下,根据测得的吸收强度与标准系列比较进行定量。

水样中钴离子含量高时,可将水样直接导入火焰使其原子化后,采用其灵敏共振线240.7 nm进行测定,其最低检测浓度为0.5 mg/L。水样中钴离子含量低时,则需要采用离子交换富集后,再用火焰原子吸收法进行测定,其最低检测浓度为0.05 mg/L。

4.29.2.3 试剂

本法配制试剂、稀释样液等所用纯水均为去离子水。

4.29.2.3.1 氨水[$c(NH_3 \cdot H_2O)=1$ mol/L]:吸取35 mL氨水($NH_3 \cdot H_2O$),用纯水稀释至1 000 mL。

4.29.2.3.2 缓冲溶液(pH=6.0):称取60.05 g乙酸(CH_3COOH)和77.08 g乙酸铵(CH_3COONH_4),用纯水溶解,并稀释到1 000 mL,再用氨水(4.29.2.3.1)调节为pH=6.0。

4.29.2.3.3 硝酸(1+1)。

4.29.2.3.4 硝酸溶液[$c(HNO_3)=2$ mol/L]:吸取25 mL浓硝酸($\rho_{20}=1.42$ mg/L),用纯水稀释至200 mL。

4.29.2.3.5 螯合树脂:将D401大孔苯乙烯(系螯合型树脂)用硝酸溶液(4.29.2.3.4)泡浸2 d,然后用纯水充分漂洗至 pH=6.0,倾除过细微粒,浸泡在纯水中备用。

4.29.2.3.6 钴标准贮备液[$\rho(Co)=1$ mg/mL]:称取 1.000 0 g 金属钴,加入 10 mL 硝酸溶液(4.29.2.3.4)溶解后,加热赶除二氧化碳,用纯水定容至 1 000 mL,摇匀,备用。

4.29.2.4 **仪器**

4.29.2.4.1 离子交换柱:用纯水将已处理好的树脂(4.29.2.3.5)倾装入内径 2 cm、高 10 cm 的玻璃交换柱中,树脂高度为 4 cm,树脂层的下部和上部均填有玻璃棉,以防树脂漏掉和被冲动,树脂床中不可存有气泡。

4.29.2.4.2 原子吸收分光光度计:配有钴空心阴极灯。

4.29.2.4.3 空气压缩机或空气钢瓶。

4.29.2.4.4 乙炔钢瓶。

4.29.2.5 **分析步骤**

4.29.2.5.1 **高含量水样分析**

按照仪器说明书将仪器工作条件调整至测定钴的最佳状态,波长 240.7 nm。

用每升含 1.5 mL 硝酸(4.29.2.3.3)的纯水将钴标准贮备液(4.29.2.3.6)稀释并配成 $\rho(Co)=$ 0.5 mg/L~1.0 mg/L 的钴标准系列溶液。将标准系列溶液与空白溶液交替喷入火焰,测定其吸光度。以钴的标准质量浓度(mg/L)为横坐标,吸光度为纵坐标,绘制出校准曲线或计算出回归方程。

将样品喷入火焰,测定其吸光度,在校准曲线或回归方程中查出钴的质量浓度(mg/L)。

4.29.2.5.2 **低含量水样分析**

取水样 250 mL 于 500 mL 烧杯中,用氨水(4.29.2.3.1)调节 pH=6.0,加 25 mL 缓冲溶液(4.29.2.3.2),混匀。将样液分次倒入离子交换柱内,以 3 mL/min 的流速进行离子交换。样液流完后,用 30 mL 缓冲液(4.29.2.3.2)以同样流速进行淋洗。用约 27 mL 硝酸溶液(4.29.2.3.4)以同样流速进行洗脱,弃去最初的约 3 mL,用 25 mL 容量瓶收集洗脱液至刻度,摇匀。

测定步骤同 4.29.2.5.1。

4.29.2.5.3 **树脂的再生**

将用过的树脂收集在一个烧杯中,先用纯水漂洗,滤干后,泡在硝酸溶液(4.29.2.3.4)中 24 h 后,再用纯水漂洗至 pH=6 左右,浸泡在纯水中备用。

4.29.2.6 **结果计算**

4.29.2.6.1 **高含量水样**

从校准曲线中直接查出水样中钴的质量浓度 $\rho(Co)$,单位为 mg/L。

4.29.2.6.2 **低含量水样**

从校准曲线中查出水样中钴的质量浓度,mg/L,按式(48)计算。

$$\rho(Co)=\rho_1\times\frac{25}{V} \qquad \cdots\cdots(48)$$

式中:

$\rho(Co)$——水样中钴的质量浓度,单位为毫克每升(mg/L);

ρ_1——从校准曲线查得的钴的质量浓度,单位为毫克每升(mg/L);

25——富集后的水样体积,单位为毫升(mL);

V——水样体积,单位为毫升(mL)。

4.29.2.7 **精密度与准确度**

同一实验室测定含钴 1.88 mg/L 水样的相对标准偏差为 3.0%。

4.29.3 **无火焰原子吸收分光光度法**

4.29.3.1 **范围**

本法的最低检测质量为 38.2 pg,若取 20 μL 水样测定,则最低检测质量浓度为 1.91 μg/L。

水中共存离子一般不产生干扰。

4.29.3.2 **原理**

样品经适当处理后，注入石墨炉原子化器，所含钴离子在石墨管内经原子化高温蒸发解离为原子蒸气，待测钴元素的基态原子吸收来自钴元素空心阴极灯发出的共振线，其吸收强度在一定范围内与钴浓度成正比。

4.29.3.3 **试剂**

4.29.3.3.1 钴标准贮备溶液[$\rho(Co)=1$ mg/mL]：称取 1.000 0 g 金属钴（高纯或光谱纯），溶于10 mL 硝酸溶液(1+1)中，加热驱除二氧化碳，用水定容至 1 000 mL。

4.29.3.3.2 钴标准中间溶液[$\rho(Co)=50$ μg/mL]：吸取 5.00 mL 钴标准贮备溶液（4.29.3.3.1）于 100 mL 容量瓶中，用硝酸溶液(1+99)稀释至刻度，摇匀。

4.29.3.3.3 钴标准使用溶液[$\rho(Co)=1$ μg/mL]：吸取 2.00 mL 钴标准中间溶液（4.29.3.3.2）于 100 mL容量瓶中，用硝酸溶液(1+99)稀释至刻度，摇匀。

4.29.3.3.4 硝酸镁溶液(50 g/L)：称取 5 g 硝酸镁[$Mg(NO_3)_2$，优级纯]，加水溶解并定容至 100 mL。

4.29.3.4 **仪器**

4.29.3.4.1 石墨炉原子吸收分光光度计。

4.29.3.4.2 钴元素空心阴极灯。

4.29.3.4.3 氩气钢瓶。

4.29.3.4.4 微量加样器：20 μL。

4.29.3.4.5 聚乙烯瓶：100 mL。

4.29.3.5 **仪器工作条件**

参考仪器说明书，将仪器工作条件调整至测钴最佳状态，波长 240.7 nm，石墨炉工作程序见表 17。

表 17 石墨炉工作程序

程 序	干 燥	灰 化	原子化	净 化
温度/℃	120	1 400	2 400	2 700
斜率/s	2	2	0	1
保持/s	30	30	5	4
氩气流量/(mL/min)	—	300	0	300

4.29.3.6 **分析步骤**

4.29.3.6.1 吸取钴标准使用溶液(4.29.3.3.3)0，1.00，2.00，3.00 和 4.00 mL 于 5 个 100 mL 容量瓶内，分别加入 1.0 mL 硝酸镁溶液(4.29.3.3.4)，用硝酸溶液(1+99)稀释至刻度，摇匀，分别配制成 $\rho(Co)=0,10,20,30$ 和 40 μg/L 的标准系列。

4.29.3.6.2 吸取 10.0 mL 水样，加入 0.1 mL 硝酸镁溶液（4.29.3.3.4），同时取 10 mL 硝酸溶液(1+99)，加入 0.1 mL 硝酸镁溶液(4.29.3.3.4)，作为试剂空白。

4.29.3.6.3 仪器工作条件设定后依次吸取 20 μL 试剂空白、标准系列和样液，注入石墨管，启动石墨炉控制程序和记录仪，记录吸收峰高或峰面积。以浓度为横坐标，峰高或峰面积为纵坐标绘制校准曲线，并从曲线上查出样品中钴的质量浓度。

每测定 10 个样品之间，加测一个内控样品或相当于校准曲线中等浓度的标准溶液。

4.29.3.7 **结果计算**

从吸光度-浓度校准曲线查出钴的质量浓度后，按式(49)计算。

$$\rho(Co)=\frac{\rho_1\times V_1}{V} \quad \cdots\cdots(49)$$

式中：

$\rho(Co)$——水样中钴的质量浓度，单位为微克每升（$\mu g/L$）；

ρ_1——从校准曲线上查得的试样中钴的质量浓度，单位为微克每升（$\mu g/L$）；

V_1——测定样品的体积，单位为毫升（mL）；

V——水样体积，单位为毫升（mL）。

4.30 镍

4.30.1 火焰原子吸收分光光度法

4.30.1.1 范围

本法的最低检测质量浓度为 0.30 mg/L 或 0.03 mg/L。

水中大量钾、钠等干扰离子可经离子交换消除。干扰和消除方法同 4.17.1.1.5.1。

4.30.1.2 原理

本法基于水样品中镍的基态原子能吸收来自镍空心阴极灯发出的共振线，其吸收强度与镍元素含量成正比，可在其他条件不变的情况下，根据测得的吸收强度与标准系列比较进行定量。

水样中镍离子含量高时，可将水样直接导入火焰使其原子化后，采用其灵敏共振线 232.0 nm 进行测定，其最低检测质量浓度为 0.30 mg/L。水样中镍离子含量低时，则需要采用离子交换富集后，再用火焰原子吸收法进行测定，其最低检测质量浓度为 0.03 mg/L。

4.30.1.3 试剂

本法配制试剂、稀释样液所用的纯水均为去离子水。

4.30.1.3.1 氨水[$c(NH_3 \cdot H_2O)=1$ mol/L]：吸取 35 mL 氨水（$\rho_{20}=0.88$ g/mL），用纯水稀释至1 000 mL。

4.30.1.3.2 缓冲溶液（pH=6.0）：称取 60.05 g 乙酸（CH_3COOH）和 77.08 g 乙酸铵（CH_3COONH_4），用纯水溶解，并稀释到 1 000 mL，再用氨水（4.30.1.3.1）调节 pH=6.0。

4.30.1.3.3 硝酸溶液（1+1）。

4.30.1.3.4 硝酸溶液[$c(HNO_3)=2$ mol/L]：吸取 25 mL 浓硝酸（$\rho_{20}=1.42$ g/mL），用纯水稀释至 200 mL。

4.30.1.3.5 螯合树脂：将 D401 大孔苯乙烯（系螯合型树脂）用硝酸溶液（4.30.1.3.4）泡浸 2 d，然后用纯水充分漂洗至 pH=6.0，倾除过细微粒，浸泡在纯水中备用。

4.30.1.3.6 镍标准贮备液[$\rho(Ni)=1$ mg/mL]：称取 1.000 0 g 金属镍，加入 10 mL 硝酸（4.30.1.3.3）溶解后，加热赶除二氧化碳，用纯水定容至 1 000 mL，摇匀，备用。

4.30.1.4 仪器

4.30.1.4.1 离子交换柱：用纯水将已处理好的树脂（4.30.1.3.5）倾装入内径 2 cm，高 10 cm 的玻璃交换柱中，树脂高度为 4 cm，树脂层的下部和上部均填有玻璃棉，以防树脂漏掉和被冲动，树脂床中不可存有气泡。

4.30.1.4.2 原子吸收分光光度计：配有镍空心阴极灯。

4.30.1.4.3 空气压缩机或空气钢瓶。

4.30.1.4.4 乙炔钢瓶。

4.30.1.5 分析步骤

4.30.1.5.1 高含量水样分析

按照仪器说明书将仪器工作条件调整至测定镍的最佳状态，选择灵敏吸收线 232.0 nm。

用每升含 1.5 mL 硝酸（4.30.1.3.3）的纯水将镍标准贮备液（4.30.1.3.6）稀释并配成 $\rho(Ni)=$ 0.3 mg/L～10.0mg/L 的镍标准系列溶液。将标准系列溶液与空白溶液交替喷入火焰，测定其吸光度。以镍的标准质量浓度（mg/L）为横坐标，吸光度为纵坐标，绘制出校准曲线或计算出回归方程。将样品喷入火焰，测定其吸光度，在校准曲线或回归方程中查出其镍的质量浓度（mg/L）。

4.30.1.5.2 **低含量水样分析**

取水样 250 mL 于 500 mL 烧杯中，用氨水(4.30.1.3.1)调节 pH=6.0，加 25 mL 缓冲溶液(4.30.1.3.2)，混匀。将样液分次倒入离子交换柱内，以 3 mL/min 的流速进行离子交换。样液流完后，用 30 mL 缓冲液(4.30.1.3.2)以同样流速进行淋洗。用约 27 mL 硝酸溶液(4.30.1.3.4)以同样流速进行洗脱，弃去最初的约 3 mL，用 25 mL 容量瓶收集洗脱液至刻度，摇匀。

测定步骤同 4.30.1.5.1。

4.30.1.5.3 **树脂的再生**

将用过的树脂收集在一个烧杯中，先用纯水漂洗，滤干后，泡在硝酸溶液(4.30.1.3.4)中 24 h 后，再用纯水漂洗至 pH=6 左右，浸泡在纯水中备用。

4.30.1.6 **结果计算**

4.30.1.6.1 **高含量水样**

从校准曲线中直接查出水样中镍的质量浓度 $\rho(\mathrm{Ni})$，单位为 mg/L。

4.30.1.6.2 **低含量水样**

从校准曲线中直接查出水样中镍的质量浓度(mg/L)，按式(50)计算。

$$\rho(\mathrm{Ni}) = \rho_1 \times \frac{25}{V} \qquad \cdots\cdots(50)$$

式中：

$\rho(\mathrm{Ni})$——水样中镍的质量浓度，单位为毫克每升(mg/L)；

ρ_1——从校准曲线查得的镍的质量浓度，单位为毫克每升(mg/L)；

25——富集后的水样体积，单位为毫升(mL)；

V——水样体积，单位为毫升(mL)。

4.30.1.7 **精密度与准确度**

同一实验室测定含镍 2.0 mg/L 的水样，相对标准偏差为 1.3%。

4.30.2 **无火焰原子吸收分光光度法**

4.30.2.1 **范围**

本法的最低检测质量为 49.60 pg，若取 20 μL 水样测定，则最低检测质量浓度为 2.48 μg/L。

水中共存离子一般不产生干扰。

4.30.2.2 **原理**

样品经适当处理后，注入石墨炉原子化器，所含镍离子在石墨管内经原子化高温蒸发解离为原子蒸气，待测镍元素的基态原子吸收来自镍元素空心阴极灯发出的共振线，其吸收强度在一定范围内与镍浓度成正比。

4.30.2.3 **试剂**

4.30.2.3.1 镍标准贮备溶液[$\rho(\mathrm{Ni})$=1 mg/mL]：称取 1.000 0 g 金属镍(高纯或光谱纯)，溶于 10 mL 硝酸溶液(1+1)中，加热驱除二氧化碳，用水定容至 1 000 mL。

4.30.2.3.2 镍标准中间溶液[$\rho(\mathrm{Ni})$=50 μg/mL]：吸取 5.00 mL 镍标准贮备溶液(4.30.2.3.1)于 100 mL 容量瓶中，用硝酸溶液(1+99)稀释至刻度，摇匀。

4.30.2.3.3 镍标准使用溶液[$\rho(\mathrm{Ni})$=1 μg/mL]：吸取 2.00 mL 镍标准中间溶液(4.30.2.3.2)于 100 mL容量瓶中，用硝酸溶液(1+99)稀释至刻度，摇匀。

4.30.2.3.4 硝酸镁溶液(50 g/L)：称取 5 g 硝酸镁[$Mg(NO_3)_2$，优级纯]，加水溶解并定容至 100 mL。

4.30.2.4 **仪器**

4.30.2.4.1 石墨炉原子吸收分光光度计。

4.30.2.4.2 镍元素空心阴极灯。

4.30.2.4.3 氩气钢瓶。

4.30.2.4.4 微量加样器:20 μL。

4.30.2.4.5 聚乙烯瓶:100 mL。

4.30.2.5 仪器工作条件

参考仪器说明书,将仪器工作条件调整至测镍最佳状态,波长 232.0 nm,石墨炉工作程序见表 18。

表 18 石墨炉工作程序

程 序	干 燥	灰 化	原子化	净 化
温度/℃	120	1 400	2 400	2 700
斜率/s	2	2	0	1
保持/s	30	30	5	4
氩气流量/(mL/min)	—	300	0	300

4.30.2.6 分析步骤

吸取镍标准使用溶液(4.30.2.3.3)0,0.50,1.00,2.00 和 3.00 mL 于 5 个 100 mL 容量瓶内,分别加入 1.0 mL 硝酸镁溶液(4.30.2.3.4),用硝酸溶液(1+99)稀释至刻度,摇匀,分别配制成 ρ(Ni)=0,5,10,20 和 30 μg/L 的标准系列。

另吸取 10.0 mL 水样,加入 0.1 mL 硝酸镁溶液(4.30.2.3.4),同时取 10 mL 硝酸溶液(1+99),加入 0.1 mL 硝酸镁溶液(4.30.2.3.4),作为试剂空白。

仪器工作条件设定后依次吸取 20 μL 试剂空白、标准系列和样品,注入石墨管,启动石墨炉控制程序和记录仪,记录吸收峰高或峰面积,以浓度为横坐标,峰高或峰面积为纵坐标绘制校准曲线,并从曲线上查出样品中镍的质量浓度。

4.30.2.7 结果计算

从吸光度-浓度校准曲线查出镍的质量浓度后,按式(51)计算。

$$\rho(Ni) = \frac{\rho_1 \times V_1}{V} \quad \cdots\cdots\cdots\cdots (51)$$

式中:

ρ(Ni)——水样中镍的质量浓度,单位为微克每升(μg/L);

ρ_1——从校准曲线上查得的试样中镍的质量浓度,单位为微克每升(μg/L);

V_1——测定样品的体积,单位为毫升(mL);

V——水样体积,单位为毫升(mL)。

4.31 铝

4.31.1 铬天青 S 分光光度法

4.31.1.1 范围

本法的最低检测质量为 0.20 μg,若取 25 mL 水样,则最低检测质量浓度为 0.008 mg/L,适宜的测定范围为 0.008 mg/L~0.200 mg/L。

水中铜、锰及铁干扰测定。加入抗坏血酸(100 g/L)1 mL 可消除 25 μg 铜、30 μg 锰的干扰。加入巯基乙醇酸(10 g/L)2 mL 可消除 25 μg 铁的干扰。

4.31.1.2 原理

在 pH=6.7~7.0 范围内,铝在聚乙二醇辛基苯醚(OP)和溴代十六烷基吡啶(CPB)的存在下与铬天青 S 反应生成蓝色的四元体系混合胶束,比色定量。

4.31.1.3 试剂

4.31.1.3.1 铬天青 S 溶液(1g/L):称取 0.1 g 铬天青 S($C_{23}H_{13}Cl_2Na_3O_9S$)溶于 100 mL 乙醇溶液(1+1)中,混匀。

4.31.1.3.2 乳化剂 OP 溶液(3+100):吸取 3.0 mL 乳化剂 OP(聚乙二醇辛基苯基醚,$C_{34}H_{62}O_{11}$)溶

于 100 mL 纯水中。

4.31.1.3.3 溴代十六烷基吡啶(简称 CPB,3 g/L):称取 0.6 gCPB($C_{21}H_{36}BrN$)溶于 30 mL 乙醇[$\varphi(C_2H_5OH)=95\%$]中,加水稀释至 200 mL。

4.31.1.3.4 乙二胺-盐酸缓冲液(pH=6.7~7.0):量取 100 mL 无水乙二胺($C_2H_8N_2$),加 200 mL 纯水,冷却后缓缓加入 190 mL 盐酸($\rho_{20}=1.19$ g/mL),搅匀,用酸度计调节 pH 为 6.7~7.0,若 pH>7,则慢慢滴加盐酸;若 pH<6.7,可补加乙二胺溶液(1+2)。

4.31.1.3.5 氨水(1+6)。

4.31.1.3.6 硝酸溶液[$c(HNO_3)=0.5$ mol/L]。

4.31.1.3.7 铝标准贮备溶液[$\rho(Al)=1$ mg/mL]:称取 8.792 g 硫酸铝钾[$KAl(SO_4)_2\cdot 12H_2O$],溶于纯水中,定容至 500 mL。

4.31.1.3.8 铝标准使用溶液[$\rho(Al)=1$ μg/mL]:临用时将标准贮备液(4.31.1.3.7)逐级稀释而成。

4.31.1.3.9 对硝基酚乙醇溶液(1.0 g/L):称取 0.1 g 对硝基酚($NO_2C_6H_4OH$),溶于 100 mL 乙醇[$\varphi(C_2H_5OH)=95\%$]中。

4.31.1.4 仪器

4.31.1.4.1 具塞比色管:50 mL。

4.31.1.4.2 酸度计。

4.31.1.4.3 分光光度计。

4.31.1.5 分析步骤

吸取水样 25.0 mL 于 50 mL 具塞比色管中。另取 50 mL 比色管 8 支,分别加入铝标准使用溶液(4.31.1.3.8)0,0.20,0.50,1.00,2.00,3.00,4.00 和 5.00 mL,加纯水至 25 mL。向各管滴加 1 滴对硝基酚乙醇溶液(4.31.1.3.9),混匀,滴加氨水(4.31.1.3.5)至浅黄色,加硝酸溶液(4.31.1.3.6)至黄色消失,再多加 2 滴。

各加入 3.0 mL 铬天青 S 溶液(4.31.1.3.1),混匀后依次加入 1.0 mL 乳化剂 OP 溶液(4.31.1.3.2)、2.0 mL CPB 溶液(4.31.1.3.3)、3.0 mL 缓冲液(4.31.1.3.4),加纯水稀释至 50 mL,混匀,放置 30 min。

于波长 620 nm 处,用 2 cm 比色皿,以试剂空白为参比,测定吸光度。绘制校准曲线,从曲线上查出水样管中铝的质量。

注:水中含有铜或锰时,可加抗坏血酸以消除其干扰。水中含铁时,可加巯基乙醇酸来消除其干扰。

4.31.1.6 结果计算

水样中铝的质量浓度按式(52)计算。

$$\rho(Al)=\frac{m}{V} \qquad \cdots\cdots(52)$$

式中:

$\rho(Al)$——水样中铝的质量浓度,单位为毫克每升(mg/L);

m——从校准曲线查得的水样管中铝的质量,单位为微克(μg);

V——水样体积,单位为毫升(mL)。

4.31.1.7 精密度与准确度

5 个实验室对浓度为 20 μg/L 和 160 μg/L 的水样进行测定,相对标准偏差均小于 5%,回收率为 94%~106%。

4.31.2 铝试剂分光光度法

4.31.2.1 范围

本法的最低检测质量为 0.5 μg,若取 25 mL 水样,则最低检测质量浓度为 0.02 mg/L。

三价铁干扰测定。可加入抗坏血酸将其还原为二价铁消除。二价铁含量较高时亦干扰测定,可用盐酸羟基或巯基乙酸掩蔽。

4.31.2.2 原理

在中性或酸性介质中，铝试剂与铝反应生成红色络合物，其吸光度与铝的含量在一定浓度范围内成正比。pH=4 时，显色络合物最稳定，加入胶体物质亦可延长颜色稳定时间。

4.31.2.3 试剂

4.31.2.3.1 氨水溶液[$c(NH_3 \cdot H_2O)=0.1$ mol/L]：吸取 1 mL 氨水($\rho_{20}=0.90$ g/mL)，用纯水稀释至 150 mL。

4.31.2.3.2 盐酸溶液[$c(HCl)=0.1$ mol/L]：吸取 1 mL 盐酸($\rho_{20}=1.19$ g/mL)，用纯水稀释至 120 mL。

4.31.2.3.3 抗坏血酸溶液(50 g/L)：称取 5.0 g 抗坏血酸($C_6H_8O_6$)，溶于纯水中(不可加热)，稀释至 100 mL。用时现配。

4.31.2.3.4 铝试剂溶液(0.5 g/L)：称取 0.25 g 铝试剂金精羧酸铵($C_{22}H_{23}N_3O_9$)和 5.0 g 阿拉伯胶，加 250 mL 纯水，温热至溶解，加入 66.7 g 乙酸铵($CH_3 \cdot COONH_4$)，溶解后，加 63.0 mL 盐酸($\rho_{20}=1.19$ g/mL)，稀释至 500 mL。必要时过滤。贮于棕色瓶中，暗处保存，可稳定 6 个月。

4.31.2.3.5 铝标准贮备溶液[$\rho(Al)=0.1$ mg/mL]：称取 1.759 g 硫酸铝钾[优级纯，$KAl(SO_4)_2 \cdot 12H_2O$]，溶于纯水中，加 10 mL 硫酸溶液(1+3)，移入 1 000 mL 容量瓶中，用纯水定容。

4.31.2.3.6 铝标准使用溶液[$\rho(Al)=1$ μg/mL]：吸取 10.00 mL 铝标准贮备溶液(4.31.2.3.5)于 1 000 mL容量瓶中，用纯水定容。

4.31.2.3.7 对硝基酚指示剂(1 g/L)：称取 0.10 g 对硝基酚($NO_2C_6H_4OH$)，溶于纯水中，稀释至 100 mL。

4.31.2.4 仪器

4.31.2.4.1 分光光度计。

4.31.2.4.2 具塞比色管：50 mL。

4.31.2.5 分析步骤

吸取铝标准使用溶液(4.31.2.3.6)0，0.50，1.00，2.00，4.00，6.00，8.00，10.00，15.00，20.00 和 25.00 mL 于一系列 50 mL 具塞比色管中，补加纯水至 25 mL。另吸取 25.0 mL 水样于 50 mL 具塞比色管中，向各标准管和水样管中，各加 3 滴对硝基酚指示剂(4.31.2.3.7)，若水样为中性，则显黄色，可滴加盐酸溶液(4.31.2.3.2)恰至无色；若水样为酸性，则不显色，可先滴加氨水溶液(4.31.2.3.1)至显黄色，再滴加盐酸溶液(4.31.2.3.2)至黄色恰好消失。

加 1.0 mL 抗坏血酸溶液(4.31.2.3.3)，摇匀，加 4.0 mL 铝试剂溶液(4.31.2.3.4)，用纯水稀释至 50 mL，摇匀，放置 15 min。于波长 520 nm 处，用 1 cm 比色皿，以试剂空白作参比测定吸光度。以标准系列比色管中铝的质量(μg)为横坐标，吸光度为纵坐标绘制校准曲线。

4.31.2.6 结果计算

以样液的吸光度从校准曲线中查得的铝的质量(μg)，按式(53)计算。

$$\rho(\mathrm{Al}) = \frac{m}{V} \qquad \cdots\cdots(53)$$

式中：

$\rho(Al)$——水样中铝的质量浓度，单位为毫克每升(mg/L)；

m——从校准曲线上查得的试样管中铝的质量，单位为微克(μg)；

V——水样体积，单位为毫升(mL)。

4.31.2.7 精密度与准确度

同一实验室对一地下水样品进行 10 次测定，平均值为 0.58 mg/L，其相对标准偏差为 2.4%，加标回收率为 97%～102%。

4.31.3 无火焰原子吸收分光光度法

4.31.3.1 范围

本法最低检测质量为 58 pg,若取 20 μL 水样测定,则最低检测质量浓度为 2.9 μg/L。

水中共存离子一般不产生干扰。

4.31.3.2 原理

样品经适当处理后,注入石墨炉原子化器,所含铝离子在石墨管内经原子化高温蒸发解离为原子蒸气。待测铝元素的基态原子吸收来自铝元素空心阴极灯发射的共振线,其吸收强度在一定范围内与铝浓度成正比。

4.31.3.3 试剂

4.31.3.3.1 铝标准贮备溶液[$\rho(Al)=1$ mg/mL]:称取 1.759 g 硫酸铝钾[$KAl(SO_4)_2 \cdot 12H_2O$]溶于水,定容至 100 mL,在聚四氟乙烯或聚丙烯或聚乙烯瓶中储存。

4.31.3.3.2 铝标准中间溶液[$\rho(Al)=50$ μg /mL]:吸取 5.00 mL 铝标准贮备溶液(4.31.3.3.1)于 100 mL 容量瓶中,用硝酸溶液(1+99)定容至刻度,摇匀。

4.31.3.3.3 铝标准使用溶液[$\rho(Al)=1$ μg /mL]:吸取 2.00 mL 铝标准中间溶液(4.31.3.3.2)于 100 mL容量瓶中,用硝酸溶液(1+99)定容至刻度,摇匀。

4.31.3.3.4 硝酸镁溶液(50 g/L):称取 5 g 硝酸镁[$Mg(NO_3)_2$,优级纯],加水溶解并稀释至 100 mL。

4.31.3.3.5 过氧化氢溶液[$\varphi(H_2O_2)=30\%$]:优级纯。

4.31.3.3.6 氢氟酸($\rho_{20}=1.19$ g/mL)。

4.31.3.3.7 氢氟酸溶液(1+1)。

4.31.3.3.8 草酸($H_2C_2O_4 \cdot H_2O$),固体。

4.31.3.3.9 钽溶液(60 g/L):称取 3 g 金属钽(99.99%),放入聚四氟乙烯塑料杯中,加入 10 mL 氢氟酸溶液(4.31.3.3.7),3 g 草酸(4.31.3.3.8)和 0.75 mL 过氧化氢溶液(4.31.3.3.5),在沙浴上小心加热至金属溶解。若反应慢,可适量加入过氧化氢溶液(4.31.3.3.5),待溶解后加入 4 g 草酸(4.31.3.3.8)和大约 30 mL 水,并稀释到 50 mL。保存于塑料瓶中。

4.31.3.4 仪器

4.31.3.4.1 石墨炉原子吸收分光光度计。

4.31.3.4.2 铝元素空心阴极灯。

4.31.3.4.3 氩气钢瓶。

4.31.3.4.4 微量加样器:20 μL。

4.31.3.4.5 聚乙烯瓶:100 mL。

4.31.3.4.6 涂钽石墨管的制备:将普通石墨管先用无水乙醇漂洗管的内、外面,取出在室温干燥后,把石墨管垂直浸入装有钽溶液(4.31.3.3.9)的聚四氟乙烯杯中,然后将杯移入电热真空减压干燥箱中,于 50 ℃～60 ℃,减压 53 328.3 Pa～79 993.2 Pa 90 min,取出石墨管常温风干,放入 105 ℃烘箱中干燥1 h。在通氩气 300 mL/min 保护下按下述程序处理:干燥 80 ℃～100 ℃,30 s;100 ℃～110 ℃,30 s;灰化 900 ℃,60 s;原子化 2 700 ℃,10 s。重复上述程序两次,即得涂钽石墨管,将涂好的管放入干燥器内保存。

4.31.3.5 仪器工作条件

参考仪器说明书,将仪器工作条件调整至测铝最佳状态,波长 309.3 nm,石墨炉工作程序见表 19。

表 19 石墨炉工作程序

程 序	干 燥	灰 化	原 子 化	净 化
温度/℃	120	1 400	2 400	2 700
斜率/s	2	2	0	1
保持/s	30	30	5	4
氩气流量/(mL/min)	—	300	0	300

4.31.3.6 分析步骤

吸取铝标准使用溶液(4.31.3.3.3)0,2.00,3.00,4.00 和 5.00 mL 于 5 个 100 mL 容量瓶内,分别加入 1.0 mL 硝酸镁溶液(4.31.3.3.4),用硝酸溶液(1+99)定容至刻度,摇匀,分别配制成 $\rho(Al)=0$、20、30、40 和 50 μg/L 的标准系列。另吸取 10.0 mL 水样,加入 0.1 mL 硝酸镁溶液(4.31.3.3.4)。同时吸取 10.0 mL 硝酸溶液(1+99),加入 0.1 mL 硝酸镁溶液(4.31.3.3.4),作为空白。

仪器工作条件设定后依次吸取 20 μL 试剂空白、标准系列和样液,注入石墨管,启动石墨炉控制程序和记录仪,记录吸收峰高或峰面积。以质量浓度为横坐标,峰高或峰面积为纵坐标绘制校准曲线。

4.31.3.7 结果计算

从吸光度-浓度校准曲线查出铝的质量浓度后,按式(54)计算。

$$\rho(Al)=\frac{\rho_1\times V_1}{V} \qquad \cdots\cdots(54)$$

式中:

$\rho(Al)$——水样中铝的质量浓度,单位为微克每升(μg/L);

ρ_1——从校准曲线上查得的试样中铝的质量浓度,单位为微克每升(μg/L);

V——水样体积,单位为毫升(mL);

V_1——水样稀释后的体积,单位为毫升(mL)。

4.32 硒

4.32.1 二氨基萘荧光法

4.32.1.1 范围

本法最低检测质量为 0.005 μg,若取 20 mL 水样测定,最低检测质量浓度为 0.25 μg/L。

20 mL 水样中分别存在下列含量(μg)的元素不干扰测定:砷,30;铍,27;镉,5;钴,30;铬,30;铜,35;汞,1.0;铁,100;铅,50;锰,40;镍,20;钒,100 和锌,50。

4.32.1.2 原理

2,3-二氨基萘在 pH=1.5~2.0 溶液中,选择性地与四价硒离子反应生成苯并[c]硒二唑化合物绿色荧光物质,被环已烷萃取,产生的荧光强度与四价硒含量成正比。水样需先经硝酸-高氯酸混合酸消化将四价以下的无机和有机硒氧化为六价硒,再经盐酸消化将六价硒还原为四价硒,然后测定总硒含量。

4.32.1.3 试剂

4.32.1.3.1 高氯酸(ρ_{20}=1.67 g/mL)。

4.32.1.3.2 盐酸(ρ_{20}=1.19 g/mL)。

4.32.1.3.3 盐酸溶液[c(HCl)=0.1 mol/L]:吸取 8.4 mL 盐酸(4.32.1.3.2),用纯水稀释为1 000 mL。

4.32.1.3.4 硝酸(ρ_{20}=1.42 g/mL):优级纯。

4.32.1.3.5 硝酸-高氯酸(1+1):量取 100 mL 硝酸(4.32.1.3.4),加入 100 mL 高氯酸(4.32.1.3.1),混匀。

4.32.1.3.6 盐酸溶液(1+4):量取 50 mL 盐酸(4.32.1.3.2),加入 200 mL 纯水中,混匀。

4.32.1.3.7 氨水(1+1):吸取氨水(ρ_{20}=0.88 g/mL)与等体积纯水混匀。

4.32.1.3.8 乙二胺四乙酸二钠溶液(50 g/L):称取 5 g 乙二胺四乙酸二钠($C_{10}H_{14}N_2O_8Na_2\cdot 2H_2O$),加入少量纯水中,加热溶解,放冷后稀释至 100 mL。

4.32.1.3.9 盐酸羟胺溶液(100 g/L):称取 10 g 盐酸羟胺($NH_2OH\cdot HCl$),溶于纯水中,并稀释至 100 mL。

4.32.1.3.10 精密 pH 试纸:pH=0.5~5.0。

4.32.1.3.11 甲酚红溶液(0.2 g/L):称取 20 mg 甲酚红($C_{12}H_{18}O_5S$),溶于少量纯水中,加 1 滴氨水(4.32.1.3.7)使其完全溶解,加纯水稀释至 100 mL。

4.32.1.3.12 混合试剂:吸取 50 mL 乙二胺四乙酸二钠溶液(4.32.1.3.8)、50 mL 盐酸羟胺溶液

(4.32.1.3.9)和 2.5 mL 甲酚红溶液(4.32.1.3.11),加纯水稀释至 500 mL,混匀。临用前配制。

4.32.1.3.13 环己烷:不可有荧光杂质,不纯时需重蒸后使用。用过的环己烷重蒸后可再用。

4.32.1.3.14 2,3-二氨基萘溶液(1 g/L):称取 100 mg 2,3-二氨基萘[简称 DAN,$C_{10}H_6(NH_2)_2$]于 250 mL 磨口锥形瓶中,加入 100 mL 盐酸溶液(4.32.1.3.3),振摇至全部溶解(约 15 min)后,加入 20 mL环己烷,继续振摇 5 min,移入底部塞有玻璃棉(或脱脂棉)的分液漏斗中,静置分层后将水相放回原锥形瓶内,再用环己烷萃取多次(萃取次数视 DAN 试剂中荧光杂质多少而定,一般需 5 次～6 次),直到环己烷相荧光最低为止。将此纯化的水溶液储于棕色瓶中,加一层约 1 cm 厚的环己烷以隔绝空气,置冰箱内保存。用前再以环己烷萃取一次。经常使用以每月配制一次为宜,不经常使用可保存一年。此溶液需在暗室中配制。

4.32.1.3.15 硒标准贮备溶液[ρ(Se)=100 μg/mL]:称取 0.100 0 g 硒,溶于少量硝酸(4.32.1.3.4)中,加入 2 mL 高氯酸(4.23.1.3.1)。在沸水浴上加热蒸去硝酸(约 3 h～4 h),稍冷后加入 8.4 mL 盐酸(4.32.1.3.2),继续加热 2 min,然后移入 1 000 mL 容量瓶内,用纯水定容。

4.32.1.3.16 硒标准使用溶液[ρ(Se)=0.05 μg/mL]:吸取硒标准贮备溶液(4.32.1.3.15),用盐酸溶液(4.32.1.3.3)逐级进行稀释,储于冰箱内备用。

4.32.1.4 仪器

本法首次使用的玻璃器皿,均应以硝酸(1+1)浸泡 4 h 以上,并用自来水、纯水冲洗洁净;本法用过的玻璃器皿,以自来水淋洗后,在洗涤剂溶液(5 g/L)中浸泡 2 h 以上,并用自来水、纯水洗净。

4.32.1.4.1 荧光分光光度计或荧光光度计。

4.32.1.4.2 分液漏斗:25 mL、250 mL。

4.32.1.4.3 具塞比色管:5 mL。

4.32.1.4.4 电热板。

4.32.1.4.5 水浴锅。

4.32.1.4.6 磨口锥形瓶:100 mL。

4.32.1.5 分析步骤

4.32.1.5.1 消化

吸取 5.00 mL～20.00 mL 水样及硒标准使用溶液(4.32.1.3.16)0、0.10、0.30、0.50、0.70、1.00、1.50 和 2.00 mL 分别于 100 mL 磨口锥形瓶中,各加纯水至与水样相同体积。沿瓶壁加入 2.5 mL 硝酸-高氯酸(4.32.1.3.5),将瓶(勿盖塞)置于电热板上加热至瓶内产生浓白烟,溶液由无色变成浅黄色(瓶内溶液太少时,颜色变化不明显,以观察到浓白烟为准)为止,立即取下(消化未到终点过早取下,会因所含荧光杂质未被分解完全而产生干扰,使测定结果偏高;到达终点还继续加热将会造成硒的损失),稍冷后加入 2.5 mL 盐酸溶液(4.32.1.3.6),继续加热至呈浅黄色,立即取下。

消化完毕的溶液放冷后,各瓶均加入 10 mL 混合试剂(4.32.1.3.12),摇匀,溶液应呈桃红色,用氨水(4.32.1.3.7)调节至浅橙色,若氨水加过量,溶液呈黄色或桃红(微带蓝)色,需用盐酸溶液(4.32.1.3.6)再调回至浅橙色,此时溶液 pH 为 1.5～2.0。必要时需用 pH=0.5～5.0 的精密试纸(4.32.1.3.10)检验,然后冷却。

向上述消化完毕的各瓶内加入 2 mL 2,3-二氨基萘溶液(4.32.1.3.14)(本步骤需在暗室内黄色灯下操作),摇匀,置沸水浴中加热 5 min(自放入沸水浴中算起),取出,冷却。向各瓶加入 4.0 mL 环己烷(4.32.1.3.13),加盖密塞,振摇 2 min。将全部溶液移入分液漏斗(活塞勿涂油)中,待分层后,弃去水相,将环己烷相由分液漏斗上口(先用滤纸擦干净)倾入具塞试管内,密塞待测。

注:四价硒与 2,3-二氨基萘应在酸性溶液中反应,pH 以 1.5～2.0 为最佳,过低时溶液易乳化,太高时测定结果偏高。甲酚红指示剂有 pH=2～3 及 7.2～8.8 两个变色范围,前者是由桃红色变为黄色,后者是由黄色变成桃红(微带蓝)色。本法是采用前一个变色范围,将溶液调节至浅橙色、pH 为 1.5～2.0 最适宜。

4.32.1.5.2 测定

可选用下列仪器之一测定荧光强度:

荧光分光光度计:激发光波长 376 nm,发射光波长为 520 nm。

荧光光度计:不同型号的仪器具备的滤光片不同,应选择适当滤光片。可用激发光滤片为 330 nm,荧光滤片为 510 nm(截止型)和 530 nm(带通型)组合滤片。

绘制校准曲线,从曲线上查出水样管中硒的质量。

4.32.1.6 **结果计算**

水样中硒的质量浓度按式(55)计算。

$$\rho(\mathrm{Se}) = \frac{m}{V} \qquad \cdots\cdots\cdots\cdots(55)$$

式中:

$\rho(\mathrm{Se})$——水样中硒的质量浓度,单位为毫克每升(mg/L);

m——从校准曲线上查得的试样中硒的质量,单位为微克(μg);

V——水样体积,单位为毫升(mL)。

4.32.1.7 **精密度与准确度**

同一实验室测定含硒 0 μg/L～10.0 μg/L 标准溶液,重复 6 次以上,相对标准偏差为 23.6%～2.1%。测定 19 个不同硒浓度及类型的水样,每个样品重复 7 次以上,硒含量低于 0.3 μg/L 时,相对标准偏差大于 20%;硒含量大于 1 μg/L 时,相对标准偏差均小于 10%。测定 36 个不同类型的水样,硒浓度为 0.10 μg/L～41.8 μg/L,加入标准 0.10 μg/L～10.0 μg /L,硒的平均回收率为 98.1%±7.4%。

4.32.2 **氢化物发生原子吸收分光光度法**

4.32.2.1 **范围**

本法最低检测质量为 0.01 μg,若取 50 mL 水样处理后测定,则最低检测质量浓度为 0.2 μg/L。

水中常见金属及非金属离子均不干扰测定。

4.32.2.2 **原理**

取适量水样加硝酸-高氯酸消化至冒高氯酸白烟,将水中低价硒氧化为六价硒。在盐酸介质中加热煮沸水样残渣,将六价硒还原为四价硒。然后将样品调至含适量的盐酸和铁氰化钾后,置于氢化物发生器中与硼氢化钾作用生成气态硒化氢,用纯氮将硒化氢吹入高温电热石英管原子化。根据硒基态原子吸收由硒空心阴极灯发射出来的共振线的量与水中硒含量成正比,样品和标准系列同时测定,由校准曲线求水中硒含量。

如果只测四价和六价硒,水样可不经消化处理。如只测四价硒,水样既不消化也不用还原步骤,只要将水样调到测定范围内就可测定。

4.32.2.3 **试剂**

4.32.2.3.1 硝酸(ρ_{20}=1.42 g/mL)。

4.32.2.3.2 盐酸(ρ_{20}=1.19 g/mL)。

4.32.2.3.3 盐酸溶液(1+2)。

4.32.2.3.4 盐酸溶液(1+1)。

4.32.2.3.5 氢氧化钠溶液(10 g/L):称取 1 g 氢氧化钠(NaOH),用纯水溶解,并稀释至 100 mL。

4.32.2.3.6 硼氢化钾溶液(10 g/L):称取 1 g 硼氢化钾(KBH_4),用氢氧化钠溶液(4.32.2.3.5)溶解,并稀释至 100 mL。如溶液不透明,需过滤。冰箱内保存,可稳定 1 周,否则应临用时配制。

4.32.2.3.7 铁氰化钾溶液(100 g/L):称取 10 g 铁氰化钾[$K_3Fe(CN)_6$],用纯水溶解,并稀释至 100 mL。

4.32.2.3.8 硝酸-高氯酸(1+1):同 4.32.1.3.5。

4.32.2.3.9 硒标准贮备溶液[$\rho(\mathrm{Se})$=100 μg/mL]:同 4.32.1.3.15。

4.32.2.3.10 硒标准中间溶液[$\rho(\mathrm{Se})$=10 μg/mL]:吸取硒标准贮备溶液(4.32.2.3.9) 10.00 mL 于容量瓶内,用盐酸溶液(4.32.2.3.3)定容至 100 mL。

4.32.2.3.11 硒标准使用溶液[$\rho(\mathrm{Se})$=0.1 μg/mL]:吸取适量硒标准中间溶液(4.32.2.3.10),用纯水稀释。临用前配制。

4.32.2.3.12 高纯氮。

4.32.2.4 **仪器**

4.32.2.4.1 原子吸收分光光度计。

4.32.2.4.2 硒空心阴极灯。

4.32.2.4.3 氢化物发生器和电热石英管或火焰石英管原子化器。

4.32.2.4.4 具塞比色管:10 mL。

4.32.2.5 **分析步骤**

4.32.2.5.1 **样品预处理**

吸取 50 mL 水样于 100 mL 锥形瓶中,加 2.0 mL 硝酸-高氯酸(4.32.2.3.8),在电热板上蒸发至冒高氯酸白烟,取下放冷。加 4.0 mL 盐酸溶液(4.32.2.3.4),在沸水浴中加热 10 min,取出放冷。转移至预先加有 1.0 mL 铁氰化钾溶液(4.32.2.3.7)的 10 mL 具塞比色管中,加纯水至 10 mL,混匀后测总硒。

吸取 50.0 mL 水样于 100 mL 锥形瓶中,加 2.0 mL 盐酸(4.32.2.3.2),于电热板上蒸发至溶液小于 5 mL,取下放冷。转移至预先加有 1.0 mL 铁氰化钾溶液(4.32.2.3.7)的 10 mL 具塞比色管中,加纯水至 10 mL,混匀后测四价和六价硒。

4.32.2.5.2 **制备标准系列**

分别吸取硒标准使用溶液(4.32.2.3.11)0,0.10,0.20,0.40,0.80,1.00,1.20 和 1.50 mL 置于 10 mL具塞比色管中,加 4.0 mL 盐酸溶液(4.32.2.3.4)及 1.0 mL 铁氰化钾溶液(4.32.2.3.7),加纯水至 10 mL。混匀后供测定。

4.32.2.5.3 **仪器工作条件**

参考仪器说明书,将仪器工作条件调整至最佳状态,仪器工作条件见表 20。

表 20 仪器工作条件

项 目	条 件
波长/nm	196
灯电流/mA	8
氮气流量/(L/min)	1.2
原子化温度/℃	800

分别吸取 5.0 mL 样品溶液和标准系列 (4.32.2.5.1~4.32.2.5.2)于氢化物发生器中,加 3.0 mL 硼氢化钾溶液(4.32.2.3.6),测定吸光度。以吸光度对硒浓度作图,绘制校准曲线,从曲线上查出样品管中硒的质量。

4.32.2.6 **结果计算**

水样中硒的质量浓度按式(56)计算。

$$\rho(\mathrm{Se}) = \frac{m}{V} \qquad \cdots\cdots(56)$$

式中:

$\rho(\mathrm{Se})$——水样中硒的质量浓度,单位为毫克每升(mg/L);

m——从校准曲线上查得的试样中硒的质量,单位为微克(μg);

V——水样体积,单位为毫升(mL)。

4.32.2.7 **精密度与准确度**

四个实验室测定含硒 0.51 μg/L~6.15 μg /L 的水样,其相对标准偏差为 2.4%~4.7%;加标回收试验,在 2.0 μg/L~10.0 μg/L 范围,回收率均在 90%以上。

4.32.3 **氢化物原子荧光法**

4.32.3.1 **范围**

本法最低检测质量为 5.0 ng,若取 20 mL 水样测定,则最低检测质量浓度为 0.25 μg/L。

4.32.3.2 原理

在盐酸介质中,硼氢化钾将四价硒还原为硒化氢。以氩气作载气将硒化氢从母液中分离并导入石英炉原子化器中原子化。以硒特种空心阴极灯作激发光源,使硒原子发出荧光,在一定浓度范围内,荧光强度与硒的含量成正比。

水样经硝酸-高氯酸混酸消化,将四价以下的无机和有机硒氧化成六价硒;经盐酸消化将六价硒还原为四价硒,由此测定总硒浓度。

4.32.3.3 试剂

4.32.3.3.1 盐酸(ρ_{20}=1.19 g/mL):优级纯。

4.32.3.3.2 盐酸溶液[c(HCl)=0.1 mol/L]:吸取 8.4 mL 浓盐酸(ρ_{20}=1.19 g/mL),用纯水稀释至1 000 mL。

4.32.3.3.3 硝酸-高氯酸(1+1):分别量取等体积的硝酸(ρ_{20}=1.42 g/mL,优级纯)和高氯酸(ρ_{20}=1.68 g/mL,优级纯)混合。

4.32.3.3.4 硼氢化钾溶液(7 g/L):称取 2 g 氢氧化钾(KOH,优级纯)溶于 200 mL 纯水中,加入 7 g 硼氢化钾(KBH_4)并使之溶解,用纯水稀释至 1 000 mL。现用现配。

4.32.3.3.5 硒标准贮备溶液[ρ(Se)=100 μg/mL]:同 4.32.2.3.9。

4.32.3.3.6 硒标准使用溶液[ρ(Se)=0.05 μg/mL]:将硒标准贮备溶液(4.32.3.3.5)用盐酸溶液(4.32.3.3.2)逐级稀释,储存于冰箱中。

4.32.3.4 仪器

4.32.3.4.1 原子荧光分析仪。

4.32.3.4.2 硒特种空心阴极灯。

4.32.3.5 分析步骤

4.32.3.5.1 消化

吸取 5 mL~20 mL 水样及硒标准使用溶液(4.32.3.3.6)0,0.10,0.50,1.00,3.00,5.00 mL 分别于 100 mL 锥形瓶中,各加纯水与水样相同体积,并各加数粒玻璃珠。沿瓶壁加入 2.0 mL 硝酸-高氯酸(4.32.3.3.3),缓缓加热浓缩至出现浓白烟,稍冷后加 5 mL 纯水,加 5 mL 盐酸(4.32.3.3.1),加热微沸保持 3 min~5 min。冷却后移入 25 mL 比色管中,以少许纯水洗涤锥形瓶,洗液合并于比色管中,并加纯水至刻度,摇匀。

4.32.3.5.2 测定

参考仪器说明书,将仪器工作条件调整至测硒最佳状态,原子荧光工作条件见表 21。

表 21 硒的原子荧光工作条件

项　目	条　件
硒特种空心阴极灯电流/mA	60~80
日盲光电倍增管负高压/V	280~300
原子化器温度/℃	室温
氩气压力/MPa	0.02
氩气流量/(mL/min)	1 000
硼氢化钾流量/(mL/s)	0.6~0.7
加液时间/s	8

吸取 5.0 mL 样液,注入氢化物发生器中,加硼氢化钾溶液(4.32.3.3.4),并记录荧光强度值,绘制校准曲线。

以比色管中硒质量(μg)为横坐标,荧光强度值为纵坐标绘制校准曲线,从曲线上查出水样中硒的质量。

4.32.3.6 结果计算

水样中硒的质量浓度按式(57)计算。

$$\rho(\mathrm{Se}) = \frac{m}{V} \qquad \cdots\cdots(57)$$

式中：

$\rho(\mathrm{Se})$——水样中硒的质量浓度，单位为毫克每升(mg/L)；

m——从校准曲线上查得的试样中硒的质量，单位为微克(μg)；

V——水样体积，单位为毫升(mL)。

4.32.3.7 精密度与准确度

同一实验室用本法多次重复测定水中总硒。当硒浓度为 0.001 4、0.02 和 0.049 mg/L 时，相对标准偏差分别为 23.7%、3.7%和 1.4%。

水样加标多次测定，加入 30 ng、100 ng 和 300 ng 硒时平均回收率分别为(87.8±7.7)%，(111±5.1)%和(104±2.1)%。

4.33 砷

4.33.1 二乙氨基二硫代甲酸银分光光度法

4.33.1.1 范围

本法最低检测质量为 0.5 μg。若取 50 mL 水样测定，则最低检测质量浓度为 0.01 mg/L。

钴、镍、汞、银、铂、铬和钼可干扰砷化氢的发生，但矿泉水中这些离子通常存在的量不产生干扰。

水中锑的含量超过 0.1 mg/L 时对测定有干扰。用本法测定砷的水样不宜用硝酸保存。

4.33.1.2 原理

锌与酸作用产生新生态氢。在碘化钾和氯化亚锡存在下，使五价砷还原为三价砷。三价砷与新生态氢生成砷化氢气体。通过用乙酸铅棉花去除硫化氢的干扰，然后与溶于三乙醇胺-三氯甲烷中的二乙氨基二硫代甲酸银作用，生成棕红色的胶态银，比色定量。

4.33.1.3 仪器

4.33.1.3.1 砷化氢发生器，见图 2。

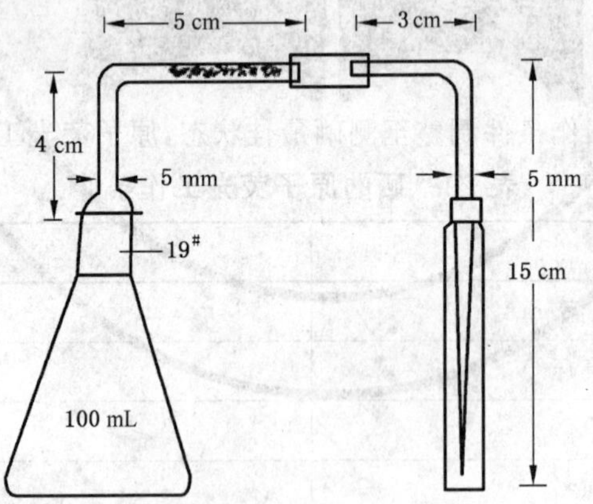

图 2 砷化氢发生瓶及吸收管

4.33.1.3.2 分光光度计。

4.33.1.4 试剂

4.33.1.4.1 三氯甲烷。

4.33.1.4.2 无砷锌粒。

4.33.1.4.3 硫酸溶液(1+1)。

4.33.1.4.4 碘化钾溶液(150 g/L)：称取 15 g 碘化钾(KI)，溶于纯水中并稀释至 100 mL，储于棕色瓶内。

4.33.1.4.5 氯化亚锡溶液(400 g/L):称取 40 g 氯化亚锡($SnCl_2 \cdot 2H_2O$),溶于 40 mL 盐酸(ρ_{20}=1.19 g/L)中,并加纯水稀释至 100 mL,投入数粒金属锡粒。

4.33.1.4.6 乙酸铅棉花:将脱脂棉浸入乙酸铅溶液(100 g/L)中,2 h 后取出,让其自然干燥。

4.33.1.4.7 吸收溶液:称取 0.25 g 二乙氨基二硫代甲酸银($C_5H_{10}NS_2 \cdot Ag$),研碎后用少量三氯甲烷溶解,加入 1.0 mL 三乙醇胺[$N(CH_2CH_2OH)_3$],再用三氯甲烷稀释到 100 mL。必要时,静置过滤至棕色瓶内,储存于冰箱中。本试剂溶液中二乙氨基二硫代甲酸银浓度以 2.0 g/L～2.5 g/L 为宜,浓度过低将影响测定的灵敏度及重现性。溶解性不好的试剂应更换。实验室制备的试剂具有很好的溶解性。制备方法是分别溶解 1.7 g 硝酸银、2.3 g 二乙氨基二硫代甲酸钠($C_5H_{10}NS_2Na$)于 100 mL 纯水中,冷却到 20 ℃以下,缓缓搅拌混合。过滤生成的柠檬黄色银盐沉淀,用冷的纯水洗涤沉淀数次,置于干燥器中,避光保存。

4.33.1.4.8 砷标准贮备溶液[$\rho(As)$=1 mg/mL]:称取 0.660 0 g 经 105 ℃干燥 2 h 的三氧化二砷(As_2O_3),溶于 5 mL 氢氧化钠溶液(200 g/L)中。用酚酞作指示剂,以硫酸溶液(1+17)中和到中性后,再加入 15 mL 硫酸溶液(1+17),转入 500 mL 容量瓶,加纯水至刻度。

4.33.1.4.9 砷标准使用溶液[$\rho(As)$=1 μg/mL]:吸取 10.00 mL 砷标准贮备液(4.33.1.4.8),置于 100 mL 容量瓶中,加纯水至刻度,混匀。临用时,吸取 10.00 mL 此溶液,置于 1 000 mL 容量瓶中,加纯水至刻度,混匀。

4.33.1.5 分析步骤

吸取 50.0 mL 水样,置于砷化氢发生瓶中。另取砷化氢发生瓶 8 个,分别加入砷标准使用溶液(4.33.1.4.9)0,0.50,1.00,2.00,3.00,5.00,7.00 及 10.00 mL,各加纯水至 50 mL。

向水样和标准系列中各加 4 mL 硫酸溶液(4.33.1.4.3)、2.5 mL 碘化钾溶液(4.33.1.4.4)及2 mL 氯化亚锡溶液(4.33.1.4.5),混匀,放置 15 min。

于各吸收管中分别加入 5.0 mL 吸收溶液(4.33.1.4.7),插入塞有乙酸铅棉花 (4.33.1.4.6)的导气管。迅速向各发生瓶中倾入预先称好的 5 g 无砷锌粒(4.33.1.4.2),立即塞紧瓶塞,勿使漏气。在室温(低于 15 ℃时可置于 25 ℃温水浴中)反应 1 h,最后用三氯甲烷将吸收液体积补足到 5.0 mL,在 1 h 内于波长 515 nm 处,用 1 cm 比色皿,以三氯甲烷为参比,测定吸光度。绘制校准曲线,从曲线上查出水样管中砷的质量。

注:颗粒大小不同的锌粒在反应中所需酸量不同,一般为 4 mL～10 mL,需在使用前用标准溶液进行预试验,以选择适宜的酸量。

4.33.1.6 结果计算

水样中砷(以 As 计)的质量浓度按式(58)计算。

$$\rho(As) = \frac{m}{V} \qquad \cdots\cdots(58)$$

式中:

$\rho(As)$——水样中砷(以 As 计)的质量浓度,单位为毫克每升(mg/L);

m——从校准曲线上查得的水样管中砷(以 As 计)的质量,单位为微克(μg);

V——水样体积,单位为毫升(mL)。

4.33.1.7 精密度与准确度

有 54 个实验室用本法测定含砷 61 μg/L 的合成水样,其他成分的浓度(μg/L)分别为:铝,435;铍,183;镉,27;铬,65;钴,96;铜,37;铁,78;铅,113;锰,47;汞,414;镍,96;硒,16;钒,470;锌,26。测定砷的相对标准偏差为 19.8%,相对误差为 13.1%。

4.33.2 锌-硫酸系统新银盐分光光度法

4.33.2.1 范围

本法最低检测质量为 0.2 μg,若取 50 mL 水样测定,则最低检测质量浓度为 0.004 mg/L。

汞、银、铬、钴等离子可抑制砷化氢的生成，产生负干扰，锑含量高于 0.1 mg/L 可产生正干扰。但矿泉水中这些离子的含量极微或不存在，不会产生干扰。硫化物的干扰可用乙酸铅棉花除去。

4.33.2.2 原理

水中砷在碘化钾、氯化亚锡、硫酸和锌作用下还原为砷化氢气体，并与吸收液中银离子反应，在聚乙烯醇的保护下形成单质胶态银，呈黄色溶液，可比色定量。

4.33.2.3 仪器

4.33.2.3.1 砷化氢发生器，见图 3。

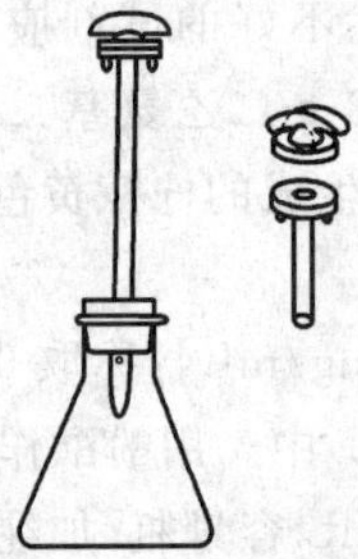

注：插入吸收液中的导气弯管内的毛细管的内径为 0.3 mm～0.4 mm。

图 3 砷化氢发生吸收装置图

4.33.2.3.2 分光光度计

4.33.2.4 试剂

除下列试剂外，其他试剂同 4.33.1.4。

4.33.2.4.1 乙醇[$\varphi(C_2H_5OH)=95\%$]。

4.33.2.4.2 硝酸-硝酸银溶液：称取 2.50 g 硝酸银($AgNO_3$)于 250 mL 棕色容量瓶中，用少量纯水溶解后，加 5 mL 硝酸($\rho_{20}=1.42$ g/mL)，用纯水定容。临用时配制。

4.33.2.4.3 聚乙烯醇溶液(4 g/L)：称取 0.80 g 聚乙烯醇(聚合度为 1 750±50)于烧杯中，加 200 mL 纯水加热并不断搅拌至完全溶解后，盖上表面皿，微热煮沸 10 min，冷却后使用。当天配制。

4.33.2.4.4 砷化氢吸收液：按 1∶1∶2 体积比将硝酸-硝酸银溶液(4.33.2.4.2)、聚乙烯醇溶液(4.33.2.4.3)及乙醇(4.33.2.4.1)混合，充分摇匀后使用，临用前配制。

4.33.2.4.5 砷标准使用溶液[$\rho(As)=0.5$ μg/mL]：取砷标准贮备溶液(4.33.1.4.8)用纯水逐级稀释为 $\rho(As)=0.5$ μg/mL 的标准使用溶液。

4.33.2.5 分析步骤

吸取 50.0 mL 水样于砷化氢发生瓶中。另取 8 个砷化氢反应瓶，分别加入砷标准使用溶液(4.33.2.4.5)0，0.40，1.00，2.00，3.00，4.00，5.00 及 6.00 mL，并加纯水至 50 mL。

向水样及标准系列管中加 4 mL～10 mL 硫酸溶液(4.33.1.4.3)、2.5 mL 碘化钾溶液(4.33.1.4.4)及 2 mL 氯化亚锡溶液(4.33.1.4.5)，混匀，放置 15 min。

注：硫酸用量因锌粒大小而异，可在使用前通过预试验确定。

于吸收管中分别加入 4 mL 砷化氢吸收液(4.33.2.4.4)。连接好吸收装置后，迅速向各反应瓶投入预先称好的 5 g 锌粒并立即塞紧瓶塞，在室温下反应 1 h。

于波长 400 nm 处，用 1 cm 比色皿，以吸收液为参比，测定吸光度。绘制校准曲线，从曲线上查出水样管中砷的质量。

4.33.2.6 结果计算

水样中砷(以 As 计)的质量浓度按式(59)计算。

$$\rho(As)=\frac{m}{V} \qquad \cdots\cdots(59)$$

式中：

$\rho(As)$——水样中砷（以 As 计）的质量浓度，单位为毫克每升（mg/L）；

m——从校准曲线上查得的水样管中砷（以 As 计）的质量，单位为微克（μg）；

V——水样体积，单位为毫升（mL）。

4.33.2.7 **精密度与准确度**

6 个实验室测定 0.5 μg 及 2.5 μg 砷，批内相对标准偏差分别为 3.2%～7.2%及 2.7%～4.9%，批间相对标准偏差分别为 8.5%～14.4%及 4.3%～8.1%。

6 个实验室向 50 mL 水样中加入 1 μg 及 3 μg 的砷标准，平均回收率为 91.5%～99.9%。

4.33.3 **催化示波极谱法**

4.33.3.1 **范围**

本法最低检测质量为 0.1 μg，若取 10 mL 水样测定，则最低检测质量浓度为 10 μg/L。

水中常见金属离子及其盐类不干扰。

4.33.3.2 **原理**

砷在硫酸-碘化钾-亚碲酸钾的支持电解质中，于−0.64 V（对饱和甘汞电极）有一灵敏的吸附催化波，其波高与砷含量成正比。

4.33.3.3 **试剂**

4.33.3.3.1 硝酸（ρ_{20}=1.42 g/mL）。

4.33.3.3.2 硫酸（ρ_{20}=1.84 g/mL）。

4.33.3.3.3 硫酸溶液（1+17）：取 10 mL 硫酸（4.33.3.3.2）在玻棒搅拌下慢慢加到 170 mL 纯水中。

4.33.3.3.4 高锰酸钾溶液（15.8 g/L）：称取 1.58 g 高锰酸钾（$KMnO_4$），溶于纯水中并稀释至 100 mL。

4.33.3.3.5 盐酸羟胺溶液（100 g/L）：称取 10 g 盐酸羟胺（$NH_2OH \cdot HCl$），溶于纯水中并稀释至100 mL。

4.33.3.3.6 碘化钾-抗坏血酸溶液：称取 33.2 g 碘化钾（KI）及 0.1 g 抗坏血酸（$C_6H_8O_6$），用纯水溶解并稀释至 100 mL。

4.33.3.3.7 亚碲酸钾溶液（0.2 g/L）：称取 0.1 g 亚碲酸钾（K_2TeO_3），溶于纯水并稀释至 500 mL。

4.33.3.3.8 消化液：将高锰酸钾溶液（4.33.3.3.4）与硫酸溶液（4.33.3.3.3）等体积混合。

4.33.3.3.9 氢氧化钠溶液（200 g/L）：称取 20 g 氢氧化钠（NaOH），用新煮沸放冷的纯水溶解，并稀释为 100 mL。

4.33.3.3.10 砷标准贮备溶液：同 4.33.1.4.8。

4.33.3.3.11 砷标准使用溶液：同 4.33.1.4.9。

4.33.3.3.12 酚酞指示剂（5 g/L）：称取 0.5 g 酚酞，溶于 50 mL 乙醇[$\varphi(C_2H_5OH)$=95%]中，再加纯水至 100 mL。

4.33.3.4 **仪器**

4.33.3.4.1 瓷坩埚：30 mL。

4.33.3.4.2 水浴锅。

4.33.3.4.3 示波极谱仪。

4.33.3.5 **分析步骤**

4.33.3.5.1 样品处理

吸取 10.0 mL 水样于 30 mL 瓷坩埚中，加 2 mL 消化液（4.33.3.3.8），置沸水浴上蒸至近干（只剩下少许硫酸）。

4.33.3.5.2 标准系列

吸取砷标准使用溶液（4.33.3.3.11）0，0.10，0.30，0.50，0.70，1.00 及 3.00 mL，分别置于 30 mL

瓷坩埚中，补加纯水至 10 mL，各加 2 mL 消化液(4.33.3.3.8)，以下同样品处理。

4.33.3.5.3 向样品和标准中各加入 7.75 mL 硫酸溶液(4.33.3.3.3)，再加入 0.25 mL 盐酸羟胺溶液(4.33.3.3.5)，使高锰酸钾颜色褪尽。再依次加 1.5 mL 碘化钾-抗坏血酸溶液(4.33.3.3.6)、0.5 mL 亚碲酸钾溶液(4.33.3.3.7)，混匀。

4.33.3.5.4 于示波极谱仪上，用三电极系统，阴极化，原点电位为－0.4 V，导数扫描。在－0.64 V 处读取水样及标准系列的峰高。以砷质量为横坐标，峰高为纵坐标，绘制校准曲线，从曲线上查出水样中砷的质量。

4.33.3.6 结果计算

水样中砷的质量浓度按式(60)计算。

$$\rho(\mathrm{As}) = \frac{m}{V} \qquad \cdots\cdots(60)$$

式中：

$\rho(\mathrm{As})$——水样中砷的质量浓度，单位为毫克每升(mg/L)；

m——从校准曲线上查得的砷的质量，单位为微克(μg)；

V——水样体积，单位为毫升(mL)。

4.33.3.7 精密度与准确度

4 个实验室重复测定加标水样，水样浓度范围 0 mg/L～0.008 mg/L，加标范围为 0.1 μg～10.0 μg，相对标准偏差为 1.1%～5.2%，回收率为 87.5%～105.9%。有机砷和无机砷回收实验对照回收率为 91.7%～106.2%。

不同类型水样用本法与 DDCAg 法对照实验，水样浓度范围为 0. 01 mg/L～0.115 mg/L，测得两法的相对误差为 1.9%～7.4%。

4.33.4 氢化物发生原子荧光法

4.33.4.1 范围

本法最低检测质量为 2.0 ng。若进样 5 mL 测定，最低检测质量浓度为 0.4 μg/L。

4.33.4.2 原理

在盐酸介质中，硼氢化钾将砷转化为砷化氢。以氩气作载气将砷化氢导入石英炉原子化器中进行原子化。以砷特种空心阴极灯作激发光源，使砷原子发出荧光，荧光强度在一定范围内与砷的含量成正比。

4.33.4.3 试剂

4.33.4.3.1 盐酸(ρ_{20}=1.19 g/mL)，优级纯。

4.33.4.3.2 氢氧化钾(KOH)，优级纯。

4.33.4.3.3 硫脲溶液(150 g/L)：称取 15 g 硫脲[$(NH_2)_2CS$]溶于 100 mL 纯水中，用时现配。

4.33.4.3.4 硼氢化钾溶液(7 g/L)：称取 2 g 氢氧化钾(4.33.4.3.2)溶于 200 mL 纯水中，加入 7 g 硼氢化钾(KBH_4)并使之溶解。用纯水稀释至 1 000 mL，用时现配。

4.33.4.3.5 砷标准贮备溶液[ρ(As)=100 μg/mL]：称取 0.132 0 g 经 105 ℃干燥 2 h 的三氧化二砷(As_2O_3)于 50 mL 烧杯中，加 10 mL 氢氧化钠溶液(40 g/L)使之溶解，加 5 mL 盐酸(4.33.4.3.1)，转入 1 000 mL 容量瓶中定容，混匀。

4.33.4.3.6 砷标准使用溶液[ρ(As)=0.1 μg/mL]：吸取 5.00 mL 砷标准贮备溶液(4.33.4.3.5)于 500 mL 容量瓶中，以纯水定容，混匀。此溶液为[ρ(As)=1 μg/mL]。再吸取 10.00 mL 此溶液于 100 mL容量瓶中，以纯水定容。

4.33.4.4 仪器

4.33.4.4.1 原子荧光分析仪。

4.33.4.4.2 砷特种空心阴极灯。

4.33.4.5 分析步骤

4.33.4.5.1 仪器工作条件

参考仪器说明书将仪器工作条件调整至测砷最佳状态,原子荧光工作条件见表22。

表22 原子荧光工作条件

项 目	条 件
灯电流/mA	40～50
光电倍增管负高压/V	250～300
原子化温度/℃	室温或200
氩气压力/MPa	0.02
氩气流量/(mL/min)	800

4.33.4.5.2 样品测定

吸取20 mL水样于25 mL比色管中,加入3 mL盐酸(4.33.4.3.1),2 mL硫脲溶液(4.33.4.3.3),摇匀,放置10 min。吸取5 mL该试液,注入仪器氢化物发生器中,记录荧光强度值。

4.33.4.5.3 校准曲线的绘制

分别吸取砷标准使用溶液(4.33.4.3.6)0,0.10,0.20,0.50,1.00,2.50和5.00 mL于一系列25 mL比色管中,加入3 mL盐酸(4.33.4.3.1)、2 mL硫脲溶液(4.33.4.3.3),加纯水至25 mL,摇匀,放置10 min后,按4.33.4.5.2步骤操作。以比色管中砷质量(μg)为横坐标,荧光信号值为纵坐标,绘制校准曲线。

4.33.4.6 结果计算

水样中砷的质量浓度按式(61)计算。

$$\rho(As)=\frac{m}{V} \qquad \cdots\cdots(61)$$

式中:

$\rho(As)$——水样中砷的质量浓度,单位为毫克每升(mg/L);

m——从校准曲线上查得的样品管中砷的质量,单位为微克(μg);

V——水样体积,单位为毫升(mL)。

4.33.4.7 精密度与准确度

单个实验室的加标回收率和相对标准偏差如下:

低浓度加标(0.002 mg/L),加标回收率:(68.4±4.3)%;相对标准偏差:6.3%。

中浓度加标(0.006 mg/L),加标回收率:(92.4±3.9)%;相对标准偏差:4.2%。

高浓度加标(0.010 mg/L),加标回收率:(101.4±3.0)%;相对标准偏差:3.0%。

4.34 硼酸盐

4.34.1 甲亚胺-H分光光度法

4.34.1.1 范围

本法最低检测质量(以B计)为1.0 μg,若取5 mL水样测定,则最低检测质量浓度为0.20 mg/L。

Cu、Fe、Al对测定有干扰,加入EDTA可消除Fe、Al的干扰,Cu在1.0 mg/L时测定误差为2.8%,因为一般水体中铜含量较低,故此种干扰可以不予考虑。

4.34.1.2 原理

在酸性条件下,甲亚胺-H与硼形成黄色配合物,显色与硼的浓度成正比。

4.34.1.3 试剂

4.34.1.3.1 乙酸铵缓冲溶液(pH5.6):称取75 g乙酸铵(CH_3COONH_4)、5.0 g乙二胺四乙酸二钠($C_{10}H_{14}N_2O_8Na_2 \cdot 2H_2O$),溶于110 mL纯水中,加入37.5 mL冰乙酸[$w(CH_3COOH)=36\%$]。

4.34.1.3.2　甲亚胺-H 溶液：称取 0.5 g 甲亚胺-H($C_{17}H_{13}NO_8S$)、2.0 g 抗坏血酸($C_6H_8O_6$)，加入 100 mL纯水，微热(温度不得超过 50 ℃)使其完全溶解，此溶液临用时现配。

4.34.1.3.3　硼标准贮备溶液[$\rho(B)=0.1$ mg/mL]：称取 0.285 9 g 干燥硼酸(H_3BO_3)，溶于纯水中，定容至 500 mL，贮存于聚乙烯瓶中。

4.34.1.3.4　硼标准使用液[$\rho(B)=10.0$ μg/mL]：吸取 10.0 mL 硼标准贮备溶液(4.34.1.3.3)于 100 mL容量瓶中，用纯水定容至刻度，贮存于聚乙烯瓶中。

4.34.1.4　仪器

4.34.1.4.1　分光光度计。

4.34.1.4.2　全塑自动加液器。

4.34.1.4.3　无硼比色管：10 mL。

4.34.1.5　分析步骤

吸取 5.00 mL 水样于 10 mL 无硼比色管中。另取硼标准使用液(4.34.1.3.4)0，0.10，0.30，0.50，0.70 和 1.00 mL 于无硼比色管中，用纯水稀释至 10 mL。向水样及标准系列管中加入 2.0 mL 乙酸铵缓冲溶液(4.34.1.3.1)，混匀，准确加入 2.0 mL 甲亚胺-H 溶液(4.34.1.3.2)，混匀，静置 90 min。

于波长 420 nm 处，用 1 cm 比色皿，以试剂空白为参比，测定吸光度。

注：甲亚胺-H 的合成——将 18 g H 酸溶于 1 L 水中，稍加热使之溶解完全。用 10%氢氧化钠中和至中性，滴加浓盐酸并不停搅拌，使 pH=1.5，加 20 mL 水杨醛。40 ℃加热 1 h、静置 16 h、离心分离已合成的甲亚胺-H，用无水乙醇洗涤 5 次。静置 24 h，待乙醇完全挥发后，于 80 ℃烘箱中干燥 3 h。存放于干燥器中。

4.34.1.6　结果计算

水样中硼的质量浓度按式(62)计算。

$$\rho(B)=\frac{m}{V} \qquad \cdots\cdots(62)$$

式中：

$\rho(B)$——水样中硼的质量浓度，单位为毫克每升(mg/L)；

m——从校准曲线上查得的硼的质量，单位为微克(μg)；

V——水样体积，单位为毫升(mL)。

4.34.1.7　精密度与准确度

5 个实验室对 0.25 mg/L 以下的低浓度水样做了精密度试验，相对标准偏差为 1.4%～9.2%；6 个实验室对 1.00 mg/L 以上的高浓度水样做了精密度试验，相对标准偏差为 1.2%～4.1%。6 个实验室分别做了不同浓度的加标回收试验，平均回收率为 94.4%～102.3%。

4.34.2　萃取-姜黄素分光光度法

4.34.2.1　范围

本法最低检测质量为 10 μg(以 B 计)，若取 25 mL 水样，则最低检测质量浓度为 0.4 mg/L。

铁浓度超过 130 mg/L 则干扰测定，可通过甲基异丁基甲酮萃取以及磷酸掩蔽消除。钠和氯化物浓度达到 200 mg/L；400 mg/L HCO_3^-，8.3 mg/L NO_3^-；100 mg/L F^-；0.1 mg/L Zn 都不干扰测定。

4.34.2.2　原理

用 2-甲基-2,4-二戊醇-甲基异丁基甲酮萃取液将水样中硼萃取到有机相，在酸性溶液中硼与姜黄素生成红色化合物，进行比色定量。

4.34.2.3　试剂

4.34.2.3.1　盐酸溶液(1+1)。

4.34.2.3.2　萃取液(20%)：吸取 100 mL 2-甲基-2,4-二戊醇($C_6H_{14}O_2$)溶于 400 mL 甲基异丁基甲酮中，混匀。储存于聚乙烯瓶中。

4.34.2.3.3　无水硫酸钠。

4.34.2.3.4 姜黄素乙酸溶液(1 g/L):称取 100 mg 姜黄素($C_{21}H_{20}O_6$)溶于乙酸中,并用乙酸稀释至 100 mL。临用前现配制。

4.34.2.3.5 磷酸(ρ_{20}=1.69 g/mL)。

4.34.2.3.6 硼标准贮备溶液[ρ(B)=0.1 mg/mL]:称取 0.285 9 g 干燥硼酸(H_3BO_3)用纯水溶解,并定容至 500 mL,贮存于聚乙烯瓶中。

4.34.2.3.7 硼标准使用溶液[ρ(B)=10.0 μg/mL]:吸取 10.0 mL 硼标准贮备溶液(4.34.2.3.6)到 100 mL 容量瓶中,用纯水定容至刻度,混匀。贮存于聚乙烯瓶中。

4.34.2.4 仪器

本法尽量避免用玻璃器皿,防止玻璃中硼的污染,可采用聚四氟乙烯、聚乙烯、铂金材料。

4.34.2.4.1 分液漏斗:100 mL。

4.34.2.4.2 具塞聚乙烯试管:15 mL。

4.34.2.4.3 恒温水浴。

4.34.2.4.4 振荡器。

4.34.2.5 分析步骤

吸取 25.0 mL 水样置于 100 mL 分液漏斗中。另取 6 个 100 mL 分液漏斗,分别加入硼标准使用溶液(4.34.2.3.7)0,1.00,2.00,3.00,4.00,5.00 mL,用水稀释至 25 mL。向盛有水样和标准溶液的分液漏斗中各加入 25 mL 盐酸溶液(4.34.2.3.1),混匀。然后加入 10 mL 萃取液(4.34.2.3.2),在振荡器上振摇 5 min,静置 15 min,弃去水相。向各有机相中加 1 g 无水硫酸钠(4.34.2.3.3),脱水 15 min。

吸取 3.0 mL 有机相放于聚乙烯试管中,加入 2.0 mL 姜黄素乙酸溶液(4.34.2.3.4),再加入 2 mL 磷酸(4.34.2.3.5),振摇 2 min。然后把聚乙烯管置于(70±3)℃恒温水浴上加热 1 h。取出,冷却至室温。

于波长 510 nm 处,用 0.5 cm 比色皿,以空白溶液作为参比,在 45 min 内测定吸光度。绘制校准曲线,在曲线上查出样品中硼的质量。

4.34.2.6 结果计算

水样中硼的质量浓度按式(63)计算。

$$\rho(\mathrm{B})=\frac{m}{V} \qquad \cdots\cdots(63)$$

式中:

ρ(B)——水样中硼的质量浓度,单位为毫克每升(mg/L);

m——从校准曲线上查得的硼的质量,单位为微克(μg);

V——水样体积,单位为毫升(mL)。

4.34.2.7 精密度与准确度

同一实验室测定的平均回收率为 91.3%,回收率的范围为 89.5%~93.5%。相对标准偏差为 4.3%。

4.34.3 姜黄素分光光度法

4.34.3.1 范围

本法最低检测质量为 0.1 μg(以 B 计),若取 1 mL 水样测定,则最低检测质量浓度为 0.1 mg/L。

硝酸盐氮浓度超过 20 mg/L,总硬度超过 100 mg/L(以 $CaCO_3$ 计)时干扰本法测定。总硬度的干扰可把最后的溶液过滤,然后再进行比色以消除之。

4.34.3.2 原理

在酸性溶液中硼与姜黄素生成红色化合物(称为玫红花青),进行比色定量。

4.34.3.3 试剂

4.34.3.3.1 姜黄素-草酸溶液:称取 0.04 g 姜黄素($C_{12}H_{20}O_6$)和 5.0 g 草酸[$(COOH)_2 \cdot 2H_2O$],溶

于 80 mL 乙醇[$\varphi(C_2H_5OH)=95\%$],加入 4.2 mL 浓盐酸($\rho_{20}=1.19$ g/mL),用乙醇[$\varphi(C_2H_5OH)=95\%$]稀释至 100 mL。如果试剂浑浊,应过滤后贮存于聚乙烯瓶里,保存于冰箱中。

4.34.3.3.2 乙醇[$\varphi(C_2H_5OH)=95\%$]。

4.34.3.3.3 硼标准贮备溶液[$\rho(B)=0.1$ mg/mL]:同 4.34.2.3.6。

4.34.3.3.4 硼标准使用溶液[$\rho(B)=1.0$ μg/mL]:吸取 10.00 mL 硼标准贮备溶液(4.34.3.3.3),用纯水定容至 1 000 mL。储于聚乙烯瓶中。

4.34.3.4 仪器

4.34.3.4.1 瓷蒸发皿:容量 100 mL~150 mL。标准系列和水样所用蒸发皿,其大小、形状均应相同。

4.34.3.4.2 恒温水浴:控温精度±2 ℃。

4.34.3.4.3 具塞的容量瓶:25 mL。

4.34.3.4.4 分光光度计。

4.34.3.5 分析步骤

吸取 1.00 mL 水样或稀释水样(若水样中硼酸的含量大于 5.00 mg/L,用纯水适当稀释),放于瓷蒸发皿上。另取同一类型、同一形状和同一大小蒸发皿 5 个分别加入硼标准使用溶液(4.34.3.3.4)0,0.25,0.50,0.75 和 1.00 mL。补加纯水至 1.00 mL。向盛有水样和标准溶液的蒸发皿中,各加入 4.00 mL姜黄素-草酸溶液(4.34.3.3.1),轻轻地旋动蒸发皿使之混合均匀。置蒸发皿于(55±2)℃恒温水浴上,蒸干后继续维持 15 min,取出冷却。

用乙醇(4.34.3.3.2)溶解蒸发皿内固体物,用塑料棒擦洗蒸发皿,并冲洗入 25 mL 容量瓶内(若溶液浑浊,可过滤)。将全部有色物定量移入容量瓶,用 95%乙醇溶液(4.34.3.3.2)定容至 25 mL。

于波长 540 nm 处,用 1 cm 比色皿,以空白为参比,测定样品和标准系列溶液的吸光度。

4.34.3.6 结果计算

水样中硼的质量浓度按式(64)计算。

$$\rho(B)=\frac{m}{V} \qquad \cdots\cdots(64)$$

式中:

$\rho(B)$——水样中硼的质量浓度,单位为毫克每升(mg/L);

m——从校准曲线上查得的样品中硼的质量,单位为微克(μg);

V——水样体积,单位为毫升(mL)。

4.35 偏硅酸

4.35.1 硅钼黄分光光度法

4.35.1.1 范围

本法最低检测质量为 0.05 mg,若取 50 mL 水样测定,最低检测质量浓度为 1 mg/L。

磷酸盐干扰测定,可加草酸消除。

4.35.1.2 原理

在酸性溶液中,可溶性硅酸与钼酸铵反应,生成可溶性的黄色硅钼杂多酸[$H_4Si(Mo_3O_{10})_4$],在一定浓度范围内,其吸光度与可溶性硅酸含量成正比。

4.35.1.3 试剂

以下配制试剂(及分析步骤)中所用纯水均为蒸馏水,所配试剂应贮存于聚乙烯瓶中。

4.35.1.3.1 盐酸溶液(1+1)。

4.35.1.3.2 氢氧化钠溶液(8 g/L):称取 0.8 g 氢氧化钠溶于纯水中,稀释至 100 mL。

4.35.1.3.3 钼酸铵溶液(100 g/L):称取 10 g 钼酸铵[$(NH_4)_6Mo_7O_{24}\cdot 4H_2O$]溶于纯水中,稀释至 100 mL。必要时可过滤。

4.35.1.3.4 草酸溶液(70 g/L):称取 7 g 草酸($H_2C_2O_4\cdot 2H_2O$)溶于纯水中,稀释至 100 mL。

4.35.1.3.5 偏硅酸标准贮备溶液[$\rho(H_2SiO_3)=1.00$ mg/mL]:称取 0.153 9 g 已在 200 ℃干燥至恒重的高纯二氧化硅(SiO_2)于铂坩埚中,加 0.6 g 碳酸钠(Na_2CO_3)与之混匀,在上面再覆盖一层碳酸钠(1 g～2 g),在 960 ℃熔融 30 min,冷却后用纯水溶解。将溶液转入 200 mL 容量瓶中,用纯水定容。

4.35.1.3.6 偏硅酸标准使用溶液[$\rho(H_2SiO_3)=100$ μg/mL]:吸取 50.0 mL 偏硅酸标准贮备溶液(4.35.1.3.5)于 500 mL 容量瓶中,用纯水定容。

4.35.1.3.7 对硝基酚指示剂(1 g/L):称取 0.10 g 对硝基酚($NO_2C_6H_4OH$)溶于纯水中,稀释至 100 mL。

4.35.1.4 仪器

4.35.1.4.1 分光光度计。

4.35.1.4.2 比色管。

4.35.1.5 分析步骤

4.35.1.5.1 样品测定

取 50.0 mL 水样于 50 mL 比色管中[若水样为酸性,可少取水样,加 3 滴对硝基酚指示剂(4.35.1.3.7),滴加氢氧化钠溶液(4.35.1.3.2)至恰显黄色,用纯水稀释至 50 mL],加 1.0 mL 盐酸溶液(4.35.1.3.1)、2.0 mL 钼酸铵溶液(4.35.1.3.3),充分摇匀,放置 15 min(放置时间与温度有关,温度低于 20 ℃时放置 30 min,温度在 30 ℃～35 ℃时放置 10 min,温度高于 35 ℃时放置 5 min)。

加入 2.0 mL 草酸溶液(4.35.1.3.4),充分摇匀。放置 2 min 后,在波长 420 nm～430 nm 处,用 2 cm比色皿,试剂空白作参比,测定吸光度(15 min 内完成)。

注:若无磷酸盐干扰,在此步骤中也可不加草酸溶液,直接测定吸光度。

4.35.1.5.2 校准曲线的绘制

吸取偏硅酸标准使用溶液(4.35.1.3.6)0,0.50,1.00,2.00,4.00,6.00,8.00 和 10.00 mL 于一系列 50 mL 比色管中,用纯水稀释至 50 mL。以下操作同 4.35.1.5.1。以比色管中偏硅酸质量(μg)为横坐标,吸光度为纵坐标,绘制校准曲线。

4.35.1.6 结果计算

水样中偏硅酸的质量浓度按式(65)计算。

$$\rho(H_2SiO_3)=\frac{m}{V} \qquad \cdots\cdots(65)$$

式中:

$\rho(H_2SiO_3)$——水样中偏硅酸的质量浓度,单位为毫克每升(mg/L);

m——从校准曲线上查得的比色管中偏硅酸的质量,单位为微克(μg);

V——水样体积,单位为毫升(mL)。

4.35.1.7 精密度与准确度

同一实验室对一地下水样品进行 8 次分析,测定平均值为 14.3 mg/L,相对标准偏差为 1.04%,加标回收率为 97.8%～101.7%。

4.35.2 硅钼蓝分光光度法

4.35.2.1 范围

本法最低检测质量为 5 μg,若取 50 mL 水样测定,最低检测质量浓度为 0.1 mg/L。

磷酸盐干扰测定,可加草酸消除。

4.35.2.2 原理

在酸性溶液中,可溶性硅酸与钼酸铵反应,生成硅钼杂多酸。用 1,2,4-氨基萘酚磺酸将硅钼杂多酸还原为硅钼蓝,其吸光度在一定浓度范围内与可溶性硅酸含量成正比。

4.35.2.3 试剂

以下配制试剂(及分析步骤)中所用纯水均为蒸馏水,所配试剂应贮存于聚乙烯瓶中。

4.35.2.3.1　盐酸溶液(1+1)。

4.35.2.3.2　氢氧化钠溶液(8 g/L):同4.35.1.3.2。

4.35.2.3.3　钼酸铵溶液(100 g/L):同4.35.1.3.3。

4.35.2.3.4　草酸溶液(70 g/L):同4.35.1.3.4。

4.35.2.3.5　1,2,4-氨基萘酚磺酸溶液(2.5 g/L):将30.0 g亚硫酸氢钠($NaHSO_3$)溶于100 mL纯水中,加入1.0 g亚硫酸钠(Na_2SO_3)和0.50 g 1,2,4-氨基萘酚磺酸[1-氨基-2-萘酚-4-磺酸($C_{10}H_9O_4NS$)],溶解后稀释至200 mL。

4.35.2.3.6　偏硅酸标准贮备溶液[$\rho(H_2SiO_3)=1.00$ mg/mL]:同4.35.1.3.5。

4.35.2.3.7　偏硅酸标准使用溶液[$\rho(H_2SiO_3)=10.0$ μg/mL]:吸取10.0 mL偏硅酸标准贮备溶液(4.35.2.3.6)于1 000 mL容量瓶中,用纯水定容。

4.35.2.3.8　对硝基酚指示剂(1 g/L):同4.35.1.3.7。

4.35.2.4　仪器

4.35.2.4.1　分光光度计。

4.35.2.4.2　比色管。

4.35.2.5　分析步骤

4.35.2.5.1　样品测定

吸取适量水样(视偏硅酸含量而定)于50 mL比色管中,用纯水稀释至50 mL[若水样为酸性,先加3滴对硝基酚指示剂(4.35.2.3.8),滴加氢氧化钠溶液(4.35.2.3.2)至恰显黄色,再用纯水稀释至50 mL],加1.0 mL盐酸溶液(4.35.2.3.1),2.0 mL钼酸铵溶液(4.35.2.3.3),充分摇匀。放置15 min(放置时间与温度有关,温度低于20 ℃时放置30 min,温度在30 ℃～35 ℃时放置10 min,温度高于35 ℃时放置5 min)。

加入2.0 mL草酸溶液(4.35.2.3.4),充分摇匀,放置2 min～15 min,加入2.0 mL 1,2,4-氨基萘酚磺酸溶液(4.35.2.3.5),充分摇匀。5 min后,于波长680 nm处,用1 cm比色皿,以试剂空白作参比测定吸光度。

4.35.2.5.2　校准曲线的绘制

吸取偏硅酸标准使用溶液(4.35.2.3.7) 0,0.50,1.00,2.00,4.00,6.00,8.00和10.00 mL于一系列50 mL比色管中,用纯水稀释至50 mL。以下操作同4.35.2.5.1。以偏硅酸质量(μg)为横坐标,吸光度为纵坐标,绘制校准曲线。

4.35.2.6　结果计算

水样中偏硅酸的质量浓度按式(66)计算。

$$\rho(H_2SiO_3)=\frac{m}{V} \qquad \cdots\cdots(66)$$

式中:

$\rho(H_2SiO_3)$——水样中偏硅酸的质量浓度,单位为毫克每升(mg/L);

m——从校准曲线上查得的比色管中偏硅酸的质量,单位为微克(μg);

V——水样体积,单位为毫升(mL)。

4.35.2.7　精密度与准确度

同一实验室对一地下水样品进行8次分析,平均值为4.6 mg/L,相对标准偏差为1.42%,加标回收率为96.5%～102%。

4.36　氟化物

4.36.1　离子选择电极法

4.36.1.1　范围

本法最低检测质量为2 μg,若取10 mL水样测定,则最低检测质量浓度为0.2 mg/L。

色度、浑浊度较高及干扰物质较多的水样可用本法直接测定。

为消除 OH^- 对测定的干扰，将测定的水样 pH 控制在 5.5～6.5 之间。

4.36.1.2 原理

氟化镧单晶对氟化物离子有选择性，在氟化镧电极膜两侧的不同浓度氟溶液之间存在电位差，这种电位差通常称为膜电位。膜电位的大小与氟化物溶液的离子活度有关。氟电极与饱和甘汞电极组成一对原电池。利用电动势与离子活度负对数值的线性关系直接求出水样中氟离子浓度。

4.36.1.3 试剂

4.36.1.3.1 冰乙酸(ρ_{20}=1.06 g/mL)。

4.36.1.3.2 氢氧化钠溶液(400 g/L)：称取 40 g 氢氧化钠(NaOH)，溶于纯水中并稀释至 100 mL。

4.36.1.3.3 盐酸溶液(1+1)：将盐酸(ρ_{20}=1.19 g/mL)与纯水等体积混合。

4.36.1.3.4 离子强度缓冲液Ⅰ：称取 348.2 g 柠檬酸三钠($Na_3C_6H_5O_7 \cdot 5H_2O$)，溶于纯水中。用盐酸溶液(4.36.1.3.3)调节 pH 为 6 后，用纯水稀释至 1 000 mL。

4.36.1.3.5 离子强度缓冲液Ⅱ：称取 59 g 氯化钠(NaCl)、3.48 g 柠檬酸三钠($Na_3C_6H_5O_7 \cdot 5H_2O$)和 57 mL 冰乙酸(4.36.1.3.1)，溶于纯水中，用氢氧化钠溶液(4.36.1.3.2)调节 pH 为 5.0～5.5 后，用纯水稀释至 1 000 mL。

4.36.1.3.6 氟化物标准贮备溶液[$\rho(F^-)$=1 mg/mL]：称取 0.221 0 g 经 105 ℃干燥 2 h 的氟化钠(NaF)，溶解于纯水中，并定容至 100 mL。储存于聚乙烯瓶中。

4.36.1.3.7 氟化物标准使用溶液[$\rho(F^-)$=10 μg/mL]：吸取 5.00 mL 氟化物标准贮备溶液(4.36.1.3.6)于 500 mL 容量瓶中，用纯水稀释到刻度。

4.36.1.4 仪器

4.36.1.4.1 氟离子选择电极和饱和甘汞电极。

4.36.1.4.2 离子活度计或精密酸度计。

4.36.1.4.3 电磁搅拌器。

4.36.1.5 分析步骤

4.36.1.5.1 校准曲线法

4.36.1.5.1.1 吸取 10.0 mL 水样于 50 mL 烧杯中。若水样总离子强度过高，应取适量水样稀释到 10 mL。

4.36.1.5.1.2 分别吸取氟化物标准使用溶液(4.36.1.3.7)0，0.20，0.40，0.60，1.00，2.00，3.00 mL 于 50 mL 烧杯中，各加纯水至 10 mL。加入与水样相同的离子强度缓冲液Ⅰ(4.36.1.3.4)或离子强度缓冲液Ⅱ(4.36.1.3.5)。此标准系列浓度分别为 0，0.20，0.40，0.60，1.00，2.00，3.00 mg/L(以 F^- 计)。

4.36.1.5.1.3 加 10 mL 离子强度缓冲液[若水样中干扰物质较多时用离子强度缓冲液Ⅰ(4.36.1.3.4)，较清洁水样用离子强度缓冲液Ⅱ(4.36.1.3.5)]。放入搅拌子于电磁搅拌器上搅拌水样溶液，插入氟离子电极和甘汞电极，在搅拌下读取平衡电位值(指每分钟电位值改变小于 0.5 mV，当氟化物浓度甚低时，约需 5 min 以上)。

4.36.1.5.1.4 以电位值(mV)为纵坐标，氟化物活度[$\rho(F^-)=-\lg F^-$]为横坐标，在半对数纸上绘制标准曲线。在标准曲线上查得水样中氟化物的质量浓度。

注：标准溶液系列与水样的测定应保持温度一致。

4.36.1.5.2 标准加入法

吸取 50.0 mL 水样于 200 mL 烧杯中，加 50 mL 离子强度缓冲液[洁净水样加离子强度缓冲液Ⅱ(4.36.1.3.5)，干扰物质较多的水样加离子强度缓冲液Ⅰ(4.36.1.3.4)]。以下步骤同 4.36.1.5.1.3 操作，读取平衡电位值(E_1，mV)。

于水样中加入一小体积(小于 0.5 mL)的氟化物标准贮备液(4.36.1.3.6)，在搅拌下读取平衡电位值(E_2，mV)。

注：E_1 与 E_2 应相差 30 mV～40 mV。

4.36.1.6 结果计算

4.36.1.6.1 校准曲线法

氟化物质量浓度(F^-,mg/L)可直接在校准曲线上查得。

4.36.1.6.2 标准加入法

水样中氟化物(F^-)的质量浓度按式(67)计算。

$$\rho(F^-) = \frac{\frac{\rho_1 \times V_1}{V_2}}{\lg^{-1}\frac{E_2 - E_1}{K} - 1} \quad \cdots\cdots(67)$$

式中:

$\rho(F^-)$——水样中氟化物(F^-)的质量浓度,单位为毫克每升(mg/L);

ρ_1——加入标准贮备溶液的质量浓度,单位为毫克每升(mg/L);

V_1——加入标准贮备溶液的体积,单位为毫升(mL);

V_2——水样体积,单位为毫升(mL);

K——测定水样的温度 t℃时的斜率,其值为 0.198 5(273+t)。

4.36.1.7 精密度与准确度

有 26 个实验室用本法测定含氟化物 1.25 mg/L 的合成水样,其他组分浓度(mg/L)为:硝酸盐,25;硫酸盐,20;氯化物,55。相对标准差为 1.9%,相对误差为 0.8%。

4.36.2 氟试剂双波长分光光度法

4.36.2.1 范围

本法最低检测质量为 0.25 μg,若取 5 mL 水样测定,则最低检测质量浓度为 0.05 mg/L。

水样中存在 Al^{3+}、Fe^{3+}、Pb^{2+}、Zn^{2+}、Ni^{2+} 和 Co^{2+} 等金属离子均能干扰测定。Al^{3+} 能生成稳定的 $AlF_6{}^{3-}$,微克水平的 Al^{3+} 含量即可干扰测定。草酸、酒石酸、柠檬酸盐也干扰测定。大量的氯化物、硫酸盐、过氯酸盐也能引起干扰,因此当水样含干扰物多时应经蒸馏法预处理。

4.36.2.2 原理

氟化物与氟试剂和硝酸镧反应,生成蓝色络合物,颜色深度与氟离子浓度在一定范围内成线性关系。当 pH 为 4.5 时,生成的颜色可稳定 24 h。本法采用双波长分光光度测定,可以消除试剂背景影响,提高灵敏度,节约 80%的化学试剂用量,减少对环境的污染。

4.36.2.3 试剂

4.36.2.3.1 硫酸(ρ_{20}=1.84 g/mL)。

4.36.2.3.2 硫酸银(Ag_2SO_4)。

4.36.2.3.3 丙酮。

4.36.2.3.4 氢氧化钠溶液(40 g/L)。

4.36.2.3.5 盐酸溶液(1+11)。

4.36.2.3.6 缓冲溶液:称取 85 g 乙酸钠($NaC_2H_3O_2 \cdot 3H_2O$),溶于 800 mL 纯水中。加入 60 mL 冰乙酸(ρ_{20}=1.06 g/mL),用纯水稀释至 1 000 mL。此溶液的 pH 值应为 4.5,否则用乙酸或乙酸钠调节 pH 至 4.5。

4.36.2.3.7 硝酸镧溶液:称取 0.433 g 硝酸镧[$La(NO_3)_3 \cdot 6H_2O$],加数滴盐酸溶液(4.36.2.3.5)溶解。加纯水至 500 mL。

4.36.2.3.8 氟试剂溶液:称取 0.385 g 氟试剂($C_{19}H_{15}NO_8$,又名茜素氨羧络合剂或 1,2-羰基蒽醌-3-甲基 N,N-二乙酸),放于少量纯水中,加数滴氢氧化钠溶液(4.36.2.3.4)使之溶解。然后加入 0.125 g 乙酸钠($NaC_2H_3O_2 \cdot 3H_2O$),并加纯水至 500 mL。储存于棕色瓶内,保存在冷暗处。

4.36.2.3.9 氟化物标准贮备溶液[$\rho(F^-)$=1 mg/mL]:称取 0.221 0 g 经 105 ℃干燥 2 h 的氟化钠(NaF),溶于纯水中,并定容至 100 mL。储存于聚乙烯瓶中。

4.36.2.3.10 氟化物标准使用溶液[$\rho(F^-)=1\ \mu g/mL$]：吸取 5.00 mL 氟化物标准贮备溶液(4.36.2.3.9)，于 500 mL 容量瓶中用纯水稀释至刻度，摇匀。再吸取该溶液 10.00 mL 于 100 mL 容量瓶中，用纯水定容至刻度，摇匀。

4.36.2.3.11 酚酞溶液(1 g/L)：称取 0.1 g 酚酞($C_{20}H_{14}O_4$)溶于 100 mL 乙醇[$\varphi(C_2H_5OH)=95\%$]中。

4.36.2.4 仪器

4.36.2.4.1 全玻璃蒸馏器：1 000 mL 。

4.36.2.4.2 具塞比色管：10 mL。

4.36.2.4.3 分光光度计。

4.36.2.5 分析步骤

4.36.2.5.1 水样预处理

水样中有干扰物质时，需将水样在全玻璃蒸馏器(图 4)中蒸馏。将 400 mL 纯水置于 1 000 mL 蒸馏瓶中，缓缓加入 200 mL 硫酸(4.36.2.3.1)，混匀，放入 20 粒～30 粒玻璃珠，加热蒸馏至液体温度升高到 180 ℃时止。弃去馏出液，待瓶内液体温度冷却至 120 ℃以下，加入 250 mL 水样。若水样中含有氯化物，蒸馏前可按每毫克氯离子加入 5 mg 硫酸银的比例，加入固体硫酸银。加热蒸馏至瓶内温度接近至 180 ℃时为止。收集馏液于 250 mL 容量瓶中，加纯水至刻度。

注 1：蒸馏水样时，勿使温度超过 180 ℃，以防硫酸过多地蒸出。

注 2：连续蒸馏几个水样时，可待瓶内硫酸溶液温度降低至 120 ℃以下，再加入另一个水样。蒸馏过一个含氟高的水样后，应在蒸馏另一个水样前加入 250 mL 纯水。用同法蒸馏，以清除可能存留在蒸馏器中的氟化物。

注 3：蒸馏瓶中的硫酸可以多次使用，直至变黑为止。

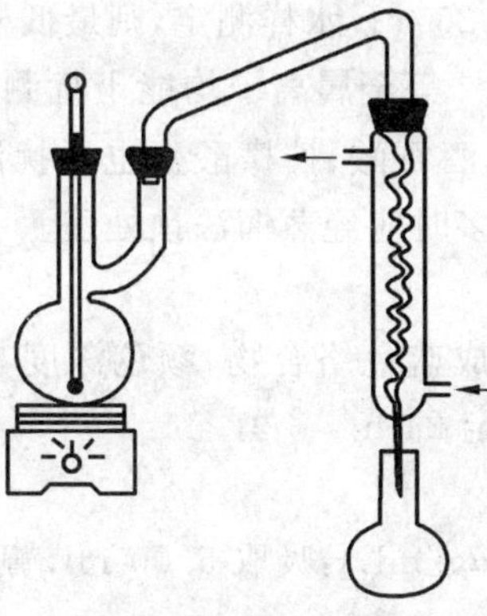

图 4 氟化物蒸馏装置

4.36.2.5.2 测定

吸取 5.0 mL 澄清水样或经蒸馏法预处理的水样，置于 10 mL 比色管中。如水中氟化物大于 50 μg，可取适量，用纯水稀释至 5.0 mL。

另吸取氟化物标准使用溶液(4.36.2.3.10)0，0.25，0.50，1.00，3.00 及 5.00 mL，分别置于 10 mL 比色管中，各加纯水至 5.00 mL。

向样品管和标准系列管各加入 1 mL 氟试剂溶液，及 1 mL 缓冲液，混匀[由于反应生成的蓝色三元络合物随 pH 增高而变深，为使标准与试样的 pH 值一致，必要时可用酚酞指示剂(4.36.2.3.11)调节 pH 到中性后再加入缓冲液，使各管的 pH 均在 4.1～4.6 之间]。缓缓加入 1 mL 硝酸镧溶液，摇匀。加入 2 mL 丙酮，加纯水至 10 mL 刻度，摇匀。在室温放置 60 min。用 1 cm 比色皿，以空气为参比，分别在波长 450 nm 处和波长 630 nm 处测定试剂空白管、标准管和样品管的吸光度。

4.36.2.5.3 *K* 值的确定

令 $\lambda_1=450$ nm 和 $\lambda_2=630$ nm，根据试剂空白在两波长下的吸光度(A)，按式(68)求 K 值。

$$K = \frac{A_{\lambda_1}}{A_{\lambda_2}} \quad \cdots\cdots\cdots\cdots (68)$$

按式(69)求出 ΔA。

$$\Delta A = KA_{\lambda_2} - A_{\lambda_1} = KA_{630} - A_{450} \quad \cdots\cdots\cdots\cdots (69)$$

根据 F^- 质量和 ΔA 绘制校准曲线，从曲线上查出氟化物质量。

4.36.2.6 **结果计算**

水样中氟化物的质量浓度按式(70)计算。

$$\rho(F^-) = \frac{m}{V} \quad \cdots\cdots\cdots\cdots (70)$$

式中：

$\rho(F^-)$——水样中氟化物的质量浓度，单位为毫克每升(mg/L)；

m——在校准曲线上查得的氟化物的质量，单位为微克(μg)；

V——水样体积，单位为毫升(mL)。

4.36.2.7 **精密度与准确度**

3个实验室分别对不同浓度的标准水样做了精密度试验，相对标准偏差为1.95%～13.0%。用本法与氟试剂分光光度法(B法)进行对比测定，采用配对 t 检验进行统计学处理，t 值均小于 $t_{(0.05,5)}$ = 2.57，两个方法无显著性差异。3个实验室用本法分别测定了自来水、井水、矿泉水及黄河水的加标回收试验，回收率92.0%～105.0%。

4.36.3 **氟试剂分光光度法**

4.36.3.1 **范围**

本法最低检测质量为2.5 μg，若取25 mL水样测定，则最低检测质量浓度为0.1 mg/L。

Al^{3+}、Fe^{3+}、Pb^{2+}、Zn^{2+}、Ni^{2+} 和 Co^{2+} 等金属离子均能干扰测定。Al^{3+} 能生成稳定的 $AlF_6{}^{3-}$，微克水平的 Al^{3+} 含量即可干扰测定。草酸、酒石酸、柠檬酸盐也干扰测定。大量的氯化物、硫酸盐、过氯酸盐也能引起干扰，因此当水样含干扰物多时应经蒸馏法预处理。

4.36.3.2 **原理**

氟化物与氟试剂和硝酸镧反应，生成蓝色络合物，颜色深度与氟离子浓度在一定范围内成线性关系。当pH为4.5时，生成的颜色可稳定24 h。

4.36.3.3 **试剂**

氟化物标准使用溶液[$\rho(F^-)$=10 μg/mL]：吸取5.00 mL氟化物标准贮备溶液(4.36.2.3.9)，于500 mL容量瓶中用纯水稀释至刻度。

除氟化物标准使用溶液外，其余试剂同4.36.2.3。

4.36.3.4 **仪器**

同4.36.2.4。

4.36.3.5 **水样预处理**

同4.36.2.5.1。

4.36.3.6 **测定**

吸取25.0 mL澄清水样或经蒸馏法预处理的水样，置于50 mL比色管中。如水中氟化物大于50 μg，可取适量，用纯水稀释至25 mL。

另吸取氟化物标准使用溶液(4.36.3.3)0，0.25，0.50，1.00，2.00，3.00，4.00及5.00 mL，分别置于50 mL比色管中，各加纯水至25 mL。

向样品管和标准系列管各加入5 mL氟试剂溶液(4.36.2.3.8)及2mL缓冲液(4.36.2.3.6)，混匀[由于反应生成的蓝色三元络合物随pH增高而变深，为使标准与试样的pH一致，必要时可用酚酞指示剂(4.36.2.3.11)调节pH到中性后再加入缓冲液，使各管的pH均在4.1～4.6之间]。

缓缓加入 5 mL 硝酸镧溶液，摇匀。加入 10 mL 丙酮，加纯水至 50 mL 刻度，摇匀。在室温放置 60 min。于波长 620 nm 处，用 1 cm 比色皿，以纯水参比，测定吸光度。绘制校准曲线，从曲线上查出氟化物质量。

4.36.3.7 结果计算

水样中氟化物的质量浓度按式(71)计算。

$$\rho(F^-)=\frac{m}{V} \qquad \cdots\cdots(71)$$

式中：

$\rho(F^-)$——水样中氟化物的质量浓度，单位为毫克每升(mg/L)；

m——在校准曲线上查得的氟化物的质量，单位为微克(μg)；

V——水样体积，单位为毫升(mL)。

4.36.3.8 精密度与准确度

13 个实验室用本法测定含氟 1.25 mg/L 的合成水样，相对标准偏差为 3.2%，相对标准误差为 2.4%。合成水样的其他组分含量(mg/L)为：硝酸盐，25；氯化物，55。

4.36.4 离子色谱法

4.36.4.1 范围

若进样 100 μL 测定，则最低检测质量浓度为 F^-，0.01 mg/L；Cl^-，0.1 mg/L；Br^-，0.05 mg/L；NO_3^-，0.05 mg/L；SO_4^{2-}，0.2 ng/L。

4.36.4.2 原理

水样注入仪器后，在淋洗液(碳酸盐-碳酸氢盐水溶液)的携带下流经阴离子分离柱。由于水样中各种阴离子对分离柱中阴离子交换树脂的亲和力不同，移动速度亦不同，从而使彼此得以分离。随后流经阴离子抑制柱，碳酸盐、碳酸氢盐被转变成碳酸，使背景电导降低。最后通过电导检测器，依次输出 F^-、Cl^-、NO_3^-、Br^- 和 SO_4^{2-} 的电导信号值(峰高或峰面积)。通过与标准比较，可做定性和定量分析。

4.36.4.3 试剂

以下配制试剂所用纯水均为电导小于 1 μS/cm 的去离子水，所用试剂均为优级纯。

4.36.4.3.1 淋洗贮备液：称取 2.52 g 碳酸氢钠($NaHCO_3$)和 2.65 g 无水碳酸钠(Na_2CO_3)，共溶于少量水中，在 1 000 mL 容量瓶中定容。贮于聚乙烯瓶中，冰箱内保存。

4.36.4.3.2 淋洗使用液：量取 200 mL 淋洗贮备液(4.36.4.3.1)用水稀释至 2 000 mL。

4.36.4.3.3 再生液[$c(H_2SO_4)=0.0125$ mol/L]：吸取 6.9 mL 浓硫酸($\rho_{20}=1.84$ g/mL)，在不断搅拌下缓慢加入 100 mL 水中，稀释至 10 L。贮于聚乙烯瓶中。

4.36.4.3.4 氟化物标准贮备溶液[$\rho(F^-)=1.000$ mg/mL]：称取 2.210 g 在干燥器中干燥过的氟化钠(NaF)，溶于少量淋洗使用液(4.36.4.3.2)中，移入 1 000 mL 容量瓶，用淋洗使用液(4.36.4.3.2)定容。贮于聚乙烯瓶中，冰箱内保存。

4.36.4.3.5 氯化物标准贮备溶液[$\rho(Cl^-)=1.000$ mg/mL]：称取 1.648 g 于 500 ℃～600 ℃灼烧至恒重的氯化钠(NaCl)，溶于少量淋洗使用液(4.36.4.3.2)中，移入 1 000 mL 容量瓶，用淋洗使用液(4.36.4.3.2)定容。贮于聚乙烯瓶中，冰箱内保存。

4.36.4.3.6 溴化物标准贮备溶液[$\rho(Br^-)=1.000$ mg/mL]：称取 1.489 g 在干燥器中干燥过的溴化钾(KBr)，溶于少量淋洗使用液(4.36.4.3.2)中，移入 1 000 mL 容量瓶，用淋洗使用液(4.36.4.3.2)定容。贮于聚乙烯瓶中，冰箱内保存。

4.36.4.3.7 硝酸盐标准贮备溶液[$\rho(NO_3^-)=1.000$ mg/mL]：称取 1.631 g 于 120 ℃～130 ℃干燥至恒重的硝酸钾(KNO_3)，溶于少量淋洗使用液(4.36.4.3.2)中，移入 1 000 mL 容量瓶，用淋洗使用液(4.36.4.3.2)定容。贮于聚乙烯瓶中，冰箱内保存。

4.36.4.3.8 硫酸盐标准贮备溶液[$\rho(SO_4^{2-})=1.000$ mg/mL]：称取 1.814 g 于 105 ℃干燥过 2 h 的

硫酸钾(K_2SO_4),溶于少量淋洗使用液(4.36.4.3.2)中,移入 1 000 mL 容量瓶,用淋洗使用液(4.36.4.3.2)定容。贮于聚乙烯瓶中,冰箱内保存。

4.36.4.3.9 混合标准使用溶液:分别吸取已放置至室温的氟化物、氯化物、溴化物、硝酸盐、硫酸盐标准贮备溶液(4.36.4.3.4、4.36.4.3.5、4.36.4.3.6、4.36.4.3.7 和 4.36.4.3.8)2.00,24.0,3.20,20.0 和 24.0 mL 于 1 000 mL 容量瓶中,用淋洗使用液(4.36.4.3.2)定容。此溶液氟化物、氯化物、溴化物、硝酸盐、硫酸盐的质量浓度分别为 2.00,24.0,3.20,20.0 和 24.0 mL/L。

4.36.4.4 仪器

4.36.4.4.1 离子色谱仪

4.36.4.4.1.1 阴离子分离柱。

4.36.4.4.1.2 阴离子保护柱。

4.36.4.4.1.3 阴离子抑制柱。

4.36.4.4.1.4 电导检测器。

4.36.4.4.2 双笔记录仪(或积分仪)。

4.36.4.4.3 进样器:5 mL 或 10 mL。

4.36.4.5 分析步骤

4.36.4.5.1 水样预处理

吸取 9.00 mL 水样于 10 mL 具塞比色管中,加 1.00 mL 淋洗贮备液(4.36.4.3.1),摇匀,待测。

4.36.4.5.2 样品测定

4.36.4.5.2.1 色谱条件

柱温:室温;

淋洗液流量:2.0 mL/min;

进样量:100 μL;

电导检测器灵敏度:根据待测离子含量设定。

4.36.4.5.2.2 定性分析:用注射器注入 1 mL~2 mL 待测试样,记录色谱图。根据保留时间确定离子种类,出峰顺序为 F^-、Cl^-、NO_3^-、Br^- 和 SO_4^{2-}。

4.36.4.5.2.3 定量分析:测量各离子对应的峰高(或峰面积),用外标法定量。

4.36.4.5.3 校准曲线的绘制

分别吸取混合标准使用溶液(4.36.4.3.9) 0,2.50,5.00,10.0,25.0,50.0 mL 于 6 个 100 mL 容量瓶中,用淋洗使用液(4.36.4.3.2)定容,摇匀。所配制标准系列各离子质量浓度见表 23。以下操作步骤同 4.36.4.5.2。

表 23 标准系列各离子质量浓度

离子 X^{z-}	$\rho(X^{z-})/(mg/L)$					
F^-	0.00	0.050	0.100	0.200	0.500	1.00
Cl^-	0.00	0.60	1.20	2.40	6.00	12.0
NO_3^-	0.00	0.080	0.160	0.320	0.800	1.60
Br^-	0.00	0.50	1.00	2.00	5.00	10.0
SO_4^{2-}	0.00	0.60	1.20	2.40	6.00	12.0

以质量浓度为横坐标,峰高(或峰面积)为纵坐标,分别绘制 F^-、Cl^-、NO_3^-、Br^- 和 SO_4^{2-} 的校准曲线。

4.36.4.6 结果计算

水样中 F^-、Cl^-、NO_3^-、Br^- 和 SO_4^{2-} 的质量浓度按式(72)计算。

$$\rho(X^{Z-})=\frac{\rho_1}{0.9} \qquad \cdots\cdots(72)$$

式中：

$\rho(X^{Z-})$——水样中 F^-、Cl^-、NO_3^-、Br^- 和 SO_4^{2-} 的质量浓度，单位为毫克每升(mg/L)；

ρ_1——从校准曲线上查得的试样中 F^-、Cl^-、NO_3^-、Br^- 和 SO_4^{2-} 的质量浓度，单位为毫克每升(mg/L)；

0.9——稀释水的校正系数。

4.36.4.7 精密度与准确度

同一实验室对含 1 mg/L F^-、100 mg/L Cl^-、5 mg/L NO_3^-、10 mg/L Br^-、80 mg/L SO_4^{2-}、178.6 mg/L K^+、1.21 mg/L Na^+ 的合成水样，F^- 经 24 次测定，相对标准偏差为 5.3%，相对误差为 4%；Cl^- 经 34 次测定，相对标准偏差为 0.58%，相对误差为 2.8%；NO_3^- 经 18 次测定，相对标准偏差为 1.5%，相对误差为 0.4%；Br^- 经 10 次测定，相对标准偏差为 1%，相对误差为 1.7%；SO_4^{2-} 经 22 次测定，相对标准偏差为 0.9%，相对误差为 1.2%。

4.37 氯化物

4.37.1 硝酸银容量法

4.37.1.1 范围

本法最低检测质量为 0.05 mg，若取 50 mL 水样测定，则最低检测质量浓度为 1.0 mg/L。

溴化物及碘化物均能引起相同反应，并以相当于氯化物的质量计入结果。硫化物、亚硫酸盐、硫代硫酸盐及超过 15 mg/L 的耗氧量可干扰本法测定。亚硫酸盐等干扰可用过氧化氢处理除去。耗氧量较高的水样可用高锰酸钾处理或蒸干后灰化处理。

4.37.1.2 原理

硝酸银与氯化物生成氯化银沉淀，过量的硝酸银与铬酸钾指示剂反应生成红色铬酸银沉淀，指示反应到达终点。

4.37.1.3 试剂

4.37.1.3.1 高锰酸钾。

4.37.1.3.2 乙醇[$\phi(C_2H_5OH)=95\%$]。

4.37.1.3.3 过氧化氢[$w(H_2O_2)=30\%$]。

4.37.1.3.4 氢氧化钠溶液(2 g/L)：称取 0.2 g 氢氧化钠(NaOH)，溶于纯水并稀释至 100 mL。

4.37.1.3.5 硫酸溶液[$c(1/2H_2SO_4)=0.05$ mol/L]：吸取 2.8 mL 硫酸($\rho_{20}=1.84$ g/mL)缓缓加入纯水中并稀释至 1 000 mL。

4.37.1.3.6 氢氧化铝悬浮液：称取 125 g 硫酸铝钾[$KAl(SO_4)_2\cdot 12H_2O$]或硫酸铝铵[$NH_4Al(SO_4)_2\cdot 12H_2O$]，溶于 1 000 mL 纯水中。加热至 60 ℃，缓缓加入 55 mL 氨水($\rho_{20}=0.88$ g/mL)，使氢氧化铝沉淀完全。充分搅拌后静置，弃去上清液，用纯水反复洗涤沉淀，至倾出上清液中不含氯离子(用硝酸银溶液试验)为止。然后加入 300 mL 纯水成悬浮液，使用前振摇均匀。

4.37.1.3.7 铬酸钾溶液(50 g/L)：称取 5 g 铬酸钾(K_2CrO_4)，溶于少量纯水中，滴加硝酸银标准溶液(4.37.1.3.9)至生成红色不褪为止，混匀，静置 24 h 后过滤，滤液用纯水稀释至 100 mL。

4.37.1.3.8 氯化钠标准溶液[$\rho(Cl^-)=0.5$ mg/mL]：称取 8.242 0 g 经 700 ℃烧灼 1 h 的氯化钠(NaCl)，溶于纯水中并定容至 1 000 mL。再从此溶液中吸取 10.00 mL，用纯水定容至 100 mL。

4.37.1.3.9 硝酸银标准溶液[$c(AgNO_3)=0.014$ mol/L]：称取 2.4 g 硝酸银($AgNO_3$)，溶于纯水，并定容至 1 000 mL。储存于棕色试剂瓶内。用氯化钠标准溶液(4.37.1.3.8)标定。

标定：吸取 25.00 mL 氯化钠标准溶液(4.37.1.3.8)，置于瓷发蒸皿内，加纯水 25 mL。另取一瓷蒸发皿，加 50 mL 纯水作为空白，各加 1 mL 铬酸钾溶液(4.37.1.3.7)，用硝酸银标准溶液滴定，直至产生淡橘黄色为止。按式(73)计算硝酸银的浓度。

$$m=\frac{25\times 0.50}{V_1-V_0} \quad\cdots\cdots(73)$$

式中：

m——1.00 mL 硝酸银标准溶液相当于氯化物(Cl^-)的质量，单位为毫克(mg)；

V_0——滴定空白的硝酸银标准溶液用量，单位为毫升(mL)；

V_1——滴定氯化钠标准溶液的硝酸银标准溶液用量，单位为毫升(mL)。

根据标定的浓度，校正硝酸银标准溶液(4.37.1.3.9)的浓度，使 1.00 mL 相当于氯化物 0.50 mg(以 Cl^- 计)。

4.37.1.3.10 酚酞指示剂(5 g/L)：称取 0.5 g 酚酞($C_{20}H_{14}O_4$)，溶于 100 mL 乙醇[$\varphi(C_2H_5OH)$=95%]中。

4.37.1.4 仪器

4.37.1.4.1 锥形瓶：250 mL。

4.37.1.4.2 滴定管：25 mL(棕色)。

4.37.1.4.3 无分度吸管：50 mL 和 25 mL。

4.37.1.5 分析步骤

4.37.1.5.1 水样预处理

4.37.1.5.1.1 对有色的水样：取 150 mL，置于 250 mL 锥形瓶中。加 2 mL 氢氧化铝悬浮液(4.37.1.3.6)，振荡均匀，过滤，弃去初滤液 20 mL。

4.37.1.5.1.2 对含有亚硫酸盐和硫化物的水样：将水样用氢氧化钠溶液(4.37.1.3.4)调节至中性或弱碱性，加入 1 mL 过氧化氢(4.37.1.3.3)，搅拌均匀。

4.37.1.5.1.3 对耗氧量大于 15 mg/L 的水样：加入少许高锰酸钾晶体，煮沸，然后加入数滴乙醇(4.37.1.3.2)还原过多的高锰酸钾，过滤。

4.37.1.5.2 测定

4.37.1.5.2.1 吸取 50.0 mL 水样或经过预处理的水样(或适量水样加纯水稀释至 50 mL)。置于瓷蒸发皿内，另取一瓷蒸发皿，加入 50 mL 纯水，作为空白。

4.37.1.5.2.2 分别加入 2 滴酚酞指示剂(4.37.1.3.10)，用硫酸溶液(4.37.1.3.5)或氢氧化钠溶液(4.37.1.3.4)调节至溶液红色恰好褪去。各加 1 mL 铬酸钾溶液(4.37.1.3.7)，用硝酸银标准溶液(4.37.1.3.9)滴定，同时用玻璃棒不停搅拌，直至溶液生成橘黄色为止。

注 1：本法只能在中性溶液中进行滴定，因为在酸性溶液中铬酸银溶解度增高，滴定终点时，不能形成铬酸银沉淀。在碱性溶液中将形成氧化银沉淀。

注 2：铬酸钾指示终点的最佳浓度为 1.3×10^{-2} mol/L。但由于铬酸钾的颜色影响终点的观察，实际使用的浓度为 50 mL 样品中加入 1 mL 铬酸钾溶液(50 g/L)，其浓度为 5.1×10^{-3} mol/L。同时用空白滴定值予以校正。

4.37.1.6 结果计算

水样中氯化物的质量浓度按式(74)计算。

$$\rho(Cl^-)=\frac{(V_1-V_0)\times 0.50\times 1\,000}{V} \quad\cdots\cdots(74)$$

式中：

$\rho(Cl^-)$——水样中氯化物的质量浓度，单位为毫克每升(mg/L)；

V_0——空白试验消耗硝酸银标准溶液的体积，单位为毫升(mL)；

V_1——水样消耗硝酸银标准溶液的体积，单位为毫升(mL)；

V——水样体积，单位为毫升(mL)。

4.37.1.7 精密度与准确度

75 个实验室用本法测定含氯化物 87.9 mg/L 和 18.4 mg/L 的合成水样[含其他离子浓度(mg/L)：氟化物 1.30 和 0.43；硫酸盐，93.6 和 7.2；可溶性固体，338 和 54；总硬度 136 和 20.7]。其相对标准偏差分别为2.1%和3.9%,相对误差分别为3.0%和2.2%。

4.37.2 离子色谱法

同4.36.4。

4.38 碘化物

4.38.1 催化还原分光光度法

4.38.1.1 范围

本法最低检测质量为0.01 μg,若取10 mL水样测定,最低检测质量浓度为1 μg/L(I^-)。

本法可以测定1 μg/L～10 μg/L低浓度范围和10 μg/L～100 μg /L高浓度范围碘化物。

银及汞离子抑制碘化物的催化能力,氯离子与碘离子有类似的催化作用,加入大量氯离子可以抑制上述干扰。

温度及反应时间对本方法影响极大,因此应严格按规定控制操作条件。

4.38.1.2 原理

在酸性条件下,亚砷酸与硫酸高铈发生缓慢的氧化还原反应。当有碘离子存在时,由于它的催化作用使反应加速进行。反应速度随碘离子含量增高而变快,剩余的高铈离子就越少。用亚铁离子还原剩余的高铈离子,终止亚砷酸-高铈间的氧化还原反应。氧化产生的铁离子与硫氰酸钾反应生成红色络合物,比色定量。间接测定碘化物的含量。

4.38.1.3 试剂

本法配制试剂所用的纯水均指按4.38.1.3.1处理后的水。

4.38.1.3.1 纯水(无碘化物):将蒸馏水按每升加2 g氢氧化钠后重蒸馏。

4.38.1.3.2 氯化钠溶液(260 g/L):称取26 g经700 ℃灼烧2 h的优级纯氯化钠(NaCl),溶于纯水并稀释至100 mL。

4.38.1.3.3 亚砷酸溶液(4.946 g/L):称取4.946 g三氧化二砷[(As_2O_3),必要时三氧化二砷可按下法精制——将三氧化二砷研细,加入25 mL重蒸馏的乙醇,搅拌后弃去上部乙醇溶液。同法反复洗涤晶体10次～15次。于80 ℃烘干,备用],加500 mL纯水,10滴硫酸(ρ_{20}=1.84 g/mL),加热使全部溶解。用纯水稀释至1 000 mL。

警告——此溶液剧毒!

4.38.1.3.4 硫酸溶液(1+3)。

4.38.1.3.5 硫酸铈溶液{$c[Ce(SO_4)_2]$=0.02 mol/L}:称取8.086 g硫酸铈[$Ce(SO_4)_2 \cdot 4H_2O$]或12.65 g硫酸铈铵[$Ce(SO_4)_2 \cdot 2(NH_4)_2SO_4 \cdot 4H_2O$]溶于500 mL纯水中,加44 mL硫酸($\rho_{20}$=1.84 g/mL),用纯水稀释至1 000 mL。

4.38.1.3.6 硫酸亚铁铵溶液(15 g/L):称取1.5 g硫酸亚铁铵[$Fe(NH_4)_2(SO_4)_2 \cdot 6H_2O$],溶于纯水中,加入2.5 mL硫酸溶液(4.38.1.3.4),并用纯水稀释至100 mL。临用前配制。

4.38.1.3.7 硫氰酸钾溶液(40 g/L):称取4.0 g硫氰酸钾(KSCN)溶于纯水中,并稀释至100 mL。

4.38.1.3.8 碘化物标准贮备溶液[$\rho(I^-)$=100 μg/mL]:称取0.130 8 g经硅胶干燥器干燥24 h的碘化钾(KI),溶于纯水中,并定容至1 000 mL。

4.38.1.3.9 碘化物标准使用溶液Ⅰ[$\rho(I^-)$=1 μg/mL]:临用时,吸取5.00 mL碘化物标准贮备溶液(4.38.1.3.8)于500 mL容量瓶中,用纯水稀释到刻度。

4.38.1.3.10 碘化物标准使用溶液Ⅱ[$\rho(I^-)$=0.01 μg/mL]:临用时,吸取5.00 mL碘化物标准使用溶液Ⅰ(4.38.1.3.9)于500 mL容量瓶中,用纯水定容到刻度。

4.38.1.4 仪器

4.38.1.4.1 分光光度计。

4.38.1.4.2 恒温水浴:控温精度±0.5 ℃。

4.38.1.4.3 秒表。

4.38.1.4.4 具塞比色管:25 mL。临用前清洗,并注意防止铁的污染。

4.38.1.5 分析步骤

4.38.1.5.1 低浓度范围(1.0 μg/L～10 μg/L)的测定

按表 24 配制标准系列、水样及 A、B 管,并向各管加入试剂。摇匀后,置于(30±0.5)℃恒温水浴中 20 min,使温度达到平衡。

表 24 碘化物测定各管试剂加入量

单位为毫升

管号	碘化物标准使用溶液Ⅱ(4.38.1.3.10)	水样	纯水(4.38.1.3.1)	氯化钠溶液(4.38.1.3.2)	亚砷酸溶液(4.38.1.3.3)	硫酸溶液(4.38.1.3.4)
标准 1	1.00	0	9.0	1.0	0.5	1.0
标准 2	3.00	0	7.0	1.0	0.5	1.0
标准 3	5.00	0	5.0	1.0	0.5	1.0
标准 4	7.00	0	3.0	1.0	0.5	1.0
标准 5	10.00	0	0	1.0	0.5	1.0
标准 6	0	0	10.0	1.0	0.5	1.0
样品	0	10.0	0	1.0	0.5	1.0
B 管	0	10.0	0.5	1.0	0	1.0
A 管	0	0	10.5	1.0	0	1.0

按下秒表计时,每隔 30 s,依次向各管加 0.50 mL 硫酸铈溶液(4.38.1.3.5),密塞迅速摇匀,放回水浴中保温。于水浴中放置(20±0.1)min 后,每隔 30 s,依次向各管加 1.00 mL 硫酸亚铁铵溶液(4.38.1.3.6),密塞迅速摇匀,放回水浴中。随后,每隔 30 s,依次向各管加 1.00 mL 硫氰酸钾溶液(4.38.1.3.7),在室温放置 45 min,于波长 510 nm 处,用 1 cm 比色皿,以纯水作参比,测定吸光度。绘制校准曲线。

注 1:每管加硫酸铈溶液到加硫酸亚铁铵溶液的间隔均为(20±0.1)min。

注 2:校准曲线呈向下弯曲,并不呈良好线性。因此校准曲线应与样品分析同时操作。用吸光度与浓度直接作图。不对曲线进行回归处理,防止产生误差。以吸光度对数值作图,可得直线关系的校准曲线。

注 3:在测定低浓度碘化物水样时应经过 A、B 管的校正,以消除由于水样中氧化还原物质对测定的干扰。当 A 管吸光度大于 B 管时,说明水样中有还原性物质还原部分高铈离子;或所生成的高铁离子,使比色液变浅,应将水样测得的吸光度加上(A−B)。以校正由还原性物质造成的误差。当 B 管吸光度大于 A 时,水样中可能存在氧化性物质的干扰,因此将水样的吸光度减去(B−A)。

4.38.1.5.2 高浓度范围(10 μg/L～100 μg/L)的测定

校准曲线绘制:吸取碘化物标准使用溶液Ⅰ(4.38.1.3.9)0,1.00,3.00,5.00,7.00,10.00 mL 分别于 25 mL 具塞比色管中,加纯水至 10.0 mL,以下操作同 4.38.1.5.1。

取水样 10.0 mL,以下操作同 4.38.1.5.1。

注:高浓度范围的分析,恒温水浴温度为(20±0.5)℃,反应时间为 8 min,不必做 A、B 管的测定。

4.38.1.6 结果计算

水样中碘化物(I^-)的质量浓度按式(75)计算。

$$\rho(I^-) = \frac{m}{V} \qquad \cdots\cdots(75)$$

式中:

$\rho(I^-)$——水样中碘化物(I^-)的质量浓度,单位为毫克每升(mg/L);

m——从校准曲线上查得的试样中碘化物的质量,单位为微克(μg);

V——水样体积，单位为毫升(mL)。

4.38.2 气相色谱法

4.38.2.1 范围

本法最低检测质量 0.005 ng，最低检测质量浓度为 1 μg/L，测定范围为 1 μg/L～10 μg/L 和 10 μg/L～100 μg/L。

水样中余氯、有机氯化合物不干扰测定。

4.38.2.2 原理

在酸性条件下，水样中的碘化物与重铬酸钾发生氧化还原反应析出碘，它与丁酮生成 3-碘-2-丁酮，用气相色谱法电子捕获检测器进行定量测定。

4.38.2.3 试剂

4.38.2.3.1 纯水(无碘化物)：将蒸馏水按每升加 2 g 氢氧化钠后重蒸馏。

4.38.2.3.2 硫酸溶液[$c(H_2SO_4)=2.5$ mol/L]：量取 139 mL 硫酸($\rho_{20}=1.84$ g/mL，优级纯)，缓慢地加到 500 mL 纯水中，并稀释至 1 000 mL。

4.38.2.3.3 重铬酸钾溶液(0.5 g/L)。

4.38.2.3.4 丁酮：重蒸馏，收集 79 ℃～80 ℃馏分。

4.38.2.3.5 环己烷：重蒸馏，收集 80 ℃～81 ℃馏分。

4.38.2.3.6 硫代硫酸钠溶液(0.5 g/L)。

4.38.2.3.7 无水硫酸钠：600 ℃烘烤 4 h，冷却后密封保存。

4.38.2.3.8 碘化钾(优级纯)。

4.38.2.3.9 碘化物标准贮备溶液[$\rho(I^-)=100$ μg/mL]：称取 0.130 8 g 预先在 110 ℃烘干至恒量的碘化钾，加纯水溶解，并定容至 1 000 mL。

4.38.2.3.10 碘化物标准使用溶液[$\rho(I^-)=0.1$ μg/mL，$\rho(I^-)=0.01$ μg/mL]：临用时将碘化物标准贮备溶液用纯水稀释而成。

4.38.2.4 仪器

4.38.2.4.1 气相色谱仪。

4.38.2.4.2 电子捕获检测器。

4.38.2.4.3 记录仪：满量程 1 mV。

4.38.2.4.4 微量注射器：10 μL。

4.38.2.4.5 分液漏斗：60 mL。

4.38.2.4.6 氮气钢瓶：高纯氮(99.999%)。

4.38.2.4.7 色谱条件

a) 色谱柱类型

硬质玻璃填充柱，长 2 m，内径 3 mm。

b) 填充物

载体：Chromosorb W A W DMCS 80 目～100 目；固定液及含量：OV-17(0.5%)＋OV-210(3.0%)。

c) 涂渍固定液的方法

根据载体的重量称取一定量的 OV-17 和 OV-210 溶解于丙酮中并加入载体。在红外灯下挥去溶剂，按普通方法装柱。

d) 色谱柱老化

将填充好的色谱柱装机(不接检测器)，通氮气于 220 ℃连续老化 48 h。

4.38.2.5 分析步骤

4.38.2.5.1 样品处理

水样采集及储存方法：用玻璃瓶采集水样，尽快测定。

水样预处理：取 10 mL 水样于 60 mL 分液漏斗中，加 0.2 mL 硫代硫酸钠溶液(4.38.2.3.6)，混匀，加 0.1 mL 硫酸溶液(4.38.2.3.2)，加入 0.5 mL 丁酮(4.38.2.3.4)，混匀。加入 1 mL 重铬酸钾(4.38.2.3.3)，振荡 1 min，放置 10 min，加入 10.0 mL 环已烷(4.38.2.3.5)，振荡萃取 2 min，弃去水相，用纯水洗涤环已烷萃取液 2 次，每次 5 mL，弃去水相，环已烷萃取液经无水硫酸钠脱水干燥后收集于 10 mL 具塞比色管中供色谱测定。

4.38.2.5.2 仪器工作条件

a) 气化室温度：230 ℃；

b) 柱温：100 ℃；

c) 检测器温度：230 ℃；

d) 载气流速(N_2)：35 mL/min；

e) 衰减：根据样品中被测组分含量调节记录器衰减。

4.38.2.5.3 校准

4.38.2.5.3.1 定量分析中的校准方法：外标法。

4.38.2.5.3.2 标准样品

a) 使用次数：每次分析样品时用新标准使用液绘制校准曲线；

b) 标准样品制备；

c) 碘化物标准贮备溶液[$\rho(I^-)=100\ \mu g/mL$]：称取 0.130 8 g 预先在 110 ℃烘干至恒量的碘化钾，加纯水溶解，并定容至 1 000 mL；

d) 碘化物标准使用溶液[$\rho(I^-)=0.1\ \mu g/mL$，$\rho(I^-)=0.01\ \mu g/mL$]：临用时将碘化物标准贮备溶液[c)]用纯水稀释而成。

4.38.2.5.3.3 校准曲线的绘制

取 6 个 60 mL 分液漏斗，分别加入碘化物标准使用溶液(水样中碘化物的含量 1 μg/L～10 μg/L 时，使用 0.01 μg/mL 的碘化物标准使用溶液；水样中碘化物含量在 10 μg/L～100 μg/L 时，使用 0.1 μg/mL的碘化物标准使用溶液)0，1.0，3.0，5.0，7.0，10.0 mL。补加纯水至 10 mL，分别向各分液漏斗中加 0.2 mL 硫代硫酸钠溶液(4.38.2.3.6)，以下操作同 4.38.2.5.1。

分别取 5 μL 环已烷萃取液进行色谱分析，测定碘丁酮色谱峰高，以峰高为纵坐标，碘化物质量为横坐标，绘制校准曲线。

4.38.2.5.4 测定

4.38.2.5.4.1 进样：以注射器人工进样，取 5 μL 待测样品注入色谱仪。

4.38.2.5.4.2 记录：以标样核对，记录色谱峰的保留时间及对应化合物。

4.38.2.5.4.3 色谱图的考察

a) 标准色谱图：见图 5。

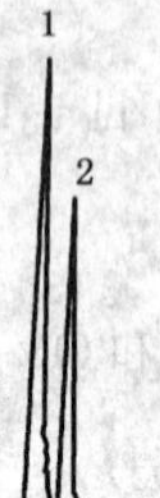

1——溶剂；

2——碘丁酮。

图 5 碘丁酮标准色谱图

b) 定性分析

1) 组分出峰顺序:溶剂峰,碘丁酮峰;

2) 保留时间:碘丁酮,1.35 min。

c) 定量分析

色谱峰高的测定:连接峰的起点和终点作为峰底,从峰高的最大值对基线作垂线为峰高,单位为 mm。

4.38.2.6 结果计算

水样中碘化物(I^-)的质量浓度按式(76)计算。

$$\rho(I^-) = \frac{m}{V} \qquad \cdots\cdots(76)$$

式中:

$\rho(I^-)$——水样中碘化物(I^-)的质量浓度,单位为毫克每升(mg/L);

m——用样品峰高在校准曲线上查得的碘化物的质量,单位为微克(μg);

V——水样体积,单位为毫升(mL)。

4.38.2.7 精密度与准确度

6 个实验室的结果:碘化物浓度为 1 μg/L~10 μg/L 的水样,加标回收率为(95.6±4.6)%,相对标准偏差为 4.5%~7.8%。碘化物浓度为 10 μg/L~100 μg/L 的水样,加标回收率为(96±2.7)%,相对标准偏差为 2.6%~3.4%。

4.38.3 离子色谱法

4.38.3.1 范围

本法若进样 100 μL 测定,最低检测质量浓度为 10.25 μg/L。

4.38.3.2 原理

水样注入仪器后,在淋洗液的携带下流经阴离子分离柱,由于水样中各种阴离子对分离柱中阴离子交换树脂的亲和力不同,移动速度亦不同,从而使碘化物与其他离子得以分离。分离出来的碘离子流经安培检测器,在一定的电极电位下,发生电极反应,所产生的电流强度在一定浓度范围内与碘离子含量成正比。

4.38.3.3 试剂

4.38.3.3.1 氢氧化钠溶液(4 g/L):称取 2 g 氢氧化钠,加纯水溶解后,稀释至 500 mL。

4.38.3.3.2 淋洗液[$c(Na_2CO_3)=0.015$ mol/L]:称取 1.60 g 碳酸钠(Na_2CO_3),加纯水溶解后,稀释至 1 000 mL。

4.38.3.3.3 碘化物标准贮备溶液[$\rho(I^-)=100$ μg/mL]:同 4.38.1.3.8。

4.38.3.3.4 碘化物标准使用溶液Ⅰ[$\rho(I^-)=1$ μg/mL]:同 4.38.1.3.9。

4.38.3.3.5 碘化物标准使用溶液Ⅱ[$\rho(I^-)=0.01$ μg/mL]:同 4.38.1.3.10。

4.38.3.4 仪器

4.38.3.4.1 离子色谱仪

a) 阴离子保护柱;

b) 阴离子分离柱;

c) 安培检测器:配有银电极。

4.38.3.4.2 记录仪

4.38.3.5 分析步骤

4.38.3.5.1 色谱条件

a) 柱温:室温 18 ℃~25 ℃;

b) 淋洗液流量:2.0 mL/min;

c) 进样量:100 μL;

d) 安培检测器施加电位:+0.26 V。

4.38.3.5.2 **样品测定**

用注射器注入 1 mL～2 mL 水样,记录色谱图。根据保留时间定性,测量峰高用外标法定量。

4.38.3.5.3 **校准曲线的绘制**

吸取碘化物标准使用溶液Ⅱ(4.38.3.3.5)0,2.50,5.00,10.00,25.00,50.00 mL 或碘化物标准使用溶液Ⅰ(4.38.3.3.4)1.00,5.00,10.00 mL 于一系列 100 mL 容量瓶中,用纯水稀释至接近刻度,滴加氢氧化钠溶液(4.38.3.3.1)至 pH≈7,用纯水定容至刻度。此标准系列碘含量分别为 0.00,0.25,0.50,1.00,2.50,5.00,10.00,50.00,100.0 μg/L。以下操作同 4.38.3.5.2。

以碘化物质量浓度(μg/L)为横坐标,峰高为纵坐标,绘制校准曲线。

4.38.3.6 **结果计算**

水样中碘化物(I^-)的质量浓度按式(77)计算。

$$\rho(I^-) = \frac{\rho_1(I^-)}{1\ 000} \qquad \cdots\cdots(77)$$

式中:

$\rho(I^-)$——水样中碘化物(I^-)的质量浓度,单位为毫克每升(mg/L);

$\rho_1(I^-)$——从校准曲线上查得的水样中碘化物(I^-)的质量浓度,单位为微克(μg/L)。

4.38.3.7 **精密度与准确度**

同一实验室对一地下水样品平行测定 10 次,平均值为 18.2 μg/L,相对标准偏差为 3.4%。加入碘化物 15 μg/L 进行加标回收实验,回收率为 99.0%～103%。

4.38.4 **高浓度碘化物比色法**

4.38.4.1 **范围**

本法最低检测质量为 0.5 μg,若取 10 mL 水样测定,最低检测质量浓度为 0.05 mg/L(以 I^- 计)。

大量的氯化物、氟化物、溴化物和硫酸盐不干扰测定。

4.38.4.2 **原理**

向酸化的水样中加入过量溴水,碘化物被氧化为碘酸盐。用甲酸钠除去过量的溴,剩余的甲酸钠在酸性溶液中加热成为甲酸挥发逸失,冷却后加入碘化钾析出碘。加入淀粉生成蓝紫色复合物,比色定量。

4.38.4.3 **试剂**

4.38.4.3.1 磷酸(ρ_{20}=1.69 g/mL)。

4.38.4.3.2 饱和溴水:吸取约 2 mL 溴,加入纯水 100 mL,摇匀,保存于冰箱中。

4.38.4.3.3 碘化钾溶液(10 g/L):临用时配制。

4.38.4.3.4 甲酸钠溶液(200 g/L)。

4.38.4.3.5 碘化物标准贮备溶液[$\rho(I^-)$=100 μg/mL]:称取 0.130 8 g 于硅胶干燥器中放置 24 h 的碘化钾(KI,优级纯),溶于纯水中,并定容至 1 000 mL。

4.38.4.3.6 碘化物标准使用溶液[$\rho(I^-)$=1 μg/mL]:临用前将碘化物标准贮备溶液(4.38.4.3.5)用纯水稀释而成。

4.38.4.3.7 淀粉溶液(0.5 g/L):称取 0.05 g 可溶性淀粉,加入少量纯水润湿。倒入煮沸的纯水中,并稀释至 100 mL。冷却备用。临用时配制。

4.38.4.4 **仪器**

4.38.4.4.1 分光光度计。

4.38.4.4.2 具塞比色管:25 mL。

4.38.4.5 **分析步骤**

吸取 10.0 mL 水样于 25 mL 具塞比色管中。另取 25 mL 具塞比色管 8 支,分别加入碘化物标准使用溶液(4.38.4.3.6)0,0.5,1.0,2.0,4.0,6.0,8.0 和 10.0 mL,并用纯水稀释至 10 mL 刻度。

于各管中分别加入 3 滴磷酸(4.38.4.3.1),再滴加饱和溴水(4.38.4.3.2)至呈淡黄色稳定不变,置于沸水浴中加热 2 min,不褪色为止。向各管滴加甲酸钠溶液 2 滴~3 滴,放入原沸水浴中 2 min,取出冷却。

向各管加 1.0 mL 碘化钾溶液(4.38.4.3.3),混匀,于暗处放置 15 min 后,各加 10 mL 淀粉溶液(4.38.4.3.7)。15 min 后加纯水至 25 mL 刻度,混匀,于波长 570 nm 处,用 2 cm 比色皿,以纯水为参比,测定吸光度。绘制校准曲线,从校准曲线上查出碘化物的质量。

4.38.4.6 结果计算

水样中碘化物(I^-)的质量浓度按式(78)计算。

$$\rho(I^-) = \frac{m}{V} \qquad \cdots\cdots(78)$$

式中:

$\rho(I^-)$——水样中碘化物(I^-)的质量浓度,单位为毫克每升(mg/L);

m——从校准曲线上查得的碘化物的质量,单位为微克(μg);

V——水样体积,单位为毫升(mL)。

4.38.4.7 精密度与准确度

七个实验室在碘化物浓度 0.05 mg/L~1.00 mg/L 范围内,以洁净天然水加标后测定,相对标准偏差为 0.4%~6.7%,平均为 1.99%。

七个实验室用自来水,深井水,矿泉水,河水,油田地下水等做加标回收试验,50 多个水样的回收率范围在 95%~103%,2 个为 90%。

两个实验室用本法与硫酸铈铵催化分光光度法比对,相对误差为 0.07%~4.16%。

4.39 二氧化碳

4.39.1 范围

本法测定范围为 4 mg/L~800 mg/L。

溶解性总固体大于 1 000 mg/L 时,对测定产生干扰,可于滴定前加入酒石酸钾钠溶液消除。

4.39.2 原理

游离二氧化碳能定量地与氢氧化钠反应生成碳酸氢盐,等当点 pH 为 8.3,以酚酞作指示剂,用氢氧化钠标准溶液滴定水样,由氢氧化钠标准溶液的消耗量即可计算出水样中游离二氧化碳的含量。

4.39.3 试剂

以下配制试剂(及操作步骤)中所用纯水均为无二氧化碳水。

4.39.3.1 无二氧化碳水:将纯水煮沸 15 min,然后在不与大气二氧化碳接触的条件下冷却至室温。此水 pH 应大于 6.0,否则应延长煮沸时间。用时现制备。

4.39.3.2 酒石酸钾钠溶液(500 g/L):称取 50 g 酒石酸钾钠($KNaC_4H_4O_6$)溶于纯水中,稀释至 100 mL,加 4 滴酚酞指示剂(4.39.3.4),用盐酸溶液(4.39.3.5)滴定至红色刚好消失。

4.39.3.3 氢氧化钠标准溶液[$c(NaOH)=0.05$ mol/L]

配制:称取 20 g 氢氧化钠,溶于 100 mL 纯水中,摇匀,移入聚乙烯瓶中,密闭放置至溶液清亮。吸取上层清液 10 mL,注入装有 1 000 mL 纯水的聚乙烯瓶中,密闭保存。

标定:称取 0.2 g~0.3 g(精确到 0.000 1 g)于 105 ℃~110 ℃干燥至恒重的邻苯二甲酸氢钾($HOOCC_6H_4COOK$,基准试剂)于 250 mL 锥形瓶中,加 50 mL 纯水溶解,加 4 滴酚酞指示剂(4.39.3.4),用配制的氢氧化钠溶液滴定至粉红色。同时做空白试验。

计算:按式(79)计算氢氧化钠标准溶液浓度。

$$c(NaOH) = \frac{m}{(V - V_0) \times 204.2} \times 1\,000 \qquad \cdots\cdots(79)$$

式中：

$c(NaOH)$——氢氧化钠标准溶液的浓度，单位为摩尔每升(mol/L)；

m——邻苯二甲酸氢钾的质量，单位为克(g)；

V——滴定邻苯二甲酸氢钾所消耗氢氧化钠标准溶液的体积，单位为毫升(mL)；

V_0——空白试验消耗氢氧化钠标准溶液的体积，单位为毫升(mL)；

204.2——邻苯二甲酸氢钾的摩尔质量，单位为克每摩尔(g/mol)。

4.39.3.4 酚酞指示剂(5 g/L)：称取 0.25 g 酚酞($C_{20}H_{14}O_4$)，用乙醇 [$\varphi(C_2H_5OH)=95\%$]溶解并稀释至 50 mL。

4.39.3.5 盐酸溶液[$c(HCl)=0.1$ mol/L]。

4.39.4 仪器

4.39.4.1 滴定管：25 mL。

4.39.4.2 移液管：50 mL。

4.39.4.3 锥形瓶：250 mL。

4.39.5 分析步骤

4.39.5.1 用移液管以虹吸法吸取 50.00 mL 水样，将移液管插入到 250 mL 锥形瓶的底部，缓缓放出水样。加 4 滴酚酞指示剂(4.39.3.4)，用氢氧化钠标准溶液(4.39.3.3)滴定至粉红色不褪[若在滴定中发现水样浑浊，可另取水样于滴定前加入 1 mL 酒石酸钾钠溶液(4.39.3.2)以消除干扰]。

4.39.5.2 对于游离二氧化碳含量较高的碳酸泉水，在按 4.39.5.1 步骤测定的基础上，应按下述方法重测。

准确吸取比 4.39.5.1 步骤中消耗量略少的氢氧化钠标准溶液(4.39.3.3)于 250 mL 锥形瓶中，然后用移液管以虹吸法取 50.00 mL 水样，沿内壁缓缓放入锥形瓶内，加 4 滴酚酞指示剂(4.39.3.4)，用氢氧化钠标准溶液(4.39.3.3)滴定至粉红色不褪。滴定消耗氢氧化钠标准溶液的量应包括滴定前的加入量。

4.39.6 结果计算

水样中游离二氧化碳的质量浓度按式(80)计算。

$$\rho(CO_2)=\frac{c(NaOH)\times V_1\times 44}{V}\times 1\,000 \quad \cdots\cdots(80)$$

式中：

$\rho(CO_2)$——水样中游离二氧化碳的质量浓度，单位为毫克每升(mg/L)；

$c(NaOH)$——氢氧化钠标准溶液的浓度，单位为摩尔每升(mol/L)；

V_1——滴定消耗氢氧化钠标准溶液的体积，单位为毫升(mL)；

V——水样体积，单位为毫升(mL)；

44——二氧化碳(CO_2)的摩尔质量，单位为克每摩尔(g/mol)。

4.39.7 精密度与准确度

同一实验室对同一地下水样品平行测定 10 次，平均值为 14.3 mg/L，相对标准偏差为 8.1%。

4.40 硝酸盐

4.40.1 麝香草酚分光光度法

4.40.1.1 范围

本法最低检测质量为 2.5 μg，若取 1.0 mL 水样测定，则最低检测质量浓度为 2.5 mg/L。

亚硝酸盐对本法呈正干扰，可用氨基磺酸铵除去；氯化物对本法呈负干扰，可用硫酸银消除。

4.40.1.2 原理

硝酸盐和麝香草酚在浓硫酸溶液中形成硝基酚化合物，在碱性溶液中发生分子重排，生成黄色化合物，比色测定。

4.40.1.3 试剂

4.40.1.3.1 氨水(ρ_{20}=0.88 g/mL)。

4.40.1.3.2 乙酸溶液(1+4)。

4.40.1.3.3 氨基磺酸铵溶液(20 g/L):称取2.0 g氨基磺酸铵($NH_4SO_3NH_2$),用乙酸溶液(4.40.1.3.2)溶解,并稀释为100 mL。

4.40.1.3.4 麝香草酚乙醇溶液(5 g/L):称取0.5 g麝香草酚[$(CH_3)(C_3H_7)C_6H_3OH$,Thymol,又名百里酚],溶于无水乙醇中,并稀释至100 mL。

4.40.1.3.5 硫酸银硫酸溶液(10 g/L):称取1.0 g硫酸银(Ag_2SO_4),溶于100 mL硫酸(ρ_{20}=1.84 g/mL)中。

4.40.1.3.6 硝酸盐标准贮备溶液[$\rho(NO_3^-)$=5 mg/mL]:称取8.153 g经105 ℃~110 ℃干燥1 h的硝酸钾(KNO_3),溶于纯水中,并定容至1 000 mL。

4.40.1.3.7 硝酸盐标准使用溶液[$\rho(NO_3^-)$=50 μg/mL]:吸取10.00 mL硝酸盐标准贮备溶液(4.40.1.3.6)定容至1 000 mL容量瓶中。

4.40.1.4 仪器

4.40.1.4.1 具塞比色管:50 mL。

4.40.1.4.2 分光光度计。

4.40.1.5 分析步骤

吸取1.00 mL水样于干燥的50 mL比色管中。另取50 mL比色管7支,分别加入硝酸盐标准使用溶液(4.40.1.3.7)0、0.05、0.10、0.30、0.50、0.70和1.00 mL,用纯水稀释至1.00 mL。

向各管加入0.1 mL氨基磺酸铵溶液(4.40.1.3.3),摇匀后放置5 min。各加0.2 mL麝香草酚乙醇溶液(4.40.1.3.4)。由比色管中央直接滴加到溶液中,勿沿管壁流下。摇匀后加2 mL硫酸银硫酸溶液(4.40.1.3.5),混匀后放置5 min。加8 mL纯水,混匀后滴加氨水(4.40.1.3.1)至溶液黄色到达最深。并使氯化银沉淀溶解为止(约加9 mL)。加纯水至25 mL刻度,混匀。

于波长415 nm处,用2 cm比色皿,以纯水为参比,测定吸光度。绘制校准曲线,从曲线上查出样品中硝酸盐的质量。

4.40.1.6 结果计算

水样中硝酸盐的质量浓度按式(81)计算。

$$\rho(NO_3^-) = \frac{m}{V} \quad \cdots\cdots(81)$$

式中:

$\rho(NO_3^-)$——水样中硝酸盐的质量浓度,单位为毫克每升(mg/L);

m——从校准曲线查得的硝酸盐的质量,单位为微克(μg);

V——水样体积,单位为毫升(mL)。

4.40.1.7 精密度与准确度

4个实验室用本法测定含24.8 mg/L硝酸盐的合成水样,相对标准偏差为3.8%,相对误差为1.4%。

4.40.2 离子色谱法

同4.36.4。

4.40.3 紫外分光光度法

4.40.3.1 范围

本法最低检测质量为10 μg,若取50 mL水样测定,则最低检测质量浓度为0.2 mg/L。

可溶性有机物、表面活性剂、亚硝酸盐和Cr^{6+}对本法有干扰,次氯酸盐和氯酸盐也能干扰测定。低浓度的有机物可以通过测定不同波长的吸收值予以校正。浊度的干扰可以经0.45 μm膜过滤除去。

氯化物不干扰测定，氢氧化物和碳酸盐($CaCO_3$ 浓度可达 1 000 mg/L)的干扰，可用盐酸酸化予以消除。

4.40.3.2 原理

在波长 220 nm 处，硝酸盐对紫外光有强烈的吸收，在一定浓度范围内吸光度与硝酸盐的含量成正比。

溶解的有机物在波长 220 nm 和 275 nm 处均有吸收，而硝酸盐在波长 275 nm 处没有吸收，从而可通过测定波长 275 nm 处的吸光度对硝酸盐的吸光度进行校正。

4.40.3.3 试剂

4.40.3.3.1 无硝酸盐纯水：采用重蒸馏或蒸馏-去离子法制备，用于配制试剂及稀释样品。

4.40.3.3.2 盐酸溶液(1+11)。

4.40.3.3.3 硝酸盐标准贮备溶液[$\rho(NO_3^-)$＝100 μg/mL]：称取 0.163 1 g 经 105 ℃干燥 2 h 的硝酸钾(KNO_3)溶于纯水中并定容至 1 000 mL，每升中加入 2 mL 三氯甲烷，至少可稳定 6 个月。

4.40.3.3.4 硝酸盐标准使用溶液[$\rho(NO_3^-)$＝10 μg/mL]：吸取 50.0 mL 硝酸盐标准贮备溶液(4.40.3.3.3)于 500 mL 容量瓶中，用纯水定容。

4.40.3.4 仪器

4.40.3.4.1 紫外分光光度计及石英比色皿。

4.40.3.4.2 具塞比色管：50 mL。

4.40.3.5 分析步骤

4.40.3.5.1 水样预处理：吸取 50.0 mL 水样于 50 mL 比色管中(必要时应用滤膜除去浑浊物质)，加 1 mL 盐酸溶液(4.40.3.3.2)酸化。

4.40.3.5.2 标准系列制备：分别吸取硝酸盐标准使用溶液(4.40.3.3.4)0，1.00，5.00，10.0，20.0，30.0，35.0 mL 于 50 mL 比色管中，配成 0 mg/L～7 mg/L 硝酸盐标准系列，用纯水稀释至 50 mL，各加 1 mL 盐酸溶液(4.40.3.3.2)。

4.40.3.5.3 用纯水调节仪器吸光度为 0，分别在 220 nm 和 275 nm 波长测定吸光度。

4.40.3.6 结果计算

用波长 220 nm 处标准及样品的吸光度值减去 2 倍的波长 275 nm 处的相应吸光度值，绘制校准曲线，在曲线上直接读出样品中硝酸盐的质量浓度(NO_3^-，mg/L)。

注：若波长 275 nm 处的吸光度值的 2 倍大于波长 220 nm 处的吸光度值的 10%时，不适用本法。

4.41 亚硝酸盐

4.41.1 范围

本法最低检测质量为 0.165 μg，若取 50 mL 水样测定，则最低检测质量浓度为 3.3 μg/L。

水中三氯胺产生红色干扰。铁、铅等离子可产生沉淀，引起干扰。铜离子起催化作用，可分解重氮盐使结果偏低。有色离子有干扰，也不应存在。

4.41.2 原理

采用重氮偶合分光光度法。在 pH＝1.7 以下，水中亚硝酸盐与对氨基苯磺酰胺重氮化，再与盐酸 N-(1-萘)-乙烯二胺产生偶合反应，生成紫红色的偶氮染料，比色定量。

4.41.3 试剂

4.41.3.1 氢氧化铝悬浮液：称取 125 g 硫酸铝钾[$KAl(SO_4)_2 \cdot 12H_2O$]或硫酸铝铵[$NH_4Al(SO_4)_2 \cdot 12H_2O$]，溶于 1 000 mL 纯水中，加热至 60 ℃，缓缓加入 55 mL 氨水(ρ_{20}＝0.88 g/mL)，使氢氧化铝沉淀完全。充分搅拌后静置，弃去上清液，用纯水反复洗涤沉淀，至倾出上清液中不含氯离子(用硝酸银溶液试验)为止。然后加入 300 mL 纯水成悬浮液，使用前振摇均匀。

4.41.3.2 对氨基苯磺酰胺溶液(10 g/L)：称取 5 g 对氨基苯磺酰胺($NH_2C_6H_4SO_2NH_2$)，溶于 350 mL盐酸溶液(1+6)中，用纯水稀释至 500 mL。此溶液可稳定数月。

4.41.3.3 盐酸 N-(1-萘)-乙烯二胺溶液(1.0 g/L)：称取 0.5 g 盐酸 N-(1-萘)-乙烯二胺($C_{10}H_7NHCH_2$

$CH_2NH_2 \cdot 2HCl$)溶于 500 mL 纯水中，贮存于棕色瓶中，在冰箱内保存可稳定数周。如变成深棕色则应重配。

4.41.3.4 亚硝酸盐标准贮备液[$\rho(NO_2^-)$=165 μg/mL]：称取 0.247 5 g 在玻璃干燥器内放置 24 h 的亚硝酸钠($NaNO_2$)，溶于纯水中，并定容至 1 000 mL。每升中加 2 mL 三氯甲烷保存。

4.41.3.5 亚硝酸盐标准使用溶液[$\rho(NO_2^-)$=0.33 μg/mL]：吸取 10.00 mL 亚硝酸盐标准贮备液(4.41.3.4)于容量瓶中，用纯水定容至 500 mL，再从中吸取 10.00 mL，用纯水定容至 100 mL。

4.41.4 仪器

4.41.4.1 分光光度计。

4.41.4.2 具塞比色管：50 mL。

4.41.5 分析步骤

4.41.5.1 若水样浑浊或色度较深，可先取 100 mL，加入 2 mL 氢氧化铝悬浮液(4.41.3.1)，搅拌后静置数分钟，过滤。

4.41.5.2 先将水样或处理后的水样用酸或碱调至近中性。吸取 50.0 mL 置于比色管中。另取50 mL 比色管 8 支，分别加入亚硝酸盐标准使用液(4.41.3.5)0，0.50，1.00，2.50，5.00，7.50，10.00 和 12.50 mL，用纯水稀释至 50 mL。

4.41.5.3 向水样及标准系列管中分别加入 1 mL 对氨基苯磺酰胺溶液(4.41.3.2)，摇匀后放置 2 min～8 min。加入 1.0 mL 盐酸 N-(1-萘)-乙烯二胺溶液(4.41.3.3)，立即混匀。

4.41.5.4 于波长 540 nm 处，用 1 cm 比色皿，以纯水作参比，在 10 min 至 2 h 内，测定吸光度。如亚硝酸盐浓度低于 13 μg/L 时，改用 3 cm 比色皿。绘制校准曲线，从曲线上查出水样中亚硝酸盐的含量。

4.41.6 结果计算

水样中亚硝酸盐(NO_2^-)的质量浓度按式(82)计算。

$$\rho(NO_2^-) = \frac{m}{V} \qquad \cdots\cdots(82)$$

式中：

$\rho(NO_2^-)$——水样中亚硝酸盐(NO_2^-)的质量浓度，单位为毫克每升(mg/L)；

m——从校准曲线上查得的样品管中亚硝酸盐的质量，单位为微克(μg)；

V——水样体积，单位为毫升(mL)。

4.41.7 精密度与准确度

据资料介绍，三个实验室分析了含 NO_2^- 0.084 8 mg/L～0.269 3 mg/L 的加标水样，同一实验室的相对标准偏差不超过 9.3%。回收率范围 90%～114%。五个实验室分析了含 NO_2^- 0.274 mg/L～0.594 mg/L 的加标水样，同一实验室的相对标准偏差不超过 2.8%，回收率范围为 96%～102%。

4.42 碳酸盐和碳酸氢盐

4.42.1 范围

本法适用于碳酸盐和碳酸氢盐的测定。

4.42.2 原理

用标准盐酸溶液滴定水样时，若以酚酞作指示剂，滴定到等当点，pH 为 8.4，消耗的酸量仅相当于碳酸盐含量的一半，当再向溶液中加入甲基橙指示剂，继续滴定到等当点时，溶液的 pH 为 4.4，这时所滴定的是由碳酸盐所转变的碳酸氢盐和水样中原有的碳酸氢盐的总和，根据酚酞和甲基橙指示的两次终点时所消耗的盐酸标准溶液的体积，即可分别计算碳酸盐和碳酸氢盐的质量浓度。

4.42.3 试剂

4.42.3.1 盐酸标准溶液[$c(HCl)$=0.05 mol/L]

配制：吸取 4.2 mL 浓盐酸(ρ_{20}=1.19 g/mL)与蒸馏水混合并稀释到 1 000 mL，其准确浓度用无水碳酸钠标定。

标定：称 0.1 g～0.2 g(精确至 0.000 1 g)于 180 ℃干燥恒重的无水碳酸钠(Na_2CO_3)，放入 150 mL 三角瓶中，加 50 mL 蒸馏水溶解，加 4 滴甲基橙指示剂，用上述盐酸溶液滴定到溶液由黄色突变为橙红色，即达终点，记录消耗盐酸溶液的毫升数(V)。

计算：按式(83)计算盐酸溶液的浓度。

$$c(HCl)=\frac{m}{V\times 0.05299} \qquad \cdots\cdots(83)$$

式中：

$c(HCl)$——盐酸标准溶液的浓度，单位为摩尔每升(mol/L)；

m——碳酸钠的质量，单位为克(g)；

V——盐酸标准溶液的用量，单位为毫升(mL)；

0.052 99——与 1.00 mL 盐酸标准溶液[$c(HCl)=1.000$ mol/L]相当的以克表示的 Na_2CO_3 的质量。

4.42.3.2 酚酞指示剂(5 g/L)：称取 0.5 g 酚酞，溶于 100 mL 乙醇[$\varphi(C_2H_5OH)=95\%$]中。

4.42.3.3 甲基橙指示剂(0.5 g/L)：称取 0.05 g 甲基橙，溶于 100 mL 纯水中。

4.42.4 仪器

4.42.4.1 滴定管：25 mL。

4.42.4.2 移液管：50 mL，25 mL 和 5 mL。

4.42.4.3 三角瓶：150 mL。

4.42.5 分析步骤

取 50 mL 水样于 150 mL 三角瓶中，加入 4 滴酚酞指示剂(4.42.3.2)，如出现红色，则用盐酸溶液(4.42.3.1)滴定到溶液红色刚刚消失，记录消耗盐酸标准溶液的毫升数(V_1)。

在此无色溶液中，再加入 4 滴甲基橙指示剂(4.42.3.3)，继以盐酸标准溶液(4.42.3.1)滴定到溶液由黄色突变为橙红色，记录此时消耗盐酸标准溶液的毫升数(V_2)。

4.42.6 结果计算

水样中碳酸盐的质量浓度按式(84)计算，碳酸氢盐的质量浓度按式(85)计算。

$$\rho_1(CO_3^{2-})=\frac{2\times V_1\times c(HCl)\times 30.005}{V}\times 1000 \qquad \cdots\cdots(84)$$

$$\rho_2(HCO_3^{-})=\frac{(V_2-V_1)\times c(HCl)\times 61.017}{V}\times 1000 \qquad \cdots\cdots(85)$$

式中：

$\rho_1(CO_3^{2-})$——水样中碳酸盐的 质量浓度，单位为毫克每升(mg/L)；

$\rho_2(HCO_3^{-})$——水样中碳酸氢盐的质量浓度，单位为毫克每升(mg/L)；

$c(HCl)$——盐酸标准溶液浓度，单位为摩尔每升(mol/L)；

V——水样体积，单位为毫升(mL)；

30.005——与 1.00 mL 盐酸标准溶液[$c(HCl)=1.000$ mol/L]相当的以克表示的 CO_3^{2-} 的质量；

61.017——与 1.00 mL 盐酸标准溶液[$c(HCl)=1.000$ mol/L]相当的以克表示的 HCO_3^{-} 的质量。

在计算中有下述三种情况：

若 $V_1=V_2$，无 HCO_3^{-}，仅有 CO_3^{2-}；

$V_1<V_2$，HCO_3^{-}、CO_3^{2-} 共存；

$V_1=0$，无 CO_3^{2-}，仅有 HCO_3^{-}。

4.42.7 **精密度与准确度**

同一实验室对含 122.0 mg/L 重碳酸根，33.5 mg/L 钙，6.04 mg/L 镁，0.69 mg/L 钾，9.12 mg/L 钠，以及溶解性总固体 151 mg/L 的水样经 7 次测定，其相对标准偏差为 1.65%，相对误差为 1.24%。

4.43 **硫酸盐**

4.43.1 **乙二胺四乙酸二钠滴定法**

4.43.1.1 **范围**

本法最佳测定范围为 10 mg/L～150 mg/L。

干扰元素铁、锰、铝、铜、镍、钴等金属离子，能使指示剂褪色，或终点不明显。硫化钠及氰化钾可掩蔽重金属的干扰，盐酸羟胺可使高价铁离子及高价锰离子还原为低价离子而消除干扰。

4.43.1.2 **原理**

在微酸性条件下，加入过量的氯化钡，使水样中的硫酸盐离子定量地生成硫酸钡沉淀，剩余的钡在 pH=10 的介质中，以铬黑 T 作指示剂，用乙二胺四乙酸二钠标准溶液滴定。水样中原有的钙、镁也将一同被滴定，其所消耗的滴定剂可通过在相同条件下滴定另一份未加入沉淀剂的同体积水样而扣除。为使滴定终点清晰，应保证试液中含有一定量的镁，为此可用钡、镁混合溶液作沉淀剂。由通过空白试验而确定的加入的钡、镁所消耗滴定剂体积，减去沉淀硫酸盐后剩余的钡、镁所消耗滴定剂体积，即可计算出消耗于沉淀硫酸盐的钡量，进而求出硫酸盐含量。

4.43.1.3 **试剂**

4.43.1.3.1 盐酸溶液(1+1)。

4.43.1.3.2 钡[$c(Ba^{2+})$=0.01 mol/L]和镁[$c(Mg^{2+})$=0.005 mol/L]混合溶液：称取 2.44 g 氯化钡($BaCl_2 \cdot 2H_2O$)和 1.02 g 氯化镁($MgCl_2 \cdot 6H_2O$)，混合后并溶于适量纯水中，稀释至 1 000 mL。

4.43.1.3.3 氨-氯化铵缓冲溶液(pH=10)：称取 67.5 g 氯化铵(NH_4Cl)溶于约 300 mL 纯水中，加入 570 mL 氨水(ρ_{20}=0.90 g/mL)，用纯水稀释至 1 000 mL。

4.43.1.3.4 乙二胺四乙酸二钠标准溶液(EDTA-2Na 标准溶液)

配制：称取 3.72 gEDTA-2Na($C_{10}H_{14}N_2O_8Na_2 \cdot 2H_2O$)溶解于 1 000 mL 纯水中，摇匀。称取 0.400 0 g于 800 ℃灼烧至恒重的基准氧化锌，用少量纯水润湿，加盐酸溶液(1+4)至其溶解，移入 250 mL容量瓶内定容，摇匀。

标定：取上述锌基准溶液 20.00 mL 于 250 mL 锥形瓶中，加纯水 80 mL，放入一小块刚果红试纸(4.43.1.3.6)，滴加氨水溶液(1+9)至刚果红试纸由蓝紫色变为红色，加 10 mL 氨-氯化铵缓冲溶液(4.43.1.3.3)及 5 滴铬黑 T 指示剂(4.43.1.3.5)，用刚配好的 EDTA-2Na 标准溶液滴定至不变的纯蓝色。同时做空白试验。

计算：按式(86)计算。

$$c(\text{EDTA-2Na}) = \frac{m \times 20/250}{(V - V_0) \times 81.38} \times 1\,000 \quad \cdots\cdots(86)$$

式中：

c(EDTA-2Na)——EDTA-2Na 标准溶液的浓度，单位为摩尔每升(mol/L)；

m——氧化锌的质量，单位为克(g)；

V——EDTA-2Na 标准溶液的用量，单位为毫升(mL)；

V_0——空白试验 EDTA-2Na 标准溶液的用量，单位为毫升(mL)；

250——锌基准溶液的总体积，单位为毫升(mL)；

20——分取锌基准溶液的体积，单位为毫升(mL)；

81.38——与 1.00 mLEDTA-2Na 标准溶液[c(EDTA-2Na)=1.000 0 mol/L]相当的以克为单位的氧化锌的质量。

4.43.1.3.5 铬黑 T 指示剂(5 g/L)：称取 0.50 g 铬黑 T($C_{20}H_{12}O_7N_3SNa$)和 2.0 g 盐酸羟胺

($NH_2OH \cdot HCl$)，用乙醇[$\varphi(C_2H_5OH)=95\%$]溶解，并稀释至 100 mL。贮存在棕色瓶中。

4.43.1.3.6 刚果红试纸。

4.43.1.3.7 盐酸溶液(1+1)：盐酸($\rho_{20}=1.19$ g/mL)与纯水等体积混合。

4.43.1.3.8 氯化钡溶液(100 g/L)：称取 109 g 氯化钡($BaCl_2 \cdot 2H_2O$)溶于纯水中，稀释至 100 mL。

4.43.1.4 仪器

4.43.1.4.1 滴定管：25 mL。

4.43.1.4.2 移液管：50 mL，25 mL 和 10 mL。

4.43.1.4.3 刻度吸管：10 mL。

4.43.1.4.4 锥形瓶：150 mL。

4.43.1.4.5 电热板：可调温。

4.43.1.5 分析步骤

4.43.1.5.1 吸取 5.0 mL 水样于 10 mL 比色管中，加 2 滴盐酸溶液(4.43.1.3.7)，5 滴氯化钡溶液(4.43.1.3.8)，摇匀，观察沉淀生成情况，按表 25 确定取样体积及钡、镁混合溶液用量。

表 25 取样体积及钡、镁混合溶液用量

浑浊情况	硫酸盐含量/(mg/L)	取样体积/mL	钡、镁混合溶液用量/mL
微浑浊	<25	100	5
浑浊	25～50	50	10
很浑浊	50～100	25	10
沉淀	100～200	10	10
大量沉淀	>200	<10	15

4.43.1.5.2 根据水样中硫酸盐含量(表 25)吸取适量水样于 150 mL 锥形瓶中，补加纯水至 50 mL；若取样量大于 50 mL，则加热浓缩至 50 mL。放入一小块刚果红试纸(4.43.1.3.6)，滴加盐酸溶液(4.43.1.3.1)至试纸变成蓝紫色，在电热板上加热沸腾 2 min～3 min。

4.43.1.5.3 趁热准确加入一定量(表 25)的钡、镁混合溶液(4.43.1.3.2)，边加边摇动，并再次将试液加热至沸。取下锥形瓶，在室温下静置 6 h。

4.43.1.5.4 加入 5 mL 氨-氯化铵缓冲溶液(4.43.1.3.3)，5 滴铬黑 T 指示剂(4.43.1.3.5)，摇匀后，用 EDTA-2Na 标准溶液(4.43.1.3.4)滴定至纯蓝色即为终点。记录消耗 EDTA-2Na 标准溶液的体积(V_1)。

4.43.1.5.5 吸取相同体积的水样于 150 mL 三角瓶中，补加纯水至 50 mL。以下按上述操作，滴定水样中的钙、镁离子。记录所消耗 EDTA-2Na 标准溶液的体积(V_2)。

4.43.1.5.6 空白试验：吸取 50 mL 纯水于 150 mL 锥形瓶中，以下按上述操作。滴定消耗 EDTA-2Na 标准溶液的体积为 V_0。

4.43.1.6 结果计算

水样中硫酸盐离子的质量浓度按式(87)计算。

$$\rho(SO_4^{2-})=\frac{[V_0-(V_1-V_2)]\times c(\text{EDTA-2Na})\times 96.06}{V}\times 1\,000 \quad \cdots\cdots(87)$$

式中：

$\rho(SO_4^{2-})$——水样中硫酸盐离子的质量浓度，单位为毫克每升(mg/L)；

c(EDTA-2Na)——EDTA-2Na 标准溶液的浓度，单位为摩尔每升(mol/L)；

V——水样体积，单位为毫升(mL)；

96.06——与 1.00 mL EDTA-2Na 标准溶液[c(EDTA-2Na)=1.000 mol/L]相当的以克表示的 SO_4^{2-} 的质量。

4.43.1.7 精密度与准确度

同一实验室对硫酸盐含量为 80 mg/L,其中含 Cl^- 100 mg/L,NO_3^- 6 mg/L,F^- 1 mg/L,Na^+ 178.5 mg/L,K^+ 11.2 mg/L 的合成水样,经 22 次测定,其相对标准偏差为 0.91%,相对误差为 1.23%。

四个实验室测定上述同一样品,相对标准偏差为 1.6%,相对误差为 3%。

4.43.2 铬酸钡比色法

4.43.2.1 范围

本法最低检测质量为 0.05 mg,若取 10 mL 水样测定,则最低检测质量浓度为 5.0 mg/L。

水样中碳酸盐及碳酸氢盐在碱性条件下也可与钡反应形成沉淀造成干扰,但可用钙氨溶液消除。

4.43.2.2 原理

在酸性溶液中,铬酸钡与硫酸盐生成硫酸钡沉淀和铬酸根离子。将溶液中和至偏碱性后,多余的铬酸钡及生成的硫酸钡沉淀可过滤除去。滤液中则含有被硫酸盐所取代的铬酸盐离子,呈现黄色,比色定量。

加入钙氨试剂,除使溶液呈碱性外,还可除去碳酸盐及碳酸氢盐的干扰。加入乙醇可降低铬酸钡在水溶液中的溶解度。

4.43.2.3 试剂

4.43.2.3.1 乙醇[$\varphi(C_2H_5OH)=95\%$]。

4.43.2.3.2 乙酸-盐酸混合液[$c(CH_3COOH)=1$ mol/L 和 $c(HCl)=0.02$ mol/L]:等体积混合。

4.43.2.3.3 铬酸钡悬浊液:称取 2.5 g 铬酸钡($BaCrO_4$),加入 200 mL 乙酸-盐酸混合液(4.43.2.3.2),充分振摇均匀,制成悬浊液。保存于聚乙烯瓶中,使用前摇匀。

4.43.2.3.4 钙-氨溶液:称取 1.9 g 氯化钙($CaCl_2 \cdot 2H_2O$)溶于 500 mL 氨水[$c(NH_3 \cdot H_2O)=6$ mol/L]中,密闭保存。

4.43.2.3.5 硫酸盐标准贮备溶液[$\rho(SO_4^{2-})=1$ mg/mL]:称取 1.478 6 g 无水硫酸钠(Na_2SO_4)或 1.814 1 g无水硫酸钾(K_2SO_4)溶于纯水中,并定容至 1 000 mL。

4.43.2.3.6 硫酸盐标准使用溶液[$\rho(SO_4^{2-})=0.05$ mg/mL]:吸取 25.00 mL 硫酸盐标准贮备溶液(4.43.2.3.5),用纯水定容至 500 mL。

4.43.2.4 仪器

4.43.2.4.1 分光光度计。

4.43.2.4.2 比色管:25 mL。

4.43.2.4.3 玻璃漏斗。

4.43.2.5 分析步骤

吸取 10.0 mL 水样于 25 mL 比色管中。另取 25 mL 比色管 7 支,分别加入硫酸盐标准使用溶液(4.43.2.3.6)0,0.10,0.20,0.40,0.60,0.80 和 1.00 mL,加纯水至 10 mL。将铬酸钡悬浊液(4.43.2.3.3)充分摇匀,迅速而准确地向水样及标准系列管中各加 5.0 mL 充分混合,静置 3 min。各加 1.0 mL 钙-氨溶液(4.43.2.3.4),混匀。再各加 10 mL 乙醇(4.43.2.3.1),盖塞,猛烈振摇 1 min。用慢速定量滤纸过滤,弃去最初的 10 mL 滤液,收集以后的滤液于 10 mL 比色管中。于波长 420 nm 处,用 3 cm 比色皿,以纯水为参比,测定吸光度。绘制校准曲线,从曲线上查出水样中硫酸盐质量。

4.43.2.6 结果计算

水样中硫酸盐(SO_4^{2-})的质量浓度按式(88)计算。

$$\rho(SO_4^{2-}) = \frac{m \times 1\,000}{V} \qquad \cdots\cdots(88)$$

式中：

$\rho(SO_4^{2-})$——水样中硫酸盐(SO_4^{2-})的质量浓度，单位为毫克每升(mg/L)；

m——从校准曲线上查得的水样中硫酸盐的质量，单位为毫克(mg)；

V——水样体积，单位为毫升(mL)。

4.43.2.7 精密度与准确度

有1个实验室用本法测定了硫酸盐浓度分别为低浓度(12.12 mg/L)、中等浓度(57.55 mg/L)、高浓度(110.3 mg/L)的水样各7次，相对标准偏差依次为6.80%，2.06%，1.57%。

有2个实验室用本法做了不同浓度的回收实验，添加标准量为：20，34，52和100 mg/L，其回收率分别为：99.9%，104.0%，100.0%和101.6%。

4.43.3 硫酸钡比浊法

4.43.3.1 范围

本法适用于测定低于40 mg/L硫酸盐的水样。本法最低检测质量为0.25 mg，若取50 mL水样测定，最低检测质量浓度为5.0 mg/L。

搅拌速度、时间、温度及试剂加入方式均能影响比浊法的测定结果，因此要求严格控制操作条件的一致。

4.43.3.2 原理

水中硫酸盐和钡离子生成硫酸钡沉淀，形成浑浊，其浑浊程度和水样中硫酸盐含量呈正比。

4.43.3.3 试剂

4.43.3.3.1 硫酸盐标准溶液[$\rho(SO_4^{2-})$=1 mg/mL]：同4.43.2.3.5。

4.43.3.3.2 稳定剂溶液：称取75 g氯化钠(NaCl)，溶于300 mL纯水中，加入30 mL盐酸(ρ_{20}=1.19 g/mL)、50 mL甘油(丙三醇)和100 mL乙醇[$\varphi(C_2H_5OH)$=95%]，混合均匀。

4.43.3.3.3 氯化钡晶体($BaCl_2 \cdot 2H_2O$)，20目～30目。

4.43.3.4 仪器

4.43.3.4.1 浊度仪或分光光度计。

4.43.3.4.2 电磁搅拌器。

4.43.3.5 分析步骤

吸取50.0 mL水样于100 mL烧杯中(若水样中硫酸盐浓度超过40 mg/L，取适量水样并稀释至50 mL)。加入2.5 mL稳定剂溶液(4.43.3.3.2)，调节电磁搅拌器速度，使溶液在搅拌时不溅出，并能使0.2 g氯化钡晶体(4.43.3.3.3)在10 s～30 s之间溶解。固定此条件(在同批测定中不应改变)。

取同型号100 mL烧杯6个，分别加入硫酸盐标准溶液(4.43.3.3.1)0，0.25，0.50，1.00，1.50和2.00 mL。各加纯水至50 mL。使硫酸盐浓度分别为0，5.0，10.0，20.0，30.0和40.0 mg/L(以SO_4^{2-}计)。

另取50 mL水样于标准系列在同一条件下，在水样与标准系列中各加入2.5 mL稳定剂溶液(4.43.3.3.2).待搅拌速度稳定后加入0.2 g氯化钡晶体(4.43.3.3.3)，并立即计时，搅拌(60±5)s。各烧杯均从加入氯化钡晶体起计时，到准确10 min时，于波长420 nm处，用3 cm比色皿，以纯水为参比，测定吸光度，或用浊度仪测定浑浊度。绘制校准曲线，从曲线上查得样液中硫酸盐质量。

4.43.3.6 结果计算

水样中硫酸盐(SO_4^{2-})的质量浓度按式(89)计算。

$$\rho(SO_4^{2-}) = \frac{m \times 1\,000}{V} \qquad \cdots\cdots(89)$$

式中：

$\rho(SO_4^{2-})$——水样中硫酸盐(SO_4^{2-})的质量浓度，单位为毫克每升(mg/L)；

m——从校准曲线上查得的硫酸盐质量，单位为毫克(mg)；

V——水样体积，单位为毫升(mL)。

4.43.3.7 **精密度与准确度**

同一实验室对硫酸盐含量为 16 mg/L 并含有 Cl^- 20 mg/L，NO_3^- 1 mg/L，F^- 0.2 mg/L，K^+ 37.5 mg/L的合成水样，经 6 次测定，其相对标准偏差为 1.6%，相对误差为 1.06%。

4.43.4 **离子色谱法**

同 4.36.4。

4.44 **耗氧量**

4.44.1 **酸性高锰酸钾滴定法**

4.44.1.1 **范围**

本法适用于测定氯化物质量浓度低于 300 mg/L(以 Cl^- 计)的水样。

当采用 100 mL 水样时，本法最低检测质量浓度为 0.05 mg/L，最高可测定耗氧量为 5.0 mg/L(以 O_2 计)。

4.44.1.2 **原理**

高锰酸钾在酸性溶液中将还原性物质氧化，过量的高锰酸钾用草酸还原。将高锰酸钾消耗量以氧(O_2)表示。

4.44.1.3 **仪器**

4.44.1.3.1 恒温水浴锅。

4.44.1.3.2 锥形瓶：100 mL。

4.44.1.3.3 滴定管。

4.44.1.4 **试剂**

4.44.1.4.1 硫酸溶液(1+3)：将 1 体积硫酸(ρ_{20}=1.84 g/mL)在水浴冷却下缓缓加到 3 体积纯水中，煮沸，滴加高锰酸钾溶液至溶液保持微红色。

4.44.1.4.2 草酸钠标准贮备溶液[$c(1/2Na_2C_2O_4)$=0.1 mol/L]：称取 6.701 g 草酸钠($Na_2C_2O_4$)，溶于少量纯水中，并于 1 000 mL 容量瓶中用纯水定容。置暗处保存。

4.44.1.4.3 高锰酸钾溶液[$c(1/5KMnO_4)$=0.1 mol/L]

配制：称取 3.3 g 高锰酸钾($KMnO_4$)，溶于少量纯水中，并定容至 1 000 mL。煮沸 15 min，静置 2 周。然后用玻璃砂芯漏斗过滤至棕色瓶中，置暗处保存。

标定：吸取 25.00 mL 草酸钠溶液(4.44.1.4.2)于 250 mL 锥形瓶中，加入 75 mL 新煮沸放冷的纯水及 2.5 mL 硫酸(ρ_{20}=1.84 g/mL)。迅速自滴定管中加入约 24 mL 高锰酸钾溶液，待褪色后，加热至 65 ℃，再继续滴定呈微红色并保持 30 s 不褪。当滴定终了时，溶液温度不低于 55 ℃。记录高锰酸钾溶液用量。

计算：按式(90)计算高锰酸钾溶液浓度。

$$c(1/5KMnO_4)=\frac{0.100\,0\times 25.00}{V} \quad \cdots\cdots(90)$$

式中：

$c(1/5KMnO_4)$——高锰酸钾溶液的浓度，单位为摩尔每升(mol/L)；

V——高锰酸钾溶液的用量，单位为毫升(mL)。

4.44.1.4.4 高锰酸钾标准溶液[$c(1/5KMnO_4)$=0.01 mol/L]：将高锰酸钾溶液(4.44.1.4.3)准确稀释 10 倍。

4.44.1.4.5 草酸钠标准使用溶液[$c(1/2Na_2C_2O_4)$=0.01 mol/L]：将草酸钠标准贮备溶液(4.44.1.4.2)准确稀释 10 倍。

4.44.1.5 **分析步骤**

4.44.1.5.1 锥形瓶的预处理：向 250 mL 锥形瓶内加入 1 mL 硫酸溶液(4.44.1.4.1)及少量高锰酸钾

标准溶液(4.44.1.4.4)。煮沸数分钟,取下锥形瓶用草酸钠标准使用溶液(4.44.1.4.5)滴定至微红色,将溶液弃去。

4.44.1.5.2 吸取100.0 mL充分混匀的水样(若水样中有机物含量较高,可取适量水样以纯水稀释至100 mL),置于上述处理过的锥形瓶中。加入5 mL硫酸溶液(4.44.1.4.1)。加入10.00 mL高锰酸钾标准溶液(4.44.1.4.4)。

4.44.1.5.3 将锥形瓶放入沸腾的水浴中,准确放置30 min。如加热过程中红色明显减褪,应将水样稀释重做。

4.44.1.5.4 取下锥形瓶,趁热加入10.00 mL草酸钠标准使用溶液(4.44.1.4.5),充分振摇,使红色褪尽。

4.44.1.5.5 于白色背景上,自滴定管滴入高锰酸钾标准溶液(4.44.1.4.4),至溶液呈微红色即为终点。记录用量V_1(mL)。

注:测定时如水样消耗的高锰酸钾标准溶液超过了加入量的一半,由于高锰酸钾标准溶液的浓度过低,影响了氧化能力,使测定结果偏低。遇此情况,应取少量样品稀释后重做。

4.44.1.5.6 向滴定至终点的水样中,趁热(70 ℃~80 ℃)加入10.00 mL草酸钠标准使用溶液(4.44.1.4.5)。立即用高锰酸钾标准溶液(4.44.1.4.4)滴定至微红色,记录用量V_2(mL)。如高锰酸钾标准溶液物质的量浓度为准确的0.010 0 mol/L,滴定时用量应为10.00 mL,否则可按式(91)求一校正系数(K)。

$$K=\frac{10}{V_2} \qquad \cdots\cdots(91)$$

4.44.1.5.7 如水样用纯水稀释,则另取100 mL纯水,同上述步骤滴定,记录高锰酸钾标准溶液消耗量V_0(mL)。

4.44.1.6 结果计算

水样的耗氧量按式(92)计算。

$$\rho(O_2)=\frac{[(10+V_1)\times K-10]\times c\times 8\times 1\,000}{100}=[(10+V_1)\times K-10]\times 0.8 \qquad \cdots(92)$$

如水样用纯水稀释,则采用式(93)计算水样的耗氧量。

$$\rho(O_2)=\frac{\{[(10+V_1)\times K-10]-[(10+V_0)\times K-10]R\}\times c\times 8\times 1\,000}{V_3} \qquad \cdots\cdots(93)$$

式中:

R——稀释水样时,纯水在100 mL体积内所占的比例值;

例如:25 mL水样用纯水稀释至100 mL,则:

$$R=\frac{100-25}{100}=0.75$$

V_1,K,V_0——同步骤4.44.1.5.5、4.44.1.5.6和4.44.1.5.7;

ρ——耗氧量的质量浓度(以O_2计),单位为毫克每升(mg/L);

c——高锰酸钾标准溶液的浓度,单位为摩尔每升(mol/L);

8——与1.00 mL高锰酸钾标准溶液[$c(1/5KMnO_4)=1.000$ mol/L]相当的以毫克表示的氧的质量;

V_3——水样体积,单位为毫升(mL)。

4.44.2 碱性高锰酸钾滴定法

4.44.2.1 范围

本法适用于测定氯化物质量浓度低于300 mg/L(以Cl^-计)的水样。

当采用100 mL水样时,本法最高可测定耗氧量为5.0 mg/L(以O_2计)。

4.44.2.2 原理

高锰酸钾在碱性溶液中将还原性物质氧化,酸化后过量高锰酸钾用草酸钠溶液滴定。

4.44.2.3 仪器

同4.44.1.3。

4.44.2.4 试剂

4.44.2.4.1 氢氧化钠溶液(500 g/L):称取50 g氢氧化钠(NaOH),溶于纯水中,稀释至100 mL。

4.44.2.4.2 其他试剂同4.44.1.4.1、4.44.1.4.4和4.44.1.4.5。

4.44.2.5 分析步骤

吸取100.0 mL水样于250 mL处理过的锥形瓶内(处理方法见4.44.1.5.1),加入0.5 mL氢氧化钠溶液(4.44.2.4.1)及10.00 mL高锰酸钾标准溶液(4.44.1.4.4)。于沸水浴中准确加热30 min。取下锥形瓶,趁热加入5 mL硫酸溶液(4.44.1.4.1)及10.00 mL草酸钠标准使用溶液(4.44.1.4.5),振摇均匀至红色褪尽。由滴定管滴加高锰酸钾标准溶液(4.44.1.4.4),至淡红色,即为终点。记录用量V_1(mL)。

按4.44.1.5.6计算高锰酸钾标准溶液的校正系数。

如水样需纯水稀释后测定,按4.44.1.5.7计算100 mL纯水的耗氧量,记录高锰酸钾标准溶液消耗量V_0(mL)。

4.44.2.6 结果计算

同4.44.1.6。

4.45 氰化物

4.45.1 异烟酸-吡唑啉酮分光光度法

4.45.1.1 范围

本法最低检测质量为0.1 μg。若取250 mL水样蒸馏测定,则最低检测质量浓度为0.002 mg/L。

氧化剂如余氯等可破坏氰化物,可在水样中加0.1 g/L亚砷酸钠或少于0.1 g/L的硫代硫酸钠除去干扰。

4.45.1.2 原理

在pH=7.0的溶液中,用氯胺T将氰化物转变为氯化氰,再与异烟酸-吡唑啉酮作用,生成蓝色染料,比色定量。

4.45.1.3 试剂

4.45.1.3.1 酒石酸($C_4H_6O_6$):固体。

4.45.1.3.2 乙酸锌溶液(100 g/L):称取50 g乙酸锌[$Zn(CH_3COO)_2 \cdot 2H_2O$],溶于纯水中,并稀释至500 mL。

4.45.1.3.3 氢氧化钠溶液(20 g/L):称取2.0 g氢氧化钠溶液(NaOH),溶于纯水中,并稀释至100 mL。

4.45.1.3.4 氢氧化钠溶液(1 g/L):将氢氧化钠溶液(4.45.1.3.3)用纯水稀释20倍。

4.45.1.3.5 磷酸盐缓冲溶液(pH=7.0):称取34.0 g磷酸二氢钾(KH_2PO_4)和35.5 g磷酸氢二钠(Na_2HPO_4)溶于纯水中,并稀释至1 000 mL。

4.45.1.3.6 异烟酸-吡唑啉酮溶液:称取1.5 g异烟酸($C_6H_5O_2N$),溶于24 mL氢氧化钠溶液(4.45.1.3.3)中,用纯水稀释至100 mL;另称取0.25 g吡唑啉酮($C_{10}H_{10}N_2O$),溶于20 mLN-二甲基甲酰胺[$HCON(CH_3)_2$]中。合并两种溶液,混匀。

4.45.1.3.7 氯胺T溶液(10 g/L):称取1 g氯胺T($C_7H_7SO_2NClNa \cdot 3H_2O$),溶于纯水中,并稀释至100 mL。临用时配制。

注:氯胺T的有效氯含量对本法影响很大。氯胺T有效氯含量为22%以上。必要时需用碘量法测定有效氯含量后再用。

4.45.1.3.8 硝酸银标准溶液[$c(AgNO_3)=0.019\ 2$ mol/L]:称取3.261 7 g硝酸银($AgNO_3$),溶于纯水中,并定容至1 000 mL。参照4.37.1.3.9步骤对其进行标定。1.00 mL相当于1.00 mg氰化物(以

CN^-计)。

4.45.1.3.9 氰化钾标准使用溶液[$\rho(CN^-)=100\ \mu g/mL$]

配制:称取 0.25 g 氰化钾(KCN),溶于纯水中,并定容至 1 000 mL。此溶液每毫升约含 0.1 mg 氰化物。其准确浓度可在使用前用硝酸银溶液(4.45.1.3.8)标定,计算溶液中氰化物的含量。再用氢氧化钠溶液(4.45.1.3.4)稀释成 $\rho(CN^-)=1.00\ \mu g/mL$ 的标准使用溶液。

标定:吸取 10.00 mL 氰化钾溶液于 100 mL 锥形瓶中,加入 1 mL 氢氧化钠溶液(4.45.1.3.3)使 pH 在 11 以上,加入 0.1 mL 试银灵指示剂(4.45.1.3.10),用硝酸银标准溶液(4.45.1.3.8)滴定至溶液由黄色变为橙色。消耗硝酸银溶液的毫升数即为该 10.00 mL 氰化钾标准溶液中氰化物(以 CN^- 计)的毫克数。

警告——此溶液剧毒!

4.45.1.3.10 试银灵指示剂(0.2 g/L):称取 0.02 g 试银灵(对二甲氨基亚苄基罗丹明,$C_{12}H_{12}NO_2S_2$)溶于 100 mL 丙酮中。

4.45.1.3.11 甲基橙指示剂(0.5 g/L):称取 50 mg 甲基橙,溶于纯水中,并稀释至 100 mL。

4.45.1.4 仪器

4.45.1.4.1 分光光度计。

4.45.1.4.2 具塞比色管:25 mL、50 mL。

4.45.1.4.3 恒温水浴锅。

4.45.1.4.4 全玻璃蒸馏器:500 mL。

4.45.1.5 分析步骤

量取 250 mL 水样(氰化物含量超过 20 μg 时,可取适量水样,加纯水稀释至 250 mL)置于 500 mL 全玻璃蒸馏器内,加入数滴甲基橙指示剂(4.45.1.3.11),再加 5 mL 乙酸锌溶液(4.45.1.3.2),加入 1 g~2 g 固体酒石酸(4.45.1.3.1)。此时溶液颜色由橙黄变成橙红,迅速进行蒸馏。蒸馏速度控制在每分钟 2 mL~3 mL。收集馏出液于 50 mL 具塞比色管中[管内预先放置 5 mL 氢氧化钠溶液(4.45.1.3.3)作吸收液],务必使冷凝管下端插入吸收液中。收集馏出液至 50 mL,混合均匀。

吸取 10.0 mL 馏出液,置于 25 mL 具塞比色管中。另取 25 mL 具塞比色管 9 支,分别加入氰化钾标准使用溶液(4.45.1.3.9)0,0.10,0.20,0.40,0.60,0.80,1.00,1.50 和 2.00 mL,加氢氧化钠溶液(4.45.1.3.4)至 10.0 mL。

向水样管和标准管中各加 5.0 mL 磷酸盐缓冲溶液(4.45.1.3.5)。置于 37 ℃左右恒温水浴中,加入 0.25 mL 氯胺 T 溶液(4.45.1.3.7),加塞混合,放置 5 min,然后加入 5.0 mL 异烟酸-吡唑啉酮溶液(4.45.1.3.6),加纯水至 25 mL,混匀。于 25 ℃~40 ℃放置 40 min。

于波长 638 nm 处,用 3 cm 比色皿,以纯水作参比,测定吸光度。绘制校准曲线,从曲线上查出样品管中氰化物质量。

4.45.1.6 结果计算

水样中氰化物的质量浓度按式(94)计算。

$$\rho(CN^-)=\frac{m\times V_1}{V\times V_2} \qquad \cdots\cdots(94)$$

式中:

$\rho(CN^-)$——水样中氰化物的质量浓度,单位为毫克每升(mg/L);

m——从校准曲线上查得的样品管中氰化物的质量,单位为微克(μg);

V_1——馏出液总体积,单位为毫升(mL);

V_2——比色所用馏出液体积,单位为毫升(mL);

V——水样体积,单位为毫升(mL)。

4.45.1.7 **精密度与准确度**

同一实验室用本方法测定6个不同地方的矿泉水，平均回收率为86%，回收范围为80%～92%。

4.45.2 **异烟酸-巴比妥酸分光光度法**

4.45.2.1 **范围**

本法最低检测质量为0.1 μg。若取250 mL水样蒸馏测定，则最低检测质量浓度为0.002 mg/L。

4.45.2.2 **原理**

水样中的氰化物经蒸馏后被碱性溶液吸收，与氯胺T的活性氯作用生成氯化氰，再与异烟酸-巴比妥酸试剂反应生成紫蓝色化合物，于波长600 nm处比色定量。

4.45.2.3 **试剂**

4.45.2.3.1 酒石酸($C_4H_6O_6$)：固体。

4.45.2.3.2 乙酸锌溶液(100 g/L)：同4.45.1.3.2。

4.45.2.3.3 氢氧化钠溶液(20 g/L)：同4.45.1.3.3。

4.45.2.3.4 乙酸溶液(3+97)。

4.45.2.3.5 磷酸二氢钾溶液(136 g/L)：称取13.6 g磷酸二氢钾(KH_2PO_4)，溶于纯水中，并稀释至100 mL。

4.45.2.3.6 氯胺T溶液(10 g/L)(临用时配制)：同4.45.1.3.7。

4.45.2.3.7 氢氧化钠溶液(12 g/L)：称取1.2 g氢氧化钠(NaOH)，溶于纯水中，并稀释至100 mL。

4.45.2.3.8 异烟酸-巴比妥酸试剂：称取2.0 g异烟酸($C_5H_5O_2N$)和1.0 g巴比妥酸($C_4H_4N_2O_3$)，加到100 mL 60 ℃～70 ℃的氢氧化钠溶液(4.45.2.3.7)中，搅拌至溶解，冷却后加纯水至100 mL。此试剂pH约为12，呈无色或极浅黄色，于冰箱中可保存1个月。

4.45.2.3.9 甲基橙溶液(0.5 g/L)：同4.45.1.3.11。

4.45.2.3.10 氰化钾标准使用溶液：同4.45.1.3.9。

4.45.2.3.11 酚酞溶液(1 g/L)：称取1 g酚酞，溶于100 mL乙醇[$\phi(C_2H_5OH)=95\%$]中。

4.45.2.4 **仪器**

4.45.2.4.1 分光光度计。

4.45.2.4.2 全玻璃蒸馏器：500 mL。

4.45.2.4.3 具塞比色管：25和50 mL。

4.45.2.5 **分析步骤**

4.45.2.5.1 水样预处理：同4.45.1.5。

4.45.2.5.2 吸取10.0 mL馏出液，置于25 mL具塞比色管中。另取25 mL具塞比色管9支，分别加入氰化钾标准使用溶液(4.45.2.3.10)0，0.10，0.20，0.40，0.60，0.80，1.00，1.50，2.00 mL，加氢氧化钠溶液(4.45.2.3.7)至10.0 mL。

4.45.2.5.3 向水样及标准系列管各加1滴酚酞溶液(4.45.2.3.11)，用乙酸溶液(4.45.2.3.4)调至红色刚好消失。

注：试验表明溶液pH在5～8范围内，加入缓冲液后可使显色液pH在5.6～6.0之间。在此条件下吸光度最大且稳定。

4.45.2.5.4 向各管加入3.0 mL磷酸二氢钾溶液(4.45.2.3.5)和0.25 mL氯胺T溶液(4.45.2.3.6)，混匀。放置1 min～2 min后，向各管加入5.0 mL异烟酸-巴比妥酸试剂(4.45.2.3.8)，在25 ℃下使溶液显色15 min。

注：溶液在25 ℃显色15 min可获最大吸光度并能稳定30 min。

4.45.2.5.5 于波长600 nm处，用3 cm比色皿，以纯水为参比，测定吸光度。绘制校准曲线，在曲线上查出样品管中氰化物的质量。

4.45.2.6 **结果计算**

水样中氰化物的质量浓度按式(95)计算。

$$\rho(CN^-)=\frac{m\times V_1}{V\times V_2} \qquad \cdots\cdots(95)$$

式中：

$\rho(CN^-)$——水样中氰化物的质量浓度，单位为毫克每升(mg/L)；

m——从校准曲线上查得的样品管中氰化物的质量，单位为微克(μg)；

V_1——馏出液总体积，单位为毫升(mL)；

V_2——比色所用馏出液体积，单位为毫升(mL)；

V——水样体积，单位为毫升(mL)。

4.45.2.7 精密度与准确度

同一实验室测定 7.96 μg/L 氰化物(以 CN^- 计)合成水样 15 次，相对标准偏差为 2.0%；向 250 mL 地面水、塘水等加入 0.5 μg～2.0 μg 氰化物，测定 15 次，平均回收率为 98.6%～100.1%。

4.45.3 流动注射在线蒸馏法

4.45.3.1 范围

本法最低检测质量浓度为 2.0 μg/L(以 CN^- 计)。

对于低浓度样品，铁氰化物或亚铁氰化物会干扰样品测定，可通过加大乙酸锌的浓度去除；对于氧化物的干扰，如余氯可用适量无水亚硫酸钠去除。

4.45.3.2 原理

在 pH 约 4 的弱酸条件下，水中氰化物经流动注射仪进行在线蒸馏，通过膜分离器分离，然后用连续流动的氢氧化钠溶液吸收；含有乙酸锌的酒石酸作为蒸馏试剂，使氰化铁沉淀，去除铁氰化物或亚铁氰化物的干扰，非化合态的氰在 pH＜8 的条件下与氯胺 T 反应，转化成氯化氰(CNCl)；氯化氰与异烟酸-巴比妥酸试剂反应，形成紫蓝色化合物，于波长 600 nm 处进行比色测定。

4.45.3.3 试剂

4.45.3.3.1 载液(标准稀释液)(1 g/L)：称取 1.0 g 氢氧化钠(NaOH)，溶于 800 mL 纯水，搅拌并稀释至 1 000 mL，密闭保存在塑料容器中。临用时配制。

4.45.3.3.2 磷酸二氢钾溶液(97 g/L)：称取 97 g 无水的磷酸二氢钾(KH_2PO_4)，溶于 800 mL 纯水中并稀释至 1 000 mL，需要磁力搅拌至完全溶解。可保持一月内稳定。

4.45.3.3.3 氯胺 T 溶液(2 g/L)：称取 1.0 g 氯胺 T($C_7H_7SO_2NClNa\cdot 3H_2O$)溶于 500 mL 纯水中，临用时配制。

4.45.3.3.4 异烟酸-巴比妥酸试剂(13.6 g/L)：称取 12.0 g 氢氧化钠(NaOH)，溶于 800 mL 纯水，搅拌至溶解。称取 13.6 g 巴比妥酸($C_4H_4N_2O_3$)和 13.6 g 异烟酸($C_6H_5O_2N$)，加到氢氧化钠溶液中，在 60 ℃～70 ℃搅拌直到完全溶解，用纯水稀释至 1 000 mL。可保持一周内稳定。

4.45.3.3.5 乙酸锌溶液(3.3 g/L)：称取 3.3 g 乙酸锌[$Zn(CH_3COO)_2\cdot 2H_2O$]，溶于 800 mL 纯水，当乙酸锌完全溶解后，加入 13.21 g 酒石酸($C_4H_6O_6$)，搅拌至完全溶解，用纯水稀释至 1 000 mL，可保持一周内稳定。

4.45.3.3.6 氰化物标准使用溶液[$\rho(CN^-)=0.50$ μg/mL]：称取 0.25 g 氰化钾(KCN)，溶于纯水中，并定容至 1 000 mL。此溶液每毫升约含 0.1 mg 氰化物。其准确浓度在使用前按照 4.45.1.3.9 进行标定，计算溶液中氰化物的含量。再用氢氧化钠溶液(4.45.1.3.4)稀释成 $\rho(CN^-)=0.50$ μg/mL 的标准使用溶液。

4.45.3.4 仪器

4.45.3.4.1 流动注射分析仪：氰化物反应单元及在线加热膜分离器、600 nm 比色检测器、自动进样器、多通道蠕动泵、数据处理系统。

4.45.3.4.2 玻璃器皿：容量瓶、移液管。

4.45.3.5 **分析步骤**

4.45.3.5.1 标准系列的制备:取7个100 mL容量瓶,再分别加入氰化物标准使用溶液(4.45.3.3.6)0、0.4、1.0、2.0、4.0、6.0及10.0 mL,用载液(4.45.3.3.1)定容至刻度,其质量浓度分别为0、2.0、5.0、10、20、30及50 μg/L,以载液做空白。

4.45.3.5.2 仪器操作

参考仪器说明书,开机、调整流路系统,输入系统参数,确定分析条件,并将工作条件调整至测氰化物的最佳测定状态。仪器参考条件见表26。

表26 流动注射分析仪的参考测试参数

自动进样器	蠕动泵	加热蒸馏装置	流路系统	数据处理系统
初始化 正常	转速设为35级, 转动平稳	蒸馏部分:稳定于145 ℃±1 ℃; 显色部分:稳定于60 ℃±1 ℃	无泄漏, 试剂流动平稳	基线平直

4.45.3.5.3 测定:流路系统稳定后,依次测定标准系列及样品。

注:所列测量范围受不同型号仪器的灵敏度及操作条件的影响而变化时,可酌情改变上述测量范围。

4.45.3.5.4 结果计算

以所测样品的吸光度,从校准曲线或回归方程中查得样品溶液中氰的质量浓度(mg/L)。

4.45.3.6 **精密度与准确度**

4个实验室测定两种浓度的人工合成水样,其相对标准偏差为0.79%~3.8%,回收率96.9%~101%。

4.46 挥发性酚类化合物

4.46.1 4-氨基安替比林三氯甲烷萃取分光光度法

4.46.1.1 **范围**

本法最低检测质量为0.5 μg酚。若取250 mL水样,则其最低检测质量浓度为0.002 mg/L酚。

水中还原性硫化物、氧化剂、苯胺类化合物及石油等均干扰酚的测定。硫化物经酸化及加入硫酸铜在蒸馏时与挥发性酚分离;余氯等氧化剂可在采样时加入硫酸亚铁或亚砷酸钠还原。在酸性下蒸馏苯胺类形成盐类不被蒸出。石油可在碱性下用有机溶剂萃取后除去。

4.46.1.2 **原理**

在pH=10.0±0.2和有氧化剂铁氰化钾存在的溶液中,酚与4-氨基安替比林形成黄色的安替比林染料,用三氯甲烷萃取后比色定量。

酚的对位取代基可阻止酚与安替比林的反应,但羟基(—OH)、卤素、磺酰基(—SO_2H)、羧基(—COOH)、甲氧基(—OCH_3)除外。此外,邻位硝基也阻止反应,间位硝基部分地阻止反应。

4.46.1.3 **试剂**

4.46.1.3.1 无酚纯水:于水中加入氢氧化钠至pH为12以上,进行蒸馏。在碱性溶液中,酚形成酚钠不被蒸出(本法所用的纯水不得含酚及游离余氯)。

4.46.1.3.2 三氯甲烷。

4.46.1.3.3 硫酸铜溶液(100 g/L):称取10 g硫酸铜($CuSO_4 \cdot 5H_2O$),溶于纯水中,并稀释至100 mL。

4.46.1.3.4 氨水-氯化铵缓冲溶液(pH=9.8):称取20 g氯化铵(NH_4Cl),溶于100 mL氨水(ρ_{20}=0.88 g/mL)中。

4.46.1.3.5 4-氨基安替比林溶液(20 g/L):称取2.0 g 4-氨基安替比林(4-AAP,$C_{11}H_{13}ON_3$)溶于纯水中,并稀释至100 mL。储于棕色瓶中,临用时配制。

4.46.1.3.6 铁氰化钾溶液(80 g/L):称取8.0 g铁氰化钾[$K_3Fe(CN)_6$],溶于纯水中,并稀释至100 mL。储于棕色瓶中,临用时配制。

4.46.1.3.7 溴酸钾-溴化钾溶液[$c(1/6KBrO_3)=0.1$ mol/L]：称取 2.78 g 干燥的溴酸钾($KBrO_3$)，溶于纯水中，加入 10 g 溴化钾(KBr)，并稀释至 1 000 mL。

4.46.1.3.8 淀粉溶液(5 g/L)：称取 0.5 g 可溶性淀粉，用少量纯水调成糊状，再加刚煮沸的纯水至 100 mL。冷却后加入 0.1 g 水杨酸或 0.4 g 氯化锌，保存备用。

4.46.1.3.9 硫酸溶液(1+9)。

4.46.1.3.10 酚标准溶液

4.46.1.3.10.1 苯酚的精制：吸取苯酚于具空气冷凝管的蒸馏瓶中，加热蒸馏，收集 182 ℃～184 ℃的馏出部分。精制酚冷却后应为白色，盖严储于冷暗处。

4.46.1.3.10.2 酚标准贮备溶液

配制：称取 1 g 白色精制苯酚(C_6H_5OH)，溶解于 1 000 mL 纯水中，标定后保存于冰箱中。

标定：吸取 25.00 mL 待标定的酚标准储备溶液，置于 250 mL 碘量瓶中。加入 100 mL 纯水，然后准确加入 25.00 mL 溴酸钾-溴化钾溶液(4.46.1.3.7)。立即加入 5 mL 盐酸($\rho_{20}=1.18$ g/mL)，盖严瓶塞，缓缓旋摇。静置 10 min。加入 1 g 碘化钾，盖严瓶塞，摇匀，于暗处放置 5 min 后，用硫代硫酸钠标准溶液(4.46.1.3.11)滴定，至呈浅黄色时，加入 1 mL 淀粉溶液(4.46.1.3.8)，继续滴定至蓝色消失为止。同时用纯水做试剂空白滴定。

计算：按式(96)计算。

$$\rho(C_6H_5OH)=\frac{(V_0-V_1)\times 0.050\,0\times 15.68\times 1\,000}{10}=(V_0-V_1)\times 78.4 \qquad (96)$$

式中：

$\rho(C_6H_5OH)$——酚标准溶液(以苯酚计)的质量浓度，单位为微克每毫升(μg/mL)；

V_0——试剂空白消耗硫代硫酸钠溶液的体积，单位为毫升(mL)；

V_1——酚标准储备液消耗硫代硫酸钠溶液的体积，单位为毫升(mL)；

15.68——与 1.00 mL 硫代硫酸钠标准溶液[$c(Na_2S_2O_3)=1.000$ mol/L]相当的以克表示的苯酚的质量。

4.46.1.3.10.3 酚标准使用溶液[$\rho(C_6H_5OH)=1$ μg/mL]：临用时将酚标准贮备液(4.46.1.3.10.2)用纯水先稀释成 $\rho(C_6H_5OH)=10$ μg/mL，再用此液稀释成 $\rho(C_6H_5OH)=1$ μg/mL。

4.46.1.3.11 硫代硫酸钠标准溶液[$c(Na_2S_2O_3)=0.050\,0$ mol/L]：将经过标定的硫代硫酸钠溶液用适量的纯水稀释至 0.050 0 mol/L。

配制：称取 25 g 硫代硫酸钠($Na_2S_2O_3\cdot 5H_2O$)溶于 1 000 mL 煮沸放冷的纯水中，此溶液的浓度为 0.1 mol/L。加入 0.4 g 氢氧化钠或 0.2 g 无水碳酸钠，贮存于棕色瓶内，7 d～10 d 后进行标定。

标定：称取碘酸钾(KIO_3)在 105 ℃下烘烤 1 h。置于硅胶干燥器中冷却 30 min。准确称取 2 份，各约 0.15 g，分别放入 250 mL 碘量瓶中，每瓶中各加入 100 mL 纯水使碘酸钾溶解，再各加 3 g 碘酸钾及 10 mL 冰乙酸，在暗处静置 5 min，用待标定的硫代硫酸钠溶液滴定，直至溶液呈淡黄色，加入 1 mL 淀粉溶液，继续滴定至恰使蓝色褪去为止，记录用量。

计算：按式(97)计算硫代硫酸钠溶液的浓度(以两次平均值表示结果)。

$$c(Na_2S_2O_3)=\frac{m}{V\times 0.035\,67} \qquad (97)$$

式中：

$c(Na_2S_2O_3)$——硫代硫酸钠标准溶液的浓度，单位为摩尔每升(mol/L)；

0.035 67——与 1.00 mL 硫代硫酸钠标准溶液[$c(Na_2S_2O_3)=1.000$ mol/L]相当的以克表示的 KIO_3 的质量；

m——碘酸钾的质量，单位为克(g)；

V——硫代硫酸钠标准溶液的消耗量，单位为毫升(mL)。

4.46.1.4 仪器

4.46.1.4.1 分光光度计。

4.46.1.4.2 全玻璃蒸馏器:500 mL。

4.46.1.4.3 具塞比色管:10 mL。

4.46.1.4.4 容量瓶:250 mL。

4.46.1.4.5 分液漏斗:500 mL。

4.46.1.5 分析步骤

4.46.1.5.1 水样处理

量取 250 mL 水样,置于 500 mL 全玻璃蒸馏瓶中。以甲基橙为指示剂,用硫酸溶液(4.46.1.3.9)调 pH 至 4.0 以下,使水样由橘黄色变为橙色,加入 5 mL 硫酸铜溶液(4.46.1.3.3)及数粒玻璃珠,加热蒸馏。待蒸馏出总体积的 90% 左右,停止蒸馏。稍冷,向蒸馏瓶内加入 25 mL 纯水,继续蒸馏,直到收集 250 mL 馏出液为止。

注 1:由于酚随水蒸气挥发,速度缓慢,收集馏出液的体积应与原水样体积相等。试验证明接收的馏出液体积若不与原水样相等,将影响回收率。

注 2:不得用橡胶塞、橡胶管连接蒸馏瓶及冷凝器,否则可能出现阳性干扰。

4.46.1.5.2 测定

将水样馏出液全部转入 500 mL 分液漏斗中,另取酚标准使用液(4.46.1.3.10.3)0、0.50、1.00、2.00、4.00、6.00、8.00 和 10.00 mL,分别置于预先盛有 100 mL 纯水的 500 mL 分液漏斗内,最后补加纯水至 250 mL。

向各分液漏斗内加入 2 mL 氨水-氯化铵缓冲液(4.46.1.3.4),混匀。再各加 1.5 mL 4-氨基安替比林溶液(4.46.1.3.5),混匀,最后加入 1.5 mL 铁氰化钾溶液(4.46.1.3.6),充分混匀,准确静置 10 min。加入 10.0 mL 三氯甲烷,振摇 2 min,静置分层。在分液漏斗颈部塞入滤纸卷将三氯甲烷萃取溶液缓缓放入干燥比色管中。

于波长 460 nm 处,用 2 cm 比色皿,以三氯甲烷为参比,测定吸光度。绘制校准曲线,从校准曲线上查出酚的质量。

注 1:各种试剂加入的顺序不能随意更改。4-AAP 的加入量应准确,以消除 4-AAP 可能分解生成的安替比林红,使空白值增高所造成的误差。

注 2:4-AAP 与酚在水溶液中生成的红色染料萃取至三氯甲烷中可稳定 4 h。时间过长颜色由红变黄。

4.46.1.6 结果计算

水样中挥发性酚的质量浓度按式(98)计算。

$$\rho(C_6H_5OH) = \frac{m}{V} \qquad (98)$$

式中:

$\rho(C_6H_5OH)$——水样中挥发性酚的质量浓度,单位为毫克每升(mg/L);

m——从校准曲线上查得的样品管中挥发性酚的质量(以苯酚计),单位为微克(μg);

V——水样体积,单位为毫升(mL)。

4.46.1.7 精密度与准确度

同一实验室取 0.5、5.0 和 7.0 μg 酚(以苯酚计)重复测定 6 次,其相对标准偏差分别为 20.8%,1.9% 和 2.6%;对 12 个不同来源水样加入 10.0 μg/L 酚标准(以苯酚计),测得回收率为 85.0%~108.7%,平均回收率为 95.9%。

4.46.2 流动注射在线蒸馏法

4.46.2.1 范围

本法最低检测质量浓度为 2.0 μg/L。

芳香胺、硫化物、氧化性物质、油和焦油等均干扰酚的测定。芳香胺在 pH=1.4 时可去除;硫化物在 pH 低于 2 时可通过酸化水样且搅拌、曝气去除；氯等氧化性物质可加入过量的硫酸亚铁铵去除；油和焦油可在分析之前通过三氯甲烷($CHCl_3$)萃取去除。

4.46.2.2 **原理**

样品通过流动注射仪被带入连续流动的载液流中，与磷酸混合后进行在线蒸馏；含有挥发酚物质的蒸馏液与连续流动的4-氨基安替比林及铁氰化钾混和，挥发酚被铁氰化物氧化生成醌物质，再与4-氨基安替比林反应形成黄色物质，于波长 500 nm 处进行比色测定。

4.46.2.3 **试剂**

本方法中所用的纯水均为无酚纯水。

4.46.2.3.1 硫酸亚铁铵溶液(1.1 g/L)：称取 0.55 g 硫酸亚铁铵[$Fe(NH_4)_2(SO_4)_2 \cdot 6H_2O$]于含有 0.5 mL 浓硫酸($\rho_{20}$=1.84 g/mL)的 250 mL 纯水中，冷却后用纯水稀释至 500 mL，混匀。密闭保存。

4.46.2.3.2 氢氧化钠溶液(40 g/L)：称取 20 g 氢氧化钠($NaOH$)于 250 mL 纯水中，冷却后稀释至 500 mL。密闭保存。

4.46.2.3.3 磷酸溶液(2.92 mol/L)：吸取 300 mL 纯水，然后加入 100 mL 磷酸(ρ_{20}=1.69 g/mL)，冷却后稀释至 500 mL。临用时配制。

4.46.2.3.4 4-氨基安替比林显色剂(1.0 g/L)：称取 0.5 g 4-氨基安替比林(4-AAP，$C_{11}H_{13}ON_3$)溶于纯水中并稀释至 500 mL，保存在玻璃容器中，临用时配制。

4.46.2.3.5 铁氰化钾缓冲液(2.0 g/L)：称取 2.0 g 铁氰化钾[$K_3Fe(CN)_6$]，3.1 g 硼酸(H_3BO_3)和 3.75 g氯化钾(KCl)于 800 mL 纯水中，再加入氢氧化钠溶液(4.46.2.3.2)直到溶液的 pH 值达到 10.3，稀释至 1 000 mL，混匀。保存在玻璃容器中，可保持一周内稳定。

4.46.2.3.6 挥发酚标准使用液[$\rho(C_6H_5OH)$=1.0 mg/L]：同 4.46.1.3.10。

注：可以根据不同仪器或型号的要求调整各种试剂的配制浓度。

4.46.2.4 **仪器**

4.46.2.4.1 流动注射分析仪：挥发酚反应单元和模块、500 nm 比色检测器、自动进样器、多通道蠕动泵、数据处理系统。

4.46.2.4.2 玻璃器皿：容量瓶、移液管均为 A 级。

4.46.2.5 **分析步骤**

4.46.2.5.1 标准系列的制备：吸取挥发酚标准使用液(4.46.2.3.6)0，0.20，0.50，1.00，2.00，3.00 及 5.00 mL 置于 7 个 100 mL 容量瓶中，用纯水定容至刻度。其质量浓度分别为 0，2.0，5.0，10.0，20.0，30.0 及 50.0 μg/L。

4.46.2.5.2 仪器操作

参考仪器说明书，输入系统参数，确定分析条件，并将工作条件调整至测挥发酚最佳状态。仪器参考条件见表 27。

表 27 仪器参考条件

自动进样器	蠕动泵	加热蒸馏装置	流路系统	数据处理系统
初始化正常	转速设为 35 级，转动平稳	加热温度稳定于 145 ℃±1 ℃	无泄漏，试剂流动平稳	基线平直

4.46.2.5.3 测定：流路系统稳定后，依次测定标准系列及样品。

注：所列测量范围受不同型号仪器的灵敏度及操作条件的影响而变化时，可酌情改变上述测量范围。

4.46.2.5.4 结果计算

以所测样品的吸光度，从校准曲线或回归方程中查得样品溶液中挥发酚的质量浓度(mg/L)。

4.46.2.6 **精密度与准确度**

4 个实验室测定两种浓度的人工合成水样，其相对标准偏差为 2.3%～6.3%，回收率 89.0%～104%。

4.47 阴离子合成洗涤剂

4.47.1 亚甲蓝分光光度法

4.47.1.1 范围

本法用十二烷基苯磺酸钠作为标准，最低检测质量为 5 μg。若取 100 mL 水样测定，则最低检测质量浓度为 0.050 mg/L。

能与亚甲蓝反应的物质对本法均有干扰。酚、有机硫酸盐、磺酸盐、磷酸盐以及大量氯化物(2 000 mg)、硝酸盐(5 000 mg)、硫氰酸盐等均可使结果偏高。

4.47.1.2 原理

亚甲蓝染料在水溶液中与阴离子合成洗涤剂形成易被有机溶剂萃取的蓝色化合物。未反应的亚甲蓝则仍留在水溶液中。根据有机相蓝色的强度，测定阴离于合成洗涤剂的含量。

4.47.1.3 试剂

4.47.1.3.1 三氯甲烷。

4.47.1.3.2 亚甲蓝溶液：称取 30 mg 亚甲蓝($C_{16}H_{18}ClN_3 \cdot 3H_2O$)，溶于 500 mL 纯水中，加入6.8 mL 硫酸(ρ_{20}=1.84 g/mL)及 50 g 磷酸二氢钠($NaH_2PO_4 \cdot H_2O$)，用纯水溶解后，稀释至 1 000 mL。

4.47.1.3.3 洗涤液：称取 50 g 磷酸二氢钠，加 6.8 mL 硫酸(ρ_{20}=1.84 g/mL)，用纯水溶解后，稀释至 1 000 mL。

4.47.1.3.4 氢氧化钠溶液(40 g/L)：称取 4 g 氢氧化钠，用纯水溶解后，稀释至 100 mL。

4.47.1.3.5 硫酸溶液[$c(1/2H_2SO_4)$=0.5 mol/L]：吸取 2.8 mL 硫酸(ρ_{20}=1.84 g/mL)加入纯水中，并稀释至 100 mL。

4.47.1.3.6 十二烷基苯磺酸钠标准贮备溶液[ρ(DBS)=1 mg/mL]：称取 0.500 0 g 十二烷基苯磺酸钠(简称 DBS，$C_{12}H_{25}-C_6H_4SO_3Na$)，溶于纯水中，定容至 500 mL。

4.47.1.3.7 十二烷基苯磺酸钠标准使用溶液[ρ(DBS)=10 μg/mL]：吸取 10.00 mL 十二烷基苯磺酸钠标准贮备溶液(4.47.1.3.6)于 1 000 mL 容量瓶，用纯水定容。

注：十二烷基苯磷酸钠标准溶液需用纯十二烷基苯磺酸钠配制。如无纯品，可用市售阴离子型洗衣粉提纯。方法如下：

将洗衣粉用热的乙醇[$\varphi(C_2H_5OH)$=95%]处理，滤去不溶物。再将滤液加热挥发去除部分乙醇，过滤，弃去滤液。将滤渣再溶于少量热的乙醇中，过滤，如此重复三次。然后于十二烷基苯磺酸钠乙醇溶液中加等体积的纯水，用相当于溶液三分之一体积的石油醚(沸程 30 ℃～60 ℃)萃洗，分离出石油醚相，按同样步骤连续用石油醚洗涤 5 次，弃去石油醚。最后将十二烷基苯磺酸钠乙醇溶液蒸发至干，在 105 ℃烘烤，得到白色或淡黄色固体，即为纯品。

4.47.1.3.8 酚酞溶液(1 g/L)：称取 0.1 g 酚酞($C_{20}H_{14}O_4$)，溶于乙醇[$\varphi(C_2H_5OH)$=95%]中并稀释至 100 mL。

4.47.1.4 仪器

4.47.1.4.1 分光光度计。

4.47.1.4.2 比色管：25 mL。

4.47.1.4.3 分液漏斗：125 mL。

4.47.1.5 分析步骤

4.47.1.5.1 吸取 50.0 mL 水样，置于 125 mL 分液漏斗中(若水样中阴离子合成洗涤剂少于 5 μg，应增加水样体积。此时标准系列的体积也应一致；若多于 100 μg 时，应减少水样体积，并稀释至 50 mL)。另取 125 mL 分液漏斗 7 个，分别加入十二烷基苯磺酸钠标准使用溶液(4.47.1.3.7)0，0.50，1.00，2.00，3.00，4.00 和 5.00 mL，用纯水稀释至 50 mL。

4.47.1.5.2 向水样和标准系列中各加 3 滴酚酞溶液(4.47.1.3.8)，逐滴加入氢氧化钠溶液(4.47.1.3.4)，使水样呈碱性。然后再逐滴加入硫酸溶液(4.47.1.3.5)，使红色刚褪去。加入 5 mL 三氯甲烷(4.47.1.3.1)及10 mL亚甲蓝溶液(4.47.1.3.2),猛烈振摇半分钟,放置分层。若水相中蓝色耗尽,则应另取少量水样重新测定。将三氯甲烷相放入第二套分液漏斗中。

4.47.1.5.3 向第二套分液漏斗中加入25 mL洗涤液(4.47.1.3.3),猛烈振摇半分钟,静置分层。在分液漏斗颈管内,塞入少许洁净的玻璃棉(用以滤除水珠),将三氯甲烷缓缓放入25 mL比色管中。各加5 mL三氯甲烷于分液漏斗中,振荡并放置分层后,合并三氯甲烷相于25 mL比色管中,同样再操作一次。最后用三氯甲烷稀释到刻度。

4.47.1.5.4 于波长650 nm处,用3 cm比色皿,以三氯甲烷作参比,测定吸光度。绘制校准曲线,从曲线上查出样品管中十二烷基苯磺酸钠的质量。

4.47.1.6 结果计算

水样中阴离子合成洗涤剂的质量浓度按式(99)计算。

$$\rho(\mathrm{DBS}) = \frac{m}{V} \qquad \cdots\cdots(99)$$

式中:

$\rho(\mathrm{DBS})$——水样中阴离子合成洗涤剂的质量浓度,单位为毫克每升(mg/L);

m——从校准曲线上查得的阴离子合成洗涤剂的质量,单位为微克(μg);

V——水样体积,单位为毫升(mL)。

4.47.1.7 精密度与准确度

用纯水配制不同浓度的十二烷基苯磺酸钠溶液(0.1 mg/L,0.4 mg/L,0.6 mg/L,0.9 mg/L),各测6次,相对标准偏差分别为1.6%,0.6%,0.8%,0.7%。分别用河水、井水、自来水做回收试验,回收率范围为100%~105%,平均回收率为102.8%。

4.47.2 二氮杂菲萃取分光光度法

4.47.2.1 范围

本法以十二烷基苯磺酸钠为标准,最低检测质量为2.5 μg。若取100 mL水样测定,则最低检测质量浓度为0.025 mg/L。

饮用天然矿泉水及其水源水中常见的共存物质(mg/L)对本标准无干扰:NO_3^-(400)、SO_4^{2-}(100)、Mg^{2+}(70)、NO_2^-(17)、PO_4^{3-}(10)、F^-(7)、SCN^-(5)、Cl_2(1)、Cu^{2+}(0.1)。阳离子表面活性剂质量浓度为0.1 mg/L时,会产生误差为-28.4%的严重干扰。

4.47.2.2 原理

水中阴离子合成洗涤剂与Ferroin(Fe^{2+}与二氮杂菲形成的配合物)形成橙红色离子缔合物,可被三氯甲烷萃取,其颜色深浅与阴离子合成洗涤剂含量成线性关系,于510 nm波长下测定吸光度。

4.47.2.3 试剂

4.47.2.3.1 三氯甲烷。

4.47.2.3.2 二氮杂菲溶液(2 g/L):称取0.2 g二氮杂菲(又名邻菲罗啉,$C_{12}H_8N_2 \cdot H_2O$),溶于纯水中,加2滴盐酸(ρ_{20}=1.18 g/mL),并用纯水稀释至100 mL。

4.47.2.3.3 乙酸铵缓冲溶液:称取250 g乙酸铵($NH_4C_2H_3O_2$),溶于150 mL纯水中,加入700 mL冰乙酸,混匀。

4.47.2.3.4 盐酸羟胺-亚铁溶液:称取10 g盐酸羧胺($NH_2OH \cdot HCl$)和0.211 g硫酸亚铁铵[$Fe(NH_4)_2(SO_4)_2 \cdot 6H_2O$]溶于纯水中,并稀释至100 mL。

4.47.2.3.5 十二烷基苯磺酸钠(DBS)标准使用溶液[$\rho(\mathrm{DBS})$=10 μg/mL]:同4.47.1.3.7。

4.47.2.4 仪器

4.47.2.4.1 分光光度计。

4.47.2.4.2 分液漏斗:250 mL。

4.47.2.5　**分析步骤**

4.47.2.5.1　吸取 100 mL 水样于 250 mL 分液漏斗中。另取 250 mL 分液漏斗 8 只，各加入 50 mL 纯水，再分别加入 DBS 标准使用溶液(4.47.2.3.5)0，0.25，0.50，1.00，2.00，3.00，4.00 及 5.00 mL，加纯水至 100 mL。

4.47.2.5.2　于水样及标准系列中各加 2 mL 二氮杂菲溶液(4.47.2.3.2)、10 mL 缓冲液(4.47.2.3.3)、1.0 mL 盐酸羟胺-亚铁溶液(4.47.2.3.4)及 10 mL 三氯甲烷(4.47.2.3.1)。每加入一种试剂均需摇匀。萃取振摇 2 min，静置分层，于分液漏斗颈部塞入一小团脱脂棉，分出三氯甲烷相于干燥的 10 mL 比色管中，供测定。

4.47.2.5.3　于波长 510 nm 处，用 3 cm 比色皿，以三氯甲烷为参比，测定吸光度。绘制校准曲线，从曲线上查出样品管中阴离子合成洗涤剂的质量。

4.47.2.6　**结果计算**

水样中阴离子合成洗涤剂的质量浓度按式(100)计算。

$$\rho(\mathrm{DBS}) = \frac{m}{V} \qquad \cdots\cdots(100)$$

式中：

ρ(DBS)——水样中阴离子合成洗涤剂的质量浓度，单位为毫克每升(mg/L)；

m——从校准曲线上查得的阴离子合成洗涤剂的质量，单位为微克(μg)；

V——水样体积，单位为毫升(mL)。

4.47.2.7　**精密度与准确度**

8 个实验室重复测定 DBS 质量浓度为 0.05 mg/L～0.40 mg/L 的水样，相对标准偏差为 0.41%～13.3%。8 个实验室分别用自来水、井水、江河水做回收试验，加入标准 0.05 mg/L～0.50 mg/L，回收率范围为 92%～110%，平均回收率为 99.7%。

4.48　**矿物油**

4.48.1　**红外分光光度法**

4.48.1.1　**范围**

取样体积为 500 mL，使用 4 cm 的比色皿时，方法的最低检测质量为 0.1 mg/L；取样体积为 5 L，通过富集后其最低检测质量浓度为 0.01 mg/L。

4.48.1.2　**原理**

用四氯化碳萃取水中的油类物质，然后将萃取液用硅酸镁吸附，经脱除动植物油等极性物质后，测定矿物油类。

矿物油类的含量由波数分别为 2 930 cm^{-1}(CH_2 基团中 C—H 键的伸缩振动)、2 960 cm^{-1}(CH_3 基团中 C—H 键的伸缩振动)和 3 030 cm^{-1}(芳香环中 C—H 键的伸缩振动)谱带处的吸光度 A_{2930}、A_{2960} 和 A_{3030} 进行计算。

4.48.1.3　**试剂**

4.48.1.3.1　四氯化碳(CCl_4)：在 2 600 cm^{-1}～3 300 cm^{-1} 之间扫描，其吸光度应不超过 0.03(1 cm 比色皿、空气池作参比)。

警告——四氯化碳有毒，操作时要谨慎小心，并在通风橱内进行。

4.48.1.3.2　硅酸镁：60 目～100 目。取硅酸镁于瓷蒸发皿中，置高温炉内 500 ℃加热 2 h，在炉内冷至约 200 ℃后，移入干燥器中冷至室温，于磨口玻璃瓶内保存。使用时，称取适量的干燥硅酸镁于磨口玻璃瓶中，根据干燥硅酸镁的重量，按 6%(质量分数)的比例加适量的蒸馏水，密塞并充分振荡数分钟，放置约 12 h 后使用。

4.48.1.3.3　吸附柱：内径 10 mm、长约 200 mm 的玻璃层析柱。出口处填塞少量用萃取溶剂浸泡并晾干后的玻璃棉，将已处理好的硅酸镁(4.48.1.3.2)缓缓倒入玻璃层析柱中，边倒边轻轻敲打，填充高度为 80 mm。

4.48.1.3.4　无水硫酸钠(Na_2SO_4)：在高温炉内 300 ℃加热 2 h，冷却后装入磨口玻璃瓶中，干燥器内保存。

4.48.1.3.5　氯化钠(NaCl)。

4.48.1.3.6　浓盐酸：[$\rho_{20}=1.19$ g/mL]。

4.48.1.3.7　盐酸溶液：(1+5)。

4.48.1.3.8　氢氧化钠(NaOH)溶液：(50 g/L)。

4.48.1.3.9　硫酸铝[($Al_2(SO_4)_3 \cdot 18H_2O$)溶液：(130 g/L)。

4.48.1.3.10　正十六烷[$CH_3(CH_2)_{14}CH_3$]。

4.48.1.3.11　姥鲛烷(2,6,10,14-四甲基十五烷)。

4.48.1.3.12　甲苯($C_6H_5CH_3$)。

4.48.1.4　仪器

4.48.1.4.1　红外分光光度计：能在 3 400 cm^{-1}至 2 400 cm^{-1}之间进行扫描操作，并配 1 cm 和 4 cm 带盖石英比色皿。

4.48.1.4.2　分液漏斗：1 000 mL，活塞上不得使用油性润滑剂。

4.48.1.4.3　容量瓶：50 mL、100 mL 和 1 000 mL。

4.48.1.4.4　玻璃砂芯漏斗：G-1 型 40 mL。

4.48.1.4.5　采样瓶：玻璃瓶。

4.48.1.5　分析步骤

4.48.1.5.1　采样

油类物质要单独采样，不允许在实验室内再分样。采样时，应连同表层水一并采集，并在样品瓶上作一标记，用以确定样品体积。当只测定水中乳化状态和溶解性油类物质时，应避开漂浮在水体表面的油膜层，在水面下 20 cm～50 cm 处取样。当需要报告一段时间内油类物质的平均浓度时，应在规定的时间间隔分别采样而后分别测定。

4.48.1.5.2　样品保存

样品如不能在 24 h 内测定，采样后应加盐酸酸化至 pH≤2，并于 2 ℃～5 ℃下冷藏保存。

4.48.1.5.3　萃取

4.48.1.5.3.1　直接萃取

将一定体积的水样全部倾入分液漏斗中，加盐酸酸化至 pH≤2，用 20 mL 四氯化碳洗涤采样瓶后移入分液漏斗中，加约 20 g 氯化钠(4.48.1.3.5)，充分振荡 2 min，并经常开启活塞排气。静置分层后，将萃取液经已放置约 10 mm 厚度无水硫酸钠(4.48.1.3.4)的玻璃砂芯漏斗流入容量瓶内。用 20 mL 四氯化碳重复萃取一次。取适量的四氯化碳洗涤玻璃砂芯漏斗，洗涤液一并流入容量瓶，加四氯化碳稀释至标线定容，并摇匀。

4.48.1.5.3.2　絮凝富集萃取

水样中矿物油类含量较低时，采用絮凝富集萃取法。

往一定体积的水样中加 25 mL 硫酸铝溶液(4.48.1.3.9)并搅匀，然后边搅拌边逐滴加入 25 mL 氢氧化钠溶液(4.48.1.3.8)，待形成絮状沉淀后沉降 30 min，虹吸法弃去上层清液，加适量的盐酸溶液(4.48.1.3.7)溶解沉淀，以下步骤按 4.48.1.5.3.1 进行。

4.48.1.5.4　吸附

4.48.1.5.4.1　硅酸镁吸附柱吸附法

取适量的萃取液(4.48.1.5.3)通过硅酸镁吸附柱(4.48.1.3.3)，弃去前约 5 mL 的滤出液，余下部分接入玻璃瓶用于测定矿物油类。如萃取液需要稀释，应在吸附前进行。

4.48.1.5.4.2　**振荡吸附法**

称取 3 g 硅酸镁吸附剂(4.48.1.3.2),倒入 50 mL 磨口三角瓶。加约 30 mL 萃取液,密塞。将三角瓶置于康氏振荡器上,以不小于 200 次/min 的速度连续振荡 20 min。将振荡吸附后的萃取液经玻璃砂芯漏斗过滤,滤出液接入玻璃瓶用于测定矿物油类。如萃取液需要稀释,应在吸附前进行。

注:经硅酸镁吸附剂处理后,由极性分子构成的动、植物油被吸附,而非极性的矿物油类不被吸附。某些非动、植物油的极性物质(如含有—C=O、—OH 基团的极性化学品等)同时也被吸附,当水样中明显含有此类物质时,可在测试报告中加以说明。

4.48.1.5.5　**测定**

4.48.1.5.5.1　**样品测定**

以四氯化碳作参比溶液,使用适当光程的比色皿,在 3 400 cm^{-1} 至 2 400 cm^{-1} 之间对硅酸镁吸附后滤出液(4.48.1.5.4)进行扫描,于 3 300 cm^{-1} 至 2 600 cm^{-1} 之间划一直线作基线,在 2 930 cm^{-1}、2 960 cm^{-1} 和 3 030 cm^{-1} 处测量硅酸镁吸附后滤出液(4.48.1.5.4)的吸光度 A_{2930}、A_{2960} 和 A_{3030},并计算矿物油类的含量。

4.48.1.5.5.2　**校正系数测定**

以四氯化碳为溶剂,分别配制 100 mg/L 正十六烷、100 mg/L 姥鲛烷和 400 mg/L 甲苯溶液。用四氯化碳作参比溶液,使用 1 cm 比色皿,分别测定正十六烷、姥鲛烷和甲苯三种溶液在 2 930 cm^{-1}、2 960 cm^{-1}、3 030 cm^{-1} 处的吸光度 A_{2930}、A_{2960} 和 A_{3030}。

正十六烷、姥鲛烷和甲苯三种溶液在上述波数处的吸光度均服从于式(101),由此得出的联立方程式经求解后,可分别得到相应的校正系数 X、Y、Z 和 F。

$$\rho = X \times A_{2930} + Y \times A_{2960} + Z(A_{3030} - \frac{A_{2930}}{F}) \quad \cdots\cdots (101)$$

式中:

ρ——萃取溶剂中化合物的质量浓度,单位为毫克每升(mg/L);

A_{2930}、A_{2960} 和 A_{3030}——各对应波数下测得的吸光度;

X、Y、Z——与各种 C—H 键吸光度相对应的系数;

F——脂肪烃对芳香烃影响的校正因子,即正十六烷在 2 930 cm^{-1} 和 3 030 cm^{-1} 处的吸光度之比。

对于正十六烷(H)和姥鲛烷(P),由于其芳香烃含量为零,

即 $A_{3030} - \frac{A_{2930}}{F} = 0$,则有式(102)、式(103)、式(104):

$$F = A_{2930}(\text{H})/A_{3030}(\text{H}) \quad \cdots\cdots (102)$$

$$\rho(\text{H}) = X \times A_{2930}(\text{H}) + Y \times A_{2960}(\text{H}) \quad \cdots\cdots (103)$$

$$\rho(\text{P}) = X \times A_{2930}(\text{P}) + Y \times A_{2960}(\text{P}) \quad \cdots\cdots (104)$$

由式(102)可得 F 值,由式(103)和式(104)可得 X 和 Y 值,其中 ρ(H)和 ρ(P)分别为测定条件下正十六烷和姥鲛烷的浓度(mg/L)。

对于甲苯(T),其质量浓度按式(105)计算。

$$\rho(\text{T}) = X \times A_{2930}(\text{T}) + Y \times A_{2960}(\text{T}) + Z[A_{3030}(\text{T}) - \frac{A_{2930}(\text{T})}{F}] \quad \cdots\cdots (105)$$

由式(105)可得 Z 值,其中 ρ(T)为测定条件下甲苯的浓度(mg/L)。

可采用异辛烷代替姥鲛烷、苯代替甲苯,以相同方法测定校正系数。两系列物质,在同一仪器相同波数下的吸光度不一定完全一致,但测得的校正系数变化不大。

4.48.1.5.5.3　**校正系数检验**

分别准确量取纯正十六烷、姥鲛烷和甲苯,按 5∶3∶1(体积比)的比例配成混合烃。

使用时根据所需浓度,准确称取适量的混合烃,以四氯化碳为溶剂配成适当浓度范围(如 5 mg/L、

40 mg/L、80 mg/L 等)的混合烃系列溶液。

按 4.48.1.5.5.1 在 2 930 cm^{-1}、2 960 cm^{-1}和 3 030 cm^{-1}处分别测量混合烃系列溶液的吸光度 A_{2930}、A_{2960}和 A_{3030},按式(101)计算混合烃系列溶液的浓度,并与配制值进行比较,如混合烃系列溶液浓度测定值的回收率在 90%～110%范围内,则校正系数可采用,否则应重新测定校正系数并检验,直至符合要求为止。

采用异辛烷代替姥鲛烷、苯代替甲苯测定校正系数时,用正十六烷、异辛烷和苯按 65∶25∶10(体积比)的比例配制混合烃,然后按相同方法检验校正系数。

4.48.1.5.6　空白试验

以水代替样品,加入与测定时相同体积的试剂,并使用相同光程的比色皿,按 4.48.1.5.5.1 中有关步骤进行空白试验。

4.48.1.6　结果计算

水样中矿物油类的质量浓度按式(106)计算。

$$\rho = [X \times A_{2930} + Y \times A_{2960} + Z(A_{3030} - \frac{A_{2930}}{F})] \times \frac{V_0 \times D \times l}{V \times L} \quad \cdots\cdots(106)$$

式中:

ρ——水样中矿物油类的质量浓度,单位为毫克每升(mg/L);

X、Y、Z、F——校正系数;

A_{2930}、A_{2960}和 A_{3030}——各对应波数下测得的硅酸镁吸附后滤出液的吸光度;

V_0——萃取溶剂定容体积,单位为毫升(mL);

V——水样体积,单位为毫升(mL);

D——萃取液稀释倍数;

l——测定校正系数时所用比色皿的光程,单位为厘米(cm);

L——测定水样时所用比色皿的光程,单位为厘米(cm)。

4.48.1.7　精密度与准确度

两个实验室测定矿物油类含量为 1.44 mg/L～92.6 mg/L 的炼油及矿物油化工废水,相对标准偏差为 1.36%～9.04%。单个实验室测定矿物油类含量为 0.43 mg/L 的城市生活污水,相对标准偏差为 14.6%;测定矿物油类含量为 4.35 mg/L 的食品工业废水,相对标准偏差为 8.50%。

同一实验室测定 100 mg/L～300 mg/L 的炼油厂污油,回收率为 72%～88%;测定 100 mg/L～300 mg/L 的成品油,回收率为 75%～90%;测定 80 mg/L～320 mg/L 的混合烃,回收率为 95%～101%;测定矿物油类含量为 50.0 mg/L 的人工水样,回收率为 94%～107%。

4.48.2　非分散红外光度法

4.48.2.1　范围

本法最低检测质量为 0.05 mg,若取 1 000 mL 水样测定,则最低检测质量浓度为 0.05 mg/L。

水样体积为 0.5 L～5 L 时,测定范围为 0.02 mg/L～1 000 mg/L。

当水样中含有大量芳烃及其衍生物时,需和红外分光光度法进行对比试验。

4.48.2.2　原理

本法利用油类物质的甲基($-CH_3$)和亚甲基($-CH_2$)在近红外区(2 930 cm^{-1}或 3.4 μm)的特征吸收进行测定。

4.48.2.3　试剂

4.48.2.3.1　标准油:污染源油(受污染地点水样的溶剂萃取物);或将正十六烷、异辛烷和苯按 65∶25∶10(体积比)的比例配制。

4.48.2.3.2　标准油贮备液(1 000 m/L):准确称取 0.100 0 g 标准油(4.48.2.3.1),溶于适量的四氯化碳中,移入 100 mL 容量瓶,用四氯化碳稀释至刻度。

4.48.2.3.3 标准油使用液：根据测定范围的要求，取适量的标准油贮备液(4.48.2.3.2)，用四氯化碳稀释成所需浓度。

4.48.2.3.4 其他试剂同 4.48.1.3.1～4.48.1.3.9。

4.48.2.4 仪器

红外分光光度计：能在 3 200 cm^{-1}至 2 700 cm^{-1}之间进行扫描操作，并配适当光程的带盖石英比色皿。

非分散红外测油仪：能在 3.4 μm 的近红外区进行操作、测定。

其他仪器同 4.48.1.4.2～4.48.1.4.5。

4.48.2.5 分析步骤

4.48.2.5.1 采样和样品保存

同 4.48.1.5.1 和 4.48.1.5.2。

4.48.2.5.2 萃取

同 4.48.1.5.3。

4.48.2.5.3 吸附

同 4.48.1.5.4。

4.48.2.5.4 测定

4.48.2.5.4.1 红外分光光度计

以四氯化碳作参比溶液，使用适当光程的比色皿，从 3 200 cm^{-1}至 2 700 cm^{-1}分别对标准油使用液、硅酸镁吸附后滤出液(4.48.2.5.3)进行扫描，在扫描区域内划一直线作基线，测量在 2 930 cm^{-1}处的最大吸收峰值，并用此吸光度减去该点基线的吸光度。以标准油使用液的吸光度为纵坐标、浓度为横坐标，绘制校准曲线。从校准曲线上查得硅酸镁吸附后滤出液(4.48.2.5.3)中矿物油类的含量。

4.48.2.5.4.2 非分散红外测油仪

按仪器规定调整和校正仪器，根据仪器的测量步骤，测定硅酸镁吸附后的滤出液(4.48.2.5.3)中矿物油类的质量。

4.48.2.6 结果计算

水样中矿物油类的质量浓度按式(107)计算。

$$\rho = \frac{\rho_1 \times V_0 \times D}{V} \quad \cdots\cdots\cdots(107)$$

式中：

ρ——水样中矿物油类的质量浓度，单位为毫克每升(mg/L)；

ρ_1——仪器测得的硅酸镁吸附后滤出液中矿物油类的质量浓度，单位为毫克每升(mg/L)；

V_0——萃取溶剂定容体积，单位为毫升(mL)；

V——水样体积，单位为毫升(mL)；

D——萃取液稀释倍数。

4.48.2.7 精密度与准确度

七个实验室对矿物油类含量为 6.13 mg/L～101.6 mg/L 的七个统一样品进行测定，方法的精密度试验结果见表 28。

表 28 方法的精密度

统一样品	参加实验室数目/个	删除实验室数目/个	测定平均值/(mg/L)	重复性标准偏差/(mg/L)	重复性相对标准偏差/%	再现性标准偏差/(mg/L)	再现性相对标准偏差/%
1	7	0	6.13	0.156	2.54	1.50	24.5
2	7	1	15.1	0.222	1.47	0.236	1.56

表 28（续）

统一样品	参加实验室数目/个	删除实验室数目/个	测定平均值/(mg/L)	重复性标准偏差/(mg/L)	重复性相对标准偏差/%	再现性标准偏差/(mg/L)	再现性相对标准偏差/%
3	7	1	26.6	0.654	2.46	2.50	9.40
4	7	0	42.3	0.338	0.80	3.55	8.39
5	7	0	57.5	0.542	0.94	5.14	8.94
6	7	2	79.2	1.19	1.50	1.87	2.36
7	7	1	101.6	1.61	1.58	8.93	8.79

单个实验室测定 3 mg/L～20 mg/L 的混合烃，平均回收率为 93%。

4.48.3 称量法

4.48.3.1 范围

水中含有环烷酸及磺化环烷酸盐类将干扰测定，可用硫酸酸化水样消除干扰。

4.48.3.2 原理

水样经矿物油醚萃取后，蒸发去除矿物油醚，称量。计算水中矿物油的含量，用本法测定的结果是水中可被矿物油醚萃取物质的总量。

4.48.3.3 试剂

4.48.3.3.1 硫酸(ρ_{20}=1.84 g/mL)。

4.48.3.3.2 矿物油醚(沸程 30 ℃～60 ℃)：经 70 ℃水浴重蒸馏。

4.48.3.3.3 无水硫酸钠：于 250 ℃干燥 1 h～2 h。

4.48.3.3.4 氯化钠饱和溶液。

4.48.3.4 仪器

4.48.3.4.1 分液漏斗：1 000 mL。

4.48.3.4.2 恒温箱。

4.48.3.4.3 水浴锅。

4.48.3.5 分析步骤

4.48.3.5.1 将样品瓶中的水样全部倾入 1 000 mL 分液漏斗中。记录瓶上标示的水样体积。加入 5 mL硫酸(4.48.3.3.1)，摇匀，放置 15 min。如采样瓶壁上有沾着的矿物油，应先用矿物油醚洗涤水样瓶，将矿物油醚并入分液漏斗中。

4.48.3.5.2 每次用 20 mL 矿物油醚(4.48.3.3.2)，充分振摇萃取 5 min，连续萃取 2 次～3 次，弃去水样，合并矿物油醚萃取液于原分液漏斗中。每次用 20 mL 氯化钠饱和溶液(4.48.3.3.4)洗涤矿物油醚萃取液 2 次～3 次。

4.48.3.5.3 将矿物油醚萃取液移入 150 mL 锥形瓶中，加入 5 g～10 g 无水硫酸钠(4.48.3.3.3)脱水，放置过夜。用预先以矿物油醚洗涤的滤纸过滤，收集滤液于经 70 ℃干燥至恒量的烧杯中，用少量矿物油醚(4.48.3.3.2)依次洗涤锥形瓶、无水硫酸钠和滤纸，合并洗液于滤液中。

4.48.3.5.4 将烧杯于 70 ℃水浴上蒸去矿物油醚。于 70 ℃恒温箱中干燥 1 h，取出烧杯于干燥器内，冷却 30 min 后称量(只需一次称量，不必称至恒重)。

4.48.3.6 结果计算

水样中矿物油的质量浓度按式(108)计算。

$$\rho(B)=\frac{(m_1-m_0)\times 1\,000}{V}\times 1\,000 \qquad \cdots\cdots(108)$$

式中：

$\rho(B)$——水样中矿物油的质量浓度，单位为毫克每升(mg/L)；

m_0——烧杯质量，单位为克(g)；

m_1——烧杯和萃取物质量，单位为克(g)；

V——水样体积，单位为毫升(mL)。

4.48.4 紫外分光光度法

4.48.4.1 范围

本法最低检测质量为5 μg，若取1 000 mL水样测定，则最低检测质量浓度为0.005 mg/L。

4.48.4.2 原理

矿物油组成中所含的具有共轭体系的物质在紫外区有特征吸收。具苯环的芳烃化合物主要吸收波长位于250 nm～260 nm；具共轭双键的化合物主要吸收波长位于215 nm～230 nm。一般原油的二个吸收峰位于225 nm和256 nm。其他油品如燃料油、润滑油的吸收峰与原油相近，部分油品仅一个吸收峰。经精炼的一些油品如汽油则无吸收。因此在测定中应注意选择合适的标准，原油和重质油可选256 nm。轻质油可选225 nm，有条件时可从污染的水体中萃取或从污染源中取得测定的标准物。

4.48.4.3 试剂

4.48.4.3.1 无水硫酸钠：经400 ℃干燥1 h，冷却后储存于密塞的试剂瓶中。

4.48.4.3.2 矿物油醚(沸程60 ℃～90 ℃或30 ℃～60 ℃)：矿物油醚应不含芳烃类杂质。以纯水为参比在波长256 nm的透光率应大于85%，否则应纯化。

注：矿物油醚脱芳烃方法——将60目～100目的粗孔微球硅胶和70目～120目中性层析用氧化铝于150 ℃～160 ℃加热活化4 h，趁热装人直径2.5 cm，长75 cm的玻璃柱中，硅胶层高60 cm，覆盖5 cm氧化铝层。将矿物油醚通过该柱，收集流出液于洁净的试剂瓶中。

4.48.4.3.3 氯化钠。

4.48.4.3.4 硫酸溶液(1+1)。

4.48.4.3.5 矿物油标准贮备溶液[ρ(矿物油)=1 mg/mL]：称取100.0 mg标准矿物油，置于100 mL容量瓶中，加矿物油醚(4.48.4.3.2)溶解，并稀释至刻度。

4.48.4.3.6 矿物油标准使用溶液[ρ(矿物油)=10 μg/mL]：将矿物油标准贮备溶液用矿物油醚(4.48.4.3.2)稀释而成。

4.48.4.4 仪器

4.48.4.4.1 紫外分光光度计：1 cm石英比色皿。

4.48.4.4.2 分液漏斗：1 000 mL。

4.48.4.4.3 具塞比色管：10 mL。

4.48.4.5 分析步骤

将水样(500 mL～1 000 mL)全部倾入1 000 mL分液漏斗中，于每升水样中加入5 mL硫酸溶液(4.48.4.3.4)，20 g氯化钠(4.48.4.3.3)，摇动使溶解。用15 mL矿物油醚(4.48.4.3.2)洗涤采样瓶，将洗涤液倒入分液漏斗中，充分振摇3 min(注意放气)，静置分层，将水样放入原采样瓶中，收集矿物油醚萃取液于25 mL容量瓶中。

另取10 mL矿物油醚按上述步骤再萃取一次，合并萃取液于25 mL容量瓶中，加矿物油醚(4.48.4.3.2)至刻度，摇匀。用无水硫酸钠(4.48.4.3.1)脱水。

于8支10 mL具塞比色管中，分别加入矿物油标准使用溶液(4.48.4.3.6)0.20，0.50，1.00，2.00，3.00，5.00，7.00，10.0 mL，用矿物油醚(4.48.4.3.2)稀释至刻度，配成含矿物油为0.20，0.50，1.00，2.00，3.00，5.00，7.00，10.0 mg/L的标准系列。

于波长256 nm处，用1 cm石英比色皿，以矿物油醚(4.48.4.3.2)为参比，测定样品和标准系列的吸光度。绘制校准曲线，从曲线上查出水样中的矿物油质量浓度。

注：每次测量，包括标准液配制，萃取样品和参比溶剂均应使用同批矿物油醚。

4.48.4.6 结果计算

水样中矿物油的质量浓度按式(109)计算。

$$\rho(B)=\frac{\rho_1\times V_1}{V} \quad \cdots\cdots(109)$$

式中：

$\rho(B)$——水样中矿物油的质量浓度，单位为毫克每升(mg/L)；

ρ_1——相当于标准的矿物油的质量浓度，单位为毫克每升(mg/L)；

V_1——萃取液定容体积，单位为毫升(mL)；

V——水样体积，单位为毫升(mL)。

4.48.4.7 精密度与准确度

三个实验室对10.0 mg/L标准样分析，实验室内相对标准偏差为1.7%，实验室间相对标准偏差为3.0%，相对误差为0.6%。

4.49 溴酸盐

4.49.1 离子色谱法(氢氧根系统淋洗液)

4.49.1.1 范围

本法最低检测质量为2.5 ng，若采用直接进样，进样体积为500 μL，则最低检测质量浓度为5 μg/L。

4.49.1.2 原理

水样中的溴酸盐和其他阴离子随氢氧化钾(或氢氧化钠)淋洗液进入阴离子交换分离系统(由保护柱和分析柱组成)，根据分析柱对各离子的亲和力不同进行分离，已分离的阴离子流经阴离子抑制系统转化成具有高电导率的强酸，而淋洗液则转化成低电导率的水，由电导检测器测定各种阴离子组分的电导率，以保留时间定性，峰面积或峰高定量。

4.49.1.3 试剂

4.49.1.3.1 纯水：重蒸水或去离子水，电阻率>18.0 MΩ·cm。

4.49.1.3.2 乙二胺(EDA)。

4.49.1.3.3 溴酸钠：基准纯或优级纯。

4.49.1.3.4 溴酸盐标准贮备溶液[$\rho(BrO_3^-)$=1.0 mg/mL]：准确称取0.118 0 g溴酸钠(基准纯或优级纯)，用纯水(4.49.1.3.1)溶解，并定容到100 mL容量瓶中。置4 ℃冰箱备用，可使用6个月。

4.49.1.3.5 溴酸盐标准中间溶液[$\rho(BrO_3^-)$=10.0 mg/L]：吸取5.00 mL溴酸盐标准贮备溶液(4.49.1.3.4)，置于500 mL容量瓶中，用纯水(4.49.1.3.1)稀释至刻度。置于4 ℃冰箱下避光密封保存，可保存2周。

4.49.1.3.6 溴酸盐标准使用溶液[$\rho(BrO_3^-)$=1.00 mg/L]：吸取10.0 mL溴酸盐标准中间溶液(4.49.1.3.5)，置于100 mL容量瓶中，用纯水(4.49.1.3.1)稀释至刻度，此标准使用溶液需当天新配。

4.49.1.3.7 乙二胺贮备溶液[$\rho(EDA)$=100 mg/mL]：吸取2.8 mL乙二胺，用纯水(4.49.1.3.1)稀释至25 mL，可保存一个月。

4.49.1.3.8 氢氧化钾淋洗液：由EG40淋洗液自动电解发生器(或其他能自动产生淋洗液的设备)在线产生或手工配制氢氧化钾(或氢氧化钠)淋洗液。

4.49.1.4 仪器

4.49.1.4.1 离子色谱仪。

4.49.1.4.2 电导检测器。

4.49.1.4.3 色谱工作站。

4.49.1.4.4 辅助气体：高纯氮气，纯度99.99%。

4.49.1.4.5 进样器：2.5 mL～10 mL注射器。

4.49.1.4.6　0.45 μm 微孔滤膜过滤器。

4.49.1.4.7　离子色谱仪器参数

阴离子保护柱：IonPac AG19(50 mm×4 mm)或相当的保护柱；阴离子分析柱：IonPac AS19(250 mm×4 mm)或相当的分析柱；阴离子抑制器：ASRS-ULTRAⅡ型抑制器或相当的抑制器；抑制器电流：75 mA；淋洗液流速：1.0 mL/min。

淋洗液梯度淋洗参考程序见表 29。

表 29　淋洗液梯度淋洗参考程序

时间/min	氢氧化钾浓度/(mmol/L)
0.0	10.0
10.0	10.0
10.1	35.0
18.0	35.0
18.1	10.0
23.0	10.0

4.49.1.5　分析步骤

4.49.1.5.1　水样采集与预处理：用玻璃或塑料采样瓶采集水样，对于用二氧化氯和臭氧消毒的水样需通入惰性气体（如高纯氮气）5 min(1.0 L/min)以除去二氧化氯和臭氧等活性气体；加氯消毒的水样则可省略此步骤。

4.49.1.5.2　样品保存：水样采集后密封，置 4 ℃冰箱保存，需在一周内完成分析。采集水样后加入乙二胺贮备溶液(4.49.1.3.7)至水样中浓度为 50 mg/L（相当于 1 L 水样加 0.5 mL 乙二胺贮备溶液），密封，摇匀，置 4 ℃冰箱可保存 28 d。

4.49.1.5.3　校准曲线的绘制：取 6 个 100 mL 容量瓶，分别加入溴酸盐标准使用溶液(4.49.1.3.6)0.50、1.00、2.50、5.00、7.50、10.00 mL，用纯水(4.49.1.3.1)稀释到刻度。此系列标准溶液浓度为 5.00、10.0、25.0、50.0、75.0、100 μg/L，当天新配。将标准系列溶液分别进样，以峰高或峰面积(*Y*)对溶液的浓度(*X*)绘制校准曲线，或计算回归方程。

4.49.1.5.4　将水样经 0.45 μm 微孔滤膜过滤器过滤，对含有机物的水先经过 C18 柱过滤。

4.49.1.5.5　将预处理后的水样直接进样，进样体积 500 μL，记录保留时间、峰高或峰面积。

4.49.1.5.6　离子色谱图、出峰顺序与保留时间（见图 6）。

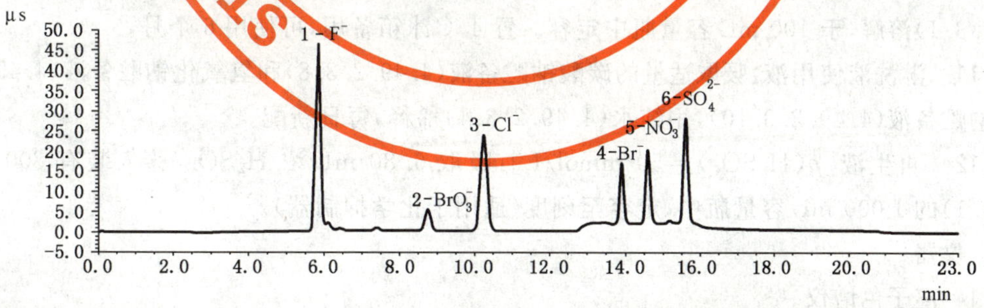

出峰顺序：1——氟化物；2——溴酸盐；3——氯化物；4——溴化物；5——硝酸盐；6——硫酸盐。

保留时间：氟化物，5.87 min；溴酸盐，8.76 min；氯化物，10.25 min；溴化物，13.91 min；硝酸盐，14.60 min；硫酸盐，15.63 min。

图 6　用 IonPac AS19 分析柱分离的混合标准溶液的色谱图

4.49.1.6　计算

溴酸盐的质量浓度(μg/L)，可以直接在校准曲线上查得。

4.49.1.7 **精密度和准确度**

两个实验室分别对含 5.0,40,80 μg/L 的溴酸盐标准溶液重复测定($n=6$),其相对标准偏差为:0.4%~2.2%。两个实验室对市政自来水分别加标 5.0 μg/L、40 μg/L、80 μg/L,其平均回收率为:92.0%~105%。对纯净水分别加标 5.0 μg/L、40 μg/L、80 μg/L,其平均回收率为:99%~108%。对矿泉水分别加标 5.0 μg/L、40 μg/L、80 μg/L,其平均回收率为:90%~106%。

4.49.2 **离子色谱法(碳酸盐系统淋洗液)**

4.49.2.1 **范围**

本法采用 IonPac AS9-HC 分析柱,溴酸盐最低检测质量为 0.5 ng,若采用直接进样,进样体积为 100 μL,则最低检测质量浓度 5.0 μg/L;采用 Metrosep A Supp 5-250 分析柱,溴酸盐最低检测质量为 0.2 ng,若采用直接进样,进样体积为 40 μL,则最低检测质量浓度 5.0 μg/L。

4.49.2.2 **原理**

水样中的溴酸盐和其他阴离子随碳酸盐系统淋洗液进入阴离子交换分离系统(由保护柱和分析柱组成),根据分析柱对各离子的亲和力不同进行分离,已分离的阴离子流经阴离子抑制系统转化成具有高电导率的强酸,而淋洗液则转化成低电导率的弱酸或水,由电导检测器测量各种阴离子组分的电导率,以保留时间定性,峰面积或峰高定量。

4.49.2.3 **试剂**

4.49.2.3.1 纯水:同 4.49.1.3.1。

4.49.2.3.2 乙二胺(EDA):同 4.49.1.3.2。

4.49.2.3.3 溴酸钠:同 4.49.1.3.3。

4.49.2.3.4 溴酸盐标准贮备溶液[$\rho(BrO_3^-)$=1.0 mg/mL]:同 4.49.1.3.4。

4.49.2.3.5 溴酸盐标准中间溶液[$\rho(BrO_3^-)$=10.0 mg/L]:同 4.49.1.3.5。

4.49.2.3.6 溴酸盐标准使用溶液[$\rho(BrO_3^-)$=1.00 mg/L]:同 4.49.1.3.6。

4.49.2.3.7 乙二胺贮备溶液[ρ(EDA)=100 mg/mL]:同 4.49.1.3.7。

4.49.2.3.8 碳酸钠贮备液[$\rho(CO_3^{2-})$=1.0 mol/L]:准确称取 10.60 g 无水碳酸钠(优级纯),用纯水(4.49.2.3.1)溶解,于 100 mL 容量瓶中定容。置 4 ℃冰箱备用,可使用 6 个月。

4.49.2.3.9 氢氧化钠贮备液[ρ(NaOH)=1.0 mol/L]:准确称取 4.00 g 氢氧化钠(优级纯),用纯水(4.49.2.3.1)溶解,于 100 mL 容量瓶中定容。置 4 ℃冰箱备用,可使用 6 个月。

4.49.2.3.10 碳酸氢钠贮备液[$\rho(HCO_3^-)$=1.0 mol/L]:准确称取 8.40 g 碳酸氢钠(优级纯),用纯水(4.49.2.3.1)溶解,于 100 mL 容量瓶中定容。置 4 ℃冰箱备用,可使用 6 个月。

4.49.2.3.11 淋洗液使用液:吸取适量的碳酸钠贮备液(4.49.2.3.8)和氢氧化钠贮备液(4.49.2.3.9),或碳酸氢钠贮备液(4.49.2.3.10),用纯水(4.49.2.3.1)稀释,每日新配。

4.49.2.3.12 再生液[$\rho(H_2SO_4)$=50 mmol/L]:吸取 6.80 mL 浓 H_2SO_4,移入装有 800 mL 纯水(4.49.2.3.1)的 1 000 mL 容量瓶中,定容至刻度(适用于化学抑制器)。

4.49.2.4 **仪器**

4.49.2.4.1 离子色谱仪。

4.49.2.4.2 电导检测器。

4.49.2.4.3 色谱工作站。

4.49.2.4.4 辅助气体:高纯氮气,纯度 99.99%。

4.49.2.4.5 进样器:2.5 mL~10 mL 注射器。

4.49.2.4.6 微孔滤膜过滤器:0.45 μm。

4.49.2.4.7 离子色谱仪器参数(示例)

分析系统1:阴离子保护柱:IonPac AG9-HC或相当的保护柱;阴离子分析柱:IonPac AS9-HC或相当的分析柱;阴离子抑制器:AAES抑制器或相当的抑制器;抑制器电流:53 mA;淋洗液:7.2 mmol/L Na_2CO_3+2.0 mmol/L NaOH;淋洗液流速:1.00 mL/min。

分析系统2:阴离子保护柱:Metrosep A Supp4/5 Guard或相当的保护柱;阴离子分析柱:Metrosep A Supp 5-250或相当的分析柱;阴离子抑制器:MSMⅡ+MCS双抑制系统或相当的抑制器;淋洗液:3.2 mmol/L Na_2CO_3+1.0 mmol/L $NaHCO_3$;淋洗液流速:0.65 mL/min。

4.49.2.5 分析步骤

4.49.2.5.1 水样采集与预处理:同4.49.1.5.1。

4.49.2.5.2 样品保存:同4.49.1.5.2。

4.49.2.5.3 校准曲线的绘制:同4.49.1.5.3。

4.49.2.5.4 水样过滤:同4.49.1.5.4。

4.49.2.5.5 将预处理后的水样直接进样,进样体积40 μL~100 μL,记录保留时间、峰高或峰面积。

4.49.2.5.6 离子色谱图、出峰顺序与保留时间(见图7、图8和表30、表31)

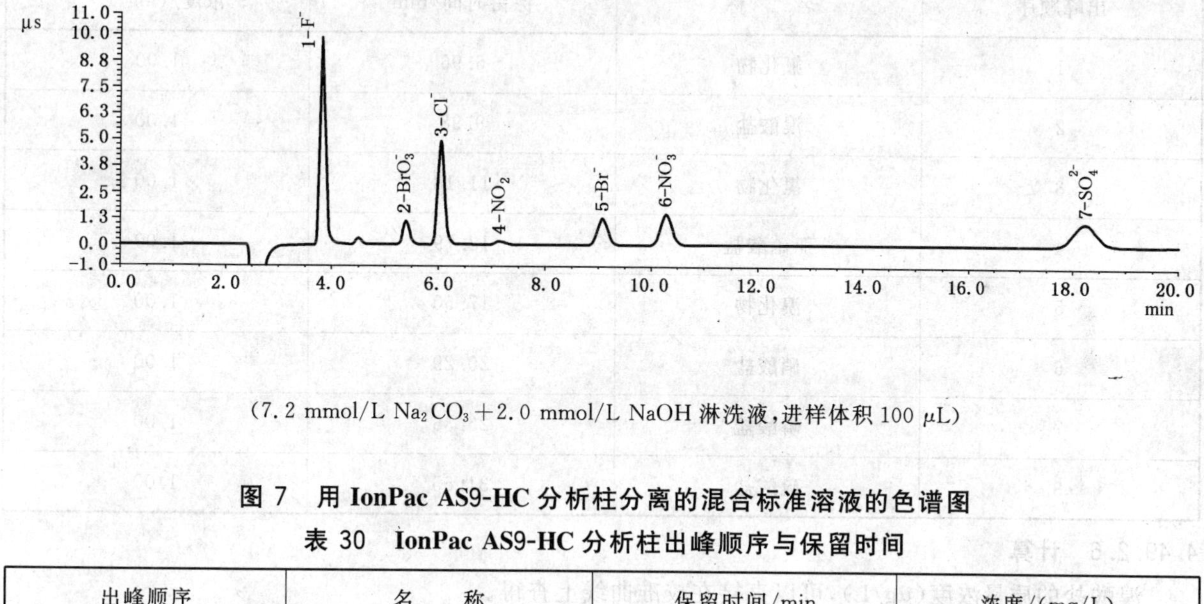

(7.2 mmol/L Na_2CO_3+2.0 mmol/L NaOH淋洗液,进样体积100 μL)

图7 用IonPac AS9-HC分析柱分离的混合标准溶液的色谱图

表30 IonPac AS9-HC分析柱出峰顺序与保留时间

出峰顺序	名　称	保留时间/min	浓度/(mg/L)
1	氟化物	3.817	1.00
2	溴酸盐	5.403	1.00
3	氯化物	6.053	1.00
4	亚硝酸盐	7.147	1.00
5	溴化物	9.083	1.00
6	硝酸盐	10.290	1.00
7	硫酸盐	18.233	1.00

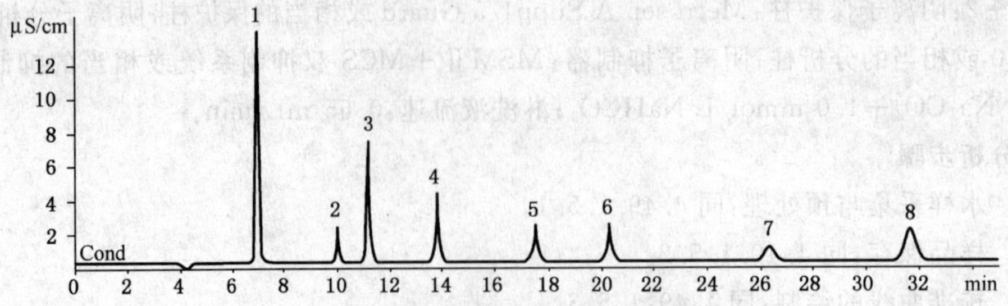

（3.2 mmol/L Na_2CO_3 + 1.0 mmol/L $NaHCO_3$ 淋洗液，进样体积 40 μL）

图 8 用 Metrosep A Supp 5-250 分析柱分离的混合标准溶液的色谱图

表 31 Metrosep A Supp 5-250 分析柱出峰顺序与保留时间

出峰顺序	名　　称	保留时间/min	浓度/(mg/L)
1	氟化物	6.96	1.00
2	溴酸盐	9.98	1.00
3	氯化物	11.18	1.00
4	亚硝酸盐	13.79	1.00
5	溴化物	17.50	1.00
6	硝酸盐	20.29	1.00
7	磷酸盐	26.35	1.00
8	硫酸盐	31.65	1.00

4.49.2.6 计算

溴酸盐的质量浓度(μg/L)，可以直接在校准曲线上查得。

4.49.2.7 精密度和准确度

4.49.2.7.1 IonPac AG9-HC 分析柱，7.2 mmol/L Na_2CO_3+2.0 mmol/L NaOH 淋洗液

单个实验室对含 5.0,40,80 μg/L 的溴酸盐标准溶液重复测定(n=6)，其相对标准偏差为:0.9%～2.0%。对自来水分别加标 5.0,40,80 μg /L，其平均回收率为 102%～105%。对纯净水分别加标 5.0,40,80 μg /L，其平均回收率为 97.0%～104%。对矿泉水分别加标 5.0,40,80 μg /L，其平均回收率为 97.0%～101%。

4.49.2.7.2 Metrosep A Supp 5-250 分析柱，3.2 mmol/L Na_2CO_3+1.0 mmol/L $NaHCO_3$ 淋洗液

单个实验室对含 5.0,40,80 μg/L 的溴酸盐标准溶液重复测定(n=6)，其相对标准偏差为:0.7%～3.2%。对自来水分别加标 5.0,40,80 μg /L，其平均回收率为 96.1%～104%。对纯净水分别加标 5.0、40、80 μg /L，其平均回收率为 98.0%～104%。对矿泉水分别加标 5.0,40,80 μg /L，其平均回收率为 100%～105%。

4.50 **总β放射性**

4.50.1 **薄样法**

4.50.1.1 **范围**

本法最低检测浓度为0.01 Bq/L。

4.50.1.2 **原理**

矿泉水中总β放射性浓度一般较低，可用蒸发方式使水中放射性核素浓集到少量固体残渣上，再把固体残渣制成薄源测量总β放射性。

在固体介质中，β射线有较强的自吸收作用，把测量源制成自吸收作用可以忽略的薄源，其对应的重量叫最大取样量。

若已知氯化钾标准源重量，浓缩后的水样残渣重量，水样体积，直接测量标准物和样品物的薄源的β放射性，便可计算出水中总β放射性浓度。

4.50.1.3 **试剂**

4.50.1.3.1 盐酸溶液(1+6)。

4.50.1.3.2 氯化钾(优级纯)。

4.50.1.4 **仪器**

4.50.1.4.1 电热恒温干燥箱。

4.50.1.4.2 天平：感量0.1 mg。

4.50.1.4.3 干燥器。

4.50.1.4.4 烧杯：2 000 mL。

4.50.1.4.5 瓷坩埚：50 mL。

4.50.1.4.6 马福炉。

4.50.1.4.7 玛瑙研钵。

4.50.1.4.8 瓷蒸发皿：50 mL。

4.50.1.4.9 低本底β测量仪。

4.50.1.5 **分析步骤**

4.50.1.5.1 **样品处理**

4.50.1.5.1.1 取1 L水样倒入2 000 mL烧杯中，缓慢加热至沸，蒸发浓缩。若水样残渣不够制源时，可以添加水样，但要控制每次加入水样后体积不要超过烧杯容积的一半。

4.50.1.5.1.2 将烧杯中少量浓缩液连同沉淀一并转入已灼烧称量的瓷坩埚中，用少量盐酸溶液(4.50.1.3.1)洗涤烧杯2次～3次，洗涤液转入坩埚中，在红外灯下蒸干。

4.50.1.5.1.3 将坩埚置于马福炉中，在450 ℃～500 ℃下灼烧0.5 h，放入干燥器中冷却至室温，称重，求出残渣总重量。研细残渣，混匀。

4.50.1.5.2 **测量**

4.50.1.5.2.1 **标准源和样品源的最大取样量测定**

a) 取一定量氯化钾(4.50.1.3.2)，放入玛瑙研钵中研细，转入瓷蒸发皿，放入电热恒温干燥箱，在120 ℃下烘30 min，在干燥器中冷却至室温。

b) 用氯化钾粉末[4.50.1.5.2.1a)]制成一系列厚度不等的测量源，分别在低本底β测量仪上测量β计数，算出不同厚度测量源的β计数率。

c) 以不同厚度的氯化钾测量源β净计数率对取样量(mg)作图，曲线开始弯曲处对应的取样量即为氯化钾标准源的最大取样量。

d) 制备样品源的最大取样量可以参考[4.50.1.5.2.1c)]所述方法实际测定，也可以直接引用氯化钾标准源的最大取样量。

4.50.1.5.2.2 **标准源制备**

准确称取小于最大取样量的氯化钾[4.50.1.5.2.1a)],均匀铺在测量样品盘内,氯化钾的比活度为 1.47×10^{-2} Bq/mg。

4.50.1.5.2.3 **样品源的制备**

准确称取小于最大取样量的水样浓缩残渣固体粉末[4.50.1.5.2.1d)]。

4.50.1.5.2.4 **放射性测量**

在低本底β测量仪上,按相同的几何条件,分别测量氯化钾标准源(4.50.1.5.2.2)和样品源(4.50.1.5.2.3)的β放射性,同时测量仪器的本底计数。

4.50.1.6 **结果计算**

水样的总β放射性按式(110)计算。

$$C_\beta=\frac{1.47\times10^{-2}\times W_k\times W_t\times(n_x-n_0)}{Y\times V\times W_x\times(n_k-n_0)} \quad \cdots\cdots(110)$$

式中:

C_β——水样的总β放射性,单位为贝克每升(Bq/L);

W_k——制备标准源的氯化钾重量,单位为毫克(mg);

W_t——水样蒸发浓缩制得的固体残渣总重,单位为毫克(mg);

W_x——制备标准源的固体残渣重量,单位为毫克(mg);

Y——化学回收率,可取作 100%;

V——蒸发浓缩水样的体积,单位为升(L);

n_k——氯化钾标准液β计数率,单位为以每分钟计数(Cpm);

n_x——样品源β计数率,单位为以每分钟计数(Cpm);

n_0——测量装置本底计数率,单位为以每分钟计数(Cpm)。

当矿泉水中的总β放射性>1.0 Bq/L时,应减去^{40}钾的β放射性,按式(111)计算。

$$A=C_\beta-\rho_k\times2.64\times10^{-2} \quad \cdots\cdots(111)$$

式中:

A——水样减去^{40}钾总β放射性,单位为贝克每升(Bq/L);

C_β——水样总β放射性,单位为贝克每升(Bq/L);

ρ_k——水样钾的浓度,单位为毫克每升(mg/L);

2.64×10^{-2}——1 mg天然钾的放射性,单位为贝克每毫克(Bq/mg)。

4.50.2 **活性炭吸附法**

4.50.2.1 **范围**

本法适用于测定总β放射性大于0.1 Bq/L的饮用天然矿泉水及其水源水。

4.50.2.2 **原理**

在pH为4的条件下,利用活性炭和硫酸钡将水中放射性物质沉淀和吸附下来,使水中的放射性物质浓集于活性炭和硫酸钡中,将沉淀灼烧,制成样品薄源后测定总β放射性。

4.50.2.3 **试剂**

4.50.2.3.1 硫酸溶液(1+1)。

4.50.2.3.2 氯化钡溶液(0.4%)。

4.50.2.3.3 氨水(1+1)。

4.50.2.3.4 乙二胺四乙酸二钠(EDTA)溶液(1%)。

4.50.2.3.5 无灰滤纸。

4.50.2.3.6 活性炭:将20 g活性炭浸泡于200 mL EDTA(4.50.2.3.4)溶液中,或200 mL 1%的盐酸溶液中,搅拌后放置过夜。倾去上清液,然后抽滤,用蒸馏水洗活性炭至中性,转入电热恒温干燥箱中,在 105 ℃下烘干。

4.50.2.4 **仪器**

4.50.2.4.1 电热恒温干燥箱。

4.50.2.4.2 马福炉。

4.50.2.4.3 干燥器。

4.50.2.4.4 烧杯:1 000 mL。

4.50.2.4.5 瓷坩埚:30 mL。

4.50.2.4.6 不锈钢样品测量盘:直径 20 mm。

4.50.2.4.7 ^{90}Sr-^{90}Y 标准源:直径 20 mm。

4.50.2.5 **分析步骤**

4.50.2.5.1 **样品处理**

4.50.2.5.1.1 取水样 1 L 于 1 000 mL 烧杯中,加入 4 mL 氯化钡溶液(4.50.2.3.2),在搅拌下慢慢滴加硫酸溶液(4.50.2.3.1),充分搅拌使沉淀完全。

4.50.2.5.1.2 用氨水溶液(4.50.2.3.3)调节 pH 为 4,加入 0.5 g 活性炭(4.50.2.3.6),搅拌 3 min~5 min,静置 15 min 左右,待其澄清。

4.50.2.5.1.3 用无灰滤纸过滤,用 pH=4~5 的纯水洗滤渣 3 次~4 次。

4.50.2.5.1.4 将滤纸和滤渣一起转入瓷坩埚内,在电炉上炭化后,再在马福炉内 600 ℃灰化完全,取出瓷坩埚在干燥器内冷却至室温。

4.50.2.5.2 **测量**

4.50.2.5.2.1 **样品源的制备和放射性测量**

将坩埚内样品灰研细,把全部样品灰(约 20 mg 左右)均匀铺于直径为 20 mm 的测量盘内,制成样品源,在低本底 β 测量仪上测量样品源的 β 放射性。

4.50.2.5.2.2 **测量仪器计数效率的测量**

按照测量样品源的几何条件,在低本底 β 测量仪上测量 ^{90}Sr-^{90}Y 标准源的 β 计数,同时测量仪器的本底计数。计算该仪器计数效率。

4.50.2.6 **结果计算**

水样的总 β 放射性按式(112)计算。

$$C_{\beta}=\frac{1.66\times10^{-2}\times(n_1-n_0)}{V\times f_{自}\times K\times\eta\times f_{立}} \quad\cdots\cdots(112)$$

式中:

C_{β}——水样的总 β 放射性,单位为贝克每升(Bq/L);

n_1——样品源计数率,单位为以每分钟计数(Cpm);

n_0——测量仪器本底计数率,单位为以每分钟计数(Cpm);

η——测量仪器计数效率,%;

V——水样体积,单位为升(L);

K——回收率,可取 80%;

$f_{自}$——自吸收校正系数,取 0.94;

$f_{立}$——立体角修正系数,当标准放射源与样品的面积和几何位置不同时,需要作此修正。当矿泉水中总 β 放射性大于 1.0 Bq/L 时,应减去 ^{40}钾的 β 放射性,计算方法同 4.50.1.6。

4.51 **^{226}镭放射性**

4.51.1 **范围**

本法最低检测浓度为 3×10^{-3} Bq/L。

4.51.2 **原理**

当^{226}Ra与其子体核素^{222}Rn达到平衡时，两者放射性活度相等。^{222}Rn的放射性活度可用射气闪烁法测定，从而间接测定^{226}Ra。

利用镭与钡能形成硫酸钡镭同晶共沉淀的性质，以硫酸钡作载体，共沉淀水样中的镭，使其得以富集。以碱性EDTA溶解沉淀，封闭于扩散器中积累^{222}Rn。

达平衡后，将^{222}Rn转入闪烁室。闪烁室内壁涂有硫化锌荧光体，其原子受^{222}Rn及其子体核素产生的入射线激发产生闪烁荧光，经光电倍增管转换，形成电脉冲输出。单位时间内产生的脉冲数与^{222}Rn的放射性活度成正比。

4.51.3 **试剂**

4.51.3.1 氯化钡溶液(100 g/L)：称取50 g氯化钡($BaCl_2$)，用纯水溶解后稀释至500 mL。

4.51.3.2 硫酸溶液(1+1)：将250 mL硫酸(ρ_{20}=1.84 g/mL)在不断搅拌下缓慢倒入250 mL纯水中，冷却。

4.51.3.3 碱性EDTA溶液：称取150 g乙二胺四乙酸二钠[$(CH_2COO)_2NCH_2CH_2N(CH_2COO)_2H_2Na_2 \cdot 2H_2O$]和45 g氢氧化钠，溶于纯水中，稀释至1 000 mL。

4.51.3.4 液体镭标准源：0.5 Bq～52.00 Bq。

4.51.4 **仪器**

4.51.4.1 室内氡钍分析仪：配500 mL闪烁室。

4.51.4.2 定标器。

4.51.4.3 真空泵。

4.51.4.4 扩散器：100 mL。

4.51.4.5 干燥管：30 mL～40 mL，内装氯化钙。

4.51.5 **分析步骤**

4.51.5.1 **检查仪器**

检查定标器是否满足仪器说明书中给出的技术指标要求；检查探头与闪烁室联接部位有无漏光；检查闪烁室及其进气系统有无漏气。闪烁室慢性漏气检查方法：

将被检闪烁室送入氡气(操作方法见4.51.5.7)，分别在放置1 h和放置3 h后测量计数率(方法见4.51.5.8)，后者应高于前者约10%，如相对差值很小，或为负值，则可判定被检闪烁室漏气。

4.51.5.2 **选择探测器阈电压和工作电压**

4.51.5.2.1 将扩散器中液体镭标准源(4.51.3.4)所积累的氡气送入闪烁室(操作方法见4.51.5.7)，放置3 h后，在各个甄别阈值点，测量不同工作电压下的计数率(方法见4.51.5.8)，绘制出各甄别阈值点的高压-计数率关系曲线，从中选择“坪”长大于60 V，“坪”斜小于10%的曲线所对应的甄别阈值作为探测器的阈电压。

4.51.5.2.2 在选定的阈电压下，测量不同工作电压下的本底计数率(方法见4.51.5.8)，绘制高压-本底计数率关系曲线，选择较低本底计数率(<0.05计数·s^{-1})对应的高压为探测器的工作电压。

4.51.5.2.3 在选定的工作电压下，连续进行15次测量(方法见4.51.5.8)，计算平均计数率N和标准偏差S，如果$S<1.5N$，则稳定性合格，所选工作条件有效。否则需重新选择工作点。

4.51.5.3 **测定闪烁室本底值**

在选定的工作条件下，分别测量各待用的闪烁室的本底计数率(方法见4.51.5.8)，取多次测量的平均值。

4.51.5.4 **测定闪烁室校正因子**

4.51.5.4.1 将装有液体镭标准源(4.51.3.4)的扩散器，用真空泵驱尽其内部的氡气，旋紧其两口的螺旋夹，积累氡。记录镭源放射性活度和封闭时间。积累时间依^{226}Ra放射性活度而定，大于 20 Bq，积累 1 d～2 d；1 Bq～20 Bq，积累 3 d～8 d；小于 1 Bq，积累 10 d～15 d。

4.51.5.4.2 将积累的氡气送入已知本底的闪烁室内（操作方法见 4.51.5.7），测量计数率（方法见4.51.5.8）。

4.51.5.4.3 **结果计算**

闪烁室的校正因子按式(113)计算。

$$K = \frac{A(1 - e^{-\lambda t})}{\overline{N} - \overline{N_0}} \qquad \cdots\cdots(113)$$

式中：

K——闪烁室的校正因子，Bq/(计数·s^{-1})；

A——液体镭标准源的放射性活度，单位为贝克(Bq)；

$\overline{N}$——测得的液体镭标准源的平均计数率，计数·s^{-1}；

$\overline{N_0}$——闪烁室本底平均计数率，计数·s^{-1}；

$1-e^{-\lambda t}$——氡的积累函数；

λ——氡的衰变常量，0.007 55 h^{-1}；

t——氡的积累时间，单位为小数(h)；

e——自然对数的底。

4.51.5.5 **样品预处理**

4.51.5.5.1 量取 1 L～5 L 酸化水样于烧杯中，加热至沸。加入 1.0 mL～1.5 mL 氯化钡溶液(4.51.3.1)，在不断搅拌下，滴加 5 mL 硫酸溶液(4.51.3.2)。保温 4 h 或放置过夜。

4.51.5.5.2 用虹吸法吸去上层清液，沿杯壁加入 30 mL 碱性 EDTA 溶液(4.51.3.3)，加热溶解沉淀，使溶液清澈透明，蒸发浓缩至约 30 mL，冷却至室温。

4.51.5.6 **封样**

4.51.5.6.1 将浓缩液通过小漏斗转入扩散器中，用少量纯水洗涤烧杯壁和小漏斗三次，洗涤液并入同一扩散器中。注意控制溶液体积为扩散器体积的三分之一左右。

4.51.5.6.2 将扩散器的一端与真空泵相接，另一端与大气相通，抽真空（注意控制速度，不可使溶液溢出）15 min～25 min，用空气洗带法清除积累的氡气。之后，将扩散器两端封闭。记录封闭时间和扩散器编号。积累氡 20 d～30 d。

4.51.5.7 **送气**

4.51.5.7.1 将闪烁室一端口与干燥管的一端用胶皮管连接，将干燥管的另一端通过胶皮管与扩散器的一端连接，如图 9 所示。

4.51.5.7.2 用真空泵将闪烁室和干燥管抽成真空（<1 kPa），旋紧螺旋夹 1、2（螺旋夹 3、4 在封样时已被旋紧），依次打开螺旋夹 3 和 1，使扩散器中的氡气及其子体进入闪烁室，此时扩散室内有气泡通过溶液。气泡消失后，缓缓旋开螺旋夹 4，控制进气速度使每分钟产生 100 个～120 个气泡。10 min 后调节螺旋夹 4，使鼓泡速度加快，并控制在 15 min 内送气完毕。

4.51.5.7.3 送气完毕后，立即旋紧螺旋夹 1,3,4。记录送气结束时间和闪烁室编号。从扩散器封闭到送气结束的时间间隔即为氡的积累时间。

4.51.5.8 **测量**

送气结束后，放置 51 min，然后开始计数，应连续计数 5 次，根据^{226}Ra的放射性活度确定每次计数的持续时间，单次测量值（计数率）N_i 应符合 $N_i \leqslant \overline{N} \pm 2/\sqrt{\overline{N}}$，否则将其视为离群值舍去。将舍去离群值后的各值取平均值。

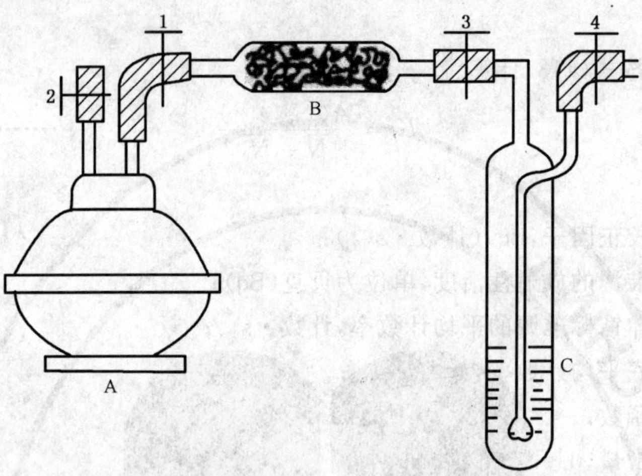

A——闪烁室；

B——氯化钙干燥管；

C——装有样品的扩散器；

1,2,3,4——螺旋夹。

图 9 进气系统连接图

4.51.6 结果计算

水样中^{226}Ra的放射性活度浓度按式(114)计算。

$$C_A = \left[\frac{K(\overline{N} - \overline{N_0})}{R(1-e^{-\lambda t})} - A_b\right] / V \qquad \cdots\cdots (114)$$

式中：

C_A——水样中^{226}Ra的放射性活度浓度，单位为贝克每升(Bq/L)；

K——闪烁室的校正因子，Bq/(计数·s^{-1})；

$\overline{N}$——样品的平均计数率，计数·s^{-1}；

$\overline{N_0}$——闪烁室平均本底计数率，计数·s^{-1}；

R——^{226}Ra的回收率；

A_b——试剂空白的放射性活度，单位为贝克(Bq)；

V——水样的体积，单位为升(L)；

$1-e^{-\lambda t}$——氡的积累函数；

λ——氡的衰变常量，0.007 55 h^{-1}；

t——氡的积累时间，单位为小时(h)；

e——自然对数的底。

4.51.7 精密度与准确度

同一实验室对两个水样分别平行测定 10 次和 8 次，平均值分别为 8.77×10^{-3} Bq/L 和 8.34×10^{-3} Bq/L，相对标准偏差分别为 9.2%和 11.1%。

4.52 大肠菌群

4.52.1 多管发酵法

4.52.1.1 测定范围

本法适用于大肠菌群的测定。

4.52.1.2 原理

根据大肠菌群细菌具有的生物特性，如革兰氏阴性无芽孢杆菌，在37 ℃培养24 h能发酵乳糖并产气的特点，将不同量的水样接种到含乳糖的培养基中，经培养后根据阳性反应结果可测出原水样中大肠菌群的MPN值。

4.52.1.3 培养基和试剂

4.52.1.3.1 乳糖胆盐发酵培养液

4.52.1.3.1.1 成分

	单料	双料
蛋白胨	20.0 g	40.0 g
猪胆盐(或牛、羊胆盐)	5.0 g	10.0 g
乳糖	10.0 g	20.0 g
溴甲酚紫溶液(4 g/L)	2.5 mL	5.0 mL
蒸馏水	1 000 mL	1 000 mL

4.52.1.3.1.2 制法：将蛋白胨、胆盐及乳糖溶于蒸馏水中，调pH到7.4，加入溴甲酚紫溶液，混匀，分装试管(每支试管中倒置一只小倒管)，每管10 mL。以115 ℃灭菌20 min。

4.52.1.3.2 亮绿乳糖胆盐培养液(BGB)

4.52.1.3.2.1 成分

蛋白胨	10.0 g
乳糖	10.0 g
牛胆盐	2.0 g
亮绿	0.011 3 g
蒸馏水	1 000 mL

4.52.1.3.2.2 制法：除亮绿外，将其他成分溶于蒸馏水中，调pH到7.2，加入亮绿，混匀，分装到装有小倒管的试管中，每管10 mL，115 ℃灭菌20 min。

4.52.1.4 仪器

4.52.1.4.1 试管：150 mm×20 mm，140 mm×15 mm。

4.52.1.4.2 小倒管。

4.52.1.4.3 定量分装器。

4.52.1.4.4 高压蒸汽灭菌器。

4.52.1.4.5 培养箱：36 ℃±1 ℃

4.52.1.4.6 冰箱：0 ℃～8 ℃。

4.52.1.4.7 天平。

4.52.1.4.8 显微镜。

4.52.1.4.9 电炉。

4.52.1.5 检验步骤

4.52.1.5.1 检验程序见图10。

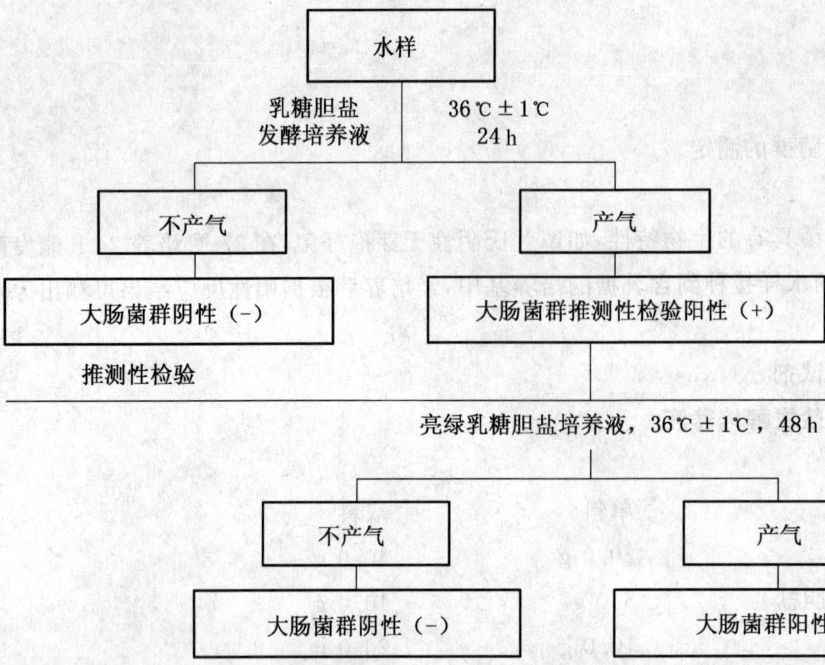

图 10　多管发酵法检验程序

4.52.1.5.2　矿泉水水源水检测

4.52.1.5.2.1　推测性检验

吸取 10 mL 水样接种到盛有 10 mL 双料乳糖胆盐发酵培养液中，共接种 5 份。

吸取 1 mL 水样接种到盛有 10 mL 单料乳糖胆盐发酵培养液中，共接种 5 份。

另吸取 1 mL 水样接种到 9 mL 灭菌生理盐水中，混匀，用 5 mL 灭菌吸管吸取 5 mL 稀释液，分别加到 5 支盛有 10 mL 单料乳糖胆盐发酵培养液中，每管 1 mL(即 0.1 mL 水样)。轻摇试管，使液体充分混合，置 36 ℃±1 ℃培养箱内培养 24 h。观察每管是否产气，若有气体产生该管则为推测性检验阳性。如不产气则为大肠菌群阴性。

4.52.1.5.2.2　确证性试验

自推测性检验阳性管中取一接种环培养液，接种到亮绿乳糖胆盐培养液(BGB)管中，置 36 ℃±1 ℃培养箱中培养 48 h。

观察 BGB 管中的产气情况，如有气体产生，就可确定为“大肠菌群阳性”；如无气体产生则为“大肠菌群阴性”。记下 BGB 管里产气的阳性试管数，查表 32 可得出水样中大肠菌群的 MPN 值。

4.52.1.5.2.3　MPN 值的计算

如水样含菌量少，也可按 100 mL、10 mL、1 mL 接种，那么其实际 MPN 值应为表中的 MPN 值除以 10；反之如含菌量较多，也可接种 1 mL、0.1 mL、0.01 mL，其实际 MPN 值应为表中的 MPN 值乘以 10，余此类推。

4.52.1.5.2.4　列举说明

假设推测性检验 15 支试管中的阳性管数如下：

在接种量为 10 mL 的管中有 5 支管阳性；

在接种量为 1 mL 的管中有 4 支管阳性；

在接种量为 0.1 mL 的管中有 2 支管阳性。

作为推测性检验结果为 5-4-2。当把以上阳性管转种到 BGB 管里，经培养后，作为证实性检验所给的结果如为 5-3-1，那么查表 33，就可知大肠菌群的 MPN 值为每 100 mL 水样中 110。接种量为 100 mL、10 mL、1 mL 时，MPN 值为 11。如接种量为 1 mL、0.1 mL、0.01 mL 时，MPN 值即为 1 100。

表 32　大肠菌群(MPN)检索表

(总接种量 55.5 mL,其中 5 份 10 mL 水样,5 份 1 mL 水样,5 份 0.1 mL 水样)

接种量/mL			MPN/100 mL	接种量/mL			MPN/100 mL
10	1	0.1		10	1	0.1	
0	0	0	0	1	0	1	4
0	0	1	2	1	0	2	6
0	0	2	4	1	0	3	8
0	0	3	5	1	0	4	10
0	0	4	7	1	0	5	12
0	0	5	9	1	1	0	4
0	1	0	2	1	1	1	6
0	1	1	4	1	1	2	8
0	1	2	6	1	1	3	10
0	1	3	7	1	1	4	12
0	1	4	9	1	1	5	14
0	1	5	11	1	2	0	6
0	2	0	4	1	2	1	8
0	2	1	6	1	2	2	10
0	2	2	7	1	2	3	12
0	2	3	9	1	2	4	15
0	2	4	11	1	2	5	17
0	2	5	13	1	3	0	8
0	3	0	6	1	3	1	10
0	3	1	7	1	3	2	12
0	3	2	9	1	3	3	15
0	3	3	11	1	3	4	17
0	3	4	13	1	3	5	19
0	3	5	15	1	4	0	11
0	4	0	8	1	4	1	13
0	4	1	9	1	4	2	15
0	4	2	11	1	4	3	17
0	4	3	13	1	4	4	19
0	4	4	15	1	4	5	22
0	4	5	17	1	5	0	13
0	5	0	9	1	5	1	15
0	5	1	11	1	5	2	17
0	5	2	13	1	5	3	19
0	5	3	15	1	5	4	22
0	5	4	17	1	5	5	24
0	5	5	19	2	0	0	5
1	0	0	2	2	0	1	7

表 32（续）

接种量/mL			MPN/100 mL	接种量/mL			MPN/100 mL
10	1	0.1		10	1	0.1	
2	0	2	9	3	1	5	27
2	0	3	12	3	2	0	14
2	0	4	14	3	2	1	17
2	0	5	16	3	2	2	20
2	1	0	7	3	2	3	24
2	1	1	9	3	2	4	27
2	1	2	12	3	2	5	31
2	1	3	14	3	3	0	17
2	1	4	17	3	3	1	21
2	1	5	19	3	3	2	24
2	2	0	9	3	3	3	28
2	2	1	12	3	3	4	32
2	2	2	14	3	3	5	36
2	2	3	17	3	4	0	21
2	2	4	19	3	4	1	24
2	2	5	22	3	4	2	28
2	3	0	12	3	4	3	32
2	3	1	14	3	4	4	36
2	3	2	17	3	4	5	40
2	3	3	20	3	5	0	25
2	3	4	22	3	5	1	29
2	3	5	25	3	5	2	32
2	4	0	15	3	5	3	37
2	4	1	17	3	5	4	41
2	4	2	20	3	5	5	45
2	4	3	23	4	0	0	13
2	4	4	25	4	0	1	17
2	4	5	28	4	0	2	21
2	5	0	17	4	0	3	25
2	5	1	20	4	0	4	30
2	5	2	23	4	0	5	36
2	5	3	26	4	1	0	17
2	5	4	29	4	1	1	21
2	5	5	32	4	1	2	26
3	0	0	8	4	1	3	31
3	0	1	11	4	1	4	36
3	0	2	13	4	1	5	42
3	0	3	16	4	2	0	22
3	0	4	20	4	2	1	26
3	0	5	23	4	2	2	32
3	1	0	11	4	2	3	38
3	1	1	14	4	2	4	44
3	1	2	17	4	2	5	50
3	1	3	20	4	3	0	27
3	1	4	23	4	3	1	33

表 32（续）

接种量/mL			MPN/100 mL	接种量/mL			MPN/100 mL
10	1	0.1		10	1	0.1	
4	3	2	39	5	1	4	110
4	3	3	45	5	1	5	130
4	3	4	52	5	2	0	49
4	3	5	59	5	2	1	70
4	4	0	34	5	2	2	94
4	4	1	40	5	2	3	120
4	4	2	47	5	2	4	150
4	4	3	54	5	2	5	180
4	4	4	62	5	3	0	79
4	4	5	69	5	3	1	110
4	5	0	41	5	3	2	140
4	5	1	48	5	3	3	180
4	5	2	56	5	3	4	210
4	5	3	64	5	3	5	250
4	5	4	72	5	4	0	130
4	5	5	81	5	4	1	170
5	0	0	23	5	4	2	220
5	0	1	31	5	4	3	280
5	0	2	43	5	4	4	350
5	0	3	58	5	4	5	430
5	0	4	76	5	5	0	240
5	0	5	95	5	5	1	350
5	1	0	33	5	5	2	540
5	1	1	46	5	5	3	920
5	1	2	63	5	5	4	1 600
5	1	3	84	5	5	5	>1 600

4.52.1.5.3　直接饮用的矿泉水

矿泉水出厂成品水或准备直接饮用的矿泉水，一般不应有污染，需要经常检验可按下法进行接种。

4.52.1.5.3.1　推测性检验

用 10 mL 的灭菌吸管向 5 支盛有 10 mL 双料乳糖胆盐发酵培养液的试管中，每管接种 10 mL 水样。

置 36 ℃±1 ℃培养箱中培养 24 h，观察每支管的产气情况，如有气体产生，则认为推测性检验阳性。

4.52.1.5.3.2　确证性试验

操作步骤同矿泉水水源水检验。

4.52.1.5.3.3 **MPN 值的计算**

例如经过确证性检验后，大肠菌群有 3 管阳性，从表 33 查得 MPN 为 9.2/100 mL。

表 33 用 5 管 10 mL 水样时各种阳性和阴性结果组合的 MPN 值及其 95%的可信限

阳性反应管数	MPN/100 mL	95%可信限	
		下 限	上 限
0	0	0	6.0
1	2.2	0.1	12.6
2	5.1	0.5	19.2
3	9.2	1.6	29.4
4	16	3.3	52.9
5	>16	8.0	无限

4.52.2 **滤膜法**

4.52.2.1 **测定范围**

本法适用于大肠菌群的测定。

4.52.2.2 **原理**

滤膜是一种微孔薄膜，孔径为 0.45 μm，能滤过大量水样，并将水中所含的细菌截留在滤膜上，然后将滤膜贴在选择性鉴别培养基上，经 37 ℃培养 24 h 后，大肠菌群细菌在滤膜上长出具有特征性的菌落，直接计数典型菌落数，计算出每 100 mL 水样中所含的大肠菌群数。

4.52.2.3 **培养基和试剂**

4.52.2.3.1 **远藤琼脂(品红亚硫酸钠)培养基**

4.52.2.3.1.1 **成分**

蛋白胨	10.0 g
酵母浸膏	5.0 g
牛肉膏	5.0 g
乳糖	10.0 g
琼脂	15 g～20 g
磷酸氢二钾	3.5 g
无水亚硫酸钠	5.0 g
碱性品红乙醇溶液(50 g/L)	20 mL
蒸馏水	1 000 mL

4.52.2.3.1.2 **制法**

贮备培养基的制备：先将琼脂加到 500 mL 蒸馏水中，煮沸溶解，于另一份 500 mL 蒸馏水中，加入磷酸氢二钾、蛋白胨、酵母浸膏和牛肉膏，加热溶解，倒入已溶解的琼脂，补足蒸馏水至 1 000 mL，混匀后调 pH 为 7.2±0.2，再加入乳糖，分装，115 ℃灭菌 20 min，储存于冷暗处备用。

平皿培养基的配制：将上法配制的贮备培养基加热融化，用灭菌吸管按比例吸取一定量的 50 g/L 碱性品红酒精溶液置于灭菌空试管中，再按比例称取所需的无水亚硫酸钠置于另一个灭菌试管中，加灭菌水少许，使其溶解后，置沸水浴中煮沸 10 min 以灭菌。

用灭菌吸管吸取已灭菌的亚硫酸钠溶液，滴加于碱性品红酒精溶液内至深红色褪成粉色为止。将此亚硫酸钠与碱性品红的混合液全部加到已融化的贮备培养基内，并充分混匀(防止产生气泡)，立即将此种培养基 15 mL 倒入已灭菌的空平皿内。待冷却凝固后置冰箱内备用。此种已制成的培养基于冰箱内保存不宜超过两周。如培养基已由淡粉色变成深红色，则不能再用。

4.52.2.3.2　乳糖蛋白胨培养液

4.52.2.3.2.1　成分

蛋白胨	10.0 g
牛肉膏	3.0 g
乳糖	5.0 g
氯化钠	5.0 g
溴甲酚紫乙醇溶液(16 g/L)	1.0 mL
蒸馏水	1 000 mL

4.52.2.3.2.2　制法

将蛋白胨、牛肉膏、乳糖及氯化钠置于蒸馏水中加热溶解，调 pH 为 7.2～7.4，再加入 1 mL 16 g/L 溴甲酚紫乙醇溶液，充分混匀，分装于装有倒管的试管中，以 115 ℃、20 min 高压灭菌，储备冷暗处备用。

4.52.2.3.3　革兰氏染色液

4.52.2.3.3.1　结晶紫染色液

a)　成分

结晶紫	1.0 g
乙醇[(C_2H_5OH)=95%]	20 mL
草酸铵水溶液(10 g/L)	80 mL

b)　制法

将结晶紫溶于乙醇[$\rho(C_2H_5OH)$=95%]中，然后与草酸铵溶液混合。

注：结晶紫不可用龙胆紫代替，前者是纯品，后者不是单一成分，易出现假阳性。结晶紫溶液放置过久会产生沉淀，不能再用。

4.52.2.3.3.2　革兰氏碘液

a)　成分

碘片	1.0 g
碘化钾	2.0 g
蒸馏水	300 mL

b)　制法

将碘和碘化钾先进行混合，加入蒸馏水少许，充分振摇，待完全溶解后，再加入其余的蒸馏水。

4.52.2.3.3.3　脱色剂

乙醇[$\phi(C_2H_5OH)$=95%]。

4.52.2.3.3.4　沙黄复染液

a)　成分

沙黄	0.25 g
乙醇[$\varphi(C_2H_5OH)$=95%]	10 mL
蒸馏水	90 mL

b)　制法

将沙黄溶解于乙醇中，待完全溶解后加入蒸馏水。

注：如无沙黄，可用苯酚复红染色液(1+10)替代，作为复染液，复染时间为 10 s。

4.52.2.3.3.5　染色法

a)　将培养 18 h～24 h 的培养物涂片；

b)　将涂片在火焰上固定，滴加结晶紫染色液，染 1 min，水洗；

c) 滴加革兰氏碘液，作用 1 min，水洗；

d) 滴加脱色剂，摇动玻片，直至无紫色脱落为止，约 30 s，水洗；

e) 滴加复染剂，复染 1 min，水洗，待干，镜检。

呈紫色者为革兰氏阳性菌；呈红色者为革兰氏阴性菌。

4.52.2.4 仪器

4.52.2.4.1 滤器。

4.52.2.4.2 滤膜：直径 47 mm，微孔径为 0.45 μm。处理方法同 4.52.2.5.1。

4.52.2.4.3 抽滤设备。

4.52.2.4.4 无齿镊子。

4.52.2.4.5 其他仪器同 4.52.1.4。

4.52.2.5 检验步骤

4.52.2.5.1 如滤膜未经灭菌，则使用前需先将滤膜放入烧杯中，加入蒸馏水，置于沸水浴中煮沸灭菌 3 次，每次 15 min。前两次煮沸后需更换水，用蒸馏水洗涤 2 次～3 次，以除去残留溶剂。建议使用一次性无菌滤膜。

4.52.2.5.2 用灭菌镊子夹取灭菌滤膜边缘部分，将粗糙面向上，贴放在已灭菌的滤床上，固定好滤器，将 100 mL 水样（如水样含菌数较多，可减少过滤水样量，或将水样稀释）注入滤器中，打开滤器阀门，在 -5.07×10^{4} Pa（负 0.5 大气压）下抽滤。

4.52.2.5.3 水样滤完后，再抽气约 5 s，关上滤器阀门，取下滤器，用灭菌镊子夹取滤膜边缘部分，移放在品红亚硫酸钠培养基（4.52.2.3.1）上，滤膜截留细菌面向上，滤膜应与培养基完全贴紧，两者间不得留有气泡，然后将平皿倒置，放入 36 ℃±1 ℃恒温箱内培养 24 h±2 h。

4.52.2.5.4 大肠菌群在远藤培养基上具有以下特征：

紫红色，具有金属光泽的菌落；

深红色，不带或略带金属光泽的菌落；

淡红色，中心色较深的菌落。

4.52.2.5.5 凡系革兰氏阴性无芽孢杆菌，再接种乳糖蛋白胨培养液，经 36 ℃±1 ℃培养 24 h±2 h 后，如产酸产气则判定为大肠菌群阳性。

4.52.2.5.6 结果计算

按式（115）计算滤膜上的大肠菌群菌落数，以每 100 mL 水样中的大肠菌群数报告结果。

$$\text{大肠菌群菌落数(CFU/100 mL)} = \frac{\text{数出的大肠菌群菌落数(CFU)} \times 100}{\text{过滤的样品量(mL)}} \quad \cdots\cdots (115)$$

4.53 粪链球菌

4.53.1 测定范围

本法适用于饮用天然矿泉水中粪链球菌的测定。

4.53.2 原理

采用滤膜法。将 250 mL 水样用孔径为 0.45 μm 的滤膜过滤，并将滤膜移至 KF 链球菌琼脂培养基上，于 36 ℃±1 ℃恒温箱中培养 48 h，如果有红色或粉红色菌落生长，需将菌落接种于脑-心浸萃琼脂培养基上做进一步的确证试验，如过氧化氢酶反应为阴性，并能在脑-心浸萃液体培养基上于 45 ℃培养后浑浊生长，则证实粪链球菌的存在，其检测结果为阳性。

4.53.3 培养基和试剂

4.53.3.1 KF 链球菌琼脂培养基

4.53.3.1.1 成分

3 号脲胨或聚胨	10.0 g
麦芽糖	20.0 g

乳糖	1.0 g
酵母浸膏	10.0 g
氯化钠	5.0 g
叠氮化钠	0.4 g
甘油磷酸钠	10.0 g
琼脂	20.0 g
蒸馏水	1 000 mL

4.53.3.1.2 **制法**

将上述成分溶解于蒸馏水中，置于沸水浴内加热，以溶解其中的琼脂，待完全溶解后再加热 5 min，然后冷却，温度降到 50 ℃～60 ℃时，于 100 mL 培养基内再加 1 mL 的 10 g/L 的氯化三苯基四氮唑（TTC）的无菌水溶液（用 0.22 μm 滤膜过滤除菌，用 100 g/L 的 Na_2CO_3 溶液将 pH 调到 7.2）。培养基于 45 ℃～50 ℃存放，到灌入平皿之前不可超过 4 h，有培养基的平皿应在 2 ℃～8 ℃保存。超过 30 d 不用，弃去。

4.53.3.2 **脑-心浸萃液态培养基**

4.53.3.2.1 **成分**

幼牛脑的浸萃	200 g
葡萄糖	20 g
牛心的浸萃	250 g
NaCl	5.0 g
脲胨	10.0 g
Na_2HPO_4	2.5 g
蒸馏水	1 000 mL

4.53.3.2.2 **制法**

将上述各成分于蒸馏水中加热溶解，调节 pH 使其灭菌后为 7.4。

4.53.3.3 **脑-心浸萃琼脂培养基**

脑-心浸萃琼脂培养基除了含有与上述脑-心浸萃液态培养基相同的成分外，再加入 15.0 g 的琼脂，灭菌后的 pH 应为 7.4。分装到试管中做成斜面培养基。

4.53.4 **仪器**

4.53.4.1 滤器。

4.53.4.2 滤膜：直径 47 mm，微孔径为 0.45 μm。处理方法同 4.52.2.5.1。

4.53.4.3 抽滤设备。

4.53.4.4 无齿镊子。

4.53.4.5 显微镜（10×～100×）。

4.53.4.6 量筒。

4.53.4.7 培养皿。

4.53.4.8 试管：18 mm×180 mm。

4.53.4.9 刻度吸管：1 mL、10 mL。

4.53.4.10 恒温培养箱：36 ℃±1 ℃、45 ℃±1 ℃。

4.53.4.11 高压蒸汽灭菌器。

4.53.4.12 酒精灯。

4.53.4.13 冰箱：0 ℃～8 ℃。

4.53.5 **检验步骤**

4.53.5.1 检验程序见图 11。

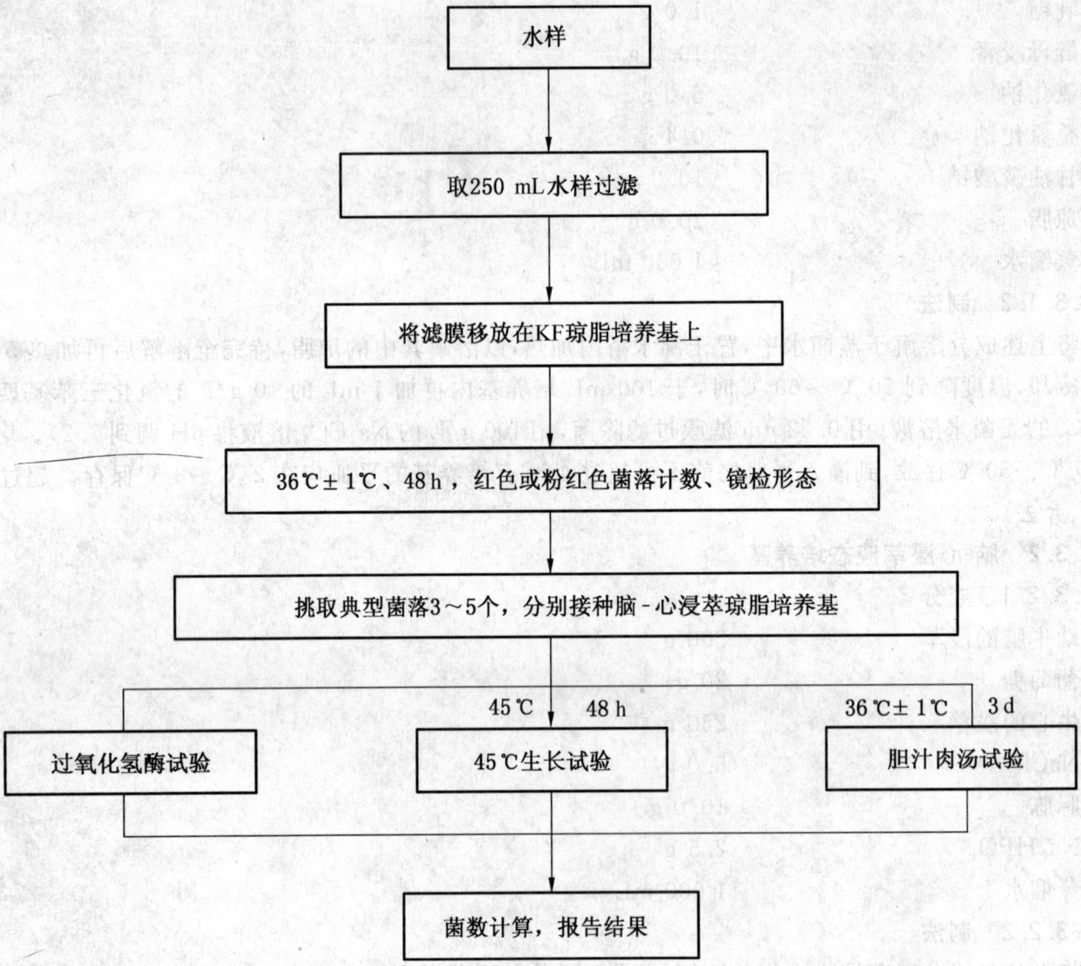

图 11 粪链球菌检验程序

4.53.5.2 推测性检验

4.53.5.2.1 水样过滤

应根据水质污染情况确定水样的稀释倍数，以滤过一张无菌滤膜后能产生 20 个～100 个菌落为宜，每张滤膜过滤 250 mL 水样或稀释液。

在 100 级的洁净工作台进行过滤操作。首先用无菌镊子夹取灭菌滤膜边缘部分，将粗糙面向上，贴放在已灭菌的滤床上，固定好滤器，滤膜经过滤后应直接转移到 KF 链球菌琼脂培养基上，同时避免在滤膜和培养基之间夹留着气泡。

4.53.5.2.2 培养：将培养皿倒置，在 36 ℃±1 ℃培养 48 h。

4.53.5.2.3 计数：粪链球菌菌落在滤膜上呈现大小不等的红色或粉红色菌落，将可疑菌落进行革兰氏染色、显微镜检查，粪链球菌应为革兰氏阳性球菌，计数每 250 mL 水样中的粪链球菌落数。

4.53.5.3 确证性试验

4.53.5.3.1 从滤膜上挑取典型的菌落，接种到脑-心浸萃琼脂培养基斜面上，在 36 ℃±1 ℃培养 24 h～48 h。如果有菌落生长，则继续按以下 4.53.5.3.2 和 4.53.5.3.3 的步骤进行。

4.53.5.3.2 用接种环从脑-心浸萃琼脂培养基斜面上挑取典型培养物到一片清洁的载玻片上，加几滴新鲜配制的 3%过氧化氢到载玻片的涂抹菌液上，如果没有气泡发生，则显示过氧化氢酶反应为阴性，则菌落可视为粪链球菌，需继续如下的确信过程。如果有气泡发生，则过氧化氢酶反应为阳性，因此菌落不属于粪链球菌，确信试验到此即可停止。

4.53.5.3.3 用接种环从脑-心浸萃琼脂培养基上转移一环培养物到脑-心浸萃液态培养基内，在 45 ℃

培养 48 h。此外,也同时转移一环培养物到胆汁液态培养基中,在 36 ℃±1 ℃培养 3 d。胆汁液态培养基由 40 mL 无菌的 100 g/L 牛胆液加入 60 mL 无菌的脑-心浸萃液态培养基中配制而成。

4.53.5.3.4 转移到上述培养基后,若菌落能够生长繁殖,则结果表示为阳性。证实确实存在粪链球菌。

4.53.6 **报告**

根据上述典型菌落的计数(4.53.5.2.3)和确证性试验为阳性的结果(4.53.5.3),计算每 250 mL 水样中的粪链球菌数量,结果以 CFU/250 mL 计。

4.53.7 **质量保证**

检验及计数过程中应以粪链球菌(*Fecal streptococcus*)ATCC29212 作为阳性对照菌株,以大肠埃希氏菌(*Escherichia coli*)ATCC25922 作为阴性对照菌株。

4.54 **铜绿假单胞菌**

4.54.1 **测定范围**

本法适用于饮用天然矿泉水中铜绿假单胞菌的测定。

4.54.2 **原理**

采用滤膜法。将 250 mL 水样用孔径为 0.45 μm 的滤膜过滤,并将滤膜移至 CN 琼脂选择性培养基上,于 36 ℃±1 ℃恒温箱中培养 48 h,典型菌落能够在 CN 琼脂选择性培养基上生长并产生绿脓菌素,或者能够在 CN 琼脂选择性培养基上生长并且氧化酶呈阳性、紫外光(360±20)nm 照射下能产生荧光、能够利用乙酰胺产氨的革兰氏阴性无芽胞杆菌,经证实为铜绿假单胞菌,则其检测结果为阳性。

4.54.3 **培养基和试剂**

除非特别说明,培养基和稀释剂预处理过程均使用分析纯试剂。按以下说明准备培养基和添加给定浓度的选择性底物作为补充,或者使用商业化的培养基。使用不含抑制性底物的蒸馏水。

4.54.3.1 **假单胞菌琼脂基础培养基/CN 琼脂**

4.54.3.1.1 **成分**

明胶胨	16.0 g
胰蛋白胨	10.0 g
K_2SO_4	10.0 g
$MgCl_2$	1.4 g
甘油	10 mL
琼脂	15 g～20 g
蒸馏水	1 000 mL
CN 补充成分	
溴化十六烷基三甲胺(cetrimide)	0.2 g
萘啶酮酸	0.015 g

4.54.3.1.2 **制法**

将明胶胨、胰蛋白胨、K_2SO_4、$MgCl_2$、琼脂溶解于 1 000 mL 蒸馏水中。然后加入 10 mL 甘油,加热煮溶并高压蒸汽灭菌(121 ℃,15 min)。灭菌后,待培养基冷却至 45 ℃～50 ℃时,加入溶于 2 mL 灭菌蒸馏水的 CN 补充成分,与尚处于融溶状态的基础培养基混合,倾注到灭菌平板上,培养基厚度至少高 5 mm,培养基的最终 pH 应在 7.1±0.2 范围内(温度为 25 ℃时)。将制备好的平板置于黑暗处,于2 ℃～8 ℃保存,同时防止干燥,在一月内使用。不要使培养基保持融溶状态超过 4 h。不得再次煮融培养基。

4.54.3.2 **金氏 B(King's B)培养基**

4.54.3.2.1 **成分**

蛋白胨	20.0 g
甘油	10 mL

K_2HPO_4	1.5 g
$MgSO_4 \cdot 7H_2O$	1.5 g
琼脂	15.0 g
蒸馏水	1 000 mL

4.54.3.2.2 **制法**

加热溶解以上各组分，然后冷却至 45 ℃～50 ℃，用 HCl 或 NaOH 调节 pH 到 7.2±0.2 范围内(温度为 25 ℃时)。最后将培养基分装到试管中，每管 5 mL，盖好试管帽后，高压蒸汽灭菌(121 ℃，15 min)。灭菌后，取出，冷却培养基，制成斜面。于低温 2 ℃～8 ℃黑暗条件下保存，三个月内使用。

4.54.3.3 **乙酰胺肉汤**

4.54.3.3.1 **成分**

a) 溶液 A

KH_2PO_4	1.0 g
$MgSO_4$	0.2 g
乙酰胺	2.0 g
NaCl	0.2 g
蒸馏水	900 mL

b) 溶液 B

$Na_2MoO_4 \cdot 2H_2O$	0.5 g
$FeSO_4 \cdot 7H_2O$	0.05 g
水	100 mL

4.54.3.3.2 **制法**

加热溶解 A 组分，用 HCl 或 NaOH 调 pH 到 7.0±0.5 范围内(当温度为 25 ℃时)。然后将 1 mL 溶液 B 加入到 900 mL 新鲜制备的溶液 A 中，用水定容到 1 000 mL。分装到试管中，每管 5 mL，盖好试管帽后，高压蒸汽灭菌(121 ℃，15 min)。灭菌后，取出，于低温 2 ℃～8 ℃黑暗条件下保存，三个月内使用。

注：乙酰胺具有刺激性且能够致癌，在称量、使用和丢弃培养基时应适当注意。

4.54.3.4 **营养琼脂**

4.54.3.4.1 **成分**

蛋白胨	10.0 g
牛肉膏	3.0 g
氯化钠	5.0 g
琼脂	15 g～20 g
蒸馏水	1 000 mL

4.54.3.4.2 **制法**

加热溶解以上各成分，高压蒸汽灭菌(121 ℃，15 min)。制备好的培养基 pH 在 7.4±0.2 范围内(温度在 25 ℃时)。使用前可干燥，去除培养基表面多余的水分。灭菌后可放置于低温 2 ℃～8 ℃黑暗条件下保存，防止干燥，一个月内使用。

4.54.3.5 **氧化酶试剂**

4.54.3.5.1 1%盐酸二甲基对苯二胺溶液：少量新鲜配制，于冰箱内避光保存。

4.54.3.5.2 1%α-萘酚-乙醇溶液。

4.54.3.6 **钠氏试剂**

4.54.3.6.1 **成分**

氯化汞($HgCl_2$)	10.0 g

碘化钾(KI) 7.0 g

氢氧化钠(NaOH) 16.0 g

4.54.3.6.2 **制法**

称取 16 g 的 NaOH 溶于 50 mL 无氨水中，冷却。称取 10 g $HgCl_2$ 和 7 g 的 KI 溶于少量的无氨水中，然后将此溶液在搅拌下，缓慢加入氢氧化钠溶液中，用无氨水定容至 100 mL。盛在棕色试剂瓶内，存于黑暗处。有效期达一年。

警告——$HgCl_2$ 有毒，请避免摄入。

4.54.4 **仪器**

4.54.4.1 玻璃器具：所有玻璃器皿使用前需 121 ℃高压蒸汽灭菌 15 min。

4.54.4.2 恒温培养箱：36 ℃±1 ℃。

4.54.4.3 紫外灯：波长应为(360±20)nm。

4.54.4.4 滤膜：直径 47 mm，微孔径为 0.45 μm。处理方法同 4.52.2.5.1。

4.54.4.5 显微镜：10×～100×。

4.54.4.6 冰箱：0 ℃～8 ℃。

4.54.5 **检验步骤**

4.54.5.1 检验程序见图 12。

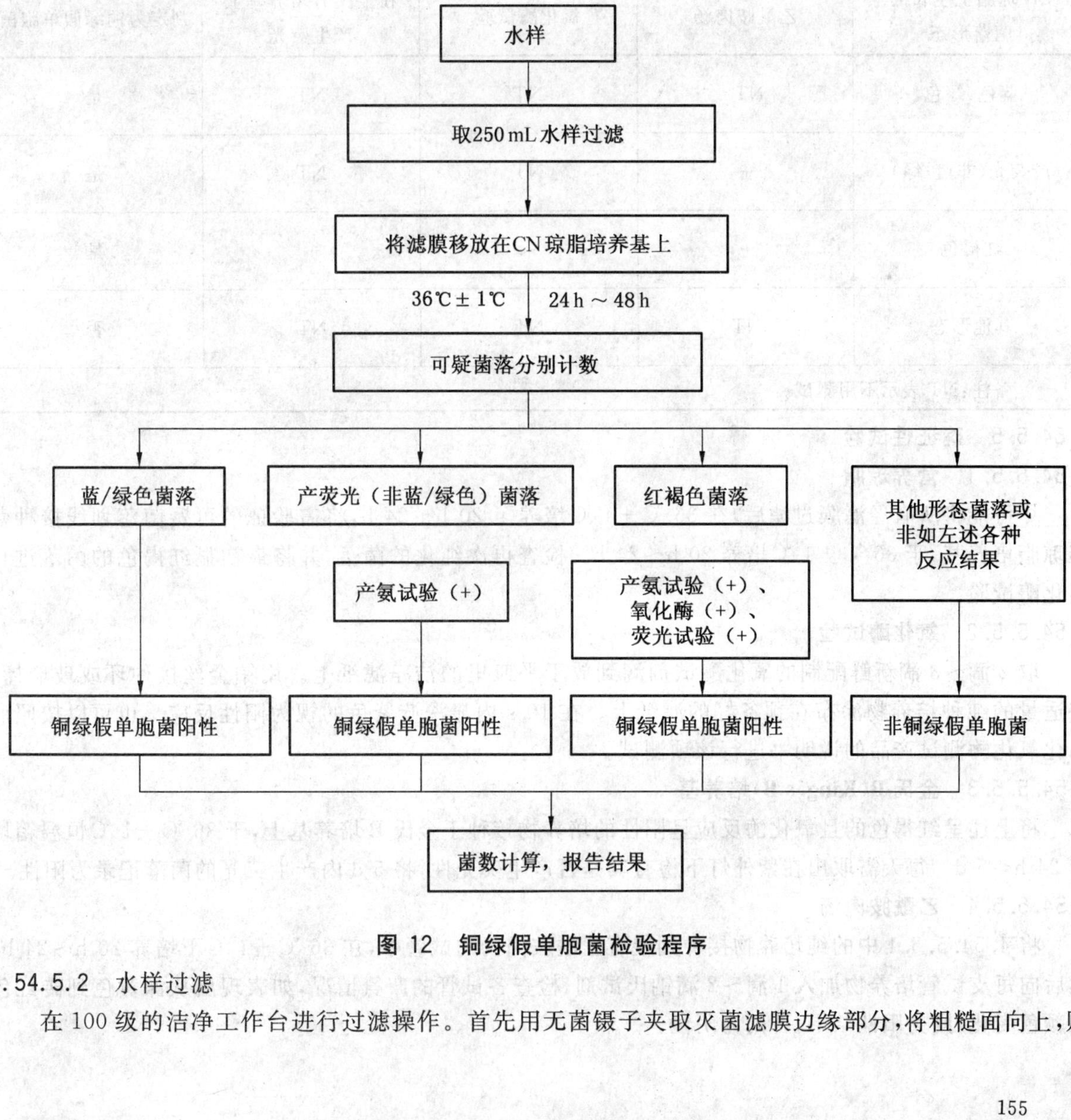

图 12 铜绿假单胞菌检验程序

4.54.5.2 水样过滤

在 100 级的洁净工作台进行过滤操作。首先用无菌镊子夹取灭菌滤膜边缘部分，将粗糙面向上，贴放在已灭菌的滤床上，固定好滤器，将 250 mL 水样或稀释液通过孔径 0.45 μm 的滤膜过滤，然后将过滤后的滤膜贴在已制备好的 CN 琼脂平板上，平铺并避免在滤膜和培养基之间夹留着气泡。

4.54.5.3 培养

将平板置于 36 ℃±1 ℃培养 40 h～48 h，并防止干燥。

4.54.5.4 结果观察

在培养 20 h～24 h 和 40 h～48 h 后观察滤膜上菌落的生长情况并计数。

计数所有显蓝色或绿色(绿脓色素)的菌落，判定为铜绿假单胞菌。

在紫外线下检查滤膜时，应避免长时间在紫外光下照射，否则可能会将平板上的菌落杀灭，而导致无法在证实培养基上生长。计数滤膜上所有发荧光不产绿脓色素疑似铜绿假单胞菌菌落，并进行乙酰胺肉汤确证性试验。

将其他所有红褐色不发荧光的菌落进行氧化酶测试、乙酰胺肉汤、金氏 B 培养基确证性试验，培养 20 h～24 h 观察结果，防止因为培养 40 h～48 h 导致菌落过分生长而出现菌落融合。

最终的铜绿假单胞菌菌落计数应按 4.54.6 中式(116)进行计算。

在 CN 琼脂上生长的菌落选择和验证步骤见表 34。

表 34 在 CN 琼脂上生长的菌落选择和验证步骤

CN 琼脂上生长的菌落形态	乙酰胺肉汤	氧化酶试验	在金氏 B 培养基上产生荧光	判定为铜绿假单胞菌
蓝色/绿色	NT[a]	NT	NT	是
产荧光(非蓝/绿)	+	NT	NT	是
红褐色	+	+	+	是
其他形态	NT	NT	NT	否

a 备注：NT 表示不用测试。

4.54.5.5 **确证性试验**

4.54.5.5.1 **营养琼脂**

尽可能将所有经滤膜过滤后，在 36 ℃±1 ℃培养了 20 h～24 h，将需验证的可疑菌落划线接种营养琼脂培养基，于 36 ℃±1 ℃培养 20 h～24 h。检查再次纯化的菌落，并将最初显红褐色的菌落进行氧化酶试验。

4.54.5.5.2 **氧化酶试验**

取 2 滴～3 滴新鲜配制的氧化酶试剂滴到放于平皿里的洁净滤纸上。用铂金丝接种环或玻璃棒，将适量的纯种培养物涂布在预备好的滤纸上。在 10 s 内显深蓝紫色的视为阳性反应。也可以按照商品化氧化酶测试产品的说明书进行该项测试。

4.54.5.5.3 **金氏 B(King's B)培养基**

将上述呈红褐色的且氧化酶反应呈阳性的培养物接种于金氏 B 培养基上，于 36 ℃±1 ℃恒温箱培养 24 h～5 d。每天需取出在紫外灯下检查其是否产生荧光性，将 5 d 内产生荧光的菌落记录为阳性。

4.54.5.5.4 **乙酰胺肉汤**

将 4.54.5.5.1 中的纯培养物接种到装有乙酰胺肉汤的试管中，在 36 ℃±1 ℃下培养 20 h～24 h。然后向每支试管培养物加入 1 滴～2 滴钠氏试剂，检查各试管的产氨情况，如表现出从深黄色到砖红色的颜色变化，则为阳性结果，否则为阴性。

4.54.5.6 计数

将产生绿脓色(蓝色/绿色)或氧化酶反应呈阳性、在紫外灯下产生荧光(4.54.5.4或4.54.5.5.3),且在乙酰胺肉汤中产氨的所有菌落证实为铜绿假单胞菌,并进行计数。通过计数培养后的滤膜上的菌落以获得铜绿假单胞菌的数量。其他产生荧光或者呈红棕色的菌落需要进一步验证。

注:最初滤膜上显荧光的菌落经氧化酶反应均呈阳性,因此不需在这个测试中计数(见表35)。

4.54.6 结果说明

滤膜上的特征菌落可证实为铜绿假单胞菌的菌落。计算菌落数时应考虑到验证试验的比例及特定的水量,如矿泉水、泉水和其他瓶装水,水样的体积应为250 mL。

菌落计数按式(116)计算。

$$N = P + F(C_F/n_F) + R(C_R/n_R) \qquad (116)$$

式中:

P——呈蓝/绿色的菌落数(所有证实为铜绿假单胞菌的菌落);

F——显荧光的菌落数;

R——呈红褐色的菌落数;

n_F——进行产氨测试的显荧光菌落数;

C_F——产氨阳性的显荧光菌落数;

n_R——进行产氨、氧化酶、金氏B培养基上显荧光测试的红褐色菌落数;

C_R——产氨、氧化酶、金氏B培养基上显荧光测试均呈阳性的红褐色菌落数。

4.54.7 报告

根据蓝色或绿色菌落的计数(4.54.5.4)和确证性试验的结果(4.54.5.5),计算每250 mL水样中的铜绿假单胞菌数量,结果以CFU/250 mL计。

4.54.8 干扰因素

当铜绿假单胞菌受到严重污染或培养时间过长时,菌落会产生融合而可能影响计数的精确度。

4.54.9 质量保证

检验及计数过程中应以铜绿假单胞菌(*Pseudomonas aeruginosa*)ATCC27853作为阳性对照菌株,以大肠埃希氏菌(*Escherichia coli*)ATCC25922作为阴性对照菌株。

4.55 产气荚膜梭菌

4.55.1 测定范围

本法适用于饮用天然矿泉水中产气荚膜梭菌的测定。

4.55.2 原理

采用滤膜法。取50 mL的水样用孔径为0.22 μm的滤膜过滤,然后将滤膜移至SPS琼脂培养基上,倒置于36 ℃±1 ℃厌氧培养24 h,计数黑色菌落,任意挑取3个~5个在滤膜上生长的黑色菌落,分别接种FT培养基,于36 ℃±1 ℃厌氧培养18 h~24 h后,将培养物做确证试验,根据试验结果确证产气荚膜梭菌的存在。

4.55.3 培养基和试剂

4.55.3.1 庖肉培养基

4.55.3.1.1 成分

牛肉浸液	1 000 mL
蛋白胨	30.0 g
酵母膏	5.0 g
磷酸二氢钠	5.0 g
葡萄糖	3.0 g
可溶性淀粉	2.0 g
碎肉渣	适量

4.55.3.1.2 制法

4.55.3.1.2.1 称取新鲜除脂肪和筋膜的碎牛肉 500 g，加蒸馏水 1 000 mL 和 1 mol/L 氢氧化钠溶液 25 mL，搅拌煮沸 15 min，充分冷却，除去表层脂肪，澄清，过滤，加水补足至 1 000 mL。加入除碎肉渣外的各种成分，校正 pH＝7.8。

4.55.3.1.2.2 碎肉渣经水洗后晾至半干，分装 15 mm×150 mm 试管约 2 cm～3 cm 高，每管加入还原铁粉 0.1 g～0.2 g 或铁屑少许。将上述液体培养基分装至每管内超过肉渣表面约 1 cm。上面覆盖溶化的凡士林或液体石蜡 0.3 cm～0.4 cm。121 ℃高压灭菌 15 min。

4.55.3.2 亚硫酸盐-多粘菌素-磺胺嘧啶琼脂(SPS)

4.55.3.2.1 **成分**

胰酶消化酪蛋白胨	15.0 g
酵母膏	10.0 g
柠檬酸铁铵	0.5 g
琼脂	15.0 g
蒸馏水	1 000 mL
100 g/L 亚硫酸钠水溶液(新配)	5 mL
1.2 g/L 多粘菌素 B 硫酸盐水溶液	10 mL
12 g/L 磺胺嘧啶钠水溶液	10 mL

4.55.3.2.2 制法

将前面五种成分配合后加热溶解，校正 pH＝7.0。分装每瓶 100 mL，121 ℃高压灭菌 15 min。临用时加热融化琼脂，冷至 50 ℃。按比例加入后 3 种溶液，摇匀，倾注平板。

4.55.3.3 液体硫乙醇酸盐培养基(FT)

4.55.3.3.1 成分

胰酶消化酪蛋白胨	15.0 g
L-胱氨酸	0.5 g
葡萄糖	5.0 g
酵母膏	5.0 g
氯化钠	2.5 g
硫乙醇酸钠	0.5 g
刃天青(Resazurin)	0.001 g
琼脂	0.75 g
蒸馏水	1 000 mL

4.55.3.3.2 制法

煮沸溶解，冷却后校正 pH＝7.1，分装试管，每管 10 mL，121 ℃高压灭菌 15 min。临用前隔水煮沸 10 min，以驱除培养基中溶解的氧气，迅速冷却。

4.55.3.4 动力-硝酸盐培养基(A 法)

4.55.3.4.1 成分

蛋白胨	5.0 g
牛肉膏	3.0 g
硝酸钾	1.0 g
琼脂	3.0 g
蒸馏水	1 000 mL

4.55.3.4.2 制法

加热溶解，校正 pH＝7.0。分装试管，每管 10 mL，121 ℃高压灭菌 15 min。

4.55.3.5 动力-硝酸盐培养基(B法)

4.55.3.5.1 成分

蛋白胨	5.0 g
牛肉膏	3.0 g
硝酸钾	5.0 g
磷酸氢二钠	2.5 g
半乳糖	5.0 g
甘油	5.0 g
琼脂	3.0 g
蒸馏水	1 000 mL

4.55.3.5.2 制法

将以上各成分混合,加热溶解,校正 pH=7.4。分装试管,121 ℃高压灭菌 15 min。

4.55.3.6 含铁牛奶培养基

4.55.3.6.1 成分

新鲜全脂牛奶	1 000 mL
硫酸亚铁	1.0 g
蒸馏水	50 mL

4.55.3.6.2 制法

将硫酸亚铁溶解于蒸馏水中,不断搅拌,缓慢地加入于 1 000 mL 牛奶中,混匀。分装试管,每管 10 mL,115 ℃高压灭菌 10 min,灭菌后迅速取出并尽快冷却。本培养基应新鲜设备。

4.55.3.7 卵黄琼脂培养基

4.55.3.7.1 成分(基础培养基)

肉浸液	1 000 mL
蛋白胨	15.0 g
氯化钠	5.0 g
琼脂	15 g～20 g

4.55.3.7.2 500 g/L 葡萄糖水溶液。

4.55.3.7.3 500 g/L 卵黄盐水悬液。

4.55.3.7.4 制法

制备基础培养基,校正 pH=7.5,分装每瓶 100 mL。121 ℃高压灭菌 15 min。临用时加热融化琼脂,冷至 50 ℃,每瓶内加入 500 g/L 葡萄糖水溶液 2 mL 和 500 g/L 卵黄盐水悬液 10 mL～15 mL,摇匀,倾注平板。

4.55.3.8 1 g/L 蛋白胨水

4.55.3.8.1 成分

蛋白胨	1.0 g
蒸馏水	1 000 mL

4.55.3.8.2 制法

溶解蛋白胨于蒸馏水中,校正 pH 至 7.0,121 ℃灭菌 15 min。

4.55.3.9 硝酸盐还原试剂

4.55.3.9.1 甲液:将对氨基酸苯磺酸 0.8 g 溶解于 2.5 mol/L 乙酸溶液 100 mL 中。

4.55.3.9.2 乙液:将甲萘胺 0.5 g 溶解于 2.5 mol/L 乙酸溶液 100 mL 中。

4.55.3.9.3 试验方法

将纯种培养物接种于硝酸盐还原培养基中,在 36 ℃±1 ℃培养 1 d～4 d 后,加入甲液和乙液各一滴，观察结果。硝酸盐还原为亚硝酸盐时会立刻或数分钟内显红色。

注：本试验阴性的原因有三：细菌不能还原硝酸盐；亚硝酸盐继续分解，生成氨和氮；培养基不适用于细菌的生长。

如欲检查培养基中硝酸盐是否未被分解，可再加入锌粉少许，可使硝酸盐还原为亚硝酸盐而呈现红色。

4.55.3.10　革兰氏染色液：同 4.52.2.3.3。

4.55.4　**仪器**

4.55.4.1　冰箱：0 ℃～8 ℃。

4.55.4.2　恒温培养箱：36 ℃±1 ℃。

4.55.4.3　恒温水浴锅：46 ℃±1 ℃。

4.55.4.4　显微镜：10×～100×。

4.55.4.5　漩涡振荡器。

4.55.4.6　厌氧培养装置：常温催化除氧式或碱性焦性没食子酸除氧式。

4.55.4.7　灭菌吸管：1 mL、10 mL。

4.55.4.8　灭菌试管：16 mm×160 mm。

4.55.4.9　灭菌平皿：直径 90 mm。

4.55.4.10　灭菌锥形瓶：500 mL。

4.55.4.11　滤器。

4.55.4.12　滤膜：直径 47 mm，微孔径为 0.22 μm。处理方法同 4.52.2.5.1。

4.55.4.13　抽滤设备。

4.55.4.14　无菌镊子。

4.55.5　**检验步骤**

4.55.5.1　检验程序见图 13。

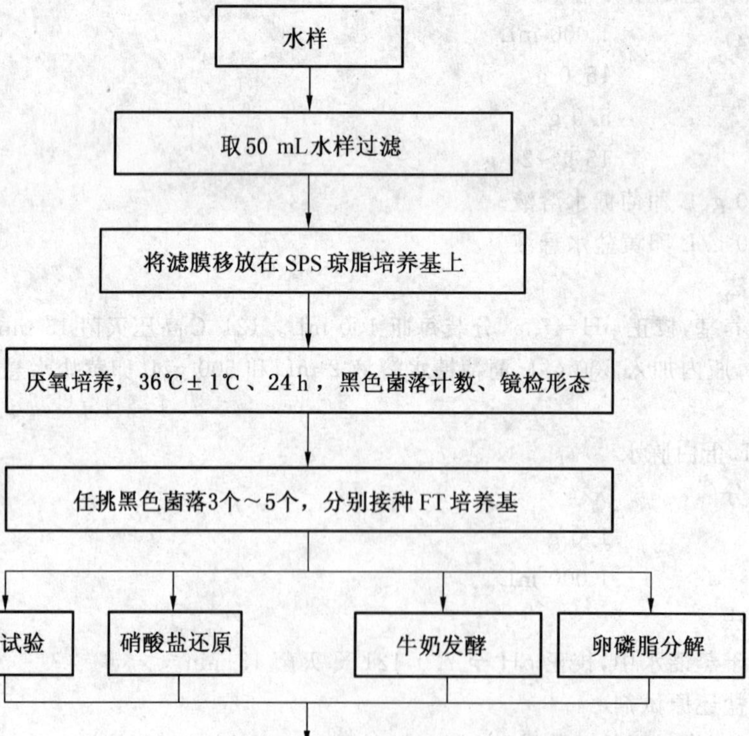

图 13　产气荚膜梭菌检验程序

4.55.5.2 过滤水样

在100级的洁净工作台进行过滤操作。首先用无菌镊子夹取灭菌滤膜边缘部分，将粗糙面向上，贴放在已灭菌的滤床上，固定好滤器，将50 mL水样（如水样含菌数较多，可用0.1%蛋白胨水将水样按比例稀释后进行检测）注入滤器中，打开滤器阀门进行抽滤。

4.55.5.3 培养

水样滤完后，关上滤器阀门，取下滤器，用灭菌镊子夹取滤膜边缘部分，移放在SPS琼脂培养基上，滤膜截留细菌面向上，滤膜应与培养基完全贴紧，两者间不得留有气泡，然后倒置于厌氧培养装置内，于36 ℃±1 ℃厌氧培养24 h。计数平板上的黑色菌落数。

4.55.5.4 确证性试验

4.55.5.4.1 挑取上述平板生长的可疑黑色菌落3个～5个，分别按种FT培养基，于36 ℃±1 ℃培养18 h～24 h。

4.55.5.4.2 用上述培养液涂片，革兰氏染色镜检。产气荚膜梭菌为革兰氏阳性粗大杆菌，其耐热菌株可能形成卵形芽胞，位于菌体中央或近端，其宽度一般不大于菌体。

4.55.5.4.3 用接种针穿刺接种动力-硝酸盐培养基，于36 ℃±1 ℃厌氧培养24 h，观察接种线的生长情况，判断有无动力。然后，滴加甲萘胺液和对氨基苯磺酸液各0.5 mL，观察硝酸盐是否被还原。产气荚膜梭菌无动力，能将硝酸盐还原为亚硝酸盐。

4.55.5.4.4 取生长旺盛的FT培养液1 mL接种于含铁牛乳培养基，在46 ℃水浴中培养2 h后观察有无“暴烈发酵”现象发生，在5 h内不发酵者为阴性。产气荚膜梭菌能发酵乳糖，凝固酪蛋白并大量产气，呈“暴烈发酵”现象，但培养基不变黑。

4.55.5.4.5 用接种针取FT培养液点种于卵黄琼脂平板（每张平板至少可接种10点），于36 ℃±1 ℃厌氧培养24 h，观察接种点的变化。产气荚膜梭菌会产生卵磷脂酶，分解卵黄中的卵磷脂，接种点的底部及周围形成乳白色的混浊带。

4.55.5.5 菌数计算

根据黑色菌落的计数（4.55.5.3）和确证性试验的结果（4.55.5.4），计算每50 mL水样中的产气荚膜梭菌数量，结果以CFU/50 mL计。

4.55.6 质量保证

试验过程中可以用产气荚膜梭菌（*Clostridium perfringens*）ATCC13124作为阳性对照，用大肠埃希氏菌（*Escherichia coli*）ATCC25922作为阴性对照。

附 录 A
（资料性附录）
饮用天然矿泉水中多种元素的检验方法
——电感耦合等离子体发射光谱法和电感耦合等离子体质谱法

A.1 电感耦合等离子体发射光谱法

A.1.1 范围

本法适用于饮用天然矿泉水中的铝、锑、砷、钡、铍、硼、镉、钙、铬、钴、铜、铁、铅、锂、镁、锰、钼、镍、钾、硒、硅、银、钠、锶、铊、钒和锌含量的测定。

本法对各种元素的最低检测质量浓度、所用测量波长列于表 A.1 中。

表 A.1 推荐的波长、最低检测质量浓度

元 素	波长/nm	最低检测质量浓度/(μg/L)	元 素	波长/nm	最低检测质量浓度/(μg/L)
铝	308.22	40	镁	279.08	13
锑	206.83	30	锰	257.61	0.5
砷	193.70	35	钼	202.03	8
钡	455.40	1	镍	231.60	6
铍	313.04	0.2	钾	766.49	20
硼	249.77	11	硒	196.03	50
镉	226.50	4	硅(SiO_2)	212.41	20
钙	317.93	11	银	328.07	13
铬	267.72	19	钠	589.00	5
钴	228.62	2.5	锶	407.77	0.5
铜	324.75	9	铊	190.86	40
铁	259.94	4.5	钒	292.40	5
铅	220.35	20	锌	213.86	1
锂	670.78	1			

A.1.2 原理

ICP 源是由离子化的氩气流组成，氩气经电磁波为 27.1 MHz 射频磁场离子化。这一磁场通过一个绕在石英炬管上的水冷却线圈得以维持，离子化的气体被定义为等离子体。样品气溶胶是由一个合适的雾化器和雾室产生并通过安装在炬管上的进样管引入等离子体。样品气溶胶直接进入 ICP 源，温度大约为 6 000 K～80 000 K。由于温度很高，样品分子几乎完全解离，从而大大降低了化学干扰。此外，等离子体的高温使原子发射更为有效，原子的高电离度减少了离子发射谱线。可以说 ICP 提供了一个典型的"细"光源，它没有自吸现象，除非样品浓度很高。许多元素的动态线性范围达 4 个～6 个数量级。

ICP 的高激活效率使许多元素有较低的最低检测质量浓度。这一特点与较宽的动态线性范围使金属多元素测定成为可能。ICP 发出的光可聚集在单色器和复色器的入口狭缝，散射。用光电倍增管测定光谱强度时，精确调节出口狭缝可用于分离发射光谱部分。单色器一般用一个出口狭缝或光电倍增

管，还可以使用计算机控制的示值读数系统同时监测所有检测的波长。这一方法提供了更大的波长范围，同时此方法也增大了样品量。

A.1.3 试剂

A.1.3.1 纯水：均为去离子蒸馏水。

A.1.3.2 硝酸（$\rho_{20}=1.42$ g/mL）。

A.1.3.3 硝酸溶液（2+98）。

A.1.3.4 各种金属离子标准贮备溶液：选用相应浓度的持证混合标准溶液、单标溶液，并稀释到所需浓度。

A.1.3.5 混合校准标准溶液：配制混合校准标准溶液，其浓度为 10 mg/L。

A.1.3.6 氩气：高纯氩气。

A.1.4 仪器设备

A.1.4.1 电感耦合等离子体发射光谱仪。

A.1.4.2 超纯水制备仪。

A.1.5 分析步骤

A.1.5.1 仪器操作条件：根据所使用的仪器的制造厂家的说明，使仪器达到最佳工作状态。

A.1.5.2 标准系列的制备：吸取标准使用液，用硝酸（A.1.3.3）溶液配制铝、锑、砷、钡、铍、硼、镉、钙、铬、钴、铜、铁、铅、锂、镁、锰、钼、镍、钾、硒、硅、银、钠、锶、铊、钒和锌混合标准 0，0.1，0.5，1.0，1.5，2.0，5.0 mg/L。

A.1.5.3 标准系列的测定：开机，仪器达到最佳状态后。编制测定方法，测定标准系列，绘制校准曲线，计算回归方程。

A.1.5.4 样品的测定：取适量样品进行酸化（A.1.3.3），然后直接进样。

A.1.6 计算

根据样品信号计数，从校准曲线或回归方程中查得样品中各元素质量浓度（mg/L）。

A.1.7 干扰

A.1.7.1 光谱干扰——来自谱源的光发射产生的干扰要比关注的元素对净信号强度的贡献大。光谱干扰包括谱线直接重叠，强谱线的拓宽，复合原子-离子的连续发射，分子带发射，高浓度时元素发射产生的光散射。要避免谱线重叠可以选择适宜的分析波长。避免或减少其他光谱干扰，可用正确的背景校正。元素线区域波长扫描对于可能存在的光谱干扰和背景校正位置的选择都是有用的。要校正残存的光谱干扰可用经验决定校正系数和光谱制造厂家提供的计算机软件共同作用或用下面详述的方法。如果分析线不能准确分开，则经验校正方法不能用于扫描光谱仪系统。此外，如果使用复色器，因为检测器中没有通道设置，所以可以证明样品中某一元素光谱干扰的存在。要做到这一点，可分析浓度为 100 mg/L 的单一元素溶液，注意每个元素通道，干扰物质的浓度是否明显大于元素的仪器最低检测质量浓度。

A.1.7.2 非光谱干扰

A.1.7.2.1 物理干扰是指与样品雾化和迁移有关的影响。样品物理性质方面的变化，如粘度，表面张力，可引起较大的误差，这种情况一般发生在样品中酸含量为 10%（体积分数）或所用的标准校准溶液酸含量≤5%，或溶解性固体>1 500 mg/L。无论何时遇到一个新的或不常见的样品基体，要用 A.1.5 步骤检测。物理干扰的存在一般通过稀释样品，使用基体匹配的校标准校准溶液或标准加入法进行补偿。

溶解性固体含量高，则盐在雾化器气孔尖端上沉积，导致仪器基线漂移。可用潮湿的氩气使样品雾化，减少这一问题。使用质量流速控制器可以更好地控制氩气到雾化器的流速，提高仪器性能。

A.1.7.2.2 化学干扰是由分子化合物的形成，离子化效应和热化学效应引起的，它们与样品在等离子体中蒸发、原子化等有关。一般而言，这些影响是不显著的，可通过认真选择操作条件（入射功率、等离子体观察位置)来减小影响。化学干扰很大程度上依赖于样品基体和关注的元素,与物理干扰相似,可用基体匹配的标准或标准加入法予以补偿。

A.1.7.3 校正

A.1.7.3.1 空白校正:从每个样品值中减去与之有关部分的校准空白值,以校正基线漂移。(所指的浓度值应包括正值和负值,以补偿正面和负面的基线漂移,确定用于空白校对的校正空白液未被记忆效应污染)。用方法空白分析的结果校正试剂污染。向适当的样品中分散方法空白。一次性减去试剂空白和基线漂移校正值。

A.1.7.3.2 稀释校正:如果样品在制备过程中稀释或浓缩,按式(A.1)把结果乘以稀释系数(DF)。

$$DF = \frac{\text{最后的质量或体积}}{\text{开始的质量或体积}} \qquad \cdots\cdots(A.1)$$

A.1.7.3.3 光谱干扰校正:用厂家提供的计算机软件校正光谱干扰或者用一种基于校正干扰系数的方法来校正光谱干扰。在同样品相近的条件下对浓度适当的单一元素贮备液进行分析来测定干扰校正系数。除非每天的分析条件都相同或长期一致。每次测定样品时,其结果产生影响的干扰校正系数也要进行测定。从高纯的贮备溶液计算干扰校正系数(K_{ij})。

$$K_{ij} = \frac{\text{元素 i 的表观浓度}}{\text{干扰元素 j 的实际浓度}} \qquad \cdots\cdots(A.2)$$

元素 i 的浓度在贮备液中和在空白中不同。对元素 i 和元素 j、k、l 光谱干扰的校正浓度可用下式计算(已经对基线漂移进行校正)。

元素 i 光谱干扰校正浓度=元素 i 浓度-(K_{ij})×(干扰元素 j 浓度)-(K_{jk})×(干扰元素 k 浓度)-(K_{ij})×(干扰元素 l 浓度)。

如果背景校正用于元素 i 则干扰校正系数可能为负值。干扰线在波长背景中要比在波长峰顶上K_{ij}为负的几率大。在元素 j、k、l 的线性范围内测定其浓度值。对于计算相互干扰需要迭代法或矩阵法。

A.1.7.3.4 非光谱干扰校正:如果非光谱干扰校正是必要的,可以采用标准加入法。元素在加入标准中和在样品中的物理和化学形式是一样的。或者所 ICP 将金属在样品和加标中的形式统一,干扰作用不受加标金属浓度的影响,加标浓度在样品中元素浓度的 50% 到 100% 之间,以便不会降低测量精度,多元素影响的干扰也不会带来错误的结果。仔细选择离线点后,用背景校正将该方法用于样品系列中所有的元素。如果加入元素不会引起干扰则可以考虑多元素标准加入法。

A.2 电感耦合等离子体质谱法

A.2.1 范围

本法适用于饮用天然矿泉水中银、铝、砷、硼、钡、铍、钙、镉、钴、铬、铜、铁、钾、锂、镁、锰、钼、钠、镍、铅、锑、硒、锶、锡、钍、铊、钛、铀、钒、锌、汞的测定。

本法各元素的最低检测质量浓度(μg/L)分别为:银,0.03;铝,0.6;砷,0.09;硼,0.9;钡,0.3;铍,0.03;钙,6.0;镉,0.06;钴,0.03;铬,0.09;铜,0.09;铁,0.9;钾,3.0;锂,0.3;镁,0.4;锰,0.06;钼,0.06;钠,7.0;镍,0.07;铅,0.07;锑,0.07;硒,0.09;锶,0.09;锡,0.09;钍,0.06;铊,0.01;钛,0.4;铀,0.04;钒,0.07;锌,0.8;汞,0.07。

A.2.2 原理

ICP-MS 由离子源和质谱仪两个主要部分构成。样品溶液经过雾化由载气送入 ICP 炬焰中,经过蒸发、解离、原子化、电离等过程,转化为带正电荷的正离子,经离子采集系统进入质谱仪,质谱仪根据质荷比进行分离。对于一定的质荷比,质谱积分面积与进入质谱仪中的离子数成正比。即样品的浓度与质谱的积分面积成正比,通过测量质谱的峰面积来测定样品中元素的浓度。

A.2.3 干扰

A.2.3.1 同量异位素干扰:相邻元素间的异序素有相同的质荷比,不能被四极质谱分辨,可能引起异序素严重干扰。一般的仪器会自动校正。

A.2.3.2 丰度较大的同位素对相邻元素的干扰：丰度较大的同位素会产生拖尾峰，影响相邻质量峰的测定。可调整质谱仪的分辨率以减少这种干扰。

A.2.3.3 多原子(分子)离子干扰：由两个或三个原子组成的多原子离子，并且具有和某待测元素相同的质荷比所引起的干扰。见表 A.2。由于氯化物离子对检测干扰严重。所以不要用盐酸制备样品。多原子(分子)离子干扰很大程度上受仪器操作条件的影响，通过调整可以减少这种干扰。

表 A.2 常见的分子离子干扰

分子离子			质量	受干扰元素
本底分子离子		NH^+	15	—
		OH^+	17	—
		OH_2^+	18	—
		C_2^+	24	Mg
		CN^+	26	Mg
		CO^+	28	Si
		N_2^+	28	Si
		N_2H^+	29	Si
		NO^+	30	—
		NOH^+	31	P
		O_2^+	32	S
		O_2H^+	33	—
		$^{36}ArH^+$	37	Cl
		$^{38}ArH^+$	39	K
		$^{40}ArH^+$	41	—
		CO_2^+	44	Ca
		CO_2^+H	45	Sc
		ArC^+，ArO^+	52	Cr
		ArN^+	54	Cr
		$ArNH^+$	55	Mn
		ArO^+	56	Fe
		ArH^+	57	Fe
		$^{40}Ar^{36}Ar^+$	76	Se
		$^{40}Ar^{38}Ar^+$	78	Se
		$^{40}Ar_2^+$	80	Se
基体分子离子	溴化物	$^{81}BrH^+$	82	Se
		$^{79}BrO^+$	95	Mo
		$^{81}BrO^+$	97	Mo
		$^{81}BrOH^+$	98	Mo
		$Ar^{81}Br^+$	121	Sb

表 A.2（续）

分子离子			质量	受干扰元素
基体分子离子	氯化物	$^{35}Cl^+$	51	V
		$^{35}ClOH^+$	52	Cr
		$^{27}ClO^+$	53	Cr
		$^{37}ClOH^+$	54	Cr
		$Ar^{35}Cl^+$	75	As
		$Ar^{37}Cl^+$	77	Se
	硫酸盐	$^{32}SO^+$	48	Ti
		$^{32}SOH^+$	49	—
		$^{34}SO^+$	50	V,Cr
		$^{34}SOH^+$	51	V
		$SO_2{}^+$，$S_2{}^+$	64	Zn
		$Ar^{32}S^+$	72	Ge
		$Ar^{34}S^+$	74	Ge
	磷酸盐	PO^+	47	Ti
		POH^+	49	Ti
		$PO_2{}^+$	63	Cu
		ArP^+	71	Ga
	主族Ⅰ和Ⅱ金属	$ArNa^+$	63	Cu
		ArK^+	79	Br
		$ArCa^+$	80	Se
	基体氧化物	TiO	62～66	Ni,Cu,Zn
		ZrO	106～112	Ag,Cd
		MoO	108～116	Cd
		NbO	109	Ag

A.2.3.4 物理干扰：包括检测样品与标准溶液的粘度、表面张力和溶解性总固体的差异所引起的干扰。用内标物可校正物理干扰。

A.2.3.5 基体抑制（电离干扰）：易电离的元素增加将大大增加电子数量而引起等离子体平衡转变，通常会减少分析信号，称基体抑制。用内标法可以校正基体干扰。

A.2.3.6 记忆干扰：经常清洗样品导入系统以减少记忆干扰。

A.2.4 试剂

A.2.4.1 硝酸（ρ_{20}＝1.42 g/mL）：优级纯。

A.2.4.2 硝酸溶液（1＋99）。

A.2.4.3 纯水：电阻率大于 18.0 MΩ·cm。

A.2.4.4 各种元素标准贮备溶液：选用相应浓度的持证混合标准溶液、单标溶液，并稀释到所需浓度。

A.2.4.5 混合标准使用溶液：取适量的混合标准贮备溶液或各单标标准贮备溶液（A.2.4.4），用硝酸溶液（A.2.4.2）逐级稀释至相应的浓度，配制成下列浓度的混合标准使用溶液：钾、钠、钙、镁为 ρ＝100.0 μg/mL；锂、锶为 ρ＝10.0 μg/mL；银、铝、砷、硼、钡、铍、镉、钴、铬、铜、铁、锰、钼、镍、铅、锑、硒、锡、钍、铊、钛、铀、钒、锌为 ρ=1.0 μg/mL；汞为 ρ=0.10 μg/mL。

A.2.4.6　质谱调谐液：推荐选用锂、钇、铈、铊、钴为质谱调谐液，混合溶液 Li、Y、Ce、Tl、Co 的浓度为 10 ng/mL。

A.2.4.7　内标溶液

A.2.4.7.1　在分析溶液形式的样品时，可直接向样品中加入内标元素，但由于样品中天然存在某些元素而使内标元素的选择受到限制，这些天然存在于样品中的元素将不能作为内标。内标元素不应受同量异位素重叠或多原子离子干扰或对被测元素的同位素产生干扰。

A.2.4.7.2　推荐选用锂、钪、锗、钇、铟、铋为内标溶液，混合溶液 Li、Sc、Ge、Y、In、Bi 的浓度为 10 μg/mL，使用前用硝酸溶液（A.2.4.2）稀释至 1 μg/mL。可选择全部或部分元素作为内标溶液。推荐的分析物质量、内标见表 A.3。

表 A.3　推荐的分析物质量、内标

元　素	分析物质量	内　标
银	107	In
银	109	In
铝	27	Sc
砷	75	Ge
硼	11	Sc
钡	135	In
铍	9	^{6}Li
钙	40	Sc
镉	111	In
镉	114	In
钴	59	Sc
铬	52	Sc
铬	53	Sc
铜	63	Sc
铜	65	Sc
铁	56	Sc
铁	57	Sc
钾	39	Sc
锂	7	Sc
镁	24	Sc
锰	55	Sc
钼	98	In
钠	23	Sc
镍	60	Sc
镍	62	Sc
铅	208	Bi

表 A.3(续)

元　素	分析物质量	内　标
锑	121	In
锑	123	In
硒	77	Ge
锶	88	Y
锡	118	In
锡	120	In
钍	232	Bi
铊	203	Bi
铊	205	Bi
钛	48	Sc
铀	235	Bi
铀	238	Bi
钒	51	Sc
锌	66	Ge
锌	68	Ge
汞	202	Bi

A.2.5　超纯水制备仪

A.2.6　分析步骤

A.2.6.1　仪器操作

使用调谐液调整仪器各项指标，使仪器灵敏度、氧化物、双电荷分辨率等各项指标达到测定要求，仪器参考条件如下：RF 功率为 1 280 W、载气流量为 1.14 L/min、采样深度为 7 mm、雾化器为 Barbinton 型、采样锥类型为镍锥。

A.2.6.2　标准系列的制备

吸取混合标准使用溶液(A.2.4.5)，用硝酸溶液(A.2.4.2)配制成铝、锰、铜、锌、钡、钴、硼、铁、钛浓度为 0，5.0，10.0，50.0，100.0，500.0 ng/mL；银、砷、铍、铬、镉、钼、镍、铅、硒、锑、锡、铊、铀、钍、钒浓度为 0，0.5，1.0，10.0，50.0，100.0 ng/mL；钾、钠、钙、镁浓度为 0，0.5，5.0，10.0，50.0，100.0 μg/mL；锂、锶浓度为 0，0.05，0.10，0.50，1.0，5.0 μg/mL；汞浓度为 0，0.10，0.50，1.0，1.5，2.0 ng/mL 的标准系列。

A.2.6.3　测定

开机，当仪器真空度达到要求时，用质谱调谐液(A.2.4.6)调整仪器各项指标，仪器灵敏度、氧化物、双电荷、分辨率等各项指标达到测定要求后，编辑测定方法、干扰方程及选择各测定元素，引入在线内标溶液(A.2.4.7)，观测内标灵敏度、调 P/A 指标，符合要求后，将试剂空白、标准系列、样品溶液分别测定。选择各元素内标，选择各标准，输入各参数，绘制校准曲线、计算回归方程。

A.2.7　结果计算

以样品管中各元素的信号强度 CPS，从校准曲线或回归方程中查得样品管中各元素的质量浓度(mg /L，或 μg/L)。

A.2.8　精密度与准确度

四个实验室分别测定含 31 种元素的三个浓度的模拟水样 8 次，31 种元素的相对标准偏差均小于

5.0%。在饮用水中加入三个浓度的标准溶液，各元素加标回收率在 80.0%～120%。测定含铜、铅、锌、镉、镍、铬的标准参考物 GSBZ5009-88、含钙的标准参考物 GSBZ50020-93(3)，含铝的标准参考物 GSB07-1375-2001，含铁、锰的标准参考物 GSBZ50019-90，含镁、钙的标准参考物 GSBZ50020-90 及美国的标准参考物 CRM-I sdA 等，测定值均在标准值范围内。

注：由于汞元素易沉积在镍的采样锥或截取锥上，饮用水和水源水中汞元素含量很低，因而引入仪器的汞标准溶液浓度范围应尽量低，满足测定需要即可。若仪器被污染，应引入含金的溶液清洗。汞的标准溶液、标准系列最好单独配制，标准系列现用现配。

附 录 B
（资料性附录）
饮用天然矿泉水中硫化物、磷酸盐、氚、菌落总数的检验方法

B.1 硫化物

B.1.1 对二乙氨基苯胺分光光度法

B.1.1.1 范围

本法最低检测质量为 0.5 μg。若取 50 mL 水样，则最低检测质量浓度为 0.01 mg/L。

亚硫酸盐超过 40 mg/L，硫代硫酸盐超过 20 mg/L 时，对本法有干扰。

水样有颜色或者浑浊时亦有干扰，应分别采用沉淀分离或曝气分离法消除干扰。

B.1.1.2 原理

硫化物与对二乙氨基苯胺及三氯化铁作用，生成稳定的可溶性亚甲蓝染料。颜色的深浅与硫化物含量成正比。

B.1.1.3 试剂

B.1.1.3.1 乙酸锌溶液（220 g/L）：称取 22 g 乙酸锌[$Zn(CH_3COO)_2 \cdot 2H_2O$]溶于纯水，并稀释至 100 mL。

B.1.1.3.2 氢氧化钠溶液[$c(NaOH)=1$ mol/L]：称取 40 g 氢氧化钠溶于纯水中，并稀释至 1 000 mL。

B.1.1.3.3 对二乙氨基苯胺溶液（7.5 g/L）：称取 0.75 g 对二乙氨基苯胺硫酸盐[$(2H_5)_2NC_6H_4NH_2 \cdot H_2SO_4$]溶于 50 mL 纯水中，加硫酸溶液（1＋1）至 100 mL，混匀，保存于棕色瓶中。

B.1.1.3.4 氯化铁溶液（1 000 g/L）：称取 100 g 氯化铁（$FeCl_3 \cdot 6H_2O$）溶于纯水中，并稀释至 100 mL。

B.1.1.3.5 抗坏血酸溶液（100 g/L）；称取 1.0 g 抗坏血酸溶于纯水中，并稀释至 10 mL。此溶液现用现配。

B.1.1.3.6 碘溶液[$c(1/2I_2)=0.1$ mol/L]：称取 40 g 碘化钾（KI），加纯水 25 mL 溶解，再加 13 g 碘，搅拌使完全溶解，用纯水稀释至 1 000 mL，滴加 3 滴浓盐酸，盛于棕色瓶中，保存在暗处。

B.1.1.3.7 碘溶液[$c(1/2I_2)=0.01$ mol/L]：由 0.1 mol/L 碘溶液（B.1.1.3.6）稀释 10 倍而得。

B.1.1.3.8 乙二胺四乙酸二钠溶液[c(EDTA-2Na)＝0.01 mol/L]：称取 3.7 g EDTA-2Na（$C_{10}H_{14}N_2O_8Na_2 \cdot 2H_2O$）和 4.0 g 氢氧化钠溶液溶于纯水，并稀释至 1 000 mL。

B.1.1.3.9 淀粉溶液（5 g/L）：称取 0.5 g 可溶性淀粉，用少量纯水调成糊状，用刚煮沸的纯水稀释至 100 mL，冷却后加 0.1 g 水杨酸或 0.4 g 氯化锌。

B.1.1.3.10 混合试剂：取对二乙氨基苯胺溶液（B.1.1.3.3）和氯化铁溶液（B.1.1.3.4）按 10∶0.5 混匀，现用现配。

B.1.1.3.11 硫代硫酸钠标准溶液[$c(Na_2S_2O_3)=0.1000$ mol/L]：称取 25 g 硫代硫酸钠（$Na_2S_2O_3 \cdot 5H_2O$）溶于煮沸放冷的纯水中，并加水稀释至 1 000 mL。加 0.4 g 氢氧化钠或 0.2 g 无水碳酸钠，贮存在棕色瓶内，可保存数月。按下述方法标定浓度：

取碘酸钾（KIO_3）在 105 ℃烘烤 1 h，置于硅胶干燥器内冷却 30 min，准确称取两份各约 0.15 g，精确到 0.000 1 g，分别放入 250 mL 碘量瓶中。各加 100 mL 纯水，待碘酸钾溶解后，各加 3 g 碘化钾，10 mL冰乙酸，在暗处静置 10 min，用待标定的硫代硫酸钠溶液滴定，至溶液呈淡黄色时，加入 1 mL 淀粉溶液（B.1.1.3.9），继续滴定至蓝色褪去为止。记录硫代硫酸钠溶液的用量，并按式（B.1）计算出硫代硫酸钠溶液的浓度。

$$c(Na_2S_2O_3)=\frac{m}{V\times 0.03567} \quad \cdots\cdots\cdots\cdots (B.1)$$

式中：

$c(Na_2S_2O_3)$——硫代硫酸钠溶液的浓度，单位为摩尔每升(mol/L)；

m——碘酸钾的质量，单位为克(g)；

0.035 67——与 1.00 mL 硫代硫酸钠标准溶液[$c(Na_2S_2O_3)=1.000$ mol/L]相当的以克表示的碘酸钾的质量；

V——硫代硫酸钠标准溶液的用量，单位为毫升(mL)。

两次标定结果之间相差不得大于 0.2%。

B.1.1.3.12 硫代硫酸钠标准溶液[$c(Na_2S_2O_3)=0.010$ mol/L]：取经过标定的硫代硫酸钠标准溶液(B.1.1.3.11)，用煮沸冷却的纯水稀释成 0.010 mol/L 的标准溶液。

B.1.1.3.13 硫化物标准贮备液(0.1 mg/mL)：取硫化钠晶体($Na_2S\cdot 9H_2O$)，用少量纯水清洗表面，并用滤纸吸干。称取 0.2 g～0.3 g，用煮沸放冷的纯水溶解并定容至 250 mL(临用前制备并标定)。此溶液 1 mL 约含 0.1 mg 硫化物(S^{2-})。标定方法如下：

取 5 mL 乙酸锌溶液(B.1.1.3.1)于 250 mL 碘量瓶中，准确加入 10.00 mL 硫化钠溶液(B.1.1.3.13)及 20.00 mL 碘溶液(B.1.1.3.7)，同时用纯水代替硫化钠溶液做空白试验。各加 5 mL(1+9)盐酸溶液，摇匀，于暗处放置 15 min。加 30 mL 纯水，用硫代硫酸钠标准溶液(B.1.1.3.12)滴定，至溶液呈淡黄色时，加 1 mL 淀粉溶液(B.1.1.3.9)，继续滴定至蓝色消失为止。按式(B.2)计算每毫升硫化物溶液含 S^{2-} 的毫克数。

$$\rho(S^{2-})=\frac{(V_1-V_2)\times c\times 16}{10}\times 1\,000 \quad \cdots\cdots\cdots\cdots (B.2)$$

式中：

$\rho(S^{2-})$——硫化物的质量浓度，单位为毫克每升(mg/L)；

V_1——空白所消耗的硫代硫酸钠标准溶液的体积，单位为毫升(mL)；

V_2——硫化钠溶液所消耗的硫代硫酸钠标准溶液的体积，单位为毫升(mL)；

c——硫代硫酸钠溶液的浓度，单位为摩尔每升(mol/L)；

16——与 1.00 mL 硫代硫酸钠标准溶液[$c(Na_2S_2O_3)=1.000$ mol/L]相当的以毫克表示的 S^{2-} 的质量。

B.1.1.3.14 硫化物标准使用溶液(10.0 μg/mL)：取一定体积的硫化钠标准贮备溶液(B.1.1.3.13)，加乙酸锌溶液(B.1.1.3.1)1 mL，用煮沸放冷的纯水定容至 50 mL，此溶液保存于冰箱中，可使用数日，每次使用前充分混匀。

B.1.1.4 仪器

B.1.1.4.1 碘量瓶：250 mL。

B.1.1.4.2 具塞比色管：50 mL。

B.1.1.4.3 磨口洗气瓶：125 mL。

B.1.1.4.4 高纯氮气钢瓶。

B.1.1.4.5 分光光度计。

B.1.1.5 采样

在 500 mL 干净的硬质玻璃瓶中，加入 1 mL 乙酸锌溶液(B.1.1.3.1)和 1 mL 氢氧化钠溶液(B.1.1.3.2)，然后注入水样(近满，留少许空隙)，盖好瓶塞，反复摇动混匀，密封，带回实验室测定。

B.1.1.6 分析步骤(适用于清洁水样)

B.1.1.6.1 取均匀水样(B.1.1.5)适量(含 S^{2-} 小于 10 μg)，用纯水稀释至 50 mL。

B.1.1.6.2 取 50 mL 比色管 7 支，各加纯水约 40 mL，再加硫化物标准使用液(B.1.1.3.14)0，0.1，

0.2,0.4,0.6,0.8和1.0 mL,加纯水至刻度,混匀。

B.1.1.6.3 向水样管和标准管各加1.0 mL显色剂(B.1.1.3.10),立即摇匀,放置20 min。

B.1.1.6.4 以纯水作参比,用3 cm比色皿于665 nm处测定样品和标准系列溶液的吸光度。

B.1.1.6.5 绘制校准曲线,从曲线上查出样品中硫化物含量。

B.1.1.7 结果计算

水样中硫化物(S^{2-})的质量浓度按式(B.3)计算。

$$\rho(S^{2-}) = \frac{m}{V} \qquad \cdots\cdots(B.3)$$

式中:

$\rho(S^{2-})$——水样中硫化物(S^{2-})的质量浓度,单位为毫克每升(mg/L);

m——从校准曲线上查得的样品中硫化物(S^{2-})的含量,单位为微克(μg);

V——水样体积,单位为毫升(mL)。

B.1.1.8 精密度与准确度

3个实验室测定水源水,回收率为95%~103%,平均相对标准偏差为5.6%。

B.1.2 碘量法

B.1.2.1 范围

本法适用于含量大于1 mg/L的饮用天然矿泉水及其水源水中硫化物的测定。

B.1.2.2 原理

水中硫化物与乙酸锌作用,生成碘化锌沉淀,将此沉淀溶解于酸中,在酸性溶液中,硫离子与标准碘液反应,然后用硫代硫酸钠滴定过量的碘。

B.1.2.3 试剂

B.1.2.3.1 氢氧化钠溶液[$c(NaOH)=1$ mol/L]:称取40 g氢氧化钠(NaOH)溶于纯水中,并稀释至1 000 mL。

B.1.2.3.2 碘溶液[$c(1/2I_2)=0.025$ mol/L]:由B.1.1.3.6碘溶液稀释。

B.1.2.3.3 盐酸($\rho_{20}=1.10$ g/mL)。

B.1.2.3.4 硫代硫酸钠标准溶液[$c(Na_2S_2O_3)=0.025$ mol/L]:由B.1.1.3.11贮备溶液稀释。

B.1.2.3.5 淀粉溶液(5 g/L):同B.1.1.3.9。

B.1.2.4 仪器

B.1.2.4.1 碘量瓶:250 mL。

B.1.2.4.2 滴定管:25 mL。

B.1.2.5 采样

同B.1.1.5。

B.1.2.6 分析步骤

B.1.2.6.1 定量取混匀的水样,用滤纸过滤,以纯水洗涤滤纸和沉淀物。

B.1.2.6.2 将沉淀物连同滤纸置于250 mL碘量瓶中,用玻璃棒将滤纸捣碎,加50 mL纯水及10.00 mL碘溶液(B.1.2.3.2)(应保持有碘的颜色,如碘溶液褪色应定量补加)。另取50 mL纯水和滤纸做空白试验。

B.1.2.6.3 分别加入5 mL浓盐酸(B.1.2.3.3),暗处放置10 min,用硫代硫酸钠标准溶液(B.1.2.3.4)滴定过量的碘,至溶液呈淡黄色时,加入1 mL淀粉溶液(B.1.2.3.5),继续滴定至蓝色刚消失为止,记录硫代硫酸钠标准溶液的用量。

B.1.2.7 结果计算

水样中硫化物的质量浓度按式(B.4)计算。

$$\rho(S^{2-}) = \frac{(V_1 - V_2) \times c \times 16}{V} \times 1\,000 \qquad \cdots\cdots(B.4)$$

式中：

$\rho(S^{2-})$——水样中硫化物的质量浓度，单位为毫克每升(mg/L)；

V_1——空白消耗硫代硫酸钠标准溶液的体积，单位为毫升(mL)；

V_2——水样消耗硫代硫酸钠标准溶液的体积，单位为毫升(mL)；

V——水样体积，单位为毫升(mL)；

c——硫代硫酸钠标准溶液浓度，单位为摩尔每升(mol/L)；

16——与 1.00 mL 硫代硫酸钠标准溶液[$c(Na_2S_2O_3)$=1.000 mol/L]相当的以毫克为单位的 S^{2-} 的质量。

B.2 磷酸盐

B.2.1 范围

本法测定 10 mg/L 以下的磷酸盐(HPO_4^{2-})。

B.2.2 原理

在强酸性溶液中，磷酸盐与钼酸铵作用生成磷钼杂交酸，能被还原剂(氯化亚锡等)还原，生成蓝色的络合物，当磷酸盐的含量较低时，其颜色强度与磷酸盐的含量成正比。

B.2.3 试剂

B.2.3.1 钼酸铵-硫酸溶液：向约 70 mL 纯水中缓缓加入 28 mL 浓硫酸，稍冷，加入 2.5 g 钼酸铵。待固体完全溶解后，用纯水稀释至 100 mL。

B.2.3.2 氯化亚锡溶液(50 g/L)：加热溶解 5 g 氯化亚锡($SnCl_2 \cdot 2H_2O$)于 5 mL 浓盐酸中，用纯水稀至 100 mL(此试剂不稳定，现用现配)。

B.2.3.3 活性炭：不含磷酸盐。

B.2.3.4 磷酸盐标准溶液[$\rho(HPO_4^{2-})$=0.01 mg/mL]：称取 0.716 5 g 在 105 ℃干燥的磷酸二氢钾(KH_2PO_4)，溶于纯水中，并定容至 1 000 mL，吸取 10.0 mL，用纯水准确定容至 500 mL。

B.2.4 仪器

B.2.4.1 具塞比色管：50 mL。

B.2.4.2 分光光度计。

B.2.5 分析步骤

B.2.5.1 如果水样混浊或带色时，可事先在 100 mL 水样中加入少量活性炭，充分振摇 1 min，用中等密度干滤纸过滤后，再行测定。

B.2.5.2 取 50.0 mL 水样置于 50 mL 比色管中，加入 4 mL 钼酸铵-硫酸溶液(B.2.3.1)，摇匀。加入 1 滴氯化亚锡溶液(B.2.3.2)，再摇匀，10 min 后目视比色或于 650 nm 波长处测其吸光度。

B.2.5.3 分别吸取磷酸盐标准溶液(B.2.3.4)0，0.50，1.00，2.00，4.00，6.00，8.00，10.00 mL，置于 50 mL 比色管中，加纯水至 50 mL，然后按水样测定步骤进行，目视比色或绘制校准曲线。

B.2.6 结果计算

水样中磷酸盐的质量浓度按式(B.5)计算。

$$\rho(HPO_4^{2-}) = \frac{m \times 1\,000}{V} \qquad \text{(B.5)}$$

式中：

$\rho(HPO_4^{2-})$——水样中磷酸盐的质量浓度，单位为毫克每升(mg/L)；

m——从校准曲线上查出的水样中磷酸盐的含量，单位为毫克(mg)；

V——水样体积，单位为毫升(mL)。

B.2.7 精密度准确度

同一实验室对含 HPO_4^{2-} 1.2 mg/L 的加标水样经 7 次测定，其相对标准偏差为 8.3%，相对误差为 6.6%。

B.3 氚

B.3.1 范围

本法最低检出量为 1 TU。

水样中的硫化物、有机物有干扰作用。

B.3.2 原理

氚是一种放射性同位素，半衰期为 12.43 年，氚发射 β 射线。其能量为 18.6 keV，可用液体闪烁计数法测定其放射强度。氚的浓度用氚单位(TU)表示。

$$1(\mathrm{TU}) = \frac{{}^{3}\mathrm{H}}{1 \times 10^{18}\,\mathrm{H}} \qquad \cdots\cdots(\mathrm{B}.6)$$

水样经过常压蒸馏、电解富集，加入闪烁液混合均匀，在液体闪烁计数器内记数测量。

B.3.3 试剂

B.3.3.1 纯铜屑(Cu)。

B.3.3.2 高锰酸钾($KMnO_4$)固体。

B.3.3.3 过氧化钠(Na_2O_2)固体。

B.3.3.4 液氮(N_2)。

B.3.3.5 石油醚。

B.3.3.6 本底水(TU<0.2)。

B.3.3.7 闪烁溶液(非离子表面活性剂型)。

B.3.3.8 氚标准溶液(100 dpm/g；dpm/g 为每克每分钟衰变数)：称取一定量标准氚水，用无氚水稀释至 100 dpm/g。配制标准溶液的计算公式见式(B.7)。

$$C = C_0 \times e^{-\lambda \Delta t} \qquad \cdots\cdots(\mathrm{B}.7)$$

式中：

C——待配标准氚水的活度，单位为每克每分钟衰变数(dpm/g)；

C_0——标准氚水出厂时标定活度，单位为每克每分钟衰变数(dpm/g)；

λ——ln2/12.43；

Δt——配制标准溶液的时间与出厂标定时间的时间差，单位为年。

B.3.4 仪器

B.3.4.1 液体闪烁计数器。

B.3.4.2 玻璃电解槽。

B.3.4.3 镍电极和铁电极。

B.3.4.4 真空红外线蒸馏炉。

B.3.4.5 卧式冰柜内装三分之二体积防冻液。

B.3.4.6 真空泵。

B.3.4.7 直流电流(100 V/10 A)。

B.3.4.8 液氮容器。

B.3.5 分析步骤

B.3.5.1 水样处理

B.3.5.1.1 将本底水(无氚水)及水样分别倒入蒸馏瓶内，加入约 1 g 铜屑(B.3.3.1)，少许高锰酸钾(B.3.3.2)，使水呈粉红色，常压下蒸馏。

B.3.5.1.2 把蒸出的蒸馏水注入已盛有 2 g 过氧化钠(B.3.3.3)的烧杯中，待过氧化钠溶解后移至 200 mL 容量瓶中，用蒸馏后的水样稀释至刻度，摇匀。

B.3.5.1.3 把溶液移至玻璃电解槽内,放入电极,将电解槽移入冰柜内,当防冻液温度保持在 1 ℃~2 ℃时,接通直流电源进行电解浓缩,电解电流不超过 3 A,电解至最终体积约 10 mL 时,停止电解,将电极取出。

B.3.5.1.4 将电解槽放入真空红外线蒸馏炉内,接好玻璃接收瓶,瓶外套以注入液氮的保温杯,开真空泵和炉电源,炉温控制在 80 ℃进行真空蒸馏,直至将槽内溶液全部蒸出,并收集到接收瓶中。

B.3.5.1.5 蒸出液移至已称重的计数瓶内,重新称重。计算浓缩后水的净重。并将这一批水样的重量调整至重量不得超过平均重量的 0.3 g,调整方法是多的移出,少的加入无氚水。

B.3.5.1.6 加入闪烁液(B.3.3.7)10 mL,摇匀,放入仪器进样室,平衡 12 h 后开始测量。

B.3.5.2 氚标准溶液

B.3.5.2.1 准确称约 20 g 氚标准溶液两份,移至 200 mL 容量瓶内,加入 2 g 过氧化钠(B.3.3.3),用无氚水稀至刻度,摇匀,移入电解槽内进行电解,操作方法同 B.3.5.1 。

B.3.5.2.2 经过电解富集的标准溶液和本底水用来计算水样的电解效率。

B.3.5.2.3 取氚标准溶液和本底水各两份,其重量与电解后经真空蒸馏所获得的水样重量基本相同,加入闪烁液摇匀。同浓缩后的样品一同放入仪器测量,未经电解的标准氚溶液和本底水用于计算仪器的计数效率。

B.3.5.3 测量

仪器应在样品测量前 4 h 开机,预热,恒温,选择所需的测量参数。当样品在仪器进样室避光,静置 12 h 后,可将样品按顺序送入仪器内进行自动测量。每个水样的测量时间应大于 500 min。

B.3.6 结果计算

B.3.6.1 本底值

本底值按式(B.8)计算。

$$B = \frac{C}{t} \qquad \cdots\cdots\cdots\cdots(\text{B.8})$$

式中:

B——本底计数率,单位为以每分钟计数(Cpm);

C——本底总计数;

t——本底测量总时间,单位为分钟(min)。

B.3.6.2 标准溶液计数率

标准氚溶液计数率按式(B.9)计算。

$$S_{ss} = \frac{C_s}{t_s} - B \qquad \cdots\cdots\cdots\cdots(\text{B.9})$$

式中:

S_{ss}——标准氚溶液计数率单位为以每分钟计数(Cpm);

C_s——标准总计数;

t_s——标准测量总时间,单位为分钟(min)。

B.3.6.3 计数效率

仪器计数效率按式(B.10)计算。

$$CE = \frac{\frac{C_s}{t_s} - B}{m \times S \times D} \qquad \cdots\cdots\cdots\cdots(\text{B.10})$$

式中:

CE——仪器计数效率;

m——标准重量,单位为克(g);

S——标样氚水活度，单位为每克每分钟衰变数(dpm/g)；

D——从标定日期至计数日期的衰变系数(查氚衰变表)。

B.3.6.4 电解效率

标样电解效率按式(B.11)计算。

$$EE_{es}=\frac{\frac{C_{es}}{t_{es}}-B_e}{m\times CE\times(\frac{V_0}{V_f})_{es}\times S_{es}\times D} \quad\cdots\cdots(B.11)$$

式中：

EE_{es}——标样电解效率；

C_{es}——电解标准总计数；

t_{es}——电解标准测量总时间，单位为分钟(min)；

B_e——电解本底计数率单位为以每分钟计数(Cpm)；

m——标准重量，单位为克(g)；

V_0——最初电解体积，单位为毫升(mL)；

V_f——最终电解体积，单位为毫升(mL)；

$(\frac{V_0}{V_f})_{es}$——电解的标样浓缩体积系数；

S_{es}——电解的标样溶液活度，单位为每克每分钟衰变数(dpm/g)。

B.3.6.5 电解分馏系数

电解分馏系数按式(B.12)计算。

$$\beta=\frac{\ln(\frac{V_0}{V_f})_{es}}{-\ln EE_{es}} \quad\cdots\cdots(B.12)$$

式中：

β——电解分馏系数。

B.3.6.6 样品电解效率

样品电解效率按式(B.13)计算。

$$EE_s=(\frac{V_0}{V_f})_s^{-1/\beta} \quad\cdots\cdots(B.13)$$

式中：

EE_s——样品电解效率；

$(\frac{V_0}{V_f})_s$——样品浓缩体积系数。

B.3.6.7 结果计算

样品的总计数按式(B.14)计算。

$$TU=\frac{\frac{C_{sa}}{t_{sa}}-B_e}{m\times CE\times(\frac{V_0}{V_f})_s\times EE_s\times D_1\times K} \quad\cdots\cdots(B.14)$$

式中：

C_{sa}——样品的总计数；

t_{sa}——样品计数的总时间，单位为分钟(min)；

D_1——从采样时间到分析时间的时间内氚衰变系数(查氚衰变表)；

K——7.13×10^{-3} dpm/g·TU。

B.3.6.8 标准偏差

标准偏差按式(B.15)计算。

$$S_{标} = \sqrt{\frac{1}{n-1}\sum_{i=1}^{n}(X_i - \overline{X})^2} \quad \cdots\cdots\cdots\cdots(B.15)$$

式中：

$S_{标}$——标准偏差；

X_i——样品计数；

$\overline{X}$——样品 n 次测定的平均计数；

n——测量次数。

B.3.7 精密度与准确度

同一实验室对一个样品进行10次测定的相对标准偏差为2.6%。

实验室间对同一样品测定的标准偏差为1.7%。

B.4 菌落总数

B.4.1 范围

本法适用于菌落总数的测定。

B.4.2 原理

细菌菌落总数是指水样在一定条件下培养后(培养基成分,培养温度和时间、pH、需氧性质等)所得1 mL水样所含菌落的总数。按本标准规定所得结果只包括一群能在营养琼脂上发育的嗜中温的需氧的细菌菌落总数。

B.4.3 营养琼脂

B.4.3.1 成分

蛋白胨	10.0 g
牛肉膏	3.0 g
氯化钠	5.0 g
琼脂	15 g～20 g
蒸馏水	1 000 mL

B.4.3.2 制法

将上述成分混合后,加热溶解,调整pH为7.4～7.6,分装于玻璃容器中,经121 ℃灭菌20 min,储存于冷暗处备用。

B.4.4 仪器

B.4.4.1 高压蒸汽灭菌器。

B.4.4.2 干热灭菌箱。

B.4.4.3 培养箱:36 ℃±1 ℃。

B.4.4.4 电炉。

B.4.4.5 天平。

B.4.4.6 冰箱。

B.4.4.7 放大镜或菌落计数器。

B.4.4.8 pH计或精密pH试纸。

B.4.4.9 灭菌试管、平皿(直径9 cm)、刻度吸管、采样瓶等。

B.4.5 检验步骤

B.4.5.1 矿泉水成品水

B.4.5.1.1 以无菌操作方法用灭菌吸管吸取1 mL充分混匀的水样,注入灭菌平皿中,倾注约15 mL

已融化并冷却到 45 ℃左右的营养琼脂培养基，并立即旋摇平皿，使水样与培养基充分混匀。每次检验时应做一平行接种，同时另用一个平皿只倾注营养琼脂培养基作为空白对照。

B.4.5.1.2 待冷却凝固后，翻转平皿，使底面向上，置于 36 ℃±1 ℃培养箱内培养 48 h，进行菌落计数，即为水样 1 mL 中的细菌总数。

B.4.5.2 矿泉水水源水

B.4.5.2.1 以无菌操作方法吸取 1 mL 充分混匀的水样，注入盛有 9 mL 灭菌生理盐水的试管中，混匀成 1∶10 稀释液。

B.4.5.2.2 吸取 1∶10 的稀释液 1 mL 注入盛有 9 mL 灭菌生理盐水的试管中，混匀成 1∶100 稀释液。按同法依次稀释成 1∶1 000，1∶10 000 稀释液等备用。如此递增稀释一次，必更换一支 1 mL 灭菌吸管。

B.4.5.2.3 用灭菌吸管取 2 个～3 个适宜稀释度的水样 1 mL，分别注入灭菌平皿内。以下操作同生活饮用水的检验步骤。

B.4.6 菌落计数及报告方法

做平皿菌落计数时，可用眼睛直接观察，必要时用放大镜检查，以防遗漏。在记下各平皿的菌落数后，应求出同稀释度的平均菌落数，供下一步计算时应用。在求同稀释度的平均数时，若其中一个平皿有较大片状菌落生长时，则不宜采用，而应以无片状菌落生长的平皿作为该稀释度的平均菌落数。若片状菌落不到平皿的一半，而其余一半中菌落数分布又很均匀，则可将此半皿计数后乘 2 以代表全皿菌落数。然后再求该稀释度的平均菌落数。

B.4.7 不同稀释度的选择及报告方法

B.4.7.1 首先选择平均菌落数在 30～300 之间者进行计算，若只有一个稀释度的平均菌落数符合此范围时，则将该菌落数乘以稀释倍数报告之(见表 B.1 实例 1)。

B.4.7.2 若有两个稀释度，其生长的菌落数均在 30～300 之间，则视二者之比值来决定，若其比值小于 2 应报告两者的平均数(见表 B.1 实例 2)。若大于 2 则报告其中稀释度较小的菌落总数(见表 B.1 实例 3)。若等于 2 亦报告其中稀释度较小的菌落数(见表 B.1 实例 4)。

B.4.7.3 若所有稀释度的平均菌落数均大于 300，则应按稀释度最高的平均菌落数乘以稀释倍数报告之(见表 B.1 实例 5)。

B.4.7.4 若所有稀释度的平均菌落数均小于 30，则应以按稀释度最低的平均菌落数乘以稀释倍数报告之(见表 B.1 实例 6)。

B.4.7.5 若所有稀释度的平均菌落数均不在 30～300 之间，则应以最接近 30 或 300 的平均菌落数乘以稀释倍数报告之(见表 B.1 实例 7)。

B.4.7.6 若所有稀释度的均无菌落生长，则以<1 乘以稀释倍数报告之。

B.4.7.7 菌落计数的报告：菌落数在 100 以内时按实有数报告，大于 100 时，采用两位有效数字，在两位有效数字后面的数值，以四舍五入方法计算，为了缩短数字后面的零数也可用 10 的指数来表示(见表 B.1“报告方式”栏)。

表 B.1　稀释度选择及菌落总数报告方式

实例	不同稀释度的平均菌落数			两个稀释度菌落数之比	菌落总数/(CFU/mL)	报告方式/(CFU/mL)
	10^{-1}	10^{-2}	10^{-3}			
1	1 365	164	20	—	16 400	16 000 或 1.6×10^4
2	2 760	295	46	1.6	37 750	38 000 或 3.8×10^4
3	2 890	271	60	2.2	27 100	27 000 或 2.7×10^4
4	150	30	8	2	1 500	1 500 或 1.5×10^3
5	多不可计	1 650	513	—	513 000	510 000 或 5.1×10^5
6	27	11	5	—	270	270 或 2.7×10^2
7	多不可计	305	12	—	30 500	31 000 或 3.1×10^4
8	0	0	0	—	$<1\times10$	$<1\times10$

ICS 67.080.01
B 31

中华人民共和国国家标准

GB/T 8559—2008
代替 GB/T 8559—1987

苹果冷藏技术

Cold storage for apple

2008-08-07 发布　　　　2008-12-01 实施

中华人民共和国国家质量监督检验检疫总局
中国国家标准化管理委员会　发布

前言

本标准代替 GB/T 8559—1987《苹果冷藏技术》。

本标准与 GB/T 8559—1987 相比主要变化如下：

——调整了原标准范围中品种；

——调整了原标准中的规范性引用文件；

——调整了原标准中入库苹果的质量要求、冷藏技术的内容；

——删除了检验规则和检验方法；

——更换了附录 B。

本标准的附录 A、附录 B 为资料性附录。

本标准由中华全国供销合作总社提出。

本标准由中华全国供销合作总社济南果品研究院归口。

本标准起草单位：中华全国供销合作总社济南果品研究院。

本标准主要起草人：郁网庆、冯建华、徐新明、季向阳、贾连文、吕平、张永茂。

本标准所代替标准的历次版本发布情况为：

——GB/T 8559—1987。

苹果冷藏技术

1 范围

本标准规定了鲜食苹果冷藏用果的入贮果质量要求和贮前准备、预冷、入库要求、贮期管理等内容。

本标准适用于我国生产的各类苹果品种鲜果的冷藏。

2 规范性引用文件

下列文件中的条款通过本标准的引用而成为本标准的条款。凡是注日期的引用文件,其随后所有的修改单(不包括勘误的内容)或修订版均不适用于本标准,然而,鼓励根据本标准达成协议的各方研究是否可使用这些文件的最新版本。凡是不注日期的引用文件,其最新版本适用于本标准。

GB/T 10651 鲜苹果

GB 18406.2 农产品安全质量 无公害水果安全要求

3 入贮果质量要求和贮前准备

3.1 入贮果采收要求

3.1.1 采收成熟度

3.1.1.1 硬度要求见表1。测量仪器及测量方法参照GB/T 10651相关规定。

表1 苹果主要品种的理化指标

品种	果实硬度/(kg/cm^2) ≥	可溶性固形物/% ≥
富士系	7.0	13
嘎拉系	6.5	12
藤牧1号	5.5	11
元帅系	6.8	11.5
华夏	6.0	11.5
粉红佳人	7.5	13
澳洲青苹	7.0	12
乔纳金	6.5	13
秦冠	7.0	13
国光	7.0	13
华冠	6.5	13
红将军	6.5	13
珊夏	6.0	12
金冠系	7.0	13
王林	6.5	13
注:未列入的其他品种,可根据品种特性参照表内近似品种的规定掌握。		

3.1.1.2 可溶性固形物要求见表1。测量仪器及测量方法参照 GB/T 10651 相关规定。

3.1.1.3 果实生长发育天数:各品种从盛花到果实成熟都需要有一定的天数,根据经验确定,不应早采或晚采。

3.1.2 感官质量

新鲜洁净、无机械伤、无病虫害,其他感官指标及检测方法按 GB/T 10651 相关规定执行。

3.1.3 卫生指标

卫生指标应符合 GB 18406.2 中的有关规定和要求。

3.1.4 其他采收要求

参见附录 A。

3.2 入库前的准备

3.2.1 入库前要对库房、包装容器、工具等进行消毒灭菌并及时进行通风换气。

3.2.2 入库前应提前进行空库降温,并在入库前 2 d～3 d 将库温降到－2 ℃～0 ℃。

3.3 贮藏包装要求

3.3.1 用作苹果贮藏的外包装可用纸箱、木箱、塑料箱等,纸箱应具有防潮功能,木箱、塑料箱等内壁应光滑。

3.3.2 内衬塑料薄膜袋,其厚度为 0.03 mm±0.005 mm,扎口与否要根据不同品种对二氧化碳的敏感程度而定。

3.4 采后处理

苹果采后首先要按 GB/T 10651 相关规定进行分级。也可采用 1-MCP 熏蒸等辅助保鲜技术措施,具体参见附录 B。

4 预冷

苹果采后,有预冷设备条件的应利用预冷设备快速预冷。适合苹果预冷的方法有空气预冷和水预冷。

5 入库要求

5.1 预冷后的苹果应及时入库,无专用预冷设备的应在苹果采后 48 h 之内尽快入冷库降温。

5.2 为确保降温速度,每天的入库量应控制在库容量的 8%～15%为宜。

5.3 入库降温阶段,冷却风速 1 m/s～2 m/s,入满库后要求 48 h 内降至苹果适宜的贮藏温度。

5.4 应按品种分库、分垛、分等级堆码,为便于货垛空气环流散热降温,有效空间的贮藏密度不应超过 250 kg/m^3,箱装用托盘堆码允许增加 10%～20%的贮量。

5.5 货垛排列方式、走向及间隙应与库内空气环流方向一致。

5.6 为便于检查、盘点和管理,垛位不宜过大,入满库后应及时填写货位标签和平面货位图。

5.7 货位堆码要求

a) 距墙 0.2 m～0.3 m;

b) 距顶 0.5 m～0.6 m;

c) 距冷风机不少于 1.5 m;

d) 垛间距离 0.3 m～0.5 m;

e) 库内通道宽 1.2 m～1.8 m;

f) 垛底垫木(石)高度 0.1 m～0.2 m。

6 贮期管理

6.1 温度管理

6.1.1 苹果的贮藏温度要根据不同的品种而定,大多适宜在－1 ℃～0 ℃之间贮藏。对低温不敏感的品种应控制在接近冰点的温度，对低温敏感的品种应控制在2 ℃～4 ℃之间。不同品种苹果贮藏的适宜温度及预期贮藏期限见表2。

表2　不同品种苹果贮藏适宜温度、预期贮藏期

品　　种	贮藏温度/℃	预期贮藏寿命/d
元帅	−1～0	180
红星	−1～0	180
红冠	−1～0	180
金冠	−1～0	180
华冠	−0.5～0	180
大国光	0～2	210
秦冠	0～1	180
甜香蕉	−1～1	180～210
寒富	−1～−0.5	180～210
富士	−1～−0.5	180～210
乔纳金	−1～0	180
澳洲青苹	0	180～240
旭	0～1	120～150
嘎啦	0～1	120～150
津轻	1～3	60～90
粉红佳人	0	180～210
陆奥	0～2	120～150
藤牧1号	0～1	120～150
红将军	0～1	120～150
珊夏	0～1	120～150
王林	0～1	180～210

6.1.2　贮藏期间温度波动不宜过大，波动幅度≤±0.5 ℃，并且库内各处的温度应尽力调整一致。

6.1.3　测量温度的仪器，误差<0.2 ℃。

6.1.4　测温点的选择

温度计应放置在不受强气流、辐射、震动和冲击影响的地方，测温点的位置应具有代表性，测温点布置6个～9个为宜，既有测果体温度的点，又有测空气温度的点。

6.1.5　温度计的校正

为保证测量的准确性，温度计在使用前应进行校正，并且至少每年校正一次。

6.2　相对湿度的管理

6.2.1　多数苹果贮藏的最适相对湿度在85%～95%之间。

6.2.2　避免外界热空气进入库内，以免造成大的湿度变化。

6.2.3　测量湿度的仪器要求误差<5%。

6.2.4　测湿点的选择与测温点相同。

6.3　空气循环

库房内的冷风机应最大限度地使库房内空气流动分布均匀。

苹果的代谢活动会产生有害气体乙烯和其他挥发性物质并在库内积累，可采用在一天中最接近贮藏温度的时间适当进行通风换气的办法解决，但要避免库内温、湿度的较大波动。也可采用活性碳吸附和空气净化器等装置去除上述有害气体。

贮藏环境乙烯浓度应控制在 10 μL/L 以下。

6.4 质量检查

贮藏期限的长短，取决于贮藏果的质量。为此，应在贮藏期间定期取样检查，发现问题及时处理。

附 录 A
（资料性附录）
生态因素的影响及贮藏期中出现病害的防治

A.1 生态因素的影响

现在某些生态和农业栽培技术对苹果贮藏性的不利影响已经比较清楚，因此对于栽培条件比较差、不适宜长期贮藏的苹果最好不要贮藏，应该采收后就供应市场，或贮藏很短的时间后就上市销售。

不适宜长期冷藏的果实如下：

——果个偏大的果实；

——幼旺树上结的果实；

——重修剪、枝叶茂盛、结果少的树上所结的果实；

——施肥过量或施肥不当，尤其是施氮肥过多的树上所结的果实；

——在大雨期间采收的果实。

A.2 贮藏期间出现的病害及其防治措施

贮藏病害是影响贮藏质量的重要因素之一。一般区分为病原菌引起的病害和生理失调导致的生理病害两类。贮藏病害的产生，既与贮藏管理有关，也与品种特性和栽培技术有关。明确贮藏病害产生的原因，采取防治措施可提高贮藏效果。

A.2.1 病原菌引起的病害

在果实的生长和贮藏期间，由病原菌通过皮孔或伤口侵入而引起的病害可采取预防措施加以防治。

——果实生长期间定期喷洒杀菌剂对潜伏侵染性病害进行控制；

——在采收、分级、包装、运输过程中所有操作要小心仔细，尽量做到无损，减少病原菌侵染的机会；

——入库前剔除机械伤果和病虫害果；

——包装材料和冷藏库预先消毒处理；

——分级间要经常消毒；

——清除果园里的病菌传染源（腐烂果、枯枝等）。

A.2.2 生理病害

最常见的苹果生理病害列于表 A.1 中。

表 A.1　苹果贮藏期中出现的生理病害及防治措施

病害名称及症状	病害原因	防治措施	易染病品种
冻害 果皮和果肉呈透明水浸状、软化	贮藏温度低于冰点	防止出现低温	所有苹果品种
冷害 最先果肉褐变，最后果皮也呈褐色	过量使用氮肥；大个果；在 0 ℃贮藏时间太长	对于低温(0 ℃)敏感的品种提高贮藏温度	红玉
果肉褐变(衰老褐变) 粉质褐变：果肉变软成干碎粉质状易裂果； 果肉溃败褐变：果肉褐变，不变粉质状，不裂果	采收过晚；贮期过长；大个果以及栽培条件差的果；贮温过高	生长中后期(7 月～9 月)喷 2 次～4 次 0.3%的硝酸钙或氯化钙液；采收后用 2%～4%氯化钙溶液浸果 10 min。适期采收；控制贮藏温度和贮期	红玉、倭锦、青香蕉、元帅、乔纳金、红星
虎皮病 外皮变褐呈不规则状，微凹陷，严重时遍及整个果面，病斑不深入果肉	采收太早；大个的果；着色差的果实；施氮肥多的果；库内通风不良；相对湿度太高	加强库内通风换气；采用气调；适期采收；用虎皮灵纸包果，或用 0.25%～0.35%、25 ℃虎皮灵液浸果，或用 1-MCP 熏蒸	金冠、元帅、青香蕉、甜香蕉、倭锦、红星、国光、富士
苦痘病 果面呈现颜色较暗而凹陷的小圆斑，在绿色品种上圆斑呈深绿色；在红色品种上，圆斑呈紫红色。斑下果肉坏死深及果肉数毫米至 1 cm，味微苦。后变深褐或黑褐色，病斑多发生于果顶处	土壤中和果树体内无机盐不平衡；大个的果实以及幼树果和旺树果；成熟度差的果	土壤增施有机肥，后期少施氮肥；谢花后两周用 0.3%硝酸钙或氯化钙(红色品种)喷施，以后每两周一次	国光、青香蕉、元帅、金冠、倭锦、富士
水心病 果肉中间部位开始出现半透明状，然后向外围和果心蔓延	树势衰弱，钙营养不足；采收过晚；后期大雨或大量灌水	增施有机肥，喷施钙盐；适期采收，直接销售或冷藏时间不要太长	金冠、红玉、青香蕉、甜香蕉、富士
斑点病 果面形成红棕色、边缘清晰、微凹陷的圆形斑点	过量施氮肥；湿冷天气影响；采后未及时入冷库；贮温太低	适期采收，及时预冷入贮；使用较高的贮藏温度	金冠、红玉
二氧化碳伤害 金冠：果皮褐色凹陷斑块； 富士：果肉褐变，严重时产生空腔	二氧化碳浓度偏高	降低二氧化碳浓度	金冠、富士

附 录 B
（资料性附录）
1-MCP 熏蒸处理辅助保鲜技术措施

B.1 适用范围

适宜目前栽培的所有苹果品种。

B.2 处理时间

采收后，预冷或入库期间（采收后 5 d 内为宜）。

B.3 熏蒸设备设施

塑料大帐或金属熏蒸箱（罐）。塑料大帐可用 0.1 mm 厚的 PVC 膜制作。

B.4 熏蒸处理操作步骤

a） 熏蒸前需进行所用熏蒸设备设施的气密性检测，并进行消毒灭菌。

b） 把苹果放在熏蒸设备设施内。如果用塑料大帐，除留有一个操作孔外，其他部分应先密封好。

c） 按 1-MCP 在熏蒸箱（罐）或塑料帐内的浓度为 500 nL/L～1 000 nL/L 的量，准确称取1-MCP，放在可以密封的小瓶中，按 1∶16 的比例加入约 40 ℃的温水，密封小瓶，充分摇匀。

d） 将上述药剂瓶从预留的操作孔处放入熏蒸箱（罐）或塑料帐内，打开瓶盖，迅速封闭塑料帐。熏蒸处理 24 h。

ICS 71.040.40
G 10

中华人民共和国国家标准

GB/T 8570.1—2008
代替 GB/T 8570.1—1988

液体无水氨的测定方法
第1部分:实验室样品的采取

Determination of liquefied anhydrous ammonia—
Part 1:Taking a laboratory sample

(ISO 7103:1982,Liquefied anhydrous ammonia for industrial use—Sampling—Taking a laboratory sample,MOD)

2008-06-17 发布　　　　2008-09-01 实施

中华人民共和国国家质量监督检验检疫总局
中国国家标准化管理委员会　发布

前　言

GB/T 8570《液体无水氨的测定方法》分为七个部分：

——第1部分：实验室样品的采取；

——第2部分：氨含量；

——第3部分：残留物含量　重量法；

——第4部分：残留物含量　容量法；

——第5部分：水分　卡尔·费休法；

——第6部分：油含量　重量法和红外吸收光谱法；

——第7部分：铁含量　邻菲啰啉分光光度法。

本部分是GB/T 8570的第1部分。

GB/T 8570的本部分修改采用ISO 7103:1982《工业用液体无水氨——取样——实验室样品的采取》。本部分与ISO 7103:1982的结构差异参见附录A。

本部分与ISO 7103:1982的主要差异如下：

——根据我国实际情况，用T形管加针形阀代替ISO 7103中的连接管配装三通切换阀；

——增加了试剂和材料内容。

本部分代替GB/T 8570.1—1988《液体无水氨　实验室样品的采取》。

本部分与GB/T 8570.1—1988的主要差异是：

——试剂溶液、标准滴定溶液等的配制和标定方法执行HG/T 2843标准；

——增加了安全警示的内容。

本部分附录A为资料性附录。

本部分由中国石油和化学工业协会提出。

本部分由全国肥料和土壤调理剂标准化技术委员会(SAC/TC 105)归口并负责解释。

本部分起草单位：国家化肥质量监督检验中心(上海)。

本部分主要起草人：季敏、武娟、冯卓。

本部分于1988年首次发布。

液体无水氨的测定方法 第1部分：实验室样品的采取

警告——使用本标准的人员应有正规实验室工作的实践经验。本标准并未指出所有可能的安全问题。使用者有责任采取适当的安全和健康措施，并保证符合国家有关法律规定的条件。液体无水氨高毒，对皮肤、粘膜和眼睛有腐蚀性，接触可引起严重灼伤。操作时应进行适当防护。可参见GB/T 3723。

1 范围

GB/T 8570 的本部分规定了从钢瓶、槽车或贮罐中采取液体无水氨(液氨)代表性实验室样品的仪器设备和操作方法。

2 规范性引用文件

下列文件中的条款通过 GB/T 8570 的本部分的引用而成为本部分的条款。凡是注日期的引用文件，其随后所有的修改单(不包括勘误的内容)或修订版均不适用于本部分，然而，鼓励根据本部分达成协议的各方研究是否可使用这些文件的最新版本。凡是不注日期的引用文件，其最新版本适用于本部分。

GB/T 3723 工业用化学品采样安全通则(GB/T 3723—1999,idt ISO 3165:1976)

3 原理

将液体无水氨转移入预先清洁、干燥、抽空的不锈钢瓶中，至安全所允许的规定量。

在常温下，灌装量应严格控制不超过钢瓶体积的 75%。

4 仪器和设备

4.1 取样设备

4.1.1 取样钢瓶，见图1，不锈钢制成，有效体积不小于 1 L，耐压不小于 3 MPa。

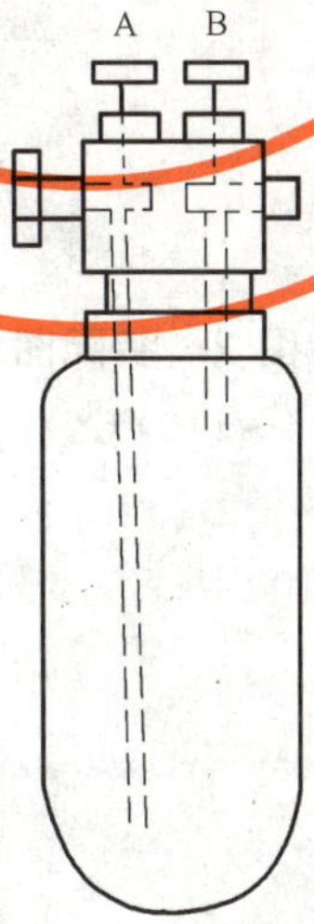

图1 取样钢瓶

充水校验钢瓶体积。钢瓶装有两只针形阀 A 和 B,分别与钢瓶内的两支不锈钢管相连,一支通到近瓶底,另一支长度由保证瓶内液氨的安全灌装量(由第 3 章和 6.3)确定。

钢瓶设计要考虑易于清洗和干燥。为便于携带,阀门口应配装帽盖。

注 1:钢瓶应按全部试验所需的液氨样品量确定体积。

注 2:钢瓶内部应经常检查,如发现不清洁,可用流水洗涤、干燥,再以丙酮洗涤数次,最后以氮气吹洗。同时应检查钢瓶的气密性,为此,可将其浸入水中,充入氮气至约 3 MPa 检验。

4.1.2 连接管,见图 2:

内径约 5 mm 的不锈钢管,长度适中,紧靠一端焊接以同样内径的不锈钢支管,使呈 T 形状。各端配以螺纹接头,一端与液氨容器液相阀连接,另一端接钢瓶阀 A,支管上安装另一针形阀 C。由开闭阀门 C,可使液氨从容器流入大气或取样钢瓶,也可以在液氨容器液相阀关闭时使取样钢瓶入口开向大气。

所用连接件对氨都应是耐腐蚀的,例如硬橡皮、高铅合金,不可使用含铜的材料。

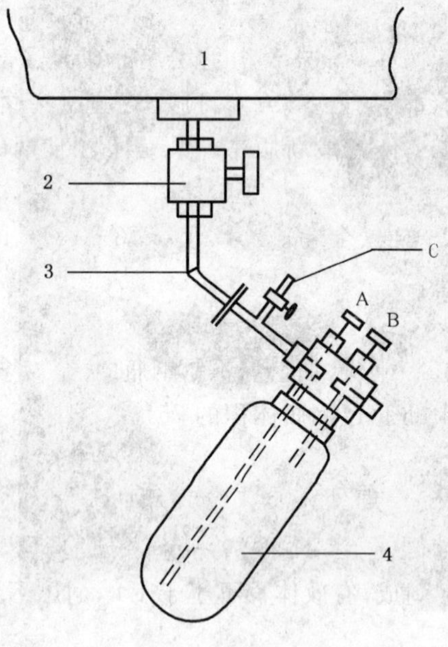

1——液氨容器;

2——容器液相阀;

3——连接管;

4——取样钢瓶。

图 2 装配图示

4.2 电热恒温干燥箱,温度可以控制在(105~110)℃。

4.3 天平。

4.4 真空泵,能迅速抽空钢瓶至压力约为 100 Pa。

5 试剂和材料

5.1 氮气,经 5A 分子筛干燥。

5.2 丙酮。

5.3 冷冻浴,用固体二氧化碳(干冰)和工业酒精作冷冻剂,致冷温度(−35~−40)℃,并配以合适的温度计。

6 步骤

6.1 钢瓶和连接管的准备

应按以下顺序操作。

6.1.1 打开针形阀A和B，将钢瓶与连接管相连，关闭针形阀C，在室温下用干燥氮气吹洗净化装好的取样装置。

6.1.2 将取样装置移入(105～110)℃的恒温干燥箱中，经由与连接管相连和通过恒温干燥箱壁孔的进气管继续用干燥氮气吹洗至少30 min。

6.1.3 关闭针形阀A，拆下钢瓶，连接真空泵于出口针形阀B上，抽真空至钢瓶内压力达100 Pa或更低，保持此压力不少于30 min。

6.1.4 关闭针形阀B，冷却钢瓶。

6.1.5 在天平上称量空钢瓶。

6.2 样品的采取

将钢瓶浸于控温在－35℃的冷冻浴中，冷却10 min～15 min，防止阀门结霜。

将连接管一端紧密地连接于液氨容器液相阀上，另一端连接针形阀A，紧固连接处。

在开启液氨容器液相阀前，先打开针形阀C，使与大气相通。

小心开启液氨容器液相阀，让液氨流出，将存在于连接管中的空气经针形阀C排放掉，由液氨的自由流动净化取样管后，关闭针形阀C，打开针形阀A，让液氨流入钢瓶至规定的安全灌装量。关闭针形阀A和液氨容器液相阀，打开针形阀C，在连接管中的液氨排放后，拆下钢瓶。

取样后，随即按6.3规定检查钢瓶的液氨灌装量。

6.3 灌装量检查

在按钢瓶体积和液氨密度(0.68 g/mL)计算质量后，用天平称量取样后的钢瓶质量，由此确定采取的液氨量。如取样量超过规定限额，超过部分按下述步骤排放弃去。

针形阀B接以橡皮管后，垂直放好钢瓶(针形阀在上)，小心开启针形阀B，让多余的液氨流出，直至出现氨蒸气时再关闭针形阀B。

拆下橡皮管，再称量钢瓶。

附 录 A

（资料性附录）

本部分章条编号与 ISO 7103:1982 章条编号对照

表 A.1 给出了本部分章条编号与 ISO 2590:1973 章条编号对照一览表。

表 A.1 本部分章条编号与 ISO 7103:1982 章条编号对照

本部分章条编号	ISO 7103:1982 章条编号
1	1
2	2
3	3
4	4
5	—
6	5

ICS 65.080
G 20

中华人民共和国国家标准

GB/T 8571—2008
代替 GB/T 8571—2002

复混肥料　实验室样品制备

Preparation of laboratory samples for compound fertilizers

2008-06-17 发布　　2008-09-01 实施

中华人民共和国国家质量监督检验检疫总局
中国国家标准化管理委员会　发布

前言

本标准是复混肥料试验方法系列标准之一，下面列出了这些系列国家标准：

——GB/T 8571《复混肥料　实验室样品制备》；

——GB/T 8572《复混肥料中总氮含量的测定　蒸馏后滴定法》；

——GB/T 8573《复混肥料中有效磷含量的测定　磷钼酸喹啉重量法》；

——GB/T 8574《复混肥料中钾含量的测定　四苯硼酸钾重量法》；

——GB/T 8576《复混肥料中游离水含量的测定　真空烘箱法》；

——GB/T 8577《复混肥料中游离水含量的测定　卡尔·费休法》。

本标准代替 GB/T 8571—2002《复混肥料　实验室样品制备》。

本标准与 GB/T 8571—2002 的主要差异为：对标准的格式进行了重新编写。

本标准由中国石油和化学工业协会提出。

本标准由全国肥料和土壤调理剂标准化技术委员会归口并负责解释。

本标准负责起草单位：国家化肥质量监督检验中心（上海）、无锡市太平洋化肥有限公司。

本标准主要起草人：周勇明、刘刚、刘赟、章明洪、袁云。

本标准于 1988 年首次发布，2002 年第一次修订。

复混肥料　实验室样品制备

1　范围

本标准规定用缩分、研磨等操作，将取得的原始颗粒肥料样品制备成供分析用的实验室样品。

本标准只适用于由化学方法制得的复合肥料或由氮肥、磷肥、钾肥为基础肥料经二次加工制成的复混肥料。

2　原理

通过缩分器或四分法将样品分成两个相等部分，借弃去部分样品和混合部分样品以将样品缩小至需要量，然后研磨至通过规定的筛孔，以获得均匀的、有代表性的、供分析用的实验室样品(通称试样)。

3　仪器

3.1　格槽缩分器：见图1，或其他具有相同功效的缩分器。

3.2　研磨器或研钵；

3.3　试验筛：孔径为0.5 mm，1.00 mm，带底盘和筛盖；

3.4　搪瓷盘或铲子：其宽度应和格槽缩分器(3.1)加料斗宽度相等。

4　样品缩分

4.1　格槽缩分器缩分

将两只接收器分别放在缩分器两侧接收样品的位置，将肥料样品平铺在搪瓷盘(或铲子)内，用两手置样品盘于缩分器加料斗上方，尽可能靠近中心并成正交位置，缓缓地将肥料加入，使其形成一层薄的物料流，颗粒肥料能垂直地、等量地落入所有的格槽中。注意，一定要使肥料连续加入，否则样品将落在某一接收器中，以致得不到等量的、均匀的、有代表性的样品。弃去一只接收器中样品，将另一接收器中样品返回缩分器缩分。重复此操作直至获得分析所需的样品量(约1 000 g)。如需缩分的原始样品较少，则可将第一次缩分所得的两只样品分别重新缩分至需要的样品量。若原始样品量大于缩分器容量，则可将样品先分成若干等分，然后一份一份地按上述操作进行缩分，丢弃一只接收器中的样品，将另一只接收器中的样品混合再缩分。缩分操作应尽可能快，以免样品失水或吸湿。

4.2　四分法缩分

用铲子或油灰刀将肥料在清洁、干燥、光滑的表面上堆成一圆锥形，压平锥顶，沿互成直角的二直径方向将肥料样品分成四等份，移去并弃去对角部分，将留下部分混匀。重复操作直至获得所需的样品量(约1 000 g)。

4.3　将4.1或4.2缩分后混合均匀的样品装入二个密封容器中密封，贴上标签并标明样品名称、取样日期、取样人姓名、单位名称或编号。一瓶作产品质量分析，一瓶保存二个月，以备查用。

5　样品研磨

将4.3中的一瓶样品经多次缩分后取出约100 g，用研磨器或研钵研磨至全部通过0.50 mm孔径筛(对于潮湿肥料可通过1.00 mm孔径筛)，混合均匀，置于洁净、干燥瓶中，作成分分析。研磨操作要迅速，以免在研磨过程中失水或吸湿，并要防止样品过热。余下实验室样品供粒度测定。

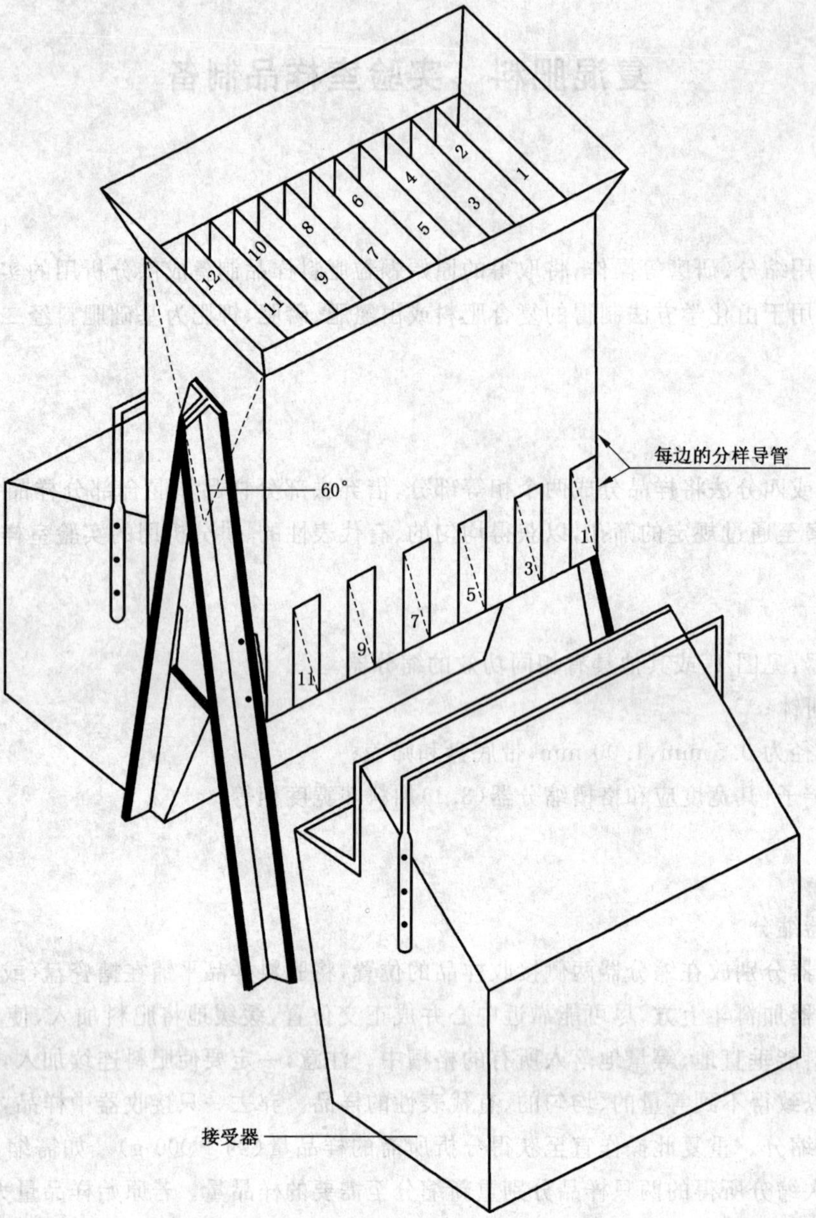

图1　格槽缩分器

为使样品均匀，可将全部研磨后样品放在可折卷的釉光纸片上或光滑油布片上，按不同方向慢慢滚动样品直到充分混匀为止，将样品放入密闭的广口容器中，样品放入后，容器应留有一定空间。密封，贴上标签并标明样品名称、取样日期、制样人姓名、单位名称或编号。

ICS 31.240
K 05

中华人民共和国国家标准

GB/T 8582—2008
代替 GB/T 8582—2000

电工电子设备机械结构术语

Terminology for mechanical structures of electrotechnical and electronic equipment

2008-06-19 发布　　　　2009-04-01 实施

中华人民共和国国家质量监督检验检疫总局
中国国家标准化管理委员会　发布

前　言

本标准代替 GB/T 8582—2000《电工、电子设备机械结构术语》。

本标准与 GB/T 8582—2000 相比，主要变化如下：

——按照 GB/T 19290.1 修改 GB/T 8582—2000 中相应的术语及其定义；

——对于 GB/T 19290.1 中已经包括的而 GB/T 8582—2000 所没有的部分术语和定义，按照 GB/T 19290.1 补充；

——删除 GB/T 8582—2000 中已经不适用的术语；

——修改了 GB/T 8582—2000 中的错误；

——增加了一些必要的术语。

本标准由全国电工电子设备结构综合标准化技术委员会(SAC/TC 34)提出并归口。

本标准起草单位：中兴通讯股份有限公司，四方电气(集团)有限公司，华为技术有限公司，国家电网南京自动化研究院，国电南京自动化股份有限公司。

本标准主要起草人：王蔚、陈爱军、田蘅、张开国、张实、张钰、吴蓓。

本标准所代替的标准的历次版本的发布情况为：

——GB/T 8582—1988；

——GB/T 8582—2000。

电工电子设备机械结构术语

1 范围

本标准规定了电工电子设备机械结构的通用术语。

本标准适用于电工电子设备机械结构专业领域，供标准制修订、科技文献和书刊编写及出版、企业的机械结构产品开发设计管理等使用。

2 方位(见表1)

表 1

序号	术 语	定 义	示 意 图
2.1	宽 width	设备在三维坐标(见图1)的 X 轴方向(左右方向)所占有的尺寸(见图2中 W)	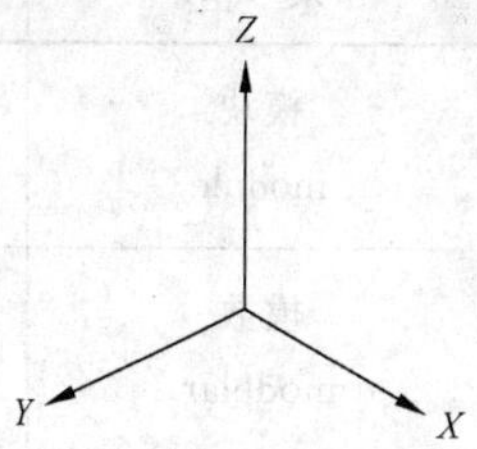 图 1
2.2	深 depth	设备在三维坐标(见图1)的 Y 轴方向(前后方向)所占有的尺寸(见图2中 D)	
2.3	高 height	设备在三维坐标(见图1)的 Z 轴方向(上下方向)所占有的尺寸(见图2中 H)	
2.4	前面 front	设备与操作者相对的主要监测面或操作面，一般装有监测或操作元器件(见图2)	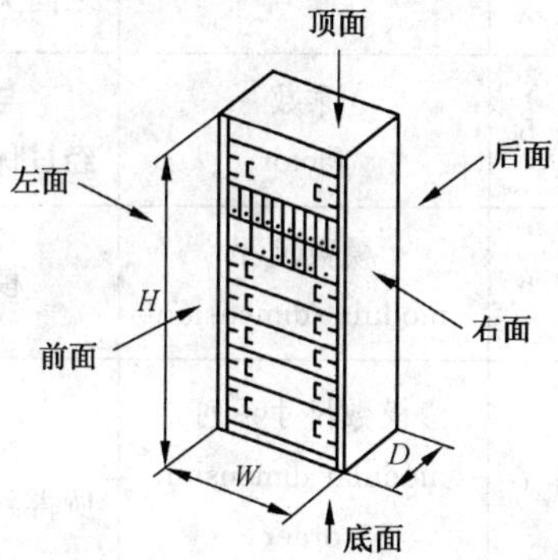 图 2
2.5	后面 rear;back	设备中与前面相对的面(见图2)	
2.6	左面 left	设备在操作者左侧的面(见图2)	
2.7	右面 right	设备在操作者右侧的面(见图2)	
2.8	顶面 top	设备顶部的面(见图2)	
2.9	底面 bottom	设备底部的面(见图2)	
2.10	监测面 monitoring surface	安装监视及测量元器件的面	
2.11	操作面 operating surface	主要安装操作元器件的面	

表 1(续)

序号	术 语	定 义	示 意 图
2.12	水平面 level	与海平面平行的面	
2.13	垂直面 vertical plane	与水平面垂直的面	
2.14	斜面 bevel	与水平面或垂直面成某一倾斜角度的面	
2.15	基准面 reference plane	用来确定几何要素空间位置的理论平面	

3 模数、尺寸与空间

3.1 模数(见表 2)

表 2

序号	术 语	定 义	示 意 图
3.1.1	模块 module	所有边都是格距整数倍数的三维结构,也可用于二维的网格(见图 3)	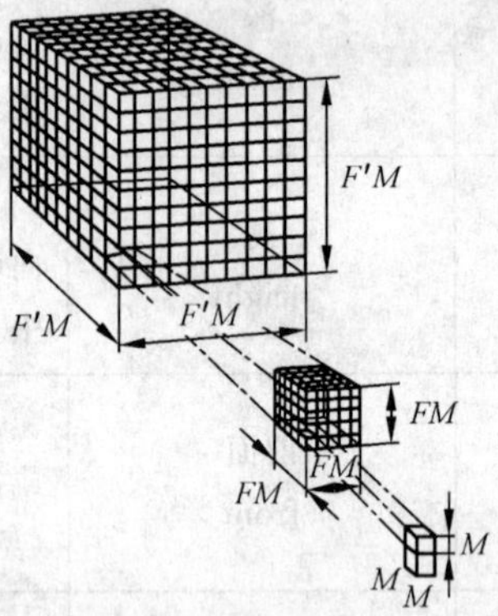 图 3
3.1.2	模数 modular	一维模块格距的数值	
3.1.3	基本模数 base modular	模数序列中指定的模数,其数值等于基本格距	
3.1.4	模数序列 modular order	建立协调尺寸和基本格距、倍数格距,以及用于确定设备构体的安装格距之间关系的一套规则	
3.1.5	乘数 factor	与模数相乘从而得到模数尺寸并经过优选的正整数	
3.1.6	模数尺寸 modular dimension	模数乘以一个乘数所得到的尺寸	
3.1.7	模数尺寸系列 modular dimension order	模数乘以经优选确定的一列乘数所得到的尺寸系列	
3.1.8	网格 grid	相等尺寸的理论直线的正交排列(见图 4)	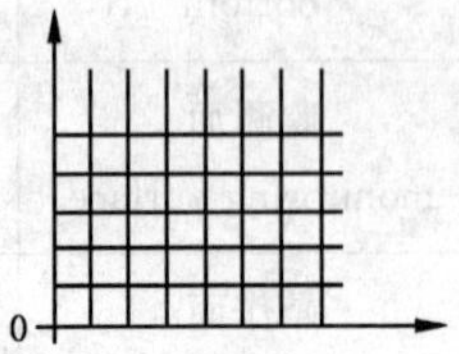 图 4

表 2（续）

序号	术 语	定 义	示 意 图
3.1.9	模数网格 modular grids	按照模数关系构成的两维或三维的格距关系（符合模数系列的两维或三维网格）（见图 1 和图 5）	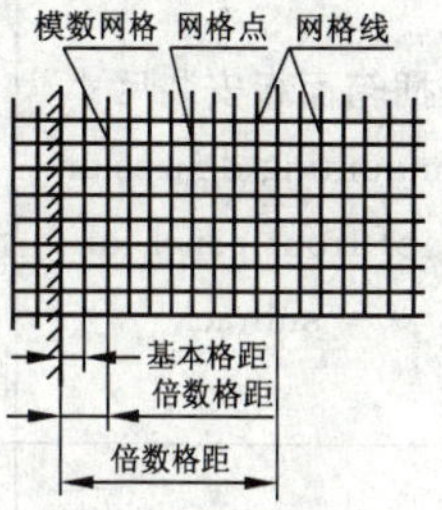 图 5
3.1.10	网格线 grid lines	构成模数网格的直线（见图 5）	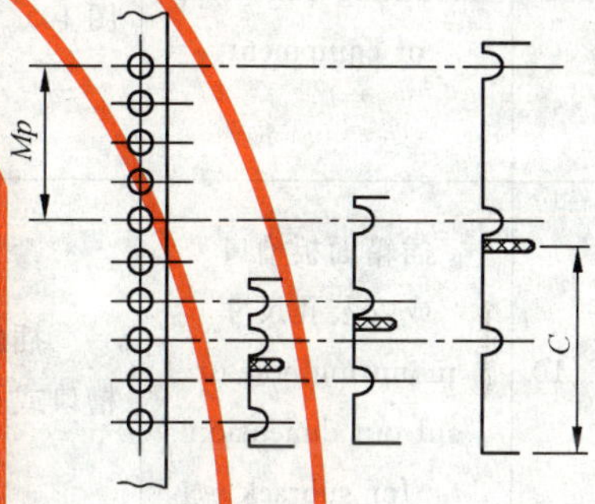 图 6
3.1.11	网格点 grid points	构成模数网格直线的相交点（见图 5）	
3.1.12	基本格距 base pitch (p)	设备构体的相邻网格线之间的最小距离（见图 5）	
3.1.13	倍数格距 multiple pitch (Mp)	基本格距的整数倍（见图 6 中 Mp）	
3.1.14	安装格距 mounting pitch	在给定的空间中用于布置或安装部件或组件的格距（见图 6 中 C）	

3.2 尺寸（见表 3）

表 3

序号	术 语	定 义	示 意 图
3.2.1	外形尺寸 overall dimension	设备在三维坐标 X、Y、Z 轴上所占有的最大尺寸（见图 7 中 W、H、D_1）	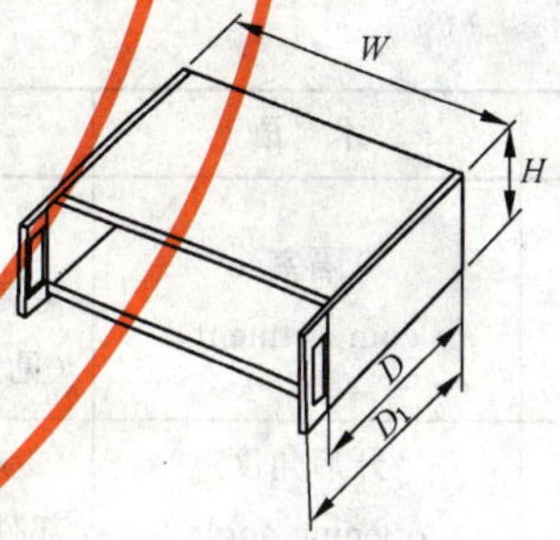 图 7
3.2.2	公称尺寸 nominal overall dimension	设备主要外形在三维坐标 X、Y、Z 轴上所占有的尺寸 W、D、H（不包括个别凸出部分，见图 7 中 D）	
3.2.3	安装面有效尺寸 active dimension of mounted area	安装面上可供安装零部件、元器件的平面范围	
3.2.4	安装空间有效尺寸 active dimension of mounted space	在设备结构内，可供安装零部件、元器件的空间范围	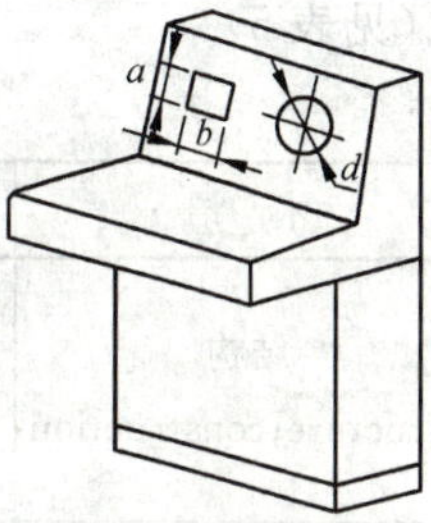 图 8
3.2.5	维修空间尺寸 space dimension for maintenance	为了维护和修理，在设备结构内，人体或其一部分以及工具所需要的活动空间范围	
3.2.6	开孔尺寸 cut out dimension	为了安装元器件，在设备的面板或门上所开孔的尺寸（见图 8 中的 a、b、d 等）	
3.2.7	协调尺寸 co-ordination dimension	协调机械接口的基准尺寸 注：它不是制造尺寸	

表 3（续）

序号	术 语	定 义	示 意 图
3.2.8	插箱面板安装尺寸 mounting dimension of front panel for subrack	插箱面板安装到机架或机柜上的位置尺寸（见图 9 中 W_0）	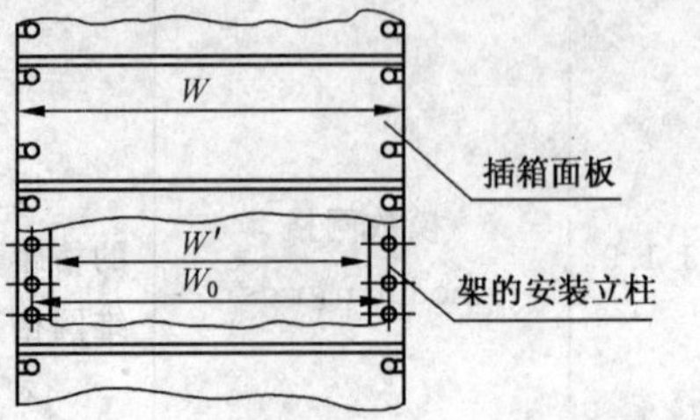 图 9
3.2.9	设备安装尺寸 mounting dimension of equipment	设备安装孔的位置和几何尺寸（见图 10）	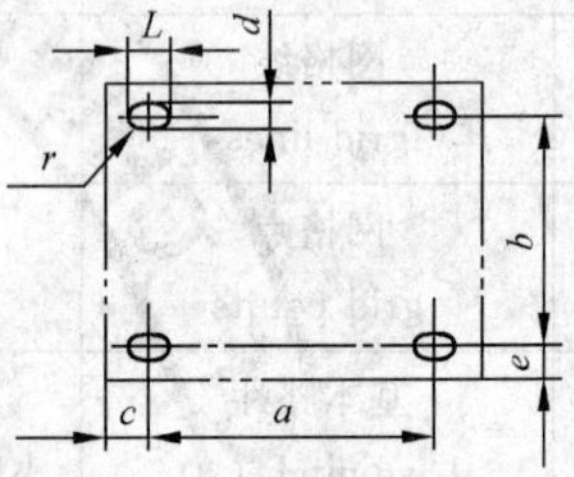 图 10
3.2.10	插箱面板槽口或安装孔尺寸 mounting hole or cut-out dimension for subrack	插箱面板安装到机架或机柜上的槽口或孔的几何尺寸（见图 11）	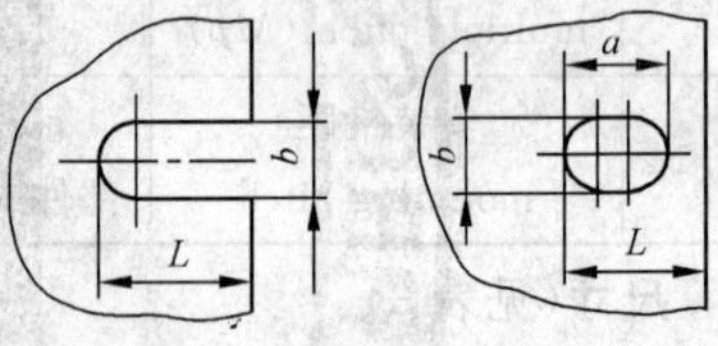
3.2.11	接口尺寸 interface dimension	元器件、部件或设备之间相互接合处的配合尺寸	图 11

3.3 空间（见表 4）

表 4

序号	术 语	定 义	示 意 图
3.3.1	隔室 compartment	除在内部接线、操作、维护或通风需要时打开外，通常总是封闭的空间（见图 27）	
3.3.2	开启角度 opening angle	门、回转框架、活动盖板等转动的部件，可旋转的最大角度（见图 24）	

4 结构

4.1 型式（见表 5）

表 5

序号	术 语	定 义	示 意 图
4.1.1	结构 structure; construction	产品中所有零部件、材料、元器件等各组成要素之间相互联系、相互作用的方式的总和	
4.1.2	结构型式 structure model	表示结构基本特征的一种对结构的分类方式	

表 5（续）

序号	术 语	定 义	示 意 图
4.1.3	固定式结构 fixed structure; stationary structure	安装位置固定的设备结构	
4.1.4	移动式结构 movable structure	可以变换工作场所的设备结构	
4.1.5	便携式结构 portable structure	便于携带使用的设备结构	
4.1.6	敞开式结构 unenclosed structure	泛指无专门外壳防护的结构	
4.1.7	防护式结构 protective structure	有指定外壳防护等级的结构	
4.1.8	组合式结构 composite structure	可将多个结构单元方便地组装成所需设备的一种结构	
4.1.9	板材结构 plate structure	设备或部件的主要构件，是用板材加工后装配或焊接而成的结构	
4.1.10	型材结构 extrude structure	设备或部件的主要构件，是用型材加工后装配而成的结构	

4.2 整体结构（见表 6）

表 6

序号	术 语	定 义	示 意 图
4.2.1	整件 ensemble	用装配工序把各组成部分（部件、零件、材料）组装或连接而成的具有独立结构或一定功能的构件。整件中亦可包括其他的整件	
4.2.2	设备构体 equipment practice	容纳和安装电子和机电系统的机械结构，它为机械部件、电气连接和电子元器件之间的兼容性提供保证	
4.2.3	机架 rack	用于容纳电气或电子设备的独立式或固定安装的无外壳防护的结构（见图 12）	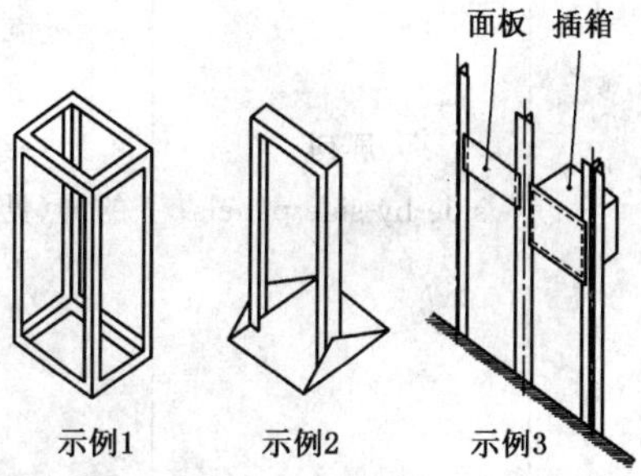 图 12

表 6（续）

序号	术 语	定 义	示 意 图
4.2.4	机架列 side-by-side racks	一组并列安装的，通常为同高等深的机架（见图 13）	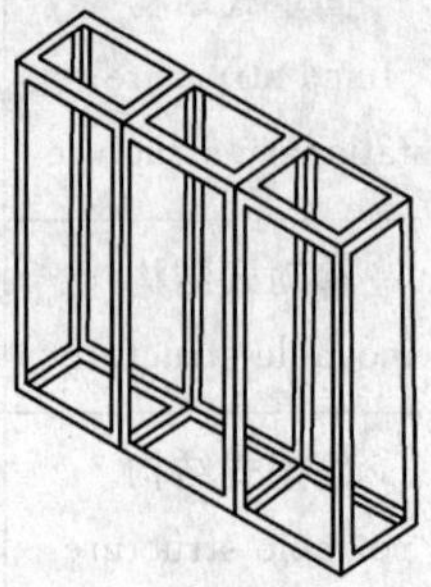 图 13
4.2.5	机箱 chassis	支撑相关电气和电子元器件的特定设计的机械结构（见图 14）	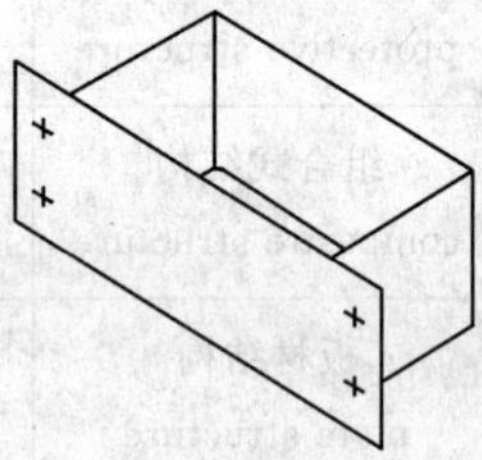 图 14
4.2.6	屏 panel	带有固定式面板的机架（见图 15）	 图 15
4.2.7	屏列 side-by-side panels	一组并列安装的，通常为同高等深的屏（见图 16）	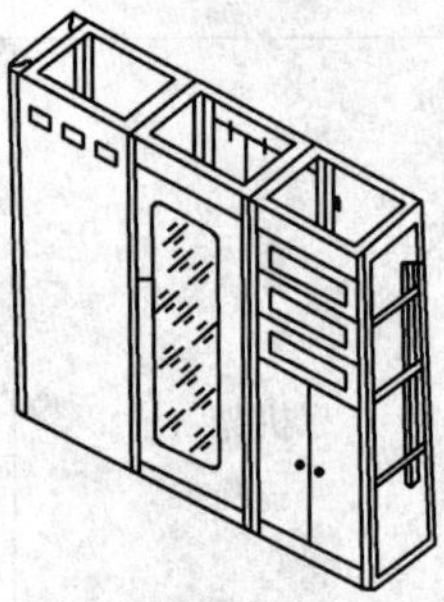 图 16

表 6（续）

序号	术 语	定 义	示 意 图
4.2.8	机柜 cabinet	用于容纳电气或电子设备的独立式或自支撑的机壳。机柜通常配置有门、可拆或不可拆的侧板(见图 17)	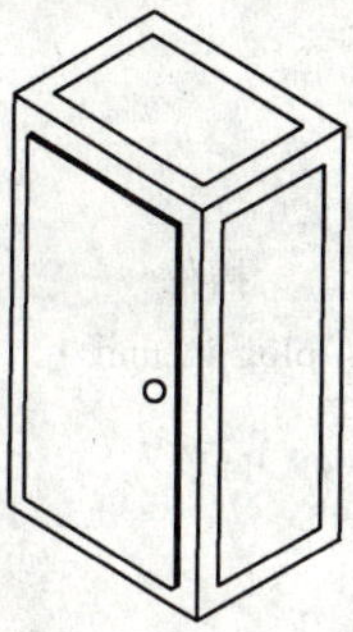 图 17
4.2.9	柜列 suite of racks or cabinets	依次排列成一行的机架或机柜(见图 18)	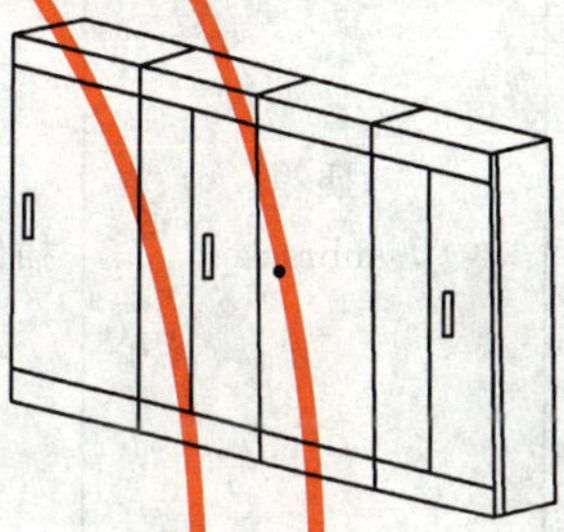 图 18
4.2.10	箱体 case	安装在台面、桌面或墙壁上，用于容纳电气或电子设备的小型机壳(见图 19)	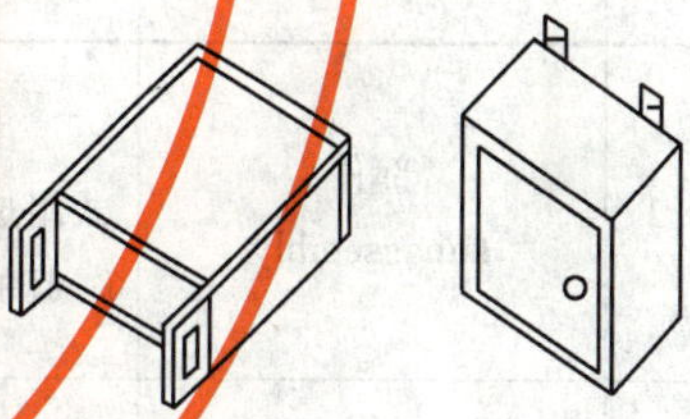 图 19
4.2.11	台 console	安装在台面或地面，具有水平面、垂直面或倾斜面，以容纳控制、信息和监视设备的机壳(见图 20)	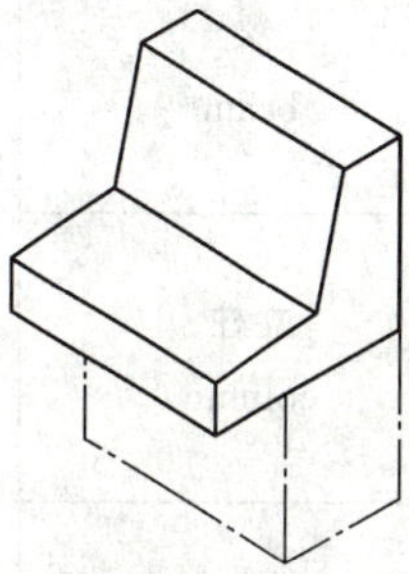 图 20

表 6（续）

序号	术　语	定　　义	示　意　图
4.2.12	插件 plug-in unit	插入插箱并由导轨支撑的单元。这些单元有各种形式，可以是带接插元件的印制板，也可以是具有插入式连接的框架或盒式单元（见图 21）	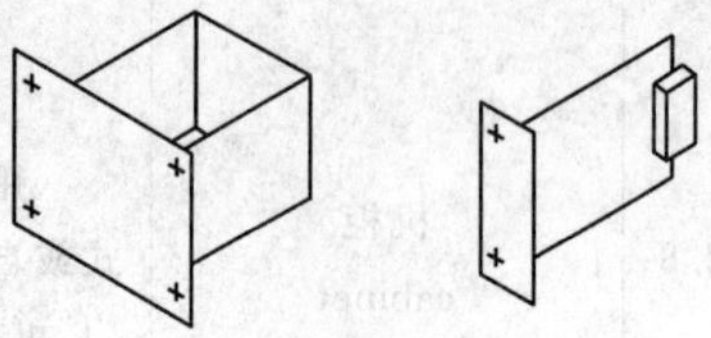 图 21
4.2.13	插箱 subrack	用于容纳带插接元件的印制板和插件的结构单元（见图 22）	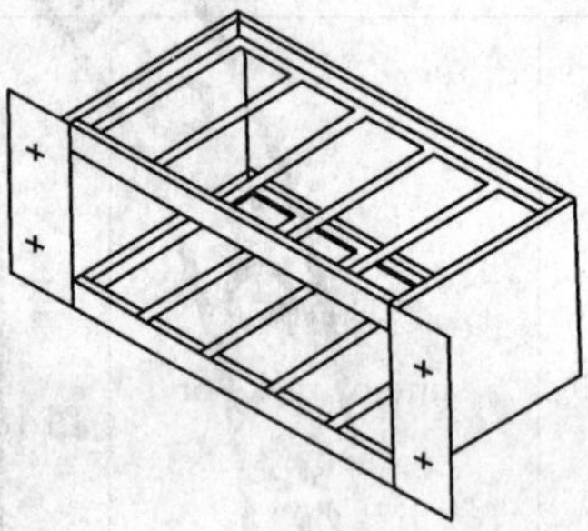 图 22

4.3　零部件（见表 7）

表 7

序号	术　语	定　　义	示　意　图
4.3.1	部件 subassembly	由若干零件以可拆或不可拆的形式组成的构件，或由零件和部件装配在一起的构件	
4.3.2	零件 part	不采用装配工序制成的单一构件	
4.3.3	梁 beam	结构中水平方向的支撑件（见图 23）	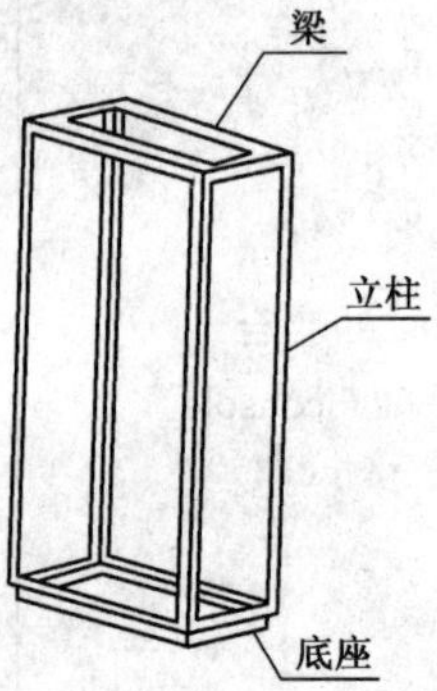 图 23
4.3.4	立柱 column	结构中垂直方向的支撑件（见图 23）	
4.3.5	底座 base	结构中底部的支撑件，一般为框形（见图 23）	

表 7（续）

序号	术 语	定 义	示 意 图
4.3.6	脚轮 caster	为便于设备自由移动，安装在设备底部的由轮子和支架构成的部件	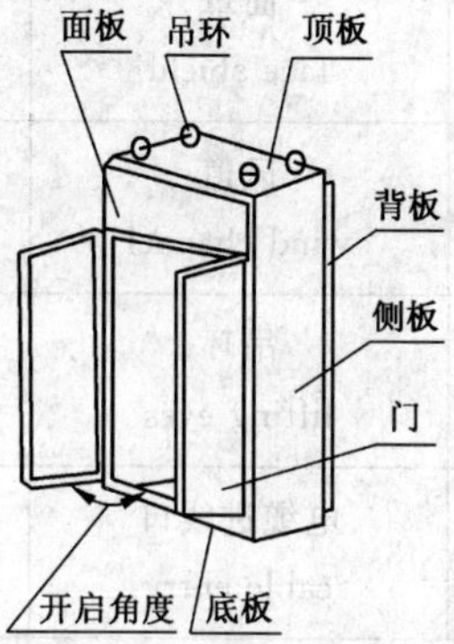 图 24
4.3.7	面板 front panel	通常配置在机架和机柜前部的垂直安装面上（见图 24）	
4.3.8	背板 back panel	安装在设备（与前面相对的）后面的板（见图 24） 注：在插箱中，指用于连接器和印制板实现互联的板	
4.3.9	机柜覆板 cabinet panel	用于防护意外触及和环境影响的机柜外部的部件（见图 25） 注：覆板可认为是侧板、顶板、底板等的统称	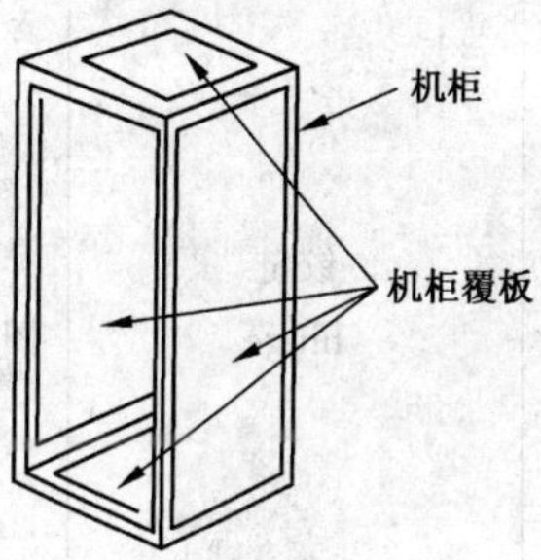 图 25
4.3.10	侧板 side panel	设备两侧面的板（见图 24）	
4.3.11	顶板 top panel	设备顶面的板（见图 24）	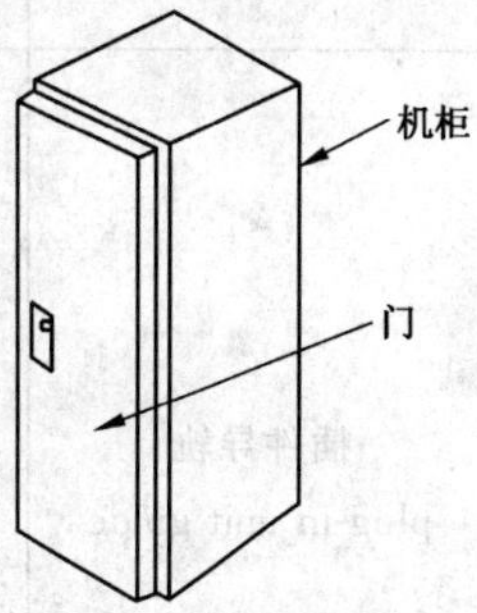 图 26
4.3.12	底板 bottom panel	设备底面的板（见图 24）	
4.3.13	门 door	带有典型门闩和/或锁紧装置的铰接机柜覆板（见图 26）	
4.3.14	盖板 cover plate	遮盖机壳上孔的板，通常用螺钉固定（见图 27）	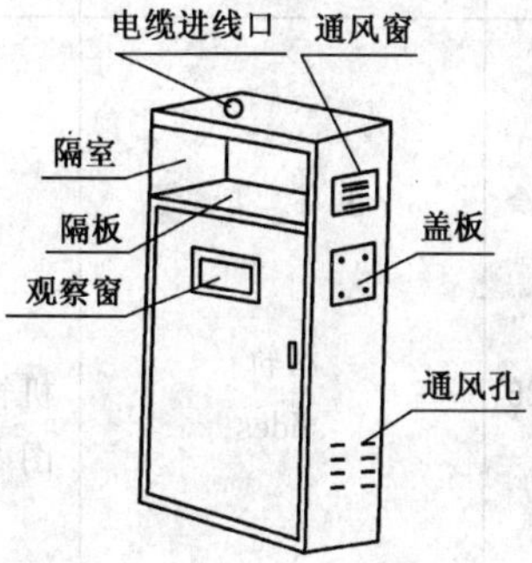 图 27
4.3.15	隔板 partition board	在垂直或水平方向上分隔设备结构内部空间的板（见图 27）	
4.3.16	观察窗 inspection window	一种用于观察设备内部器件的窗式透明构件（见图 27）	
4.3.17	通风窗 ventilation louver	装于机壳上，便于空气流动、散发设备内部热量的构件（见图 27）	
4.3.18	通风孔 louvers;air breather	机壳上便于空气流动、散发设备内部热量的孔，常为圆形、长方形或百叶窗形（见图 27）	

表 7(续)

序号	术 语	定 义	示 意 图
4.3.19	面罩 face shield	装于设备或插箱前面,用于保护和观察设备内部器件的一种透明构件	
4.3.20	风道 wind channel	设备结构中引导气流流经的通道	
4.3.21	吊环 lifting eyes	供吊运设备用的构件(见图 24)	
4.3.22	电缆进线口 cable entry	设备机壳上,能使电缆通过并进入设备内部的一种孔(见图 27)	
4.3.23	铰链 hinge	可转动并能叠合的连接件(见图 28)	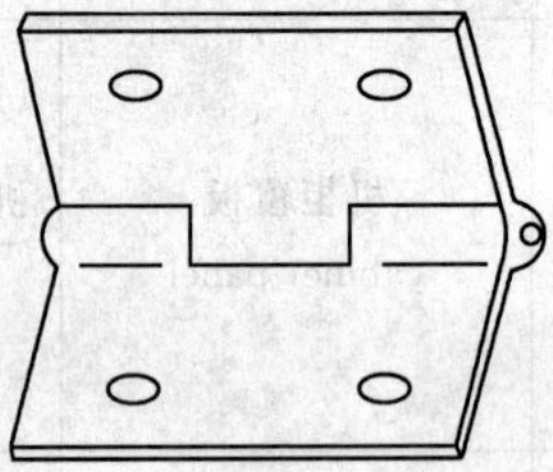 图 28
4.3.24	插件导轨 plug-in unit guide	在插箱中用来导向、固定和支撑带插接元件的插件和印制板的构件(见图 29)	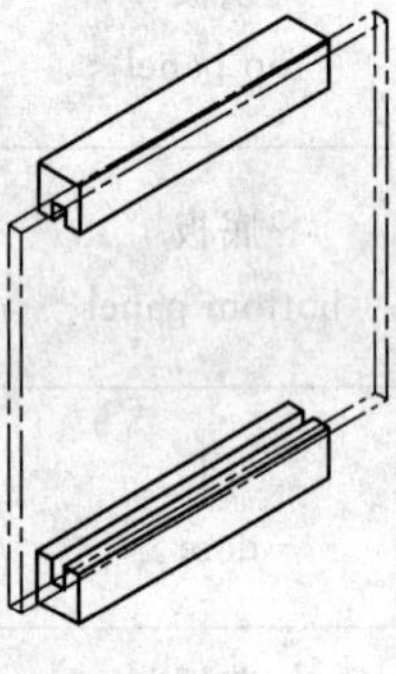 图 29
4.3.25	滑轨 slides	在机架、机柜和箱体中支撑插箱和机箱,并使之在上面滑动的构件(见图 30)	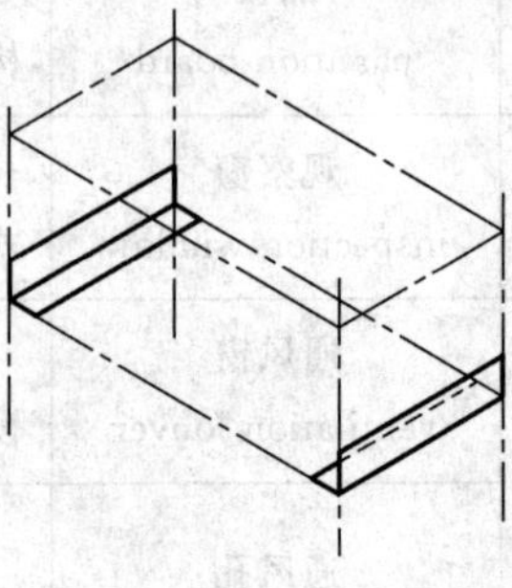 图 30

表 7（续）

序号	术 语	定 义	示 意 图
4.3.26	伸缩滑轨 telescopic slides	在伸长的位置上支撑可抽出、缩回的插箱和机箱的构件（见图 31）	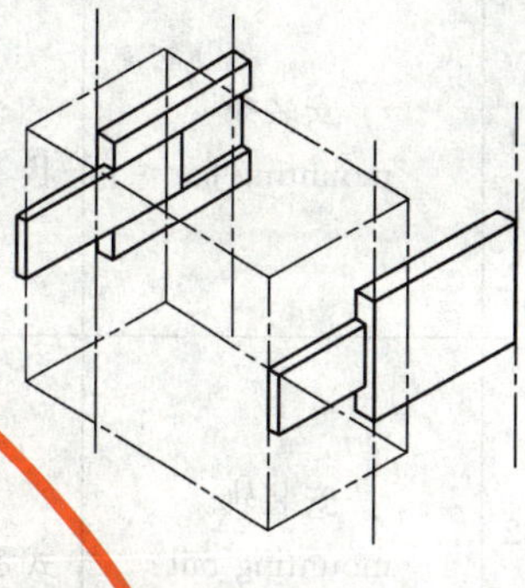 图 31
4.3.27	限位件 stop block	限制活动部件极限位置的构件	
4.3.28	回转框架 swing frame	用于固定电气和（或）电子设备的铰接框架，它可转动以便接近其背面（见图 32）	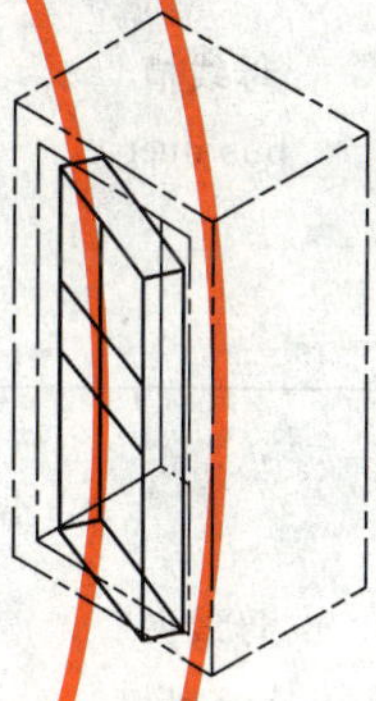 图 32
4.3.29	安装板 mounting plate	用于安装电气、电子器件，置于机柜中的板（见图 33）	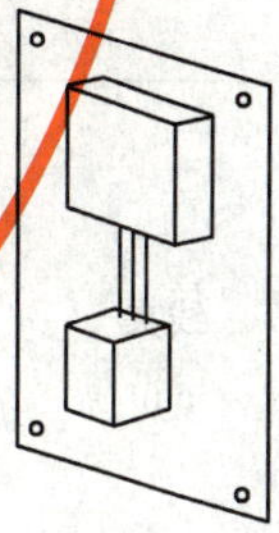 图 33
4.3.30	安装架 mounting frame	用于安装电气、电子器件的框架结构，在机柜内可固定或移动（见图 34）	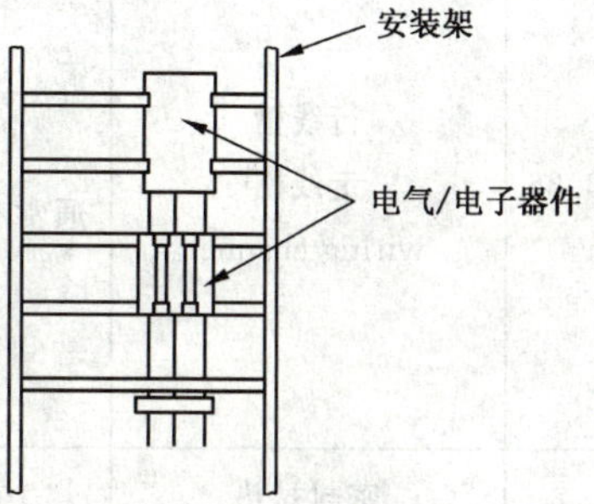 图 34

表 7（续）

序号	术 语	定 义	示 意 图
4.3.31	安装条 mounting bar	用于安装元件、器件和零部件的条状零件(见图 35)	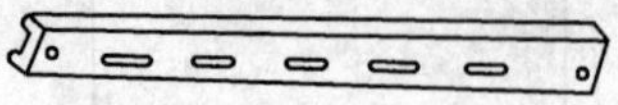 图 35
4.3.32	安装轨 mounting rail	用于快速安装元件和器件的导轨式零件(见图 36)	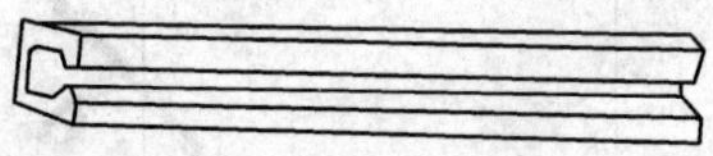 图 36
4.3.33	母线槽 bus duct	支撑母线并防止触及母线的部件(见图 37)	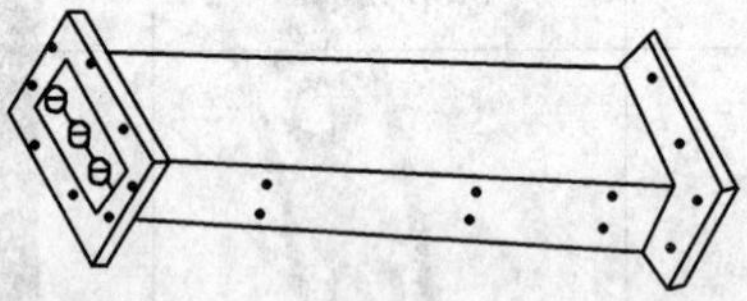 图 37
4.3.34	母线夹 bus clip	夹紧并支承母线的绝缘部件(见图 38)	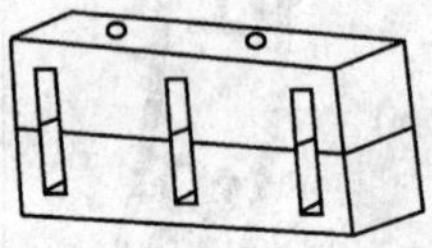 图 38
4.3.35	线夹 clip	夹紧并支承导线的部件(见图 39)	 图 39
4.3.36	行线槽 走线槽 wiring channel	一种布放导线或电缆的槽形构件，通常有盖(见图 40)	 图 40
4.3.37	密封衬垫 sealing gasket	在构件结合处起密封作用的一种弹性零件	

表 7（续）

序号	术 语	定 义	示 意 图
4.3.38	插拔器 injector/extractor	便于插入单元插入和拔出的机构，可具有锁紧功能(见图 41)	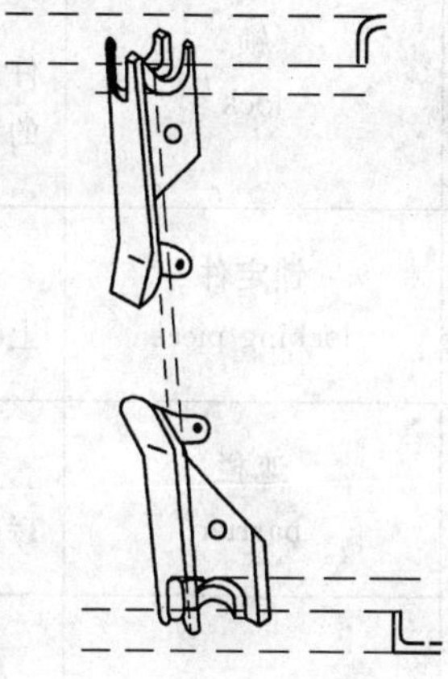 图 41
4.3.39	把手 handle	装在门上,供开、闭门用的构件(见图 42)	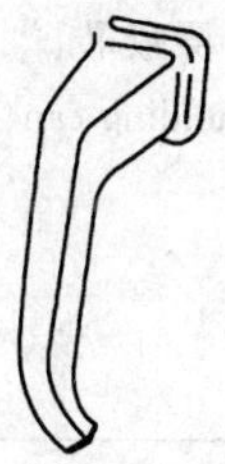 图 42
4.3.40	提手 lifted handle	装在机箱上,供提携用的构件	
4.3.41	拉手 extracted handle	装在插入单元或插箱上,主要供水平方向拉动用的构件(见图 43)	
4.3.42	底脚 leg	支承机壳并使其不直接与安放面接触的构件(见图 43)	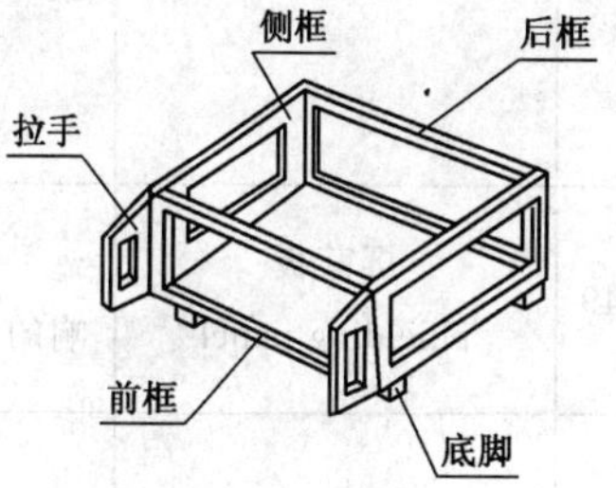 图 43
4.3.43	撑脚 support leg	安装在箱的底面,可使箱体成倾斜状态的一种支撑件(见图 44)	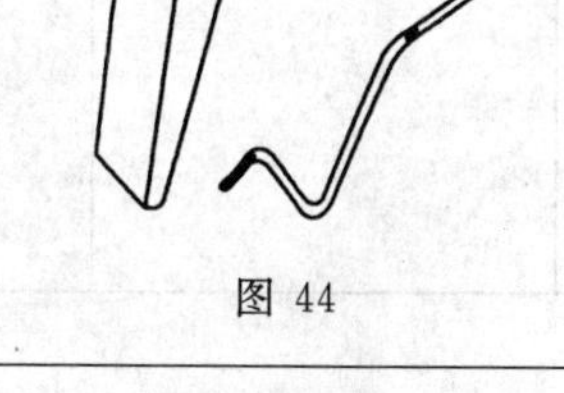 图 44

表 7（续）

序号	术 语	定 义	示 意 图
4.3.44	锁 lock	安装在设备的门和插入单元等构件上，需借助专用工具（钥匙）才能打开的装置	
4.3.45	锁定件 locking piece	装在设备的门和插入单元等构件上，毋需借助专用工具即能打开的装置	
4.3.46	遮栏 barrier	对来自任何经常靠近方向上的直接接触提供防护的构件	
4.3.47	屏蔽罩 shielding can	隔离或减弱电场、磁场或电磁场影响的一种非全封闭构件（见图 45）	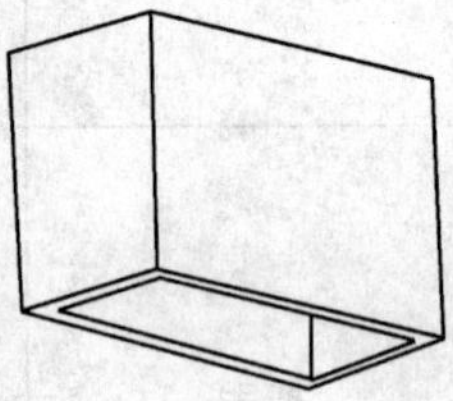 图 45
4.3.48	屏蔽盒 shielding box	隔离或减弱电场、磁场或电磁场影响的一种全封闭构件（见图 46）	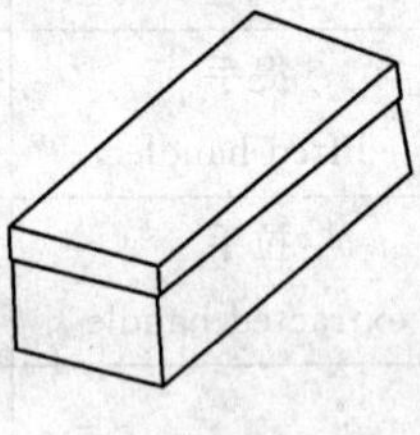 图 46
4.3.49	屏蔽板 shielding panel	隔离或减弱电场、磁场或电磁场影响的板状构件	
4.3.50	屏蔽网 shielding net	隔离或减弱电场、磁场或电磁场影响的网状构件（见图 47）	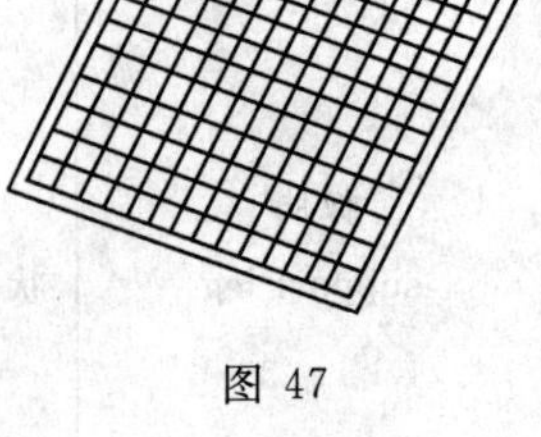 图 47

表 7（续）

序号	术　语	定　义	示 意 图
4.3.51	减振器 reducer	减小震动对设备或元器件影响的弹性零部件(见图 48)	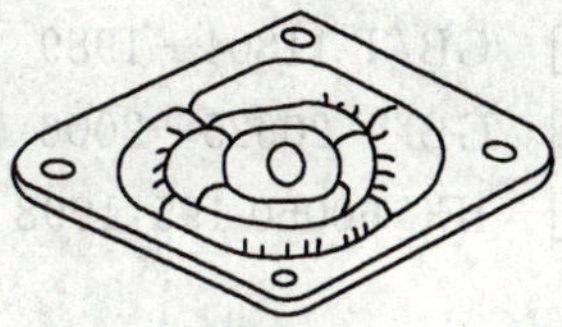 图 48
4.3.52	散热器 heat sink;radiator	增大元器件散热面积、加速热量散发的零件(见图 49)	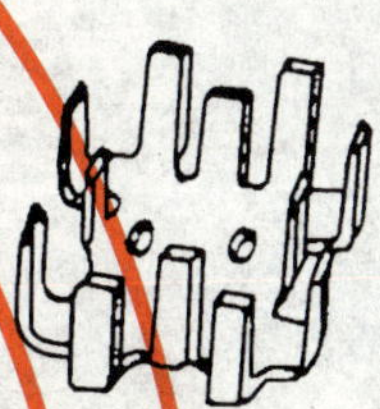 图 49

参 考 文 献

[1] GB/T 4365—2003 电磁兼容术语(IEC 60050-161:1990,IDT).

[2] GB/T 11804—1989 电工电子产品环境条件术语.

[3] GB/T 20625—2006 特殊环境条件 术语.

[4] IEC 60050-195:1998 电工术语 接地和电击防护.

中文索引

英文索引

A

B

C

D

ICS 53.100
P 97

GB

中华人民共和国国家标准

GB/T 8595—2008/ISO 10968:2004
代替 GB/T 8595—2001

土方机械　司机的操纵装置

Earth-moving machinery—Operator's controls

(ISO 10968:2004, IDT)

2008-08-26 发布　　　　2009-02-01 实施

中华人民共和国国家质量监督检验检疫总局
中国国家标准化管理委员会　发布

前　言

本标准等同采用 ISO 10968:2004《土方机械　司机的操纵装置》(英文版)。

本标准等同翻译 ISO 10968:2004。

为便于使用,本标准作了下列编辑性修改:

——将“本国际标准”一词改为“本标准”;

——删除国际标准的前言;

——对 ISO 10968:2004 中引用的国际标准,用已被采用为我国的标准代替对应的国际标准。

本标准代替 GB/T 8595—2001《土方机械　司机的操纵》。

本标准与 GB/T 8595—2001 相比,主要变化如下:

——标准名称由“土方机械　司机的操纵”改为“土方机械　司机的操纵装置”;

——增加了条款 3.3、3.4、3.5、5.2、6.4、A.3.2、A.4.2、A.4.3、A.5.1.2、A.6.2、A.6.3.3、B.1.4、B.1.5、B.2.2、B.3.2、B.4.3、B.4.6、B.5.4;

——删除了原附录 C“操纵装置的典型布置”。

本标准的附录 A 和附录 B 为规范性附录。

本标准由中国机械工业联合会提出。

本标准由全国土方机械标准化技术委员会(SAC/TC 334)归口。

本标准负责起草单位:天津工程机械研究院。

本标准参加起草单位:厦门厦工机械股份有限公司。

本标准主要起草人:吴润才、李蔚苹。

本标准所代替标准的历次版本发布情况为:

——GB/T 8595—1988、GB/T 8595—2001。

土方机械　司机的操纵装置

1　范围

本标准规定了 GB/T 8498 定义的土方机械司机驾驶操纵的主要操纵装置的要求和指南(对于司机遥控操纵的机器见 ISO 15817:2005)。

本标准对手指、手或脚操纵装置进行了规定,但并不限制其他的操纵形式、操纵位置或操纵动作的应用。然而,推荐操纵装置的布局应遵循司机的安全和人类工效学的一般要求及原则。

2　规范性引用文件

下列文件中的条款通过本标准的引用而成为本标准的条款。凡是注日期的引用文件,其随后所有的修改单(不包括勘误的内容)或修订版均不适用于本标准,然而,鼓励根据本标准达成协议的各方研究是否可使用这些文件的最新版本。凡是不注日期的引用文件,其最新版本适用于本标准。

GB/T 8420　土方机械　司机的身材尺寸与司机的最小活动空间(GB/T 8420—2000,eqv ISO 3411:1995)

GB/T 8498　土方机械　基本类型　识别、术语和定义(GB/T 8498—2008,ISO 6165:2006,IDT)

GB/T 8593.1　土方机械　司机操纵和其他显示符号　第1部分:通用符号(GB/T 8593.1—1998,eqv ISO 6405-1:1991)

GB/T 8593.2　土方机械　司机操纵和其他显示符号　第2部分:机器、工作装置和附件的特殊符号(GB/T 8593.2—1998,eqv ISO 6405-2:1993)

GB/T 14781　土方机械　轮式机械的转向能力(GB/T 14781—1993,eqv ISO 5010:1992)

GB/T 19929　土方机械　履带式机器　制动系统的性能要求和试验方法(GB/T 19929—2005,ISO 10265:1998,MOD)

GB/T 21152　土方机械　轮胎式机器　制动系统的性能要求和试验方法(GB/T 21152—2007,ISO 3450:1996,IDT)

GB/T 21935　土方机械　操纵的舒适区域与可及范围(GB/T 21935—2008,ISO 6682:1986,IDT)

GB/T 22356　土方机械　钥匙锁起动系统(GB/T 22356—2008,ISO 10264:1990, IDT)

GB/T 22359　土方机械　电磁兼容性(GB/T 22359—2008,ISO 13766:2006,IDT)

ISO 15817:2005　土方机械　远程控制的安全要求

ISO 15998:2008　土方机械　应用电子元件的机器控制系统(MCS)　功能安全的性能准则和试验

3　术语和定义

下列术语和定义适用于本标准。

3.1

主要操纵装置　primary control

由司机频繁连续使用的操纵装置(见 GB/T 21935)。

注:主要操纵装置如下:

a)　主机:

1)　转向;

2）离合器或脚踏板；

3）换挡；

4）速度；

5）行驶；

6）制动；

7）回转/旋转运动。

b）工作装置：

1）举升/下降操作(例如:装载机提升臂、推土机工作装置、挖掘机动臂、侧臂绞盘、机械式挖掘机的绞盘)；

2）动臂的伸、缩或铰接操作；

3）返回/向前运动(例如:反铲斗杆)；

4）附属装置的操作(例如:反铲、正铲、蛤壳式抓铲、锤、翻斗车厢)；

5）回转/旋转操作。

3.2

次要操纵装置　secondary control

司机偶尔使用的操纵装置,但其是机器的特有功能所必需的操作(例如:停车制动、照明的操作)。

3.3

机器响应　machine response

在启动操纵装置时主机、工作装置或附属装置的动作响应。

示例：当铲斗提升操纵装置移至提升位置时铲斗的提升,当蛤壳式抓铲关闭操纵装置移至关闭位置时蛤壳式抓铲的关闭。

3.4

操纵力　control actuating force

为实现操纵装置功能,在操纵装置接触表面的中心及表面移动的方向上所施加的力。

注：该力未必代表司机通常施加的力。

3.5

司机遥控操纵装置　remote operator control

借助于有线操纵装置或无线操纵装置,由与机器有一定距离的司机对土方机械进行的操作,包括遥控操纵方式时机器自有的操纵装置。

4　操纵装置位置

4.1　操纵装置位置

操纵装置的位置应符合 GB/T 8420,还应考虑 GB/T 21935 给出的指南。

4.2　主要操纵装置之间的距离

4.2.1　相邻操纵装置之间的距离及操纵装置与机器其他部件之间的距离应是足够的,以防止操作时意外带动相邻的操纵装置。为了提供单独操纵和同时操纵的实用功能,允许操纵装置的叠叉。

4.2.2　手指、手和脚操作的操纵装置之间的距离,或这类操纵装置与其他相邻部件之间的距离,应按如下规定。

注：两个相邻手指操纵装置之间的距离与操纵装置的宽度有关。因此,根据两操纵装置之间是否有其他装置,来规定两相邻操纵装置中心线之间的距离。

a）对于手指操作的操纵装置,两相邻操纵装置中心线之间的最小距离(不包括钥匙或用指尖启动的触摸板)：

1）没有间隔物时,为 25 mm；

2） 有间隔物时，为 18 mm。

b） 对于手操作（用手指围绕操纵装置）：40 mm。

c） 对于脚操作的装置：50 mm。

4.2.3 如果两个相邻的手指、手或脚操作的操纵装置预期同时使用时，允许是较小的距离。

次要操纵装置的位置应遵循相同的原则。

4.3 防止外力产生移动或危险的措施

操纵装置、操纵连杆和它们动力源的布置方式，应不能在预知的外力（例如：手力、脚力或机器的振摆）作用下使其损坏或进入不适宜的位置。

4.4 防滑踏板

踏板表面应防滑。

5 操纵装置的运动

5.1 一般规定

5.1.1 除非是组合操纵装置或用户要求，操纵装置的运动相对于它们的中位应与机器响应的方向相一致（例如：一台挖掘机的上部结构，驱动机器的操纵杆位于机器可回转部件上的司机位置处）。

5.1.2 如果一台机器安装了可替换的司机位置，并有相同的操纵装置布置，则两套操纵装置的操纵方式应相同。当一套操纵装置起作用时，则另一套操纵装置不应起作用，起作用的一套操纵装置应具有清晰的可视指示识别。

机器的转向操纵装置动作与行驶方向的运动应保持相同一致，即使在倒退驱动位置也应如此。

5.1.3 当司机释放操纵件时，所有操纵件应回到它们的中位，除非操纵装置具有棘爪或者保持在固定位置或连续作用位置。

5.1.4 在动力源或发动机运行、起动或停止期间，不应存在危险的运动。

起动系统应符合 GB/T 22356 的规定。

5.1.5 如果用电信号传递操作信号，操纵装置应符合 GB/T 22359 和 ISO 15998:2008 的规定。

5.1.6 操纵装置应通过布置、锁定或屏蔽等方式，使其不可能被误触动，尤其是当司机根据制造商的说明书进、出司机位置时。

5.1.7 附录 A 规定了主机的主要常见操纵装置的操作类型、位置和方法，附录 B 规定了工作装置的主要操纵装置的操作类型、位置和方法。没有进行规定的工作装置和其他操纵装置同样应遵循附录 B 给出的原则（例如，挖掘装载机的反铲部分）。

5.1.8 标志符号应处于操纵装置上或附近。如果空间受到限制，允许用一个图表表示主要操纵装置，图表应位于司机易见处。

图形符号应符合 GB/T 8593.1 和 GB/T 8593.2 的规定。

5.2 多功能操纵装置

5.2.1 一般要求

用于主机和/或工作装置或附属装置操作的多功能操纵装置的情况，采用下列条款及 5.1 的规定。

5.2.2 多功能操纵装置的基本动作

多功能操纵装置的基本动作包括下列操作动作（或它们的组合）：

——向前/向后；

——向左/向右；

——回转/旋转（例如，高低挡选择）；

——向上/向下（提升/下降）。

允许的操作功能的组合动作(例如,向前左或向前右、向后左或向后右)。

见图 1。

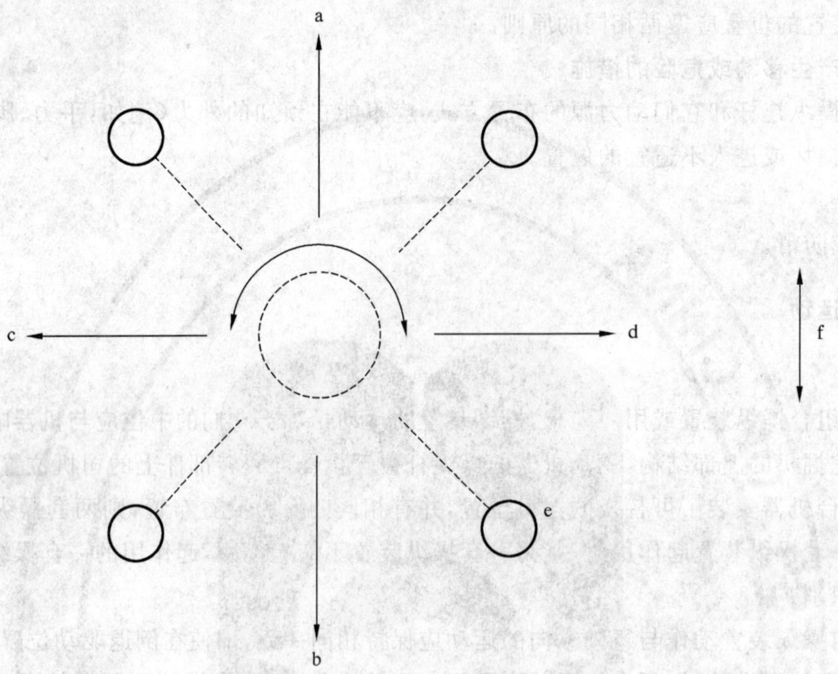

a——前;
b——后;
c——左;
d——右;
e——组合操作;
f——向上和向下(提升/下降)。

图 1　多功能操纵装置的基本功能

5.2.3　操作转变的机器响应

如果操纵机构标签或视觉指示器对司机提供操作动作和在基本以及转变位置时机器响应的信息,则允许改变从多功能操作动作到其他主要功能(见附录 A 和附录 B)的机器响应。

5.2.4　多功能操作时附加的操纵装置位置

附加的操纵机构(如旋钮或开关)可位于多功能操纵装置上,以启动主要操纵装置或次要操纵装置,然而,在操纵装置上不应存在多于四个的附加操作机构(例如:抓铲的右转/保持/左转、行驶的向前/中位/向后、摆动轴锁止/解锁、支腿的上/固定/下)。

附加操作机构和响应的操纵装置应由操作机构标签或视觉指示器指示说明。

手指尖作用的操纵装置(如钥匙或触摸板)不包括这些要求。

6　操纵力

6.1　正常操作时,操纵力不应超出表 1 规定的最大操纵力,但在紧急操作时,可以超出这些力。

6.2　最小操纵力应达到能避免无意识的操作动作(见表 1 和 5.1.6)。

6.3　表 1 中的操纵力不适用于制动系统和转向系统,它们的最大操纵力见 GB/T 14781、GB/T 19929 和 GB/T 21152。

6.4 操纵装置的最小机械强度应至少承受5倍表1规定的正常操纵力。

6.5 当对操纵装置进行操作时，操纵力方向是以司机的位置为参考基准。

表1 操纵力

操作动作		操纵力/N		
		最大	正常（频繁操作）	最小[a]
手	杆(前/后)	230	80	20
	杆(侧向)	100	60	15
	制动杆(向上)	400	60	15
脚	踏板	450	120[b]	30
	中间铰接踏板	230	50	30
脚尖	踏板	90	50	12
手指尖	杆或开关	20	10	2

a 仅供参考。因为沿着操纵杆的行进，操纵力是可变的，标示值是在动作期间(尤其是接合至棘爪位置之前)预期达到的值。

b 具有背面支撑时为150 N。

附 录 A
（规范性附录）
土方机械 主机的主要常见操纵装置

表 A.1

序号	操纵装置	位 置	操作要求
A.1	**转向**		
A.1.1	方向盘	司机前方或见4.1	顺时针转动产生右转向，而逆时针转动产生左转向
A.1.2	手操纵：单杆操纵装置	见4.1	操纵杆左移时产生左转向，操纵杆右移时产生右转向
A.1.3	手操纵：两杆操纵装置	见4.1	向前移动左操纵杆和/或向后移动右操纵杆应产生右转向，向后移动左操纵杆和/或向前移动右操纵杆应产生左转向
A.2	**离合器和脚踏板**		
	脚操纵	司机的左脚可及的位置或见4.1	向前和/或向下踩踏板应产生脱开
A.3	**挡位选择/换挡**		
A.3.1	手操纵	见4.1	换挡方式应简单并有明显的标识，尤其是中位应能明显辨别并很容易选择
A.3.2	手指操纵	司机可及处或见4.1	向上/向右推按钮应产生加速挡，向下/向左推按钮应产生减速挡
A.4	**速度——发动机和/或行驶速度**		
A.4.1	脚操纵：加速/减速	司机右脚可及的位置或见4.1	加速：向前和/或向下运动应加速； 减速：向后和/或向上运动应减速
	——脚操纵减速器	司机右脚可及的位置或见4.1	向前和/或向下运动应减速
A.4.2	手操纵杆装置	见4.1	加速：向前和/或向下运动应加速； 减速：向后和/或向上运动应减速
A.4.3	手指操纵	司机手可及的位置或见4.1	加速：推加速按钮/开关应加速， 减速：推减速按钮/开关应减速； 加速：向右旋转杆、旋钮或转盘应加速， 减速：向左旋转杆、旋钮或转盘应减速
A.5	**机器行驶**		
A.5.1	**方向操纵——前进/后退（无速度变化）**		
A.5.1.1	手操纵或手/手指操纵	司机可及处或见4.1	向前/向上或向右移动操纵装置或操纵杆时应产生向前运动，向后/向下或向左移动操纵装置或操纵杆时应产生后退运动
A.5.1.2	手指操纵	司机可及处或见4.1	向上推按钮应产生向前运动，向下推按钮应产生后退运动
A.5.2	**速度与方向的组合——连续可变地组合操纵**		
A.5.2.1	手操纵	司机可及处或见4.1	从中位向前和/或向上操纵时应产生向前运动和增加前进速度， 从中位向后和/或向下操纵时应产生后退运动和增加后退速度

表 A.1(续)

序号	操纵装置	位 置	操作要求
A.5.2.2	脚操纵:一块踏板	司机的右脚可及处或见 4.1	踏板在司机的脚下应能转动,并应静止在中位; 踏板前端向前和/或向下运动时应产生向前运动和增加前进速度; 踏板后端向下运动时应产生后退运动和增加后退速度
A.5.2.3	脚操纵:两块踏板	司机的双脚可及处或见 4.1	右踏板向前和/或向下运动时应产生向前运动和增加前进速度, 左踏板向下运动时应产生后退运动和增加后退速度
A.5.3	**速度、方向和转向的组合——连续变化地组合操纵**		
A.5.3.1	手操纵:单杆操纵	司机可及处或见 4.1	操纵杆向前运动应产生向前和加速前进, 操纵杆向后运动应产生向后和加速后退, 操纵杆向左运动应产生左转,而向右运动应产生右转
A.5.3.2	手操纵:两杆操纵	司机可及处或见 4.1	两根操纵杆同时向前应产生向前和加速前进, 两根操纵杆同时向后应产生后退和加速后退; 左操纵杆向前和/或右操纵杆向后应产生右转向, 左操纵杆向后和/或右操纵杆向前应产生左转向
A.5.3.3	脚操纵:两块操纵踏板	司机前方可及处或见 4.1	踏板应在司机的脚下转动并静止在中位; 两踏板的前端向下运动时应产生前进和加速前进, 两踏板的后端向下运动时应产生后退和加速后退; 左踏板前端向下运动和右踏板后端向下运动时应产生右转向, 右踏板前端向下运动和左踏板后端向下运动时应产生左转向
A.6	**制动器**		
A.6.1	**行车制动**		
A.6.1.1	脚制动	见 4.1	制动时,通常的运动方向应向前和/或向下
A.6.1.2	手制动	见 4.1	最好用拉的方式
A.6.2	**停车制动**		
A.6.2.1	脚制动	见 4.1	制动时,通常的运动方向应向前和/或向下
A.6.2.2	手制动	见 4.1	最好用拉的方式
A.6.3	**转向和制动的组合**		
A.6.3.1	脚操纵:两块交叉踏板	见 4.1	右踏板向下运动应产生右转向, 左踏板向下运动应产生左转向, 两块踏板(叠叉部位)同时向下运动时应产生停止
A.6.3.2	脚操纵:三块操纵踏板	见 4.1	右踏板向下运动时应产生右转向, 左踏板向下运动时应产生左转向, 中间踏板向下运动时应产生停止
A.6.3.3	手或手指操纵	司机手可及处或见 4.1	右操纵杆向后运动时应产生右转向, 左操纵杆向后运动时应产生左转向, 拉双操纵杆应产生停止

表 A.1(续)

序号	操纵装置	位 置	操作要求
A.6.4	**旋转/回转制动**		
	——脚操纵	司机的左脚可及处或见 4.1	制动时,运动方向应向下
A.7	**旋转/回转运动**		
A.7.1	**手操纵——可转动的操纵杆**	司机可及处或见 4.1	顺时针运动时,应产生顺时针的转动
A.7.2	**上部结构的旋转/回转**		
A.7.2.1	手操纵:单功能操纵杆	司机的左手可及处或见 4.1	操纵杆向前运动应产生顺时针转动
A.7.2.2	手操纵:多功能操纵杆	司机的左手可及处或见 4.1	操纵杆向右运动应产生顺时针转动

附 录 B
（规范性附录）
土方机械 工作装置的主要操纵装置

表 B.1

序号	操纵装置	位 置	操作要求[a]
B.1	**提升/下降**		
B.1.1	手操纵	司机的右手可及处或见 4.1	向后移动操纵杆应提升工作装置，并且向前移动操纵杆应下降工作装置
B.1.2	脚操纵：一块踏板操纵	司机的脚可及处或见 4.1	踏板应在司机的脚下转动，并在中位保持静止； 踏板后部向下运动时，应提升工作装置； 踏板前部向下运动时，应下降工作装置
B.1.3	脚操纵：两块踏板操纵	司机的双脚可及处或见 4.1	右踏板向下运动时，应提升工作装置； 左踏板向下运动时，应下降工作装置
B.1.4	自卸车车厢 起升/下降 手操纵	司机的手可及处或见 4.1	操纵杆向后或向上运动应起升车厢，操纵杆向前或向下运动应下降车厢； 对于前卸式自卸车，操纵杆向前运动应起升车厢，操纵杆向后运动应下降车厢
B.1.5	松土器 提升/下降 手/手指操纵	司机的右手可及处或见 4.1	操纵杆向后或向左运动应提升松土器，操纵杆向前或向右运动应下降松土器
B.2	**伸出/缩进**		
B.2.1	手操纵	司机的左手可及处或见 4.1	操纵杆向前或向左运动，应伸出工作装置； 操纵杆向后或向右运动，应缩进工作装置
B.2.2	手指操纵	司机的左手可及处或见 4.1	上推/左推按钮，应伸出工作装置； 下推/右推按钮，应缩进工作装置
B.2.3	脚操纵：一块踏板操纵	司机的右脚可及处或见 4.1	踏板应在司机的脚下转动，并在中位保持静止； 踏板的前端向下运动时，应伸出工作装置； 踏板的后端向下运动时，应缩进工作装置
B.2.4	脚操纵：两块踏板操纵	司机的双脚可及处或见 4.1	右踏板向下运动时，应伸出工作装置； 左踏板向下运动时，应缩进工作装置
B.3	**向后/向前运动**		
B.3.1	手操纵	司机的左手可及处或见 4.1	操纵杆向后运动，应产生向后运动； 操纵杆向前运动，应产生向前运动
B.3.2	手指操纵	司机的左手可及处或见 4.1	上推/左推按钮，应产生向前运动； 下推/右推按钮，应产生向后运动
B.3.3	脚操纵：一块踏板操纵	司机的左脚可及处或见 4.1	踏板应在司机的脚下转动，并在中位保持静止； 踏板前端向下运动时，应产生向前运动； 踏板后端向下运动时，应产生向后运动
B.3.4	脚操纵：两块踏板操纵	司机的双脚可及处或见 4.1	右踏板向下运动时，应产生向前运动； 左踏板向下运动时，应产生向后运动

表 B.1（续）

序号	操纵装置	位　置	操作要求[a]
B.4	**工作装置/附属装置的响应（见 3.3）**		
B.4.1	手操纵：单功能操纵杆	司机的右手可及处或见 4.1	操纵杆向后移动应产生启动作业
B.4.2	手操纵：多功能操纵杆	司机的右手可及处或见 4.1	操纵杆向左移动应产生启动作业
B.4.3	手指操纵	司机的右手可及处或见 4.1	操纵杆向后移动应产生启动作业
B.4.4	脚操纵：一块操纵踏板	司机的右脚可及处或见 4.1	踏板应在司机的脚下转动，并在中位保持静止； 踏板的后端向下运动应产生启动作业
B.4.5	脚操纵：两块操纵踏板	司机的右脚可及处或见 4.1	左/右踏板向下运动应产生启动作业
B.4.6	脚操纵：带铰轴装置的一块操纵踏板	司机的右脚可及处	踏板应在司机的脚下转动，并在中位保持静止； 踏板的前/右端向下运动应产生顺时针转动，踏板的后/左端向下运动应产生逆时针转动
B.5	**旋转/回转操作**		
B.5.1	手操纵：单功能操纵杆	司机的左手可及处或见 4.1	操纵杆向前或向右运动，应产生顺时针转动
B.5.2	手操纵：多功能操纵杆	司机的左手可及处或见 4.1	操纵杆向右运动，应产生顺时针转动
B.5.3	手操纵：可转动的操纵杆	司机可及处或见 4.1	操纵杆顺时针运动，应产生顺时针转动
B.5.4	手指操纵	司机的左手可及处	右推按钮，应产生顺时针转动
B.5.5	脚操纵：一块操纵踏板	司机的左脚可及处或见 4.1	踏板应在司机的脚下转动，并应在中位保持静止； 踏板的前端向下运动，应产生顺时针转动； 踏板的后端向下运动，应产生逆时针转动
B.5.6	脚操纵：两块操纵踏板	司机的左脚可及处或见 4.1	右踏板向前和/或向下移动，应产生顺时针转动； 左踏板向前和/或向下移动，应产生逆时针转动

[a] 土方机械的类型很多，其工作装置的运动方向依赖于工作装置离地高度和与附属装置的位置。因此用中间高度和中间位置规定各操作。

ICS 11.080.10
C 47

中华人民共和国国家标准

GB 8599—2008
代替 GB 8599—1988,GB 8600—1988

大型蒸汽灭菌器技术要求 自动控制型

Technical requirements for large steam sterilizers—Automatic type

2008-12-12 发布 2009-12-31 实施

中华人民共和国国家质量监督检验检疫总局
中国国家标准化管理委员会 发布

前言

本标准的全部内容为强制性。

本标准与 EN 285:2006《灭菌　蒸汽灭菌器　大型灭菌器》的一致性程度为非等效。

本标准与 EN 285:2006 标准的主要差异如下：

a) 删除部分术语和定义，通用术语和定义采用 GB/T 19971—2005《医疗保健产品灭菌　术语》和 GB 18281.1—2000《医疗保健产品灭菌　生物指示物　第 1 部分：通则》确定的术语和定义。

b) 标准的编辑和格式上依照 GB/T 1.1—2000《标准化工作导则　第 1 部分：标准的结构和编写规则》和 GB/T 1.2—2002《标准化工作导则　第 2 部分：标准中规范性技术要素内容的确定方法》的规定，与 EN 285:2006 有较大的变化，删除了部分欧洲语言。

c) 压力容器部分内容按 GB 150《钢制压力容器》、《压力容器安全技术监察规程》国家质量技术监督局(1999)和《特种设备安全监察条例》中华人民共和国国务院令(第 373 号)要求，增加压力容器要求和灭菌器门的安全联锁要求。

d) 电气安全要求执行 GB 4793.1《测量、控制和试验室用电气设备的安全要求　第 1 部分：通用要求》、GB 4793.4《测量、控制及实验室用电气设备的安全实验室用处理医用材料的蒸压器的特殊要求》和 GB/T 18268—2000《测量、控制和实验室用的电设备　电磁兼容性要求》(idt IEC 61326-1:1997)。

e) 生物指示物要求应符合 ISO 11138 标准。化学指示物要求应符合 ISO 11140 标准。

f) 按照 EN 285:2006(修正版)增加了空腔负载试验要求。

g) 本标准未采用 EN 285:2006 中第 22 章蒸汽气源质量的测试。

本标准代替 GB 8599—1988《自动控制压力蒸汽灭菌器技术条件》、GB 8600—1988《压力蒸汽灭菌器灭菌效果检验方法》。

本标准附录 E、附录 F 为规范性附录，附录 A、附录 B、附录 C、附录 D、附录 G 为资料性附录。

本标准由国家食品药品监督管理局提出。

本标准由全国消毒技术与设备标准化技术委员会(SAC/TC 200)归口。

本标准起草单位：国家食品药品监督管理局广州医疗器械质量监督检验中心、洁定贸易(上海)有限公司、山东新华医疗器械股份有限公司、连云港千樱医疗设备有限公司。

本标准主要起草人：黄秀莲、徐伟雄、伍倚明、陈嘉晔、卢子分、张扬、李晶、王培敬、韩少川。

本标准所代替标准的历次版本发布情况为：

——GB 8599—1988；

——GB 8600—1988。

大型蒸汽灭菌器技术要求
自动控制型

1 范围

本标准规定了大型蒸汽灭菌器技术要求——自动控制型的术语和定义、型式与基本参数、要求和试验方法。

本标准适用于可以装载一个或者多个灭菌单元、容积大于 60 L 的大型蒸汽灭菌器(以下简称灭菌器)。该灭菌器主要用于医疗保健产品及其附件的灭菌。

按本标准设计和生产的灭菌器应考虑产品寿命周期中的环境因素的影响。环境因素参见附录 A。

本标准未规定用于控制灭菌器制造生产的各个阶段的质量保证体系的要求。

本标准不适用于手动控制型的大型蒸汽灭菌器。

2 规范性引用文件

下列文件中的条款通过本标准的引用而成为本标准的条款。凡是注日期的引用文件,其随后所有的修改单(不包括勘误的内容)或修订版均不适用于本标准,然而,鼓励根据本标准达成协议的各方研究是否可使用这些文件的最新版本。凡是不注日期的引用文件,其最新版本适用于本标准。

GB 150 钢制压力容器

GB 4793.1 测量、控制和实验室用电气设备的安全要求 第 1 部分:通用要求(GB 4793.1—2007,IEC 61010-1:2001,IDT)

GB 4793.4 测量、控制和实验室用电气设备的安全 实验室用处理医用材料的蒸压器的特殊要求(GB 4793.4—2001,idt IEC 61010-2-041:1995)

GB/T 16839.2—1997 热电偶 第 2 部分:公差(idt IEC 60584-2:1982+A1:1989)

GB/T 18268—2000 测量、控制和实验室用的电设备 电磁兼容性要求(idt IEC 61326-1:1997)

GB 18281.1—2000 医疗保健产品灭菌 生物指示物 第 1 部分:通则(idt ISO 11138-1:1994)

GB 18281.3—2000 医疗保健产品灭菌 生物指示物 第 3 部分:湿热灭菌用生物指示物(idt ISO 11138-3:1994)

GB 18282.1—2000 医疗保健产品灭菌 化学指示物 第 1 部分:通则(idt ISO 11140-1:1995)

GB/T 19633 最终灭菌医疗器械的包装(idt ISO 11607:2003)

GB/T 19971—2005 医疗保健产品灭菌 术语 (ISO/TS 11139:2001,IDT)

JB/T 8622—1997 工业铂热电阻技术条件及分度表(neq IEC 751:1983)

特种设备安全监察条例 中华人民共和国国务院令(第 373 号)

压力容器安全技术监察规程 国家质量技术监督局(1999)

ISO 11140-3:2000 医疗保健产品的灭菌 化学指示物 第 3 部分:蒸汽渗透试纸的二类指示物

ISO 11140-4:2006 医疗保健产品的灭菌 化学指示物 第 4 部分:用于蒸汽渗透检测的替代性 BD 类试验的二类指示物

EN 867-5:2001 灭菌器用非生物系统 第 5 部分:小型灭菌器(B 型和 S 型)检测用的过程挑战装置 PCD 和指示物

3 术语与定义

GB/T 19971—2005 和 GB 18281.1—2000 确立的以及下列术语和定义适用于本标准。

3.1

排除空气　air removal

从灭菌室内和被灭菌包内去除空气，以帮助蒸汽的渗透。

3.2

自动控制器　automatic controller

根据预设定的参数，控制灭菌器按程序自动运行的装置。

3.3

BD 测试　Bowie and Dick test

对能灭菌多孔负载的灭菌器是否能成功去除空气的测试。

3.4

周期结束　cycle complete

表示程序设定的灭菌周期已经完成，可以从灭菌室中取出灭菌后的负载。

3.5

双门灭菌器　double ended sterilizer

在灭菌室的两端各有一扇门的灭菌器。

3.6

平衡时间　equilibration time

从参考测量点达到灭菌温度开始，到负载的各部分都达到灭菌温度所需要的时间。

3.7

维持时间　holding time

灭菌室内参考测量点及负载各部分的温度连续保持在灭菌温度范围内的时间。

注：维持时间紧跟在平衡时间之后，时间的长短与灭菌温度有关。

3.8

空腔负载　hollow load

含有管腔结构的物品。其腔体内直径不小于 2 mm，腔体部分的长度不大于其内直径的 1 500 倍。

3.9

装载门　loading door

指双门灭菌器的门，在灭菌开始之前通过它将灭菌器负载放入灭菌室中。

3.10

灭菌时间　plateau period

平衡时间加上维持时间。

3.11

压力容器　pressure vessel

包括灭菌室、夹套(若适用)、门和其他所有与灭菌室永久连接的相关部件的容器。

3.12

过程挑战装置 PCD　process challenge device

对于灭菌过程构成特定的抗力的装置，用于评价灭菌过程的有效性。

3.13

参考测量点　reference measurement point

用于灭菌周期控制的温度传感器位置。

注：由制造商规定的灭菌室内温度最低点。

3.14

灭菌单元　sterilization module

标准体积的灭菌负载。

注：标准体积为 300 mm(高度)×600 mm(长度)×300 mm(宽度)的长方体。

3.15

灭菌温度范围　sterilization temperature band

负载和参考测量点的温度波动范围，其最低温度为灭菌温度。

注：这些温度通常以℃为单位。

3.16

灭菌负载　sterilizer load

在灭菌室内接受灭菌处理的物品。

3.17

卸载门　unloading door

双门灭菌器的门，在一个灭菌周期之后，可以通过它从灭菌室中取出灭菌负载。

3.18

可用空间　usable space

灭菌室内不受固定部件限制，可以放置灭菌负载的有效空间。

注：可用空间是通过灭菌室的高度、宽度及其深度来表示。

4　分类与基本参数

4.1　分类

灭菌器按型式分为：

a)　灭菌器按蒸汽供给方式分为自带蒸汽发生器和外接蒸汽。

b)　灭菌器结构可分为单门或双门。

注：参见附录B给出的同一单元灭菌器的识别标准。

4.2　基本参数

4.2.1　额定工作压力不大于0.25 MPa。

4.2.2　灭菌工作温度：115 ℃～138 ℃。

5　要求

5.1　正常工作条件

5.1.1　灭菌器正常工作应满足下列条件：

a)　环境温度：5 ℃～40 ℃；

b)　相对湿度：不大于85%；

c)　大气压力：70 kPa～106 kPa；

d)　使用电源：交流220 V±22 V，50 Hz±1 Hz或交流380 V±38 V，50 Hz±1 Hz；

e)　蒸汽汽源压力：0.3 MPa～0.6 MPa。

5.1.2　蒸汽和水的质量，参见附录C。

5.2　外观、结构与灭菌室尺寸

5.2.1　灭菌器外形应端正、整齐，不得有明显的偏歪、毛刺和锈蚀等缺陷。

5.2.2　灭菌器装载附件表面不得有凹陷和毛刺等缺陷。

5.2.3　灭菌室的可用空间应能放置一个或多个灭菌单元。

5.2.4　灭菌器的型式和灭菌室的尺寸应符合制造商说明书或技术文件规定的要求。

5.3　材料

与蒸汽接触的材料应：

a)　能耐受蒸汽以及冷凝物的侵蚀；

b)　不会导致蒸汽质量的下降；

c) 不会释放出导致危害健康及环境的有毒物质。

注：附录D给出了不同材料组合的建议。

5.4 压力容器

5.4.1 概要

5.4.1.1 压力容器应符合《特种设备安全监察条例》、《压力容器安全技术监察规程》和GB 150的规定。

5.4.1.2 联锁装置

门应装有安全联锁装置，并应符合以下规定：

a) 灭菌器的门应装有安全联锁装置，灭菌器在正常工作条件下，当门未锁紧时，蒸汽不能进入灭菌室内；

b) 灭菌器的门应保证灭菌室内压力已被完全释放才能打开，否则门应不能被打开；

c) 应具备与a)、b)动作同步的报警功能。

5.4.1.3 灭菌室门的密封件应可更换，应可以检查和清洁密封件以及它与门接触的表面，而无需拆除门的结构。

5.4.1.4 灭菌室门关闭后，在未进行灭菌周期的情况下应可再次打开。

5.4.1.5 在灭菌周期的进行过程中应不能打开灭菌器的门。

5.4.2 双门灭菌器

5.4.2.1 除非维护的需要，应不能同时打开两个门。

5.4.2.2 在未显示灭菌周期结束之前，应不能打开卸载侧门。

5.4.2.3 BD测试、空腔负载测试和真空泄漏测试程序结束后，应不能打开卸载侧的门。

5.4.2.4 用于控制启动灭菌周期的装置应安装于灭菌器的装载侧。

5.4.3 测试连接器

5.4.3.1 压力连接器：在灭菌室或直接连接灭菌室的管路上应有如图1所示的压力测试连接器。该连接器应有标记PT（压力测试）和帽盖，并用"O"型密封圈或密封平垫进行有效密封。

注：管螺纹参见GB/T 7307—2001中G1/2A的要求。

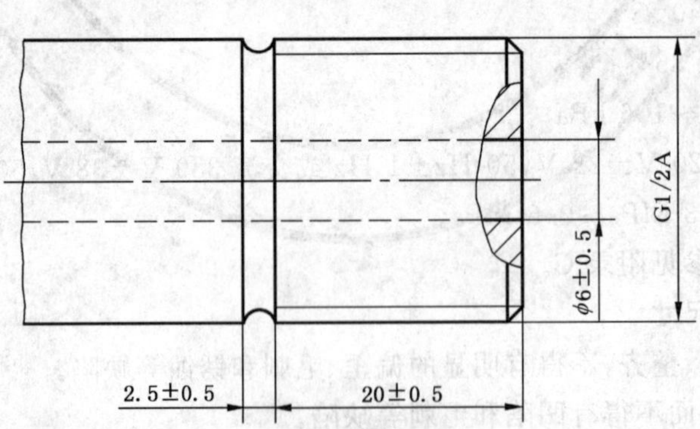

图1 压力连接器

5.4.3.2 温度连接器：应提供如图2所示的温度测试连接器，连接器应装在易于维护的位置，便于温度传感器软线穿过，且能连接到所有的温度测试点。该连接器应有标记TT（温度测试）和帽盖，并用"O"型密封圈或密封平垫进行有效密封，同时安装隔热及机械减震软垫。

注：管螺纹参见GB/T 7307—2001中G1A的要求。

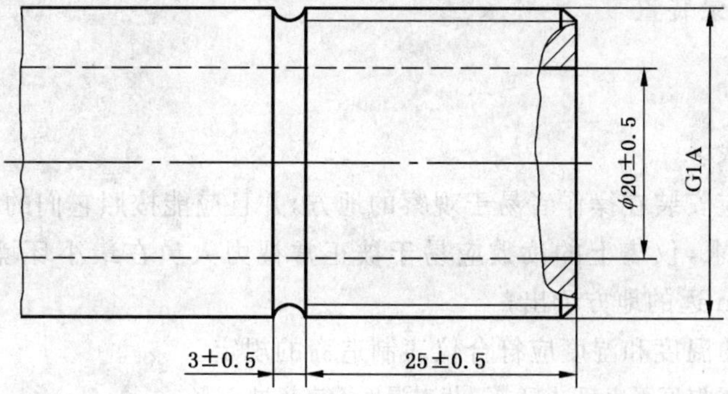

图2 温度连接器

5.4.3.3 测试用的带密封栓的三通和接头应配套安装，以便连接测试仪器，对所有连接到灭菌室和夹套上的压力仪表(见5.6.1.2和5.6.1.4)进行校准。

5.4.4 隔热材料

除非隔热材料会影响灭菌器的运转及其操作，否则，压力容器的外表面都应是隔热的，以尽量减少热量的散发。

5.5 灭菌器的部件

5.5.1 管道

5.5.1.1 管连接件及其装置应采用压力密闭型和真空密闭型两种型式。

5.5.1.2 除非会妨碍灭菌器正常运转，否则当蒸汽和水的管道温度高于60 ℃时，应采取隔热措施，以便尽量减少对环境的热量散发。

注：为了减少管道冷凝现象的发生，冷水管道宜采取隔热措施。

5.5.1.3 应提供措施，以控制进入灭菌器的微粒大小和数量，避免对灭菌器性能造成影响。

注：可以使用适合的过滤器。

5.5.1.4 管道上的所有控制阀都应标注与它们功能相关的永久性标识(见5.12)。

5.5.2 蒸汽源

5.5.2.1 灭菌器工作时，可采用外部蒸汽源提供蒸汽，或由灭菌器自带蒸汽发生器。

5.5.2.2 自带蒸汽发生器的灭菌器应符合以下要求：

a) 蒸汽发生器必须安装低水位控制装置。在水位低于预定的位置时自动切断加热元件的电源，同时发出报警讯号；

b) 蒸汽发生器压力输出应稳定，且不应超过设计压力，若低于工作压力时，应能自动接通加热电源。

5.5.2.3 进水水路的设计应能够防止回流。

5.5.2.4 蒸汽发生器的功率和容量应满足灭菌器的使用要求。

5.5.2.5 制造商应指定供给水的质量(参见附录C)。

5.5.3 空气过滤器

5.5.3.1 当灭菌周期需要将空气导入灭菌室时，空气应经过滤器过滤后进入。

注：空气过滤器宜由抗腐蚀和抗降解的材料制成，这些材料宜能对过滤器起保护作用。

5.5.3.2 过滤器滤除直径0.3 μm以上微粒的滤除效率应不低于99.5%。

5.5.3.3 过滤器应安装在灭菌室外部容易更换和维护的位置，并保持干燥。

5.5.3.4 过滤器与灭菌室之间应装有止回阀，以避免蒸汽进入过滤器。

5.5.4 真空系统

真空系统用于空气排除和干燥，制造商应明确满足本标准要求所需的最低真空度。

注：为了满足负载干燥要求，宜采用等于或小于4 kPa的真空系统。

5.6 仪表——显示和记录装置

5.6.1 设备

5.6.1.1 概要

仪表应符合以下要求：

a) 灭菌器的仪表应安装在操作者易于观察的地方，并且应能按照它们的功能不同加以区分；

b) 除非有特殊要求，仪表上的读数应易于被正常视力人员在最小环境照度(215±15)lx下距(1.00±0.15)m远的地方读出；

c) 仪表安装位置的温度和湿度应符合仪表制造商的规定。

注：通常仪表附近区域的温度不应超过50 ℃，相对湿度不应超过85%。

5.6.1.2 仪表

灭菌器应至少含有以下仪表：

a) 灭菌室温度指示器；

b) 灭菌室温度记录仪器；

c) 灭菌室压力指示器；

d) 灭菌室压力记录仪器；

e) 夹套压力指示器(如灭菌器有夹套结构)；

f) 若使用内置蒸汽发生器，应有蒸汽压力表。

注1：除GB 4793.4中的相关要求外，a)、c)、e)和f)可以整合到同一系统显示，其显示的内容可由用户选择。

注2：b)和d)可以结合在一起。

5.6.1.3 显示装置

灭菌器显示装置应至少指示以下信息：

a) 有可见指示信号，表明“门已锁定”；

b) 有可见指示信号，表明“周期进行中”；

c) 有可见指示信号，表明“周期完成”；

d) 有可见指示信号，表明“故障”(见5.7.2)；

e) 表明已选择的灭菌周期的指示信号；

f) 灭菌周期计数器；

g) 灭菌周期的阶段指示信号。

注：g)可与a)、b)和c)结合使用。

当门打开时，提示周期完成的指示信号应消失。

5.6.1.4 双门灭菌器

灭菌器的两端应至少包括有：

a) 灭菌室的压力指示；

b) 有可见指示信号，表明“门已锁定”；

c) 有可见指示信号，表明“周期进行中”；

d) 有可见指示信号，表明“周期完成”；

e) 有可见指示信号，表明“故障”(见5.7.2)。

5.6.2 传感器、指示仪表和计时设备

5.6.2.1 温度

a) 温度传感器

温度传感器应采用精度至少为±1%的铂电阻或热电耦类型。

注：也可使用其他等效的系统。

当在水中进行测试时，温度传感器的响应时间应为$\tau_{90} \leqslant 5$ s。

应至少提供两个独立的温度传感器，其中记录系统应有独立的传感器。这些传感器和温度表与灭菌器连接如图3的a)和b)所示。图3的c)和d)图所示的连接方式是不允许的。

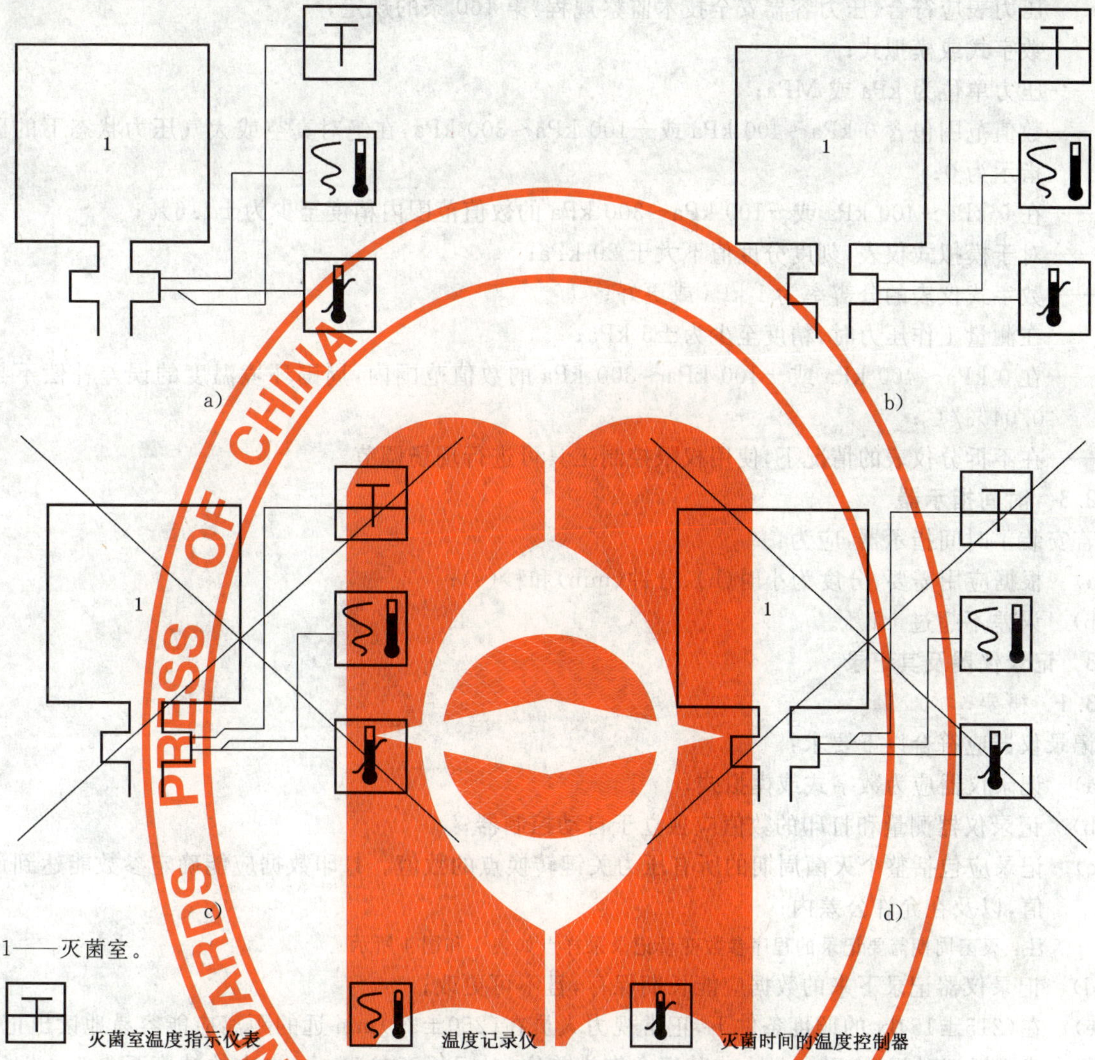

图3　温度传感器的几种连接方式

用于控制灭菌周期和显示灭菌室的温度情况的传感器应放置于制造商所确定的参考测量点处。

b)　灭菌室内的可移动式温度传感器(若适用)

当一个移动式温度传感器及其接线放置于灭菌室内，它在设计上应能抗高温，并且采用压力、真空和蒸汽密封措施。

c)　灭菌室的温度指示仪表

灭菌室的温度指示仪表应为：

——数字式或模拟式；

——数值范围包含50 ℃～150 ℃；

——在50 ℃～150 ℃的数值范围内精度至少为±1%；

——对于模拟式，温度的刻度分度值不大于2 ℃；

——对于数字式，其分辨率为0.1 ℃或更好；

——在测量灭菌温度时，精度至少为±0.5 ℃；

——周围环境温度的误差补偿不超过0.04 ℃/℃；

——在不拆分仪表的情况下，应可以使用权限控制工具进行现场调节。

5.6.2.2 压力

灭菌室压力指示仪表应为：

——压力表应符合《压力容器安全技术监察规程》第160条的规定；

——数字式或模拟式；

——压力单位为 kPa 或 MPa；

——数值范围包含 0 kPa～400 kPa 或－100 kPa～300 kPa，在绝对真空或大气压力状态下的压力指示为 0；

——在 0 kPa～400 kPa 或－100 kPa～300 kPa 的数值范围内精度至少为±1.6%；

——对于模拟式仪表，刻度分度值不大于 20 kPa；

——数字式仪表的分辨率为 1 kPa 或更好；

——在测量工作压力时，精度至少为±5 kPa；

——在 0 kPa～400 kPa 或－100 kPa～300 kPa 的数值范围内，周围环境温度的误差补偿不超过 0.04%/℃；

——在不拆分仪表的情况下，使用权限控制工具可进行现场调节。

5.6.2.3 时间指示器

若安装了时间指示器，应为：

a) 根据应用需要，分度为小时(h)、分钟(min)和秒(s)；

b) 误差不超过±1%。

5.6.3 记录仪器及其记录

5.6.3.1 概要

记录仪器应符合以下要求：

a) 记录仪器应为数字式或模拟式；

b) 记录仪器测量和打印的数值应独立于自动控制器；

c) 记录应包括整个灭菌周期的所有压力关键转换点的数值。打印数据应能确定参数能达到设定值，以及在允许公差内；

注：灭菌周期需要记录的程序参数变量记录采样点如表1和图4所示。

d) 记录仪器记录下来的数据应能长期保存，且不可更改；

e) 在(215±15)lx 的照度条件下，正常视力人员在(250±25)mm 远的距离应能容易地读出记录；

f) 若要标记时间，应以 s、min 或其组合作为单位，时间长度在 5 min 之内的精度至少为±2.5%，超过 5 min 的至少为±1%；

g) 应提供对记录仪器在现场进行调整的方法。

表1 需要记录的数值的示例

程序步骤	时间	温度	压力	灭菌[a]		日期[a]及灭菌器的识别
		测量值		周期识别	计数器编号	
通电	√	—	—	—	—	√
启动	√	—	—	√	√	√
t_i	√	—	√[b]	—	—	—
t_{i+1}	√	—	√[b]	—	—	—
t_j	√	√	√	—	—	—
t_{j+1}	√	√	√	—	—	—
t_{j+2}	√	—	√	—	—	—
t_{j+3}	√	—	√	—	—	—

表 1（续）

程序步骤	时间	温度	压力	灭菌[a]		日期[a]及灭菌器的识别
		测量值		周期识别	计数器编号	
结束	√	—	—	—	—	—
断电	√	—	—	—	—	—

注 1：t_i——第 i 次蒸汽注入的开始时间；　t_{i+1}——第 $i+1$ 次真空脉冲的开始时间；
t_j——灭菌时间的开始时间；　t_{j+1}——维持时间的结束时间；
t_{j+2}——干燥时期的开始时间；　t_{j+3}——干燥时期的结束时间。

注 2：符号"√"表示需要进行记录；符号"—"表示不需要进行记录。

[a] 表示对模拟记录系统为可选项。

[b] 表示对每一压力转折进行记录。

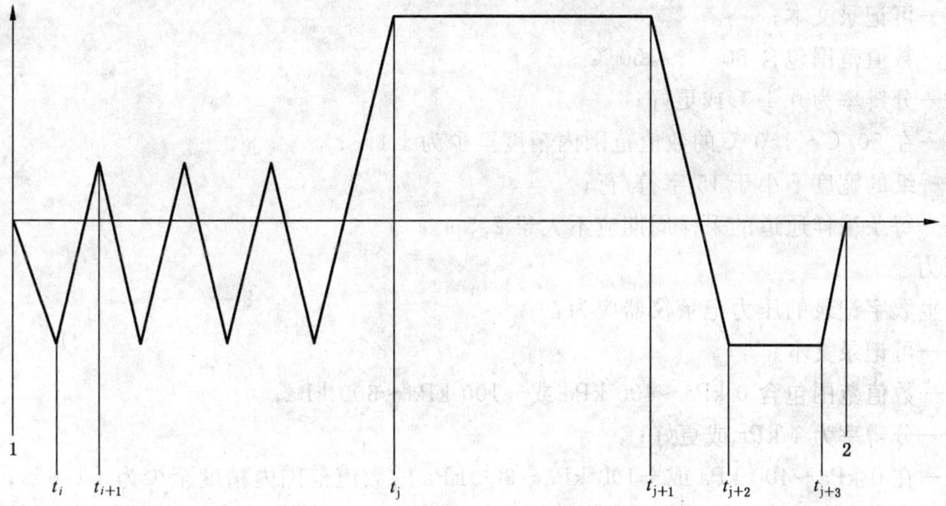

1——开始；

2——结束。

图 4　灭菌周期示意图

5.6.3.2　模拟式记录仪器

模拟式记录仪器除符合 5.6.3.1 的要求外，还应符合以下要求：

a)　走纸速度

模拟式记录仪器的走纸速度应不低于 4 mm/min。

b)　温度

模拟式温度记录仪器应为：

——图表中温度数据的单位为摄氏度(℃)；

——数值范围包含 50 ℃～150 ℃；

——在 50 ℃～150 ℃的数值范围内精度至少为±1%；

——图表中温度的刻度分度值应不大于 2 ℃；

——分辨率为 1 ℃或更好；

——测量灭菌温度时，精度至少为±1 ℃；

——每条采样通道的采样周期应不大于 2.5 s。

c)　压力

模拟式压力记录仪器应为：

——图表中压力数据的单位为 kPa 或 MPa；
——数值范围包含 0 kPa～400 kPa 或－100 kPa～300 kPa，在绝对真空或大气压力状态下的压力指示为 0；
——在 0 kPa～400 kPa 或－100 kPa～300 kPa 的数值范围内精度至少为±1.6％；
——图表中压力的数值划分应不大于 20 kPa；
——分辨率为 5 kPa 或更好；
——测量工作压力时，精度至少为±5 kPa；
——每条采样通道的采样周期应不大于 2.5 s。

5.6.3.3 数字式记录仪器

数字式记录仪器除符合 5.6.3.1 的要求外，还应符合以下要求：

a) 温度

产生数字记录的温度记录仪器应为：
——可记录文本；
——数值范围包含 50 ℃～150 ℃；
——分辨率为 0.1 ℃或更好；
——在 50 ℃～150 ℃的数值范围内精度至少为±1％；
——纸的宽度不小于 15 字符/行；
——每条采样通道的采样周期应不大于 2.5 s。

b) 压力

产生数字记录的压力记录仪器应为：
——可记录文本；
——数值范围包含 0 kPa～400 kPa 或－100 kPa～300 kPa；
——分辨率为 1 kPa 或更好；
——在 0 kPa～400 kPa 或－100 kPa～300 kPa 的数值范围内精度至少为±1.6％；
——记录纸的宽度不小于 15 字符/行；
——每条采样通道的采样周期应不大于 1 s。

5.7 控制系统

5.7.1 概要

5.7.1.1 灭菌器的自动控制系统应能预设一个或多个灭菌周期。

5.7.1.2 制造商规定的灭菌工艺关键参数，应可以在 5.7.1.3 规定的范围内重现。

5.7.1.3 制造商应规定自动控制器的程控参数和公差，以符合 5.8.3 规定的要求。

5.7.1.4 制造商应确定：

a) 在灭菌阶段，选定的参考测量点的温度与灭菌室可用空间的温度有明确关系；

b) 选定的参考测量点温度与灭菌室可用空间的最低温度点之间的关系。

5.7.1.5 在当自动控制器发生故障的情况下，应有安全装置使灭菌室内的压力安全地回到大气压力的状态，并允许装载门打开。

5.7.1.6 灭菌室的温度指示仪器以及压力指示仪器应配备有传感器故障保护装置(见 5.7.2.4)。

5.7.1.7 任何用于控制时间间隔的计时误差应不超过规定值的 1％。

5.7.1.8 控制装置的调节应只能通过使用权限控制工具来完成。

5.7.1.9 为了日常维护、测试以及紧急情况的需要，应提供手动设置程序的途径。手动操作应通过使用权限控制工具来完成，方式与 5.7.1.8 的规定应有区别。

所选择的手动操作模式应能显示。

5.7.1.10 灭菌器应设有保护装置，防止与自动控制器相连的输入和输出回路发生短路故障的影响。

5.7.1.11　控制系统应有输入和输出的状态指示。

注：这些指示器可以装在控制箱内。

5.7.1.12　应确保在测试和正常工作状态下，当系统中由5.7.1.3规定的参数无法达到时，系统均能显示故障。

5.7.1.13　如果用于确定蒸汽渗透效果的指示物规定的维持时间与常规灭菌周期所用的灭菌时间不同，则应提供单独的测试周期。该周期应与常规灭菌周期具有相同的排除空气阶段。

5.7.1.14　应提供真空泄漏自动测试程序。在整个测试过程的压力范围中，压力每上升1.5 kPa，测量误差不应超过0.1 kPa。

5.7.1.15　当运行测试周期，该周期结束时的显示应不同于常规灭菌周期。

5.7.2　故障显示系统

5.7.2.1　如果周期参数变量值超出制造商规定的限值(见5.7.1.3)，或介质供应故障足以影响达到这些变量的要求，或导致设备停止运行，自动控制器应：

a)　提供可见的故障指示；

注：另外，宜提供一个灵敏度较高的声音报警装置。

b)　显示故障发生时所处周期的阶段。

5.7.2.2　若灭菌器安装了打印机，故障信息应能被打印出来。

5.7.2.3　显示故障后，该故障的可见显示应至少保持到门联锁装置被使用权限控制工具的人员打开为止。

注：应认定灭菌器负载未经灭菌。

5.7.2.4　传感器发生断路故障时，系统应提供故障指示。

5.8　性能要求

5.8.1　蒸汽渗透

5.8.1.1　BD测试(下排气式灭菌器不适用)

按6.8.1.1的规定对灭菌器进行测试，整个BD测试指示物应变色均匀。

5.8.1.2　空腔负载试验(下排气式灭菌器不适用)

按6.8.1.2的规定对灭菌器进行测试，化学指示物的变色应能达到制造商规定的终点。

注：每个蒸汽灭菌过程都是独立的。定期进行蒸汽渗透测试，可以提供十分重要的信息。应采取措施，确保每个周期都有充分的蒸汽渗透。

5.8.2　橡胶负载的灭菌效果

按6.8.2的规定进行测试，按生物指示物制造商的规定进行培养，灭菌周期应确保暴露的生物指示物不再具有生物活性。未经灭菌处理的生物指示物在相同的条件下进行培养时，应具有生物活性。

注：关于生物指示物的要求见GB 18281.3—2000。

5.8.3　温度参数

5.8.3.1　灭菌温度范围

灭菌温度范围下限为灭菌温度，上限应不超过灭菌温度+3 ℃。

5.8.3.2　小负载温度

小负载温度试验应符合以下要求：

a)　对于灭菌室容积不大于800 L的灭菌器，平衡时间应不超过15 s；对于容积更大的灭菌器，平衡时间应不超过30 s。

b)　在灭菌时间，在标准测试包上方测量点所得的温度比在灭菌室参考测量点测得的温度，在开始60 s内应不超过5 ℃，在60 s后，应不超过2 ℃。

c)　在维持时间，灭菌室参考测量点测得的温度、标准测试包中任一测试点的温度，以及根据灭菌室压力计算所得的对应饱和蒸汽温度应符合如下要求：

——应在灭菌温度范围内；

——同一时刻各点之间的差值应不超过 2 ℃(见图 E.1)。

d) 对于灭菌温度分别为 121 ℃、126 ℃和 134 ℃的灭菌器，维持时间应分别不小于 15 min、10 min 和 3 min。

注：其他温度和时间组合可适用。

5.8.3.3 **满负载温度**

满负载温度试验应符合以下要求：

a) 对于灭菌室容积不大于 800 L 的灭菌器，平衡时间应不超过 15 s；对于容积更大的灭菌器，平衡时间应不超过 30 s。

b) 平衡时间结束时，在灭菌室参考测量点测得的温度，标准测试包的几何中心及包内最顶棉布层下面的位置测量所得的温度(见第 F.1 章)都应在灭菌温度的范围之内。

c) 在维持时间，灭菌室参考测量点测得的温度、测试包中任一测试点的温度、以及根据灭菌室压力计算所得的对应饱和蒸汽温度应符合如下要求：

——应在灭菌温度范围内；

——同一时刻各点之间的差值应不超过 2 ℃(见图 E.1)。

d) 对于灭菌温度分别为 121 ℃、126 ℃和 134 ℃的灭菌器，维持时间应分别不小于 15 min、10 min 和 3 min。

注：其他温度和时间组合可适用。

5.8.3.4 **真空泄漏**

按 6.8.3.4 的规定对灭菌器进行测试，压力上升的速度不应超过 0.13 kPa/min。

5.8.4 **负载干燥度**

5.8.4.1 **小负载时织物干燥度**

按 6.8.4.1 的规定对灭菌器进行测试，试验样品质量增加应不超过 1%。

5.8.4.2 **满负载时织物干燥度**

按 6.8.4.2 的规定对灭菌器进行测试，试验样品质量的增加应不超过 1%。

5.8.4.3 **金属负载时干燥度**

按 6.8.4.3 的规定对灭菌器进行测试，测试负载的质量增加应不超过 0.2%。

5.9 **噪声**

灭菌器在灭菌周期内正常运行时不得有异常杂声，其噪声应不大于 85 dB(A 计权)。

5.10 **压力改变速率**

按 6.10 规定进行测试，在灭菌周期进行过程中，任意 3 s 间隔内的平均压力变化应不超过1 000 kPa/min。

5.11 **安全要求**

5.11.1 电气安全应符合 GB 4793.1 和 GB 4793.4 的要求。

5.11.2 电磁兼容性应符合 GB/T 18268—2000 的要求。

5.12 **标记**

除了应符合 GB 4793.1 和 GB 4793.4 规定的要求外，还至少应有以下永久贴牢和清楚易认的标记：

——制造/供应单位；

——产品注册号；

——型号标记；

——生产日期或编号；

——对灭菌器作为"适用于打包物品和多孔负载的蒸汽灭菌器"的说明；

——控制阀功能标识(见 5.5.1.4)。

6 试验方法

6.1 试验条件

按5.1规定的正常工作条件进行。

6.2 外观、结构与灭菌室尺寸试验

目力观察，且按制造商提供的规定程序所批准的文件和图样，测量灭菌室尺寸，应符合5.2的要求。

6.3 材料试验

查阅制造商提供的灭菌器与蒸汽接触的材料的证明，应符合5.3的要求。

6.4 压力容器试验

6.4.1 查阅制造商提供的锅炉压力容器安全监察机构登记注册的产品铭牌和产品质量证明书，目力观测和操作检查，应符合5.4.1的要求。

6.4.2 双门灭菌器试验

实际操作检查，应符合5.4.2的要求。

6.4.3 测试连接器试验

实际操作和使用通用量具检查，应符合5.4.3的要求。

6.4.4 隔热材料试验

按制造商提供的技术说明书及文件规定的要求，对灭菌器的隔热材料进行检查，应符合5.4.4的要求。

注：必要时，应对灭菌器在环境温度为(23±2)℃条件下进行试验，用数字温度计测量隔热材料外表面的温度。

6.5 灭菌器的部件试验

6.5.1 管道试验

6.5.1.1 按6.4.4的试验方法进行测试，应符合5.5.1.2的要求。

6.5.1.2 实际检查，应符合5.5.1.1、5.5.1.3、5.5.1.4的要求。

6.5.2 蒸汽源试验

实际操作和检查技术资料，应符合5.5.2的要求。

6.5.3 空气过滤器试验

查阅制造商提供的质量文件证明和实际操作检查，应符合5.5.3的要求。

6.5.4 真空系统试验(若适用)

按制造商提供的灭菌器使用说明书规定的操作方法进行测试，观察灭菌器真空指示表，应符合5.5.4的要求。

6.6 仪表——显示和记录装置试验

6.6.1 设备试验

实际操作检查和目力观测，应符合5.6.1的要求。

6.6.2 传感器、指示仪表和计时设备试验

实际操作检查和目力观测，并查阅制造商提供的有关质量证明，应符合5.6.2的要求。

6.6.3 记录仪器及其记录试验

实际操作检查和目力观测，并查阅制造商提供的有关质量证明，应符合5.6.3的要求。

6.7 控制系统试验

6.7.1 概要

按制造商提供的操作手册实际操作检查，并查阅制造商提供的有关质量证明，应符合5.7.1的要求。

6.7.2 故障显示系统试验

模拟故障检查，应符合5.7.2的要求。

6.8 性能要求试验

6.8.1 蒸汽渗透试验

6.8.1.1 BD测试

BD测试是对多孔负载灭菌的灭菌器是否能成功去除空气的测试。成功的BD测试显示有迅速而连贯的蒸汽渗透试验包。试验包内尚有空气存在的原因如下：

——空气去除不完全；

——在去除空气的阶段出现了真空泄漏的情况；

——在供蒸汽过程中出现了非冷凝气体。

以上情况均可导致测试的失败。

测试的结果有可能会受到其他限制蒸汽渗透的因素影响。因此测试的失败并不能立即判断是否是由于空气残留、真空泄漏或非冷凝气体的原因，故应尽可能减少其他可能因素的影响。

6.8.1.1.1 设备要求

设备应符合下列要求：

a) 符合第F.1章规定的标准测试包适用于装载量超过1个灭菌单元的灭菌器；符合第F.2章规定的小规格测试包适用于装载量为1个灭菌单元的灭菌器；

b) BD测试指示物应符合ISO 11140-3:2000的要求；

c) 介质管道连接应符合5.5.1的要求。

6.8.1.1.2 测试程序

测试程序如下：

a) 选择测试所需灭菌周期(见5.7.1.13)；

b) 在空载和没有额外延长干燥时间的情况下，运行1个灭菌周期；

c) 将标准测试包的包装打开并将测试指示物放在标准测试包大致中心位置的层上。按第F.1章或第F.2章的说明重新装配并确保安全；

d) 将标准测试包放置于灭菌室水平面的几何中心，离灭菌室底面高度为100 mm～200 mm。对只能装载1个灭菌单元的灭菌器，标准测试包放置在灭菌室底面上。

e) 按步骤启动灭菌周期；

f) 在试验结束时，检查指示物，应符合5.8.1.1的要求。

6.8.1.2 空腔负载试验(适用于需要对空腔负载进行灭菌的灭菌器)

空腔负载试验是用来确定在达到设定的控制参数的水平时，空气稀释程度足以使蒸汽均匀地渗透入管腔测试体内部。

6.8.1.2.1 测试设备

测试设备应符合下列要求：

a) 符合第F.10章要求的空腔负载过程挑战装置(PCD)，进行预处理，使PCD的内外表面温度在20 ℃～30 ℃之间，相对湿度40%～60%。

b) 空腔负载试验过程挑战装置(PCD)及其指示系统符合标准EN867-5的要求。

6.8.1.2.2 测试程序

测试程序如下：

a) 选择需要试验的灭菌周期(按5.7.1.13的要求)。确保灭菌时间和温度符合6.8.1.2.1b)所规定的指示系统的要求；

b) 在空载运行灭菌周期，并且不得延长干燥时间；

c) 打开管盖，按照制造商说明，确认无可见液态水，PCD中连接处密封完整；

d) 按照说明书规定，将化学指示物固定，盖上管盖，保证密封；

e) 用符合GB/T 19633的纸塑包装材料将PCD包装并密封，放在灭菌室可用空间的几何中心轴线上，距离灭菌室底部平面100 mm～200 mm的高度；

f) 运行1个灭菌周期；

g) 试验周期结束，检查化学指示物的变化是否满足5.8.1.2的要求；

h) 按制造商说明处理使用过的化学指示物。

6.8.2 橡胶负载的灭菌效果试验

6.8.2.1 测试设备

测试设备应符合下列要求：

a) 橡胶测试包如第F.8章所描述；

b) 模拟最大负载量的天然橡胶制品；

c) 若干个尺寸相当于1个标准灭菌单元篮筐；

d) 所用的生物指示物为同一批次生产；

e) 介质管道连接应符合5.5.1的要求。

6.8.2.2 试验程序

试验程序如下：

a) 进行如6.8.3.4规定的泄漏试验。若漏出的气流速度超过5.8.3.4中的规定，停止运行该测试；

b) 选择要测试的灭菌周期；

c) 在空载情况下运行该灭菌周期；

d) 将橡胶测试包放置于被制造商认为是最难灭菌的位置。余下的可用空间用每个装载有大约2.2 kg的天然橡胶制品的灭菌篮筐填满；

e) 运行1个灭菌周期并进行以下测试：

——观察并记录下整个灭菌周期的所有重要阶段的时间、脉动次数、温度、压力和真空度，例如：灭菌阶段间的转折；

——在灭菌维持阶段的前段、中段和末段，观察并记录下灭菌室温度和压力；

——确保安装于灭菌器上的记录装置已将整个灭菌周期记录下来(见5.6.3)。

f) 在测试完成后，继续运行以下操作：

——检查是否出现了表明整个测试周期已结束的可见指示；

——依照生物指示物制造商的指示培养至少10个生物指示物，结果应符合5.8.2的要求；

——检查测试记录，应符合灭菌周期的要求。

6.8.3 温度参数试验

6.8.3.1 灭菌温度范围试验

按6.8.3.2、6.8.3.3的方法进行测试，应符合5.8.3.1要求。

6.8.3.2 小负载温度试验

在小负载温度测试中，放置1个测试包，用于验证在灭菌周期的排除空气阶段后，灭菌室和标准测试包内是否已经获得灭菌的温度条件。

6.8.3.2.1 设备要求

设备应符合下列要求：

a) 对于只能装载1个灭菌单元的灭菌器，采用第F.2章的小规格测试包，对于装载1个以上灭菌单元的灭菌器，采用第F.1章的标准测试包；

b) 温度和压力记录设备如第F.5章、第F.6章所描述；

c) 7个温度传感器如第F.4章所描述；

d) 温度传感器与灭菌室的连接口，采用G1A管螺纹，必须不会影响灭菌室的真空密封性和压力密封性；

注：管螺纹参见GB/T 7307—2001中G1A的要求。

e） 介质管道连接应符合 5.5.1 的要求。

6.8.3.2.2 **测试程序**

测试程序如下：

a） 通过温度传感器的连接器将温度传感器引入灭菌室；

b） 进行如 6.8.3.4 描述的泄漏试验。若漏出的气流速度超出 5.8.3.4 中的规定，停止运行该测试；

c） 将 1 个温度传感器放置于参考测量点上；

d） 选择将要测试的灭菌周期；

e） 在空载情况下运行灭菌周期；

f） 将标准测试包的包装打开，并把 5 个温度传感器放在标准测试包中图 5 所示的位置。如第F.1 章或第 F.2 章所述将测试包重新进行包装；

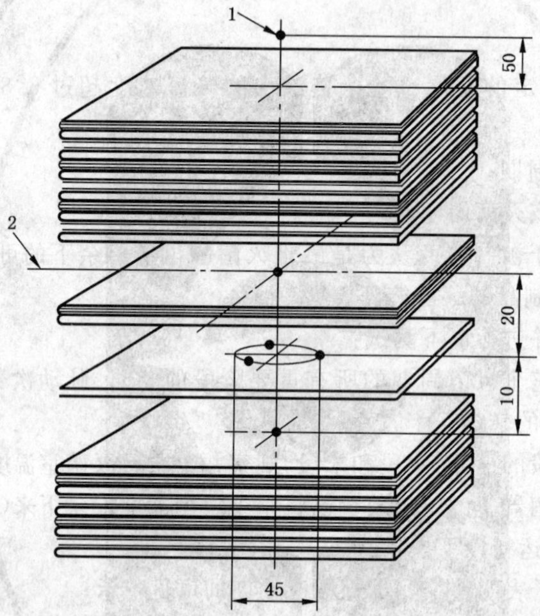

1——传感器的位置；

2——中间层。

图 5 传感器放置的位置

g） 将测试包放置在灭菌室水平面的几何中心，离灭菌室底水平面高度为 100 mm～200 mm。对于只能处理 1 个灭菌单元的灭菌器，本测试方法相应被修改为将测试包放置灭菌室底水平面上；

h） 将第 7 个温度传感器固定于距测试包的上表面 50 mm 的垂直中心处；

i） 运行 1 个灭菌周期并进行以下测量：

——观察并记录下整个灭菌周期的各重要阶段所需要的时间、脉动次数、温度以及压力和真空度，例如：灭菌阶段间的转折；

——在灭菌维持阶段的前段、中段和末端，观察并记录下灭菌室温度和压力；

——确保安装于灭菌器上的记录装置将整个灭菌周期记录下来（见 5.6.3）。

j） 在测试完成后，继续运行以下操作：

——检查是否出现了表明整个测试周期已结束的可见指示；

——检查测试记录，应符合 5.8.3.2 中规定的要求；

——检查测试记录，应符合灭菌周期的要求。

6.8.3.3 满负载时温度的试验

满负载温度测试,采用制造商规定的可装载的最大负载质量,测试负载应填满整个灭菌室可用空间。用于验证是否获得制造商规定的灭菌温度条件。

6.8.3.3.1 设备要求

设备应符合下列要求:

a) 如第F.7章所述的满负载织物;

b) 如第F.5章、第F.6章所述的温度和压力记录设备;

c) 如第F.4章所述的7个温度传感器;

d) 温度传感器与灭菌室连接,必须不会影响灭菌器的真空密封性和压力密封性;

e) 介质管道连接应符合5.5.1的要求。

6.8.3.3.2 测试程序

测试程序如下:

a) 通过温度传感器的连接器将温度传感器引入灭菌室;

b) 进行如6.8.3.4规定的真空泄漏试验。若漏出的气流速度超出5.8.3.4中的规定,停止运行该测试;

c) 可将1个温度传感器放置于参考测量点上;

d) 选择将要测试的灭菌周期;

e) 在空载情况下运行灭菌周期;

f) 将测试包的包装打开,并把5个温度传感器放在标准测试包中图5所示的位置。另一个则置于包内最上方棉巾之下。如第F.1章所述将测试包重新进行包装;

g) 如第F.7章所述,将标准测试包和其他模拟负载放入灭菌室;

h) 运行1个灭菌周期并进行以下测量:

——观察并记录下整个灭菌过程的各有重要阶段所需要的时间、脉动次数、温度、压力和真空度,例如:灭菌阶段间的转折;

——灭菌维持阶段的前段、中段和末段,观察并记录下灭菌室温度和压力;

——确保安装于灭菌器上的记录装置记录整个灭菌周期(见5.6.3)。

i) 在测试完成后,继续运行以下操作:

——检查是否出现了表明整个测试周期已结束的可见指示;

——检查测试记录和包括标准测试包的材料,应符合5.8.3.3中规定的性能要求;

——检查测试记录,应符合灭菌周期的要求。

6.8.3.4 真空泄漏测试

6.8.3.4.1 概述

测试用于验证在真空状态下,漏入灭菌室的气体量不足以阻碍蒸汽渗透负载,并且不会导致在干燥期间,负载受到再次污染。

6.8.3.4.2 测试设备

测试设备应符合下列要求:

a) 符合第F.3章规定的检测压力仪表。

如果灭菌器装有符合第F.3章规定的绝对压力仪表,则不需增加其他仪表。

b) 计时仪表,15 min内的误差应不超过±0.5 s。

6.8.3.4.3 试验步骤

试验步骤如下:

a） 将检测压力仪表连接到灭菌室上，应使压力表的设计工作压力达到 380 kPa。

b） 用下列方法使灭菌室的温度稳定：

——如果压力容器带有加热夹套，空载进行 1 个灭菌周期；

——如果压力容器没有加热夹套，应确保灭菌室温度不会高于环境温度 20 ℃以上。

注：例如，在一个密闭的 4 kPa 的压力容器中，在 20 ℃～140 ℃的范围内，温度每变化 10 ℃，压力大约变化0.1 kPa；在 7 kPa 时，该变化大约为 0.2 kPa。如果在测试期间，如温度变化超过 10 ℃，测试结果可能会受到影响。

c） 在温度稳定并且除了固定装置及必要的监测传感器外，灭菌室为空载的条件下，开始测试周期。当灭菌室压力为 7 kPa 或者以下的时候，关闭所有与灭菌室相连的阀门，停止真空泵。观察并记录时间(t_1)和压力(p_1)。至少等待 300 s，但不超过 600 s，让灭菌室中的冷凝水气化；然后，观察并记录灭菌器灭菌室内的压力(p_2)和时间(t_2)。然后再经过(600±10)s 之后，再观察并记录一次压力(p_3)和时间(t_3)。

注：灭菌器可设计有自动真空泄漏测试周期，泄漏率显示单位为 kPa/min。

d） 在测试结束时计算该 600 s 时间内的升压速率，结果应符合 5.8.3.4 的规定。

注：如果(p_2-p_1)的数值大于 2 kPa，可能是由于灭菌室开始时有过量的冷凝水。

6.8.4 干燥度试验

6.8.4.1 小负载时织物的干燥度试验

注：纺织品小负载干燥度测试用于说明，经过没有延长干燥时间的标准灭菌周期，负载的干燥效果不受影响。

6.8.4.1.1 测试设备应符合下列要求：

a） 符合第 F.1 章规定的标准测试包适用于装载超过 1 个灭菌单元的灭菌器；符合第 F.2 章规定的小规格测试包适用于装载量为 1 个灭菌单元的灭菌器；

b） 天平，量程最少为 8 kg，精度最少±1 g；

c） 秒表；

d） 介质管道连接应符合 5.5.1 的要求。

6.8.4.1.2 试验程序如下：

a） 确认测试包的材料符合第 F.1 章或第 F.2 章所述的要求；

b） 对测试包称重(m_1)；

c） 选择被测试的灭菌周期；

d） 在空载时运行测试周期；

e） 将测试包放置于灭菌室水平面的几何中心，离灭菌室底水平面高度为 100 mm～200 mm；对只能处理 1 个灭菌单元的灭菌器，测试包放在灭菌室底水平面上。

在测试包放入灭菌室 60 s 内启动灭菌周期；

——在灭菌完成后 120 s 内称测试包的质量(m_2)，并记录结果；

——用式(1)计算(以百分比计算)测试包的水分变化：

$$\Delta m=\frac{(m_2-m_1)}{m_1}\times 100\% \quad \cdots\cdots\cdots(1)$$

式中：

Δm——水分变化百分比；

m_1——灭菌前测试包的质量，g；

m_2——灭菌后测试包的质量，g。

——检查上述结果应符合 5.8.4.1 的要求。

6.8.4.2 满负载时织物干燥度试验

注：织物满负载干燥度测试是用于说明灭菌周期中，在满负载织物情况下，标准测试包不会吸收过量的湿气。

6.8.4.2.1 测试设备应符合下列要求：

a） 满负载织物，如第 F.7 章所述；

b） 天平，量程最小为 8 kg，精度最小±1 g；

c） 秒表；

d） 介质管道连接应符合 5.5.1 的要求。

6.8.4.2.2 试验程序如下：

a） 确认标准测试包的材料符合第 F.1 章所述的要求；

b） 对测试包称重（m_1）；

c） 选择被测试灭菌周期；

d） 在空载时运行测试周期；

e） 按第 F.7 章说明，将测试包放置于灭菌室里。

在测试包放入灭菌室 60 s 内启动灭菌周期；

——在灭菌完成后 120 s 内称测试包的质量（m_2），并记录结果；

——用式（1）计算（以百分比计算）测试包的水分变化；

——检查上述结果应符合 5.8.4.2 的要求。

6.8.4.3 金属负载时干燥度试验

注：在金属负载干燥度的测试中，金属与参考负载一起使用，用于证明在常规生产中不会引起湿包问题。如果测试完成以后发现湿包，原因可能是负载的类型和它在灭菌室的位置。

6.8.4.3.1 测试设备应符合下列要求：

a） 测试包，如第 F.9 章所述的金属材料；

b） 天平，量程最小为 15 kg，精度最小±1 g；

c） 秒表；

d） 介质管道连接应符合 5.5.1 的要求。

6.8.4.3.2 试验程序如下：

a） 保证测试负载状态应与周围的环境相同；

b） 称测试包和金属的重量，并记录它的质量（m_1）；

c） 选择被测试的灭菌周期；

d） 在空载情况下运行灭菌周期；

e） 将测试包及金属负载放在层架较低位置；

f） 使用灭菌篮筐，每个各装载大约 15 kg 的钢制物品，装载灭菌室至满负载状态。所有的物品状态都应与周围的环境相同；

g） 检查测试包内的温度是否在（25±2）℃的范围内，并在 60 s 内启动灭菌周期；

h） 灭菌周期完成后，将测试包和金属从灭菌室取出，并在 5 min 内完成称重。记录它的质量（m_2）；

i） 用式（2）计算（以百分比计算）水分变化：

$$\Delta m = \frac{(m_2 - m_1)}{m_1} \times 100\% \qquad \cdots\cdots(2)$$

式中：

Δm——水分变化百分比；

m_1——灭菌前测试包连同金属的质量，g；

m_2——灭菌后测试包连同金属的质量，g。

——检查上述结果应符合 5.8.4.3 的要求。

6.9 噪声试验

在灭菌器正常运行时，用声级计在距灭菌器表面 1 m，离地面高度 1 m，分左、右、前、后四个方向测量其噪声,结果应符合 5.9 的要求。

6.10 压力改变速率试验

压力改变速率试验用于证明灭菌周期内灭菌室内出现的压力变化率不超过会引起包装损害的限制值。这个限制值用作对符合 GB/T 19633 的包装材料性能的要求,这是选择经济的包装材料和短而有效的灭菌周期两者的综合考虑。

6.10.1 设备

如第 F.6 章所示的压力记录设备。

6.10.2 步骤

6.10.2.1 将压力记录仪器连接好(见 5.4.3.1)。

6.10.2.2 按 6.8.3.4 试验方法,进行真空泄漏试验。如果真空泄漏率超过了 5.8.3.4 的规定,应停止测试。

6.10.2.3 选择测试的灭菌周期。

6.10.2.4 在空载情况下运行灭菌周期,并观察和记录灭菌周期中所有重要阶段的时间、温度和压力。

6.10.2.5 测试完成后,按如下所述继续:

——检查上面指定的记录,应符合灭菌周期要求;

——检查连续测量每 3 s 间压力差,应符合 5.10 的要求。

6.11 安全要求试验

6.11.1 电气安全按 GB 4793.1、GB 4793.4 规定的方法进行,应符合 5.11.1 的要求。

6.11.2 电磁兼容性按 GB/T 18268—2000 规定的方法进行,应符合 5.11.2 的要求。

6.12 标记试验

目测检查,应符合 5.12 的要求。

附 录 A
（资料性附录）
影响蒸汽灭菌器寿命的环境因素

A.1 采用蒸汽灭菌

蒸汽灭菌使用的水源为经进一步软化，去矿物质处理或去离子处理的饮用水。

A.2 环境影响

将水气化成不同状态的蒸汽，以及采用冷凝方法将蒸汽恢复成水的过程，是一个循环工艺过程，这是我们生态学的重要部分。因此，蒸汽灭菌过程本身不会对环境产生任何具体影响。

蒸汽是一种无毒、无刺激、不会产生过敏反应的气体，除了意外情况下可能对身体造成烫伤危险以外，不会对当地环境或者人类产生危害。

使用灭菌器进行蒸汽灭菌所产生的环境影响，主要有以下几个相互独立的方面：

——在检测和正常运转过程中，产生饱和蒸汽时，需要使用水资源和能源；
——在检测和正常运转过程中，出于设备运行和冷却目的，需要消耗水资源；
——在正常运转过程中对当地环境影响；
——在正常运转过程中，排出污染废水；
——在检测和正常运转过程中，使用、清洁和丢弃所用的物品；
——设备报废。

附 录 B
（资料性附录）
同一单元灭菌器的识别标准

B.1 定义为同一单元的灭菌器应：

——在同样位置配备数量相同的门；其中，当测试证明，对给定的灭菌室大小和门种类，单门或双门对负载没有影响时，则它们为同一单元的灭菌器；

——所有的介质供应系统都应从同一方向接入灭菌器灭菌室；如果采用对称方式连接，则它们为同一单元的灭菌器；

——在同样的控制系统中，所有传感器都应装在同一位置和同一方向；对控制系统进行的、任何不影响工艺流程的更改和限值变化均为同一单元的灭菌器；

——采用相同的灭菌周期。

当灭菌周期空气去除阶段的设计变化时，橡胶负载的灭菌效果须进行验证。使用6.8.2规定的测试方法可以实现这一点。

B.2 其他方面设计不变，下列变化不构成新的单元：

——灭菌器灭菌室安装高度变化；

——灭菌器灭菌室尺寸相差不超过±10%；

——灭菌周期内灭菌时间延长，但灭菌温度相同，排除空气阶段一致；

——设计或零部件供应商的任何变化，只要可以提供文件资料，证明没有影响灭菌器性能的。

附 录 C
（资料性附录）
蒸汽和水的质量

C.1 供给水的质量指标，参见表C.1。

表C.1 供给水的质量指标

项 目	指 标
蒸发残留	≤10 mg/L
氧化硅(SiO_2)	≤1 mg/L
铁	≤0.2 mg/L
镉	≤0.005 mg/L
铅	≤0.05 mg/L
除铁、镉、铅外的其他重金属	≤0.1 mg/L
氯离子(Cl^-)	≤2 mg/L
磷酸盐($P_2O_5^{-5}$)	≤0.5 mg/L
电导率(25 ℃时)	≤5 μS/cm
pH 值	5～7.5
外观	无色、洁净、无沉淀
硬度(碱性金属离子的总量)	≤0.02 mmol/L
注：一致性检查结果应符合已知分析方法的规定。	

C.2 蒸汽冷凝物中的质量指标，参见表C.2。

表C.2 蒸汽冷凝物中的质量指标

项 目	指 标
氧化硅(SiO_2)	≤0.1 mg/L
铁	≤0.1 mg/L
镉	≤0.005 mg/L
铅	≤0.05 mg/L
除铁、镉、铅外的其他重金属	≤0.1 mg/L
氯离子(Cl^-)	≤0.1 mg/L
磷酸盐($P_2O_5^{-5}$)	≤0.1 mg/L
电导率(25 ℃时)	≤3 μS/cm
pH 值	5～7
外观	无色、洁净、无沉淀
硬度(碱性金属离子的总量)	≤0.02 mmol/L
注：蒸汽质量的测试方法参见 EN-285:2006 中第 22 章。	

附 录 D
（资料性附录）
材 料

D.1 通则

D.1.1 本附录是制造蒸汽灭菌器中所用的材料的选择指南。应符合《压力容器安全技术监察规程》和国家有关规定。为此，本附录提供的信息不可能替代制造商的决定，也不排除使用其他同样质量的材料。

D.1.2 选择材料时，应考虑以下因素：

——在灭菌室内灭菌的物品可能会受到的腐蚀影响；

——灭菌蒸汽或冷却介质（如游离氧或二氧化碳）中易引起腐蚀的物质存在；

——形成表面抗腐蚀层的可能性；

——对环境的影响。

D.1.3 表 D.1、表 D.2 和表 D.3 说明了序号为Ⅰ至Ⅶ的材料的组合。

Ⅰ 不锈钢

Ⅱ 碳素钢

Ⅲ 碳素钢，镀金属的碳素钢

Ⅳ 铜

Ⅴ 铝，铝合金

Ⅵ 铜合金

Ⅶ 其他

表 D.1 材料组合

灭菌器和蒸汽发生器的压力容器	建议的材料组合			
	A 组	B 组	C 组	D 组
灭菌室	Ⅰ	Ⅲ	Ⅳ	Ⅴ
夹套	Ⅰ	Ⅱ	Ⅳ	Ⅴ
门	Ⅰ/Ⅲ	Ⅰ/Ⅲ	Ⅳ/Ⅵ	Ⅴ
灭菌室内部装置	Ⅰ	Ⅰ	Ⅵ	Ⅴ
压力容器外部框架	Ⅰ/Ⅱ	Ⅱ	Ⅳ	Ⅴ
涂层	Ⅰ[a]	Ⅰ[a]	Ⅰ[a]	Ⅰ/Ⅴ
框架	Ⅰ/Ⅱ	Ⅱ	Ⅱ	Ⅱ/Ⅴ
内置于灭菌室内的蒸汽发生器	Ⅰ/Ⅲ	Ⅲ	Ⅳ	Ⅴ
灭菌器机架内的蒸汽发生器或独立的蒸汽发生器	Ⅰ/Ⅲ	Ⅰ/Ⅲ	Ⅳ	Ⅰ/Ⅲ
[a] 在不锈钢不适用的地方，可用其他防腐涂层。				

D.2 管道和连接

D.2.1 与灭菌负载接触的介质：

a) 灭菌用蒸汽；

b) 去离子水；

c） 无菌空气；

d） 冷凝物。

表 D.2 材料组合

用于与负载接触的循环介质的管道	建议的组合材料		
	E组	F组	G组
管	Ⅰ	Ⅰ	Ⅳ
连接	Ⅰ	Ⅰ	Ⅵ
活套法兰	Ⅱ	Ⅱ	Ⅱ
焊接用法兰	Ⅰ	Ⅰ	—
套环(焊接)	Ⅰ	Ⅰ	Ⅳ
阀套	Ⅰ	Ⅵ	Ⅵ
锥形阀和垫圈	Ⅰ	Ⅰ	Ⅵ
传感器	Ⅰ	Ⅰ	Ⅳ
压力表管道	Ⅰ	Ⅳ	Ⅳ
压力表	Ⅰ	Ⅳ	Ⅳ/Ⅵ

注：为了防止噪声和振动，灭菌器管道的一部分应考虑采用高弹性材料或软金属连接器。此种连接器和其他连接的管道应有相同的适用性考虑。

表 D.3 材料组合

用于与负载无接触的循环介质的管道	建议的材料组合		
	H组	J组	K组
管	Ⅳ	Ⅳ/Ⅱ	Ⅳ/Ⅱ
连接	Ⅳ/Ⅵ	Ⅱ/Ⅵ	Ⅱ/Ⅵ
活套法兰	Ⅱ	Ⅱ	Ⅱ
焊接用法兰	—	Ⅱ	Ⅱ
套环(焊接)	Ⅳ	Ⅳ	Ⅳ
阀套	Ⅵ	Ⅵ	Ⅵ
锥形阀和垫圈	Ⅰ/Ⅵ	Ⅵ	Ⅵ
传感器	Ⅰ	Ⅰ	Ⅳ
压力表管道	Ⅰ	Ⅳ	Ⅳ
压力表	Ⅰ	Ⅳ/Ⅵ	Ⅳ/Ⅵ
控制用压缩空气管道	Ⅶ	Ⅶ	Ⅶ

注：为了防止噪声和振动的传播，灭菌器管道的一部分应考虑采用高弹性材料或软金属连接器。此种连接器和其他连接的管道应有相同的适用性考虑。

D.2.2 不会与灭菌物品接触的介质：

a） 工业用蒸汽；

b） 冷却水；

c） 排放水；

d） 控制用的压缩空气；

e） 真空状态下的蒸汽和/或空气。

附　录　E
（规范性附录）
小负载温度试验期间的温度与时间允许范围

小负载温度试验中的温度和时间允许范围如图 E.1 所示。

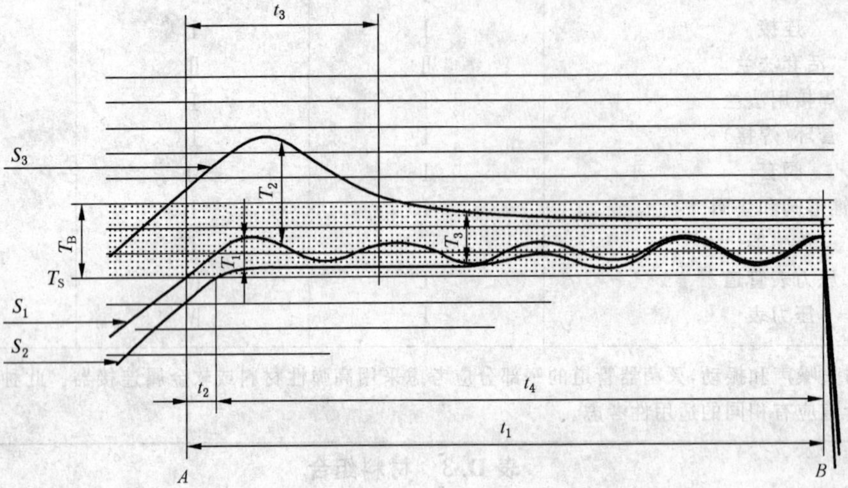

A——灭菌时间开始；
B——灭菌时间结束；
T_S——灭菌温度；
T_B——灭菌温度范围；
t_1——灭菌时间；
t_2——平衡时间；
t_3——60 s；
t_4——维持时间；
S_1——参照测量点的温度曲线；
S_2——测试包中心点的温度曲线；
S_3——测试包上方 50 mm 处的温度曲线；
T_1——维持时间内的参考温度点与测试包各点温度间的最大温差值；
T_2——在灭菌时间前 60 s 内，参考温度点与测试包上方测量点温度间的最大温差值；
T_3——t_3(60 s)后，参考温度点与测试包上方测量点温度间的最大温差值。

图 E.1　小负载温度试验期间的温度与时间允许范围

附 录 F
（规范性附录）
测试仪器、设备和材料

F.1 标准测试包

注1：测试包用于测试当测试周期参数达到设定值时，蒸汽能快速均匀穿透测试包。

注2：用于BD测试、小负载测试、织物测试、干燥度测试，并可以与其他材料一起组成满负载。

F.1.1 标准测试包可以反复使用，当满足F.1.3和F.1.4要求时，还可以用于连续检测。还应考虑影响清洁时间间隔的环境因素以及清洁方法。

F.1.2 标准测试包应由漂白纯棉布单组成。尺寸大约为900 mm×1 200 mm，经纱应为(30±6)支纱/cm，纬线应为(27±5)支纱/cm，每平方米的重量应为(185±5)g，无折边。

F.1.3 无论新的或脏的棉布单，都应进行清洗，并应避免加任何织物清洗剂。

注：织物清洗剂会影响织物的性质，并可能含有会导致产生非冷凝气体的挥发物。

F.1.4 标准测试包在温度为20 ℃～30 ℃、相对湿度为40%～60%的环境中进行干燥稳定后才能使用。

F.1.5 标准测试包应按照图F.1的规定进行折叠和组装。

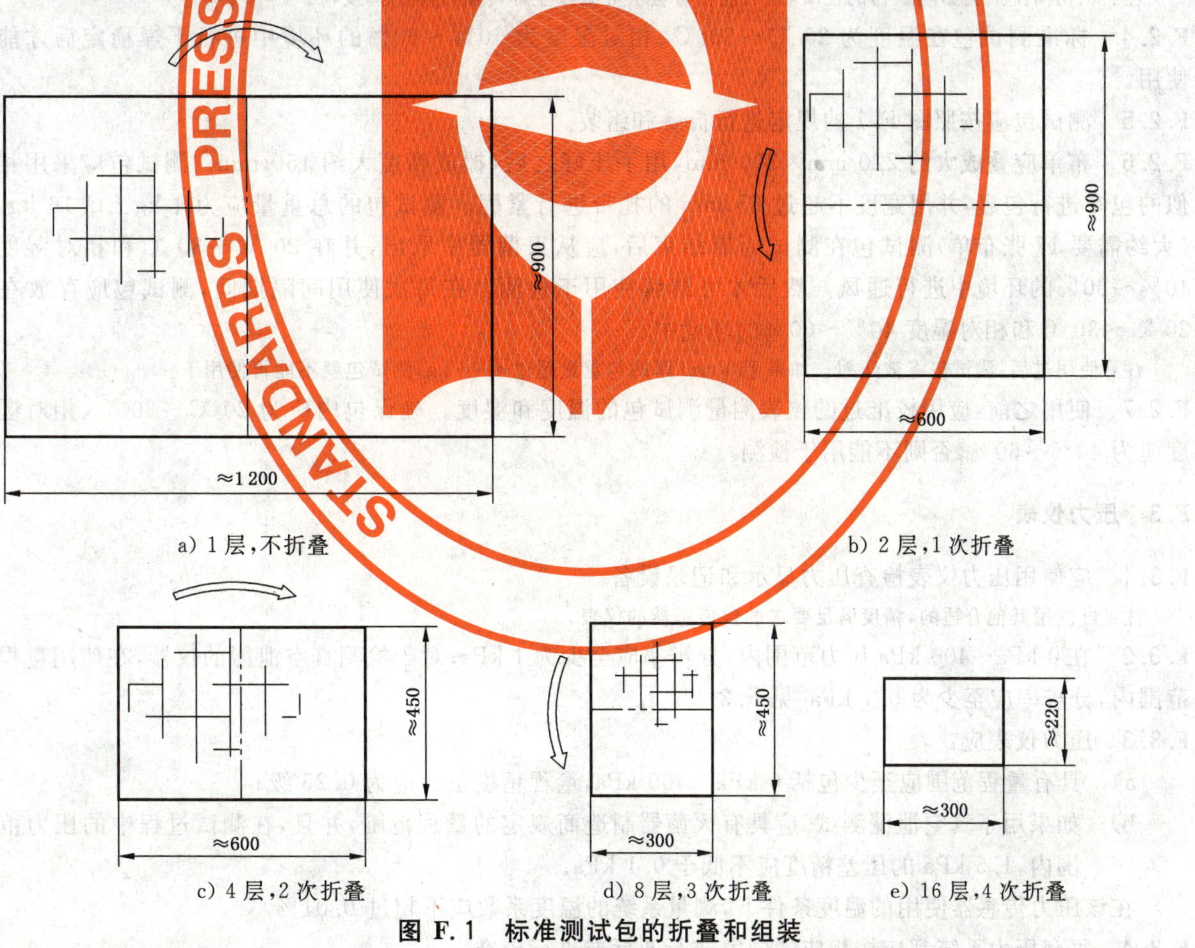

a) 1层，不折叠　　b) 2层，1次折叠

c) 4层，2次折叠　　d) 8层，3次折叠　　e) 16层，4次折叠

图F.1 标准测试包的折叠和组装

F.1.6 布单应叠成大约220 mm×300 mm，用手压好之后，摞成高度大约250 mm。标准测试包应采用相似的包布进行包裹，并用宽度不超过25 mm的扎带进行紧固。标准测试包的总重量应为7 kg±0.14 kg(大约需要30张布单)。标准测试包在测试周期结束后，应从灭菌器中取出，并在20 ℃～30 ℃

和相对湿度 40%～60%的环境中进行通风。然后才可继续使用。在每次使用间隔期间，标准测试包应存放在 20 ℃～30 ℃和相对湿度 40%～60%的环境中。

注：使用过后，标准测试包将被压缩。如果 250 mm 厚的标准测试包重量超过 7.14 kg，标准测试包就不能再使用了。

F.1.7 使用之前，应用校准过的仪表测量标准测试包的温度和湿度。确保包内条件温度应为 20 ℃～30 ℃，相对湿度应为 40%～60%，否则不能用于检测。

F.1.8 测试包可用不同材料制成，大小和重量也可不同，只要能与标准测试包有相同的效果。

F.2 小规格测试包

F.2.1 该测试包专门用于只能装载一个灭菌单元的灭菌器，测试当周期参数达到设定值，在规定的条件下，蒸汽能够快速、均匀地渗透测试包。

它可以用于进行 B-D 测试、小负载测试、干燥度测试，同时，也可以与其他材料一起组成满负载。

测试包可以反复使用，当满足 F.2.3 和 F.2.4 的要求，可以用于连续检测。还应考虑影响清洁时间间隔的环境因素以及清洁方法。

F.2.2 测试包应由经漂白的纯棉布单组成，尺寸大约为 900 mm×1 200 mm。经纱应为(30±6)支纱/cm；纬纱应为(27±5)支纱/cm；每平方米的重量应为(185±5) g，无折边。

F.2.3 无论新的或脏的棉布单，都应进行清洗，并应避免加任何清洗剂。

注：织物清洗剂会影响织物的性质，并可能含有会会导致产生非冷凝气体的挥发物。

F.2.4 标准测试包在温度为 20 ℃～30 ℃、相对湿度为 40%～60%的环境中进行干燥稳定后才能使用。

F.2.5 测试包应按照图 F.1 的规定进行折叠和组装。

F.2.6 布单应叠成大约 220 mm×300 mm，用手压好之后，摞成高度大约 150 mm。测试包应采用相似的包布进行包裹，并用宽度不超过 25 mm 的扎带进行紧固。测试包的总重量应为 4 kg±0.16 kg。(大约需要 17 张布单)测试包在测试周期结束后，应从灭菌器中取出，并在 20 ℃～30 ℃和相对湿度 40%～60%的环境中进行通风。然后才可继续使用于检测。在每次使用间隔期间，测试包应存放在 20 ℃～30 ℃和相对湿度 40%～60%的环境中。

注：使用过后，测试包将被压缩。如果 150 mm 厚的包重量超过 4.16 kg，测试包就不能再使用了。

F.2.7 使用之前，应用校准过的仪表测量测试包的温度和湿度。确保包内应为 20 ℃～30 ℃，相对湿度应为 40%～60%，否则不能用于检测。

F.3 压力仪表

F.3.1 应使用压力仪表检查压力显示和记录设备。

注：可使用其他合适的，精度满足要求的含传感器的仪表。

F.3.2 在 0 kPa～400 kPa 压力范围内，分辨率应至少为 1 kPa；对于检测真空泄漏的仪器，在使用量程范围内，分辨率应至少为 0.1 kPa[见 F.3.3b)]。

F.3.3 压力仪表应：

a) 具有量程范围应至少包括 0 kPa～400 kPa，量程精度至少应为 0.25 级；

b) 如果用于真空泄漏测试，应具有灭菌器制造商规定的量程范围，并且，在测试过程中的压力范围内，1.5 kPa 的压差精度应不低于 0.1 kPa。

在该压力传感器使用的温度条件下，测量系统的温度系数应不超过 0.01%/℃。

F.3.4 每套压力系统都应按相应的国家或行业标准进行校准。

F.3.5 每套压力系统都应按制造商的规定进行校准。

F.4 温度传感器

F.4.1 温度传感器应用于测量本标准所述试验中的指定位置的温度。

F.4.2 温度传感器应是符合 JB/T 8622—1997 中 A 级的铂电阻或符合 GB/T 16839.2—1997 中 1 级公差表的热电偶，且 $\tau_{90} \leqslant 0.5$ s。

F.4.3 灭菌器可用空间内传感器及其连接线的任何部分的截面积均应不超过 3.1 mm^2。

F.4.4 温度传感器的运行特性不应受它所处环境(例如:压力、蒸汽或真空)影响。

F.5 温度记录设备(如适用)

F.5.1 温度记录设备应与传感器一起使用，测量本标准所述的记录测试中指定点的温度，也可将它用于检查灭菌器上的其他温度仪表。

F.5.2 记录设备应可记录至少 7 个温度传感器所测的温度。采样通道可以为多路或各自独立。每条采样通道的采样率应不大于 1 s。所有数据都用于说明测试效果。

F.5.3 模拟仪表的刻度范围应为 0 ℃～150 ℃。最小的刻度间隔应不超过 1 ℃，记录纸速度每分钟不少于 15 mm/min。分辨率应为 0.5 ℃或更好。

F.5.4 数字仪表和记录的增量不超过 0.1 ℃，刻度范围为 0 ℃～150 ℃。

F.5.5 在环境温度为(20±3)℃时测试，0 ℃～150 ℃之间的误差(不包括温度传感器)应不超过±0.25%。

F.5.6 因环境温度改变而产生的额外误差应不超过 0.04 ℃/℃。

F.5.7 应按相关国家标准或行业标准进行校准。

F.5.8 仪器应按制造商的指示进行校准，校准时，需选择在灭菌温度范围内的任一温度。校准后，所有温度传感器在浸入已知温度±0.1 ℃范围内的温度源时测得的温度与在灭菌温度范围内测得的温度相比较，结果相差应不超过 0.5 ℃。

F.5.9 当现场安装好后，温度系统应通过在灭菌温度范围内的独立温度源的任一温度进行验证。

F.5.10 温度源应具有以下特征：

——1 个包括 110 ℃～140 ℃范围的标准温度计，最小的刻度间隔应不超过 0.2 ℃。

——应有 1 个测试槽，尺寸足够放置至少 7 个第 F.4 章描述的温度传感器。槽内的温度变化应不超过 0.2 ℃，在 110 ℃～140 ℃范围内，控制精度应在±0.1 ℃之内。

F.6 压力记录设备

F.6.1 压力记录设备应与感应元件一起使用测试灭菌周期灭菌室绝对压力。它亦可用于检查灭菌器上的压力仪表。

F.6.2 设备有可能与温度记录设备一起作为校准压力的附加信号。每条采样通道的采样率应不大于 1 s。所有采样数据都应用于说明测试结果。

F.6.3 模拟设备的刻度范围应包含绝对压力 0 kPa～400 kPa。最小的刻度间隔应不超过 4 kPa，记录纸的速度应不少于 15 mm/min。分辨率应为 2 kPa 或更好。

F.6.4 数字设备记录增量应不超过 1 kPa，刻度范围应包含绝对压力 0 kPa～400 kPa。

F.6.5 在 0 kPa～400 kPa 绝对压力范围，环境温度为(20±3)℃时测量，测量系统误差应不超过±0.5%。

F.6.6 在使用压力传感器的情况下，测量系统的温度系数应不超过 0.01%/℃。

F.6.7 因环境温度改变而产生的额外误差应不大于 0.02%/℃。

F.6.8 传感器和连接管的自然频率应不少于 10 Hz，升压的时间常数(相对湿度 0%～63%)应不大于 0.04 s。

F.6.9 应按相关国家标准或行业标准进行校准。

F.6.10 当设备连接到压力敏感元件，应按制造商的指南校准。同时，校准范围应包含灭菌压力段内的压力。

F.7 满负载，织物

F.7.1 测试包模拟灭菌器可处理的最大织物质量，并且测试当周期参数达到设定值时，蒸汽能够迅速、均匀地渗透织物，并达到灭菌条件。

满载纺织品可以反复使用，当满足 F.7.3 和 F.7.4 的要求时，可以用于连续检测。还应考虑清洁时间间隔的环境因素以及清洁方法。

F.7.2 满负载应由折叠的布单和一个标准测试包的组成，如 F.1 所述。

F.7.3 每张布单应包含最少 50%质量比的棉纤维，每平方米的重量约为 200 g。无论新的或脏的棉布单，都应进行清洗，并应避免加任何织物清洗剂(见第 F.1 章)。

F.7.4 布单烘干后在温度为 20 ℃～30 ℃之间，相对湿度为 40%～60%环境下通风至少 1 h。

F.7.5 通风干燥后，应将布单折叠成包。每包质量为 7.5 kg±0.5 kg。

F.7.6 标准测试包应放置在由制造商指定的最难灭菌的位置。剩余的可用空间可以放置其他的布单包，放在与标准灭菌单元尺寸类似的灭菌篮筐里，填充灭菌室其余的可用空间，装载方式保证负载装卸灵活。

F.7.7 每个灭菌篮的织物质量应约为(7.5±0.5)kg。

F.8 测试包，橡胶

F.8.1 该测试包用于代表橡胶负载，例如：难以灭菌的长管道。

橡胶测试包采用可以连续检测的反复使用的材料。外包装的处理应按制造商要求。

F.8.2 每个测试包由若干橡胶物品组合成，总高度应为 100 mm，体积大小相当于灭菌单元一半。在这些小包中，3 个包含着下述测试样品。其余的小包应装一条 1500 mm 长，5 mm 外径和 3 mm 内径的天然橡胶管。橡胶管应在同一个平面上盘卷起来。所有小包都使用符合 GB/T 19633 标准宽度为 90mm 的纸塑包装袋，每个袋摆放时纸面相对。

F.8.3 每个测试样本都应包含 3 个符合 GB 18281.3 的生物负载，(载体是外径为 4 mm，内径为 2.5 mm，长度为 45 mm 玻璃管)，玻璃管插入一根长度为 1 500 mm，外径为 5 mm，内径为 3 mm 的天然橡胶管。1 个玻璃管负载应放在胶管的中间，另 2 个分别放在距离胶管两端各 200 mm 的地方。

F.8.4 小包应纸面对纸面摆放，3 个含测试样本的小包应放在测试包中高度为 25 mm，50 mm 和 75 mm 的地方。

注：应使用装载容器如不锈钢篮筐装载测试包。

F.8.5 在温度 20 ℃～30 ℃之间，相对湿度为 40%～60%的环境下，贮存至少 1 h。

F.8.6 使用前将测试包贮存在上述条件满足的环境内。

F.9 测试包，金属

F.9.1 该测试包代表金属物品，例如：难以干燥的仪器。

金属测试包可以反复使用，也可连续检测。

F.9.2 灭菌负载应包含带有不锈钢篮筐的测试盒和一定量的由纺织材料包裹的金属螺丝。

F.9.3 测试盒应：

——密封盖板，并且符合图 F.2 的规定；

——不含有图 F.2 所示以外的孔；

——结构材料应为 1 mm 厚度不锈钢。

F.9.4 不锈钢篮筐应：

——由不锈钢构成；

——底部格子的尺寸为 5 mm×5 mm；

——侧面格子的尺寸为 5 mm×5 mm；

——负载接触表面与篮筐承重支撑表面大约相隔 6 mm；

——能够支撑平均分布的负载 10 kg；

——外部尺寸长度为(480±5)mm，宽度为 250 mm～254 mm，高为 50 mm～55 mm；

——质量为(1.3±0.1)kg。

单位为毫米

1——在两个侧面上各钻 10 个 Φ4 mm 的孔。

2——采用硅密封圈 Φ6 mm，长 1 550 mm 粘到顶盖内，顶盖盖好将硅密封圈压紧后，其直径缩少至原来的 90%。

图 F.2 金属测试盒详图

F.9.5 用在测试负载的金属螺丝应：

——不锈钢；

——六角头螺丝；

——总质量为(8.6±0.1)kg；

——清洁干燥、无油污。

F.9.6 测试中使用的织物材料应：

——测试包应由脱脂纯棉布单组成。尺寸约为 900 mm×1 200 mm，经纱应为(30±6)支纱/cm，纬纱线的数量为(27±5)支纱/cm。

——新或脏的棉布单，应进行清洗。并应避免加任何织物清洗剂。

——进行干燥和通风处理。

——贮存在相对湿度为 40%～60%、温度为 20 ℃～30 ℃的环境中至少 1 h。

注：这点是要求包装前，包装物品与当地现场的环境参数相同。

F.9.7 测试包中的所有金属物品都应在(23±2)℃的温度下达到温度平衡。

F.9.8 测试包应像如下组装：

——将不锈钢篮筐放在布单上；

——将螺丝均匀地放在不锈钢篮筐上；

——用布单包好装有螺丝的不锈钢篮筐；

——将包好的不锈钢篮筐放入测试盒内。

F.9.9 使用前把测试包贮存在满足上述条件的环境中。

F.10 空腔负载试验的过程挑战装置(PCD)

F.10.1 空腔负载试验的过程挑战装置PCD由管盖、连接器、指示物固定器、软管组成，如图F.3所示。化学指示物应符合GB 18282.1的要求，制造商提供化学指示物的选择和使用方法。

F.10.2 过程挑战装置符合如下要求：

——材料：聚四氟乙烯(PTFE)；

——管壁厚度：(0.5±0.025)mm；

——管内直径：Φ(2.0±0.1)mm；

——软管长度：(1 500±15)mm；

——指示物固定器重量：(10.0±0.1)g；

——PCD内部自由容积：装置内部总容积减去指示物固定器容积的(6±1)%。

注：可使用其他证实等同性的材料。当使用其他材料时，壁厚与指示物固定器重量可相应改变。

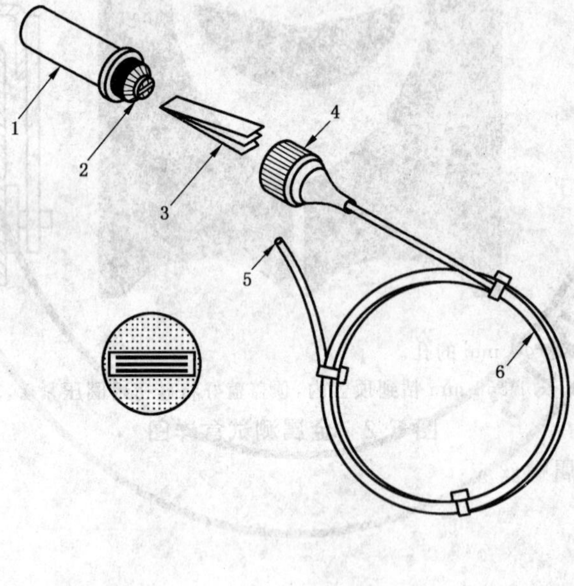

1——管盖；
2——指示物固定器；
3——指示物；
4——连接器；
5——开口端；
6——软管。

图F.3 空腔负载试验的过程挑战装置(PCD)的例子

附　录　G
（资料性附录）
制造商应提供的信息和文件

G.1　制造商应提供的文件

G.1.1　测试和检验记录，足以证明买方所购灭菌器满足要求（见 G.2.4）。

G.1.2　文件应包括：

a)　仪器校准证明文件；

b)　安全装置的功能及其设定均符合要求的证明文件；

c)　自动控制器的详细设定参数，包括灭菌周期的压力、温度和时间（例如：每个阶段或者子阶段的变化情况）；

d)　空气检测装置的设定方法（如适用）；

e)　符合本标准要求的声明；

f)　本标准没有规定的其他工作周期和扩展用途声明。

G.2　制造商应提供的信息

G.2.1　本条规定内容可以协助买方进行安装准备、安装和操作灭菌器，并进行常规维修。

G.2.2　G.2.4 和 G.2.5 规定的信息可以在灭菌器交货前整体提供，也可以在交货前和安装工作开始之前分别各提供一部分（共分两部分）。

G.2.3　在交付灭菌器及其安装之前，应将下列信息提供给买方：

a)　安装说明，包括当灭菌器压力容器装满水之后对地面的承重要求，灭菌器的整体尺寸、整体质量、所需搬运空间和主要大部件的质量；

b)　电源类型。例如：直流还是交流、单相还是三相、电压和频率（包括最大值和最小值，以及最大连续功率，单位为 kW 和 kVA）；

c)　蒸汽最大流量和使用率，压力的最大值和最小值；

d)　灭菌器工作时所需蒸汽的质量和用量（见表 C.2）；

e)　每个周期用水量，供水要求压力的最大值和最小值和在最小压力时的流量；

f)　压缩空气工作范围和在最低压力时的流量；

g)　当工作环境温度为(23±2)℃，灭菌器在门开启和门关闭时的热辐射功率(W)；

注：在设计通风系统的时候，用户应考虑已灭菌负载的热辐射。

h)　在门开启和门关闭时灭菌器前方的热辐射功率(W)，且当工作环境温度为(23±2)℃，门可以打开，也可以关闭；

i)　计算 A 级声强，以及最大冲击噪音指标的圆整值；

j)　灭菌器制造商提供的任何附加装置的声强级说明，当这些装置需和灭菌器一起工作的时候；

k)　门的类型以及开关门所需的空间说明；

注：装卸载物品可能需要额外空间。

l)　最大排水流量；

m)　蒸汽发生器供给水的最大硬度值、pH 值范围和电导率（见表 C.1）；

n)　灭菌器包装材料的处理说明；

o)　任何必要的附加装置的说明。例如：单独安装的空气压缩机；

p)　有关排污和通风等所需介质供应设施的详细说明；

q) 灭菌器的环境类型(见 5.11.2);

r) 真空度符合本标准要求的说明。

G.2.4 进行整体安装之前,应有下列信息(见 G.1):

a) 简短操作说明;

b) 用户说明书,至少包含下述信息:

——应用范围;

——负载类型及包装;

——总体积;

——设计压力、允许工作压力和允许温度;

——可用灭菌周期说明;

——控制、指示和记录装置说明;

——安全装置的说明和设定;

——故障说明;

——挡板清洁指引;

——灭菌器专用的耗材和附件说明;

——清洁方法和清洁剂说明;

c) 压力容器可用空间的尺寸大小;

d) 可装载的灭菌单元个数(整数);

e) 灭菌周期的说明,并包含以下的内容:

——最高工作温度;

——灭菌周期中压力随时间变化的关系图;

——适用于所提供灭菌器的每个标准测试负载相应运行的灭菌周期温度随时间变化记录;

——灭菌周期关键参数(见 5.7.1.3);

——灭菌周期关键参数值域;

——参照测量点位置(见 5.7.1.4);

注:如果需要,应提供可用空间最冷点与参照测量点之间的关系的证明文件。

f) 安全部件说明(例如:门联锁装置);

g) 维修手册包括:

——维修与测试内容和执行;

——电气图;

——管线图;

——完整备件清单;

——维修和检测专用工具清单;

——质量保证说明;

——服务地点清单;

——故障检查指引;

h) 灭菌器报废、耗材和附件的丢弃处置说明;

i) 泄漏率。

G.2.5 应提供 G.2.3 和 G.2.4 中规定的、适用于内置蒸汽发生器的其他必要信息。

ICS 67.060
X 11

中华人民共和国国家标准

GB/T 8609—2008
代替 GB/T 8609—1988,GB/T 8610—1988

工业用甘薯片

Sweet potato slices for industrial use

2008-11-04 发布　　2009-01-01 实施

中华人民共和国国家质量监督检验检疫总局
中国国家标准化管理委员会　发布

前 言

本标准代替 GB/T 8609—1988《发酵业用甘薯片》和 GB/T 8610—1988《淀粉业用甘薯片》。

本标准与 GB/T 8609—1988、GB/T 8610—1988 相比主要变化如下：

——将 GB/T 8609—1988 和 GB/T 8610—1988 合并为本标准；

——增加了标签标识；

——对质量指标中相关指标作了修订。

本标准由国家粮食局提出。

本标准由全国粮油标准化技术委员会归口。

本标准主要起草单位：河南工业大学、郑州精华实业有限公司。

本标准主要起草人：王彦波、王凤成、刘新春、刘秀芳。

本标准所代替标准的历次版本发布情况为：

——GB/T 8609—1988；

——GB/T 8610—1988。

工业用甘薯片

1 范围

本标准规定了工业用甘薯片的术语和定义、质量要求和卫生要求、检验方法、检验规则、标签标识、包装、储存及运输。

本标准适用于淀粉业及酿造业用甘薯片。

本标准不适用于直接食用或制造直接入口的食品所使用的甘薯片。

2 规范性引用文件

下列文件中的条款通过本标准的引用而成为本标准的条款。凡是注日期的引用文件，其随后所有的修改单(不包括勘误的内容)或修订版均不适用于本标准，然而，鼓励根据本标准达成协议的各方研究是否可使用这些文件的最新版本。凡是不注日期的引用文件，其最新版本适用于本标准。

GB 2715 粮食卫生标准

GB/T 5490 粮食、油料及植物油脂检验 一般规则

GB 5491 粮食、油料检验 扦样、分样法

GB/T 5492 粮油检验 粮食、油料的色泽、气味、口味鉴定

GB/T 5494 粮油检验 粮食、油料的杂质、不完善粒检验

GB/T 5497 粮食、油料检验 水分测定法

GB/T 5500 粮油检验 甘薯片纯质率检验

GB/T 5514 粮油检验 粮食、油料中淀粉含量测定

GB 7718 预包装食品标签通则

GB/T 17109 粮食销售包装

3 术语和定义

下列术语和定义适用于本标准。

3.1

甘薯片 sweet potato slices

甘薯加工成片状或条状，并干燥至适宜储存的产品。

3.2

不完善甘薯片 imperfect sweet potato slices

受到损伤但尚有使用价值的甘薯片。包括以下几种：

3.2.1

虫蚀片 worm-eaten sweet potato slice

被虫蛀蚀的甘薯片。

3.2.2

生霉片 mildew sweet potato slice

表面生霉或因热伤使内部变色部分超过本片五分之一，仍有使用价值的甘薯片。

3.2.3

病害片 disease damaged sweet potato slice

黑斑病等病害造成伤害的甘薯片。

3.2.4

冻伤片　frosted sweet potato slice

鲜薯或湿甘薯片在低温下被冻伤后加工成的甘薯片。

3.3

杂质　impurity

通过直径 10.0 mm 圆孔筛的物质和其他有机或无机物质，以及无使用价值的甘薯片。

3.4

色泽、气味　color and odor

甘薯片固有的综合颜色、光泽和气味。

4　质量要求和卫生要求

4.1　工业用甘薯片质量要求见表 1，其中淀粉含量为定等指标。

表 1　质量要求

等级	淀粉含量(干基)/%	不完善甘薯片/%		水分/%	杂质/%	色泽、气味
		总量	其中：生霉片			
1	≥76.0	≤12.0	≤2.0	≤13.0	≤1.5	正常
2	≥73.0					
3	≥70.0					
等外	<70.0	—				

4.2　在直径 10.0 mm 筛上的甘薯片，按完整薯片计算。

4.3　薯片表面生霉较轻可以擦掉，内部仍为本色的生霉片为完好甘薯片。

4.4　植物检疫项目按国家有关标准和规定执行。

4.5　卫生标准按 GB 2715 及国家有关标准和规定执行。

5　检验方法

5.1　扦样：按 GB 5491 执行。

5.2　淀粉测定：按 GB/T 5514 执行。

5.3　水分测定：按 GB/T 5497 执行。

5.4　不完善薯片检验、生霉片检验：按 GB/T 5500 执行。

5.5　杂质检验：按 GB/T 5494 执行。

5.6　色泽、气味检验：按 GB/T 5492 执行。

6　检验规则

6.1　检验的一般规则按 GB/T 5490 执行。

6.2　检验批为同种类、同产地、同收获年度、同运输单元、同储存单元的工业用甘薯片。

6.3　出厂检验：每批出厂产品应进行检验，产品合格后方可出厂。出厂检验项目按 4.1 的规定检验。

6.4　判定规则：淀粉含量应符合表 1 中相应等级的要求，其他指标按国家有关规定执行。淀粉含量低于三级要求，其他指标符合本标准规定的判为等外品。

7　标签标识

7.1　应按照 GB 7718 的规定，在标签上标注产品名称、质量等级、产品标准号、生产日期、保质期、制造者名称、厂址、电话。

7.2 产品的销售和运输应标注相应的标志，具体标准按有关规定执行。

8 包装、储存和运输

8.1 包装

8.1.1 按 GB/T 17109 执行。

8.1.2 标注的净含量应为本标准最大允许水分状态下的质量。

8.1.3 包装环境应清洁、卫生。

8.1.4 包装材料应符合包装技术要求和国家有关食品卫生的规定。

8.1.5 包装袋应清洁、牢固、无破损，封口严密、结实，不应撒漏，不应给产品带来异常气味。

8.2 储存

袋装产品应码放在清洁、干燥、通风、无污染的库房，注意防虫、防鼠、防潮。不得与有毒有害的物品混存。

8.3 运输

运输工具及器材应清洁干燥、无污染，并有防尘、防雨雪设施，不得与有毒有害物质混装运输。

ICS 83.060
G 35

中华人民共和国国家标准

GB/T 8659—2008
代替 GB/T 8659—2001

丁二烯橡胶(BR)9000

Rubber, butadiene(BR)9000

2008-06-19 发布　　2008-12-01 实施

中华人民共和国国家质量监督检验检疫总局
中国国家标准化管理委员会　发布

前　言

本标准代替 GB/T 8659—2001《丁二烯橡胶(BR)9000》。

本标准与 GB/T 8659—2001 的主要差异：

——引用标准中增加 GB/T 15340—2008、GB/T 19187—2003 和 GB/T 19188—2003；

——删除了 GB/T 8659—2001 附录 A“用 ASTM IRB No.6 炭黑评价混炼胶和硫化胶的技术指标”；

——增加附录 A“BR 9000 挥发分含量的测定”；

——按照国内产品的实际质量水平修改了硫化胶的 300%定伸应力、拉伸强度和扯断伸长率的技术指标。

本标准的附录 A 为规范性附录。

本标准由中国石油化工集团公司提出。

本标准由全国橡胶与橡胶制品标准化技术委员会合成橡胶分技术委员会(SAC/TC 35/SC 6)归口。

本标准主要起草单位：中国石油化工股份有限公司北京燕山分公司合成橡胶事业部、中国石油天然气股份有限公司兰州化工研究中心。

本标准主要起草人：翟月勤、于洪洸、吴毅、徐天昊、孟祥峰、方芳、隗合宁。

本标准所代替标准的历次发布情况为：

GB/T 8659—1988、GB/T 8659—2001。

丁二烯橡胶(BR)9000

1 范围

本标准规定了丁二烯橡胶(BR)9000的要求、试验方法、检验规则以及包装、标志、储存和运输。

本标准适用于1,3-丁二烯在镍催化体系下经溶液聚合制得的顺式-1,4-聚丁二烯橡胶。

2 规范性引用文件

下列文件中的条款通过本标准的引用而成为本标准的条款。凡是注日期的引用文件,其随后所有的修改单(不包括勘误的内容)或修订版本均不适用于本标准,然而,鼓励根据本标准达成协议的各方研究是否可使用这些文件的最新版本。凡是不注日期的引用文件,其最新版本适用于本标准。

GB/T 1232.1—2000 未硫化橡胶 用圆盘剪切粘度计进行测定 第1部分:门尼粘度的测定(eqv ISO 289-1:1994)

GB/T 4498—1997 橡胶 灰分的测定(eqv ISO 247:1990)

GB/T 6038—2006 橡胶试验胶料 配料、混炼或硫化设备及操作程序(ISO 2393:1994,MOD)

GB/T 8660—2008 溶液聚合型 丁二烯橡胶(BR)评价方法(ISO 2476:1996,IDT)

GB/T 15340—2008 天然、合成生胶取样及制样方法(ISO 1795:2000,IDT)

GB/T 19187—2003 合成生胶抽样检查程序

GB/T 19188—2003 天然生胶和合成生胶贮存指南(ISO 7664:2000,IDT)

3 要求和试验方法

3.1 外观:浅色半透明块状,不含焦化颗粒、机械杂质及油污。

3.2 BR 9000的技术指标和试验方法见表1。

表1 BR 9000技术指标

项目		指标			试验方法
		优等品	一等品	合格品	
挥发分的质量分数/%		≤0.50	≤0.80	≤1.10	附录A 热辊法
灰分的质量分数/%		≤0.20			GB/T 4498 方法A
生胶门尼粘度/ML(1+4)100 ℃		45±4	45±5	45±7	GB/T 1232.1
混炼胶门尼粘度/ML(1+4)100 ℃		≤65	≤67	≤70	
300%定伸应力/MPa	25 min	7.0～12.0			GB/T 8660 C2法混炼 1型裁刀
	35 min	8.0～13.0			
	50 min	8.0～13.0			
拉伸强度/MPa	35 min	≥13.2			
扯断伸长率/%	35 min	≥330			
注:混炼胶和硫化胶的性能指标均采用 ASTM IRB No.7 进行评价。					

4 检验规则

4.1 本标准所列项目除灰分,其他均为出厂检验项目;正常情况下,每月至少进行一次型式检验。

4.2 进行质量检验时，抽样按 GB/T 19187—2003 的规定进行。

4.3 生产厂应按本标准对出厂的 BR 9000 进行检验，并保证所有出厂的产品符合本标准的要求。每批产品应附有一定格式的质量证明书。质量证明书上应注明名称、牌号、生产厂(公司)名称、生产批号、等级等有关内容，并加盖质量检验专用章和检验员章。

4.4 出厂检验时，按 GB/T 15340—2008 中实验室混合样品进行检验，出厂检验项目中任何一项不符合等级要求时，应对保留样品进行复验，复验结果仍不符合相应的等级要求时，则该批产品应降等或定为不合格品。

4.5 用户有权按本标准对收到的 BR 9000 进行验收，如果不符合本标准要求时，应在到货后两个月内提出异议。使用单位因保管、使用不当等原因造成产品质量下降，应由使用单位负责。供需双方如发生质量争议，可协商解决或由质量仲裁单位按本标准进行仲裁检验。如果发生橡胶净含量争议，可在整批胶中随机抽取 40 个胶包称量，其胶包总净含量与额定胶包总净含量之差应小于额定胶包总净含量的 0.5%。

4.6 仲裁检验时，按 GB/T 19187—2003 规定对挥发分和生胶门尼粘度分别进行单包检验和验收，其他项目按 4.4 和 4.5 的规定进行。

5 包装、标志、储存和运输

5.1 BR 9000 内层用印有商标或特殊标记的低密度聚乙烯薄膜包装，其厚度为 0.04 mm～0.06 mm、熔点不大于 110 ℃；外层用复合塑料编织袋或采用用户认可的其他形式包装。每袋净含量 25 kg±0.25 kg 或其他包装单元。

5.2 每个包装袋应清楚地标明产品名称、牌号、净含量、生产厂(公司)名称、地址、注册商标、标准编号、等级、生产日期或生产批号等。

5.3 贮存 BR 9000 时，应成行成垛整齐堆放，并保持一定行距，堆放高度不大于 10 包。贮存条件见 GB/T 19188—2003。

5.4 在运输 BR 9000 过程中，应防止日光直接照射和雨水浸泡，运输车辆应整洁，避免包装破损和杂物混入。

5.5 在贮存条件下 BR 9000 质量保证期自生产日期起为 2 年。

附 录 A
（规范性附录）
BR 9000 挥发分含量的测定

A.1 范围

本附录规定了测定 BR 9000 生胶中水分和其他挥发性物质的两种方法：热辊法和烘箱法。

A.2 原理

A.2.1 热辊法

试样在加热的开炼机上辊压直到所有的挥发分被赶除，辊压过程中的质量损失即为挥发分含量。

A.2.2 烘箱法

试样在烘箱中干燥至恒重，此过程中的质量损失即为挥发分含量。

A.3 设备

A.3.1 开炼机：应符合 GB/T 6038—2006 的要求。

A.3.2 烘箱：鼓风式，能将温度控制在 105 ℃±5 ℃。

A.3.3 铝皿或玻璃表面皿：深约 15 mm、直径（或长度）80 mm。

A.4 操作步骤

A.4.1 热辊法

A.4.1.1 按照 GB/T 15340—2008 的规定称取约 250 g 胶样，精确至 0.1 g（质量 m_1）。

A.4.1.2 按照 GB/T 6038—2006 规定，用窄铅条将开炼机辊距调节至 0.25 mm±0.05 mm，辊筒表面温度保持在 105 ℃±5 ℃。

A.4.1.3 将已称量的胶样（A.4.1.1）在开炼机（A.3.1）上反复通过 4 min，不允许试样包辊，并小心操作以防试样损失，称量试样质量，精确至 0.1 g。再将试样在开炼机上通过 2 min，再称量试样的质量。如果在 4 min 末和 6 min 末，试样质量之差小于 0.1 g，可计算挥发分含量；否则，将试样在开炼机上再通过 2 min，直至连续两次称量之差小于 0.1 g（最终质量 m_2）。每次称量之前，应使试样在干燥器中冷却至室温。

A.4.1.4 结果表示

挥发分（x_1）的质量分数（%）按式（A.1）计算：

$$x_1 = \frac{m_1 - m_2}{m_1} \times 100 \qquad \cdots\cdots(\text{A.1})$$

式中：

m_1——辊压前试样的质量，单位为克（g）；

m_2——辊压后试样的质量，单位为克（g）。

所得结果应表示至二位小数。

A.4.2 烘箱法

A.4.2.1 直接从橡胶样品中取约 10 g 试样，手工剪成约 2 mm×2 mm×2 mm 的小块，置于玻璃表面皿或铝皿（A.3.3）中称量。精确到 1 mg（质量 m_3）。

A.4.2.2 将称量后的试样放入烘箱（A.3.2）中，在 105 ℃±5 ℃下干燥 1 h，干燥的过程中应打开鼓风；取出试样，放入干燥器中冷却至室温后称量；再将试样干燥 30 min，取出试样，放入干燥器中冷却至室温后称量，如此反复，直到连续两次称量值之差不大于 1 mg(最终质量 m_4)。

A.4.2.3 结果表示

挥发分(x_2)的质量分数(%)按式(A.2)计算。

$$x_2 = \frac{m_3 - m_4}{m_3} \times 100 \qquad \cdots\cdots(A.2)$$

式中：

m_3——干燥前试样的质量，单位为克(g)；

m_4——干燥后试样的质量，单位为克(g)。

所得结果应表示至二位小数。

A.5 允许差

A.5.1 热辊法

挥发分质量分数小于 0.20% 时，两次平行测定结果之差不大于 0.04%。

挥发分质量分数在 0.21%～0.40% 时，两次平行测定结果之差不大于 0.12%。

挥发分质量分数在 0.41%～0.70% 时，两次平行测定结果之差不大于 0.15%。

A.5.2 烘箱法

挥发分质量分数小于 0.22% 时，两次平行测定结果之差不大于 0.04%。

挥发分质量分数在 0.23%～0.70% 时，两次平行测定结果之差不大于 0.15%。

挥发分质量分数在 0.71%～1.00% 时，两次平行测定结果之差不大于 0.22%。

A.6 实验报告

实验报告应包括以下内容：

a) 关于样品的详细说明；

b) 测定所采用的方法；

c) 每个试样的测试结果；

d) 本标准编号；

e) 本附录未包括的任何自选操作；

f) 试验日期。

ICS 83.060
G 34

中华人民共和国国家标准

GB/T 8660—2008/ISO 2476:1996
代替 GB/T 8660—1998

溶液聚合型丁二烯橡胶(BR)评价方法

Rubber, butadiene (BR)—Solution-polymerized types—Evaluation procedures

(ISO 2476:1996, IDT)

2008-06-19 发布　　　　2008-12-01 实施

中华人民共和国国家质量监督检验检疫总局
中国国家标准化管理委员会　发布

前　言

本标准等同采用 ISO 2476:1996《橡胶——丁二烯橡胶(BR)——溶液聚合型——评价方法》。

本标准做了下列编辑性修改:

——删除了 ISO 前言;

——将 ISO 2476:1996 中引用的国际标准改为相应的我国国家标准。

本标准代替 GB/T 8660—1998《溶液聚合型丁二烯橡胶(BR)评价方法》。

本标准与 GB/T 8660—1998 的主要差异:

——修改了规范性引用文件;

——对标准重新进行了编辑。

本标准代替 GB/T 8660—1998。

本标准的附录 A 为资料性附录。

本标准由中国石油化工集团公司提出。

本标准由全国橡胶与橡胶制品标准化技术委员会合成橡胶分技术委员会(SAC/TC 35/SC 6)归口。

本标准主要起草单位:中国石油化工股份有限公司北京燕山分公司合成橡胶事业部、中国石油天然气股份有限公司兰州化工研究中心。

本标准主要起草人:章火山、吴毅、于洪洸、翟月勤、段宏玮、叶秀丽、李连生。

本标准所代替标准的历次发布情况为:

GB/T 8660—1988、GB/T 8660—1998。

溶液聚合型丁二烯橡胶(BR)评价方法

警告:使用本标准的人员应熟悉正规实验室操作规程,本标准无意涉及因使用本标准可能出现的所有安全问题。制定相应的安全和健康制度并确保符合国家法规是使用者的责任。

1 范围

本标准规定了生胶的物理和化学试验方法;规定了评价溶液聚合型丁二烯橡胶(BR)[包括充油型(OEBR)]硫化特性所用的标准材料、标准试验配方、设备、操作方法以及评价硫化胶拉伸应力-应变性能的方法。

2 规范性引用文件

下列文件中的条款通过本标准的引用而成为本标准的条款。凡是注日期的引用文件,其随后所有的修改单(不包括勘误的内容)或修订版均不适用于本标准,然而,鼓励根据本标准达成协议的各方研究是否可使用这些文件的最新版本。凡是不注日期的引用文件,其最新版本适用于本标准。

GB/T 528—1998 硫化橡胶或热塑性橡胶 拉伸应力应变性能的测定(eqv ISO 37:1994)

GB/T 1232.1—2000 未硫化橡胶 用圆盘剪切粘度计进行测定 第1部分:门尼粘度的测定(eqv ISO 289-1:1994)

GB/T 2941—2006 橡胶物理试验方法试样制备和调节通用程序(ISO 23529:2004,IDT)

GB/T 4498—1997 橡胶 灰分的测定(eqv ISO 247:1990)

GB/T 6038—2006 橡胶试验胶料 配料、混炼和硫化 设备及操作程序(ISO 2393:1994,MOD)

GB/T 9869—1997 橡胶胶料硫化特性的测定(圆盘振荡硫化仪法)(idt ISO 3417:1991)

GB/T 14838—1993 橡胶与橡胶制品 试验方法标准 精密度的确定(neq ISO/TR 9272:1986)

GB/T 15340—2008 天然、合成生胶取样及制样方法(ISO 1795:2000,IDT)

GB/T 16584—1996 橡胶 用无转子硫化仪测定硫化特性(eqv ISO 6502:1991)

GB/T 19187—2003 合成生胶抽样检查程序

ISO 248:2005 生橡胶——挥发分含量的测定

3 取样和制样

3.1 按 GB/T 19187—2003 取样约 1.5 kg。

3.2 按 GB/T 15340—2008 制备试样。

4 生胶的物理和化学试验

4.1 门尼粘度

按 GB/T 15340—2008 制备试样,按 GB/T 1232.1—2000 测定门尼粘度(最好不过辊,如果需要过辊,开炼机辊筒表面温度保持在 35 ℃±5 ℃)。

测试结果以 ML(1+4)100 ℃表示。

4.2 挥发分

按 ISO 248:2005 测定挥发分含量。

4.3 灰分

按 GB/T 4498—1997 测定灰分含量。

5 丁二烯橡胶用混炼胶试样的制备

5.1 标准试验配方

标准试验配方见表1。

应使用符合国家或国际标准的参比材料。如果得不到标准参比材料，应使用有关团体认可的材料。

表1 标准试验配方

材料	质量份	
	非充油胶	充油胶
丁二烯橡胶	100.00	100.00[a]
氧化锌	3.00	3.00
通用工业参比炭黑	60.00	60.00
硬脂酸	2.00	2.00
ASTM103[#]油[b]	15.00	—
硫磺	1.50	1.50
TBBS[c]	0.90	0.90
总计	182.40	167.40[d]

[a] 指含填充油的橡胶100份。

[b] 这种油的密度为0.92 g/cm³，可以从Sun oil，Industrial products Dept 1068 Walnut Street，Philadelphia PA19103 USA获得3.8 L～19 L包装的这种商品油，其他油如Circosol4240、R. E. Caroll ASTM103[#]油具有下列特性：

在100 ℃时运动黏度：16.8 mm²/s±1.2 mm²/s

黏度比重常数：0.889±0.002

在37.8 ℃时，根据Saybolt通用黏度和在15.5℃/15.5℃时的相对密度计算黏度比重常数(VGC)按下式计算：

$$VGC = \frac{10d - 1.075\ 2\log_{10}(\nu - 38)}{10 - \log_{10}(\nu - 38)}$$

式中：

d——15.5 ℃/15.5 ℃时的相对密度；

ν——在37.8 ℃时Saybolt通用黏度。

[c] N-叔丁基-2-苯并噻唑次磺酰胺。其供应品为粉末，其最初甲醇不溶物质量分数应小于0.3%。该促进剂应在室温下贮存于密闭容器内，并每六个月检查一次甲醇不溶物含量，若超过0.75%，则应废弃去或重结晶。

[d] 以充油量(质量分数)为37.5%的充油BR为准。

5.2 操作程序

5.2.1 概述

试验胶料的配料、混炼和硫化设备及操作程序按GB/T 6038—2006进行。

5.2.2 混炼方法

规定了四种混炼方法：

方法A——密炼机混炼；

方法B——初混炼用密炼机，终混炼用开炼机；

方法C_1和方法C_2——开炼机混炼。

注1：这些方法会给出不同的结果。

注2：溶液聚合型丁二烯橡胶用开炼机混炼要比其他橡胶更困难，最好用密炼机完成混炼，某些类型的丁二烯橡胶用开炼机混炼，不可能得到满意的结果。

5.2.2.1 方法 A——密炼机混炼

5.2.2.1.1 第一步:初混炼程序

		持续时间/min	累积时间/min
a)	设定密炼机温度(推荐温度 50 ℃±5 ℃)、转子转速和上顶栓压力以满足[5.2.2.1.1e)]规定的条件。关闭卸料门、升起上顶栓、启动电机。	—	—
b)	加入一半橡胶、氧化锌、炭黑、油(充油胶不需加油)、硬脂酸和剩余的橡胶,放下上顶栓。	0.5	0.5
c)	混炼胶料。	3.0	3.5
d)	升起上顶栓、清理密炼机颈口及上顶栓的顶部,放下上顶栓。	0.5	4.0
e)	当胶料的温度达到 170 ℃或总时间达到 6 min 时即可卸下胶料。	2.0	6.0

f) 即在辊距为 5.0 mm,辊温为 50 ℃±5 ℃的实验室开炼机上通过三次。检验胶料质量(见 GB/T 6038—2006),如果胶料质量与理论值之差超过+0.5%或−1.5%,则弃去该胶料,重新混炼。

5.2.2.1.2 第二步:终混炼程序

		持续时间/min	累积时间/min
a)	在转子上通过足够的冷却水,使密炼机温度冷却到 40 ℃±5 ℃,升起上顶栓,启动电机。	—	—
b)	继续通入冷却水,关闭蒸汽。将全部硫磺和 TBBS 与一半母炼胶卷在一起,加入密炼机中。再加入剩余的母炼胶,放下上顶栓。	0.5	0.5
c)	混炼胶料,当胶料温度达到 110 ℃或总时间达到 3 min 时即可卸下胶料。	2.5	3.0

d) 即在辊距为 0.8 mm 辊温为 50 ℃±5 ℃的实验室开炼机上通过。

e) 使胶料打卷纵向薄通六次。

f) 胶料制成厚约 6 mm 的胶片,检验胶料质量(见 GB/T 6038—2006),如果胶料质量与理论值之差超过+0.5%或−1.5%,则弃去该胶料,重新混炼。取出足够的胶料供硫化仪试验用。

g) 按 GB/T 528—1998 规定将胶料制成厚约 2.2 mm 的胶片用于制备试片或制成适当厚度用于制备环形试样。

5.2.2.2 方法 B——初混炼用密炼机,终混炼用开炼机

5.2.2.2.1 第一步:密炼机初混炼程序按 5.2.2.1.1 进行。

5.2.2.2.2 第二步:开炼机终混炼程序

割取母炼胶 720.0 g(对非充油胶)或 660.0 g(对充油 37.5%充油胶)称出四倍于配方量的硫化剂(6.00 g 硫磺,3.60 g TBBS)。

在混炼期间,辊间应保持有适量的堆积胶,如在规定的辊距下达不到这种效果,应对辊距稍作调整。

		持续时间/min	累积时间/min
a)	调节开炼机温度为 35 ℃±5 ℃,调节辊距为 1.5 mm,加入母炼胶并使之在前辊上包辊。	1.0	1.0
b)	慢慢地将硫磺和 TBBS 加入胶料中,清理接料盘中所有物料并将其加入胶料中。	1.0	2.0
c)	从每边作 3/4 割刀六次。	1.5	3.5

d)	下片。调节辊距为 0.8 mm，使胶料打卷纵向薄通六次。	1.5	5.0

e) 将胶片制成厚约 6 mm 的胶片，检验胶料质量（见 GB/T 6038—2006），如果胶料质量与理论值之差超过＋0.5％或－1.5％，则弃去该胶料，重新混炼。取出足够的胶料供硫化仪试验用。

f) 按 GB/T 528—1998 规定将胶料制成厚约 2.2 mm 的胶片用于制备试片或制成适当厚度的胶片用于制备环形试样。

5.2.2.3 **方法 C1 和 C2——开炼机混炼**

由于溶液聚合型丁二烯橡胶在开炼机上加工困难，如果有合适的密炼机应优先选择方法 A 和方法 B，这样可使胶料有较好的分散性。如果没有密炼机可以用以下两种开炼机混炼方法。

方法 C1，可以用于充油和非充油溶液聚合型丁二烯橡胶。

方法 C2，仅限于非充油溶液聚合型丁二烯橡胶，是一种较易的混炼方法，它使胶料有较好的分散性。

对于非充油溶液聚合型丁二烯橡胶，方法 C1 和 C2 未必能得到相同的结果，因此在实验室进行相互对比或系列评价时，都应使用相同的方法混炼。

5.2.2.3.1 **方法 C1**

标准实验室投胶量（以 g 计）应为配方量的三倍（即 3×182.40 g＝547.20 g 或 3×167.40 g＝502.20 g），在整个混炼过程中调节开炼机辊筒的冷却条件以保持其温度为 35 ℃±5 ℃。

在混炼期间应保持有适量的堆积胶，如规定的辊距达不到这种效果，应对辊距稍作调整。

		持续时间/min	累积时间/min
a)	调节开炼机辊距为 1.3 mm。 注：非充油胶可能需要较长的混炼时间，以达到良好的包辊性。	1.0	1.0
b)	沿辊筒均匀地加入氧化锌和硬脂酸，从每边作 3/4 割刀二次。	2.0	3.0
c)	沿辊筒等速均匀地加入炭黑，当加入约一半时将辊距调节为1.8 mm，接着加入剩余的炭黑。从每边做 3/4 割刀二次，每次间隔 30 s。要确保散落在接料盘中的炭黑都加入胶料中。	15.0～18.0	18.0～21.0
d)	慢慢滴加入油（充油胶不加）。	8～10	26.0～31.0
e)	加入 TBBS 和硫磺。扫起接料盘中所有物料并将其加入胶料中。	2.0	28.0～33.0
f)	从每边接连作 3/4 割刀六次。	2.0	30.0～35.0
g)	下片。调节辊距为 0.8 mm，使胶料打卷纵向薄通六次。	2.0	32.0～37.0

h) 将胶料制成厚约 6 mm 的胶片，检验胶料质量（见 GB/T 6038—2006），如果胶料与理论值之差超过＋0.5％或－1.5％，则弃去该胶料，重新混炼。取出足够的胶料供硫化仪试验用。

i) 按 GB/T 528—1998 规定将胶料制成厚约 2.2 mm 的胶片用于制备试片或制成适当厚度的胶片用于制备环形试样。

5.2.2.3.2 **方法 C2**

标准实验室投胶量（以 g 计）应为配方量的二倍（即 2×182.40 g＝364.80 g），在混炼过程中调节开炼机辊筒的冷却条件以保持其温度为 35 ℃±5 ℃，沿辊筒均匀地慢慢加入各配料，所有配料掺混后才能下片。

在混炼期间应保持有适量的堆积胶，如在规定的辊距下达不到这种效果，应对辊距稍作调整。

		持续时间/min	累积时间/min
a)	调节开炼机辊距为 0.45 mm±0.1 mm，让橡胶通过两次，再从每边接连作 3/4 割刀二次。	2.0	2.0

b)	沿辊筒均匀地加入氧化锌和硬脂酸，从每边接连作 3/4 割刀三次。	2.0	4.0
c)	依次加入一半油和一半炭黑，从每边接连作 3/4 割刀七次。	12.0	16.0
d)	依次加入剩余的油和炭黑，要把散落在接料盘中的炭黑都加入胶料中。从每边作 3/4 割刀七次。	12.0	28.0
e)	加入硫磺和 TBBS，从每边做 3/4 割刀六次。	4.0	32.0
f)	下片。调节辊距为 0.7～0.8 mm，使胶料打卷纵向薄通六次。	3.0	35.0

g) 将胶料制成厚约 6 mm 的胶片，检验胶料质量（见 GB/T 6038），如果胶料质量与理论值之差超过＋0.5％或－1.5％，则弃去该胶料，重新混炼。取出足够的胶料供硫化仪试验用。

h) 按 GB/T 528—1998 规定将胶料制成厚约 2.2 mm 的胶片用于制备试片或制成适当厚度的胶片用于制备环形试样。

6 混炼胶的环境调节

按方法 A、方法 B、方法 C1 和 C2 制成的所有混炼胶在硫化前调节 2 h～24 h，如有可能按 GB/T 2941—2006规定在标准温度和湿度下进行调节。

7 硫化特性评价

7.1 用圆盘振荡硫化仪

测定以下标准试验参数：

在规定时间的 M_L、M_H，t_{s1}、$t'_c(50)$和 $t'_c(90)$。

按 GB/T 9869—1997 规定，采用下列试验条件：

振荡频率：1.7 Hz(100 r/min)。

振幅：1°。

量程：至少选择 M_H 为满量程的 75％。

注：某些橡胶或许达不到满量程的 75％。

模腔温度：160 ℃±0.3 ℃。

预热时间：无。

7.2 用无转子硫化仪

测定以下标准试验参数：

在规定时间的 F_L、F_{max}，t_{s1}、$t'_c(50)$和 $t'_c(90)$。

按 GB/T 16584—1996 规定，采用下列试验条件：

振荡频率：1.7 Hz(100 r/min)。

振幅：0.5°。

量程：至少选择 F_{max} 为满量程的 75％。

注：某些橡胶或许达不到满量程的 75％。

模腔温度：160 ℃±0.3 ℃。

预热时间：无。

8 硫化拉伸应力-应变性能的评价

试片在 145 ℃±0.5 ℃下硫化，硫化时间分别为 25 min、35 min、50 min，也可以选在 150 ℃±0.5 ℃下硫化，硫化时间分别为 20 min、30 min、50 min，试验过程所选择的三种硫化时间应包括胶料的欠硫、正硫和过硫。

硫化试片应调节 16 h～96 h。如有可能,按 GB/T 2941—2006 规定的标准温度和湿度下调节。

按 GB/T 528—1998 规定测定硫化橡胶拉伸应力-应变性能。

9 精密度

9.1 概述

按 GB/T 14838—1993 规定进行了以重复性和再现性表示的精密度计算。可查阅精密度的概念和术语。本标准重复性和再现性的使用指南参见附录 A。

9.2 实验室间试验方案

9.2.1 1987 年编制了实验室间试验方案,选择含不同类型的两个配方,并由参与试验的 17 家实验室在约一周的时间内各自分两天制备混炼胶。配方 1 包含有一种非充油 BR,配方 2 包含有一种充油胶。

胶料的混炼方法仅采用了方法 C1(开炼机混炼)。

在试验开始以前,制备混炼胶所需全部材料的专用样品均送达各实验室。每种专用样品均从同一批次的均匀材料中抽取。按规定的试验步骤对每个混炼胶的硫化试片进行应力-应变性能试验。

9.2.2 按 GB/T 528—1998 规定,进行定伸应力(300%定伸应力)、拉伸强度和伸长率的测定,取五次单独试验的中值作为试验结果。17 个实验室都采用哑铃试片测试,其中五个实验室同时采用环型试样进行测试。因此,计算的精密度为 2 型精密度。重复性和再现性的时间周期以天计。

9.3 精密度结果

9.3.1 哑铃型试片的精密度结果见表 2,环型试片精密度结果见表 3。在表 2 和表 3 中使用的符号定义如下:

r:重复性,用测量单位表示。这是一个数值,在指定的概率下,实验室内两个试验结果的绝对差应低于该值。

(*r*):相对重复性,用百分比表示。

两个试验结果的相对重复性,是在相同的试验条件下(同一实验室,同一操作者和同一仪器),在规定的时间周期内,采用同一试验方法和相同试验材料所得到的。除非另有说明,概率为 95%。

R:再现性,用测量单位表示。这是一个数值,在指定的概率下,实验室间两个试验结果的绝对差应低于该值。

(*R*):相对再现性,用百分比表示。

两个试验结果的相对再现性,是在不同的试验条件下(不同的实验室,不同的操作者和不同的仪器),在规定的时间周期内,采用同一试验方法和相同试验材料得到的。除非另有说明,概率为 95%。

表 2 哑铃型试片的 2 型精密度

配方	平均值	实验室内		实验室间	
		r	(*r*)	*R*	(*R*)
1) 300%定伸应力/MPa					
配方 1	10.9	1.37	12.6	2.61	23.8
配方 2	13.0	1.66	12.8	2.90	22.3
2) 拉伸强度/MPa					
配方 1	16.5	1.23	7.47	3.13	18.9
配方 2	17.7	1.82	10.3	3.93	22.3
3) 扯断伸长率/%					
配方 1	367	35.1	9.55	76.6	20.8
配方 2	424	57.8	13.6	127	29.9

表 3 环型试片的 2 型精密度

配方	平均值	实验室内		实验室间	
		r	(r)	R	(R)
1) 300%定伸应力/MPa					
配方 1	10.3	0.82	7.98	4.13	40.2
配方 2	11.9	0.82	6.93	4.73	39.7
2) 拉伸强度/MPa					
配方 1	14.4	0.98	6.81	3.03	21.1
配方 2	15.8	1.40	8.88	4.36	27.6
3) 扯断伸长率/%					
配方 1	362	62.1	17.2	62.1	17.2
配方 2	433	51.7	11.9	51.7	11.9

9.3.2 这些精密度结果仅适用于本标准的开炼机混炼方法(5.2.2.3.1 方法 C1)。

10 试验报告

试验报告应包括如下内容:

a) 本标准的编号;
b) 关于样品的详细说明;
c) 使用的标准试验配方;
d) 使用的参比材料;
e) 挥发分测定选用的方法(辊筒法或烘箱法);
f) 选用 5.2.2 中哪种混炼方法;
g) 选用第 8 章所规定哪种硫化温度和时间;
h) 测定过程中观察到的任何异常现象;
i) 本标准或引用标准中,未包括的任何自选操作;
j) 试验结果和表述方法;
k) 试验日期。

附 录 A
（资料性附录）
精密度结果使用指南

A.1 使用精密度结果的一般方法是：$|X_1-X_2|$表示任意两个测量值差的绝对值。

A.2 将考查的任何试验参数项的测定平均值，引入相应的精密度表，置它于表列“试验”平均值的最接近处，它所在的行就会给出用于过程判定的 r、(r)或 R、(R)。

A.3 用 r 和(r) 判定试验结果的重复性

A.3.1 绝对差

在正常和正确的试验操作步骤下，对同一试样测得的两个试验结果平均值差的绝对值$|X_1-X_2|$超过表列重复性 r，平均在 20 次中不会多于一次。

A.3.2 相对差（用百分比表示）

在正常和正确的试验操作步骤下，对同一试样测得的两个试验结果平均值差的绝对值的相对差$|X_1-X_2|/[|X_1+X_2|/2]\times100$超过表列重复性$(r)$，平均在 20 次中不会多于一次。

A.4 用 R 和(R)判定试验结果的再现性

A.4.1 绝对差

在两个实验室中，在正常和正确的试验操作步骤下，对同一试样各自测得的两个试验结果平均值差的绝对值$|X_1-X_2|$超过表列的重复性 R，平均在 20 次中不会多于一次。

A.4.2 相对差（用百分比表示）

在两个实验室中，在正常和正确的试验操作步骤下，对同一试样测得的两个试验结果平均值差的绝对值的相对差$|X_1-X_2|/[|X_1+X_2|/2]\times100$ 超过表列重复性(R)，平均在 20 次中不会多于一次。

ICS 83.080
G 31

中华人民共和国国家标准

GB/T 8661—2008
代替 GB/T 8661—1988

塑料　苯乙烯-丙烯腈共聚物残留丙烯腈单体含量的测定　气相色谱法

Plastics—Styrene/acrylonitrile copolymers—Determination of residual acrylonitrile monomer content—Gas chromatography method

(ISO 4581:1994,MOD)

2008-06-19 发布　　　　2009-02-01 实施

中华人民共和国国家质量监督检验检疫总局
中国国家标准化管理委员会　发布

前 言

本标准修改采用 ISO 4581:1994《塑料——苯乙烯/丙烯腈共聚物——残留丙烯腈单体含量的测定——气相色谱法》(英文版)。

本标准与 ISO 4581:1994 相比,主要差异如下:

——对仪器“气相色谱仪”,增加条注,说明可使用能够达到同样分离效果的毛细管柱(5.1);

——按照国内容量瓶规格,将 20 mL 容量瓶改为 25 mL 容量瓶,并对相应计算公式作了修改(8.1)。

本标准代替 GB/T 8661—1988《用气相色谱法测定丙烯腈-丁二烯-苯乙烯(ABS)树脂中残留丙烯腈单体含量》,与 GB/T 8661—1988 的主要差异如下:

——适用范围扩大,本标准不仅适用于测定丙烯腈-丁二烯-苯乙烯(ABS)树脂中残留丙烯腈单体含量,还适用于测定苯乙烯-丙烯腈共聚物(SAN)树脂中残留丙烯腈单体含量;

——对仪器“气相色谱仪”,增加条注,说明可使用能够达到同样分离效果的毛细管柱;

——按照国内容量瓶规格,将 20 mL 容量瓶改为 25 mL 容量瓶,并对相应计算公式作了修改;

——增加了附录 A“丙烯腈含量低于 3 mg/kg 的测定　顶空气相色谱法(氮磷检测器)”。

本标准的附录 A 为资料性附录。

本标准由中国石油化工集团公司提出。

本标准由全国塑料标准化技术委员会石化塑料树脂产品分会(SAC/TC 15/SC 1)归口。

本标准起草单位:中国石油天然气股份公司兰州石化公司。

本标准主要起草人:杨伟燕、邹丽琼、欧俊军、赵军霞、王小为。

本标准于 1988 年 1 月首次发布,本次为第 1 次修订。

塑料　苯乙烯-丙烯腈共聚物残留丙烯腈单体含量的测定气相色谱法

1　范围

本标准规定了用气相色谱法测定苯乙烯-丙烯腈共聚物和共混物中残留丙烯腈单体含量的方法。

本标准适用于苯乙烯/丙烯腈共聚物和共混物中残留丙烯腈单体含量的测定。

2　规范性应用文件

下列文件中的条款通过本标准的引用而成为本标准的条款。凡是注明日期的引用文件，其随后所有的修改单(不包括勘误的内容)或修订版均不适用于本标准，然而，鼓励根据本标准达成协议的各方研究是否可使用这些文件的最新版本。凡是不注明日期的引用文件，其最新版本适用于本标准。

ISO 2561　塑料——聚苯乙烯和抗冲聚苯乙烯中残留苯乙烯单体的测定——气相色谱法

3　原理

用二甲基甲酰胺将试样溶解，将少量体积的溶液注入装有火焰离子化检测器的气相色谱仪中以分离和检测挥发成分。溶剂中含有已知量的丙腈或乙腈做为内标物。此方法适用于共聚物中丙烯腈含量不低于 3 mg/kg 的情况，要使测定下限达到 0.3 mg/kg～0.4 mg/kg，可选取附录 A 中的方法。在附录 A 中，将试样溶于 1,2-丙二醇碳酸酯(PC)，将溶液注入装有氮磷检测器的气相色谱仪中，以丙腈作为内标物。

4　试剂

在试验过程中，仅使用认可的分析级试剂。当使用下面的试剂时要十分谨慎，特别是丙烯腈。

4.1　二甲基甲酰胺：纯度为在待测物质的保留时间内不能有杂质峰。

4.2　丙腈：只要能证明所得结果相同，可用乙腈代替丙腈作为内标物。

4.3　丙烯腈：色谱纯。

5　仪器

5.1　气相色谱仪：装有火焰离子化检测器的气相色谱仪。

气相色谱仪的试验条件：

色谱柱：推荐使用长 1 m～2 m，内径为 3 mm～4 mm 的不锈钢或玻璃管，用粒径为 150 μm～270 μm (即 50 目～100 目)的 Porapak Q[1] 填充。为了防止溶液里不挥发物进入色谱柱，可采取适当的方法，例如：在进样口加一个玻璃衬管或安装一个更换方便的 5 cm 长的预备柱(与色谱柱填充材料相同)。

色谱柱的填充方法没有规定，但要求得到满意的分离效果，色谱柱要在 230 ℃的气流中老化 24 h。只要能证明所得结果相同，色谱柱的尺寸可以不同。

色谱柱(如果用了预备柱，包括预备柱)温度：160 ℃～180 ℃。

1)　Porapak Q 是 Millipore 公司的商品名。提供本资料是为本标准的用户提供方便，按照有关方面协定，可以使用相同性能的替代产品。

进样口温度:200 ℃～230 ℃。

检测器温度:230 ℃。

载气:氦气(或氮气),符合 ISO 2561 的要求。

调节载气流速使丙腈出峰时间在 5 min～10 min。

调节火焰离子检测器的氢气和空气流速以得到以下结果:

a) 高灵敏度响应;

b) 在所测范围内有线性响应;

c) 气体流速的微小变化对响应或灵敏度影响很小。

进样用的硅胶垫每一面都应有一层聚四氟乙烯以防止二甲基甲酰胺的腐蚀。如果胶垫只有单面保护层,应使用两层,即使这样,还须经常更换胶垫。

注:可使用能够达到同样分离效果的毛细管柱,如 FFAP 等。

5.2 微量注射器:容积 1 μL 到 50 μL。

5.3 分析天平:精度 0.5 mg。

6 试样的制备

样品可以取自粉末状材料、颗粒或模塑的制品。大块材料应该粉碎成足够小的碎片,以便能称量尽可能接近 1.0 g 的试样量,样品粉碎过程中不应使试样受热。

7 操作步骤

7.1 内标溶液的配制

用移液管精确量取 1.0 mL 丙腈(4.2)转移到 100 mL 的容量瓶中,用二甲基甲酰胺(4.1)稀释到 100 mL 标记处,再用移液管精确量取 5.0 mL 该溶液,移入另一个 100 mL 的容量瓶中,并用二甲基甲酰胺稀释到 100 mL 标记处。如果有必要的话,根据聚合物样品中丙烯腈含量高低用二甲基甲酰胺继续稀释该溶液,以得到相同的检测器的灵敏度。在整个稀释过程中,保持液体温度在 20 ℃±1.0 ℃。

7.2 样品溶液的配制

称量约 1 g 聚合物样品(精确到 1 mg),装入 25 mL 容量瓶中,加入大约 20 mL 二甲基甲酰胺(4.1),盖好盖,让聚合物溶解,必要时可以摇动。待完全溶解后,用移液管加入 1.0 mL 按 7.1 制备的内标溶液,溶液温度保持在 20 ℃±1.0 ℃,用二甲基甲酰胺稀释到刻度,保存此溶液以备注入气相色谱仪中进行测定。

7.3 校准用丙烯腈溶液的配制

7.3.1 标准溶液的配制

在已经准确称量的含有二甲基甲酰胺(4.1)的 100 mL 容量瓶中,加入 0.1 mL 丙烯腈(精确称量至 1 mg),然后用二甲基甲酰胺稀释到刻度,温度保持在 20 ℃±1.0 ℃,用移液管精确量取 10 mL 该溶液转移到另一个 100 mL 容量瓶中,并用二甲基甲酰胺稀释到 100 mL 刻度处。如果有必要的话,可精确量取 20 mL 这种溶液装入另一个 100 mL 容量瓶,用二甲基甲酰胺继续稀释到 100 mL 刻度处。在稀释过程中,温度保持在 20 ℃±1.0 ℃。丙烯腈易挥发,故称量丙烯腈时,要装入已称量好的二甲基甲酰胺中,以减少它的蒸汽压。

7.3.2 标准液的制备

将 7.3.1 制备并保持在 20 ℃±1.0 ℃的丙烯腈溶液取适量移入 25 mL 的容量瓶中,精确加入 1.0 mL 内标溶液(7.1),用二甲基甲酰胺(4.1)稀释到刻度,丙烯腈溶液(7.3.1)的量建议下列体积:0.5 mL、1.0 mL、1.5 mL、2.0 mL,保存此溶液供气相色谱仪进样用。

7.4 样品和校准液的气相色谱测定

根据所用的气相色谱仪的灵敏度,取适当体积按 7.2 制备的样品溶液或按 7.3 制备的校准溶液进行测定。虽然溶液的进样量对结果的计算影响不大,但样品和相应的校准溶液的进样体积应该相同。记录样品和校准溶液的气相色谱图,组分和内标物要具有相同的灵敏度。

记录至丙烯腈和内标物完全洗脱出来。仪器继续运行,直至溶剂二甲基甲酰胺峰完全洗脱出来,基线恢复正常为止,方可再次进样。

7.5 气相色谱峰峰面积的计算

丙烯腈和丙腈的保留时间必须知道,至少要知道彼此的相对保留时间,此结果取决于色谱柱的长度、柱温和其他参数。同时该时间因色谱柱填充密度和柱的老化时间不同而不同。

丙烯腈和丙腈的峰面积按以下方法测试或计算:

a) 电子积分法;

b) 根据下式估算面积

面积(A)=峰高×半峰宽(见 ISO 2561);

c) 几何求积法

建议 b)方法在具有水平基线且色谱峰形状近似于等腰三角形的情况下使用,以减少测量的误差。对于相应的样品和校准溶液的峰所选的峰面积计算方法必须相同。

8 结果的表示

8.1 根据校准图计算结果

如果能得到丙烯腈的几种不同浓度的校准液,可以通过峰面积比率(A'_a/A'_s)对相对应各浓度(mg/mL)作出校准图。

由样品溶液测定的相对比率 A_a/A_s,从校准图中就可以读出样品溶液中的丙烯腈的浓度 c_a,由下列关系式计算聚合物样品中丙烯腈的含量 w_a:

$$w_a = \frac{2.5c_a}{m_p} \times 10^4 \qquad \cdots\cdots(1)$$

式中:

A'_a——校准液中丙烯腈的峰面积;

A'_s——校准液中内标物(丙腈)的峰面积;

A_a——样品溶液中丙烯腈的峰面积;

A_s——样品溶液中内标物(丙腈)的峰面积;

c_a——样品溶液中丙烯腈的浓度,单位为毫克每毫升(mg/mL);

m_p——聚合物样品的质量,单位为克(g);

w_a——聚合物样品中丙烯腈的含量,单位为毫克每千克(mg/kg)。

在常规测定中,如果确实能得到相同的结果,则可用峰高代替峰面积 A'_a、A'_s、A_a和 A_s 进行计算。

8.2 根据单点校准计算结果

若峰面积和丙烯腈各个浓度之间有线性关系,w_a 可用下式计算:

$$w_a = \frac{m'_a(A_a/A_s)}{m_p(A'_a/A'_s)} \times 10^3 \qquad \cdots\cdots(2)$$

A'_a、A'_s、A_a、A_s、m_p 和 w_a 如 8.1 定义;

m'_a——25 mL 校准液(7.3)中的丙烯腈的质量,单位为毫克(mg)。

8.3 精密度和检测限

校准样品中丙烯腈浓度的重复测量结果分散性应不超过平均值的±20%或 5 mg/kg 绝对值。本方法检出低限可达 3 mg/kg。

9 试验报告

试验报告应包括以下几项:

a） 注明采用本国家标准；

b） 试验聚合物的完整标识；

c） 注明与本标准所用气相色谱装置及操作方法不同的任何差异；

d） 测试和计算的方法；

e） 丙烯腈单体的含量，单位为 mg/kg，并取舍到整数；

f） 分散性或误差范围不超过 8.3 的要求。

附 录 A
（资料性附录）
丙烯腈含量低于 3 mg/kg 的测定　顶空气相色谱法(氮磷检测器)

A.1　总则

由于有毒，丙烯腈聚合物中必须尽量降低残留丙烯腈单体的含量，因此，在某些情况下，可能需要测定残留丙烯腈单体含量小于 3 mg/kg 的分析方法。在这种情况下，可以采用本附录所述方法，该方法最低检出限为 0.3 mg/kg～0.4 mg/kg，测试原理本标准第 3 章。

A.2　试剂

试剂的纯度和安全注意事项见本标准第 4 章。

A.2.1　1,2-丙二醇碳酸酯(PC)，沸点 241 ℃～243 ℃。

A.2.2　丙腈。

A.2.3　丙烯腈。

A.2.4　参比聚合物：在 100 ℃真空烘箱中将粉末、颗粒或碎片状聚合物热处理 5 天，使其不含有丙烯腈。

A.3　仪器

A.3.1　气相色谱仪

带有热氮检测器，进样口带加热或带自动气相进样系统。

气相色谱试验条件为：

色谱柱：长 4 m，内径为 2.5 mm 的不锈钢柱，在粒径 180 μm～270 μm(即 50 目～75 目)硅藻土上涂质量分数为 15%聚乙二醇(分子量 1500)填充柱子，也可使用有相同性能的其他填充柱；

柱温：70 ℃；

进样口温度：140 ℃；

检测器温度：140 ℃；

载气：氮气；

载气的流速：1.0 atm 下载气流速 25 mL/min，出峰理想，分析速度快。在此条件下，丙烯腈保留时间大约 340 s，丙腈保留时间大约 420 s；

调节热氮检测器的空气流速(在 1.5 atm 下)、氢气流速(在 2.0 atm)和极化电压，以获得最大灵敏度，并使噪音达到最小。

为了使热离子检测器的信号达到最优，应严格按仪器生产厂说明进行操作，检测器的灵敏度随着通过其中物质的增多而减小，所以选择溶剂时，尽可能选择挥发性低的溶剂，检测头(由一种碱金属盐组成)应定期进行清理(如当聚合物中丙烯腈含量为 0.5 mg/kg 时，信噪比低于 2.5)。

自动进样条件推荐如下：

进样器温度：140 ℃；

恒温箱温度：70 ℃；

恒温周期：16 h；

进样时间[2)]：5 s；

吹扫时间[2)]：30 s；

复位间隔[2)]：30 s；

2)　与使用的仪器型号有关。

A.3.2 样品瓶：带丁基胶垫和铝制盖子，自动进样 25 mL，手动进样 50 mL。

A.3.3 瓶盖密封器

A.3.4 微量注射器：0.1 μL 分度，10 μL。

A.3.5 气体注射器：1 mL(用于手动进样)。

A.3.6 半微量天平：精度 0.01 mg。

A.4 试样制备

本章与标准第 5 章对应，既适用于样品，也适用于参比样(A.2.4)，样品量约为 0.5 g。

A.5 操作步骤

A.5.1 内标溶液的制备

在半微量天平上称取约 50 mg 丙腈(A.2.2)，移入 50 mL 容量瓶，用 PC(A.2.1)稀释至刻度，用移液管精确移取该溶液 10 mL，移入 1 000 mL 容量瓶，用 PC(A.2.1)稀释至刻度。

A.5.2 丙烯腈母液和校正液的制备

称取 1.5 mg 丙烯腈(A.2.3)，移入已装有部分 PC(A.2.1)的 50 mL 容量瓶，用 PC 稀释至刻度备用。

制备校正液时，将以上母液移取一定体积，再用 PC 进行稀释，最终所得校正液 5 μL 中所含丙烯腈量与聚合物样品中所含丙烯腈量接近。

A.5.3 用于校正的参比样品溶液的制备

称取 0.5 g 参比样(A.2.4)(精确至 0.2 mg)，放入 25 mL 或 50 mL 样品瓶中，用移液管取 5 mL PC(A.2.1)或 5 mL 按 A.5.1 制备的内标物溶液加入样品瓶中，上好瓶盖，然后用 10 μL 微量注射器(A.3.4)加入 5 μL 按 A.5.2 制备的校正溶液。

在将丙烯腈校准溶液注入样品瓶的过程中，注射器针头应浸没在 PC 或内标物溶液中，以免从胶垫中将针头拔出时带出丙烯腈校准溶液。

A.5.4 零含量样品溶液的制备

按 A.5.3 过程，用 PC(A.2.1)或内标物溶液(A.5.1)溶解参比样(A.2.4)于 25 mL 或 50 mL 样品瓶中，但不加丙烯腈校准溶液。

A.5.5 样品溶液的制备和丙烯腈含量的测定

称取 0.5 g 聚合物样品(精确至 0.2 mg)，放入 25 mL 或 50 mL 样品瓶中，用移液管加入按 A.5.1 制备的内标物溶液 5 mL 或 PC(A.2.1)5 mL，上好瓶盖。

A.5.6 空白样品溶液的制备

用移液管移取 5mL PC(A.2.1)或按 A.5.1 制备的内标物溶液，放入 25 mL 或 50 mL 样品瓶(A.3.2)，上好瓶盖。

A.5.7 测定

将样品溶液(见 A.5.5)、校准用参比样品溶液(见 A.5.3)、零含量样品溶液(见 A.5.4)和空白溶液(A.5.6)在 70 ℃放置 16 h(自动进样时放在恒温浴，手动进样放在恒温烘箱中)，A.3.1 中给出了自动进样推荐条件。状态调节之后，穿过胶垫从试样瓶中准确抽取 1 mL 气相部分样品，进样到气相色谱仪中。手动进样中，用气体注射器(A.3.5)抽取气相样品，然后进样到气相色谱中。由于热离子检测器的灵敏度随着时间推移而降低，在制定校准曲线或校正值时，每 5～10 个参比样(见 A.5.3)之前和之后记录零含量样品溶液(见 A.5.4)和空白溶液(A.5.6)测定结果。

A.5.8 气相色谱峰的评价

在该方法中，用峰高(以 mm 为单位)代替峰面积。

A.6 结果表示

A.6.1 通过校正曲线计算结果

如果得到了一系列不同含量的校正溶液(见 A.5.3),在双对数坐标上,以丙烯腈峰高 h'_a(以 mm 为单位)对丙烯腈克数 m'_a(以 mg 为单位)做曲线,在校正曲线上读取峰高为 h_a(mm)时对应的聚合物样品溶液(A.5.5)中所含丙烯腈的质量 m_a(mg),用同样的方法读取 h''_a(mm)时空白溶剂(见 A.5.6)中的丙烯腈的质量 m''_a,用式(A.1)计算聚合物样品中丙烯腈的含量 w_a,以 mg/kg 为单位:

$$w_a = \frac{m_a - m''_a}{m_p} \qquad \cdots\cdots(A.1)$$

由于这一计算过程中不需要内标,所以通常只适用于样品中丙烯腈含量与丙烯腈峰高不呈线性的情况。

式中:

m_a——A.5.5 制备的聚合物样品溶液中用于试验的部分溶液中所测得的丙烯腈量,单位为毫克(mg);

m''_a——A.5.6 制备的空白溶液中用于试验的部分溶液中所测得的丙烯腈量,单位为毫克(mg);

m_p——A.5.5 所称取的聚合物用于试验的部分质量,单位为克(g);

w_a——聚合物中丙烯腈含量,单位为毫克每千克(mg/kg)。

A.6.2 通过单点校准计算结果

A.6.2.1 无内标物

如果丙烯腈峰高和含量之间呈线性关系,则 w_a 按下式(A.2)计算:

$$w_a = \frac{m'_a}{h'_a - h'''_a \frac{m'_o}{m'''_o}} \times \frac{h_a - h''_a}{m_p} \qquad \cdots\cdots(A.2)$$

式中各符号代表意义除 A.6.1 描述之外,还有:

h'_a——A.5.3 制备的校准溶液中丙烯腈的峰高,单位为毫米(mm);

h_a——A.5.5 制备的样品溶液中丙烯腈的峰高,单位为毫米(mm);

h''_a——A.5.6 制备的空白溶液中丙烯腈的峰高,单位为毫米(mm);

h'''_a——A.5.4 制备的零含量样品溶液中经脱气处理后剩余丙烯腈的峰高,单位为毫米(mm);

m'_a——A.5.3 制备的用于校准的参比样品溶液中加入不同量的丙烯腈后,用于试验的部分样品中丙烯腈的含量,包括单独测定的零含量样品溶液,单位为毫克(mg);

m'_o——A.5.3 制备的校准用参比样品溶液中所溶解的零含量参比样品的质量,单位为毫克(mg);

m'''_o——A.5.4 制备的零含量样品溶液中所溶解的零含量参比样品的质量,单位为毫克(mg)。

A.6.2.2 采用内标物

如果峰面积和丙烯腈相对含量之间呈线性关系,且所有样品溶液均以 A.5.1 的内标物溶液代替 PC 做溶剂,则用式(A.3)进行计算:

$$w_a = \frac{h'_s \times m'_a}{h'_a - h'''_a \times \frac{m'_o}{m'''_o}} \times \frac{m_s}{m'_s} \times \frac{h_a - h''_a}{h_s \times m_p} \qquad \cdots\cdots(A.3)$$

式中各符号代表含义除 A.6.1 和 A.6.2.1 规定外,还表示:

h'_s——A.5.3 用内标溶液制备的校准溶液中内标物(丙腈)的峰高,单位为毫米(mm);

h_s——A.5.5 用内标溶液制备的样品溶液中内标物(丙腈)的峰高,单位为毫米(mm);

m_s——用 A.5.5 制备的聚合物样品溶液中内标物(丙腈)的质量,单位为毫克(mg);

m'_s——用 A.5.3 制备的参比样品溶液中内标物(丙腈)的质量,单位为毫克(mg);

如果假定 $h''_a=0$,$h'''_a=0$ 且 $m_s=m'_s$,则式(A.3)简化为式(A.2)。

ICS 59.080.01
W 04

中华人民共和国国家标准

GB/T 8685—2008
代替 GB/T 8685—1988

纺织品　维护标签规范　符号法

Textiles—Care labelling code using symbols

(ISO 3758:2005,MOD)

2008-06-18 发布　　2009-03-01 实施

中华人民共和国国家质量监督检验检疫总局
中国国家标准化管理委员会　发布

前　言

本标准修改采用 ISO 3758:2005《纺织品　使用符号的维护标签规范》，并参考了 2008 年对 ISO 3758:2005 的最新修订草案的内容。

本标准根据 ISO 3758:2005 重新起草，与 ISO 3758:2005 的差异为：

1. 对纺织产品的定义进行了修改，与相关标准的定义一致。

2. 翻转干燥和自然干燥作为干燥的具体方法，不宜作为基本符号，根据 ISO 的修订草案删去了 ISO 3758:2005 中 3.1.3.1 和 3.1.3.2 关于翻转干燥和自然干燥的条款。

3. 根据 ISO 的修订草案，删除了表 1 中 95℃缓和水洗的符号。

4. 根据 ISO 的修订草案，增加了平摊滴干的自然干燥符号，对自然干燥符号作了修改。

5. 附录 A 和参考文献的 ISO 标准替换为对应的国家标准，没有国家标准的仍直接引用 ISO 标准。

6. 根据 ISO 的修订草案，将附录 C 内容调整为规范性条文，并入相应的 2.4 和 3.4 内，删除附录 C。

7. 将附录 D 编号顺延为附录 C，删去补充说明用语中有关自然干燥的内容。

本标准代替 GB/T 8685—1988《纺织品和服装使用说明的图形符号》，主要内容变化如下：

1. 标准名称改为《纺织品　维护标签规范　符号法》。

2. 范围由"适用于各种纺织品和服装"改为"适用于提供给最终用户的所有纺织产品"。

3. 删除了引用标准一章。

4. 增加了相关术语及其定义。

5. 修改了三角形和圆圈两个基本符号的含义，洗涤槽内的横线改为波浪线，明确了四个附加符号的含义和表示。

6. 水洗符号中删除了 95℃缓和程序，增加了 40℃和 30℃的非常缓和程序；取消不可拧干符号，将其作为文字描述列入附录 C 内。

7. 漂白符号增加了氧漂/非氯漂。

8. 熨烫符号取消了内加高、中、低汉字的表示，取消了垫布熨烫以及蒸汽熨烫符号。

9. 增加了具体的干洗和湿洗符号，翻转干燥符号增加了以点表示温度。

10. 删除了自然干燥中的衣服外形的符号，修改了正方形符号。

11. 维护符号排列顺序由水洗、氯漂、熨烫、干洗、水洗后干燥改为水洗、漂白、干燥、熨烫和专业维护。

12. 取消了符号的颜色规定。

13. 增加了附录 A 和附录 B。

提请注意，执行本标准中可能会涉及到关于维护标签的专利。

本标准的附录 A、附录 B 和附录 C 为资料性附录。

本标准由中国纺织工业协会提出。

本标准由全国纺织品标准化技术委员会基础分会(SAC/TC 209/SC 1)归口。

本标准主要起草单位：纺织工业标准化研究所、中纺标(北京)检验认证中心有限公司。

本标准主要起草人：郑宇英、徐路、斯颖。

本标准所代替标准的历次版本发布情况为：

——GB/T 8685—1988。

引　言

随着纺织产品中的各类纤维、材料及整理剂以及洗涤和维护方法的发展，使得人们很难或不可能对每件纺织产品仅通过简单的判定来选择出适当的清洗和维护方法。为了帮助消费者、洗涤者和专业干洗者选择适当的维护方法，国际标准化组织1991年发布了国际标准ISO 3758，建立了纺织产品耐久性标志上维护方法信息的符号体系，切实可行地对相关符号的类型和数量进行了限制，使全球范围的使用者对符号“易懂和易认”。

1991年发布的第一版和2005年发布的第二版国际标准综合考虑了两种要求，一是符号要尽量简单，以使各国使用者易于理解，不管使用者的语言是哪种；二是提供的信息尽可能多一些，以防止在维护过程中造成不可回复的损伤。该国际标准具有充分的适应性，通过提供维护方法的较大选择空间，让使用者可以从中选择出最适用的方法，满足了符号使用者的实际要求。

本标准的修订版反映了目前的实际清洗方法，包括技术的发展，新的漂白方法，以及可选的水溶性常规干洗方法。另外，对维护过程的描述进行了修订，以避免阻碍工艺的发展。

本标准规定了维护说明，其符号按水洗、漂白、干燥、熨烫及专业维护的顺序排列。

附录A中给出了维护方法涉及到的产品特性及其试验方法，以保证正确选用维护符号。

附录B的内容涉及到添加圆点表示水洗温度的方法。

有必要时，除符号外还可以使用文字说明。附录C给出了示例。

纺织品　维护标签规范　符号法

1　范围

本标准建立了纺织产品标签上使用的符号体系，提供了不会对制品造成不可回复损伤的最剧烈的维护程序的信息；规定了这些符号在维护标签中的使用方法。

本标准包括了水洗、漂白、干燥和熨烫的家庭维护方法，也包括干洗和湿洗的专业纺织品维护方法，但不包括工业洗涤。家庭维护方法的4种符号提供的信息也可对专业洗熨人员提供帮助。

本标准适用于提供给最终用户的所有纺织产品。

2　术语和定义

下列术语和定义适用于本标准。

2.1

纺织产品　textile products

以天然纤维和化学纤维为主要原料，经纺、织、染等加工工艺或再经缝制、复合等工艺而制成的产品，如纱线、织物及其制成品。

2.2

水洗　washing

在容器中用水洗涤纺织产品的程序。

注：水洗包括下列所有或部分操作的相关组合：

——浸渍、预洗、常规水洗（通常要加热、施加机械作用，添加洗涤剂或其他制品）和冲洗。

——脱水，即在上述操作过程中或完成时进行的甩干或拧干。

这些操作可以用机器也可以用手工进行。

2.3

漂白　bleaching

为了提高去污力和提高白度，在水洗之前、水洗过程中或水洗之后，在溶剂水中要求使用含氯或含氧（非氯）的氧化剂的程序。

2.3.1

氯漂剂　chlorine bleach

在溶液中释放出次氯酸根离子的试剂，例如次氯酸钠。

2.3.2

氧/非氯漂白剂　oxygen/non-chlorine bleach

在溶液中释放出过氧化物的试剂。

注：氧漂白剂的活性范围较广，包括不同活性的活性漂白物和非活性漂白物。漂白催化剂是在较低的水洗温度下可促使漂白发生的试剂。

2.4

干燥　drying

去除水洗后的纺织产品中残留水分的程序。

2.4.1

自然干燥　natural drying

以去除水洗后纺织产品上的残留水分为目的，采用在阴凉处或不在阴凉处进行悬挂晾干、悬挂滴干、平摊晾干或平摊滴干的处理程序。

2.4.1.1

悬挂晾干　line drying

将水洗和脱水后的纺织产品竖直方向悬挂在绳(杆)上或衣架上去除残留水分的程序。

2.4.1.2

悬挂滴干　drip line drying

将水洗后但不脱水的纺织产品竖直方向悬挂在绳(杆)上或衣架上去除(残留)水分的程序。

2.4.1.3

平摊晾干　flat drying

将水洗和脱水后的纺织产品铺在平面上去除残留水分的程序。

2.4.1.4

平摊滴干　drip flat drying

将水洗后但不脱水的纺织产品铺在平面上去除残留水分的程序。

2.4.2

翻转干燥　tumble drying

以去除水洗和脱水后的纺织产品上的残留水分为目的,借助于旋转滚筒中的热空气对其进行的处理程序。

2.5

熨烫　ironing and pressing

为恢复纺织产品的形态和外观,借助于适当工具对其进行的加热加压或蒸汽的处理程序。

2.6

专业纺织品维护　professional textile care

不包括工业洗涤的专业干洗和专业湿洗。

2.6.1

专业干洗　professional dry cleaning

采用专用干洗的有机溶剂,由专业人员对纺织产品进行清洁的过程。

注:干洗包括清洁、冲洗和脱液过程,干洗后采用适当的方法进行干燥和外观恢复整理。

2.6.2

专业湿洗　professional wet cleaning

采用专用技术(清洁、冲洗和脱水)、洗涤剂和为降低副作用的添加剂,由专业人员在水中清洁纺织产品的程序。

注:湿洗后采用适当的方法进行干燥和外观恢复整理。

3　符号

3.1　基本符号和具体描述符号

提供了5个基本符号和一些附加的具体描述符号。

3.1.1　水洗

用洗涤槽表示水洗程序,见图1。

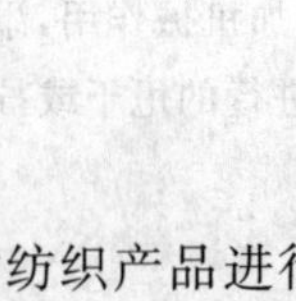

图1

3.1.2　漂白

用三角形表示漂白程序，见图 2。

图 2

3.1.3　干燥

用正方形表示干燥程序，见图 3。

图 3

3.1.4　熨烫

用手工熨斗表示熨烫程序，见图 4。

图 4

3.1.5　专业纺织品维护

用圆圈表示(不包括工业洗涤的)专业干洗和专业湿洗的维护程序，见图 5。

图 5

3.1.6　不允许的处理

在五个基本符号上叠加的叉号“×”(见图 6)，表示不允许进行这些符号代表的处理程序。

图 6

3.1.7　缓和处理

在基本符号下面添加的一条横线(见图 7)，表示与未加横线的相应符号相比，该程序的处理条件较为缓和，例如，减少搅拌。

图 7

3.1.8 非常缓和处理

在基本符号下面添加的两条横线(见图 8),表示其处理条件应更加缓和,例如,进一步减少搅拌。

图 8

3.1.9 处理温度

不带“℃”的数字(30,40,50,60,70 或 95)与 3.1.1 的水洗符号一起使用表示洗涤的摄氏温度。

在 3.1.3 干燥和 3.1.4 熨烫的 2 个符号中的圆点(见图 9)用来表示处理程序的温度。不同数量的点所代表的温度在表 4 和表 5 中给出。

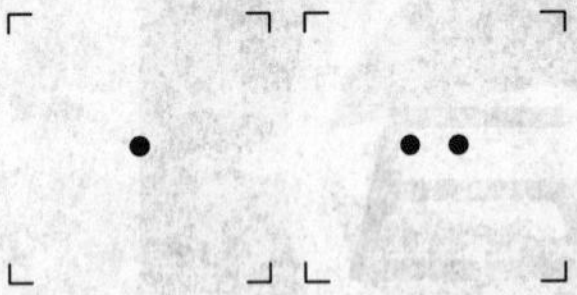

或更多至4个点。

图 9

3.2 水洗

洗涤槽代表手洗或机洗的家庭洗涤程序(见图 1),用于表达允许的最高的洗涤温度和最剧烈的洗涤条件,见表 1。

表 1 水洗符号

符 号	水 洗 程 序
	——最高洗涤温度 95℃ ——常规程序
	——最高洗涤温度 70℃ ——常规程序
	——最高洗涤温度 60℃ ——常规程序
	——最高洗涤温度 60℃ ——缓和程序
	——最高洗涤温度 50℃ ——常规程序
	——最高洗涤温度 50℃ ——缓和程序

表 1（续）

符　　号	水　洗　程　序
	——最高洗涤温度 40℃ ——常规工艺
	——最高洗涤温度 40℃ ——缓和程序
	——最高洗涤温度 40℃ ——非常缓和程序
	——最高洗涤温度 30℃ ——常规程序
	——最高洗涤温度 30℃ ——缓和程序
	——最高洗涤温度 30℃ ——非常缓和程序
	——手洗 ——最高洗涤温度 40℃
	——不可水洗

3.3　**漂白**

三角形代表漂白程序(见图 2 和表 2)。

表 2　漂白符号

符　　号	漂　白　程　序
	——允许任何漂白剂
	——仅允许氧漂/非氯漂
	——不可漂白

3.4　**干燥**

正方形代表干燥程序(见图 3、表 3 和表 4)。

3.4.1　**自然干燥**

在正方形内添加竖线表示悬挂自然干燥程序，横线表示平摊自然干燥程序，左上角再添加一条斜线表示在阴凉处自然干燥程序(见表 3)。

表 3 自然干燥符号

符号	自然干燥程序	符号	自然干燥程序
	——悬挂晾干		——在阴凉处悬挂晾干
	——悬挂滴干		——在阴凉处悬挂滴干
	——平摊晾干		——在阴凉处平摊晾干
	——平摊滴干		——在阴凉处平摊滴干

3.4.2 **翻转干燥**

用正方形里的圆来表示水洗后翻转干燥程序，在符号里添加一个或两个圆点表示该程序所允许的最高温度，见表 4。

表 4 翻转干燥符号

符号	翻转干燥程序
	——可使用翻转干燥 ——常规温度，排气口最高温度 80℃
	——可使用翻转干燥 ——较低温度，排气口最高温度 60℃
	——不可翻转干燥

3.5 **熨烫**

熨斗代表家庭熨烫程序(见图 4)，可带蒸汽或不带蒸汽，在符号里添加一、二或三个圆点分别表示熨斗底板的最高温度，见表 5。

表 5 熨烫符号

符号	熨烫程序
	——熨斗底板最高温度 200℃
	——熨斗底板最高温度 150℃
	——熨斗底板最高温度 110℃ ——蒸汽熨烫可能造成不可回复的损伤
	——不可熨烫

3.6 专业纺织品维护

圆圈(见图5)代表由专业人员对纺织产品(不包括真皮和毛皮)的专业干洗和湿洗程序。表6提供了不同维护程序的信息。专业湿洗符号供选择使用。

表6 纺织品专业维护程序符号

符号	纺织品维护程序
	——使用四氯乙烯和符号F代表的所有溶剂的专业干洗 ——常规干洗
	——使用四氯乙烯和符号F代表的所有溶剂的专业干洗 ——缓和干洗
	——使用碳氢化合物溶剂(蒸馏温度在150℃～210℃之间,闪点为38℃～70℃)的专业干洗 ——常规干洗
	——使用碳氢化合物溶剂(蒸馏温度在150℃～210℃之间,闪点为38℃～70℃)的专业干洗 ——缓和干洗
	——不可干洗
	——专业湿洗 ——常规湿洗
	——专业湿洗 ——缓和湿洗
	——专业湿洗 ——非常缓和湿洗

4 符号的应用和使用

4.1 符号的应用

第3章中规定的符号应尽可能地直接标注在制品上或标签上。在不适当的情况下,也可仅在包装上表明维护说明。

应使用适当的材料制作标签,该材料能承受标签上标明的维护处理程序。

标签和符号应足够大,以使符号易于辨认,并在制品的整个寿命期内保持易于辨认。

标签应永久地固定在纺织产品上,且符号不被掩藏,使消费者可以很容易地发现和辨认。

4.2 选择适当符号的特性和试验方法

相关的特性和试验方法在附录A中给出。

4.3 符号的用法

符号应按水洗、漂白、干燥、熨烫和专业维护的顺序排列。应使用足够的和适当的符号,以维护制品而不造成不可回复的损伤。

符号所代表的处理程序适用于整件纺织产品,有特殊说明的除外。

附 录 A
（资料性附录）
正确选用维护符号采用的产品特性和试验方法

A.1 定义

A.1.1 特性

对纺织产品的可用性非常重要，并且维护处理时有可能对其造成负面影响的特征性能。

建议在选择维护标签之前，获取与洗涤处理相关的纺织产品性能及其成分等信息。

A.1.2 试验方法

A.1.2.1 实验室方法

使用模拟实际程序的实验室设备进行试验的方法。

A.1.2.2 实物方法

应用与实际相似的标准化程序进行试验的方法。

A.1.2.3 感官评定

仅借助于人的感官进行评定的方法。

A.2 特性

A.2.1 实验室方法试验的特性

——色牢度：GB/T 6151 制定了试验方法通则，GB 250 和 GB 251 中分别规定了评定变色和沾色用灰卡。

A.2.2 实物方法试验的特性

——水洗、翻转干燥和干洗性能：可采用标准试验方法或感官评定测定其相关特性。

相关特性在表 A.1 的第 1 列给出。

A.3 试验方法

表 A.1 列出了相关的试验方法。表 A.2 至表 A.6 列出了用于标准化的维护符号的实验室方法和实物方法。

根据材料、结构和制品的实际使用情况，可以考虑其他特性。

表 A.1 特性和试验方法

特　性	试 验 方 法	评 定 方 法
色牢度 （见表 A.2，表 A.3，表 A.4，表 A.5）	实验室方法	GB 250，GB 251
尺寸变化	实物方法 水洗，翻转干燥：GB/T 8629 干洗：GB/T 19981.2、ISO 3175-3、ISO 3175-4	GB/T 8628，GB/T 8630
接缝外观		GB/T 13771 或 GB/T 19980
耐久性褶裥的保持性		GB/T 13770 或 GB/T 19980
耐久压烫制品的起皱		GB/T 13769 或 GB/T 19980
外观表面		GB/T 21196.4，GB/T 19980
起毛起球		GB/T 4802.2，GB/T 4802.3
植绒损失		FZ/T 64011
天鹅绒和人造毛皮的起毛		—
涂层织物的硬化		—
涂层和层压织物的分层		—

表 A.1（续）

特　　性	试　验　方　法	评　定　方　法
热熔性夹层的分离	实物方法 水洗，翻转干燥：GB/T 8629 干洗：GB/T 19981.2、ISO 3175-3、ISO 3175-4	—
手感变化		—
纱线滑移、接缝的磨损		GB/T 13772-1，GB/T 13772-2，GB/T 13772-3
注：采用第 2 列的实验室或实物方法试验后，按第 3 列的相应方法评估试样的性能。		

表 A.2　水洗

符　　号	实 物 方 法	色牢度实验室方法
	GB/T 8629	GB/T 12490 或 ISO 105-C08
	GB/T 8629	GB/T 12490 或 ISO 105-C08
	GB/T 8629	GB/T 12490 或 ISO 105-C08
	GB/T 8629	GB/T 12490 或 ISO 105-C08
	GB/T 8629	GB/T 12490 或 ISO 105-C08
	GB/T 8629	GB/T 12490 或 ISO 105-C08
	GB/T 8629	GB/T 12490 或 ISO 105-C08
	GB/T 8629	GB/T 12490 或 ISO 105-C08
	GB/T 8629	GB/T 12490
	GB/T 8629	GB/T 12490
	GB/T 8629	GB/T 12490
	GB/T 8629	GB/T 12490

表 A.3　漂白

符　　号	实 物 方 法	色牢度实验室方法
	—	GB/T 7069
	GB/T 8629	ISO 105-C09

表 A.4 翻转干燥

符号	实物方法
	GB/T 8629
	GB/T 8629

表 A.5 熨烫

符号	试验方法	色牢度方法	沾色/变色		
			干	潮	湿
	—	GB/T 6152(200℃)	+	—	+
	—	GB/T 6152(150℃)	—	+	+
	—	GB/T 6152(110℃)	—	—	+
+ 应检测；— 不检测。					

表 A.6 专业纺织品维护

在 GB/T 19981.1 中列出了评价的基本原则及测试性能，同时还需要给出有关纤维含量的信息，以便对纺织品专业维护符号做出选择和解释。

符号	实物方法	色牢度实验室方法[a]
	GB/T 19981.2	GB/T 5711
	GB/T 19981.2	GB/T 5711
	ISO 3175-3	GB/T 5711，可修改方法，使用适当的溶剂
	ISO 3175-3	GB/T 5711，可修改方法，使用适当的溶剂
	ISO 3175-4	GB/T 12490
	ISO 3175-4	GB/T 12490
	ISO 3175-4	GB/T 12490
[a] 评价可能发生的沾色或变色问题的其他试验，干洗按 GB/T 5712(摩擦色牢度——有机溶剂)，湿洗按 GB/T 3920(耐摩擦色牢度——湿摩)。		

附 录 B
（资料性附录）
国外维护标签的准则惯例

B.1 概要

国际上某些国家和地区对纺织品的维护标签和维护符号有相关的法规或具体要求，以下为相关要求的具体信息。

B.2 GINETEX 要求

GINETEX（纺织品维护标签国际协会）制定了不受语言限制的符号体系。该符号体系包括经 WIPO 注册的国际商标（No. 2R211 247，No. 461 470 和 No. 492 423）。GINETEX 在维护其知识产权的同时，同意 ISO 接受该体系，并在国际标准中包含其内容。详细信息见网址 www.ginetex.org。

B.3 美国要求

B.3.1 在美国，在标签上仅用符号表示维护说明时，应使用点表示水洗温度。水洗温度可以用点和摄氏温度表示。可以给出一种或两种维护方法，洗涤（水洗、漂白、干燥和熨烫）或专业维护（干洗），或洗涤和专业维护（干洗）。进一步的信息见 www.ftc.gov。

B.3.2 与水洗符号同时使用的、用于确定温度的圆点符号的描述和定义如下：

B.3.2.1 很高的温度，最高 60℃。

••••

图 B.1

B.3.2.2 高温，最高 50℃。

•••

图 B.2

B.3.2.3 中温，最高 40℃。

••

图 B.3

B.3.2.4 低温，最高 30℃，最低 20℃。

•

图 B.4

表 B.1　带圆点的水洗符号

符　　号	水　洗　程　序
	——最高洗涤温度 60℃ ——常规程序
	——最高洗涤温度 60℃ ——缓和程序
	——最高洗涤温度 50℃ ——常规程序
	——最高洗涤温度 50℃ ——缓和程序
	——最高洗涤温度 40℃ ——常规程序
	——最高洗涤温度 40℃ ——缓和程序
	——最高洗涤温度 40℃ ——非常缓和程序
	——最高洗涤温度 30℃ ——常规程序
	——最高洗涤温度 30℃ ——缓和程序
	——最高洗涤温度 30℃ ——非常缓和程序

附 录 C
（资料性附录）
补充说明用语示例

C.1 定义

补充说明用语是可以与维护符号同时使用的附加维护说明，是非常必要的信息。采用补充说明用语提供的方法维护纺织产品，使得在制品整新过程中不会受到损伤。

C.2 补充说明用语示例

表C.1中列出了常用的补充说明用语。

当某项常规的维护程序是消费者或专业清洗人员有可能使用的，但该程序又会对产品造成损伤时，补充说明术语可能是必需的。

标签上宜尽可能少地使用补充说明用语。

表 C.1 补充说明用语示例

——水洗前去除……	——垫布熨烫
——分开水洗	——不使用荧光增白剂
——与相似颜色的制品一同水洗	——使用水洗网
——使用前水洗	——不可蒸汽熨烫
——反面水洗	——仅用蒸汽熨烫
——不可甩干或绞拧	——不可浸泡
——仅潮湿擦拭	——建议蒸汽熨烫
——干燥后尽快(从设备中)取出	——干燥时远离直接热源
——不要添加织物调节剂	——潮湿时整形
——仅反面熨烫	——整形后平摊干燥
——不可熨烫装饰品	——手洗，最高温度 30℃

参 考 文 献

[1] GB 250 评定变色用灰色样卡

[2] GB 251 评定沾色用灰色样卡

[3] GB/T 3920 纺织品 色牢度试验 耐摩擦色牢度

[4] GB/T 4802.2 纺织品 织物起毛起球性能的测定 第2部分:改型马丁代尔仪法

[5] GB/T 4802.3 纺织品 织物起毛起球性能的测定 第3部分:起球箱法

[6] GB/T 5711 纺织品 色牢度试验 耐干洗色牢度

[7] GB/T 5712 纺织品 色牢度试验 耐有机溶剂摩擦色牢度

[8] GB/T 5713 纺织品 色牢度试验 耐水色牢度

[9] GB/T 6151 纺织品 色牢度试验 试验通则

[10] GB/T 6152 纺织品 色牢度试验 耐热压色牢度

[11] GB/T 7069 纺织品 色牢度试验 耐次氯酸盐漂白色牢度

[12] GB/T 8628 纺织品 测定尺寸变化的试验中织物试样和服装的准备、标记和测量

[13] GB/T 8629 纺织品 试验用家庭洗涤及干燥程序

[14] GB/T 8630 纺织品 洗涤和干燥后尺寸变化的测定

[15] GB/T 12490 纺织品 色牢度试验 耐家庭和商业洗涤色牢度

[16] GB/T 13769 纺织品 耐久压烫织物经家庭洗涤和干燥后外观的评定方法

[17] GB/T 13770 纺织品 耐久压烫产品经家庭洗涤和干燥后褶裥外观的评定方法

[18] GB/T 13771 纺织品 耐久压烫产品经家庭洗涤和干燥后接缝外观的评定方法

[19] GB/T 13772.1 纺织品 机织物抗接缝纱线滑移性能的测定 第1部分:定滑移量法

[20] GB/T 13772.2 纺织品 机织物抗接缝纱线滑移性能的测定 第2部分:定负荷法

[21] GB/T 13772.3 纺织品 机织物抗接缝纱线滑移性能的测定 第3部分:针夹法

[22] GB/T 19980—2005 纺织品 服装及其他纺织最终产品经家庭洗涤和干燥后外观的评价方法

[23] GB/T 19981.1 纺织品 织物和服装的专业维护、干洗和湿洗 第1部分:干洗和整烫后性能的评价

[24] GB/T 19981.2 纺织品 织物和服装的专业维护、干洗和湿洗 第2部分:使用四氯乙烯干洗和整烫时性能试验的程序

[25] GB/T 21196.4 纺织品 马丁代尔法织物耐磨性的测定 第4部分:外观变化的评定

[26] FZ/T 64011—2001 静电植绒织物

[27] ISO 105-C08 纺织品 色牢度试验 使用含低温漂白活化剂的无磷洗涤剂的耐家庭和商业洗涤色牢度

[28] ISO 105-C09 纺织品 色牢度试验 耐家庭和商业洗涤色牢度 使用含低温漂白活化剂的无磷洗涤剂的氧化漂白反应

[29] ISO 3175-3 纺织品 织物和服装的专业维护、干洗和湿洗 第3部分:使用碳氢化合物溶剂洗涤和整理时测定性能的程序

[30] ISO 3175-4 纺织品 织物和服装的专业维护、干洗和湿洗 第4部分:使用模拟湿洗进行洗涤和整理时测定性能的程序

ICS 59.080.20
W 04

GB

中华人民共和国国家标准

GB/T 8693—2008
代替 GB/T 8693—1988,GB/T 8694—1988

纺织品　纱线的标示

Textiles—Designation of yarns

(ISO 1139:1973,MOD)

2008-06-18 发布　　　　2009-03-01 实施

中华人民共和国国家质量监督检验检疫总局
中国国家标准化管理委员会　发布

前　言

本标准修改采用ISO 1139:1973《纺织品　纱线的标示》。

本标准与ISO 1139:1973的主要差异如下:

——在规范性引用文件中,引用了国际标准对应的我国标准;

——增加ISO 2:1973《纺织品　纱线及有关产品捻向的标示》的内容,作为规范性附录A。

本标准代替GB/T 8693—1988《纺织纱线的标示》和GB/T 8694—1988《纺织纱线及有关产品捻向的标示》,将GB/T 8694纳入GB/T 8693中。本标准与GB/T 8693—1988的主要差异如下:

——以GB/T 8693为主,将GB/T 8694—1988(eqv ISO 2:1973)的内容作为GB/T 8693的附录A;

——增加了引言;

——扩大了适用范围,规定了纱线的两种标示方法(由单纱到股线和由股线到单纱的标示方法);

——增加了纱线、单纱、并绕纱、股线和缆线等术语和定义;

——将原附录A条款作为第4章;

——删除了原附录B。

本标准的附录A为规范性附录。

本标准由中国纺织工业协会提出。

本标准由全国纺织品标准化技术委员会基础标准分会(SAC/TC 209/SC 1)归口。

本标准起草单位:中纺标(北京)检验认证中心有限公司、国家纺织制品质量监督检验中心。

本标准主要起草人:斯颖、翁效明。

本标准所代替标准的历次版本发布情况为:

——GB/T 8693—1988;

——GB/T 8694—1988。

引　言

用特克斯制（Tex 制）表示纱线的线密度时，人们希望用标准化的方式来标示纱线的结构，并已习惯采用缩写形式表示纱线的构成，包括线密度值、捻向和捻数、股数等。

股线和（或）缆线的最终线密度，一般不同于各组分线密度的总和，尤其在强捻的情况下。即使组成股线和（或）缆线的纱线具有相同的捻向、捻数及股数等，最终产品的最终线密度也会与各组分的线密度总和有所不同。

纱线的标示是出于两种目的：

a） 作为纱线通用的标示方法，其中的线密度及捻数值作为名义值；

b） 用于表示纱线的分析结果，将试验得出的线密度及捻数值作为实际值。

贸易中使用的线密度和捻数值是名义值，除非被明确地说明是实际值。线密度和捻数的名义值遵照允差和数值的规定，由相关标准规定或由买卖双方协商确定。

本标准中规定了纱线的两种标示方法，即：

a） 来源于单纱线密度的标示方法：可作为单纱到股线的标示方法；

b） 来源于最终纱线的线密度的标示方法：可作为股线到单纱的标示方法。

用在上述两种标示方法中的符号是一致的，不同点在于符号的排列顺序，单纱到股线的标示方法使用乘号“×”，股线到单纱的标示方法使用斜线“/”。希望有可能最终用一种方法代替其他方法来标示纱线的结构。

纺织品 纱线的标示

1 范围

本标准规定了单纱、并绕纱、股线和缆线等纱线构成的两种标示方法，包括以特克斯制（Tex 制）表示的线密度、长丝纱线中的单丝根数、捻向和捻数，以及股数。

注：本标准未涉及某些特种纱线，如花式线、膨体纱或包芯纱；不包括纱线的其他特征，如纤维成分、后处理及卷装型式。

2 规范性引用文件

下列文件中的条款通过本标准的引用而成为本标准的条款。凡是注日期的引用文件，其随后所有的修改单（不包括勘误的内容）或修订版均不适用于本标准，然而，鼓励根据本标准达成协议的各方研究是否可使用这些文件的最新版本。凡是不注日期的引用文件，其最新版本适用于本标准。

FZ/T 01035 纺织材料 标示线密度的通用制（特克斯制）（FZ/T 01035—1993，eqv ISO 1144：1973）

FZ/T 01036 纺织材料 以特克斯（Tex）制的约整值替代传统纱支的综合换算表（FZ/T 01036—1993，eqv ISO 2947：1973）

3 术语、定义和符号

下列术语、定义和符号适用于本标准。

3.1

纱线 yarn

所有类型和结构的纱和线的统称。

3.2

单纱 single yarn

最基本的连续纱线，包括以下产品：

a） 通常经加捻抱合在一起的许多短纤维的短纤纱；

b） 无捻或有捻的一根或多根连续的长丝纱；

c） 仅一根长丝的单丝；

d） 两根或更多根长丝的复丝。

3.3

并绕纱 multiple wound yarn

两根或多根纱不加捻地并合卷绕在一起的纱。

3.4

股线 folded yarn

由两根或多根单纱经一次合股加捻形成的纱线的通用术语。

3.4.1

两股线 twofold yarn

由两根单纱捻合而成的股线。

3.4.2

多股线 multifold yarn

由两根以上的单纱经一次合股加捻形成的股线的通用术语。

3.4.2.1

三股线 threefold yarn

由三根单纱经一次合股加捻形成的股线。(见图 1)

图 1

3.4.2.2

四股线 fourfold yarn

由四根单纱经一次合股加捻形成的股线。(见图 2)

图 2

3.5

缆线 cabled yarn

由两根或多根股线(或者为股线和单纱)经一次或多次合股加捻形成的纱线。(见图 3)

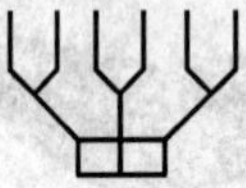

图 3

注:在渔业中,缆线通常是由捻合在一起的单纱组成,在加捻过程中每束单纱自身又附加了一定的捻数,这就是所谓的并捻。

3.6

纱线标示 yarn notation

纱线的简要技术描述,包括以下部分或全部内容:

——线密度(见 3.7);

——单丝根数;

——每次加捻的捻向;

——每次加捻的捻数;

——股线的组分数;

——缆线的组分数。

3.7

线密度 linear density

纱线单位长度的质量。以特克斯(tex)或者其倍数或分数单位表示(见 FZ/T 01035)。

3.8

最终线密度 resultant linear density

经过加捻、合股或并捻工序得到的最终产品的线密度。

注 1:当对最终产品进行附加的化学或物理处理,已影响到了最终线密度时,需加以说明。

注 2:要注意到最终产品的线密度可能在某种程度上受到不同生产工艺的影响,建议优先使用最终线密度。

3.9

捻度 twist

3.9.1

捻向 direction of twist

纱线中纤维的倾斜方向。详见附录A。

3.9.2

捻数 amount of twist

加捻纱线的每米捻回数。

3.10

名义值 nominal

公称的或名义上的数值,用于工艺设计计算和商业贸易上,遵照商业允差。对于不同类型的纺织品,由相关标准选择特克斯制(Tex制)中单纱的名义线密度(见FZ/T 01035和FZ/T 01036)。

注:通常是指本色纱的名义线密度。在贸易中,一般经过化学处理(漂白、染色等)的纱线线密度值采用本色纱线的线密度值。

3.11

实际值 actual

按规定试验程序测得的数值。

3.12

符号 symbol

3.12.1

R

最终线密度的符号,置于其数值之前。

3.12.2

f

长丝的符号,置于长丝根数之前。

3.12.3

t0

无捻的符号。

4 以单纱线密度为基础的纱线标示(单纱到股线的标示法)

纱线特征按下列顺序标示。

在此标示方法中,最终线密度可附加在标示后,与前面的部分用分号隔开。

4.1 单纱

4.1.1 短纤纱

a) 线密度;

b) 捻向;

c) 捻数。

示例:40 tex Z 660。

4.1.2 无捻单丝

a) 线密度;

b) 符号“f”;

c) 数字“1”；

d) 符号“t0”。

示例：17 dtex f1 t0。

4.1.3 加捻单丝

a) 无捻单丝的线密度；

b) 符号“f”；

c) 数字“1”；

d) 捻向；

e) 捻数。

示例：17 dtex f1 S 800；R 17.4 dtex。

4.1.4 无捻复丝

a) 线密度；

b) 符号“f”；

c) 并合的长丝根数；

d) 符号“t0”。

示例：133 dtex f 40 t0。

4.1.5 加捻复丝

a) 线密度；

b) 符号“f”；

c) 捻合的长丝根数；

d) 捻向；

e) 捻数。

示例：133 dtex f40 S 1000；R 136 dtex。

4.2 并绕纱

4.2.1 组分相同的并绕纱

a) 所用单纱的标示(按照 4.1)；

b) 乘号“×”；

c) 并合的单纱根数；

d) 符号“t0”。

示例：40 tex S 155×2 t0。

4.2.2 组分不同的并绕纱

a) 所用单纱的标示(按照 4.1)，用加号“+”连接并加上括号；

b) 符号“t0”。

示例：(20 tex S 420+60 tex Z 80)t0。

4.3 股线

4.3.1 组分相同的股线

a) 所用单纱的标示(按照 4.1)；

b) 乘号“×”；

c) 捻合的单纱根数；

d) 合股捻向；

e) 合股捻数。

示例：34 tex S 600×2 Z 400；R 69.3 tex。

4.3.2 组分不同的股线

a) 所用单纱的标示(按照 4.1),用加号"+"连接并加上括号;

b) 合股捻向;

c) 合股捻数。

示例:(25 tex S 420+60 tex Z 80)S 360;R 89.2 tex。

4.4 缆线

4.4.1 组分相同的缆线

a) 所用股线的标示(按照 4.3);

b) 乘号"×";

c) 并捻的股线根数;

d) 缆线捻向;

e) 缆线捻数。

示例:20 tex Z 700×2 S 400×3 Z 200;R 132 tex。

4.4.2 组分不同的缆线

a) 所用单纱的标示(按照 4.1)与股线的标示(按照 4.3),用加号"+"连接并加上括号;

b) 缆线捻向;

c) 缆线捻数。

示例:(20 tex Z 700×3 S 400+34 tex S 600)Z 200;R 96 tex。

5 以最终线密度为基础的纱线标示(股线到单纱的标示法)

纱线特征按下列顺序标示。

在此标示方法中,单纱线密度可附加在标示后,与前面的部分用分号隔开。

5.1 单纱

5.1.1 加捻单丝

a) 符号"R";

b) 最终线密度;

c) 符号"f";

d) 数字"1";

e) 捻向;

f) 捻数。

示例:R 17.4 dtex f1 S 800;17 dtex。

5.1.2 加捻复丝

a) 符号"R";

b) 最终线密度;

c) 符号"f";

d) 捻合的长丝根数;

e) 捻向;

f) 捻数。

示例:R 136 dtex f40 S 1000;133 dtex。

5.2 股线

5.2.1 组分相同的股线

a) 符号"R";

b) 最终线密度；

c) 合股捻向；

d) 合股捻数；

e) 斜线分隔号“/”；

f) 股线中的单纱根数；

g) 单纱捻向；

h) 单纱捻数。

示例：R 69.3 tex Z 400/2 S 600;34 tex。

5.2.2 组分不同的股线

a) 符号“R”；

b) 最终线密度；

c) 合股捻向；

d) 合股捻数；

e) 斜线分隔号“/”；

f) 所用单纱的捻向和捻数，用加号“＋”连接并加上括号。

示例：R 89.2 tex S 360/(S 420＋Z 80)；25 tex＋60 tex。

5.3 缆线

5.3.1 组分相同的缆线

a) 符号“R”；

b) 最终线密度；

c) 缆线捻向；

d) 缆线捻数；

e) 斜线分隔号“/”；

f) 缆线中的股线根数；

g) 组分相同股线的标示[按照 5.2.1c)～ h)]。

示例：R 132 tex Z 200/3 S 400/2 Z 700;20 tex。

5.3.2 组分不同的缆线

a) 符号“R”；

b) 最终线密度；

c) 缆线捻向；

d) 缆线捻数；

e) 斜线分隔号“/”；

f) 并捻工序中所用纱线的捻向和捻数，用加号“＋”连接，其中股线与其所用单纱的捻向和捻数由“/”分隔开，并加上括号。

示例：R 96 tex Z 200/(S 600＋S 400/3 Z 700)；34 tex＋20 tex×3。

6 缩写标示

如果不需要，可省略纱线的捻向、捻数以及长丝纱中的长丝根数。当表示无捻纱时，应使用无捻符号，见 6.1 和 6.2 的说明。

6.1 第 4 章中的示例可缩写成如下形式：

——4.1.1 短纤纱：40 tex

——4.1.2　无捻单丝:17 dtex t0

——4.1.3　加捻单丝:17 dtex;R 17.4 dtex

——4.1.4　无捻复丝:133 dtex t0

——4.1.5　加捻复丝:133 dtex;R 136 dtex

——4.2.1　组分相同的并绕纱:40 tex×2 t0

——4.2.2　组分不同的并绕纱:(20 tex+60 tex)t0

——4.3.1　组分相同的股线:34 tex×2;R 69.3 tex

——4.3.2　组分不同的股线:(25 tex+60 tex);R 89.2 tex

——4.4.1　组分相同的缆线:20 tex×2×3;R 132 tex

——4.4.2　组分不同的缆线:(20 tex×3+34 tex);R 96 tex

6.2　第5章中的示例可缩写成如下形式:

——5.1.1　加捻单丝:R 17.4 dtex;17 dtex

——5.1.2　加捻复丝:R 136 dtex;133 dtex

——5.2.1　组分相同的股线:R 69.3 tex/2;34 tex

——5.2.2　组分不同的股线:R 89.2 tex;25 tex+60 tex

——5.3.1　组分相同的缆线:R 132 tex/3/2;20 tex

——5.3.2　组分不同的缆线:R 96 tex;34 tex+20 tex×3

附　录　A
（规范性附录）
纺织品　纱线及有关产品捻向的标示

A.1　范围

本附录规定了标示纺织纱线捻向的方法，适用于条子和粗纱等纺纱半制品，以及单纱、股线、缆线、绳索和缆绳。

A.2　单纱和半制品捻向的标示

单纱、条子和粗纱的捻向用大写字母“S”和“Z”表示：

a)　“S”捻。当产品处于垂直位置时，如果纤维或长丝绕其轴心形成的螺旋线的倾斜方向与字母“S”的中部相一致，则该产品具有“S”捻（见图 A.1）。

b)　“Z”捻。当产品处于垂直位置时，如果纤维或长丝绕其轴心形成的螺旋线的倾斜方向与字母“Z”的中部相一致，则该产品具有“Z”捻（见图 A.2）。

注：如特殊情况需要时，也可用小写字母“s”和“z”表示。

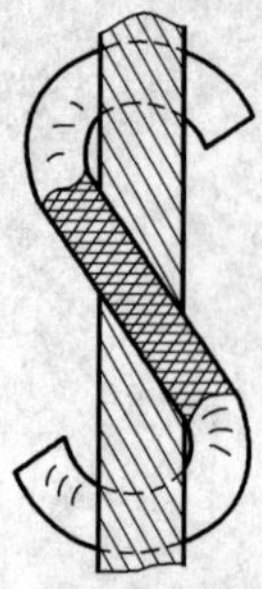

图 A.1

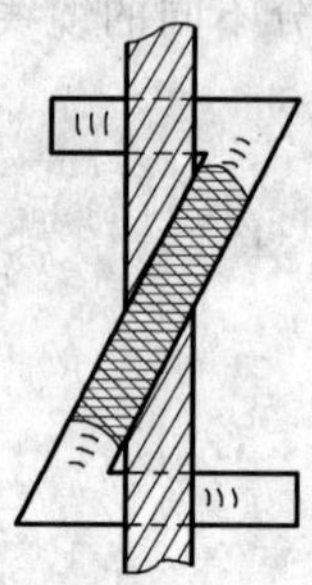

图 A.2

A.3　复合纱线和有关产品捻向的标示

当两根或多根纱线捻合制成股线、缆线、绳索或缆绳时，字母“S”和“Z”用来表示最后加捻的方向。

注：字母“S”和“Z”也可用来表示绕于金属丝或其他纱芯上的纱线缠绕方向。

ICS 29.050;59.100
Q 50

中华人民共和国国家标准

GB/T 8718—2008
代替 GB/T 8718—1988

炭素材料术语

The terms of carbon materials

2008-08-05 发布　　2009-04-01 实施

中华人民共和国国家质量监督检验检疫总局
中国国家标准化管理委员会　发布

前　言

本标准代替 GB/T 8718—1988《炭素材料术语》。

本标准与 GB/T 8718—1988 相比主要变化如下：

——增加了“范围”、“编排规则”章节；

——对一些术语的定义进行了更新或者修改；

——将“技术条件术语部分”改为“表观质量术语部分”；

——原料术语部分增加了 26 个术语；

——炭素产品术语部分增加了 133 个术语；

——表观质量术语部分增加了 2 个术语；

——化学分析和物理检测术语部分增加了 46 个术语；

——增加了英文索引和中文索引。

本标准由中国钢铁工业协会提出。

本标准由全国钢标准化技术委员会归口。

本标准起草单位：武汉科技大学、冶金工业信息标准研究院、吉林炭素股份有限公司。

本标准主要起草人：何选明、赵敏伦、韩军、魏仁零、孙伟、朱海哲。

本标准所代替标准的历次版本发布情况为：

——GB/T 8718—1988。

炭素材料术语

1 范围

本标准规定了炭素材料术语的分类规则,炭素材料的原料术语、产品术语、表观质量术语、化学分析和物理检测术语。

本标准适用于编制各种标准、技术性文件、资料、编写和翻译专业手册、教材及书刊等。

2 术语分类规则

2.1 本标准将炭素材料相关术语分为炭素材料原料术语、炭素产品术语、表观质量术语、化学分析和物理检测术语四部分。

2.2 每部分术语的中文名按学科的相关概念排列,每个术语的中文名后附有与其概念相同的符合国际用法的英文名。

2.3 每个术语的中文名都附有相应的定义性注释。当一个术语的中文名有两个不同的概念时,则用"(1)"、"(2)"分开。

2.4 英文名首位字母大、小写均可时,一律小写;英文名除必须用复数者,一般用单数;英文名一般用美式拼法。

2.5 规范名的主要异名放在定义之前,用楷体表示。"又称"、"全称"、"简称"、"俗称"可继续使用,"曾称"为不再继续使用的旧名。

2.6 英文索引按英文字母顺序排列,中文索引按汉语拼音顺序排列。所示号码为该术语在本标准正文中的章条号。

3 炭素材料术语

3.1 炭素材料原料术语

3.1.1

石油焦 petroleum coke

石油渣油、石油沥青经焦化后得到的可燃固体产物。它是所有特定的石油焦产品,如生焦、煅烧焦、针状石油焦的一个通用术语。

3.1.2

延迟石油焦 delayed petroleum coke

又称"普通石油焦"。用延迟焦化法工艺处理高沸点碳氢化合物馏分时生成的固体炭化产物。

3.1.3

流化焦 flow coking coke

用流化焦化法处理高沸点碳氢化合物馏分时生成的固体炭化产物。

3.1.4

煤沥青焦 coal derived pitch coke

简称"沥青焦"。以煤沥青为原料,经高温焦化或延迟焦化而获得的固体炭化产物。

3.1.5

针状焦 needle coke

由精制的石油沥青或煤焦油沥青(脱除杂质和原生喹啉不溶物)经延迟焦化而制得。针状焦层状结构高度平行,石墨化性能非常好的一种特殊类型的焦炭。

3.1.6

冶金焦　metallurgical coke

煤或混合煤料在炼焦炉内干馏炭化生成的高强度大孔炭材料。用于高炉炼铁、熔铁、有色金属冶炼、铁合金和炭素制品生产的优质焦炭。

3.1.7

煅烧焦　calcined coke

又称“煅后焦”。氢含量小于0.1%的生焦经煅烧处理获得的焦炭。

3.1.8

煅烧石油焦　calcined petroleum coke

又称“煅后石油焦”。它是由石油焦经1 000 ℃～2 000 ℃煅烧处理后获得的焦炭。

3.1.9

煅烧沥青焦　calcined coal pitch coke

又称“煅后沥青焦”。它是由沥青焦经1 000 ℃～2 000 ℃煅烧处理后获得的焦炭。

3.1.10

煅烧针状焦　calcined needle coke

又称“煅后针状焦”。它是由针状焦生焦经1 200 ℃左右高温煅烧处理后获得的焦炭。

3.1.11

石墨化焦　graphitized coke

经过石墨化处理后的焦炭。

3.1.12

无烟煤　anthracite

煤炭分类中高煤化度的煤，是生产各种炭块、炭质电极和电极糊的原料。

3.1.13

超低灰无烟煤　ultra-clean anthracite

灰分≤2.00%的无烟煤。可用于生产活性炭、增碳剂、高石墨阴极炭块等低灰炭素产品。

3.1.14

煅烧无烟煤　calcined anthracite coal

又称“煅后无烟煤”。它是由无烟煤经1 000 ℃～2 000 ℃煅烧处理后获得的。

3.1.15

天然石墨　natural graphite

一种黑色带有光泽，天然产出的石墨质矿物。根据外观和性状分为鳞片石墨（又称显晶石墨）和土状石墨（又称隐晶石墨）两类。

3.1.16

鳞片石墨　flake graphite

又称“显晶石墨”。天然产出的晶质石墨，其形似鱼鳞状，属六方晶系，呈层状结构，具有良好的耐高温、导电、导热、润滑、可塑及耐酸碱等性能。

3.1.17

土状石墨　amorphous graphite

又称“隐晶石墨”或“无定型石墨”。天然产出的隐晶石墨，由微小石墨晶体构成的致密集合体。颜色灰黑或钢灰，有金属光泽具滑感，易染手，化学性质稳定，能传热导电，耐高温，耐酸碱，耐腐蚀抗氧化。由于其晶体细小，可塑性强，黏附力良好。

3.1.18

可膨胀石墨　expansible graphite

鳞片石墨经特殊处理后遇高温可瞬间膨胀成蠕虫状的石墨。

3.1.19

木炭　charcoal

由木质材料在隔绝空气的条件下加热制得的一种含85%～98%孔隙的多孔性固体材料。

3.1.20

炭黑　carbon black

由烃类化合物热分解或不充分燃烧而制得的具有高度分散性的黑色粉末状物质的统称。

3.1.21

碳化硅　silicon carbides

硅与碳元素以共价键结合的非金属碳化物。化学式为SiC，分子量40.10，硬度仅次于金刚石和碳化硼。分为人工合成碳化硅和天然碳化硅。

3.1.22

石墨碎　graphite scrap

炭素制品在石墨化后产生的废品及石墨化品在加工时的切削碎等物料的总称。

3.1.23

焙烧碎　baked scrap

炭素制品在焙烧后产生的废品以及炭块、炭质电极等炭素制品在加工时的切削碎等物料的总称。

3.1.24

生碎　green scrap

炭素制品在成型后产生的废品的总称。

3.1.25

残极　butt anode

预焙阳极在电解槽上使用后的残余部分。经过清理和粉碎、筛分加工后可以重新用作生产阳极炭块的骨料。

3.1.26

黏结剂　binder

制备糊料时，用于黏结焦炭或其他骨料、经焙烧可炭化的物质。一般为煤沥青、树脂等。

3.1.27

浸渍剂　impregnating agent

用于浸渍炭素制品以提高其体积密度，降低其渗透率的物质。一般为煤沥青、树脂等。

3.1.28

黏结剂沥青　pitch for binder

能将炭质骨料及粉料黏结到一起，混捏成型后形成可塑性糊料的沥青。

3.1.29

浸渍沥青　pitch for impregnation

用以浸渍炭素制品以提高其体积密度，降低其渗透率的沥青。

3.1.30

煤沥青　coal tar pitch

指高温干馏烟煤制得的煤焦油经分级蒸馏后的釜底残渣。根据生产工艺和产品性能的不同，分为低温煤沥青、中温煤沥青、高温煤沥青和改质沥青四类。

3.1.31

高温煤沥青　high temperature pitch

又称“高温沥青”。软化点(环球法)为95℃～120℃的煤沥青。

3.1.32

中温煤沥青　medium temperature pitch

又称“中温沥青”。软化点(环球法)为75 ℃～95 ℃的煤沥青。

3.1.33

改质沥青　modified pitch

按照炭素制品生产对黏结剂的特殊要求而生产的一类优质煤沥青。与中温沥青相比较有较好的黏结性、流变和较高的结焦值。

3.1.34

石油沥青　petroleum asphalt

一种外观为黑色固体、半固体或黏度液体的重质石油渣油产品。

3.1.35

中间相沥青　mesophase pitch

经热处理后含相当数量中间相的煤沥青,其中的中间相组分具有各向异性特征。

3.1.36

氟化沥青　pitch fluoride

将从煤和石油得到的沥青用氟气在室温至130 ℃氟化,得到的白色粉末物质称为氟化沥青。

3.1.37

黏结剂树脂　resin binder

具有黏结功能,作为炭素制品或其他工业产品黏结剂使用的树脂。主要有酚醛树脂、环氧树脂和呋喃树脂等。

3.1.38

浸渍剂树脂　resin soakage agent

用于浸渍石墨制品以提高其体积密度,降低其渗透率的物质。主要有酚醛树脂、环氧树脂、呋喃树脂和聚四氟乙烯树脂等。

3.2　炭素材料产品术语

3.2.1

碳　carbon

有多种同素异形体,如金刚石、石墨、无定形碳、富勒烯及纳米碳等中间型碳、炔碳等。

3.2.2

炭素材料　carbon material

曾称“碳素材料”。以碳元素为主(一般碳氢原子比大于10)的物质和固体材料的总称。炭素材料通常都是以石墨微晶构成的。不过在各种炭素材料中,微晶的尺寸和微晶的三维排列有序程度有相当大的差别。因此,可以将炭素材料分为碳质、石墨质和半石墨质等类别。

3.2.3

金刚石　diamond

碳的同素异形体之一,碳原子之间以 sp^3 方式键合,每一碳原子与邻近的4个碳原子相连,即碳原子的配位数为4。

3.2.4

石墨 graphite

碳的同素异形体中的一大类。石墨具有完整的六角环形片状体叠合而成的层状晶体结构。分为天然石墨和人造石墨两大类。

3.2.5

无定形碳 amorphous carbon

碳的同素异形体中的一大类。非晶态碳质物质的总称。宏观非晶态，微观上含有直径极小的(<30 nm)二维石墨层面或三维石墨微晶。

3.2.6

富勒烯 fullerene

又称"布基球"或"巴基球"等。指完全由碳原子构成，有六元环和五元环结构的笼球状分子的统称。在碳六元环网格中引入12个五元环就得到封闭成笼球状。切头正二十面体的各顶点由60个碳原子占据的足球状C60是富勒烯的代表性分子。除C60外，具有封闭笼状结构的还可能有C28、C32、C50、C70、C84……C240、C540等。

3.2.7

纳米碳 nano-carbon

一维或多维方向上尺寸处于纳米尺度范围内的碳质物质的总称。

3.2.8

炔碳 carbyne

碳的同素异形体中的一大类，其晶体由有序排列的共轭炔链或叠烯链构成，晶体中碳原子价态以sp杂化为主。

3.2.9

人造石墨 artificial graphite

相对于天然石墨，指由人工方法制得的石墨以及近似于完整晶体石墨的石墨材料。通常用易石墨化性的焦炭做骨料，煤沥青作黏结剂，经配料、混捏、成型、焙烧、石墨化等工艺制成。

3.2.10

石墨多晶体 graphite polycrystal

尺度在厘米级至微米级的石墨单晶，通过晶界结合在一起形成的石墨晶体。

3.2.11

石墨材料 graphite material

基本上是由石墨质碳组成的材料。

3.2.12

石墨制品 manufactured graphite

其基体在2 200℃以上温度下，经过石墨化高温处理的炭素制品的统称。

3.2.13

石墨电极 graphite electrode

又称"普通功率石墨电极"。以优质石油焦、煤沥青为主要原料，经高温石墨化制成。导电性好，具有一定机械强度，耐高温的石墨质导电材料。

3.2.14

高功率石墨电极 high power graphite electrode

以优质石油焦、沥青焦为主要原料，经成型、焙烧、浸渍、石墨化和机械加工制成，使用电流密度为18 A/cm^2～25 A/cm^{2}的石墨电极。导电性、机械强度及抗热冲击性能均比普通石墨电极高。使用电流密度比普通石墨电极高15%～20%。

3.2.15

超高功率石墨电极　ultrahigh power graphite electrode

采用针状焦等原料，经成型、焙烧、浸渍、石墨化和机械加工制成，使用电流密度大于 25 A/cm^2 的石墨电极。导电性、机械强度及抗热冲击性能均比高功率石墨电极高。使用电流密度比普通电极高35%～55%以上。

3.2.16

抗氧化涂层石墨电极　oxidation resistant smear of graphite electrodes

又称“涂层电极”。表面涂覆一层抗氧化保护层的石墨电极。抗氧化保护层既能导电又耐高温氧化，可以降低炼钢时的电极消耗。

3.2.17

浸渍石墨电极　impregnated graphite electrode

以石油焦、煤沥青为主要原料制成的压型品，经焙烧后进行浸渍、焙烧、石墨化和机械加工，供次高功率电弧炉作导电材料的石墨电极。

3.2.18

石墨块　graphite block

又称“石墨砖”。以石油焦、沥青焦为骨料和粉料，经过成型、焙烧、石墨化和机械加工等工序而制成的，呈一定几何形状的石墨材料的统称。

3.2.19

高导热石墨块　high calorific conduction graphite block

采用高导热性石墨材料为主要原料，如半石墨质材料，经过成型焙烧制成。具有较高的导热系数，热传导性能好。

3.2.20

超高导热石墨块　ultra high calorific conduction graphite block

采用石油焦等原料，经过成型、焙烧、石墨化制成。具有很高的导热系数、热传导性能好。

3.2.21

高炉用石墨砖　graphite block for blast furnace

以石油焦、沥青焦和煤沥青为主要原料经过成型、焙烧、石墨化和加工等工序而制成的用于砌筑炼铁高炉的炉底底层的石墨材料。

3.2.22

石墨阳极　graphite anode

以石油焦、沥青焦为主要原料，经成型、焙烧、浸渍、石墨化和加工等工艺制成。使用石墨阳极的电解工艺有两类，一类是水溶液电解，另一类是熔盐电解。

3.2.23

阴极保护用石墨阳极　graphite anode for cathode protection

简称“石墨保护阳极”。在外加电流的阴极保护系统中，对作为阴极的金属构件进行长期防腐蚀保护的石墨阳极。

3.2.24

石墨粉　graphite powder

由石墨原料加工而成的灰黑色粉末。

3.2.25

石墨坩埚　graphite crucible

用石墨材料制成的坩埚。按材质可分为天然石墨坩埚、人造石墨坩埚、高纯石墨坩埚、玻璃炭坩埚等。按用途分有炼钢坩埚、炼铜坩埚、炼黄金坩埚、分析用坩埚等。

3.2.26

石墨触点　graphite contact

采用粉末冶金熔渗法等工艺制成，具有良好的导电性能，耐磨不熔化、不粘连等特性，在电气装置中作为切断、开启的导电接触点。

3.2.27

连铸石墨　graphite for continuous casting mold

用于连铸结晶器的石墨制品。

3.2.28

硅化石墨　siliconized graphite

在石墨材料表面涂覆 1 mm～1.5 mm 厚的碳化硅层而构成的一种复合材料。

3.2.29

氟化石墨　graphite fluoride

是氟元素与石墨合成的一种层间化合物。氟化石墨有两种稳定的存在形式，其化学式为 $(CF)_n$ 和 $(C_2F)_n$。二者均为白色薄片状聚合物。它们与 CF_4、C_2F_6 及 $(CF_2—CF_2)_n$ 等氟化物不同。

3.2.30

真空镀膜石墨　graphite for vacuum plating film

经高温石墨化和多次煤沥青浸渍，具有气孔率低，导电导热性好，抗热震，细颗粒结构组成的高强高密石墨。

3.2.31

模具石墨　mould graphite

经高温石墨化处理制成，灰分最低分别可达 250 mg/kg、100 mg/kg 以下，综合性能优异的高纯、高纯致密、高纯高密、高强高密和各向同性等特种高纯模具用石墨制品。

3.2.32

人造金刚石单晶石墨　graphite for monocrystalline manmade diamond

人造金刚石用石墨。分为三类：第一类是精选优质材料，经高温石墨化处理的冲压成型石墨粉压片；第二类是用高纯石墨棒料，经机械加工的切割石墨片；第三类是用于粉体合成金刚石的高纯石墨粉。

3.2.33

分析用石墨　graphite for analysis

具有纯度高、颗粒细、高强度、结构致密等特点，用于各种型号的分光光度计石墨炉锥体，石墨管(杯)和热解石墨涂层石墨管(杯)，及其他分析用石墨制品。

3.2.34

细颗粒石墨　fine grained graphite

又称“细结构石墨”。小于 75 μm 炭颗粒和细粉为骨料制成的人造石墨。

3.2.35

超细颗粒石墨　superfine grained graphite

用粒度为 6 μm～10 μm 炭颗粒和细粉为骨料制成的人造石墨。

3.2.36

超微细颗粒石墨　ultramicro fine grain graphite

用粒度为 1 μm～5 μm 炭颗粒和细粉为骨料制成的人造石墨。

3.2.37

冷压石墨　cool molded graphite

常温下模压成型的人造石墨。

3.2.38

各向同性石墨　isotropic graphite

一般用等静压方法成型，石墨微晶无序地取向排列，具有各向同性结构的石墨材料。通常指异向度小于1.10的石墨材料。

3.2.39

高纯石墨　high pure graphite

采用纯化石墨化工艺制成的，碳含量高于99.99%的人造石墨。按颗粒结构，可分为粗颗粒石墨、细颗粒石墨等。

3.2.40

激光石墨　laser graphite

用于激光器的石墨制品。把石墨加工成石墨圆盘，装入玻璃管，构成放电管，起稳定光速的作用，圆盘上有放电孔，又起着光阑和内回气管的作用。

3.2.41

光谱石墨　spectra graphite

又称"光谱纯石墨"。特指纯净，总灰分小于10 mg/kg，用于光谱分析的高纯石墨。可分为石墨棒、石墨粉和石墨器件等。

3.2.42

石墨发热体　graphite heater

用石墨材料制成的电炉加热发热体部件。主要有石墨电极、高纯细结构石墨、各向同性石墨和石墨布等。

3.2.43

高强石墨　high strength graphite

具有高强度性能的石墨，通常指抗压强度大于60 MPa的石墨。

3.2.44

高强高密石墨　high strength and density graphite

采用煅烧焦炭或以生石油焦、低温(500 ℃左右)煅烧石油焦为原料，也有以超细粒度的焦炭粉为原料成型制成的人造石墨。

3.2.45

高定向热解石墨　highly oriented isotropic carbon

经高温(3 000 ℃左右)加压处理的热解石墨，性能接近单晶石墨。

3.2.46

热压石墨　thermo-compression graphite

又称"再结晶石墨"。用粉末冶金法制得的高密高强石墨。

3.2.47

刷镀石墨　brush plating graphite

以石油焦、沥青焦、煤沥青等为主要原料制成的，用于刷镀阳极的石墨材料。

3.2.48

不透性石墨　impervious graphite

对气体、液体等流体介质具有不透性的石墨制品。包括浸渍石墨、压型石墨、浇铸石墨和增强材料与石墨基材的复合材料等。

3.2.49

浸渍不透石墨　impregnated impermeable graphite

又称"浸渍石墨"。以石墨材料为坯料经机械加工后，再用热固性树脂进行浸渍、固化而制成的不透性石墨。

3.2.50

压型不透石墨　compression impervious graphite

以石墨粉为原料,以树脂为黏结剂,按一定配比进行混捏、成型和固化而制成的不透性石墨。

3.2.51

浇注不透石墨　pouring impervious graphite

将石墨粉与树脂进行混合(混合物具有良好流动性),于常温(或加热)常压(或加压)下经浇注、固化而制成的不透性石墨。

3.2.52

多孔石墨　porous graphite

在 2 200 ℃～3 000 ℃温度下热处理制成,总气孔率大于45%,体积密度小于1.20 g/cm^3 的石墨质炭素制品。

3.2.53

核石墨　nuclear graphite

(1) 用于核工业方面的石墨材料的统称。有原子反应堆用中子减速剂、反射剂、生产同位素用的热柱石墨、高温气冷堆用的球状石墨和块状石墨等。

(2) 一种用于原子反应堆芯的、中子吸收截面小于 4.0 mb 的高纯石墨。

3.2.54

宇航石墨　space navigation graphite

用于制造导弹和航天器部件的特种石墨。分为挤压类石墨、模压石墨、渗硅石墨、热解石墨、热压石墨等。

3.2.55

弹性石墨　elastic graphite

将由重质沥青或热塑性树脂经热处理而得的炭质中间相,用硫酸和浓硝酸的混合液在 0 ℃～100 ℃进行热硝化处理后得到的硝化炭质中间相。具有密度小、能被高度压缩、失去压力后又能回复的性能。

3.2.56

胶体石墨　colloid graphite

又称"石墨乳"。小于 4 μm 的石墨颗粒均匀地分散于水、油及其他有机溶剂中,构成黑色黏稠的悬浮液体。

3.2.57

石墨层间化合物　graphite intercalation compound

又称"插层石墨"。利用化学或物理的方法在石墨晶体的层面间插入各种分子、原子或离子,而不破坏其二维结构,只是使其层间距增大,形成的一种石墨特有化合物。

3.2.58

柔性石墨　flexible graphite

又称"膨胀石墨"。一种以天然鳞片石墨为原料,经氧化插层、骤热膨胀和压制或轧制而得到的可挠性纯石墨材料。根据用途的不同可以制成柔性石墨填料、金属增强柔性石墨填料、柔性石墨盘根、柔性石墨纸、柔性石墨板和柔性石墨线等不同产品。

3.2.59

氧化石墨　graphite oxide

又称"石墨酸"。石墨与氧之间形成的一种化合物。其化学分子式因制备方法及水分含量的不同而异。碳原子与氧原子的比例大约在6∶1～6∶2.5之间。可用来制备石墨层间化合物,在电池中作去极化剂，掺入膨胀石墨以减少厚制品的开裂等。

3.2.60

石墨设备 graphite equipment

以石墨材料为基材制造的设备。包括石墨热交换器、石墨降膜吸收器、石墨合成炉、石墨硫酸稀释冷却器、石墨塔、石墨泵、石墨管道和石墨机械等。

3.2.61

石墨热交换器 graphite heat exchanger

以不透性石墨为基材制造的换热设备。按结构形式，可分为列管式、块孔式、喷淋式、沉浸式等。按工艺作用，又可分为蒸发器、加热器、冷却器和冷凝器等。

3.2.62

列管式石墨热交换器 tubular graphite heat exchanger

通常由圆筒形金属外壳和装于外壳内的不透性石墨管道与管板黏结而成的管束及安于两端的不透性石墨封头构成的换热器。

3.2.63

块孔式石墨热交换器 block hole graphite heat exchanger

由石墨热交换块叠装而成，二端有导流腐蚀性介质的石墨封头，一般配有金属外壳(圆块孔式)或两侧平板(矩形块孔式)，以集流载热体的换热器。

3.2.64

石墨降膜吸收器 graphite falling-film absorber

以不透性石墨为主体的降膜式气体吸收设备。主要用于 HCl 气体吸收以制取盐酸，也可以用于 NH_3、SO_3、H_2S 等腐蚀性气体的吸收与分离。

3.2.65

石墨合成炉 graphite synthesis furnace

以石墨材料为基材制造的化学合成或焚烧设备。主要有石墨氯化氢合成炉和石墨盐酸合成炉。

3.2.66

石墨硫酸稀释冷却器 graphite sulphuric acid dilution-cooling apparatus

以不透性石墨为基材制造的主要用于稀释、冷却硫酸的设备。

3.2.67

石墨塔 graphite column

以石墨材料为基材制造的用于气-液或液-液间传质的塔式设备。

3.2.68

石墨泵 graphite pump

与腐蚀性介质接触的零部件用石墨制作的泵类设备。按结构及作用分，有离心泵、轴流泵和喷射泵等数种。

3.2.69

石墨管道 graphite piping

不透性石墨管与管件的组合。石墨管分压型管与浸渍管两类。石墨压型管由石墨粉与一定比例的树脂混捏后挤压成型而得，又称为石墨塑料管。

3.2.70

石墨机械 graphite machinery

与腐蚀性介质接触的零部件用石墨材料制作或表面贴附石墨材料的机械设备。

3.2.71

石墨导电添加剂 electric graphite additive

高性能导电石墨粉,导电性能优异,不含有害杂质。适合于各种二次电池(镍氢镍镉电池、铅酸电池、锂锰一次电池等)正负极材料做导电添加剂。

3.2.72

燃料电池用石墨双极板 graphite bipolar plate for fuel cell

采用膨胀石墨、炭纤维增强酚醛树脂复合石墨等材料制成的燃料电池用双极板,具有密度低、一定的弹性、功率密度大和耐冲击振动的优点。

3.2.73

炭制品 manufactured carbon

以无烟煤、石油焦和冶金焦为原料,焙烧后不必石墨化的炭素制品的统称。

3.2.74

炭电极 carbon electrode

又称"炭质电极"。以无烟煤、石油焦等为主要原料制成的,焙烧后即可加工为成品的碳质导电电极。

3.2.75

石墨电极-焙烧品 baked compact for electrode

以石油焦、煤沥青为主要原料,经过配料、混捏、成型、焙烧等工艺制成的,具有一定几何形状的炭素焙烧品。

3.2.76

接头栓 nipple pin

在电弧炉上使用石墨电极时,在电极接头处钻孔插入的炭棒。

3.2.77

微孔炭块 millipore carbon block

采用优质无烟煤为原料,加入多种添加剂,经过成型、焙烧制成。具有一定的导热系数、微孔指标和一定的透气性指标,可以降低高炉炉体侵蚀速度,有效的防止铁水渗透侵蚀。

3.2.78

超微孔炭块 ultra-millipore carbon block

采用煅烧无烟煤为主要原料,加入多种添加剂,经过成型、焙烧制成。具有较高的导热系数、微孔指标和透气性指标,可以降低高炉炉体侵蚀速度,有效的防止铁水渗透侵蚀。

3.2.79

阴极炭块 cathode carbon block

又称"铝电解槽底块"。以优质无烟煤、焦炭、石墨等为原料制成的炭块,用作铝电解槽的阴极。

3.2.80

铝电解用普通阴极炭块 cathode carbon block for aluminium electrolysis

以煅烧无烟煤(温度 1 250 ℃～1 350 ℃)、煤沥青为主要原料,并加入一定量的人造石墨进行焙烧(1 200 ℃左右)制得。

3.2.81

铝电解半石墨质用阴极炭块 partially graphite cathode carbon block for aluminium electrolysis

以电煅烧无烟煤为主要骨料,煤沥青为黏结剂,经模压成型及焙烧后加工制成的铝电解槽用阴极炭块。

3.2.82

铝电解槽用石墨化阴极炭块　graphitization cathode carbon block for aluminium electrolysis

采用石油焦和煤沥青为主要原料经过成型、焙烧、石墨化制成。与铝电解用普通炭块相比，导电性、导热率和抗腐蚀性较高，机械强度、钠膨胀系数较低。

3.2.83

铝电解用预焙阳极　anode carbon for aluminium electrolysis

简称"预焙阳极"，又称"炭阳极"。是以石油焦、沥青焦为骨料，煤沥青为黏结剂，经振动成型和焙烧制成，用作预焙铝电解槽的阳极材料。这种炭块已经过焙烧，具有稳定的几何形状，所以又称预焙阳极炭块。

3.2.84

抗氧化涂层铝电解阳极　anode carbon with oxidation resistant smear for aluminium electrolysis

以氧化铝溶胶为基本黏结相，在表面制备了相对致密的氧化铝溶胶复合涂层的铝电解阳极。

3.2.85

普通高炉炭块　carbon block for blast furnace

以优质无烟煤、煤沥青为主要原料制成的炭块，用于砌筑炼铁高炉的内衬。

3.2.86

半石墨质高炉炭块　partially graphite carbon block for blast furnace

以电煅烧无烟煤、石墨和煤沥青为主要原料制成的，用于砌筑炼铁高炉的内衬材料。

3.2.87

自焙炭块　selfbaking carbon block

以高温处理的无烟煤、焦炭、石墨为原料，经过成型，利用烘炉和生产时发出的热量自焙成炭块。可以用于砌筑高炉、电石炉和铁合金炉。

3.2.88

矿热炉用炭块　carbon block for ore furnace

又称"电炉炭块"。以优质无烟煤、焦炭、石墨等为原料制成的炭块，用作铁合金炉、电石炉等的炉衬和导电材料。

3.2.89

高炉用微孔炭砖　microporous carbon block for blast furnace

以煅烧无烟煤和煤沥青为主要原料，经过配料、混捏、成型、焙烧和机械加工等工艺制成的，平均孔径不大于0.5 μm并具有一定几何形状的炭素材料。

3.2.90

高炉用超微孔炭砖　ultra microporous carbon block for blast furnace

以高温电煅烧无烟煤和煤沥青为主要原料，并加有多种添加剂，经过配料、混捏、成型、焙烧和机械加工等工艺制成的，具有氧化率低、抗铁水溶蚀性、耐碱侵蚀性、导热性好，平均孔径小于0.1 μm等特殊性能的炭素材料。

3.2.91

多孔炭电极　porous carbon electrode

多孔炭电极中有燃料电池用的扩散电极以及空气干电池或锌-空气(氧)电池用的炭电极。

3.2.92

制氟用炭阳极　carbon anode for fluorine-producing electrolytic cell

将磨碎的煅烧石油焦和煤沥青按一定比例混合后，经成型、焙烧而成(也有经浸渍和二次焙烧的)

中温电解制氟电解槽内的阳极材料。

3.2.93

炭棒 carbon rods

以炭黑、石油焦和石墨同煤沥青在一定的温度下混捏、挤压成型、焙烧而成，作为各种电气设备中产生热能或光能的元器件。

3.2.94

炭电阻片柱 carbon resistant pillar

采用炭素粉末经压制成型、焙烧、加工和迭装制成，用于自动电压调整器随着炭柱两端压力变化而相应改变电阻的炭素材料器件。

3.2.95

炭素烧结管 sinter carbon tube

以多种炭素原材料，经一系列生产工艺加工而成的管状产品。具有导热好、强度高、耐腐蚀、重量轻等特点。

3.2.96

炭糊 carbon paste

指用无烟煤、焦炭和煤沥青等经混捏后，铸成块状或装入容器即可使用的炭素材料。

3.2.97

炭素泥浆 carbon cement

以焦炭、无烟煤、人造或天然石墨为主要原材料，树脂、煤沥青等作黏结剂，配以其他黏结成分制成，用于高炉和其他工业窑炉炭砖(块)砌筑。

3.2.98

铝电解用阴极糊 cathode paste for aluminium electrolysis

简称“阴极糊”。以煅烧无烟煤、冶金焦为骨料，中温煤沥青、煤焦油为黏结剂制成的，用以砌筑铝电解槽阴极炭块，填充阴极缝隙的炭糊的统称。

3.2.99

电极糊 electrode paste

以无烟煤、冶金焦、石油焦和煤沥青为主要原料经混捏制成的炭糊。包括密闭糊、标准电极糊和化工电极糊。

3.2.100

糊料 mass

由碳质骨料、黏结剂等经加热混合，在一定温度范围内具有可塑性的物料。

3.2.101

粗缝糊 carbon tamping paste

以无烟煤、焦炭、石墨为主要原料经混捏制成的炭糊，用作炉底炭捣层、炭块与炉壳之间大于40 mm缝隙的糊料。

3.2.102

高炉用低温粗缝糊 low temperature carbon tamping paste for blast furnace

以高温电煅烧无烟煤、人造石墨、天然石墨、冶金焦为主要原料，以煤沥青、煤焦油、蒽油掺加添加剂的混合油为黏结剂，经冷捣工艺制成的炭糊。

3.2.103

细缝糊 paste for fine gaps

以冶金焦粉、石墨粉和煤沥青为主要原料经混捏制成的炭糊，用作填充高炉炭块间小于 2 mm 的缝隙的炭糊。

3.2.104

炭胶泥　carbon glue

又称“炭胶”。采用高温电煅烧无烟煤、石墨粉料和低软化点黏结剂(煤沥青与煤焦油的混合物)作原料,用于高炉炭砖的砌筑。

3.2.105

热解炭　pyrolytic carbon

碳氢化合物气体在800 ℃～2 500 ℃的高温炉内经热解、缩聚等复杂过程使碳沉积在基体上而制成的炭素材料的统称。

3.2.106

高温热解炭　high temperature pyrolytic carbon

又称“热解石墨”。热解炭的一种。在较高沉积温度(1 800 ℃以上),较低炉内气体压力(1.333 kPa～1.998 kPa)下制取的较高结晶取向的热解炭。基体一般是静止的。

3.2.107

低温热解炭　low temperature pyrolytic carbon

热解炭的一种。沉积温度较低(1 500 ℃以下),炉内气体压力较高(0.1 MPa),基体有静止的和非静止的。

3.2.108

炼钢用增碳剂　recarburizers for steelmaking

通常用无烟煤等原料经过配料,粉碎、烘干和筛分等工序制成的炭素材料。具有碳含量高、硫/磷低、灰分少、强度高和抗氧化性强等特点。

3.2.109

玻璃炭　glassy carbon

玻璃炭是外观上呈黑亮色玻璃状,断裂表面上可观察到与普通玻璃同样的贝壳状组织的特殊的炭素材料,它以糠醇树脂等为原料,经固化和热处理而制成。

3.2.110

多孔玻璃炭　porous glasslike carbon

含大量内在孔的玻璃炭的总称。通常,其孔隙率约为20%～90%,大致分为开孔型和闭孔型(或连通孔型和独立孔型)。

3.2.111

活性炭　activated carbon

它是由炭质原料(如木材、植物壳、煤炭和纤维等)经过炭化和活化等工序制成的,具有极大比表面积、很强吸附和脱色能力的一种炭素材料的统称。

3.2.112

粒状活性炭　granular activated carbon

粒度1 mm～3 mm的活性炭。一般用于气体、液体炭吸附塔中。

3.2.113

粉状活性炭　powder activated carbon

粒度一般在0.294 mm以下的活性炭。常用于医药、制糖、橡胶再生等领域。

3.2.114

磁性活性炭　magnetic activated carbon

将活性炭与磁性材料复合或混合制成的,具有磁性能被磁铁吸引的活性炭。一般用于提取黄金。

3.2.115

泡沫炭　foam carbon

采用泡沫有机物炭化法、泡沫陶瓷法、膨胀石墨粉成型法和中空炭珠黏结成型法等方法制成的泡沫状多孔质的炭素材料。主要用作耐热隔热材料、过滤材料、催化剂载体及特殊电化学用电极材料。

3.2.116

生物炭　biocarbon

用于人体内与人体组织有良好相容性,可取代已病变的器官或组织的炭素材料。可用于制造的人体器官主要有人造心脏瓣膜、人造骨、关节、牙根和韧带等。

3.2.117

低温各向同性炭　low temperature isotropic carbon

从流化床获得,沉积温度为 1 100 ℃～1 400 ℃,具有各向同性结构和性能的热解炭。

3.2.118

人造炭质心瓣　artificial carbon hear tvalve

用炭素材料制成的心瓣,用以取代发生病变的心脏瓣膜。

3.2.119

中间相沥青基泡沫炭　carbon foams from mesophase pitch

由中间相沥青经过发泡、炭化和/或石墨化处理后获得的一种具有低密度、高强度、高导热、高导电、耐火、抗冲击性能的新型炭材料。

3.2.120

塑性成型炭　plastic formed carbon

又称"塑料炭"。以炭质原料的微粉为骨料,树脂为黏结剂,塑料制品成型工艺成形,炭化而得到的精密炭素制品。

3.2.121

炭分子筛　carbon molecular sieve

具有分子尺度孔径,能够对不同大小的分子进行选择性吸附分离,即具有分子筛效应的多孔炭。采用碳氢化合物热分解沉积法、热收缩法、气体活化法、覆盖法等制成。

3.2.122

炭薄膜　carbon film

(1) 以高分子膜经过固相炭化、石墨化处理,而制得的一种薄膜状碳质材料。

(2) 气相生长的金刚石薄膜、热解炭薄膜、从有机前驱体出发得到的炭和石墨薄膜等各种碳质薄膜的统称。

3.2.123

多孔炭膜　porous carbon membrane

高分子膜经炭化活化制成的有孔炭膜。即使仅进行炭化,在空气分离、CO_2 分离等方面,也呈现出优良的特性。通过活化可以制得比表面积超过 1 000 m^2/g 的活性炭膜。

3.2.124

氟化炭膜　carbon fluoride film

指由三氟化氯乙烯树脂之类氟树脂的溅射或氟化沥青升华制得的薄膜,可用作润滑性薄膜或疏松水性薄膜。

3.2.125

多孔炭　porous carbon

在 1 250 ℃～1 350 ℃温度下热处理制成,总气孔率大于 45%,体积密度小于 1.20 g/cm^3 的碳质炭素制品。

3.2.126

炭纤维 carbon fiber

有机纤维在2 000 ℃以下碳化而制得的，碳含量不低于93%的纤维状炭素材料的统称。

3.2.127

沥青基炭纤维 pitch based carbon fiber

由煤沥青、石油沥青或合成系沥青原料为前驱体，经调制、成纤、炭化处理而制得的炭纤维。

3.2.128

黏胶基炭纤维 rayon based carbon fiber

以粘胶纤维为原料，在低温热处理后，再在非氧化性气氛中，经800 ℃上的高温热处理而制得的炭纤维。

3.2.129

聚丙烯腈基炭纤维 PAN based carbon fiber

以共聚（或均聚）聚丙烯腈纤维为前驱纤维，经热处理而制得的炭纤维。

3.2.130

活性炭纤维 activated carbon fiber

以纤维为前驱经高温炭化、活化后形成的一种新型高效吸附材料。

3.2.131

气相生长炭纤维 vapor grown carbon fiber

是低碳烃类或氧化碳等在催化剂作用下，经高温热解而生成的炭纤维。

3.2.132

带形炭纤维 ribbon-shaped carbon fiber

是截面形状在一个方向伸长，具有带状形态的炭纤维。带状炭纤维是由带状横截面的聚合物纤维或沥青纤维炭化制成的。

3.2.133

超高强度炭纤维 ultra high tensile strength type carbon fiber

拉伸强度比炭纤维更高的炭纤维，是惯用的区分法，并无定量的边界值定义，但一般将拉伸强度在6 GPa以上的炭纤维称为超高强度炭纤维。

3.2.134

超高模量炭纤维 ultra high modulus type carbon fiber

比炭纤维有更高模量的炭纤维，属惯用的区分法，并无定量边界值的定义，一般多指模量在500 GPa以上的炭纤维。

3.2.135

短切炭纤维 short carbon fiber

指相对于连续纤维的短切纤维。将高性能或通用级炭纤维切断制造，但也有在熔融纺丝时切断，经后炭化过程制造的。

3.2.136

氟化炭纤维 fluorinated carbon fiber

在300 ℃～600 ℃经氟化处理制得的炭纤维。

3.2.137

石墨纤维 graphite fiber

炭纤维经过2 000 ℃～3 000 ℃的热处理而得到石墨质纤维状炭素材料具有质轻、强度高、模量高、热变形小的优点。

3.2.138

炭纤维多向编织物 carbon fibre multidimensional fabric

以炭纤维为原料，通过特殊的编织技术在三维空间按所需的方向结构编织成块状体、圆筒体、截锥体等各种形状的编织物。这类编织物可通过调节纤维的方向，所要求方向上的体积分数、纤维间距、织物密度、丝束填充效率等来获取所需要的产品性能。

3.2.139

炭布 carbon cloth

用炭纤维作经纬纱的织物称作炭纤维布，简称炭布。

3.2.140

炭毡 carbon felt

是由炭纤维组成的毡状炭质材料。随所用原料不同分为聚丙烯腈基炭毡和黏胶基炭毡两种。

3.2.141

石墨毡 graphite felt

炭毡在真空或惰性气氛下经 2 000 ℃以上高温处理后制成，含碳量比炭毡高，达 99%以上。

3.2.142

炭纤维纸 carbon fibre paper

以炭纤维为增强剂的功能增强材料，天然纸浆或合成纸浆为基质，辅以黏合剂和填料经抄纸工艺而制得的纸状复合材料。

3.2.143

炭纤维增强树脂复合材料 carbon fibre reinforced resin composites

由高强度、高模量炭纤维和树脂基质(Matrix)组成的材料。树脂基质和纤维之间有明确的界面，纤维和基质各自保持其物理和化学性质，并使复合材料的性质有重要的改进。复合材料中主要荷载由炭纤维承受，纤维周围的树脂基质主要起固定纤维位置、传递负荷以及防止环境损伤纤维的作用。

3.2.144

炭纤维增强热固性树脂复合材料 carbon fibre reinforced thermosetting resin composites

由炭纤维作增强体，热固性树脂作为基质的一类复合材料。

3.2.145

炭纤维增强热塑性树脂复合材料 carbon fibre reinforced thermoplastic resin composites

以炭纤维或石墨纤维为增强体，热塑性树脂为基质的复合材料的统称。

3.2.146

炭纤维增强炭复合材料 carbon fibre reinforced carbon composites

简称"炭-炭复合材料"。用炭纤维来增强各种基质炭的复合材料的统称。

3.2.147

炭纤维增强金属复合材料 carbon fibre reinforced metal matrix composites

以高性能炭(石墨)纤维为增强体，铝、镁、铜、铅等金属为基质组成的复合材料。

3.2.148

炭纤维增强陶瓷复合材料 carbon fibre enhanced ceramic composites

以炭纤维为补强体所构成的陶瓷基复合材料。它是一种多相复合陶瓷，按照多相复合陶瓷的设计原则：两相在化学上相容、物理上匹配和显微结构的设计，包括各相在几何上的配置以及在物理和化学上对性能的影响。

3.2.149

炭纤维增强水泥复合材料　carbon fibre reinforced cement composites

以炭纤维作增强材料，水泥灰浆、砂浆或混凝土等为基质的复合材料。

3.2.150

炭纤维增强橡胶复合材料　carbon fiber reinforced rubber composites

以炭纤维为增强材料、橡胶为基质经复合工艺而制得的复合材料。炭纤维与橡胶的性能显著不同，两者复合后性能互补，使性能臻于完善。

3.2.151

炭纤维人工肌腱　carbon fibre muscle tendon

炭纤维人工肌腱是由聚丙烯腈长丝编织后，经预氧化和在张力下进行炭化(炭化温度在 1 000℃以上)后制成的。

3.2.152

炭-石墨触头　carbon-graphite contact

以炭质材料或石墨材料为基材制造的，将电流由一个部件导向另一个部件的滑动或滚动炭素材料。

3.2.153

炭滑块　carbon collector

用于无轨电车、铁路和矿山电力机车滑动受电的炭素材料器件。

3.2.154

电刷　electric brush

又称“炭刷”。用在电机的换向器或集电环上，作为导入或导出电流的滑动接触体的统称。

3.2.155

电化石墨电刷　electro-graphite brush

以天然石墨、焦炭、炭黑或木炭为主要原料，经 2 500 ℃高温处理后制成的较高电阻电刷。

3.2.156

炭石墨电刷　carbon-graphite brush

由非石墨质炭和石墨的混合物制成的电刷。

3.2.157

树脂黏合石墨电刷　resin bonded graphite brush

以天然石墨、焦炭、炭黑为骨料，合成树脂为黏合剂制成的高电阻石墨电刷。

3.2.158

石墨电刷　graphite brush

以天然石墨、焦炭、炭黑为主要骨料，采用沥青或树脂做黏结剂经焙烧或在约 1 000 ℃高温烧结制成的润滑性能好的电刷。

3.2.159

金属石墨电刷　metal-graphite brush

由银、铜及少量的锡铅等金属粉末渗入石墨混合制成电阻较小的电刷。

3.2.160

电弧炭棒　arc carbon

放电电弧(弧光)用炭棒的总称。用多种炭素原料制成，通电时能够稳定燃烧，产生弧光，用于电影放映、摄影、照相制版、人工阳光老化仪、炭弧气刨和光谱分析仪等作光源或热源。

3.2.161

电火花加工用电极　electrode-for electro-discharge machining

专用于电火花加工用的电极。所谓电火花加工是使相当于绝缘油中的被加工物和加工工具的电极间放电，通过其放电能使加工物熔融并进行加工。

3.2.162

炭气凝胶　carbon aerogee

由有机气凝胶炭化而得的一种其孔隙结构类似气凝胶的炭素材料。是一种纳米级非晶碳，质轻、多孔、比表面积大、导电性好、机械性能优异。

3.2.163

多层富勒烯　multi fullerene

指球壳状封闭的碳六角网面由许多层同心状堆叠而成的多层球状体。又称之为巴基葱(Bucky onion)。

3.2.164

纳米炭材料　carbon nano-materials

指在一维或多维方向上、尺寸处于纳米尺度范围内的碳质炭素材料。

3.2.165

纳米炭管　carbon nanotube

一种碳元素存在的新形式，它是由碳原子围成的一种管状结构，而且它的直径都在纳米尺度上。

3.2.166

多壁纳米炭管　multi-wall carbon nanotubes

包含两层以上石墨烯的纳米炭管。形状像个同轴电缆。其层数从 2～50 不等，层间距为 0.34 nm±0.01 nm，与石墨层间距(0.335 4 nm)相当。

3.2.167

单壁纳米炭管　single wall carbon nanotube

仅包含一层石墨烯的纳米炭管。典型单壁纳米炭管的直径和长度分别为 0.75 nm～3 nm 和 1 μm～50 μm。

3.2.168

纳米石墨微片　graphite nano-sheets

经过超声波粉碎，将膨胀石墨制备成一种新型的导电填料。

3.2.169

纳米石墨粉　nano-graphite powder

三维尺寸都在纳米尺度范围的石墨粉。

3.2.170

中间相炭微球　mesocarbon microbead

又称"中间相炭微珠"。英文缩写"MCMB"。是一种以中温煤沥青、煤焦油催化裂化渣油等稠环芳烃化合物为原料，采用热缩聚法、乳化法和悬浮法等方法制备出具有向列液晶结构的中间相小球体，经过分离、洗涤、干燥、炭化或石墨化等工艺制成的碳原子成层片堆砌，颗粒外形为小球形的炭素材料。中间相炭微球是制备高性能炭材料的前驱体，已被用于制备高密高强炭材料、超高比表面活性炭、锂离子电池负极材料、高效液相色谱填料、催化剂载体等。

3.2.171

锂离子电池负极材料　negative-electrode material of li-ion battery

用于二次锂离子电池负极的材料。二次锂电池负极材料经历了第 1 代的金属锂、第 2 代的炭素材料，即石墨嵌入化合物。锂离子电池的性能，主要取决于能可逆地嵌入脱嵌锂离子的负极材料的制备。

3.2.172

电池用炭素材料　carbon material for battery

具有导电性和耐腐蚀性好的炭材料以各种形态在一次电池、二次电池、燃料电池中被用作电极材料。

3.2.173

电化学用炭素制品 carbon product for electrochemical use

电化学专用炭素制品的总称。利用炭的导电性、耐蚀性、电化学活性等特点，用作石墨电解板，熔融盐电解，电池用炭材料，燃料电池用炭材料，电双层电容器用炭材料，电解加工，防腐蚀用阳极等。

3.2.174

电子通讯用炭制品 carbon product for electronic communication use

在通讯电子设备及电子电路中使用的炭素制品的总称。如固定炭膜电阻、炭复合电阻、膜开关、PTC元件、电话安全器用炭、话筒用炭、电子管阳极。

3.2.175

功能梯度炭素材料 functionally gradient carbon materials

具有成分、组织结构、密度等理化性能沿某一方向连续(或阶梯式)变化，从而使材料两端呈现截然不同性能和不同功能的炭素材料。可用于核反应堆材料、电绝缘材料、陶瓷发动机部件、生物材料、电池及电子材料等。

3.2.176

i-碳 i-carbon

又称“类金刚石”或“氢化非晶硬炭”。采用离子束沉积、等离子体分解和溅射等方法制成的，sp^3/sp^2值很高的非晶硬炭。具有高强度、低摩擦系数的优点，但也具有内应力很大的弱点。可用作制造红外透镜的抗反射保护层、计算机硬盘和录音机磁头的耐磨涂层等。

3.3 表观质量术语

3.3.1

表面粗糙度 surface roughness

指产品表面有较小间隔的凹凸程度，用算术平均粗糙度、最大高度、十点平均粗糙度、凹凸平均间隔等来表示。

3.3.2

短尺 short length

石墨电极加工后小于尺寸标准规定的长度，但还可以按一定比例发给用户使用的长度略短一点的产品。

3.3.3

缺陷 defect

制品的裂纹、孔洞、掉块、缺角、缺棱、凹陷、凸起、局部疏松等统称为缺陷。

3.3.4

裂纹 crack

长度远大于宽度的狭长缝隙。

3.3.5

表面裂纹 crack on surface

制品表面的裂纹。

3.3.6

内部裂纹 internal crack

又称“内裂”。制品内部的裂纹。

3.3.7

横裂纹 transverse crack

又称“横裂”。基本走向垂直于制品轴线的裂纹。

3.3.8

纵裂纹　longitudinal crack

又称“纵裂”。基本走向平行于制品轴线的裂纹。

3.3.9

跨棱裂纹　crack across the edge

由制品的一面跨越棱线延伸到另一面的裂纹。

3.3.10

裂纹宽度　width of the crack

裂纹两侧壁间最大距离。

3.3.11

裂纹长度　length of the crack

裂纹沿走向起止点之间的长度。

3.3.12

断裂　fracture

指材料完全断裂成两部分。如冲击等试验的断裂。

3.3.13

分层　delamination

制品及坯料内部呈扁平延伸的缝隙。

3.3.14

孔洞　cave

制品及坯料中空隙的一种,其各方向的特征线度均大于某一规定数值且各线度之间相差并不悬殊。

3.3.15

杂质　foreign matter

制品中不应含有的其他物料。

3.3.16

变形　deformation

制品及坯料的外形不符合有关标准或技术条件规定的几何形状。

3.3.17

凸起　convexity

制品及坯料局部高于轮廓平面(或曲面)的部分。

3.3.18

扭曲　torsion

炭块砌筑面上发生的隆起或凹陷。

3.3.19

弯曲度　flexibility

制品或坯料的最大凹陷深度与长度之比,一般用百分数表示。

3.3.20

局部疏松　loose spot

制品中可以检查出的一种缺陷。在缺陷区域内,材料体积密度显著变小。

3.3.21

掉块　chip off-falling

制品的表面因机械加工或碰撞损伤等造成的局部脱落。

3.3.22

电极表面黑皮　low spot on the surface of electrode

在经过外圆加工的电极表面没有受到车削处理的部分。

3.3.23

表面刀痕　cutting scar on the surface

在制品表面上,机械加工时留下的刀印。

3.3.24

涂层厚度　thickness of the coating layer

抗氧化涂层石墨电极表面涂覆的保护层厚度。

3.3.25

缺角　vertex damage

制品角部受损部分掉落后所呈现的残缺状态。

3.3.26

缺角深度　depth of the damaged vertex

由缺角锥顶到受损面的垂直距离。

3.3.27

缺棱　edge damage

制品的相邻两个面交界处受损部分掉落后所呈现的残缺状态。

3.3.28

缺棱深度　depth of the damage edge

由缺棱处两个面的交线到受损面的最大距离。

3.3.29

缺棱长度　length of the damaged edge

制品在缺棱处沿两个面交线的长度。

3.3.30

凹陷　concavity

制品表面局部低于轮廓平面(或曲面)的部分。

3.3.31

凹陷深度　depth of concavity

从凹陷底部到轮廓面的最大距离。

3.3.32

端面间隙　gap between the end surface

在两根电极连接处,两个端面间的缝隙。

3.3.33

接头螺孔　connecting socket

在电极端面中心处,供连接接头用的具有内螺纹的套接孔。

3.3.34

水平缝　horizontal lap seam

高炉炭块上下层间的砌筑缝隙。

3.3.35

垂直缝　vertical lap seam

同层相邻炭块间的砌筑缝隙。

3.3.36

错台　stagger

预组装高炉炭块时，由于炭块的加工偏差而出现的错位现象。

3.3.37

工作面　working surface

靠炉膛的炭块端面。

3.3.38

非工作面　non-working surface

靠炉壳的炭块端面。

3.3.39

调节块　carbon block for the adjustment

宽度尺寸不受图纸规定限制的单体炭块。

3.3.40

中心线偏差　axis deviation of electrodes

两根电极在连接处的轴心间的距离。

3.4　化学分析和物理检测术语

3.4.1

全水分　total moisture

炭素材料内在水分与外在水分之和。

3.4.2

外在水分　external moisture

附着在炭素材料表面，并在一定条件下试样与周围空气湿度达到平衡时失去的水分。

3.4.3

内在水分　inherent moisture

空气干燥的炭素材料试样加热至 110 ℃±2 ℃时失去的水分。

3.4.4

灰分　ash content

炭素材料在规定条件下灼烧后残留物占试样的质量百分数。

3.4.5

挥发分　volatile matter

炭素材料试样在规定条件下隔绝空气加热并进行水分校正后的挥发物质占试样的质量百分数。

3.4.6

固定炭　fixed carbon

从测定炭素材料挥发分后残渣中减去灰分后的残留物占试样的质量百分数。

3.4.7

结焦值　coking value of pitch

又称“残炭率”。定量的煤沥青试样在规定条件下加热焦化，沥青被焦化后留下残焦，残焦质量占试样的质量百分数。

3.4.8

硫分　total sulfur

又称为“全硫”。炭素材料试样中各种硫的总和。

3.4.9

石墨乳固形分　solid content of colloidal graphite

石墨乳在规定试验条件下，烘干后试样质量占烘干前试样的质量百分数。

3.4.10

比表面积　specific surface area

单位质量炭素材料颗粒或粉末的表面积。

3.4.11

气孔率　porosity

又称“全孔率”。炭素材料制品及原料中总气孔体积占总体积的百分率。

3.4.12

真气孔率　true porosity

炭素材料试样中全部气孔(包括开口气孔和闭口气孔)的体积占试样总体积的百分率。

3.4.13

显气孔率　open porosity

炭素材料试样中开口气孔的体积占试样总体积的百分率。

3.4.14

闭孔率　porosity by closed pore

炭素材料制品中的气孔，在密度测定时不能为密度测定用的介质所侵入称闭孔，用百分数表示。

3.4.15

开孔率　porosity by open pore

炭素材料制品中的气孔，在密度测定时能为密度测定用的介质所侵入称开孔，用百分数表示。

3.4.16

真密度　real density

炭素材料单位体积(不含孔隙和颗粒间空隙)的质量。

3.4.17

体积密度　bulk density

炭素材料单位体积(包含孔隙和颗粒间空隙在内)的质量。

3.4.18

透气度　permeability

在一定压差下，气体通过炭素材料试体的透气程度。

3.4.19

石墨细度　fineness of graphite

在一定条件下，试样经指定孔径的标准筛筛分后，筛上物或筛下物占试样质量的百分数。

3.4.20

筛分终点　sieving end point

按规定时间对试样筛检结束时，继续筛分一定时间，筛下物质量与试样量之比小于0.3%时，则筛分到达终点。

3.4.21

耐压强度　crushing strength

又称“抗压强度”。炭素材料在单位面积上所能承受的极限负荷。

3.4.22

抗折强度　bending strength

又称“抗弯强度”或“断裂模量”。炭素材料单位面积承受弯矩时的极限折断应力。

3.4.23

抗拉强度　tensile strength

炭素材料试样受拉断裂时单位面积承受的载荷。

3.4.24

弹性模量　modulus of elasticity

又称“杨氏模量”。炭素材料在外力作用下产生的应力与伸长或压缩弹性形变之间的关系的度量。其数值为试样横截面所受正应力与应变之比。

3.4.25

焙烧强度　baking strength

电极糊等试样在焙烧试验后所具有的最大抗压强度。

3.4.26

断裂强度　fracture strength

因外部的负荷、变形以及热应变等使材料产生断裂时的应力。

3.4.27

抗冲击强度　impact strength

炭素材料试样在冲击负荷作用下破坏时，试样单位横截面积所吸收的功(冲击吸收功)。

3.4.28

黏结剂抗剪强度　shearing strength of binder

对试样黏结缝施加平行的压缩载荷，至黏结缝破坏时单位面积黏结面上承受的压缩载荷。

3.4.29

黏结剂黏结强度　binding strength of binder

对试样黏结缝施加垂直的拉伸载荷，黏结缝断裂时单位面积黏结缝承受的拉伸应力。

3.4.30

石墨管材水压爆破强度　hydraulic burst strength of graphite tube

按规定试验条件，在石墨管试样内施加水压至管子破裂时的最大水压值。

3.4.31

洛氏硬度　Rockwell hardness

炭素制品使用洛氏硬度计测量的硬度。将压力施加在经过淬火的钢球上，把它压入所试材料的表面，印有凹痕，此凹痕的深度即为洛氏硬度值。

3.4.32

肖氏硬度　Shore hardness

炭素制品使用肖氏硬度计测量的硬度。应用弹性回跳法，将尖端镶有金刚石的小锤从一定高度落到所试材料的表面上，使其发生回跳，小锤回跳的高度即为肖氏硬度值。

3.4.33

显微硬度　microscope hardness

采用显微硬度计测定的，反映被测炭素材料抵抗显微硬度计压头压入的能力。这是一种压入硬度，根据压头的不同，可分为维氏硬度和努普硬度两种。

3.4.34

甲苯不溶物　toluene insoluble

煤焦油、煤焦油沥青和其他类似产品中不溶于甲苯的组分。英文缩写“TI”。将一定质量的沥青试样，在索氏抽提器中，用甲苯回馏液反复萃洗，直到可溶于甲苯的成分全部洗下，其残留物的质量占原试样质量的百分数即为甲苯不溶物含量。

3.4.35

喹啉不溶物　quinoline insoluble

煤焦油或煤焦油沥青中不溶于喹啉的组分。英文缩写"QI"。取一定质量的沥青试样，用喹啉在指定温度下溶解过滤，其不溶物的质量占原试样质量的百分数即为喹啉不溶物含量。

3.4.36

氧化　oxidation

制品及坯料在炽热状态下接触空气、水蒸气或其他氧化介质所导致的碳与氧之间的化学反应。

3.4.37

氧化性　oxidisability

炭素材料，特别是炭块和石墨电极，在空气中按规定方法测得的氧化失重量的度量。

3.4.38

铝用炭阳极二氧化碳反应性　reactive ability to carbon dioxide of carbon anode for aluminium making

在规定的试验条件下，将铝用炭素阳极与二氧化碳进行反应，同时得到氧化率、脱落度和总消耗速度三项指标，以表征铝用炭素阳极二氧化碳的反应性。用于评价电解时铝用炭素阳极的消耗。

3.4.39

导热系数　coefficient of thermal conduction

表征炭素材料传导热量能力的物理量。

3.4.40

中温导热系数　coefficient of thermal conduction at medium temperature

表征石墨制品在 100 ℃～800 ℃传导热量能力的物理量。

3.4.41

热膨胀系数　coefficient thermal expansion

炭素材料受热膨胀程度的度量。即当温度升高 1℃时，单位长度的固体材料所引起的沿某一特定方向上的膨胀量，称为该材料沿那个方向上的膨胀系数。

3.4.42

自焙炭块焙烧线收缩（或线膨胀）率　baked linear shrinkage (or linear expansion) ratio

自焙炭块经 800 ℃焙烧后自然冷却到室温产生的线收缩率或线膨胀率。

3.4.43

电阻率　specific electrical resistance

表示材料通过电流时阻力大小的一种性质。数值上等于长为 1 m、截面积为 1 m^2 的导体所具有的电阻。

3.4.44

黏结剂收缩率　contraction of binder

在规定试验条件下，浇铸成条块状黏结剂试样，在加热前后其体积的相对变化率。

3.4.45

浸渍增重率　weight gain ratio of impregnated

炭素制品在规定的条件下进行浸渍前后试样质量的增加率。

3.4.46

石墨乳附着性　adherence of colloidal graphite

石墨乳在规定破坏试验条件下，附着试片上的石墨乳涂膜的块数占破坏试验前总涂膜块数的百分数。

3.4.47

石墨乳耐湿性　moisture resistance of colloidal graphite

在规定的浸水破坏试验条件下，石墨乳涂膜试片中涂膜未剥落的试片(或涂膜块)占浸水破坏试验前试片(或涂膜块)总数的百分数。

3.4.48

铁水熔蚀指数　melt loss index by molten iron

一定形状的高炉炭块试样，在1 425 ℃的铁水中，在氮气搅动下，被铁水熔蚀的质量百分数。

3.4.49

耐碱性　alkali-resistance

炭块在碱性介质中按规定方法测得的破损程度。

3.4.50

耐腐蚀消耗　corrupt consume

石墨阳极在规定试验条件下，电化学腐蚀和机械脱落质量的总和。

3.4.51

破损系数　damage coefficient

阴极炭块经电解试验后，浸入试样内的电解质体积与试样原总孔隙体积的比值。

3.4.52

沥青接触角　contact angle of pitch with solid surface

又称“浸润角”。液体沥青和固体接触时，沥青液滴与固体间界面的切线间的夹角。

3.4.53

软化点　softening point

煤沥青等试样在规定条件下软化到一定稠度时的温度。

3.4.54

焙烧试验　baking test

模拟电极糊等使用时的烧结情况，对其进行高温热处理，使之成为具有一定机械强度的试样的过程。

3.4.55

膨胀容积　dilatation volume

单位质量的可膨胀石墨在规定温度下膨胀的体积。

3.4.56

延伸率　extend ratio

又称“伸长率”。是反映炭糊流动性的指标。指在炭糊在规定加热条件下，试样受热延伸相对长度的百分数。

3.4.57

阴极炭块电解膨胀率　electrolysis swelling of cathode block

阴极炭块试样在熔盐电解状态下测定的膨胀率。在电解温度下，当热膨胀稳定后测得的膨胀率。故不包含炭块的热膨胀。

3.4.58

针入度　needle penetrability

使用标准铝棒在一定荷重、规定温度和时间条件下，垂直落入试样的深度的度量。

3.4.59

电刷软接线脱出拉力　pull strength of brush connection

将电刷软接线拉出、脱离刷体时的最大拉力值。

3.4.60

电刷磨损值　wear value of brush

采用在规定条件下的磨损试验测定，以磨损试验前后电刷径向尺寸的差值表示电刷的磨损值。

中 文 索 引

英 文 索 引

A

B

C

F

G

L

M

N

O

P

Q

R

V

W

ICS 29.050
Q 51

中华人民共和国国家标准

GB/T 8722—2008
代替 GB/T 8722—1988

石墨材料中温导热系数测定方法

Method for the determination of thermal conductivity of graphite materials at median temperature

2008-05-13 发布 2008-11-01 实施

中华人民共和国国家质量监督检验检疫总局
中国国家标准化管理委员会 发布

前　言

本标准代替 GB/T 8722—1988《石墨材料中温导热系数测定方法》。

本标准对原标准 GB/T 8722—1988 做了如下修改：

——修改了原标准的格式；

——增加了条款“范围”、“规范性引用文件”、“原理”；

——导热系数的单位由原来的 J/(cm·s)·℃改为 W/(m·k)。

本标准由中国钢铁工业协会提出。

本标准由冶金工业信息标准研究院归口。

本标准起草单位：中钢集团吉林炭素股份有限公司。

本标准主要起草人：于淑贤、孙权、康健。

本标准 1988 年首次发布。

石墨材料中温导热系数测定方法

1 范围

本标准规定了石墨材料中温导热系数测定原理 、仪器设备、试样制备、试验步骤、试验结果、试验误差和试验报告。

本标准适用于100℃～800℃石墨材料导热系数的测定。

2 规范性引用文件

下列文件中的条款通过本标准的引用而成为本标准的条款。凡是注日期的引用文件,其随后所有的修改单(不包括勘误表的内容)或修订版均不适用于本标准,然而,鼓励根据本标准达成协议的各方研究是否可使用这些文件的最新版本。凡是不注日期的引用文件,其最新版本适用于本标准。

GB/T 1427 炭素材料取样方法

GB/T 8170 数值修约规则

3 原理

导热系数是表明材料导热能力的一种物理量。即单位时间、单位温度梯度下单位面积所传递的能量。

采用直接通电纵向热流法。圆柱状试样通过直流电时,产生的热量主要沿试样纵向向两端传导。达热稳定状态后,认为试样上是一维纵向热流,对试样和侧向环境热交换予以修正。

4 仪器设备

4.1 千分尺:精度 0.01 mm。

4.2 游标卡尺:精度 0.02 mm。

4.3 镍铬-镍硅铠装热电偶:裸露式。热电偶丝直径 0.4 mm～0.5 mm。

4.4 精密数字温度显示仪:分辨率 0.1℃。精度±1.3%。

4.5 直流数字电压表:分辨率 0.001 mV。精度±0.006%。

4.6 定值分流器:500 A/75 mV,0.2 级,配以相应精度直流毫伏表。或 4.5 中规定的数字电压表。

4.7 对开式防热炉:炉膛规格为直径 50 mm±2 mm,长度 135 mm～140 mm。炉内加相应尺寸的金属均热管,厚度为 0.8 mm～1.5 mm,其上纵向温度接近二次抛物线分布,均热管横断面上各点间温差小于 5℃。均热管和试样之间填充软质绝热材料,如硅酸铝纤维毡等。

4.8 精密温度控制仪:控温精度±0.1℃。

4.9 试样加热供电设备。

4.9.1 电子交流稳压器:5 kVA。

4.9.2 自耦变压器:5 kVA。

4.9.3 变压器:初级 220 V/23 A,次级 12 V/411 A。

4.9.4 整流柜:最大电流 500 A,经滤波的电流波纹因数小于 0.65%,电流稳定度大于±0.3%。

4.9.5 试样加热的测量装置如图 1 所示:

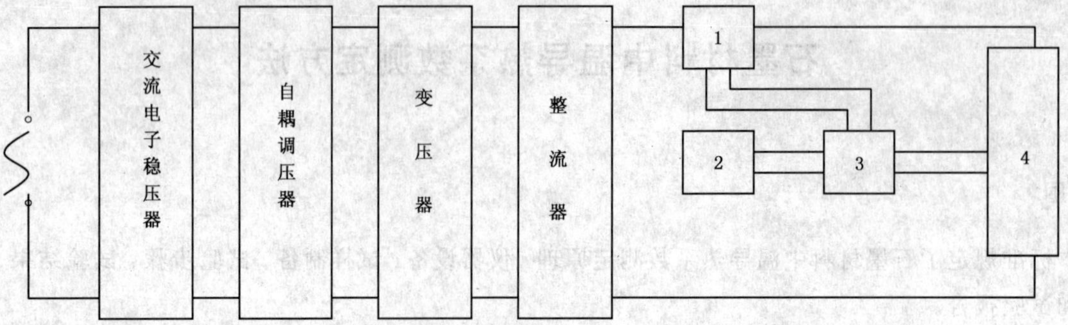

1——定值分流器；

2——毫伏表；

3——转换开关；

4——试样。

图 1

4.10 真空系统：包括真空泵，扩散泵和真空炉罩，其真空度为 0.133 Pa。

4.11 无电动势转换开关。

5 试样

5.1 取样：按 GB/T 1427 规定进行，但试体长度不小于 190 mm。

5.2 规格：直径 16 mm+0.06 mm，长度 160 mm±1 mm，要求试样表面无明显刀痕。

5.3 试样工作区间：30.6 mm～40 mm。

5.4 在同一轴剖面上钻三个直径 1.5 mm，深 1 mm 的测温小孔，同时要求两端孔到中心孔距离之差小于 0.3 mm。

5.5 数量：按炉头、炉中、炉尾各取一个试样。

6 试验步骤

6.1 试验条件

6.1.1 当试样温度在 5 min 内变化不大于 2℃时，认为被测系统达到了热稳定状态，此时测得的数据有效。

6.1.2 通过试样电流大小应使试样中点的温度接近防热炉的中点温度，保证使试样和侧向环境温度差的函数的绝对值小于 5℃。

6.1.3 通过调节试样两端水冷电极的冷却水流量，使试样两端温差相接近，并使试样中点与两端平均温度差不低于 9℃，不高于 120℃。

6.2 装样：要求试样与水冷电极紧密接触。

6.3 测量试样温度的热电偶插入测温小孔，使其接触电阻尽量保持一致。同时调整测量侧向环境温度的热电偶位置与之相对应。共热点插入绝热层约 5 mm，它到试样轴心线距离为 18 mm～22 mm。

6.4 整个试验真空度保持在 13.3 Pa 以上。

6.5 将防热炉通电，当被测系统达热平衡后，测量并记录试样和侧向环境温度，然后试样通电加热到相应温度，当再次达热平衡后，测量并记录各点温度和通入试样的电流，工作区间电压。

6.6 每次测量重复 3 次～5 次取其平均值进行计算。

7 试验结果

7.1 试样导热系数(λ)按下式计算，保留小数点后 1 位，数值修约按 GB/T 8170 规定。

$$\lambda = 0.636 \times \frac{IVL}{d^2(\Delta_1 - \varepsilon N)} \qquad (1)$$

式中：

λ——试样的导热系数，单位为瓦/米，开尔文 W/(m·k)；

L——试样工作区间平均长度，单位为毫米(mm)；

I——通入试样的电流，单位为安培(A)；

V——试样工作区间平均电压降，单位为毫伏(mV)；

d——试样直径，单位为毫米(mm)；

Δ_1——试样工作区间中点和两端点间的平均温度差，单位为摄氏度(℃)；

ε——反映侧向热交换大小的系数；

N——试样和侧向环境温度差的函数，单位为摄氏度(℃)。

Δ_1、ε、N 由下列各式计算：

$$\Delta_1 = t_2 - \frac{t_1 + t_3}{2} \qquad (2)$$

$$\Delta_2 = t_2' - \frac{t_1' + t_3'}{2} \qquad (3)$$

$$N = t_2' - t_2 + \frac{\Delta_1}{6} - \frac{\Delta_2}{6} \qquad (4)$$

$$\Delta_1^0 = t_{02} - \frac{t_{01} + t_{03}}{2} \qquad (5)$$

$$\Delta_2^0 = t_{02}' - \frac{t_{01}' + t_{03}'}{2} \qquad (6)$$

$$N_0 = t_{02}' - t_{02} + \frac{\Delta_1^0}{6} - \frac{\Delta_2^0}{6} \qquad (7)$$

$$\varepsilon = \frac{\Delta_1^0}{N_0} \qquad (8)$$

式中：

t_1、t_2、t_3——试样通电时试样端点、中点、另一端点的温度，单位为摄氏度(℃)；

$t_1' t_2' t_3'$——试样通电时测向环境端点、中点、另一端点的温度，单位为摄氏度(℃)；

$t_{01} t_{02} t_{03}$——试样不通电时试样端点、中点、另一端点的温度，单位为摄氏度(℃)；

$t_{01}' t_{02}' t_{03}'$——试样不通电时测向环境端点、中点、另一端点的温度，单位为摄氏度(℃)；

Δ_1^0——试样不通电时试样中点和两端点间的平均温度差，单位为摄氏度(℃)；

Δ_2^0——试样不通电时侧向环境中点和两端点间的平均温度差，单位为摄氏度(℃)；

Δ_2——试样通电时侧向环境中点和两端点间的平均温度差，单位为摄氏度(℃)；

N_0——试样不通电时试样和侧向环境温度差的函数，单位为摄氏度(℃)。

t——试样平均温度，由下式确定：

$$t = t_2 - \frac{\Delta_1}{3} \qquad (9)$$

7.2　将测得的平均值，分别代(1)～(9)式，则得各实验点实测导热系数。

7.3　根据各温度下导热系数的实测值，用作图法求出温度与导热系数的关系，并由此关系得对应于一定温度下的导热系数值，作正式结果发出报告。

8　试验误差

相对误差±6%。

9 试验报告

试验报告包括下列内容：

a） 试样名称；

b） 试样编号；

c） 委托单位；

d） 试验结果；

e） 试验单位；

f） 试验人员；

g） 试验日期。

ICS 71.080
G 18

中华人民共和国国家标准

GB/T 8727—2008
代替 GB/T 8727—1988

煤沥青类产品结焦值的测定方法

Method for determination of coking value of coal pitch products

2008-08-19 发布　　　　2009-04-01 实施

中华人民共和国国家质量监督检验检疫总局
中国国家标准化管理委员会　发布

前言

本标准代替 GB/T 8727—1988《煤沥青结焦值的测定方法》。

本标准与 GB/T 8727—1988 相比主要修改内容如下：

——修改了“范围”；

——增加了“规范性引用文件”；

——完善了“试验步骤”。

本标准由中国钢铁工业协会提出。

本标准由全国钢标准化技术委员会归口。

本标准起草单位：水城钢铁(集团)有限责任公司、冶金工业信息标准研究院。

本标准主要起草人：杨茂林、郭武卫、孙伟、张东升、邱圣育、陈海英、增群红、耿茜。

本标准所代替标准的历次版本发布情况为：

——GB/T 8727—1988。

煤沥青类产品结焦值的测定方法

1 范围

本标准规定了煤沥青类产品结焦值测定方法的原理、试样的采取和制备、仪器及材料、试验步骤、结果的计算、精密度等。

本标准适用于煤焦油加工所制得的煤沥青、改质沥青结焦值的测定。

2 规范性引用文件

下列文件中的条款通过本标准的引用而成为本标准的条款。凡是注日期的引用文件,其随后所有的修改单(不包括勘误的内容)或修订版均不适用于本标准,然而,鼓励根据本标准达成协议的各方研究是否可使用这些文件的最新版本。凡是不注日期的引用文件,其最新版本适用于本标准。

GB/T 2000 焦化固体类产品取样方法

GB/T 6003.1 金属丝编织网实验筛

3 方法原理

一定量的试样放入 550 ℃±10 ℃的高温炉内加热,然后称量焦渣,焦渣量对试样量的质量分数即为结焦值。

4 试样的采取和制备

按 GB/T 2000 的规定采取试样,烘干(50 ℃±2 ℃ 鼓风干燥箱中干燥 1 h)后用研钵研磨成通过 GB/T 6003.1 中 ϕ200×50-0.25/0.16 筛的颗粒。

5 仪器及材料

5.1 瓷坩埚:容积 20 mL,内径 ϕ35 mm,高 30 mm,带盖。
容积 100 mL,内径 ϕ58 mm,高 50 mm,带盖。

5.2 箱形高温炉:可控制 550 ℃±10 ℃。

5.3 干燥器:内装干燥剂。

5.4 坩埚架:镍铬丝加工制成,坩埚架孔的大小按放入坩埚后使坩埚底离炉底 5 mm 为准。

5.5 天平:感量 0.000 1 g。

5.6 焦粒:粒度为 1 mm～3 mm。

5.7 研钵材质:玛瑙或瓷。

6 试验步骤

6.1 称取试样 1 g(准确至 0.000 2 g),置于洁净的已在 550 ℃±10 ℃恒重好的 20 mL 瓷坩埚内摊平,盖上盖子。

6.2 将装入试样的坩埚放入预先铺有 10 mm±1 mm 厚焦粒的 100 mL 坩埚内,再用焦粒将两个坩埚间的空隙填满至 20 mL 坩埚完全被埋入,用盖盖上外坩埚。

6.3 将装好的坩埚放在镍铬丝支架上,然后整个放在温度为 550 ℃±10 ℃的箱形高温炉内,10 min 内恢复到恒定的温度。

6.4　2 h后，从炉中取出坩埚，在空气中冷却5 min～10 min，取出内坩埚，除去附着的焦粉。把内坩埚放入干燥器中，冷却至室温，并称量(准确至0.000 2 g)。

6.5　清扫20 mL瓷坩埚及盖，弃掉残渣，放入700 ℃～1 000 ℃的高温炉中灼烧，去掉残留物，以备用。

7　结果的计算

煤沥青结焦值，按式(1)计算：

$$K(\%)=\frac{m_2-m_1}{m}\times 100 \qquad \cdots\cdots(1)$$

式中：

K——煤沥青结焦值的数值，单位为质量分数(%)；

m_2——20 mL瓷坩埚和残渣质量的数值，单位为克(g)；

m_1——20 mL瓷坩埚质量的数值，单位为克(g)；

m——试样质量的数值，单位为克(g)。

取重复测定两个结果的算术平均值作为测定结果。

8　精密度

8.1　重复性r：不大于1.0%。

8.2　再现性R：不大于2.0%。

ICS 77.140.01
H 40

中华人民共和国国家标准

GB/T 8731—2008
代替 GB/T 8731—1988

易切削结构钢

Free-cutting structural steel

2008-09-11 发布　　2009-05-01 实施

中华人民共和国国家质量监督检验检疫总局
中国国家标准化管理委员会　发布

前　言

本标准代替 GB/T 8731—1988《易切削结构钢技术条件》。

本标准与原标准对比，主要修订内容如下：

——适用范围中增加了钢板及钢带等钢材(见第 1 章)；

——参照 ISO 683-9:1998 的定义，增加了易切削结构钢的定义(见第 3 章)；

——增加了分类(见第 4 章)；

——增加了订货内容(见第 5 章)；

——删除了原标准中对于热轧、冷拉条钢、钢丝及银亮钢的尺寸、外形及允许偏差规定的表格，代之以文字叙述(1998 年版表 1，本版 6.1)；

——修改了原标准中 Y12Pb 的成分范围，增加了 Y08、Y45、Y15Mn、Y45MnS、Y08Pb 等国外常用牌号；并添加了专利 ZL 03 1 22768.6 中的部分牌号 Y08Sn、Y15Sn、Y45Sn、Y45MnSn 和国内其他厂家正在生产使用的牌号 Y08MnS、Y35Mn、Y45Mn、Y45MnSPb(见表 1、表 2、表 3)；

——增加了 GB/T 222 中未规定的锡及超出其规定范围的硫元素的成品成分允许偏差(见表 5)；

——增加了冶炼方法的规定(见 7.2)；

——在交货状态款中增加了以银亮状态交货(见 7.3)；

——更改原标准对于钢的拉伸力学性能的要求，将必保值改为参考值，并列于附录 A 中(1998 年版表 3、表 4、表 5、表 6，本版附录 A)；

——修改了表面质量的要求，热轧条钢、盘条、热锻件等钢材表面允许缺陷的深度引用 GB/T 699 的相关规定，银亮钢执行 GB/T 3207 中的相关规定，增加了钢板钢带表面质量要求(1988 年版 2.7，本版 7.9)；

——增加了本标准规定牌号与国外相关牌号的对应关系的附录 B。

本标准附录 A、附录 B 均为资料性附录。

本标准由中国钢铁工业协会提出。

本标准由全国钢标准化技术委员会归口。

本标准起草单位：首钢总公司、东北特殊钢集团公司、贵阳特殊钢有限责任公司、青岛钢铁集团公司、冶金工业信息标准研究院。

本标准主要起草人：宫翠、朱辰、王丽萍、杨柳、张春红、周英豪、田巧丽、张启柱。

本标准所代替标准的历次版本发布情况为：

——GB/T 8731—1988。

引　言

本标准的发布机构提请注意如下事实，声明符合本标准时，可以使用涉及表3中有关含锡易切削结构钢的相关专利，即牌号Y08Sn、Y15Sn、Y45Sn、Y45MnSn。

本标准的发布机构对于专利的范围、有效性和验证资料不提出任何看法。

专利持有人已向本标准的发布机构保证，他愿意同任何申请人在合理和非歧视的条款和条件下，就使用授权许可证进行谈判。在这方面，该专利持有人的声明已在本标准的发布机构备案。有关资料可从以下地址获得：

专利名称：《含锡易切削结构钢》

专利号：ZL 03 1 22768.6

国际专利主分类号：C22C 38/04

专利持有人：首钢总公司

联系人：朱辰

通信地址：北京市石景山区首钢技术研究院

邮编：100041

请注意除上述已经识别出的专利外，本标准的某些内容有可能涉及专利。本标准的发布机构不应承担识别这些专利的责任。

易切削结构钢

1 范围

本标准规定了易切削结构钢的范围、术语及定义、订货内容、尺寸、外形、重量及允许偏差、技术要求、试验方法、检验规则、包装、标志和质量证明书。

本标准适用于机械切削加工用条钢、盘条、钢丝、钢板及钢带等钢材,其化学成分同样适用于锭、坯及其制品。

2 规范性引用文件

下列文件中的条款通过本标准的引用而成为本标准的条款。凡是注日期的引用文件,其随后所有的修改单(不包括勘误的内容)或修订版均不适用于本标准。然而,鼓励根据本标准达成协议的各方研究是否可使用这些文件的最新版本。凡是不注日期的引用文件,其最新版本适用于本标准。

GB/T 222 钢的成品化学成分允许偏差

GB/T 223.3 钢铁及合金化学分析方法 二安替吡啉甲烷磷钼酸重量法测定磷量

GB/T 223.11 钢铁及合金化学分析方法 过硫酸铵氧化容量法测定铬量

GB/T 223.12 钢铁及合金化学分析方法 碳酸钠分离-二苯碳酰二肼光度法测定铬量

GB/T 223.19 钢铁及合金化学分析方法 新亚铜灵-三氯甲烷萃取光度法测定铜量

GB/T 223.23 钢铁及合金 镍含量的测定 丁二酮肟分光光度法

GB/T 223.29 钢铁及合金化学分析方法 载体沉淀-二甲酚橙光度法测定铅量

GB/T 223.50 钢铁及合金化学分析方法 苯基荧光酮-溴化十六烷基三甲基胺直接光度法测定锡量

GB/T 223.58 钢铁及合金化学分析方法 亚砷酸钠-亚硝酸钠滴定法测定锰量

GB/T 223.59 钢铁及合金化学分析方法 锑磷钼蓝光度法测定磷量

GB/T 223.60 钢铁及合金化学分析方法 高氯酸脱水重量法测定硅含量

GB/T 223.61 钢铁及合金化学分析方法 磷钼酸铵容量法测定磷量

GB/T 223.62 钢铁及合金化学分析方法 乙酸丁酯萃取光度法测定磷量

GB/T 223.63 钢铁及合金化学分析方法 高碘酸钠(钾)光度法测定锰量

GB/T 223.64 钢铁及合金化学分析方法 火焰原子吸收光谱法测定锰量

GB/T 223.67 钢铁及合金 硫含量的测定 次甲基蓝分光光度法

GB/T 223.68 钢铁及合金化学分析方法 管式炉内燃烧后碘酸钾滴定法测定硫含量

GB/T 223.69 钢铁及合金 碳含量的测定 管式炉内燃烧后气体容量法测定碳含量

GB/T 223.71 钢铁及合金化学分析方法 管式炉内燃烧后气体容量法

GB/T 223.72 钢铁及合金 硫量的测定 重量法

GB/T 223.74 钢铁及合金化学分析方法 非化合碳含量的测定

GB/T 223.77 钢铁及合金化学分析方法 火焰原子吸收光谱法测定钙量

GB/T 224 钢的脱碳层深度测定法

GB/T 226 钢的低倍组织及缺陷酸蚀检验法

GB/T 228 金属材料 室温拉伸试验方法(GB/T 228—2002,eqv ISO 6892:1998)

GB/T 229 金属材料 夏比摆锤冲击试验方法(GB/T 229—2007,ISO 148-1:2006,MOD)

GB/T 231.1 金属布氏硬度试验 第1部分:试验方法(GB/T 231.1—2002,eqv ISO 6506-1:

1999)

GB/T 247　钢板和钢带检验、包装、标志及质量证明书的一般规定

GB/T 342　冷拉圆钢丝、方钢丝、六角钢丝尺寸、外形、重量及允许偏差

GB/T 702　热轧钢棒尺寸、外形、重量及允许偏差

GB/T 708　冷轧钢板和钢带的尺寸、外形、重量及允许偏差

GB/T 709　热轧钢板和钢带的尺寸、外形、重量及允许偏差

GB/T 905　冷拉圆钢、方钢、六角钢尺寸、外形、重量及允许偏差

GB/T 908　锻制钢棒尺寸、外形、重量及允许偏差

GB/T 1979　结构钢低倍组织缺陷评级图

GB/T 2101　型钢验收、包装、标志及质量证明书的一般规定

GB/T 2103　钢丝验收、包装、标志及质量证明书的一般规定

GB/T 2975　钢及钢产品　力学性能试验取样位置及试样制备(GB/T 2975—1998,eqv ISO 377:1997)

GB/T 3207　银亮钢

GB/T 4336　碳素钢和中低合金钢火花源原子发射光谱分析方法(常规法)

GB/T 10561　钢中非金属夹杂物含量的测定　标准评级图显微检验法

GB/T 14981　热轧盘条尺寸、外形、重量及允许偏差

GB/T 15711　钢材塔形发纹酸浸检验方法(GB/T 15711—1995,neq ISO 3673:1976)

GB/T 17505　钢及钢产品交货一般技术要求(GB/T 17505—1998,eqv ISO 404:1992)

GB/T 20066　钢和铁化学成分测定用试样的取样和制样方法(GB/T 20066—2006,ISO 14284:1996,IDT)

GB/T 20123　钢铁　总碳硫含量的测定　高频感应炉燃烧后红外线吸收法(常规方法)

GB/T 20125　低合金钢　多元素的测定　电感耦合等离子体发射光谱法

3　术语和定义

下列术语和定义适用于本标准。

3.1

易切削结构钢　free-cutting structural steel

因添加较高含量的硫、铅、锡、钙及其他易切削元素而具有良好的切削加工性能的结构钢。

4　分类

钢材按使用加工方法不同分为下列两类。钢棒的使用加工方法应在合同中注明,未注明的按切削加工用钢供货。

a)　压力加工用钢 UP

b)　切削加工用钢 UC

5　订货内容

按本标准订货的合同应注明下列有关内容:

a)　本标准号;

b)　牌号;

c)　规格;

d)　重量;

e)　使用加工方法;

f) 交货状态；

g) 精度级别；

h) 其他特殊要求。

6 尺寸、外形、重量及允许偏差

6.1 钢材的尺寸、外形、重量及允许偏差

6.1.1 热轧钢棒尺寸、外形、重量及允许偏差和热轧六角钢和八角钢尺寸、外形、重量及允许偏差应符合 GB/T 702 的规定。

6.1.2 锻制钢棒尺寸、外形、重量及允许偏差应符合 GB/T 908 的规定。

6.1.3 热轧盘条尺寸、外形、重量及允许偏差应符合 GB/T 14981 的规定。

6.1.4 冷拉圆钢、方钢、六角钢尺寸、外形、重量及允许偏差应符合 GB/T 905 的规定。

6.1.5 冷拉圆钢丝、方钢丝、六角钢丝尺寸、外形、重量及允许偏差应符合 GB/T 342 的规定。

6.1.6 热轧钢板和钢带的尺寸、外形、重量及允许偏差应符合 GB/T 709 的规定。

6.1.7 冷轧钢板和钢带的尺寸、外形、重量及允许偏差应符合 GB/T 708 的规定。

6.2 剪切的热轧条钢两端变形长度均不应大于 20 mm。如需方要求清除条钢两端毛刺，应在合同中注明。

6.3 冷拉条钢的端头不应切弯。

用剪断机剪切钢材时被切端允许有剪切变形，变形后，端头的最大尺寸应不大于公称尺寸加公差值。

7 技术要求

7.1 牌号及化学成分

7.1.1 硫系易切削钢、铅系易切削钢、锡系易切削钢和钙系易切削钢钢的牌号及化学成分（熔炼分析）应分别符合表 1、表 2、表 3、表 4 的规定。

表 1 硫系易切削钢的牌号及化学成分（熔炼分析）

牌号	化学成分（质量分数）/%				
	C	Si	Mn	P	S
Y08	≤0.09	≤0.15	0.75～1.05	0.04～0.09	0.26～0.35
Y12	0.08～0.16	0.15～0.35	0.70～1.00	0.08～0.15	0.10～0.20
Y15	0.10～0.18	≤0.15	0.80～1.20	0.05～0.10	0.23～0.33
Y20	0.17～0.25	0.15～0.35	0.70～1.00	≤0.06	0.08～0.15
Y30	0.27～0.35	0.15～0.35	0.70～1.00	≤0.06	0.08～0.15
Y35	0.32～0.40	0.15～0.35	0.70～1.00	≤0.06	0.08～0.15
Y45	0.42～0.50	≤0.40	0.70～1.10	≤0.06	0.15～0.25
Y08MnS	≤0.09	≤0.07	1.00～1.50	0.04～0.09	0.32～0.48
Y15Mn	0.14～0.20	≤0.15	1.00～1.50	0.04～0.09	0.08～0.13
Y35Mn	0.32～0.40	≤0.10	0.90～1.35	≤0.04	0.18～0.30
Y40Mn	0.37～0.45	0.15～0.35	1.20～1.55	≤0.05	0.20～0.30
Y45Mn	0.40～0.48	≤0.40	1.35～1.65	≤0.04	0.16～0.24
Y45MnS	0.40～0.48	≤0.40	1.35～1.65	≤0.04	0.24～0.33

表 2 铅系易切削钢的牌号及化学成分(熔炼分析)

牌号	化学成分(质量分数)/%					
	C	Si	Mn	P	S	Pb
Y08Pb	≤0.09	≤0.15	0.75～1.05	0.04～0.09	0.26～0.35	0.15～0.35
Y12Pb	≤0.15	≤0.15	0.85～1.15	0.04～0.09	0.26～0.35	0.15～0.35
Y15Pb	0.10～0.18	≤0.15	0.80～1.20	0.05～0.10	0.23～0.33	0.15～0.35
Y45MnSPb	0.40～0.48	≤0.40	1.35～1.65	≤0.04	0.24～0.33	0.15～0.35

表 3 锡系易切削钢的牌号及化学成分(熔炼分析)

牌号	化学成分(质量分数)/%					
	C	Si	Mn	P	S	Sn
Y08Sn	≤0.09	≤0.15	0.75～1.20	0.04～0.09	0.26～0.40	0.09～0.25
Y15Sn	0.13～0.18	≤0.15	0.40～0.70	0.03～0.07	≤0.05	0.09～0.25
Y45Sn	0.40～0.48	≤0.40	0.60～1.00	0.03～0.07	≤0.05	0.09～0.25
Y45MnSn	0.40～0.48	≤0.40	1.20～1.70	≤0.06	0.20～0.35	0.09～0.25

注：本表中所列牌号为专利所有,见国家发明专利“含锡易切削结构钢”,专利号:ZL 03 1 22768.6,国际专利主分类号:C22C 38/04。

表 4 钙系易切削钢的牌号及化学成分(熔炼分析)

牌号	化学成分(质量分数)/%					
	C	Si	Mn	P	S	Ca
Y45Ca[a]	0.42～0.50	0.20～0.40	0.60～0.90	≤0.04	0.04～0.08	0.002～0.006

[a] Y45Ca 钢中残余元素镍、铬、铜含量各不大于 0.25%;供热压力加工用时,铜含量不大于 0.20%。供方能保证合格时可不做分析。

7.1.2 根据需方要求,经供需双方协商,可适当添加其他能够提高钢材切削性能的元素。

7.1.3 钢材的成品化学成分允许偏差,易切削元素硫、锡应符合表 5 的规定,其他元素应符合 GB/T 222 的规定。

表 5 硫、锡元素的化学成分允许偏差

元素	规定化学成分范围/%	允许偏差/%	
		上偏差	下偏差
S	≤0.33	0.03	0.03
	>0.33	0.04	0.04
Sn	≤0.30	0.03	0.03

7.2 冶炼方法

除非用户有特殊要求,冶炼方法由供方自行规定。

7.3 交货状态

钢材以热轧、热锻或冷轧、冷拉、银亮等状态交货,交货状态应在合同中注明。根据需方要求也可按其他状态交货。

7.4 力学性能

7.4.1 以热轧状态交货的易切削钢条钢和盘条,其布氏硬度应符合表 6 的规定。

7.4.2 热轧、调质、冷拉及冷拉高温回火态的条钢和盘条的力学性能,经供需双方协商,可参考附录 A。

表6 以热轧状态交货的易切削钢条钢和盘条的硬度要求

分类	牌号	布氏硬度 HBW 不大于
硫系易切削钢	Y08	163
	Y12	170
	Y15	170
	Y20	175
	Y30	187
	Y35	187
	Y45	229
	Y08MnS	165
	Y15Mn	170
	Y35Mn	229
	Y40Mn	229
	Y45Mn	241
	Y45MnS	241
铅系易切削钢	Y08Pb	165
	Y12Pb	170
	Y15Pb	170
	Y45MnSPb	241
锡系易切削钢	Y08Sn	165
	Y15Sn	165
	Y45Sn	241
	Y45MnSn	241
钙系易切削钢	Y45Ca	241

7.4.3 其他产品的力学性能、硬度由供需双方协商确定。

7.5 低倍组织

根据需方要求，可检验钢材的低倍组织。钢材的横截面酸浸低倍组织试片上不应有目视可见的缩孔、气泡、夹杂、裂纹、分层、翻皮及白点。评定低倍组织级别时，一般疏松、中心疏松和锭型偏析均应不大于3级。

7.6 塔形检验

根据需方要求，钢材可作塔形检验，合格标准由供需双方协商。

7.7 脱碳层

根据需方要求，公称含碳量大于0.30%的钢材可检验一边总脱碳层深度，合格标准由供需双方协商。

7.8 非金属夹杂物

根据需方要求，钢材可检验非金属夹杂物，其B、C、D类夹杂物级别均应不大于3级。

7.9 表面质量

7.9.1 压力加工用钢材的表面不应有目视可见的裂纹、结疤、折叠及夹杂。如有上述缺陷必须清除，清除深度从钢材实际尺寸算起应符合表7的规定，清除宽度应不小于深度的5倍。对公称直径或边长大于140 mm的钢材，在同一截面的最大清除深度不应多于2处。允许有从实际尺寸算起不超过尺寸公差之半的个别细小划痕、压痕、麻点及深度不超过0.2 mm的小裂纹存在。

7.9.2 切削加工用钢材的表面允许有从钢材公称尺寸算起深度不超过表8规定的局部缺陷。

表7 压力加工用钢材的表面允许缺陷清除深度

单位为毫米

钢材公称尺寸(直径或边长)	允许缺陷清除深度 不大于
<80	钢材公称尺寸的公差的1/2
80～140	钢材的公称尺寸公差
>140～200	钢材公称尺寸的5%
>200	钢材公称尺寸的6%

表8 切削加工用钢材表面允许缺陷清除深度

单位为毫米

钢材公称尺寸(直径或边长)	允许缺陷清除深度 不大于
<100	钢材公称尺寸的负偏差
≥100	钢材公称尺寸的公差

7.9.3 冷拉条钢和钢丝表面应洁净、平滑、光亮，不应有裂纹、结疤、夹杂、发纹、折叠、气孔和氧化皮。以热处理状态供应的条钢表面允许有氧化色。

11级精度冷拉条钢和钢丝表面允许有个别的小划伤、凹面、气孔、黑斑和少量麻点，其深度不应大于从实际尺寸算起的公差之半；根据需方要求，深度可不大于公差的四分之一。

供切削加工用的11级精度冷拉条钢和钢丝表面上允许有深度不超过从实际尺寸算起的公差之半的划伤、麻点、凹坑和清理痕迹，允许有不大于公差之半的个别微小发纹，但不应使条钢尺寸小于最小尺寸。

7.9.4 银亮钢表面质量应符合GB/T 3207的规定。

7.9.5 钢板和钢带表面不允许存在裂纹、气泡、结疤、折叠、夹杂和压入的氧化铁皮。钢板不应有分层。

钢板和钢带表面允许有不妨碍检查表面缺陷的薄层氧化铁皮、铁锈、由压入氧化铁皮脱落所引起的不显著的表面粗糙、划伤、压痕及其他局部缺陷，但其深度不应大于厚度公差之半，并应保证钢板的最小厚度。

钢板和钢带表面缺陷允许修磨清理，但应保证钢板的最小厚度。修磨清理处应平滑无棱角。

钢带允许带缺陷交货，但缺陷部分应不超过每卷总长度的8%。

8 试验方法

8.1 每批钢材的检验项目、取样数量、取样部位和试验方法按表9的规定。

表9 检验项目、取样要求和试验方法

序号	检验项目	取样数量/个	取样部位	试验方法
1	化学成分	1/炉	GB/T 20066	GB/T 223、GB/T 4336、GB/T 20123、GB/T 20125
2	拉伸试验	条钢：1 盘条、钢丝：2 钢板钢带：1	GB/T 2975 条钢：任意一根钢材端部 盘条、钢丝：任意两盘 钢板：任意一片 钢带：任意一卷	GB/T 228

表 9（续）

序号	检验项目	取样数量/个	取样部位	试验方法
3	冲击	2	GB/T 2975 任意两根钢材端部	GB/T 229
4	布氏硬度	3	不同根钢材端部	GB/T 231.1
5	低倍组织	1	相当于钢锭头部的钢坯 或钢材端部	GB/T 226 GB/T 1979
6	塔形检验	1	相当于钢锭头部的钢坯 或钢材端部	GB/T 15711
7	脱碳层	2	不同根钢材	GB/T 224
8	非金属夹杂物	2	不同根钢材	GB/T 10561
9	尺寸、外形	逐根(片或卷)	整根钢材	采用样板、卡尺等工具进行测量
10	表面质量	逐根(片或卷)	整根钢材	目视，必要时可用锉刀、砂轮进行打磨后检查，或酸洗后检查

8.2 条钢进行拉伸试验时，试样标距 $L_0=5d_0$（d_0 为试样直径）。试样直径按表 10 的规定。

表 10 条钢进行拉伸试验的试样直径

单位为毫米

钢材公称尺寸 (直径或边长)	≤20	>20～30	>30
试样直径 d_0	不经加工	15	20

8.3 钢丝的试样标距为 100 mm。

9 检验规则

9.1 检查和验收

钢材的检查和验收由供方质量监督部门进行。

9.2 组批规则

钢材应成批验收，每批由同一牌号、同一炉号、同一热处理炉次（当以热处理状态供应时）、同一规格、同一交货状态的钢材组成。

9.3 取样数量

钢材检验的取样数量应按表 9 规定。

9.4 复验与判定规则

复验与判定规则应按 GB/T 17505 的有关规定，或依据供需双方协议规定执行。

10 包装、标志和质量证明书

10.1 条钢和盘条的包装、标志和质量证明书应符合 GB/T 2101 的规定。

10.2 钢丝的包装、标志和质量证明书应符合 GB/T 2103 的规定。

10.3 银亮钢的包装、标志和质量证明书应符合 GB/T 3207 的规定。

10.4 钢板钢带符合 GB/T 247 的规定。

10.5 对用剪断机剪切的冷拉条钢，在包装时应将剪切变形的一端朝一个方向放置。

附 录 A
（资料性附录）
易切削结构钢条钢和盘条力学性能参考值

A.1 热轧状态的硫系易切削钢、铅系易切削钢、锡系易切削钢和钙系易切削钢条钢和盘条的力学性能可分别参考表 A.1、表 A.2、表 A.3、表 A.4 的规定。

表 A.1 热轧状态交货的硫系易切削钢条钢和盘条力学性能

牌号	力学性能		
	抗拉强度 R_m/(N/mm^2)	断后伸长率 A/% 不小于	断面收缩率 Z/% 不小于
Y08	360～570	25	40
Y12	390～540	22	36
Y15	390～540	22	36
Y20	450～600	20	30
Y30	510～655	15	25
Y35	510～655	14	22
Y45	560～800	12	20
Y08MnS	350～500	25	40
Y15Mn	390～540	22	36
Y35Mn	530～790	16	22
Y40Mn	590～850	14	20
Y45Mn	610～900	12	20
Y45MnS	610～900	12	20

表 A.2 热轧状态交货的铅系易切削钢条钢和盘条力学性能

牌号	力学性能		
	抗拉强度 R_m/(N/mm^2)	断后伸长率 A/% 不小于	断面收缩率 Z/% 不小于
Y08Pb	360～570	25	40
Y12Pb	360～570	22	36
Y15Pb	390～540	22	36
Y45MnSPb	610～900	12	20

表 A.3 热轧状态交货的锡系易切削钢条钢和盘条力学性能

牌号	力学性能		
	抗拉强度 R_m/(N/mm²)	断后伸长率 A/% 不小于	断面收缩率 Z/% 不小于
Y08Sn	350～500	25	40
Y15Sn	390～540	22	36
Y45Sn	600～745	12	26
Y45MnSn	610～850	12	26

表 A.4 钙系易切削钢热轧状态交货的条钢和盘条力学性能

牌号	力学性能		
	抗拉强度 R_m/(N/mm²)	断后伸长率 A/% 不小于	断面收缩率 Z/% 不小于
Y45Ca	600～745	12	26

A.2 对于 Y45Ca，直径大于 16mm 的条钢，用热处理毛坯制成的试样测定钢的力学性能可参考表 A.5。

表 A.5 用经热处理毛坯制成的 Y45Ca 试样测定钢的力学性能

牌号	力学性能				
	下屈服强度 R_{eL}/(N/mm²)	抗拉强度 R_m/(N/mm²)	断后伸长率 A/%	断面收缩率 Z/%	冲击吸收能量 KV_2/J
	不小于				
Y45Ca	355	600	16	40	39
热处理制度：拉伸试样毛坯(直径为 25 mm)正火处理，加热温度为 830 ℃～850 ℃，保温时间不小于 30 min，冲击试样毛坯(直径为 15 mm)调质处理，淬火温度 840 ℃±20 ℃(淬火)，回火温度 600 ℃±20 ℃。					

A.3 冷拉状态交货的硫系易切削钢、铅系易切削钢、锡系易切削钢和钙系易切削钢的条钢和盘条，其力学性能和布氏硬度分别参考表 A.6、表 A.7、表 A.8、表 A.9。

表 A.6 以冷拉状态交货的硫系切削钢条钢和盘条的力学性能

牌号	力学性能				布氏硬度 HBW
	抗拉强度 R_m/(N/mm²)			断后伸长率 A/% 不小于	
	钢材公称尺寸/mm				
	8～20	＞20～30	＞30		
Y08	480～810	460～710	360～710	7.0	140～217
Y12	530～755	510～735	490～685	7.0	152～217
Y15	530～755	510～735	490～685	7.0	152～217
Y20	570～785	530～745	510～705	7.0	167～217
Y30	600～825	560～765	540～735	6.0	174～223

表 A.6（续）

牌号	力学性能				
	抗拉强度 R_m/(N/mm²) 钢材公称尺寸/mm			断后伸长率 A/% 不小于	布氏硬度 HBW
	8～20	＞20～30	＞30		
Y35	625～845	590～785	570～765	6.0	176～229
Y45	695～980	655～880	580～880	6.0	196～255
Y08MnS	480～810	460～710	360～710	7.0	140～217
Y15Mn	530～755	510～735	490～685	7.0	152～217
Y45Mn	695～980	655～880	580～880	6.0	196～255
Y45MnS	695～980	655～880	580～880	6.0	196～255

表 A.7　以冷拉状态交货的铅系易切削钢条钢和盘条的力学性能

牌号	力学性能				
	抗拉强度 R_m/(N/mm²) 钢材公称尺寸/mm			断后伸长率 A/% 不小于	布氏硬度 HBW
	8～20	＞20～30	＞30		
Y08Pb	480～810	460～710	360～710	7.0	140～217
Y12Pb	480～810	460～710	360～710	7.0	140～217
Y15Pb	530～755	510～735	490～685	7.0	152～217
Y45MnSPb	695～980	655～880	580～880	6.0	196～255

表 A.8　以冷拉状态交货的锡系易切削钢条钢和盘条的力学性能

牌号	力学性能				
	抗拉强度 R_m/(N/mm²) 钢材公称尺寸/mm			断后伸长率 A/% 不小于	布氏硬度 HBW
	8～20	＞20～30	＞30		
Y08Sn	480～705	460～685	440～635	7.5	140～200
Y15Sn	530～755	510～735	490～685	7.0	152～217
Y45Sn	695～920	655～855	635～835	6.0	196～255
Y45MnSn	695～920	655～855	635～835	6.0	196～255

表 A.9　钙系易切削钢以冷拉状态交货的条钢和盘条的力学性能

牌号	力学性能				
	抗拉强度 R_m/(N/mm²) 钢材公称尺寸/mm			断后伸长率 A/% 不小于	布氏硬度 HBW
	8～20	＞20～30	＞30		
Y45Ca	695～920	655～855	635～835	6.0	196～255

A.4 Y40Mn冷拉条钢高温回火状态的力学性能和布氏硬度可参考表A.10规定。其他中碳钢热处理后的性能标准可参照Y45Ca(见表A.5)和Y40Mn(见表A.10),或由供需双方协商。

表 A.10　Y40Mn冷拉条钢高温回火状态的力学性能

力学性能		布氏硬度 HBW
抗拉强度 R_m/(N/mm²)	断后伸长率 A/%	
590～785	≥17	179～229

附　录　B
（资料性附录）
本标准牌号和国外牌号对应表

B.1　本标准牌号和国外对应牌号分别见表 B.1、表 B.2、表 B.3。

表 B.1　硫系易切削钢国标牌号和国外牌号对应表

中国	日本	美国	前苏联	国际
GB/T 8731	JIS G 4804	ASTM A 29/A 29M	ГОСТ 1414	ISO 683-9
Y08	SUM23	1215	—	9S20
Y12	SUM12	1211 1212	A12	10S20
Y15	SUM22	1213	—	11SMn28
Y20	SUM32	—	A20	—
Y30	—	—	A30	35S20
Y35	—	—	—	—
Y45	—	—	—	46S20
Y08MnS	—	—	—	—
Y15Mn	SUM31	1117	—	—
Y35Mn	Sum41			
Y40Mn	—	1139	A40Г	35MnS20
Y45Mn	—	—	—	—
Y45MnS	Sum43	1144	—	44SMn28

表 B.2　铅系易切削钢国标牌号和国外牌号对应表

中国	日本	美国	前苏联	国际
GB/T 8731	JIS G 4804	ASTM A 29/A 29M	ГОСТ 1414	ISO 683-9
Y08Pb	SUM23L	12L15	—	—
Y12Pb	SUM24L	12L14	—	10SPb20
Y15Pb	—	—	AC14	11SMnPb28
Y45MnSPb	—	—	—	—

表 B.3　钙系易切削钢国标牌号和国外牌号对应表

中国	日本	美国	前苏联	国际
GB/T 8731	JIS G 4804	ASTM A 29/A 29M	ГОСТ 1414	ISO 683-9
Y45Ca	—	—	—	

ICS 77.140.50
H 46

中华人民共和国国家标准

GB/T 8749—2008
代替 GB/T 8749—1988

优质碳素结构钢热轧钢带

Hot-rolled quality carbon structural steel strips

2008-05-13 发布　　2008-11-01 实施

中华人民共和国国家质量监督检验检疫总局
中国国家标准化管理委员会　发布

前　言

本标准在修订过程中参考了国际标准 ISO 6316：2000(E)《结构级热轧钢带》(英文版)、ISO 6317：2000《商业级和冲压级热轧碳素钢带》(英文版)、ISO 4995：1993(E)《热轧结构钢薄板》(英文版)以及欧盟标准 EN 10048：1996《热轧窄钢带　尺寸、外形及允许偏差》(英文版)。

本标准代替 GB/T 8749—1988《优质碳素结构钢热轧钢带》。

本标准与 GB/T 8749—1988 相比主要变化如下：

——扩充钢带的使用范围；

——扩充钢带的规格范围；

——调整钢带宽度、厚度偏差及表面质量；

——调整钢带尺寸、外形考核范围；

——加严钢带镰刀弯、同条差要求；

——取消钢带条状交货形式；

——取消钢带卷内径及卷重要求；

——增加钢带可选择性指标；

——增加表面酸洗状态交货。

本标准由中国钢铁工业协会提出。

本标准由全国钢标准化技术委员会归口。

本标准起草单位：唐山建龙实业有限公司、天津天铁冶金集团有限公司。

本标准主要起草人：刘江伟、张秀侠、张贵磊、韩金玉、哨洪臣。

本标准所代替标准的历次版本发布情况为：

——GB/T 8749—1988。

优质碳素结构钢热轧钢带

1 范围

本标准规定了优质碳素结构钢热轧钢带的分类代号、订货内容、尺寸外形及允许偏差、技术要求、试验方法、检验规则以及包装、标志、质量证明书等。

本标准适用于宽度小于 600 mm、厚度不大于 12 mm 的优质碳素结构钢热轧钢带，宽度为 600 mm～750 mm的钢带可参照本标准。

2 规范性引用文件

下列文件中的条款通过本标准的引用而成为本标准的条款。凡是注日期的引用文件，其随后所有的修改单(不包括勘误的内容)或修订版均不适用于本标准，然而，鼓励根据本标准达成协议的各方研究是否可使用这些文件的最新版本。凡是不注日期的引用文件，其最新版本适用于本标准。

GB/T 222　钢的成品化学成分允许偏差

GB/T 223.3　钢铁及合金化学分析方法　二安替比林甲烷磷钼酸重量法测定磷量

GB/T 223.5　钢铁及合金化学分析方法　还原型硅钼酸盐光度法测定酸溶硅含量

GB/T 223.10　钢铁及合金化学分析方法　铜铁试剂分离-铬天青 S 光度法测定铝含量

GB/T 223.11　钢铁及合金化学分析方法　过硫酸铵氧化容量法测定铬量

GB/T 223.12　钢铁及合金化学分析方法　碳酸钠分离-二苯碳酰二肼光度法测定铬量

GB/T 223.18　钢铁及合金化学分析方法　硫代硫酸钠分离-碘量法测定铜量

GB/T 223.19　钢铁及合金化学分析方法　新亚铜灵-三氯甲烷萃取光度法测定铜量

GB/T 223.23　钢铁及合金化学分析方法　丁二酮肟分光光度法测定镍量

GB/T 223.24　钢铁及合金化学分析方法　萃取分离-丁二酮肟分光光度法测定镍量

GB/T 223.36　钢铁及合金化学分析方法　蒸馏分离-中和滴定法测定氮量

GB/T 223.37　钢铁及合金化学分析方法　蒸馏分离-靛酚蓝光度法测定氮量

GB/T 223.53　钢铁及合金化学分析方法　火焰原子吸收分光光度法测定铜量

GB/T 223.54　钢铁及合金化学分析方法　火焰原子吸收分光光度法测定镍量

GB/T 223.58　钢铁及合金化学分析方法　亚砷酸钠-亚硝酸钠滴定法测定锰量

GB/T 223.59　钢铁及合金化学分析方法　锑磷钼蓝光度法测定磷量

GB/T 223.60　钢铁及合金化学分析方法　高氯酸脱水重量法测定硅含量

GB/T 223.61　钢铁及合金化学分析方法　磷钼酸铵容量法测定磷量

GB/T 223.62　钢铁及合金化学分析方法　乙酸丁酯萃取光度法测定磷量

GB/T 223.63　钢铁及合金化学分析方法　高碘酸钠(钾)光度法测定锰量

GB/T 223.64　钢铁及合金化学分析方法　火焰原子吸收光谱法测定锰量

GB/T 223.67　钢铁及合金化学分析方法　还原蒸馏-次甲基蓝光度法测定硫量

GB/T 223.68　钢铁及合金化学分析方法　管式炉内燃烧后碘酸钾滴定法测定硫含量

GB/T 223.69　钢铁及合金化学分析方法　管式炉内燃烧后气体容量法测定碳含量

GB/T 223.71　钢铁及合金化学分析方法　管式炉内燃烧后重量法测定碳含量

GB/T 223.72　钢铁及合金化学分析方法　氧化铝色层分离-硫酸钡重量法测定硫量

GB/T 224　钢的脱碳层深度测定法

GB/T 228　金属材料室温拉伸试验方法(GB/T 228—2002,eqv ISO 6892:1998)

GB/T 229　金属夏比缺口冲击试验方法(GB/T 229—2007,ISO 148-1:2006,MOD)

GB/T 230.1 金属洛氏硬度试验 第1部分：试验方法（A、B、C、D、E、F、G、H、K、N、S标尺）（GB/T 230.1—2004，ISO 6508-1：1999，MOD）

GB/T 231.1 金属布氏硬度试验 第1部分：试验方法（GB/T 231.1—2002，eqv ISO 6506-1：1999）

GB/T 232 金属材料弯曲试验方法（GB/T 232—1999，eqv ISO 7438：1985）

GB/T 247 钢板和钢带检验、包装、标志及质量证明书的一般规定

GB/T 699 优质碳素结构钢

GB/T 2975 钢及钢产品力学性能试验取样位置及试样制备

GB/T 4336 碳素钢和中低合金钢火花源原子发射光谱分析方法（常规法）

GB/T 6394 金属平均晶粒度测定方法

GB/T 10561 钢中非金属夹杂物含量的测定 标准评级图显微检验法

GB/T 13298 金属显微组织检验方法

GB/T 13299 钢的显微组织评定方法

GB/T 17505 钢及钢产品一般交货技术要求（GB/T 17505—1998，eqv ISO 404：1992）

GB/T 20066 钢和铁 化学成分测定用试样的取样和制样方法（GB/T 20066—2006，ISO 14284：1996，IDT）

3 分类与代号

3.1 按边缘状态分

a） 切边钢带 EC；

b） 不切边钢带 EM。

3.2 按厚度精度分

a） 普通厚度精度 PT.A；

b） 较高厚度精度 PT.B。

4 订货内容

4.1 订货合同应包括以下内容：

a） 标准编号；

b） 产品名称；

c） 牌号；

d） 尺寸规格；

e） 边缘状态（EC或EM）；

f） 厚度精度（PT.A或PT.B）；

g） 重量；

h） 交货状态（热轧、酸洗或其他）；

i） 用途；

j） 特殊要求。

4.2 若订货合同未指明边缘状态、厚度精度、交货状态等信息，则按不切边、普通厚度精度、热轧状态钢带供货。

5 尺寸、外形、重量及允许偏差

5.1 钢带厚度允许偏差

5.1.1 钢带厚度允许偏差应符合表1规定。

表 1　钢带厚度允许偏差　　单位为毫米

公称厚度	钢带厚度允许偏差			
	普通厚度精度 PT.A		较高厚度精度 PT.B	
	公称宽度		公称宽度	
	≤350	>350	≤350	>350
≤1.5	±0.13	±0.15	±0.10	±0.11
>1.5～2.0	±0.15	±0.17	±0.12	±0.13
>2.0～2.5	±0.18	±0.18	±0.14	±0.14
>2.5～3.0		±0.20		±0.15
>3.0～4.0	±0.19	±0.22	±0.16	±0.17
>4.0～5.0	±0.20	±0.24	±0.17	±0.19
>5.0～6.0	±0.21	±0.26	±0.18	±0.21
>6.0～8.0	±0.22	±0.29	±0.19	±0.23
>8.0～10.0	±0.24	±0.32	±0.20	±0.26
>10.0～12.0	±0.30	±0.35	±0.25	±0.28

5.1.2　经供需双方协商，当需方要求按较高厚度精度供货时，应在合同中注明。

5.1.3　根据需方要求，可在表 1 规定的公差范围内适当调整钢带的正负偏差。

5.1.4　根据需方要求，经供需双方协商，可供应表 1 规定尺寸规格以外的钢带。

5.2　钢带宽度允许偏差

5.2.1　钢带宽度允许偏差应符合表 2 规定。

表 2　钢带宽度允许偏差　　单位为毫米

钢带宽度	允许偏差	
	不切边	切边
≤200	+2.5 −1.0	±1.0
>200～300	+3.0 −1.0	
>300～350	+4.0 −1.0	
>350～450	0～+10.0	±1.5
>450	0～+15.0	

5.2.2　根据需方要求，经供需双方协商，钢带宽度偏差可在公差范围内进行适当调整。

5.3　三点差

钢带的厚度应均匀，在同一截面的中间和两边部分测量三点厚度，其最大差值(三点差)应符合表 3 规定。

表 3　钢带三点差　　单位为毫米

钢带宽度	三点差 ≤
≤150	0.12
>150～200	0.14
>200～350	0.15

表 3 (续)　　单位为毫米

钢带宽度	三点差 ≤
>350～450	0.17
>450	0.18

5.4　同条差

5.4.1　供冷轧用的钢带,沿轧制方向的厚度应均匀,在同一直线上任意测定三点厚度,其最大差值应符合表 4 规定。

表 4　钢带同条差　　单位为毫米

钢带厚度规格	≤4.0	>4.0
同条差	≤0.17	≤0.20

5.4.2　由 35 及以上牌号轧制的钢带,其同条差可由供需双方协商。

5.5　镰刀弯

不切边钢带的镰刀弯每 5 米不大于 20 mm,切边钢带的镰刀弯每 5 米不大于 15 mm。

5.6　塔形

钢带的一面塔形高度不得超过 50 mm。

5.7　钢带两端不考核范围

检查钢带宽度、厚度、镰刀弯、三点差、同条差时,两端不考核范围应符合表 5 规定。

表 5　钢带两端不考核范围

钢带宽度	≤350 mm	>350 mm
不考核范围	两端总长度不超过 14m	L(m)=90/公称厚度(mm), 但两端最大总长度不超过 20 m

5.8　钢带重量

钢带按实际重量交货。

6　技术要求

6.1　钢的牌号和化学成分

6.1.1　钢带采用优质碳素结构钢轧制,其牌号及化学成分(熔炼分析)符合 GB/T 699 规定。

6.1.2　根据需方要求,08、08Al 牌号钢带在保证性能的前提下,化学成分(熔炼分析)C、Si、Mn 含量的下限可不作为交货条件,08Al 牌号钢带 Al 含量下限为 0.015%。

6.1.3　钢带成品化学成分符合 GB/T 222 有关规定。

6.2　交货状态

钢带以热轧状态交货,根据需方要求,经供需双方协商,可供应表面酸洗状态或其他特殊要求的钢带。

6.3　力学性能

6.3.1　钢带力学性能应符合表 6 规定。

6.3.2　表 6 未包含牌号钢带的力学性能由供需双方协商。

6.3.3　用于冷轧原料的钢带,其力学性能不作为交货条件。

6.3.4　拉伸试验取横向试样,由于钢带宽度限制不能取横向试样时,可取纵向试样,力学性能由供需双方协商。

表 6 钢带力学性能

牌号	抗拉强度 R_m/MPa	断后伸长率 A/%
	不小于	
08Al	290	35
08	325	33
10	335	32
15	370	30
20	410	25
25	450	24
30	490	22
35	530	20
40	570	19
45	600	17

6.4 冷弯试验

6.4.1 用08～35号钢轧制的钢带应进行180°横向冷弯试验，弯心直径符合表7规定。

表 7 钢带冷弯试验

牌号	弯心直径 d	
	试样厚度 $a \leqslant 6$ mm	试样厚度 $a > 6$ mm
08、08Al	0	0.5a
10	0.5a	a
15	a	1.5a
20*	2a	2.5a
25*、30*、35*	2.5a	3a

* 经供需双方协商，冷弯试验可不作为交货条件。

6.4.2 用于冷轧原料钢带，其冷弯试验由供需双方协商。

6.5 冲击试验

根据需方要求，经供需双方协商，钢带可进行冲击试验，具体要求由双方协商。

6.6 硬度检验

根据需方要求，经供需双方协商，可做钢带硬度检验，其数值由双方协商。

6.7 金相检验

6.7.1 根据需方要求，经供需双方协商，可进行铁素体晶粒度、非金属夹杂、显微组织检验，具体要求由双方协商。

6.7.2 根据需方要求，由35及以上牌号的钢制造的钢带可检查表面脱碳层深度，其一面脱碳层(全脱碳层加部分脱碳层)深度应符合以下规定：

钢带厚度≤3.2 mm时，其总脱碳层深度不大于0.08 mm；

钢带厚度＞3.2 mm时，其总脱碳层深度不大于钢带实际厚度的2.5%。

6.8 表面质量

6.8.1 钢带表面不允许有气泡、结疤、裂纹、折叠、夹杂和压入氧化铁皮，钢带不允许有分层。轻微的红氧化铁皮允许存在，允许有深度或高度不超过厚度公差之半的划痕、压痕、麻点、表面粗糙、凸起等局部缺陷，其深度或高度从实际尺寸算起。

6.8.2 不切边钢带边缘不允许有缺口、边部裂纹，允许有深度不大于宽度公差之半的其他边部缺陷，且应保证钢带最小宽度。

6.8.3 切边钢带边缘允许有不大于0.5 mm的飞刺。

6.8.4 钢带表面缺陷允许清理，但清理后应保证钢带的最小厚度和宽度。清理处应平滑、无棱角。

6.8.5 在钢带连续生产过程中，局部表面缺陷不易发现并去除，因此允许带缺陷交货，但有缺陷部分不能超过每卷钢带总长度的8%。

6.8.6 供应表面经酸洗处理或其他方法处理的钢带，表面质量要求由双方协商。

7 试验方法

7.1 钢带的检验项目、取样数量、取样方法及试验方法应符合表8规定。

表8 钢带检验项目、取样数量、取样方法及试验方法

序号	检验项目	取样数量	取样方法	试验方法
1	化学成分(熔炼分析)	1(炉)	GB/T 20066	GB/T 223、GB/T 4336
2	拉伸	1	GB/T 2975	GB/T 228
3	冷弯	1	GB/T 2975	GB/T 232
4	冲击	3	GB/T 2975	GB/T 229
5	硬度	2	—	GB/T 230.1(GB/T 231.1)
6	脱碳	2	GB/T 224	GB/T 224(金相法)
7	晶粒度	2	GB/T 6394	GB/T 6394
8	非金属夹杂	1	GB/T 10561	GB/T 10561
9	显微组织	1	GB/T 13298	GB/T 13299
10	尺寸	逐卷	—	常用量具
11	表面质量	逐卷	—	目视

7.2 进行拉伸和弯曲试验时，钢带应取横向试样，冲击试样的纵向轴线应平行于轧制方向。

7.3 夏比缺口冲击功值按一组三个试样单值的算术平均值计算，允许其中一个试样单值低于规定值，但不得低于规定值的70%。

7.4 厚度为6 mm至10 mm的钢带做冲击试验时，采用5 mm×10 mm×55 mm小尺寸试样，其试验结果应不小于规定值的50%，对厚度小于6 mm的钢带，冲击试验要求由供需双方协商。

7.5 钢带的宽度、厚度、同条差、三点差、镰刀弯及表面质量检查部位距钢带两端距离应以保证测量的精确性为准，仲裁试验时，测量部位应在两端不考核长度之外。

7.6 测量钢带厚度时，测量点距钢带侧边距离：切边钢带不小于5 mm，不切边钢带不小于10 mm。

7.7 测量钢带的镰刀弯时，将直尺紧靠钢带的凹侧边，测量从直尺到凹侧边的最大距离。

8 检验规则

8.1 钢带由供方技术监督部门进行检查和验收。

8.2 钢带应成批进行验收，每批由同一牌号、同一炉号、同一规格及同一热处理制度的钢带组成。

8.3 钢带的夏比(V型缺口)冲击试验结果不符合规定时，应从同一批钢带上再取一组三个试样进行试验，前后六个试样的平均值不得低于规定值，但允许有两个试样低于规定值，其中低于规定值70%的试样只允许有一个。

8.4 钢带的复验和判定应符合GB/T 17505的规定。

9 包装、标志及质量证明书

钢带的包装、标志及质量证明书应符合 GB/T 247 有关规定。

ICS 71.100.60
Y 41

中华人民共和国国家标准

GB/T 8793—2008
代替 GB/T 8793—1988

中国贵州柏木(精)油

Oil of cedarwood, Chinese Guizhou type (*Cupressus funebris* Endlicher)

(ISO 9843:2002, Oil of cedarwood, Chinese type, MOD)

2008-08-28 发布 2009-01-01 实施

中华人民共和国国家质量监督检验检疫总局
中国国家标准化管理委员会 发布

前 言

本标准修改采用 ISO 9843:2002《中国柏木油》。与 ISO 9843:2002 相比，主要技术差异如下：

——删除了 ISO 9843:2002 的取样方法；

——试验方法采用《香料通用试验方法》国家标准；

——ISO 9843:2002 中对中国柏木油的定义限于“从柏木中获得的精油”，而本标准中对中国贵州柏木(精)油的定义限于“从中国贵州柏木树根中提取的精油”；

——ISO 9843:2002 中对色泽的规定是“几乎无色至浅黄色”，本标准中对色状的规定是“浅黄色至黄色”；

——ISO 9843:2002 中规定花侧柏烯含量为 1%～3%，本标准为 1%～6%；

——将 ISO 9843:2002 的 4.8 内容作为本标准的附录 B(资料性附录)；

——增加了检验规则；

——对标志、包装、运输、贮存和保质期内容进行了具体规定。

本标准代替 GB/T 8793—1988《中国贵州柏木油》。

本标准与 GB/T 8793—1988 相比主要变化如下：

——柏木脑含量的测定用面积归一化法代替内标法；

——增加了附录 B 代表性和特征性组分含量范围。

本标准的附录 A、附录 B 是资料性附录。

本标准由中国轻工业联合会提出。

本标准由全国香料香精化妆品标准化技术委员会归口。

本标准起草单位：上海香料研究所。

本标准主要起草人：杜世祥、金其璋、徐易、曹怡。

本标准所代替标准的历次版本发布情况为：

——GB/T 8793—1988。

中国贵州柏木(精)油

1 范围

本标准规定了中国贵州柏木(精)油的要求、试验方法、检验规则及标志、包装、运输、贮存和保质期。

本标准适用于中国贵州柏木(*Cupressus funebris* Endlicher)(精)油。

2 规范性引用文件

下列文件中的条款通过本标准的引用而成为本标准的条款。凡是注日期的引用文件,其随后所有的修改单(不包括勘误的内容)或修订版均不适用于本标准,然而,鼓励根据本标准达成协议的各方研究是否可使用这些文件的最新版本。凡是不注日期的引用文件,其最新版本适用于本标准。

GB/T 11538—2006 精油 毛细管柱气相色谱分析 通用法(ISO 7609:1985,IDT)

GB/T 11540 香料 相对密度的测定(GB/T 11540—2008,ISO 279:1998,MOD)

GB/T 14454.2 香料 香气评定法

GB/T 14454.4 香料 折光指数的测定(GB/T 14454.4—2008,ISO 280:1998,MOD)

GB/T 14454.5 香料 旋光度的测定(GB/T 14454.5—2008,ISO 592:1998,MOD)

GB/T 14455.3 香料 乙醇中溶解(混)度的评估(GB/T 14455.3—2008,ISO 875:1999,MOD)

3 术语和定义

下列术语和定义适用于本标准。

3.1

中国贵州柏木(精)油 oil of cedarwood,Chinese Guizhou type

用水蒸气蒸馏法从中国贵州柏木(*Cupressus funebris* Endlicher)树根中提取的精油,再经精馏加工制得。

4 要求

4.1 色状:浅黄色至黄色澄清液体。

4.2 香气:特征性木香。

4.3 相对密度(20 ℃/20 ℃):0.938～0.960。

4.4 折光指数(20 ℃):1.500 0～1.508 0。

4.5 旋光度(20 ℃):$-35°\sim-20°$。

4.6 溶混度(20 ℃):1 体积试样混溶于 5 体积 95%(体积分数)乙醇中,呈澄清溶液。

4.7 柏木脑含量(GC):≥10.0%。

5 试验方法

5.1 色状的检定

将试样置于比色管内,用目测法观察。

5.2 香气的评定

按 GB/T 14454.2 的规定。

5.3 相对密度的测定

按 GB/T 11540 的规定。

5.4 折光指数的测定

按 GB/T 14454.4 的规定。

5.5 旋光度的测定

按 GB/T 14454.5 的规定。

5.6 溶混度的评估

按 GB/T 14455.3 的规定。

5.7 柏木脑含量的测定

5.7.1 仪器

a) 色谱仪、记录仪和积分仪按 GB/T 11538—2006 中第 5 章的规定；

b) 毛细管柱；

c) 氢火焰离子化检测器。

5.7.2 测定方法

面积归一化法：按 GB/T 11538—2006 中 10.4 指定方法测定柏木脑含量。

5.7.3 重复性及结果表示

按 GB/T 11538—2006 中 11.4 规定进行，应符合要求。

中国贵州柏木(精)油典型气相色谱图(面积归一化法)参见附录 A。

中国贵州柏木(精)油代表性和特征性组分含量范围(面积归一化法)参见附录 B。

6 检验规则

6.1 中国贵州柏木(精)油应由生产厂质量检验部门负责检验，生产厂应保证出厂产品均符合本标准的要求，每批出厂产品均应附有质量合格证书。色状、香气、相对密度、折光指数、柏木脑含量为出厂检验项目，而旋光度、溶混度为型式检验项目，每季度检验一次。

6.2 验收单位有权按照本标准的各项规定检验所收到的产品质量是否符合本标准的要求。每一批号做一次验收，不同批号分别验收。

6.3 抽样方法：每批的包装单位 1 个～2 个，全抽；3 个～100 个抽取 2 个；100 个以上增加部分再抽取 3%。用取样器从每个包装单位中均匀抽取试样 50 mL～100 mL，将所抽取的试样全部置于混样器内充分混匀，分别装入两个清洁、干燥、密闭的惰性容器中，避光保存。容器上贴标签，注明：生产厂名、产品名称、生产日期、批号、数量及取样日期，一瓶作为检验用，另一瓶留存备查。

6.4 如验收结果中有一项指标不符合本标准要求时，可会同生产厂重新加倍抽取试样复验。如复验结果仍有指标不合格，则该批产品不能验收。

6.5 当供需双方对产品质量发生异议时，可由双方协议解决或由法定检验机构进行仲裁。

7 标志、包装、运输、贮存和保质期

7.1 标志

产品包装外应注明：产品名称、生产厂名和地址、商标、批号、净含量、生产日期和保质期、许可证号及标准编号。顾客如有特殊要求，可与生产厂另订协议。

7.2 包装

中国贵州柏木(精)油应装于清洁、无杂味的镀锌铁桶内，或按顾客要求包装。

7.3 运输

在运输过程中应轻装轻卸，防止日晒雨淋，不得与有毒、有害物质混装、混运，并应符合有关部门的规定。本产品的闪点大于 100 ℃。

7.4 贮存

本产品应贮存在阴凉、干燥、通风的仓库内，避免杂气污染，远离火源。

7.5 保质期

在符合规定的贮运条件、包装完整、未经启封的情况下，本产品保质期为一年。逾期重新按本标准进行检验，合格仍可使用。

附 录 A
（资料性附录）
中国贵州柏木(精)油典型气相色谱图
（面积归一化法）

A.1 操作条件

a) 柱:毛细管柱长 50 m,内径约 0.24 mm;
b) 固定相:PEG-20M;
c) 膜厚:0.25 μm;
d) 色谱炉温度:线性程序升温从 100 ℃～180 ℃,速率 4 ℃/min;
e) 进样口温度:200 ℃;
f) 检测器温度:200 ℃;
g) 检测器:火焰离子化检测器;
h) 载气:氮气;
i) 载气流速:1 mL/min;
j) 进样量:约 0.2 μL;
k) 分流比:1/100。

A.2 中国贵州柏木(精)油典型气相色谱图

中国贵州柏木(精)油典型气相色谱图,见图 A.1。

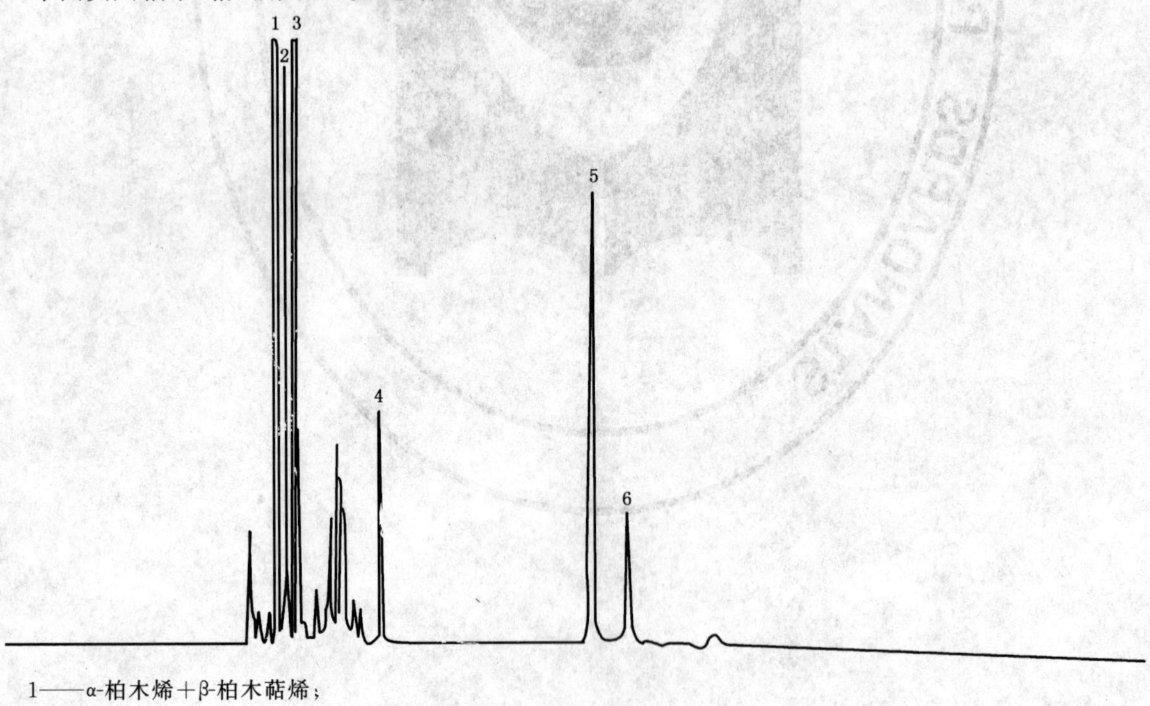

1——α-柏木烯+β-柏木萜烯;
2——β-柏木烯;
3——罗汉柏烯;
4——花侧柏烯;
5——柏木脑;
6——羽毛柏醇。

图 A.1 中国贵州柏木(精)油典型气相色谱图

附 录 B
（资料性附录）
中国贵州柏木(精)油代表性和特征性组分含量范围
（面积归一化法）

中国贵州柏木(精)油代表性和特征性组分含量范围，见表B.1。

表B.1 中国贵州柏木(精)油代表性和特征性组分含量范围

组 分	最低/%	最高/%
α-柏木烯+β-柏木萜烯	13	29
β-柏木烯	4	11
罗汉柏烯	18	39
花侧柏烯	1	6
柏木脑	10	20
羽毛柏醇	0.5	3

ICS 83.140.30
G 33

中华人民共和国国家标准

GB/T 8806—2008/ISO 3126:2005
代替 GB/T 8806—1988

塑料管道系统　塑料部件　尺寸的测定

Plastics piping systems—Plastics components—Determination of dimensions

(ISO 3126:2005,IDT)

2008-08-19 发布　　　　2009-05-01 实施

中华人民共和国国家质量监督检验检疫总局
中国国家标准化管理委员会　发布

前言

本标准等同采用国际标准 ISO 3126:2005《塑料管道系统　塑料部件　尺寸的测定》，技术内容上完全相同，仅作如下编辑性修改：

a) “本国际标准”改为“本标准”；

b) 用小数点符号“.”代替原国际标准的小数点符号“,”；

c) 删除了国际标准的前言，增加我国标准的前言；

d) 增加了规范性引用文件 GB/T 6315《游标万能角度尺》、GB/T 6379.1《测量方法与结果的准确度(正确度与精密度)　第 1 部分：总则与定义》、GB/T 6379.2《测量方法与结果的准确度(正确度与精密度)　第 2 部分：确定标准测量方法重复性与再现性的基本方法》、GB/T 6379.4《测量方法与结果的准确度(正确度与精密度)　第 4 部分：确定标准测量方法正确度的基本方法》、GB/T 6379.5《测量方法与结果的准确度(正确度与精密度)　第 5 部分：确定标准测量方法精密度的可替代方法》和附录 A《测量量具和仪器的推荐精度》；

e) 将公式 $L_{e,so}=L_4+\frac{0.5d_2}{\sin\theta}-\frac{L_2+0.5d_1}{\tan\theta}-L_5$ 更正为：$L_{e,so}=\frac{L_3}{\sin\theta}+\frac{0.5d_2}{\sin\theta}-\frac{L_2+0.5d_1}{\tan\theta}-L_5$；

f) 将公式 $L_{e,sp}=L_4+\frac{0.5d_1}{\sin\theta}-\frac{L_2+0.5d_2}{\tan\theta}$ 更正为：$L_{e,sp}=\frac{L_3}{\sin\theta}+\frac{0.5d_1}{\sin\theta}-\frac{L_2+0.5d_2}{\tan\theta}$；

g) 将图 6 和图 7b)中的 d_2 更正为 d_4、图 7a)中的 d_4 更正为 D。

本标准代替 GB/T 8806—1988《塑料管材尺寸测量方法》。

本标准与 GB/T 8806—1988 相比主要变化如下：

——范围中增加了管件以及角度、长度、垂直度等几何量的测定；

——引入了测量准确度的有关内容；

——增加了非接触式仪器；

——规定了角度、长度、垂直度等几何量的测定步骤。

本标准的附录 A 为资料性附录。

请注意本标准的某些内容有可能涉及专利，本标准的发布机构不应承担识别这些专利的责任。

本标准由中国轻工业联合会提出。

本标准由全国塑料制品标准化技术委员会(SAC/TC 48)归口。

本标准起草单位：国家塑料制品质量监督检验中心(北京)、亚大塑料制品有限公司、浙江中财管道科技股份有限公司。

本标准主要起草人：凌伟、王志伟、代启勇。

本标准所替代标准的历次版本发布情况为：

GB/T 8806—1988。

塑料管道系统　塑料部件　尺寸的测定

1　范围

本标准规定了塑料管材和管件尺寸的测量或测定方法以及测量的准确度。

为检测产品几何尺寸的符合性，本标准规定了壁厚、直径、长度、角度和垂直度等的测量步骤。

2　规范性引用文件

下列文件中的条款通过本标准的引用而成为本标准的条款。凡是注日期的引用文件，其随后所有的修改单（不包括勘误的内容）或修订版均不适用于本标准，然而，鼓励根据本标准达成协议的各方研究是否可使用这些文件的最新版本。凡是不注日期的引用文件，其最新版本适用于本标准。

GB/T 1216　外径千分尺（GB/T 1216—2004，DIN 863-1:1999，MOD）

GB/T 1219　指示表

GB/T 4340.1　金属维氏硬度试验　第1部分：试验方法（GB/T 4340.1—1999，eqv ISO 6507-1:1997）

GB/T 6315　游标、带表和数显万能角度尺

GB/T 6379.1　测量方法与结果的准确度（正确度与精密度）　第1部分：总则与定义（GB/T 6379.1—2004，ISO 5725-1:1994，IDT）

GB/T 6379.2　测量方法与结果的准确度（正确度与精密度）　第2部分：确定标准测量方法重复性与再现性的基本方法（GB/T 6379.2—2004，ISO 5725-2:1994，IDT）

GB/T 6379.4　测量方法与结果的准确度（正确度与精密度）　第4部分：确定标准测量方法正确度的基本方法（GB/T 6379.4—2006，ISO 5725-4:1994，IDT）

GB/T 6379.5　测量方法与结果的准确度（正确度与精密度）　第5部分：确定标准测量方法精密度的可替代方法（GB/T 6379.5—2006，ISO 5725-5:1998，IDT）

GB/T 21389　游标、带表和数显卡尺

3　术语和定义、符号

下列术语和定义、符号适用于本标准。

3.1　术语和定义

3.1.1

准确度　accuracy

测量结果与接受参考值间的一致程度。

注：术语“准确度”，当用于一组测试结果时，由随机误差分量和系统误差即偏倚分量组成（GB/T 3358.1）。

3.1.2

校准　calibration

在规定的条件下，为确定测量仪器或测量系统所指示的量值，或实物量或参考物质所代表的量值，与对应的由标准所复现的量值之间关系而建立的一组操作。

3.1.3

参考标准　reference standard

国际（国家）认可的给定单位测量规定。

3.2 符号

b_1:法兰螺栓孔边到法兰孔边之间的距离

b_2:法兰螺栓孔边到法兰外径边之间的距离

b_3:法兰螺栓孔中心到法兰孔边之间的距离

b_4:法兰螺栓孔中心到法兰外径边之间的距离

c_1:法兰两个相邻的螺栓孔边之间的距离

c_2:法兰两个相邻的螺栓孔中心之间的距离

d_e:部件(某部分)的外径

$d_{i,m}$:三通(四通或多通)主管的平均内径

d_1:承口端的外径

d_2:插口端的外径

d_3:法兰孔的直径

d_4:法兰螺栓孔的直径

D:法兰的外径

e: 部件的壁厚

k: 法兰螺栓孔分布圆的直径

$L_{e,b}$:三通(四通或多通)支管的有效长度

$L_{e,m}$:三通(四通或多通)主管的有效长度

$L_{e,r}$:异径管件的有效长度

$L_{e,so}$:管件承口端的有效长度

$L_{e,sp}$:管件插口端的有效长度

L_{str}:管件的承口或插口圆柱平直段的长度

L_t:异径管件锥形部分的长度

L_1:理论上的最大不垂直距离

L_2:部件、直尺与基准平面形成的角度顶点在基准平面方向上的测量距离

L_3:部件、基准平面与直尺形成的角度顶点在直尺方向上的测量距离

L_4:从基准平面到试样上端面最近点之间的垂直距离

L_5:承口的插入深度

L_6:三通(四通或多通)的总长

L_7:三通(四通或多通)的插口或承口的中心线方向上端面到主管底边之间的距离

L_8:异径管件的总长

L_9:法兰的两个选定的螺栓孔边之间的距离

L_{10}:法兰轴向的总高

r:不垂直度的计算角度

R:弯曲半径

θ:弯头或三通(四通或多通)的角度

4 测量量具

4.1 一般要求

4.1.1 测量量具的准确度

测量量具的选用应与测量步骤相结合,以达到尺寸测量所要求的准确度。

注:测量量具和仪器的推荐精度参见附录A。

4.1.2 校准

应根据本标准使用者的质量计划定期对量具进行校准,其校准应能溯源到接受的参考标准。

4.2 仪器

4.2.1 接触式仪器

4.2.1.1 在仪器的使用中，不应有可引起试样表面产生局部变形的作用力。

4.2.1.2 与试样的一个或多个表面相接触的测量量具，如：管材千分尺，应符合下列要求：

a) 与部件内表面相接触的仪器的接触面，其半径应小于试样表面的半径。

b) 与部件外表面相接触的仪器的接触面应为平面或半圆形；

c) 按照 GB/T 4340.1 要求，与试样接触的仪器的接触表面的硬度不应低于 500 HV。

4.2.1.3 千分尺应符合 GB/T 1216，游标卡尺应符合 GB/T 21389，角度尺应符合 GB/T 6315。

4.2.1.4 指示表式测量仪应符合 GB/T 1219。

4.2.1.5 卷尺（π 尺）应根据试样的直径确定分度，以 mm 表示。当在卷尺（π 尺）的两端沿长度方向施加 2.5 N 的作用力时，其伸长不应超过 0.05 mm/m。

4.2.1.6 测量仪器可与已经校准过的厚度或长度标样相结合进行测量，也就是标样在和试样测量结果之间的差异较小时，标样作为测量基准器具使用。

注：建议用于测量大直径或厚壁的试样。

4.2.1.7 对特定限值符合性的检测可使用通规或止规。

4.2.1.8 也可以使用除上述 4.2.1.3、4.2.1.4、4.2.1.5 和 4.2.1.7 规定之外的其他接触式仪器。超声波测量仪应作为非接触式仪器（见 4.2.2）。

4.2.2 非接触式仪器

非接触式量具或仪器，如光学或超声波测量仪，其测量的准确度应符合第 5 章中的相关要求，或者其使用被限定在寻找到相关的测量位置而采用其他的方法进行测量，如最大或最小尺寸位置。

5 尺寸的测定

5.1 总则

5.1.1 测量人员应经过对相关量具和测量步骤的培训。

5.1.2 除非其他标准另有规定，应保证下列任一条：

a) 测量量具、试样的温度和周围环境的温度均在（23±2）℃；

b) 结果可通过计算和经验与相应的 23 ℃的值关联。

5.1.3 检查试样表面是否有影响尺寸测量的现象，如标志、合模线、气泡或杂质。如果存在，在测量时记录这些现象和影响。

5.1.4 选择测量的截面时，应满足以下一条或多条的要求：

a) 按相关标准的要求；

b) 距试样的边缘不小于 25 mm 或按照制造商的规定；

c) 当某一尺寸的测量与另外的尺寸有关，如通过计算而得到下一步的尺寸，其截面的选取应适合于进行计算。

5.1.5 按 5.2.3、5.3.3 和 5.3.4 中规定的测量结果为修约值，测定平均值时应在计算出算术平均值后再对其进行修约。

5.1.6 测量方法与结果准确度的确定应符合 GB/T 6379.2 的要求。

5.2 壁厚

5.2.1 总则

选择量具或仪器以及测量的相关步骤，使结果的准确度在表 1 要求的范围内，除非其他标准另有规定。

表 1　壁厚的测量

单位为毫米

壁　　厚	单个结果要求的准确度	算术平均值修约至
≤10	0.03	0.05
>10～≤30	0.05	0.1
>30	0.1	0.1

5.2.2　**最大和最小壁厚**

在选定的被测截面上移动测量量具直至找出最大和最小壁厚，并记录测量值。

5.2.3　**平均壁厚**

在每个选定的被测截面上，沿环向均匀间隔至少 6 点进行壁厚测量。

由测量值计算算术平均值，按表 1 的规定修约并记录结果作为平均壁厚，e_m。

5.3　直径

5.3.1　**总则**

5.3.1.1　选择量具或仪器以及相关的步骤测量试样在选定截面处的直径（外径或内径），使结果的准确度在表 2 要求的范围内，除非其他标准另有规定。

表 2　直径的测量

单位为毫米

公称直径	单个结果要求的准确度	算术平均值修约至
≤600	0.1	0.1
>600～≤1 600	0.2	0.2
>1 600	1	1

5.3.1.2　按 5.1.4 的规定选择被测截面，测量部件的直径。

5.3.2　**最大和最小直径的测量**

在选定的每个被测截面上移动测量量具，直至找出直径的极值并记录测量值。

5.3.3　**平均外径**

平均外径 $d_{e,m}$ 可用以下任一方法测定：

a)　用 π 尺直接测量；

b)　按表 3 的要求对每个选定截面上沿环向均匀间隔测量的一系列单个值计算算术平均值，按表 2 的规定修约并记录结果作为平均外径 $d_{e,m}$。

表 3　给定公称尺寸的单个直径测量的数量

管材或管件的公称尺寸/mm	给定截面要求单个直径测量的数量/个
≤40	4
>40～≤600	6
>600～≤1 600	8
>1 600	12

5.3.4　**平均内径**

使用符合 5.3.1.1 的量具，用以下任一方法测定：

a)　按表 3 的规定间隔测量一系列的单个值，对单个测量值计算算术平均值，按表 2 的规定修约并记录结果作为平均内径 $d_{i,m}$；

b)　用内径 π 尺直接测量。

5.3.5　**中部直径**

按 5.2 或 5.3 测定的未经修约的值，用式(1)、式(2)、式(3)任一公式计算中部直径 d_m：

$$d_m = d_{e,m} - e_m \quad \cdots\cdots (1)$$

$$d_m = d_{i,m} + e_m \quad \cdots\cdots (2)$$

$$d_m = 0.5(d_{e,m} + d_{i,m}) \quad \cdots\cdots (3)$$

式中：

$d_{e,m}$——被测截面的平均外径；

e_m——被测截面的平均壁厚；

$d_{i,m}$——被测截面的平均内径。

按表2的规定修约后记录结果。

注：该方法不适用于热塑性结构壁管材和管件。

5.4 不圆度

根据5.3.2测定选定截面中直径的极值，测量结果的准确度应符合表4的要求，按相关产品标准的规定计算不圆度。

表4 不圆度测量的准确度

单位为毫米

公称直径 D_N	单个结果要求的准确度
≤315	0.1
>315～≤600	0.5
>600	1

5.5 管材长度

5.5.1 选择测量的量具或仪器和相应的步骤，使测量结果的准确度符合表5的要求，除非其他标准另有规定。

表5 长度的测量

长度/mm	单个结果要求的准确度	算术平均值修约至
≤1 000	1 mm	1 mm
>1 000	0.1%	1 mm

5.5.2 用符合5.5.1规定的量具测量单根管材的总长或有效长度。测定管材的总长时，应在内表面或外表面平行于管材的轴线处进行测量，且至少测量三处，均匀分布在管材的圆周上。当由测量值计算算术平均值时，按表5的规定修约并记录结果作为管材的总长。用机械切割并能保证垂直切割的管材可以在一处测量。

如存在承口，用管材的总长减去承口部分的深度(s)，记录得到的结果作为管材的有效长度。

5.6 管材和管件的端面垂直度

5.6.1 总则

选择测量管材和管件端面垂直度的量具或仪器以及相关的步骤，使测量评估的准确度在公称直径≤200 mm时为0.5 mm、公称直径>200 mm时为1 mm，除非其他标准另有规定。

5.6.2 原理

以下步骤假设管材或管件的外表面平行于轴线，还假设用钢直角尺或铅锤作为垂直基准线通过任一装置与部件的轴线形成垂直。钢直角尺法适合于中、小尺寸的部件，而铅锤法适合于大、中尺寸的部件。

按图1，将钢直角尺或铅锤贴近部件放置。不垂直度 γ 由测量得到的外径和距离 L_1(见图1)经计算得出。

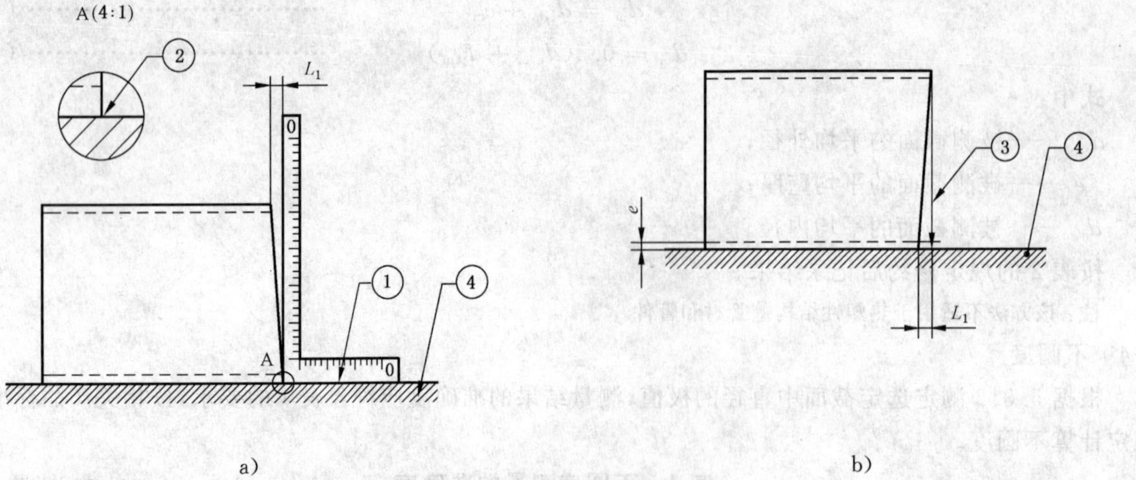

1——90°钢直角尺；

2——接触点；

3——铅锤；

4——平面。

图 1 端面垂直度的测定示意图

5.6.3 步骤

5.6.3.1 使用钢直角尺

按 5.3.3 的规定测定部件的外径。

将部件放在一个水平的平板上，在部件和平板之间加垫必要的垫块以解决如承口或其他凸起部位等引起的部件轴线与平板表面不平行的问题。

按图 1a)所示放置直角尺，使其位于部件的直径处并与部件接触。

旋转部件至直角尺与管材端面的间隙为最大时的位置。如果直角尺与端面为一点接触，则测定并记录与该端面相对的另一点到直角尺间的最大距离 L_1[见图 1a)]。

除其他标准另有规定外，应按式(4)计算不垂直度：

$$\gamma = \arctan \frac{L_1}{d_{e,m}} \quad \cdots\cdots\cdots\cdots (4)$$

式中：

γ——不垂直度，单位为度(°)；

L_1——部件上和下点与垂直基准线间的最大距离，单位为毫米(mm)；

$d_{e,m}$——部件的外径，单位为毫米(mm)。

5.6.3.2 使用铅锤

按 5.3.3 的规定测定部件的外径。

将部件放在一个水平的平板上，在部件和平板之间加垫必要的垫块以解决如承口或其他凸起部位等引起的部件轴线与平板表面不平行的问题。

按图 1b)所示将铅锤上悬于部件的顶部，下降调节铅锤的长度至铅锤与平板之间的距离同部件的壁厚相当。

旋转部件至铅锤与管材端面的间隙为最大时的位置。

如果铅锤没有与部件接触则继续下降至接触到平板，测定并记录该点到与其相对的部件端面间的最大距离 L_1[见图 1b)]。

除其他标准另有规定外，应按式(5)计算不垂直度：

$$\gamma = \arctan \frac{L_1}{d_{e,m}} \quad \cdots\cdots\cdots\cdots (5)$$

式中：

γ——不垂直度，单位为度(°)；

L_1——部件上和下点与垂直基准线间的最大距离，单位为毫米(mm)；

$d_{e,m}$——部件的外径，单位为毫米(mm)。

6 与管件有关的其他几何尺寸的测定

6.1 总则

6.2～6.4 给出了准确度的要求和测定下列类型的部件的至少一个步骤或方法：

——6.2 弯头；

——6.3 三通(四通或多通)；

——6.4 异径管件；

可以使用符合 6.2.1、6.3.1、6.4.1 和 7.1 中测量准确度要求的量具和步骤。

6.2 弯头

6.2.1 总则

选择量具或仪器以及相关的步骤测量弯头的尺寸，使单个结果的准确度符合表 6 的要求，除非其他标准另有规定。

在测量前，应按 5.6 的步骤检查管件端面的垂直度，如果端面与其轴线不垂直，在计算中予以考虑。

表 6 其他测量

单位为毫米

测量	单个结果要求的准确度	算术平均值修约至
线性尺寸		
≤10	0.1	0.1
>10～≤200	0.5	1
>200～≤1 000	1	1
>1 000～≤4 000	0.1%	1
角度	1°	1°

6.2.2 角度变化和有效长度

用下列步骤测定弯头的角度变化和有效长度：

a) 按 5.3.3 的规定，测量并记录部件端部的外径 d_1 和 d_2；

b) 如有应用，按相关标准的规定，用游标卡尺或千分深度尺类量具测量承口的深度 L_5；

c) 如图 2 所示，将弯头的一端放在平面或基准平面上；

d) 如图 2 所示，放置一端接触基准面、另一端可达到并跨越部件上端面直径的足够长的直尺；

e) 用钢直角尺或其他量具测量并记录长度 L_4[见图 2a)或图 2b)]；

f) 测量并记录长度 L_2 和 L_3[见图 2a)或图 2b)]；

g) 用角度尺测量或式(6)计算角度 θ，其结果的准确度应符合表 6 的规定。

$$\theta = \arcsin \frac{L_4}{L_3} \qquad \cdots\cdots (6)$$

如果对部件一端或两端面的不垂直进行校正，可用式(7)、式(8)任一个计算有效长度 L_e(见图 2)。

如果向下的一端为承口(见图 2a)：

$$L_{e,so} = \frac{L_3}{\sin\theta} + \frac{0.5d_2}{\sin\theta} - \frac{L_2 + 0.5d_1}{\tan\theta} - L_5 \qquad \cdots\cdots (7)$$

如果向下的一端为插口(见图 2b)：

$$L_{e,sp} = \frac{L_3}{\sin\theta} + \frac{0.5d_1}{\sin\theta} - \frac{L_2 + 0.5d_2}{\tan\theta} \qquad \cdots\cdots (8)$$

式中：

d_1——承口端的平均外径；

d_2——插口端的平均外径；

L_2——沿平面或基准平面方向从直尺端到部件之间的测量长度（见图 2）；

L_3——沿直尺方向从直尺端到部件之间的测量长度(见图 2)；

L_4——从平面或基准平面到试样上端面最近点间的垂直距离(见图 2)；

L_5——测量或相关标准规定的承口的深度；

θ——管件的角度。

按表 6 修约后记录得到 $L_{e,so}$或 $L_{e,sp}$值。

注：如果所有的承口或插口对应 d_2 或 d_1，在公式中将 d_1或 d_2 调换。

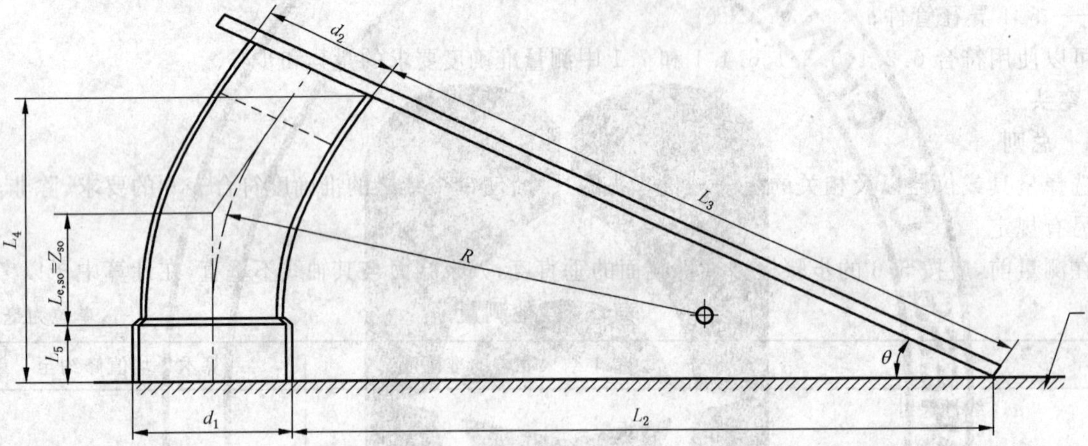

1——基准平面。

a) 承口向下的弯头

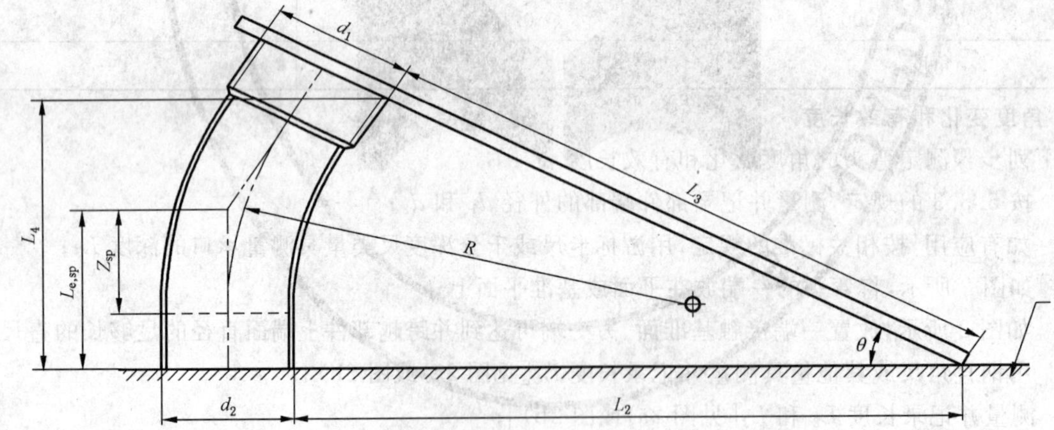

1——基准平面。

b) 插口向下的弯头

图 2 弯头的测量示意图

6.2.3 弯曲半径

注：只有制造商提供管件端部的垂直长度，才能测定弯曲半径。

用式(9)、式(10)任一公式计算弯曲半径。

对管件的插口端：

$$R = \frac{L_{e,sp} - L_{str}}{\tan 0.5\theta} \quad \cdots\cdots (9)$$

对管件的承口端：

$$R = \frac{L_{e.so} + L_5 - L_{str}}{\tan 0.5\theta} \quad \cdots\cdots (10)$$

式中：

R——弯曲半径；

$L_{e,sp}$——管件插口端的有效长度；

$L_{e,so}$——管件承口端的有效长度；

L_{str}——所提供的管件端部的垂直长度；

L_5——测量或相关标准规定的承口的深度；

θ——按 6.2.2 测定的管件的角度(见图 2)。

6.3 三通(四通或多通)

6.3.1 总则

选择量具或仪器以及相关的步骤，使测量结果的准确度符合表 6 的要求，除非其他标准另有规定。

测量前，按 5.6 规定的步骤检查管件端面的垂直度。如果端面与轴线不垂直，在计算时予以考虑，其结果是以切割端的最突出点计算得到的。

6.3.2 主管的有效长度

按 5.5.2 规定的步骤测量管件主管的总长。

记录两个测量值中的较大值，按表 6 修约作为主管的总长 L_6(见图 3)。

用游标卡尺或深度千分尺类量具测量承口的深度 L_5。

用式(11)、式(12)计算有效长度 L_{em}。

对单承口的主管：

$$L_{em} = L_6 - L_5 \quad \cdots\cdots (11)$$

对双承口的主管：

$$L_{em} = L_6 - 2L_5 \quad \cdots\cdots (12)$$

式中：

L_{em}——主管的有效长度；

L_5——承口的深度；

L_6——主管的总长(见图 3)。

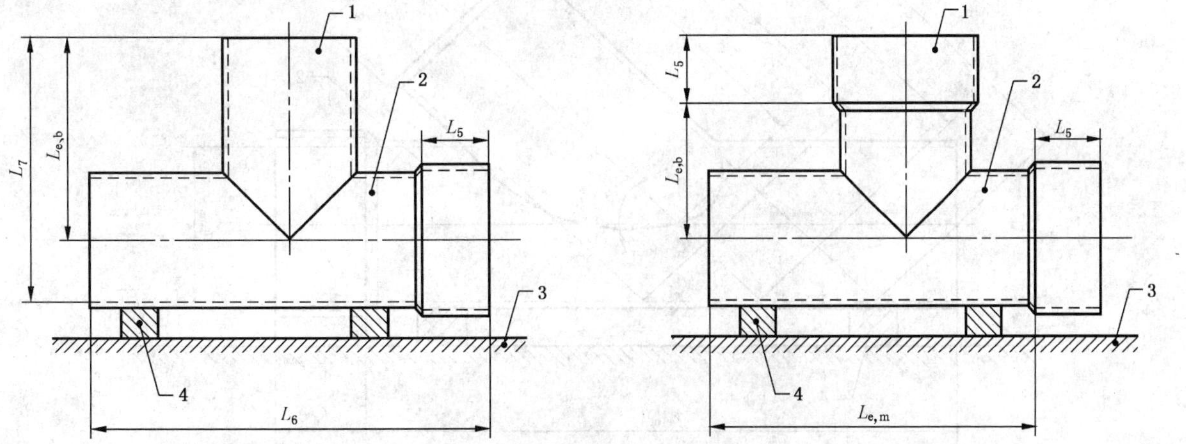

1——支管；

2——主管；

3——基准平面；

4——垫块。

图 3 正三通长度的测量示意图

6.3.3 支管的有效长度

在支管的内壁,测量两个彼此相对的并与支管的轴线平行的支管长度 $L_{7,1}$ 和 $L_{7,2}$(见图 4)。

注:测量 $L_{7,2}$ 时,如一端超出管件主管之外,可采取一定的措施,将主管内壁底边平行延长后进行测量。

计算 $L_{7,1}$ 和 $L_{7,2}$ 的平均值,根据表 6 修约并记录该值作为长度 L_7(见图 4),对 90°支管只需一个测量值(见图 3)。

如有应用,按相关标准的规定用游标卡尺或深度千分尺类量具测量承口的深度 L_5。

按 5.3.4 规定的步骤测定主管的平均内径。

用公式(13)、(14)计算支管的有效长度 $L_{e,b}$。

对插口端的支管:

$$L_{e,b} = L_7 - \frac{0.5d_{i,m}}{\sin\theta} \qquad (13)$$

对承口端的支管:

$$L_{e,b} = L_7 - \frac{0.5d_{i,m}}{\sin\theta} - L_5 \qquad (14)$$

式中:

$d_{i,m}$——三通(四通或多通)主管的平均内径;

$L_{e,b}$——支管的有效长度;

L_5——承口的深度;

L_7——测量长度 $L_{7,1}$ 和 $L_{7,2}$ 的平均值(见图 4),即 $L_7 = 0.5(L_{7,1} + L_{7,2})$;

θ——按 6.2.2 测定的管件的角度。

注:如支管为 90°,$\sin\theta = 1$。

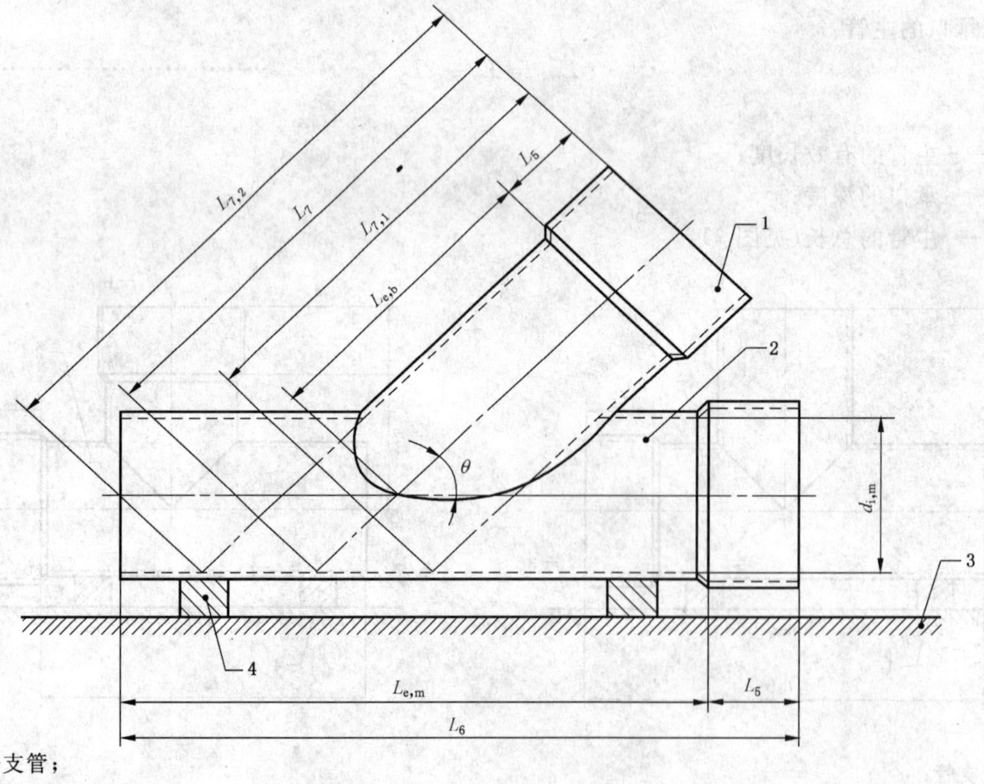

1——支管;

2——主管;

3——基准平面;

4——垫块。

图 4 非 90°支管有效长度的测量示意图

6.4 异径管件

6.4.1 总则

选择量具或仪器进行测量，使测量结果的准确度符合表 6 的要求，除非其他标准另有规定。

测量前，按 5.6 规定的步骤检查管件端面的垂直度，如果端面与轴线不垂直，在计算时予以考虑，其结果是以切割端的最突出点计算得到的。

6.4.2 有效长度

将异径管件直径较大的端面放在平板上。

测量两个彼此相对的并与轴线平行的长度 $L_{8,1}$ 和 $L_{8,2}$（见图 5），计算两个测量值的平均值，按表 5 的规定修约并记录该值作为长度 L_8。

如果大直径端为承口，用游标卡尺或千分深度尺类量具对承口沿环向等间隔位置测量承口深度的平均值，记录该值作为平均承口插入深度 $L_{5,L}$。

如果小直径端为承口，用游标卡尺或千分深度尺类量具对承口沿环向等间隔位置测量承口深度的平均值，记录该值作为平均承口插入深度 $L_{5,S}$。

用式(15)计算有效长度 $L_{e,r}$：

$$L_{e,r}=L_8-L_{5,L}-L_{5,S} \quad \cdots\cdots (15)$$

式中：

$L_{e,r}$——异径管件的有效长度；

L_8——总长，即两个测量长度的平均值；

$L_{5,L}$——如有，大直径端的承口插入深度；

$L_{5,S}$——如有，小直径端的承口插入深度。

6.4.3 锥形部分的长度

将异径管件直径较大的一端放在基准平面上。

按 6.4.2 的规定测定异径管件的总长 L_8。

按 5.5.2 的规定测量两个圆柱平直段部分的长度 $L_{str,sp}$ 和 $L_{str,so}$（见图 5）并按表 6 的规定修约后记录测量值。

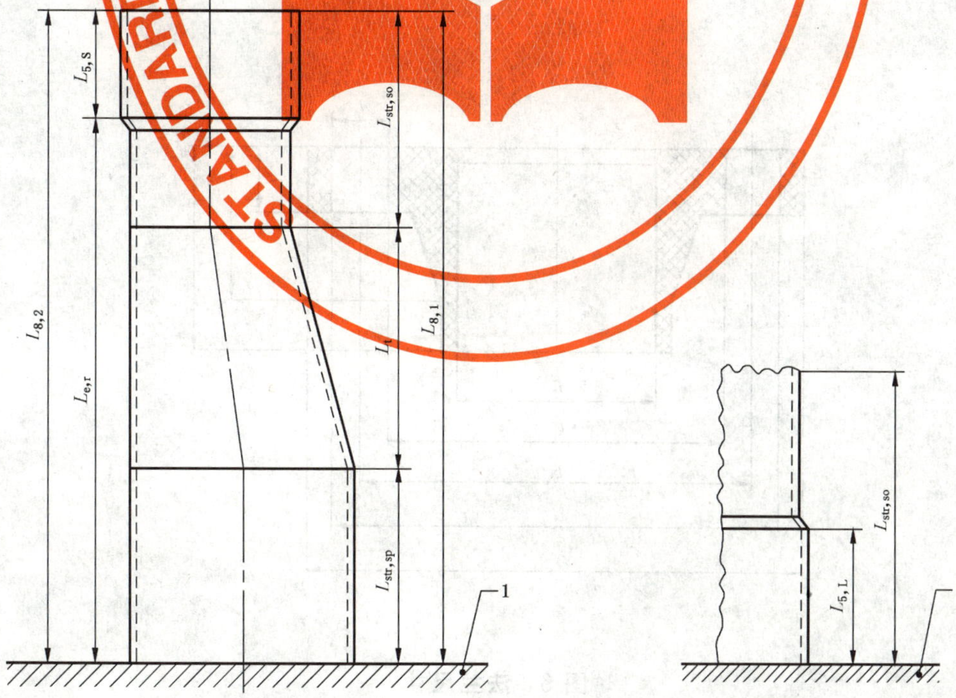

1——基准平面。

图 5 异径管件有效长度的测量示意图

用式(16)计算锥形部分的长度 L_t 并记录该值：

$$L_t = L_8 - L_{str,sp} - L_{str,so} \quad \cdots\cdots (16)$$

式中：

L_8——异径管件的总长；

$L_{str,sp}$和 $L_{str,so}$——圆柱平直段的长度。

7 法兰、活套法兰和法兰盘

7.1 总则

选择量具或仪器以及相关的步骤进行尺寸测量，使结果的准确度符合表 6 的要求，除非另有规定。

注：如有应用，尺寸测量的部位见图 6 或图 7。

7.2 法兰、活套法兰和法兰盘的外径

按 5.3.3 规定的步骤测定法兰、活套法兰和法兰盘的平均外径 D(见图 6 和图 7)。

7.3 法兰、活套法兰和法兰盘的孔径

按 5.3.4 规定的步骤测定法兰、活套法兰和法兰盘的平均孔径 d_3(见图 6 和图 7)。

7.4 螺栓孔的直径

按 5.3.4 规定的步骤测定并记录每个螺栓孔的直径 d_4[见图 6 和图 7b)]。

7.5 螺栓孔的分布

如果按 7.4 测定的所有螺栓孔的直径是相同的，则按表 6 规定的准确度要求测量并记录每个相邻的螺栓孔边之间的直线距离 c_1。

如果按 7.4 测定的螺栓孔直径不相同，则按表 6 规定的准确度要求测量并记录螺栓孔中心之间的直线距离 c_2，例如可通过测量相邻的两个螺栓孔边之间的直线距离 c_1 加上按 7.4 测定的每个螺栓孔的半径得出。

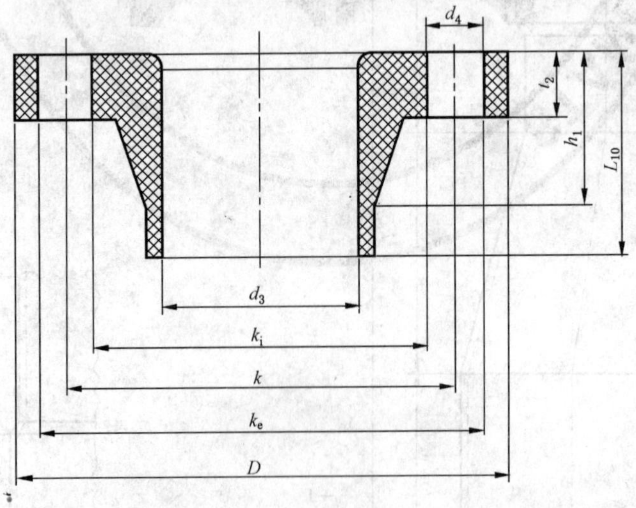

图 6 法兰尺寸

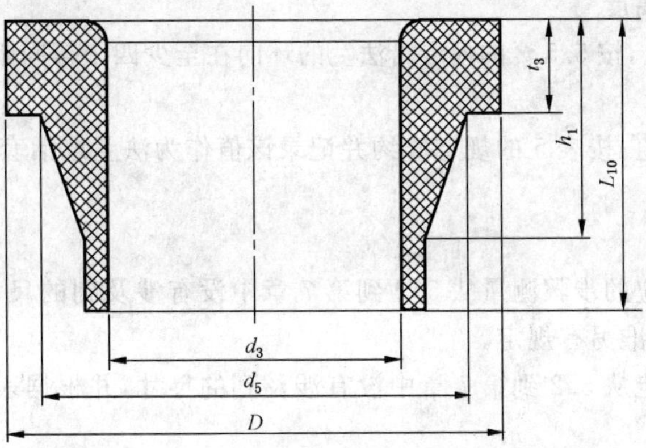

a) 活套法兰

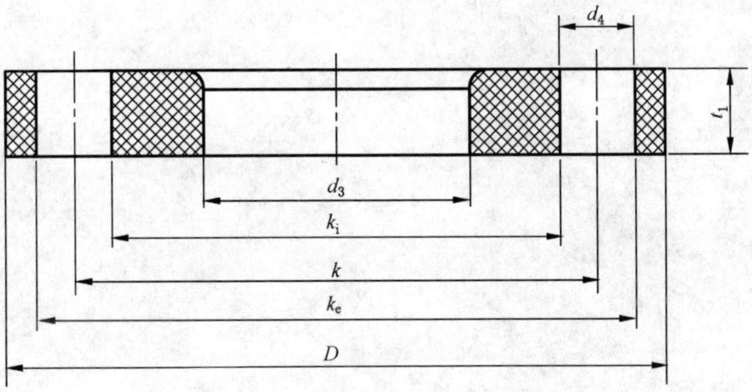

b) 法兰盘

图 7　法兰盘和活套法兰的尺寸

7.6　螺栓孔分布圆直径的同心度

7.6.1　如果按 7.4 测定所有的螺栓孔直径都是相同的，则按表 6 规定的准确度要求测量并记录每个螺栓孔边和法兰孔边之间的直线距离 b_1。

如果为盲板法兰，测量并记录每个螺栓孔边与法兰外径边之间的直线距离 b_2。

7.6.2　如果按 7.4 测定的螺栓孔直径尺寸不相同，则按表 6 规定的准确度要求测定并记录每个螺栓孔中心与法兰孔边之间的直线距离 b_3，例如，通过测量 b_1 加上按 7.4 测定的螺栓孔的半径得出。

如果为盲板法兰，同理测量并记录每个螺栓孔中心与法兰外径边之间的直线距离 b_4。

7.7　螺栓孔分布圆的直径

按表 6 规定的准确度要求测定两个相对的螺栓孔内边的平均直径 k_i 或外边的平均直径 k_e[见图 6 和图 7b)]，通过 $n/2$ 次测量计算平均值，n 为螺栓孔数。

用式(17)或式(18)计算螺栓孔分布圆的直径 k：

$$k = k_i + d_4 \qquad (17)$$

或

$$k = k_e - d_4 \qquad (18)$$

d_4 是按 7.4 测定的螺栓孔尺寸或螺栓孔尺寸不同时其尺寸的平均值，如 $d_4 = 0.5(d_{4,1} + d_{4,2})$，

对计算的平均直径按表 2 进行修约并记录结果作为螺栓孔分布圆的直径 k。

7.8　法兰和活套法兰肩圆的直径

按 5.3.1、5.3.2 和 5.3.3 规定的步骤测量法兰和活套法兰肩圆部位的最大、最小和平均直径 d_5[见图 7a)]。

7.9　法兰、活套法兰和法兰盘的厚度

用符合 5.2.1 规定的量具和 5.2.3 的步骤测定法兰、活套法兰和法兰盘的平均厚度 t_1，t_2 或 t_3（见图 6 和图 7）。

7.10 法兰和活套法兰的高度

将法兰放在基准平面上，按 5.5.2 的规定沿法兰的环向在至少四个等间距的位置上测量高度[见图 6 或图 7a)中的 h_1 和 L_{10}]。

计算测量结果的平均值，按表 5 的规定修约并记录该值作为法兰或活套法兰的高度 h_1 或总高 L_{10}。

8 其他尺寸的测定

选择量具或仪器和相应的步骤测量从 5.2 到第 7 章中没有涉及到的尺寸，使测量结果的准确度符合表 6 的要求，除非其他标准另有规定。

用上述量具按 5.1 测定从 5.2 到第 7 章中没有涉及到的尺寸，并根据表 6 的规定对结果修约后记录该值。

附　录　A
（资料性附录）
测量量具和仪器的推荐精度

以下为塑料部件各种尺寸测量所使用的量具和仪器的推荐精度，测量中还应考虑量具和仪器以及测量方法等产生的系统和随机误差，使测量结果的准确度符合相关的要求。

A.1　壁厚的测量

壁厚的测量见表 A.1。

表 A.1　壁厚的测量　　单位为毫米

壁　厚	量具和仪器的精度
≤30	0.01 或 0.02
>30	≤0.02

A.2　直径的测量

直径的测量见表 A.2。

表 A.2　直径的测量　　单位为毫米

公　称　直　径	量具和仪器的精度
≤600	0.02
>600～≤1 600	0.05
>1 600	≤0.1

A.3　不圆度的测量

不圆度的测量见表 A.3。

表 A.3　不圆度的测量　　单位为毫米

公　称　直　径	量具和仪器的精度
≤315	0.02
>315～≤600	0.05
>600	≤0.1

A.4　管材长度的测量

管材长度的测量见表 A.4。

表 A.4　长度的测量　　单位为毫米

长　　度	量具和仪器的精度
≤1 000	0.1
>1 000	≤1

A.5 管材和管件端面垂直度的测量

管材和管件端面垂直度的测量见表 A.5。

表 A.5 端面垂直度的测量

单位为毫米

公称直径	量具和仪器的精度
≤200	0.05
>200	0.1

A.6 与管件有关的其他几何尺寸的测量

与管件有关的其他几何尺寸的测量见表 A.6。

表 A.6 其他尺寸的测量

测量	量具和仪器的精度
线性尺寸	
≤10	0.01 mm
>10～≤200	0.02 mm
>200～≤1 000	0.1 mm
>1 000～≤4 000	≤0.5 mm
角度	5′

参 考 文 献

[1] GB/T 3358.1 统计学术语 第一部分:一般统计术语.

ICS 83.100
G 31

中华人民共和国国家标准

GB/T 8811—2008/ISO 2796:1986
代替 GB/T 8811—1988

硬质泡沫塑料 尺寸稳定性试验方法

Rigid cellular plastics—Test method for dimensional stability

(ISO 2796:1986,IDT)

2008-01-04 发布 2008-09-01 实施

中华人民共和国国家质量监督检验检疫总局
中国国家标准化管理委员会 发布

前　言

本标准等同采用 ISO 2796:1986《硬质泡沫塑料　尺寸稳定性试验方法》。

本标准对 ISO 2796:1986 仅作了下列编辑性修改：

——将 7.3 试验步骤中部分条款的顺序进行了调整；

——删除了 ISO 2796:1986 中关于精密度和准确度的表述。

本标准是对 GB/T 8811—1988《硬质泡沫塑料　尺寸稳定性试验方法》的修订。

本标准与 GB/T 8811—1988 的主要差异如下：

——增加了前言；

——增加了术语和定义；

——规定给定的试样尺寸为最小尺寸；

——试样从选定的试验条件下取出后，放置时间由 1 h 更改为 1 h～3 h；

——试验报告中增加了"尺寸变化率的算术平均值"的信息。

本标准自实施之日起，代替 GB/T 8811—1988。

本标准由中国轻工业联合会提出。

本标准由全国塑料制品标准化技术委员会归口。

本标准起草单位：北京市塑料研究所、北京工商大学。

本标准主要起草人：朱吴兰、陈倩。

本标准所代替标准的历次版本发布情况为：

——GB/T 8811—1988。

硬质泡沫塑料　尺寸稳定性试验方法

1　范围

本标准规定了在特定温度和相对湿度条件下测定硬质泡沫塑料尺寸稳定性的方法。

本标准适用于硬质泡沫塑料尺寸稳定性的测定。

2　规范性引用文件

下列文件中的条款通过本标准的引用而成为本标准的条款。凡是注日期的引用文件,其随后所有的修改单(不包括勘误的内容)或修订版均不适用于本标准,然而,鼓励根据本标准达成协议的各方研究是否可使用这些文件的最新版本。凡是不注日期的引用文件,其最新版本适用于本标准。

GB/T 2918—1998　塑料试样状态调节和试验的标准环境(idt ISO 291:1997)

GB/T 6342—1996　泡沫塑料与橡胶　线性尺寸的测定(idt ISO 1923:1981)

3　术语和定义

下列术语和定义适用于本标准。

3.1

尺寸稳定性　dimensional stability

试样在特定温度和相对湿度条件下放置一定时间后,互相垂直的三维方向上产生的不可逆尺寸变化。

4　原理

将试样在规定的试验条件下放置一定的时间,并在标准环境下进行状态调节后,测定其线性尺寸发生的变化。

5　仪器

5.1　恒温或恒温恒湿箱

能满足 7.1 试验条件要求的任何恒温或恒温恒湿试验箱。

5.2　量具

测量试样线性尺寸的量具应符合 GB/T 6342—1996 的规定。

6　试样及其制备

6.1　试样的制备

用锯切或其他机械加工方法从样品上切取试样,并保证试样表面平整而无裂纹,若无特殊规定,应除去泡沫塑料的表皮。

6.2　试样尺寸

试样为长方体,试样最小尺寸为(100±1)mm×(100±1)mm×(25±0.5)mm。

6.3　试样数量

对选定的任一试验条件,每一样品至少测试三个试样。

6.4　状态调节

试样应按 GB/T 2918—1998 的规定,在温度(23±2)℃、相对湿度 45%～55%条件下进行状态调节。

7 试验方法

7.1 试验条件

7.1.1 从以下条件中选择试验条件：

(−55±3)℃	(70±2)℃
(−25±3)℃	(85±2)℃
(−10±3)℃	(100±3)℃
(0±3)℃	(110±3)℃
(23±2)℃	(125±3)℃
(40±2)℃	(150±3)℃

当选择相对湿度 90%～100%时，使用如下温度条件：

(40±2)℃	(70±2)℃

7.1.2 经供需双方协商一致，可使用其他试验条件。

7.2 尺寸测量的位置

按 GB/T 6342—1996 中规定的方法，测量每个试样三个不同位置的长度（L_1、L_2、L_3），宽度（W_1、W_2、W_3）及五个不同点的厚度（T_1，T_2，T_3，T_4，T_5），如图 1 所示。

单位为毫米

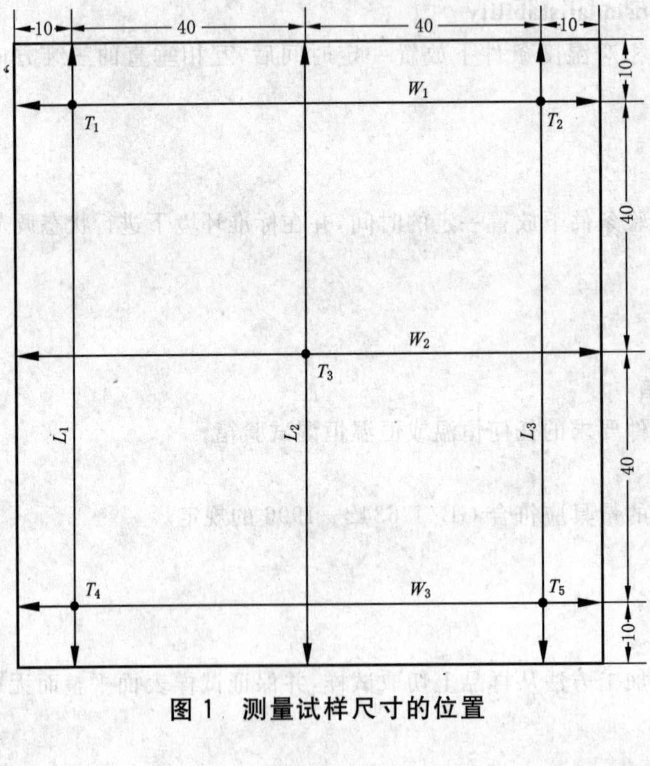

图 1 测量试样尺寸的位置

7.3 试验步骤

7.3.1 按 7.2 的规定测量试样试验前的尺寸。

7.3.2 调节试验箱内温度、湿度至选定的试验条件，将试样水平置于箱内金属网或多孔板上，试样间隔至少 25 mm，鼓风以保持箱内空气循环。试样不应受加热元件的直接辐射。

7.3.3 (20±1)h 后，取出试样。

7.3.4 在 6.4 规定的条件下放置 1 h～3 h。

7.3.5 按7.2的规定测量试样尺寸，并目测检查试样状态。

7.3.6 再将试样置于选定的试验条件下。

7.3.7 总时间(48±2)h后，重复7.3.4和7.3.5的操作。如果需要，可将总时间延长为7 d或28 d，然后重复7.3.4和7.3.5的操作。

8 结果表示

按式(1)～式(3)计算试样的尺寸变化率：

$$\varepsilon_L=\frac{L_t-L_0}{L_0}\times 100\% \qquad \cdots\cdots(1)$$

$$\varepsilon_W=\frac{W_t-W_0}{W_0}\times 100\% \qquad \cdots\cdots(2)$$

$$\varepsilon_T=\frac{T_t-T_0}{T_0}\times 100\% \qquad \cdots\cdots(3)$$

式中：

ε_L、ε_W、ε_T——分别为试样的长度、宽度及厚度的尺寸变化率的数值，%；

L_t、W_t、T_t——分别为试样试验后的平均长度、宽度和厚度的数值，单位为毫米(mm)；

L_0、W_0、T_0——分别为试样试验前的平均长度、宽度和厚度的数值，单位为毫米(mm)。

9 试验报告

试验报告应包括以下信息：

a) 本标准编号；

b) 完整识别样品的必要信息；

c) 状态调节条件与时间；

d) 试验条件；

e) 每个试样长度、宽度和厚度的尺寸变化率；

f) 每一样品长度、宽度和厚度的尺寸变化率的算术平均值或其绝对值的平均值；

g) 每次试验后，试样的扭曲状况；

h) 本标准未规定的任何步骤；

i) 与本标准的任何偏离，包括供需双方协商一致的或其他原因造成的偏离。

ICS 83.100
G 31

中华人民共和国国家标准

GB/T 8813—2008/ISO 844:2004
代替 GB/T 8813—1988

硬质泡沫塑料 压缩性能的测定

Rigid cellular plastics—Determination of compression properties

(ISO 844:2004,IDT)

2008-01-04 发布　　2008-09-01 实施

中华人民共和国国家质量监督检验检疫总局
中国国家标准化管理委员会　发布

前 言

本标准等同采用国际标准 ISO 844:2004《硬质泡沫塑料 压缩性能的测定》，在技术内容和文本结构上与 ISO 844:2004 一致，仅作了下列编辑性修改：

——取消了国际标准的目录；

——取消了国际标准的前言。

本标准代替 GB/T 8813—1988《硬质泡沫塑料压缩试验方法》。

本标准与 GB/T 8813—1988 相比主要变化如下：

——更改了标准名称；

——增加了前言；

——增加了压缩弹性模量的测定方法；

——增加了压缩试验速率要求；

——增加了符号和缩略语一章；

——增加了原理一章；

——增加了精密度一章。

本标准由中国轻工业联合会提出。

本标准由全国塑料制品标准化技术委员会归口。

本标准起草单位：甘肃省产品质量监督检验中心、北京工商大学。

本标准主要起草人：高学礼、孙林、陈倩。

本标准所代替标准的历次版本发布情况为：

——GB/T 8813—1988。

硬质泡沫塑料　压缩性能的测定

1　范围

本标准规定了测定硬质泡沫塑料的压缩强度及其相对形变、相对形变为10%时的压缩应力及压缩弹性模量的方法。

2　规范性引用文件

下列文件中的条款通过本标准的引用而成为本标准的条款。凡是注日期的引用文件，其随后所有的修改单(不包括勘误的内容)或修订版均不适用于本标准，然而，鼓励根据本标准达成协议的各方研究是否可使用这些文件的最新版本。凡是不注日期的引用文件，其最新版本适用于本标准。

GB/T 2918　塑料试样状态调节和试验的标准环境(GB/T 2918—1998，idt ISO 291:1997)

GB/T 6342　泡沫塑料与橡胶　线性尺寸的测定(GB/T 6342—1996，idt ISO 1923:1981)

ISO 5725:1986　试验方法的精密度　多个实验室采用标准试验方法进行试验的重复性和再现性的测定

3　术语和定义

下列术语和定义适用于本标准。

3.1

相对形变 ε　relative deformation

试样厚度的缩减量与其初始厚度之比。

注1：ε 以百分数表示。

注2：ε_m 是对应于 σ_m(见3.2)的相对形变。

3.2

压缩强度 σ_m　compressive strength

相对形变 $\varepsilon<10\%$ 时的最大压缩力 F_m 除以试样的初始横截面积。

3.3

相对形变为10%时的压缩应力 σ_{10}　compressive stress at 10% relative deformation

相对形变为10%(ε_{10})时的压缩力 F_{10} 与试样的初始横截面积之比。

3.4

压缩弹性模量 E　compressive modulus of elasticity

在比例极限内，压缩应力除以其相对形变。

4　符号

下列符号适用于本标准。

A_0：初始横截面积，mm^2

E：压缩弹性模量，kPa

F_e：在比例极限内对应于 x_e 的压缩力，N

F_m：相对形变 $\varepsilon<10\%$ 时的最大压缩力，N

F_{10}：相对形变为10%时的压缩力，N

h_0：试样的初始厚度，mm

ε_m:对应于压缩强度 σ_m 的相对形变 ε,%

σ_m:压缩强度,kPa

σ_{10}:相对形变为10%时的压缩应力,kPa

x_e:在比例极限内对应于压缩力 F_e 的位移,mm

x_m:相对形变 $\varepsilon<10\%$ 时最大压缩力 F_m 对应的位移,mm

x_{10}:相对形变为10% 时的位移,mm

5 原理

对试样垂直施加压力,可通过计算得出试样承受的应力。如果应力最大值对应的相对形变小于10%,称其为"压缩强度"。如果应力最大值对应的相对形变达到或超过10%,取相对形变为10% 时的压缩应力为试验结果,称其为"相对形变为10%时的压缩应力"。

6 设备

6.1 压缩试验机

使用的压缩试验机力和位移的范围应满足本标准要求。需配有两块表面抛光且不会变形的方形或圆形的平行板,板的边长(或直径)至少为100 mm,且大于试样的受压面,其中一块为固定的,另一块可按第8章所规定的条件以恒定的速率移动。两板应始终保持水平状态。

6.2 位移和力的测量装置

6.2.1 位移的测量

压缩试验机应装有一个能连续测量移动板位移量 x 的装置,准确度为±5%或±0.1 mm,如果后者准确度更高则选择后者(见6.2.2注)。

6.2.2 力的测量

在压缩试验机的一块平板上安装一个力传感器,可连续测量试验时试样对平板的反作用力 F,准确度为±1%。传感器在测量时所产生的自身形变忽略不计。

注:推荐可以同时记录力 F 和位移 x 的装置,以获得 $F=f(x)$ 曲线,在曲线图上可以得到第9章需要的 F 、x 对应值,在满足6.2.1和本条款的准确度要求下提供制品特性的更多信息。

6.2.3 校准

应定期检查压缩试验机力、位移的测量装置和图形记录装置(适用时)。该装置力值用一系列准确度高于±1% 并符合试验力值范围的标准砝码校对,位移用准确度高于±0.5%或±0.1 mm 的量块校准。

6.3 测量试样尺寸的量具

按GB/ T 6342规定。

7 试样

7.1 尺寸

试样厚度应为(50±1)mm,使用时需带有模塑表皮的制品,其试样应取整个制品的原厚,但厚度最小为10 mm,最大不得超过试样的宽度或直径。

试样的受压面为正方形或圆形,最小面积为25 cm²,最大面积为230 cm²。首选使用受压面为(100±1) mm×(100±1) mm 的正四棱柱试样。

试样两平面的平行度误差不应大于1%。

不允许几个试样叠加进行试验。

不同厚度的试样测得的结果不具可比性。

7.2 制备

制取试样应使其受压面与制品使用时要承受压力的方向垂直。如需了解各向异性材料完整的特性或不知道各向异性材料的主要方向时，应制备多组试样。

通常，各向异性体的特性用一个平面及它的正交面表示，因此考虑用两组试样。

制取试样应不改变泡沫材料的结构，制品在使用中不保留模塑表皮的，应除去表皮。

7.3 数量

从硬质泡沫塑料制品的块状材料或厚板中制取试样时，取样方法和数量应参照有关泡沫塑料制品标准的规定。在缺乏相关规定时，至少要取5个试样。

7.4 状态调节

试样状态调节按GB/T 2918规定。温度(23±2)℃，相对湿度(50±10)%，至少6 h。

8 试验步骤

试验条件应与试样状态调节条件相同。

按GB/T 6342规定，测量每个试样的三维尺寸。将试样放置在压缩试验机的两块平行板之间的中心，尽可能以每分钟压缩试样初始厚度(h_0)10%的速率压缩试样，直到试样厚度变为初始厚度的85%，记录在压缩过程中的力值。

如果要测定压缩弹性模量，应记录力-位移曲线，并画出曲线斜率最大处的切线。

每个试样按上述步骤进行测试。

9 结果表示

9.1 概述

根据情况计算 σ_m 和 ε_m[见9.2和图1a)]；或 σ_{10}[见9.3和图1b)]；如果材料在试验完成前屈服，但仍能抵抗住渐增的力时，三项性能需全部计算[见图1c)]。

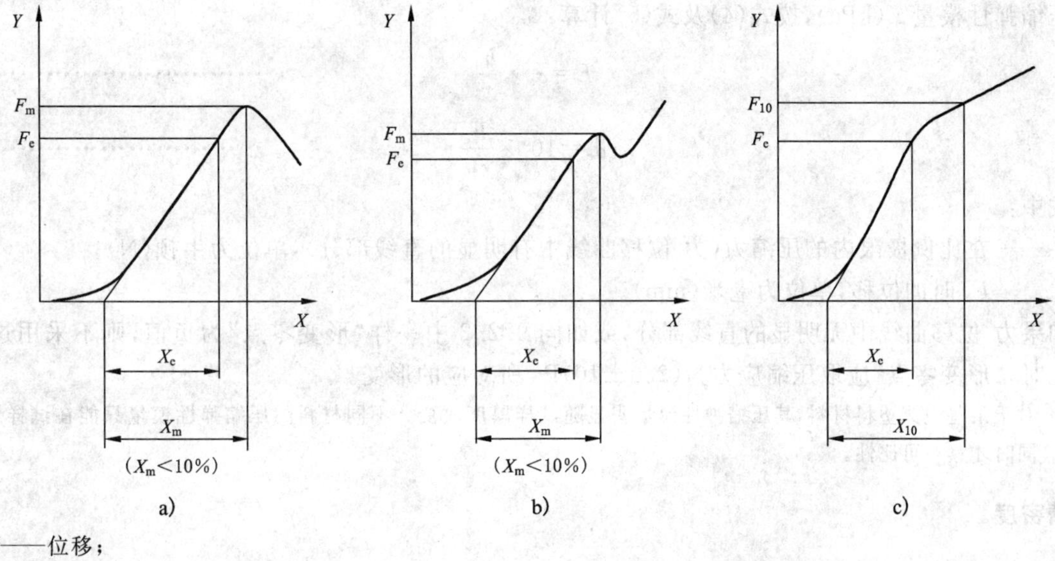

X——位移；

Y——力。

图1 力-位移曲线图例

9.2 压缩强度及其相对形变

9.2.1 压缩强度

压缩强度 σ_m(kPa)，按式(1)计算：

$$\sigma_m = 10^3 \times \frac{F_m}{A_0} \qquad \cdots\cdots (1)$$

式中：

F_m——相对形变 $\varepsilon < 10\%$时的最大压缩力，单位为牛顿(N)；

A_0——试样初始横截面积，单位为平方毫米(mm^2)。

9.2.2 相对形变

将力-位移曲线上斜率最大的直线部分延伸至力零位线(见 6.2.2)，其交点为"形变零点"。测量从"形变零点"至用来计算形变的整个位移。图 1 给出了这种方法的三个图例。

如果力-位移曲线上无明显的直线部分或用这种方法获得的"形变零点"为负值，则不采用这种方法。此时，"形变零点"应取压缩应力为(250±10)Pa 所对应的形变。

相对形变 ε_m(%)，按式(2)计算：

$$\varepsilon_m = \frac{x_m}{h_0} \times 100 \qquad \cdots\cdots (2)$$

式中：

x_m——达到最大压缩力时的位移，单位为毫米(mm)；

h_0——试样初始厚度，单位为毫米(mm)。

9.3 相对形变为 10%时的压缩应力

相对形变为 10%时的压缩应力 σ_{10}(kPa)，按式(3)计算：

$$\sigma_{10} = 10^3 \times \frac{F_{10}}{A_0} \qquad \cdots\cdots (3)$$

式中：

F_{10}——使试样产生 10%相对形变的力，单位为牛顿(N)；

A_0——试样初始横截面积，单位为平方毫米(mm^2)。

9.4 压缩弹性模量

压缩弹性模量 E(kPa)，按式(4)及式(5)计算：

$$E = \sigma_e \times \frac{h_0}{x_e} \qquad \cdots\cdots (4)$$

$$\sigma_e = 10^3 \times \frac{F_e}{A_0} \qquad \cdots\cdots (5)$$

式中：

F_e——在比例极限内的压缩力(力-位移曲线中有明显的直线部分)，单位为牛顿(N)；

x_e——F_e 时的位移，单位为毫米(mm)。

如果力-位移曲线中无明显的直线部分，或如同 9.2.2 中一样"形变零点"为负值，则不采用这种方法。此时，"形变零点"应取压缩应力为(250±10)Pa 所对应的形变。

注：对于某些泡沫塑料材料，其压缩弹性模量明显随试样厚度改变。不同材料的压缩弹性模量只能在试样厚度相同时才具有可比性。

10 精密度

1993 年由 10 个实验室完成了一项实验室间试验。对 4 种具有不同压缩特性的制品进行了试验，其中 3 个制品用于再现性的统计计算(每个制品取 2 个试验结果)，另一个制品用于重复性统计计算(5 个试验结果)。

结果按 ISO 5725:1986(已代替)分析，见表 1 和表 2。

表 1 压缩强度 σ_m 或相对形变为 10%时的压缩应力

范　围	95 kPa～230 kPa
重复性变化的评估 S_r	0.5%
95%重复性限	2%
再现性变化的评估 S_R	3%
95% 再现性限	9%

表 2 压缩弹性模量

范　围	2 500 kPa～8 500 kPa
重复性变化的评估 S_r	3%
95%重复性限	8%
再现性变化的评估 S_R	10%
95%再现性限	25%

11 试验报告

试验报告应包括以下内容：

a) 本标准编号；

b) 完整识别试验样品的全部必要信息，包括生产日期；

c) 若试样未采用受压面为(100±1)mm×(100±1)mm，厚度为(50±1)mm 的正四棱柱，则应注明试样尺寸；

d) 施压方向与各向异性材料或制品形状的关系；

e) 试验结果的平均值，保留 3 位有效数字，表示为：

——压缩强度 σ_m 及其相对形变 ε_m，或

——相对形变为 10%时的压缩应力 σ_{10}，或

——类似图 1c)的全部三项性能；

——当有要求时，增加压缩弹性模量 E；

f) 如各个试验结果之间的偏差大于 10%，则给出各个试验结果；

g) 试验日期；

h) 偏离本标准规定的操作。

ICS 29.060.20
K 15

中华人民共和国国家标准

GB/T 8815—2008
代替 GB/T 8815—2002

电线电缆用软聚氯乙烯塑料

Plasticized polyvinyl chloride (PVC) compounds for wire and cable

2008-12-30 发布　　2009-09-01 实施

中华人民共和国国家质量监督检验检疫总局
中国国家标准化管理委员会　发布

前　言

本标准代替 GB/T 8815—2002《电线电缆用软聚氯乙烯塑料》。

本标准与 GB/T 8815—2002 相比主要变化如下：

——对冲击脆化试验增加了判定的依据；

——将断裂伸长率改为断裂拉伸应变；

——将老化后断裂伸长率改为老化后断裂拉伸应变；

——将断裂伸长率最大变化率改为断裂拉伸应变最大变化率；

——扩大了组批的数量；

——增加了参考文献。

本标准由中国轻工业联合会提出。

本标准由全国塑料制品标准化技术委员会归口。

本标准起草单位：上海新上化高分子材料有限公司、上海电缆研究所。

本标准主要起草人：钟伟勤、项健、张燕萍、龚华、沈彬华。

本标准所代替标准的历次版本发布情况为：

——GB/T 8815—1988、GB/T 8815—2002。

电线电缆用软聚氯乙烯塑料

1 范围

本标准规定了电线电缆用软聚氯乙烯塑料(以下简称聚氯乙烯电缆料)的分类和命名、外观和颜色、要求、试验方法、检验规则及标志、包装、运输、贮存。

本标准适用于以聚氯乙烯树脂为主要原料,加入增塑剂、稳定剂等助剂,经混合、塑化、成粒而制得的电线电缆用软聚氯乙烯塑料。

2 规范性引用文件

下列文件中的条款通过本标准的引用而成为本标准的条款。凡是注日期的引用文件,其随后所有的修改单(不包括勘误的内容)或修订版均不适用于本标准,然而,鼓励根据本标准达成协议的各方研究是否可使用这些文件的最新版本。凡是不注日期的引用文件,其最新版本适用于本标准。

GB/T 1033—1986 塑料密度和相对密度试验方法

GB/T 1040.3—2006 塑料 拉伸性能的测定 第3部分:薄膜和薄片的试验条件(ISO 527-3:1995,IDT)

GB/T 1408.1—2006 绝缘材料电气强度试验方法 第1部分:工频下试验(IEC 60243-1:1998,IDT)

GB/T 1409—2006 测量电气绝缘材料在工频、音频、高频(包括米波波长在内)下电容率和介质损耗因数的推荐方法(IEC 60250:1969,MOD)

GB/T 1410—2006 固体绝缘材料体积电阻率和表面电阻率试验方法(IEC 60093:1980,IDT)

GB/T 2406—1993 塑料燃烧性能试验方法 氧指数法

GB/T 2951.7—1997 电缆绝缘和护套材料通用试验方法 第3部分:聚氯乙烯混合料专用试验方法 第2节:失重试验 热稳定性试验

GB/T 5470—1985 塑料 冲击法脆化温度的测定

3 分类和命名

3.1 分类

聚氯乙烯电缆料按用途分为绝缘级和护层级两类。

3.2 命名

根据导体的工作温度等级和使用用途,由汉语拼音字头和数字组成不同的型号。

汉语拼音字头和数字含义如下:

——J:绝缘级;

——H:护层级;

——R:柔软;

——GD:高电性能;

——Ⅰ:Ⅰ型;

——Ⅱ:Ⅱ型;

——70、90:耐热等级。

型号编制及示例如下：

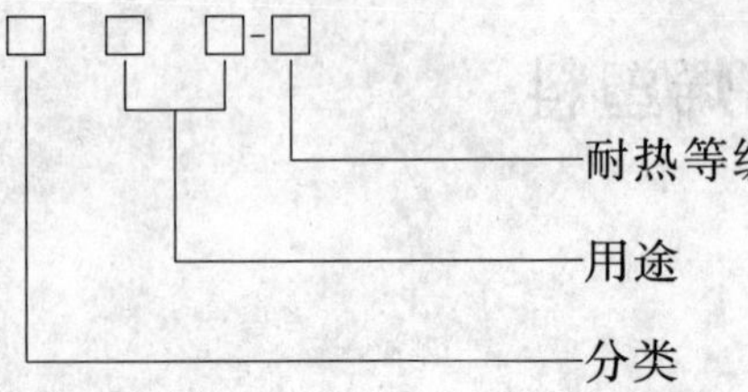

示例：JGD-70　70 ℃高电性能绝缘级软聚氯乙烯塑料

3.3　聚氯乙烯电缆料各品种的型号及名称

聚氯乙烯电缆料各品种的型号及名称见表1。

表1　聚氯乙烯电缆料各品种的型号及名称

型　号	名　　称
J-70	70 ℃绝缘级软聚氯乙烯塑料
JR-70	70 ℃柔软绝缘软聚氯乙烯塑料
H-70	70 ℃护层级软聚氯乙烯塑料
HR-70	70 ℃柔软护层级软聚氯乙烯塑料
JGD-70	70 ℃高电性能绝缘级软聚氯乙烯塑料
HⅠ-90	Ⅰ型90 ℃护层级软聚氯乙烯塑料
HⅡ-90	Ⅱ型90 ℃护层级软聚氯乙烯塑料
J-90	90 ℃绝缘级软聚氯乙烯塑料

3.4　聚氯乙烯电缆料各品种的主要用途

聚氯乙烯电缆料各品种的主要用途见表2。

表2　聚氯乙烯电缆料各品种的主要用途

型号	导体线芯最高允许工作温度/℃	主　要　用　途
J-70	70	仪表通讯电缆、0.6/1 kV及以下电缆的绝缘层
JR-70	70	450/750 V及以下柔软电线电缆的绝缘层
H-70	70	450/750 V及以下电线电缆的护层
	80	26/35 kV及以下电力电缆的护层
HR-70	70	450/750 V及以下柔软电线电缆的护层
JGD-70	70	3.6/6 kV及以下电力电缆的绝缘层
HⅠ-90	90	35 kV及以下电力电缆及其他类似电缆护层
HⅡ-90	90	450/750 V及以下电线电缆的护层
J-90	90	450/750 V及以下耐热电线电缆的绝缘层

4　外形和颜色

4.1　外形

聚氯乙烯电缆料约为4 mm×4 mm×3 mm的方形粒状物或具有相当大小的圆柱形粒状物。

4.2　颜色

绝缘级聚氯乙烯电缆料的颜色为红色、黑色、黄色、蓝色、绿色、棕色等。

护层级聚氯乙烯电缆料的颜色为黑色、白色、灰色等。

其他颜色由用户与生产厂双方协商确定。

5 要求

5.1 外观

聚氯乙烯电缆料应塑化良好、色泽均匀，不应有明显的杂质。

5.2 性能

聚氯乙烯电缆料的机械物理性能与电性能应符合表3的规定，老化后的机械物理性能应符合表4的规定。

表3 聚氯乙烯电缆料的机械物理性能与电性能

项目			J-70	JR-70	H-70	HR-70	JGD-70	HⅠ-90	HⅡ-90	J-90
拉伸强度/MPa		≥	15.0	15.0	15.0	12.5	16.0	16.0	16.0	16.0
断裂拉伸应变/%		≥	150	180	180	200	150	180	180	150
热变形		≤	40	50	50	65	30	40	40	30
冲击脆化性能	试验温度/℃		−15	−20	−25	−30	−15	−20	−20	−15
	冲击脆化性能		通过	通过	通过	通过	通过	通过	通过	通过
200 ℃时热稳定时间/min		≥	60	60	50	60	100	80	180	180
20 ℃时体积电阻率/Ω·m		≥	1.0×10^{12}	1.0×10^{11}	1.0×10^{8}	1.0×10^{8}	3.0×10^{12}	1.0×10^{9}	1.0×10^{9}	1.0×10^{12}
介电强度/(MV/m)		≥	20	20	18	18	25	18	18	20
介质损耗因数(50 Hz)		≤	—	—	—	—	0.1	—	—	—
工作温度时体积电阻率	试验温度/℃		70±1	70±1	—	—	70±1	—	—	95±1
	体积电阻率/Ω·m	≥	1.0×10^{9}	1.0×10^{8}	—	—	5.0×10^{9}	—	—	5.0×10^{8}

注1：相对密度指标由供需双方协商。

注2：阻燃性能用氧指数指标考核，指标值由供需双方协商确定。

表4 老化后聚氯乙烯电缆料的机械物理性能

项目			J-70	JR-70	H-70	HR-70	JGD-70	HⅠ-90	HⅡ-90	J-90
试验温度/℃			100±2	100±2	100±2	100±2	100±2	100±2	135±2	135±2
试验时间/h			168	168	168	168	168	240	240	240
老化后拉伸强度/MPa		≥	15.0	15.0	15.0	12.5	16.0	16.0	16.0	16.0
拉伸强度最大变化率/%			±20	±20	±20	±20	±20	±20	±20	±20
老化后断裂拉伸应变/%		≥	150	180	180	200	150	180	180	150
断裂拉伸应变最大变化率/%			±20	±20	±20	±20	±20	±20	±20	±20
热老化质量损失	试验条件		100 ℃±2 ℃	100 ℃±2 ℃	100 ℃±2 ℃	100 ℃±2 ℃	100 ℃±2 ℃	100 ℃±2 ℃	115 ℃±2 ℃	115 ℃±2 ℃
			168 h	168 h	168 h	168 h	168 h	240 h	240 h	240 h
	质量损失/(g/m²)	≤	20	20	23	25	20	15	20	20

6 试验方法

6.1 外观检查

在自然光线下，用肉眼观察。

6.2 试样制备

将粒料混合后在温度为(165±5)℃的塑炼机上炼塑5 min～10 min，再在温度为(165±5)℃的液压机中按不加压预热、恒温加压、加压冷却的顺序压制 15 min～20 min，出模。

试片厚度应符合各试验项目的规定。

6.3 拉伸强度和断裂拉伸应变的测定

按 GB/T 1040.3—2006 的规定进行，试样为 5 型，厚度为(1.0±0.1)mm，拉伸速度为 250 mm/min。试样在温度为(23±2)℃，相对湿度为 45%～55%的环境状态调节不少于 4 h。

6.4 热变形的测定

6.4.1 试样

直径为 12 mm 的圆形片，或边长为 12 mm 的正方形片，厚度为(1.25±0.15)mm。

6.4.2 试验装置

试验装置见图 1。

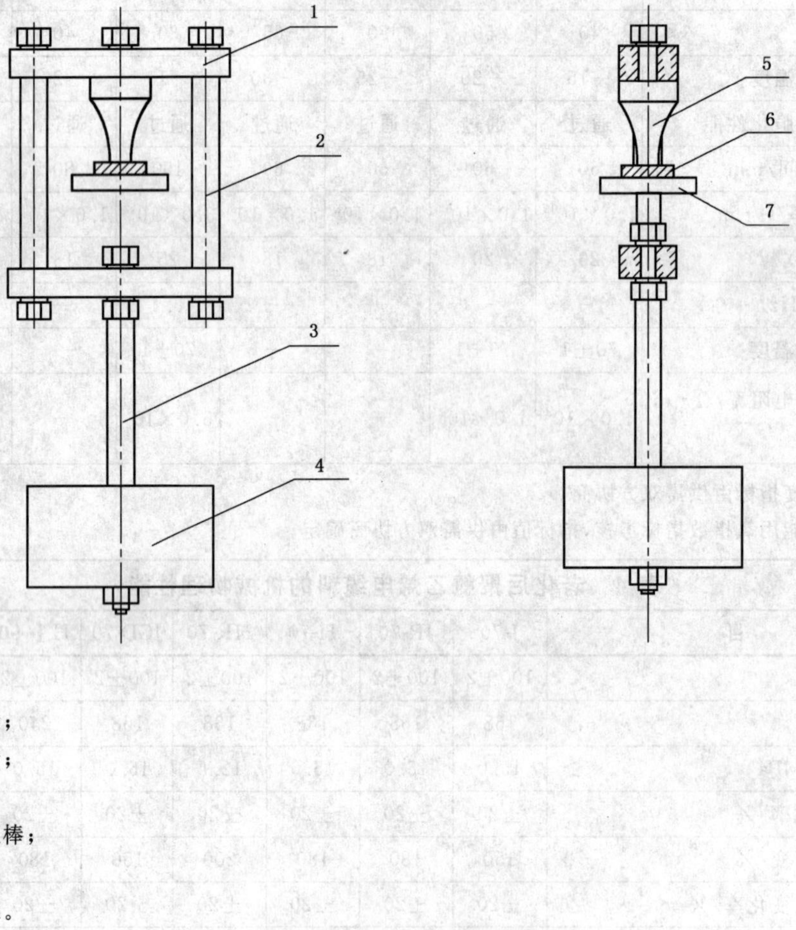

1——夹板；
2——定位螺栓；
3——托重螺栓；
4——重锤；
5——圆柱形压棒；
6——试样；
7——水平支架。

图 1 热变形试验设备

该装置由以下部分组成：

a) 机架，由夹板和定位螺栓组成；

b) 圆柱形重锤，其质量应使作用于圆柱形压棒上的向下总压力为(3.50±0.02)N；

c) 圆柱形压棒，端部为平面，直径为(3.15±0.03)mm；

d) 水平支架，供放置试样用。

装配圆柱形压棒、机架和圆柱形重锤时，应使重力中心处于压棒下端；而且当压棒下端处于试样中心时，它不与设备的其他部分接触。为防止摆动，可安装导向装置。

6.4.3 试验步骤

在室温下测量试样加压处的厚度。如果用千分表，应有适当大小的接触点，而且只能对试样施加轻微的压力。将试验装置和试样分开放入烘箱内，放置位置应无振动，保持温度为(120±2)℃。1 h后，将试样放在水平支架上，装到圆柱形重锤到试样加压处，再恒温1 h。从烘箱中取出整个试验装置，在室温下冷却1 h。然后取下试样，立即用试验开始时所用仪器测量试样变形部分的厚度。

6.4.4　试验结果的计算及评定

热变形 D_t 以%计，按式(1)计算：

$$D_t = \frac{d_0 - d}{d_0} \times 100\% \qquad \cdots\cdots (1)$$

式中：

d_0——试样原始厚度，单位为毫米(mm)；

d——试样试验后厚度，单位为毫米(mm)。

试验结果取两个试样的算术平均值。如果两个试样结果的偏差在其平均值的10%以上，则试验无效，应重新取样进行试验。

6.5　冲击脆化性能的测定

按GB/T 5470—1985以断裂根数不大于50%为通过。

6.6　200 ℃热稳定时间的测定

6.6.1　试验装置

见图2，试验装置由以下部分组成：

a)　玻璃烧杯，容量1 000 mL，杯盖中间有一个放温度计的小孔，周围有六个放试管的小孔；

b)　玻璃试管，内径12 mm～13 mm，高95 mm。试管上刻有两条环行标记，下标记距管底30 mm，上标记距管底70 mm；

c)　温度计，最高刻度300 ℃，精度为±1 ℃。

单位为毫米

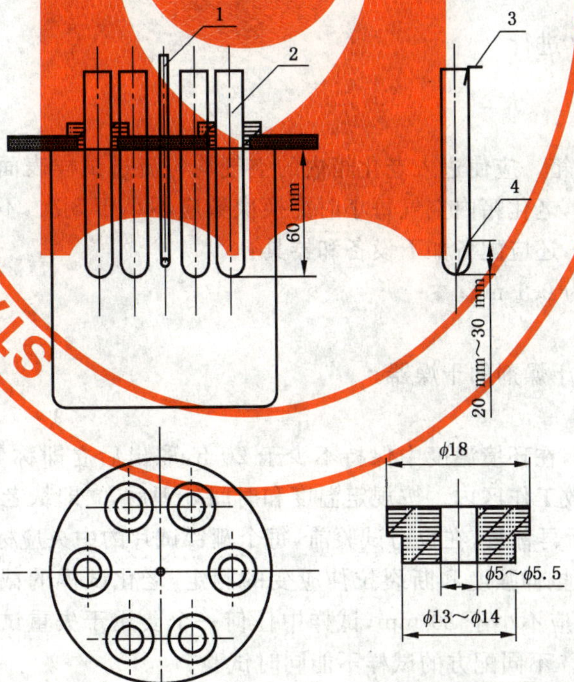

1——温度计；

2——试管；

3——刚果红试纸；

4——试样。

图2　热稳定试验装置

6.6.2 70 ℃产品系列及 HⅠ-90 的热稳定时间的测定

将粒状试样放在试管内至下标记水平面处。再把宽为 5 mm 的刚果红试纸环放在试管内,使试纸环的下边缘在上标记处。然后用软木塞或胶塞塞住试管,放入盛有甘油(油位应使试样全部浸入)的温度为(200±2)℃的烧杯内,开始计时,准确到分。到刚果红试纸下边缘开始变蓝时所经过的时间即为热稳定时间。试验结果取两个试样的算术平均值。

6.6.3 J-90 与 HⅡ-90 的 200 ℃热稳定时间的测定

按 GB/T 2951.7—1997 进行。

6.7 体积电阻率的测定

6.7.1 试样

试样厚度为(1.0±0.1)mm。测 20 ℃时体积电阻率,试样应在(20±2)℃的蒸馏水中浸泡 24 h,擦干后立即进行;测工作温度时体积电阻率,试样应在试验温度的烘箱中恒温 1 h 后立即试验。

6.7.2 试验条件

电极处理:测工作温度时体积电阻率所用电极应在温度为试验温度中恒温 1 h。

除上述条件外,其他均按 GB/T 1410—2006 的规定进行。试验电压为 1 000 V。

6.8 介电强度的测定

按 GB/T 1408.1—2006 的规定进行。试样厚度为(1.0±0.1)mm。电极选用 ϕ25 mm 的对称电极。由零开始,以 2 kV/s 均匀的速率上升直至击穿发生。在进行试验时,变压器油要求清洁、新鲜。

6.9 介质损耗因数的测定

按 GB/T 1409—2006 的规定进行。试片厚度为(1.0±0.1)mm。

6.10 相对密度

按 GB/T 1033—1986 中 A 法——浸渍法进行。试样制备按 6.2 进行。

6.11 氧指数

按 GB/T 2406—1993 进行。

6.12 热老化性能的测定

6.12.1 试验设备

自然通风的电热老化箱。应使进入老化箱内的空气均匀流过试样表面,然后从老化箱顶部附近排出。在规定的试验温度下,老化箱内空气每小时更换次数应不小于 8 次,不大于 20 次。老化箱内不得采用风扇或鼓风机。此外,还应配备如下设备和器具:

a) 分析天平,精度为 0.1 mg;

b) 材料试验机;

c) 装有硅胶或类似干燥剂的干燥器。

6.12.2 试验步骤

将试样放入干燥器内,在环境温度中保持不少于 20 h,取出后立即称量。然后把试样垂直悬挂在老化箱中部,使其处于有效工作区内。按规定温度和时间处理后,立即从老化箱中取出,放回干燥器中。在环境温度下放置 20 h 后再称量,在拉力试验前,每个哑铃试片的中央应标上两个参考记号,并与热老化前试样同时按 5.2 进行拉伸强度和断裂拉伸应变的测定,老化试样的截面积应在老化处理前测量。在老化箱中试样相互间距应不小于 20 mm,试样中任何一个要用于失重试验时,则这些试样所占老化箱的容积应不大于 0.5%。不同配方的试样不能同时试验。

6.12.3 试验结果的计算

试验结果按式(2)~式(4)计算:

$$V_1 = \frac{\sigma_{t1} - \sigma_{t0}}{\sigma_{t0}} \times 100\% \qquad \cdots\cdots (2)$$

$$V_2 = \frac{\epsilon_{t1} - \epsilon_{t0}}{\epsilon_{t0}} \times 100\% \qquad \cdots\cdots (3)$$

$$A = \frac{G_0 - G_1}{S} \qquad (4)$$

式中：

V_1——热老化拉伸强度变化率，%；

σ_{t0}——热老化前拉伸强度，单位为兆帕(MPa)；

σ_{t1}——热老化后拉伸强度，单位为兆帕(MPa)；

V_2——热老化断裂拉伸应变变化率，%；

$\in_{t1}$——热老化后断裂拉伸应变，%；

$\in_{t0}$——热老化前断裂拉伸应变，%；

A——热老化质量损失，单位为克每平方米(g/m^2)；

G_0——热老化前试样质量，单位为克(g)；

G_1——热老化后试样质量，单位为克(g)；

S——试样表面积，单位为平方米(m^2)。

试样表面积 S 按式(5)进行计算：

$$S = 3.72 \times 10^{-3} + 2.79 \times 10^{-1} d \qquad (5)$$

式中：

d——试样厚度，单位为米(m)。

质量损失的试验结果取五个试样的算术平均值。

7 检验规则

7.1 组批

聚氯乙烯电缆料检验以批为单位。连续生产的同一工艺、同一品种、同一颜色的聚氯乙烯电缆料为一批，每批质量不超过 20 t；若班产量超过 20 t，则以班产量为一批。

7.2 取样

每批随机抽取 3 包，从 3 包中各抽取 1 kg 样品，先检验外观，判为合格后再进行混合，以备其他项目的测试。

7.3 检验规则

7.3.1 出厂检验

每批聚氯乙烯电缆料出厂时应进行出厂检验。检验项目应包括：

a) 绝缘级：冲击脆化性能、20 ℃时体积电阻率、工作温度时体积电阻率和介电强度；

b) 护层级：拉伸强度、断裂拉伸应变、冲击脆化性能。

7.3.2 型式检验

型式检验为技术要求中规定的全部项目。有下列情况之一者，应进行型式检验：

a) 新产品或老产品转厂生产的试制定型鉴定；

b) 正式生产后，当原料、配方或工艺条件改变时；

c) 正常生产时，每半年进行一次；

d) 产品长期停产后，恢复生产时；

e) 出厂检验结果与正常生产检验结果有较大差异时；

f) 国家质量监督检验机构提出时。

7.4 结果判定

检验结果如有任何一项性能不合格，需重复试验。从两倍数量的包装件中随机抽取粒料，对不合格项目进行复验。经复验合格后该批为合格批，如仍不合格，该批为不合格批。

8 标志、包装、运输、贮存

8.1 标志

包装袋上应标明:生产厂名称、产品品种及型号、批号、颜色、制造日期、净重、本标准编号,并加贴颜色标志。

8.2 包装

聚氯乙烯电缆料装在塑料内衬袋中,外用编织复合袋或经供需双方同意的其他包装方式。每袋净重(25.0±0.2)kg,或者其他经供需双方协商的包装质(重)量。每吨不允许有负公差。

8.3 运输

聚氯乙烯电缆料在运输过程中不应受日晒雨淋。

8.4 贮存

聚氯乙烯电缆料应贮存在清洁、阴凉、干燥、通风的库房内。贮存期限从生产日期起为两年。

参 考 文 献

［1］ IEC 60227-1:2007 额定电压450/750 V及以下聚氯乙烯绝缘电缆

［2］ IEC 60502-1:2004 额定电压1 kV～30 kV挤包绝缘电力电缆及附件 第1部分:额定电压1 kV和3 kV电缆

［3］ IEC 60502-2:2005 额定电压1 kV～30 kV挤包绝缘电力电缆及附件 第2部分:额定电压6 kV和30 kV电缆

ICS 67.220.20
X 41

中华人民共和国国家标准

GB 8818—2008
代替 GB 8818—1988

食品添加剂　可可壳色素

Food additive—Cocoa husk pigment

2008-12-03 发布　　2009-06-01 实施

中华人民共和国国家质量监督检验检疫总局
中国国家标准化管理委员会　发布

前　言

本标准的第 3 章为强制性的，其余为推荐性的。

本标准是对 GB 8818—1988《食品添加剂　可可壳色素》的修订。

本标准与 GB 8818—1988 相比，主要修改如下：

——对 pH、灼烧残渣和吸光度等指标进行了修订；

——取消了原标准中水不溶物和重金属指标。

本标准由全国食品添加剂标准化技术委员会提出。

本标准由全国食品添加剂标准化技术委员会、全国食品发酵标准化中心归口。

本标准起草单位：中国食品添加剂和配料协会着色剂专业委员会、中国食品发酵工业研究院、浙江永康阳光天然色素厂、河南省漯河市中大天然食品添加剂有限公司。

本标准主要起草人：李惠宜、徐晖、文雁君、孙瑾、陈艳燕、阎炳宗、柴秋儿、朱劲柏。

本标准所代替标准的历次版本发布情况为：

——GB 8818—1988。

食品添加剂　可可壳色素

1　范围

本标准规定了食品添加剂可可壳色素的技术要求、试验方法、检验规则、标志、包装、运输和贮存。

本标准适用于以可可壳为原料，经水溶液提取、精制、浓缩、干燥而制得的产品。

2　规范性引用文件

下列文件中的条款通过本标准的引用而成为本标准的条款。凡是注日期的引用文件，其随后所有的修改单（不包括勘误的内容）或修订版均不适用于本标准，然而，鼓励根据本标准达成协议的各方研究是否可使用这些文件的最新版本。凡是不注日期的引用文件，其最新版本适用于本标准。

GB/T 5009.75　食品添加剂中铅的测定

GB/T 5009.76　食品添加剂中砷的测定

GB/T 6682　分析实验室用水规格和试验方法（GB/T 6682—2008，ISO 3696:1987，MOD）

3　技术要求

3.1　性状

深棕色粉末。

3.2　理化指标

应符合表1的规定。

表1　理化指标

项　　目		指　　标
pH		6.0～7.5
干燥失重质量分数/%	≤	5
灼烧残渣质量分数/%	≤	20
吸光度 $E_{1\,\mathrm{cm}}^{1\%}$400 nm	≥	20
砷（以As计）/(mg/kg)	≤	2
铅（以Pb计）/(mg/kg)	≤	4

4　试验方法

除非另有说明，在分析中仅使用确认为分析纯的试剂和GB/T 6682中规定的水。

4.1　鉴别

4.1.1　色泽

0.1%样品水溶液呈澄明、棕色；0.1%样品6 mol/L氢氧化钠溶液，色泽加深，呈深棕色；0.1%样品6 mol/L盐酸溶液，产生棕色沉淀，上清液变为棕黄色。

4.1.2　最大吸收峰

0.01%（质量分数）水溶液以可见-紫外光分光光度计检测，在紫外部分有两个吸收峰，在波长195 nm处有一个最大吸收峰，在波长275 nm处有一较小的吸收峰。

4.2　pH

称取1.0 g样品，用水溶解并转移至100 mL容量瓶，定容，用酸度计测定溶液的pH值。

4.3 干燥失重

4.3.1 分析步骤

称取约 2 g(准确至 0.000 2 g)试样,置于已烘干至恒量的称量瓶中,试样厚度约 5 mm,铺匀,开盖于 105 ℃干燥箱干燥至恒重,放入干燥器内冷却,称量。

4.3.2 结果计算

干燥失重的质量分数按式(1)计算:

$$X_1 = \frac{m_2 - m_1}{m} \times 100 \qquad \cdots\cdots(1)$$

式中:

X_1——干燥失重的质量分数,%;

m_2——干燥前称量瓶及试样的质量,单位为克(g);

m_1——干燥后称量瓶及试样的质量,单位为克(g);

m——试样的质量,单位为克(g)。

4.3.3 允许差

实验结果以两次平行测定结果的算术平均值为准。在重复性条件下获得的两次独立测定结果与算术平均值的绝对差值不得超过 0.2%。

4.4 灼烧残渣

4.4.1 分析步骤

称取约 3 g 样品(准确至 0.000 2 g),置于已在 700 ℃～800 ℃恒重的瓷坩埚中,缓缓加热直至样品完全碳化。将碳化的样品冷却,移入高温炉中,在 800 ℃下烧灼至恒重。

4.4.2 结果计算

灼烧残渣的质量分数按式(2)计算:

$$X_2 = \frac{m_4 - m_3}{m} \times 100 \qquad \cdots\cdots(2)$$

式中:

X_2——灼烧残渣的质量分数,%;

m_4——坩埚加残渣质量,单位为克(g);

m_3——坩埚质量,单位为克(g);

m——样品质量,单位为克(g)。

4.4.3 允许差

实验结果以两次平行测定结果的算术平均值为准。在重复性条件下获得的两次独立测定结果与算术平均值的绝对差值不得超过 0.5%。

4.5 吸光度

4.5.1 仪器

分光光度计,附 1 cm 比色皿。

4.5.2 分析步骤

将试样置于干燥器中,在室温下干燥 24 h,称取 1 g(准确至 0.000 2 g),用水溶解并定容至 100 mL,摇匀。用移液管在摇匀状态下吸取 2 mL 样品溶液,再定容至 100 mL(即为 0.02%水溶液),用分光光度计,以水作参比液,于 1 cm 比色皿中,在 400 nm 波长处测其吸光度。

4.5.3 结果计算

吸光度按式(3)计算:

$$E_{1\,\mathrm{cm}}^{1\%} 400\ \mathrm{nm} = \frac{Af}{m} \times \frac{1}{100} \qquad \cdots\cdots(3)$$

式中:

$E_{1\,\mathrm{cm}}^{1\%} 400\ \mathrm{nm}$——被测试样为 1%,1 cm 比色皿,在 400 nm 处的吸光度;

A——实测试样的吸光度；

f——稀释倍数；

m——试样质量，单位为克(g)。

4.6 砷

按 GB/T 5009.76 规定的方法测定。

4.7 铅

按 GB/T 5009.75 规定的方法测定。

5 检验规则

5.1 批次的确定

由生产单位按照其相应的规则确定产品的批号，经最后混合且有均一性质量的产品为一批。

5.2 取样方法和取样量

在每批产品中随机抽取样品，每批按包装件数的 3% 抽取小样，每批不得少于三个包装，每个包装抽取样品不得少于 100 g，将抽取试样迅速混合均匀，分装入两个洁净、干燥的瓶中，瓶上注明生产厂、产品名称、批号、数量及取样日期，一瓶作检验，一瓶密封留存备查。

5.3 出厂检验

5.3.1 出厂检验项目包括干燥失重、灼烧残渣和吸光度。

5.3.2 每批产品须经生产厂检验部门按本标准规定的方法检验，并出具产品合格证后方可出厂。

5.4 型式检验

第 3 章中规定的所有项目均为型式检验项目。型式检验每一年进行一次，或当出现下列情况之一时进行检验：

——原料、工艺发生较大变化时；

——停产后重新恢复生产时；

——出厂检验结果与平常记录有较大差别时。

5.5 判定规则

对全部技术要求进行检验，检验结果中若有一项指标不符合本标准要求时，应重新双倍取样进行复检。复检结果即使有一项不符合本标准，则整批产品判为不合格。

如供需双方对产品质量发生异议时，可由双方协商选定仲裁机构，按本标准规定的检验方法进行仲裁。

6 标志、包装、运输和贮存

6.1 标志

食品添加剂必须有包装标志和产品说明书，标志内容应包括：品名、产地、生产厂名、卫生许可证号、生产许可证号、规格、生产日期、批号或者代号、保质期限、产品标准号等，并在标志上明确标示“食品添加剂”字样。

6.2 包装

产品的包装应采用国家批准的、并符合相应的食品包装用卫生标准的材料。

6.3 运输和贮存

6.3.1 产品在运输过程中不得与有毒、有害及污染物质混合载运，避免雨淋日晒等。

6.3.2 产品应贮存在通风、清洁、干燥的地方，不得与有毒、有害及有腐蚀性等物质混存。

6.3.3 产品自生产之日起，在符合上述贮运条件、包装完好的情况下，保质期应不少于 12 个月。

ICS 67.080.01
B 31

中华人民共和国国家标准

GB/T 8855—2008/ISO 874:1980
代替 GB/T 8855—1988

新鲜水果和蔬菜　取样方法

Fresh fruits and vegetables—Sampling

(ISO 874:1980, IDT)

2008-06-17 发布　　　　2008-10-01 实施

中华人民共和国国家质量监督检验检疫总局
中国国家标准化管理委员会　发布

前　言

本标准等同采用ISO 874:1980《新鲜水果和蔬菜　取样方法》(英文版)。

为便于使用,本标准对ISO 874:1980作了下列编辑性修改:

——删除ISO 874的前言和“0 引言”;

——用“本标准”代替“本国际标准”;

——用小数点“.”代替ISO 874中作为小数点的“,”。

本标准代替GB/T 8855—1988《新鲜水果和蔬菜的取样方法》。

本标准与GB/T 8855—1988相比主要修改如下:

——按照GB/T 1.1《标准化工作导则　第1部分:标准的结构和编写规则》和GB/T 20001.4《标准编写规则　第4部分:化学分析方法》对GB 8855—1988进行了结构调整和文字修改;

——用“2　术语和定义”及其内容代替“3　取样程序的用语解释”及其内容;

——用《新鲜水果和蔬菜　取样方法》代替原标准名称《新鲜水果和蔬菜的取样方法》;

——增加了定义和术语的相应的英文名称;

——对“抽检货物”的定义进行了部分修改;

——用“现场取样”代替“就地取样”;

——对“5.3　发货和贮存”进行了部分修改;

——在“6　取样报告”中,“6.3　收货地址、单位”中,加入“收货日期”的内容;用“6.17 冷冻方式运输,冰(或固体二氧化碳)的用量和鼓风机的机械条件;”的条款代替“p)冬季包装条件和质量”。

本标准由中华人民共和国商务部提出并归口。

本标准起草单位:北京锦绣大地农业股份有限公司(检测中心)。

本标准主要起草人:赵海香、李以翠、张连朋、孙大江、王欢、赵孟彬。

本标准于1988年首次发布,本次为第一次修订。

本标准所代替标准的历次版本发布情况为:

——GB/T 8855—1988。

新鲜水果和蔬菜　取样方法

1　范围

本标准规定了新鲜水果和蔬菜的取样方法。本标准适用于新鲜水果和蔬菜的取样。

2　术语和定义

下列术语和定义适用于本标准。

2.1

合同货物　consignment

以指定合同或货运清单为准发送或接收的货物数量。可以由一批或多批货物组成。

2.2

批量货物　lot

数量确定，品质均匀一致(同一品种或种类，成熟度相同，包装一致等)的货物。属于合同货物中的某一批。

2.3

抽检货物　increment

从批量货物中的不同位置和不同层次随机抽取的少量货物。多个抽检货物取样量应大致相同。

2.4

混合样品　bulk sample

将多个抽检货物混合后得到的样品。如果条件适宜，可以从一个特定的批量货物中抽取抽检货物混合获得。

2.5

缩分样品　reduced sample

混合样品经缩分而获得对该批量货物具有代表性的样品。

2.6

实验室样品　laboratory sample

送往实验室分析或其他测试的、从混合样品或缩分样品中获得的一定量的能够代表批量货物的样品。

3　取样的一般要求

3.1　对采集的样品不论进行现场常规鉴定还是送实验室做品质鉴定，一般要求随机取样。在某些特殊情况下，例如：为了查明混入的其他品种或任意类型的混杂，允许进行选择取样。取样之前要明确取样的目的，即明确样品鉴定性质。

3.2　采集的货物样品，应能充分代表该批量货物的全部特征。从样品中剔除损坏的部分(箱、袋等)，损坏和未损坏部分的样品分别采集。

3.3　取样结束应填写取样报告。

4　取样方法

4.1　批量货物的取样准备

批量货物取样，要求及时，每批货物要单独取样。如果由于运输过程发生损坏，其损坏部分(盒子、袋子等)必须与完整部分隔离，并进行单独取样。如果认为货物不均匀，除贸易双方另行磋商外，应当把正常部分单独分出来,并从每一批中取样鉴定。

4.2 抽检货物的取样准备

抽检货物要从批量货物的不同位置和不同层次进行随机取样。

4.2.1 包装产品

对有包装的产品(木箱、纸箱、袋装等),按照表1进行随机取样。

表1 抽检货物的取样件数

批量货物中同类包装货物件数	抽检货物取样件数
≤100	5
101～300	7
301～500	9
501～1 000	10
≥1 000	15(最低限度)

4.2.2 散装产品

与货物的总量相适应,每批货物至少取5个抽检货物。散装产品抽检货物总量或货物包装的总数量按照表2抽取。在蔬菜或水果个体较大情况下(大于2 kg/个),抽检货物至少由5个个体组成。

表2 抽检货物的取样量

批量货物的总量(kg)或总件数	抽检货物总量(kg)或总件数
≤200	10
201～500	20
501～1 000	30
1 001～5 000	60
>5 000	100(最低限度)

4.3 混合样品或缩分样品的制备

混合样品的制备:混合样品必须集合所有抽检货样品,尽可能将样品混合均匀。缩分样品通过缩分混合样品获得。

对混合货样或缩分样品,应当现场检测。为了避免受检样品的性状发生某种变化,取样之后应当尽快完成检验工作。

4.4 实验室样品的数量

实验室样品的取样量根据实验室检测和合同要求执行,其最低取样量参见表3。

表3 实验室样品取样量

产 品 名 称	取 样 量
小型水果、核桃、榛子、扁桃、板栗、毛豆、豌豆以及以下各项未列蔬菜	1 kg
樱桃、黑樱桃、李子	2 kg
杏、香蕉、木瓜、柑橘类水果、桃、苹果、梨、葡萄、鳄梨、大蒜、茄子、甜菜、黄瓜、结球甘蓝、卷心菜、块根类蔬菜、洋葱、甜椒、萝卜、番茄	3 kg
南瓜、西瓜、甜瓜、菠萝、	5 个个体
大白菜、花椰菜、莴苣、红甘蓝	10 个个体
甜玉米	10 个
捆装蔬菜	10 捆

5 实验室样品的包装和处理

5.1 包装

不能现场检测的实验室样品,应进行很好的包装,以确保样品的完好性状。同时盛装实验室样品的容器应该密封好。

5.2 标识

转送实验室检验的样品必须做好标识(标签),标识要牢固、字迹要清楚。标识要包括以下内容:

5.2.1 产品名称、种类、品种、质量等级。

5.2.2 发货人姓名。

5.2.3 取样地点。

5.2.4 取样日期,对易腐烂产品,另注明取样时间。

5.2.5 样品的识别标记或批号(成批货物或样品要有发货记录、车辆号、起运仓库)。

5.2.6 取样报告号。

5.2.7 取样人姓名和签字。

5.2.8 要求检测的项目。

5.3 发货和贮存

包装好的实验室样品应该在规定的时限内尽快发货和运送到目的地。

实验室样品的贮存和运输条件应避免产品发生任何变化;取样后,实验室样品在送到检测实验室后应尽快开始检验。

6 取样报告

取样报告须编号,并应附在样品包装容器内或随同样品一起转运。取样报告应包括以下项目:

6.1 产品名称、种类、品种、质量等级。

6.2 收货人。

6.3 收货地址、单位,收货日期。

6.4 发货地址、单位、托运人姓名、托运日期。

6.5 货物贮存地点,持续贮存时间、条件、运输方式(车辆种类、号码)。

6.6 要求取样日期、时间。

6.7 取样日期、时间。

6.8 取样期间的气候条件(如温度等)。

6.9 货物件数、包装种类、包装大小。

6.10 能够辨认该批货物的样品标记(包装种类、标签正文等)。

6.11 取样目的,标明在正常条件,保证质量的前提下,取样和测定之间的时间限制。

6.12 运输和贮存的条件(清洁条件、有无异味、运输方式、物理条件、防雨性能)。

6.13 货物外观均匀一致性,受潮和残损的比例。

6.14 货物清洁程度。

6.15 包装的类型和质量,包装内产品的分布均匀性。

6.16 货物的内在温度(或运输和贮存的温度)。

6.17 冷冻方式运输,冰(或固体二氧化碳)的用量和鼓风机的机械条件。

6.18 冬季包装的条件和质量。

6.19 批量货物外包装的重量。

6.20 取样期间，现场的利益双方的名称或别名。

6.21 实验室样品编号。

6.22 取样人姓名。

除了本标准所列的清单，取样报告还应该包括所应用的技术。

ICS 67.040
X 04

中华人民共和国国家标准

GB/T 8873—2008
代替 GB/T 8873—1988

粮油名词术语　油脂工业

Terminology of grain and oils—Oils and fats industry

2008-11-04 发布　　2009-01-20 实施

中华人民共和国国家质量监督检验检疫总局
中国国家标准化管理委员会　发布

前言

本标准是对 GB/T 8873—1988《油脂工业名词术语》的修订。

本标准与 GB/T 8873—1988 的主要技术差异如下：

——增加了水酶法制油、超临界萃取等 93 条名词术语；

——删除了理化特性等 53 条名词术语；

——修改了原标准中预处理、水化、生胚等 22 条名词术语；

——修改了原标准中部分名词术语的英文名称；

——规范了原标准中部分名词术语使用的汉字。

本标准自实施之日起代替 GB/T 8873—1988《油脂工业名词术语》。

本标准由国家粮食局提出。

本标准由全国粮油标准化技术委员会归口。

本标准起草单位：国家粮食储备局西安油脂科学研究设计院、武汉工业学院。

本标准主要起草人：陈燕、史宣明、张骊、梁宇柱、孟佳、何东平、罗质。

本标准所代替标准的历次版本发布情况为：

——GB/T 8873—1988。

粮油名词术语 油脂工业

1 范围

本标准规定了油脂工业的名词术语和定义，包括油脂制备、油脂加工和技术经济指标的名词、术语和定义。

本标准适用于与油脂工业相关的教学科研、生产加工、经营及管理等领域。

2 油脂制备术语

2.1

预处理工序 pretreatment

油料进入榨油机(或浸出器)之前加工工序的总称。

2.1.1

清理 cleaning

除去油料中所含杂质的工序的总称。

2.1.1.1

筛选 screening,separation

利用油料与杂质之间粒度(宽度、厚度、长度)的差别，借助筛孔分离杂质的方法。

2.1.1.2

风选 aspiration,air-classification

利用油料与杂质之间悬浮速度的差别，借助风力除杂的方法。

2.1.1.3

磁选 magnetic separation

利用磁力清除油料中磁性金属杂质的方法。

2.1.1.4

水选 washing

亦称“水洗”。用水除去油料中的泥土及其他杂质的方法。

2.1.1.5

并肩泥的清选 removal of mud balls,same-size with oilseeds

亦称“去并肩泥”。利用机械力将大小与油料种子相似的泥块粉碎，再用筛选或风选清除的方法。

2.1.1.6

六角筛 hexagonal reel

筛体为卧式截锥形六棱柱，进料端较出料端为小，绕柱轴旋转的筛选机械。

2.1.1.7

多联打筛 multiple hull beater

用于棉籽壳仁分离的筛选机械。筛底由若干个固定半圆筛网组成，每个半圆筛网上方的轴上均装有打棒。

2.1.1.8

圆筒打筛 hull beater

亦称“圆打筛”。旋转轴上装有打棒、轴与筛筒以不同的转速和方向转动的圆筛。

2.1.1.9

吸风平筛　aspirated plansifter

筛选和风选结合的联合清选机械。

2.1.1.10

风选器　aspirator

利用风力使油料与杂质分离的装置。

2.1.1.11

磁选装置　magnetic separator

清除原料中磁性杂质的装置。

2.1.1.12

水洗机　washing machine

用水除去油料籽粒表面上的泥灰,并根据油料与杂质比重的不同,将油料中的石子、金属等杂质除去的机械。

2.1.2

油料水分调节　oilseed moisture conditioning

按工艺要求使油料的水分达到规定范围的过程。

2.1.2.1

油料增湿　oilseed damping

将过于干燥的油料加入适宜水分的过程。

2.1.2.2

油料干燥　oilseed drying

对高水分油料脱水至适宜水分的过程。

2.1.2.3

油料增湿器　oilseed damping machine

使油料增湿的设备。

2.1.2.4

平板干燥机　chain dryer

主要有长方形的干燥室,内装回转的刮板输送器,以间接蒸汽为热源烘干油料的设备。

2.1.2.5

流化床干燥器　fluidized-bed dryer

利用干热空气穿过油料颗粒床层对油料进行干燥的设备。

2.1.2.6

气流干燥　air drying

利用油料和干热空气在气流干燥管中高速运动使油料干燥的工序。

2.1.2.7

塔式干燥　tower drying

也称竖式干燥、移动床干燥。利用油料的重力作用,在干燥器中垂直向下运动,使油料在热风作用下干燥的操作。

2.1.3

油料剥壳　oilseed hulling

利用机械方法将带壳油料的外壳剥开的过程。

2.1.3.1

圆盘剥壳机　disc huller

借一对磨盘表面齿纹的搓撕作用，使油籽外壳破碎的机械。

2.1.3.2

磨盘　grinding disc，grinding pan

圆盘剥壳机的主要工作构件，由4～6块磨片组成的环形工作面。

2.1.3.3

磨片　grind segment

呈圆环形或扇形，常用冷硬铸铁铸成，磨片的齿纹为细密的斜条或方格槽纹。

2.1.3.4

刀板剥壳机　bar huller

主要由转鼓及刀板座组成，借转鼓上的刀板和刀板座上刀板的剪切作用，使油料外壳剥开的机械。

2.1.3.5

刀板转鼓　bar cylinder

表面等距离安装数行刀板，可随轴旋转的卧式圆柱体。

2.1.3.6

刀板座　bar holder

圆弧形凹面上等距离安装数行刀板的铸件，与刀板转鼓配合使用。

2.1.3.7

刀板　bar

截面近似矩形，具有一定长度的钢条。

2.1.3.8

离心剥壳机　centrifugal decorticator

借离心力的作用使油料与冲击圈撞击，将油料外壳破碎的机械。

2.1.3.9

齿辊式剥壳机　toothed roll decorticator

依靠一对表面开有矩形斜沟槽的齿辊做有速差的相对转动使壳粒剪切和挤压而破碎的机械。由喂料辊、齿辊装置、机壳、传动装置等组成。

2.1.3.10

刀笼剥壳机　bar-cage decorticator

借转动轴上的刀板与笼蓖的挤压和打击作用，将花生果外壳破碎的机械。

2.1.3.11

壳仁分离　kernel husk separation

油料经剥壳后，将仁和壳及整籽分开的工序。

2.1.3.12

壳仁分离筛　kernel husk separator

对剥壳后壳仁混合物进行壳仁分离的筛理机械。

2.1.3.13

籽壳分离　hull separation

油料经剥壳后，将壳和整籽分开的工序。

2.1.3.14

籽壳分离机　hull and seed separator

利用风选作用，将壳和整籽分离的设备。

2.1.3.15

绞龙式壳仁分离筛　auger kernel husk separator

用筛板作机壳的一种螺旋输送机，用于壳仁分离的筛理机械。

2.1.3.16

油料脱皮　oilseed decortication

去除油籽种皮（大豆皮、花生红衣等）的过程。

2.1.3.17

剥壳-分离组合机　combined huller and separator

剥壳和分离机构组合在一起的设备。

2.1.3.18

豆皮分离机　soybean hull separator

利用筛选和风选方法，将豆仁和豆皮分离的设备。用于大豆脱皮后，借助物料粒子大小和悬浮速度的不同，使豆仁和豆皮的分离。

2.1.3.19

仁中含壳率　rate of hull in kernel

壳仁分离后，仁中残留的壳占总量的质量百分率。

2.1.3.20

壳中含仁率　rate of kernel in hull

壳仁分离后，壳中含仁占总量的质量百分率。

2.1.3.21

整仁率　rate of perfect kernel

剥壳后的仁中，完整的仁占总量的百分率。

2.1.3.22

剥壳率　hulling rate

油料剥壳后，已剥壳油料占总油料的质量百分率。

2.1.4

破碎　cracking，crushing

用机械的方法，将油料粒度变小的工序。

2.1.4.1

齿辊破碎机　toothed cracking roll

由一对齿辊组成以破碎圆饼、椰干等粗块油料的机械。

2.1.4.2

辊式破碎机　cracking roll

借一对拉丝辊的速差产生的剪切和挤压作用，使油料破碎的机械。

2.1.4.3

破碎粒度　particle size after cracking

破碎后油料颗粒大小的粗细度。

2.1.5

软化　conditioning，softening

调节油料的水分和温度使其变软、塑性增加的工序。

2.1.5.1

软豆箱　conditioner，softening tank

具有蒸汽夹层和蒸汽加热管的箱式软化设备。

2.1.5.2

软化锅　conditioner, softening kettle

带有蒸汽夹套和搅拌装置的圆柱形层式软化设备。

2.1.6

轧坯　flaking

亦称“压片”、“轧片”。利用机械的作用，将油料由粒状压成片状的过程。

2.1.6.1

轧坯机　flaker, flaking roll, flaking mill

主要由两个或几个相向旋转的轧辊组成，当油料通过两轧辊之间时由粒状变成片状的机械的统称。

2.1.6.1.1

立式轧坯机　vertical flaking roll

亦称“直列式轧坯机”。由三个或五个轧辊竖直排列的轧坯机。

2.1.6.1.2

对辊式轧坯机　multi-stage flaking roll

一对或两对轧辊水平排列的轧坯机。

2.1.6.1.3

液压轧坯机　hydraulic flaking roll

用液压装置来控制两轧辊之间压力的轧坯机。

2.1.6.1.4

弹簧轧坯机　spring flaking roll

用弹簧装置来控制轧辊之间压力的轧坯机。

2.1.6.1.5

轧辊　roll

轧坯机的主要部件，由辊体和辊轴装配而成。

2.1.6.1.6

磨辊机　roller mill

对轧辊进行修正研磨，保证辊面圆直、光洁的机器。由砂轮、导轨、进给机构和传动部分组成。

2.1.6.1.7

轧距调节机构　roll gap adjusting mechanism

用以调节轧距，掌握坯厚的机构。

2.1.6.2

坯片　flake

油料经轧坯后呈薄片状的料坯。

2.1.6.3

坯厚　flake thickness

经轧坯后，所得坯片的厚度。

2.1.6.4

生坯　flakes

油料经轧坯后所得到的料坯。

2.1.6.5

粉末度　fines content

物料中粉末占总量的质量百分率。

2.1.7

蒸炒　cooking

生坯经过湿润,加热、蒸坯及炒坯等处理,发生一定的物理化学变化,并使其内部的结构改变,转变成熟坯的过程。

2.1.7.1

熟坯　cooked flakes

经蒸炒处理后所得到的料坯。

2.1.7.2

立式蒸炒锅　vertical stack cooker

由几个单体蒸锅重叠装置而成内装搅拌器的层式蒸炒设备。

2.1.7.3

调节蒸炒锅　adjusting cooker

安装在螺旋榨油机上的层式蒸炒锅,常用两层或三层单体蒸锅组成。

2.1.7.4

卧式蒸炒锅　horizontal cooker

由一个或多个水平放置的筒体组成,内设搅拌装置的蒸炒锅。

2.1.7.5

平底炒锅　flat bottom cooker

亦称“直接火炒锅”。装有搅拌装置,用直接火加热的圆形平底炒料设备。

2.1.7.6

润湿蒸炒　cooking after wetting

生坯预先润湿,然后再进行加热蒸炒,适合于各种榨油方法。

2.1.7.7

高水分蒸坯　high moisture cooking

生坯润湿水分较高的蒸炒工艺。

2.1.8

破碎机　crusher

用机械的方法将油料破碎、使其达到适当粒度的设备。破碎设备主要有齿辊式破碎机、锤式破碎机、圆盘剥壳机和离心剥壳机(破碎油棕仁)等。

2.1.9

比重去石机　specific-gravity stoner

利用油籽与石子等密度不同,结合筛面振动,达到分离石子等杂质的设备。有吸式和吹式两种,主要结构有进料斗、去石筛面、匀风板、吊杆、风机、出料口和传动装置等。

2.1.10

油料膨化机　oilseed extruder

也称“挤压膨化机”。油料受到剪切、挤压、加热、胶合、糊化等作用而产生组织变性,造成内部无数微孔结构的设备。

2.1.10.1

双螺杆膨化机　twin-screw expander

在机筒中,并排安放两根螺杆的膨化机。是多螺杆膨化机中的一种。

2.1.10.2

单螺杆膨化机　single-screw expander

在机筒中仅有一根螺杆的膨化机。该膨化机的螺杆由一根轴把各种结构的螺杆单元连接组成。

2.2

压榨工序　pressing,express

利用外力榨取料坯中油脂的过程。

2.2.1

压榨法制油　oil extraction by pressing

利用外力使料坯受挤压而出油的榨油方法。

2.2.1.1

间歇压榨　batch pressing

从料坯进入榨油机至出饼的榨油过程是间断进行的。

2.2.1.2

连续压榨　continuous pressing

从料坯进入榨油机至出饼的整个榨油过程是连续不断进行的。

2.2.1.3

一次压榨　single pressing

榨料仅通过榨油机一次,即使饼中的残油率降低的榨油工艺。

2.2.1.4

二次压榨　twice pressing

榨料通过榨油机两次后使饼中的残油率进一步降低的榨油工艺。

2.2.1.5

预榨　pre-pressing

为浸出提供仍含有较高残油饼料的压榨方式。通常对高含油油料宜采用预榨-浸出工艺。

2.2.1.6

冷榨　cold pressing

在室温(或低温)下,料坯不经高温蒸炒,对油料进行一次压榨的工艺过程。与热榨相比,其入榨温度较低(65 ℃以下直至是室温),但饼中残油相对较高。

2.2.1.7

压榨油　pressed oil

利用机械压榨方法从油料中提取的油脂。

2.2.1.8

机榨饼　pressed cake

油料经液压式或螺旋式机械压榨提油后剩余的饼渣。

2.2.1.9

冷榨饼　cold pressed cake

经冷榨制油后油料剩余的饼渣。

2.2.1.10

入榨(浸)条件　conditions required forpressing(extraction)

对入榨油机(或浸出器)料坯的水分、温度、坯厚的工艺要求。

2.2.1.11

受轧料坯　cooked flakes ready for pressing

亦称"榨料"。已具备了入榨条件,即将进入榨机的熟坯。

2.2.1.12

油路　oil path

亦称"流油孔道"。压榨过程中油脂从料坯中流出来的通道。

2.2.2

液压机榨油　hydraulic pressing

利用液压榨油机使油料受压而出油的制油方法。

2.2.2.1

液压榨油机　hydraulic press

利用液压原理制成的一种榨油设备。

2.2.2.2

包饼　cooked flake wrapping, wrapping of the cake

亦称“成型”。将松散的熟坯在饼圈中压成饼型的工序。

2.2.2.3

压饼机　cooked flake wrapping machine

亦称“做饼机”。完成压饼工序的机械。

2.2.2.4

蓄力器　accumulator

用以贮存油泵能量和稳定液压机压力的装置。

2.2.3

螺旋榨油机　screw press, expeller

利用螺旋轴在榨笼中连续旋转对料坯进行压榨取油的榨油机械。

2.2.3.1

单级螺旋榨油机　single stage screw press

料坯只在一个横卧榨膛内完成压榨取油的榨油机械。

2.2.3.2

双螺杆榨油机　two screw press

亦称“双螺旋榨油机”。料坯在具有二个螺杆的榨机内连续压榨的榨油机械。

2.2.3.3

预榨螺旋榨油机　screw prepress

亦称“预榨机”。能榨取油料部分油脂而形成适于浸出用饼粕的螺旋榨油机。

2.2.3.4

榨轴　shaft

装配榨螺和衬圈的高强度轴。

2.2.3.5

榨螺　worm

绕有一条螺旋筋的空心圆柱体零件。

2.2.3.6

衬圈　collar

亦称“距圈”。榨螺与榨螺之间的套圈。

2.2.3.7

榨笼　bar cage

主要由榨条在若干块装笼板上砌合而成的(或主要由榨条或榨圈与榨笼壳组合而成的)笼架,用螺栓紧固而成的圆筒形部件。

2.2.3.8

榨条　cage bar

亦称“条排”。组成榨笼的零件,截面近似矩形,具有不同长度的钢条。

2.2.3.9

榨圈　pressure ring

内圈带齿，一端带有油槽的环形钢圈。

2.2.3.10

垫片　spacer

装在榨条间，可调整榨条间出油缝隙的钢片。

2.2.3.11

榨膛阻刀　knife bar

亦称“刮刀”。装在两个半片榨笼接合处，阻止料坯在榨膛内随螺旋轴转动的凸齿条形钢板。

2.2.3.12

榨膛　barrel

榨笼和螺旋轴配合起来构成的空间。

2.2.3.13

调饼装置　cake thickness adjusting mechanism

调节出饼厚薄的装置。

2.2.3.14

压缩比　compression ratio

亦称“榨螺空间容积比”。前一节榨螺与榨笼构成的空间容积，与后一节榨螺与榨笼构成的空间容积之比。

2.2.3.15

总压缩比　total compression ratio

亦称“螺旋轴空间容积比”。第一节榨螺与榨笼构成的空间容积，与最后一节榨螺与榨笼构成的空间容积之比。

2.2.3.16

实际压缩比　effective compression ratio

亦称“容积体积比”。料坯在压榨前后其容积改变大小之比值。

2.3

浸出工序　solvent extraction

亦称“萃取”，即用溶剂提取的过程。

2.3.1

溶剂　solvent

能够以任何比例，充分和迅速地溶解油脂的有机物质(工业已烷、6号溶剂、4号溶剂等)。

2.3.1.1

工业已烷　industry n-hexane

主要成分是已烷类，馏程在67 ℃～71 ℃。工业上主要从铂重整抽余油中经蒸馏分离获得。用作溶剂特别适用于食用植物油的萃取。

2.3.1.2

6号溶剂　6# solvent

也称溶剂油。主要成分是已烷类，石油经过初馏，重整、分馏得到馏程为60 ℃～90 ℃的抽提溶剂油。6号溶剂是油脂浸出中使用最广泛的溶剂。

2.3.1.3

4号溶剂　4# solvent

主要成分是丁烷类，工业上可从天然气中分离获得，目前在油脂浸出方面已有用作溶剂。

2.3.2

油脂浸出 solvent extraction

用有机溶剂提取油料中油脂的过程。

2.3.2.1

溶剂比 solvent ratio

单位时间内被浸出物料与溶剂的质量比。

2.3.2.2

浓度差 concentration gradient

亦称“浓度梯度”。在浸出过程中,料坯内外的混合油浓度之差。

2.3.2.3

喷淋式浸出 percolation extraction

溶剂呈喷淋状态与料坯接触而完成浸出过程的方式。

2.3.2.4

浸泡式浸出 immersion extraction

料坯浸泡在溶剂中完成浸出过程的方式。

2.3.2.5

混合式浸出 combined extraction

喷淋与浸泡相结合的浸出方式。

2.3.2.6

直接浸出 direct extraction

油料经预处理后直接进行浸出取油的工艺。

2.3.2.7

预榨浸出 pre-pressing extraction

油料经预榨取出部分油脂后,再将含油较高的饼进行浸出的工艺。

2.3.2.8

间歇式浸出 batch extraction

料坯进入浸出器、粕自浸出器中卸出,新鲜溶剂的注入和浓混合油的抽出等工艺操作是分批、间断、周期进行的浸出过程。

2.3.2.9

连续式浸出 continuous extraction

料坯进入浸出器、粕自浸出器卸出,新鲜溶剂的注入和浓混合油的抽出等工艺操作是连续不断进行的浸出过程。

2.3.2.10

渗透性 permeability

浸出过程中,溶剂渗透到料坯内部孔隙中穿过料层的程度。

2.3.2.11

逆流浸出 counter current percolation extraction

在浸出过程中,随着料坯中含油量的减少,所喷淋的混合油浓度减小。最后用新鲜溶剂喷淋的浸出工艺。

2.3.2.12

游离油脂 free oil

处于料坯内外表面上的油。即在物料预处理过程中流出的油和残留在料坯中的油。

2.3.2.13

结合油脂　bound oil

处在细胞组织内部和二次结构组织中的油。

2.3.2.14

预榨饼　pre-pressed cake

从预榨机排出的,仍有较高含油量的饼。

2.3.2.15

浸出油　extracted oil

利用某些有机溶剂(如工业已烷、6 号溶剂、4 号溶剂等)溶解油脂的特性,从料坯或预榨饼中提取的油脂。

2.3.2.16

浸出禁区　forbidden zone for solvent extraction

为了保证浸出生产的安全作业,而在浸出车间(包括必需的附属建筑)四周一定距离划定的区域。

2.3.2.17

浸出器　extractor

藉以完成油脂浸出过程设备的统称。

2.3.2.18

平转浸出器　rotocel extractor

转动体随立轴旋转,以完成装料、浸出、滴干、出粕全部浸出过程的设备。

2.3.2.18.1

封闭绞龙　seal auger

出料端缺一小段旋叶,并设有重力门的水平密闭螺旋输送机。属浸出器的喂料机构。

2.3.2.18.2

浸出器外壳　extractor shell

承受转动体重量。安装转动体导轨,下部设集油格、出粕格,在生产中起密封溶剂作用的壳体。

2.3.2.18.3

转动体　rotor

亦称"转子"。沿径向等分为若干浸出格的圆筒体,随立轴缓慢旋转的工作部件。

2.3.2.18.4

浸出格　cell

平转浸出器转动体内承载油料进行浸出的单元。

2.3.2.18.5

假底　false bottom

浸出格底部由筛网及筛板组成,可脱开完成卸粕操作的部件。

2.3.2.18.6

喷淋装置　sprayer, spray nozzle

将溶剂或混合油喷洒在料坯上的装置。

2.3.2.18.7

集油格　miscella funnel, miscella collection chamber

在转动体下面收集混合油(或溶剂)的油斗。

2.3.2.18.8

出粕格　meal discharge cell, meal collection chamber, meal hopper

浸出结束后,收集湿粕的料格。

2.3.2.18.9

帐篷式过滤器　rich miscella screen filter

安装在浓混合油出油斗的上部,形状如帐篷的网板,对将被抽出的浓混合油过滤,除去粕末的装置。

2.3.2.18.10

前开门式　front opening door

卸粕时,假底的滚轮在前,铰链轴在后的移动形式。

2.3.2.18.11

后开门式　back opening door

卸粕时,假底的铰链在前,滚轮在后的拖动形式。

2.3.2.18.12

进料段　feeding stage

料坯进入浸出器至浸出前的阶段。

2.3.2.18.13

浸出段　extracting stage

料坯在浸出器内进行浸出的阶段。

2.3.2.18.14

滴干段　draining stage

喷淋完毕将粕中溶剂最后滴干的阶段。

2.3.2.19

搭桥　bridging

亦称"结拱"。容器中,料坯间相互粘结、挤压,使流动停止,造成容器下部架空的现象。

2.3.2.20

倒气　reverse-gas

溶剂混合气体逆正常流向流动的现象。

2.3.2.21

履带浸出器　screen belt type solvent extractor

料坯在网状运输带上作水平移动,以完成连续浸出过程的设备。

2.3.2.22

U 形浸出器　hildebrand extractor

亦称"拖链式浸出器"(ballyuan extractor),外形像"U"字,内部由很多链节组成一条拖链,将料坯拖动,以进行连续浸出的设备。

2.3.2.23

弓形浸出器　redler extractor

外形似弓,内由很多链节组成一条拖链,将料坯拖动以进行连续浸出的设备。

2.3.2.24

Y 形浸出器　Y-type extractor

由二条组成"Y"字形的螺旋输送机推动料坯前进进行连续浸出的设备。

2.3.2.25

固定篮斗浸出器　fixed cell extractor

浸出格固定不动,而进料管、喷淋管、出粕口和混合油斗旋转,与平转浸出器相应动作相反的浸出设备。

2.3.2.26

螺旋浸出器　screw extractor

由两个内装螺旋叶的立式圆筒组成呈U形的浸出设备。

2.3.2.27

环形浸出器　loop type extractor

外形为环状，料坯在框式拖链输送带的拖动下进行连续浸出的浸出器。

2.3.2.28

浸出罐　batch extractor

内有搅拌装置及假底的密闭容器，能进行间歇浸出，通常为多个成组使用。

2.3.2.28.1

下压　steam blowing

利用直接蒸汽或上蒸溶剂蒸气将罐内冲洗用的溶剂压出的操作过程。

2.3.2.28.2

上蒸　steam stripping

利用直接蒸汽从罐底喷入，以除去粕中溶剂的操作过程。

2.3.2.28.3

卸粕　meal discharging

将浸出后的粕从浸出罐中卸出的操作过程。

2.3.2.29

混合油循环泵　miscella circulating pump

用来完成浸出过程中混合油循环的泵。

2.3.2.30

溶剂预热器　solvent pre-heater

浸出前，把溶剂加热至所需温度的设备。

2.3.2.31

溶剂周转罐　solvent holding tank

贮存各系统回收的溶剂，以供浸出器循环使用的容器。

2.3.3

混合油处理　miscella treatment

净化混合油，除去杂质，将油和溶剂分离的工序。

2.3.3.1

混合油　miscella

油脂与溶剂的混合液。

2.3.3.2

混合油浓度　miscella concentration

油脂占混合油总量的质量百分比。

2.3.3.3

混合油罐　miscella tank

贮存混合油，并使其中粕末沉降的容器。

2.3.3.4

混合油过滤器　miscella filter

通过筛网除去混合油中粕末的设备。

2.3.3.5

旋液分离器 liquid-cyclone

利用离心分离的原理，除去混合油中粕末的设备。

2.3.3.6

混合油预热 miscella pre-heating

蒸发前先将混合油加热升温，使之达到或接近混合油沸点温度的工序。

2.3.3.7

混合油蒸发 miscella evaporation

利用混合油中溶剂易挥发的特性，用加热的方法使溶剂汽化，而浓缩混合油的工序。

2.3.3.8

长管蒸发器 raising film evaporator

亦称“升膜蒸发器”。混合油在直立长管内呈薄膜状态蒸发的设备。

2.3.3.9

恒位罐 constant level tank

调节长管蒸发器混合油液面高度的容器。

2.3.3.10

汽液分离器 miscella separator，vopor separator

亦称“闪发箱”。与长管蒸发器配合使用。混合油经升膜蒸发后进入分离器，溶剂得到闪发，液体在离心力作用下，使汽液得到分离。

2.3.3.11

混合油汽提 miscella stripping

借助蒸汽蒸馏原理，把浓混合油中少量溶剂基本除去的工序。

2.3.3.12

管式汽提塔 tubular stripping column

用直接蒸汽将管内混合油溶剂除去的设备。

2.3.3.13

层碟式汽提塔 disk stripping column

用碟形盘组作为水蒸气和浓混合油接触面的汽提设备。

2.3.3.14

板式汽提塔 plate steam stripping tower

利用具有斜度的平板作为水蒸气和混合油接触面的汽提设备。它是在长方形壳体内装有交替倾斜的平板的汽提塔。

2.3.3.15

填料汽提塔 filling steam stripping tower

利用塔内填料，增加水蒸气与混合油接触面积的汽提设备。填料塔主要由塔顶、塔体和塔座组成。

2.3.3.16

常压蒸发 normal pressure evaporation

混合油在常压下进行的蒸发过程。

2.3.3.17

负压蒸发 negative pressure evaporation

利用真空设备，混合油在负压下进行的蒸发过程。

2.3.4

粕处理　meal treatment

对浸出器排出的湿粕进行烘干，尽量去除其中溶剂，并使其温度和水分达到适宜贮存要求的工序。

2.3.4.1

粕　meal

料坯浸出脱溶后的产品。

2.3.4.2

浸出粕　extracting meal

料坯浸出脱溶后的产品。

2.3.4.3

高温浸出粕　high temperature desolventized meal

料坯在浸出后，按常规脱溶工艺脱溶后的粕产品，其脱溶温度可达 105 ℃。

2.3.4.4

低温浸出粕　low temperature desolventized meal

料坯在浸出后，采用低温脱溶工艺脱溶后的粕产品，其脱溶温度一般不大于 80 ℃。

2.3.4.5

湿粕　wet meal

浸出后含有溶剂的粕。

2.3.4.6

湿粕含溶　solvent content in wet meal

湿粕中溶剂的含量。

2.3.4.7

粕库　meal storehouse

贮存或周转粕的库房，一般为单层房式仓型。

2.3.4.8

粕冷却机　meal cooler

将脱溶蒸烘后温度较高的粕进行冷却的设备。该机常用于大豆粕的冷却。

2.3.4.9

引爆试验　detonating test

对脱溶后成品粕检测溶剂含量的简易方法。在规定条件下进行点火试验，以不燃不爆为合格，爆或燃烧为不合格。

2.3.4.10

粕蒸脱机　desolventizer-toaster

机体为圆柱形，装有搅拌装置，用直接蒸汽和间接蒸汽除去湿粕中溶剂和水分的设备。

2.3.4.11

卧式蒸脱机　horizontal desolventizer-toaster

由若干节卧式筒体重叠安装而成的蒸脱机。

2.3.4.12

立式蒸脱机　vertical desolventizer-toaster

亦称“层式蒸脱机”，由若干锅体重叠安装而成的蒸脱机。

2.3.4.13

DT 蒸脱机　DT desolventizer-toaster

由若干锅体叠置而成，兼有烤粕作用的蒸脱机。

2.3.4.14

DTDC 蒸脱机　desolventizer-toaster with integrated dryer-cooler

对粕兼有除水分及冷却作用的层式蒸脱机。

2.3.4.15

自动料门　automatic flow controlling gate

利用料位自身控制本层或上层料位的装置。

2.3.4.16

高料层蒸脱机　high bed desolventizer toaster

只有一层或二层缸体，料层较厚，带有搅拌装置利用蒸汽蒸脱湿粕中溶剂的蒸脱机。

2.3.4.17

粕冷却器　meal cooler

将蒸烘后温度较高的粕进行冷却的设备。

2.3.4.18

粕末分离　fines separation，dust-separation

将蒸脱机蒸出的混合蒸汽中所带粕末分离出来的工序。

2.3.4.19

湿式捕粕器　wet fines catcher

利用喷水或喷溶剂的方法，除去溶剂蒸气中所夹带粕末的设备。

2.3.4.20

干式捕粕器　dry fines catcher

利用离心沉降的原理，以分离溶剂蒸气中所夹带粕末的设备。

2.3.4.21

低温脱溶　low temperature desolventizing

粕温低于 80 ℃的脱溶工艺。

2.3.4.22

闪蒸脱溶系统　flash desolventizing system

在蒸发管道内用过热溶剂蒸气喷射湿粕，使粕在悬浮状态中蒸脱出溶剂。

2.3.4.23

大豆低温脱溶设备　soybean meal low temperature desolventizer

在常压下对大豆湿粕进行低温脱溶的设备。主要由螺旋刮板脱溶器、循环风机、旋风分离器、溶剂蒸气过热器、粕沉降器、封闭阀等组成。

2.3.4.24

卧式低温脱溶设备　horizontal low temperature desolventizer

也称 A、B 筒脱溶装置。由两节卧式筒体重叠安装而成的低温脱溶设备。主要由螺旋刮板脱溶器、循环风机、旋风分离器、溶剂蒸气过热器、粕沉降器，封闭阀、粕出口等组成。

2.3.4.25

平板式低温脱溶　flat type low temperature desolventizing

一种料层及薄的低温脱溶形式。通过过热溶剂气体加热、间接热量加热和真空，达到低温脱除溶剂的目的，保证蛋白极少变性。

2.3.5

溶剂回收　solvent recovery

把粕的蒸脱、混合油蒸发、汽提等过程所得到的溶剂蒸气，通过冷凝回收的工序。

2.3.5.1

混合蒸气　mixed vapour

溶剂蒸气和水蒸气的混合体。

2.3.5.2

表面冷凝　surface condensation

冷却液或空气从另一方向流经管道的外表面或内表面，使溶剂蒸气冷凝的方法。

2.3.5.3

混合冷凝　contact condensation

溶剂蒸气直接与冷却液相接触而进行冷凝的方法。

2.3.5.4

溶剂蒸气　solvent vapour

溶剂的气态，由溶剂气化而成。

2.3.5.5

列管冷凝器　pipe bundle condenser

在圆柱形壳体内装有很多平行管子组成管束，通过热交换使溶剂蒸气冷凝的设备。有卧式、立式两种。

2.3.5.6

喷淋式冷凝器　spraying condenser

用水喷淋将排管内溶剂蒸气冷凝的设备。

2.3.5.7

混合冷凝器　contact condenser

冷却水和溶剂蒸气直接接触而进行冷却的设备。

2.3.5.8

大气冷凝器　atmospheric condenser

利用空气对溶剂蒸气进行冷凝的设备(也可用水做冷却剂)。

2.3.5.9

平衡罐　balancing tank

使浸出车间内各设备中的自由气体汇集，并起平衡系统压力作用的容器。

2.3.5.10

分水　water separation

利用溶剂不溶于水且密度较水小的性质，用沉降的方法使溶剂和水分层，从而达到排出废水回收溶剂的工序。

2.3.5.11

分水器　solvent-water separator

利用溶剂和水的密度不同，将两者分离的设备。

2.3.5.12

废水蒸煮　waste-water boiling

将分水器排出的废水加热蒸煮，以回收其中微量溶剂。

2.3.5.13

废水蒸煮罐　waste-water boiling tank

将分水器排出的废水加热蒸煮，以回收其中溶剂的设备。

2.3.5.14

自由气体 solvent-carrying air

浸出系统中未凝结的气体。

2.3.5.15

尾气 exhaust gas, vent gas

从最后冷凝器排出的未凝结的气体。

2.3.5.16

尾气回收 solvent recovery from vent gas

从尾气中回收溶剂的工序。

2.3.5.17

低温冷凝法 condensation at low temperature

亦称“冷冻回收”。利用低温下溶剂蒸气分压降低而凝聚析出的原理，将尾气温度降低以回收其中溶剂的方法。

2.3.5.18

液体吸收法 solvent absorption by liquid

亦称“矿物油吸收”。利用矿物油(植物油)与溶剂互溶的原理，用矿物油(植物油)来吸收尾气中的含溶剂蒸气的方法。

2.3.5.19

固体吸附法 solvent absorption by solid

用吸附剂吸收尾气中溶剂蒸气的方法。

2.3.5.20

冷冻回收装置 freezing recovery device

将尾气降至0 ℃左右，以回收溶剂的装置。

2.3.5.21

尾气冷凝器 vent gas condenser

用冷却水对尾气进行冷却，以回收溶剂的装置。

2.3.5.22

矿物油吸收装置 mineral oil absorbing device

用矿物油对尾气中的溶剂蒸气进行吸收的装置，主要由吸收塔、热交换器、解吸塔、冷却器等组成。

2.3.5.23

填料吸收塔 packing absorbing column

利用塔内填料，以增加吸收剂(植物油或矿物油)与尾气接触面积的溶剂回收设备。

2.3.5.24

解吸塔 desorption column

用直接蒸汽将富油中溶剂除去的设备。

2.3.5.25

贫油 lean oil

用来吸收溶剂的矿物油。

2.3.5.26

富油 rich oil

吸收了溶剂蒸气的矿物油。

2.3.5.27

废气 waste gas

尾气中溶剂被吸收或吸附后排入大气的气体。

2.3.5.28

水封池 water seal tank

阻止溶剂进入下水道的设施。

2.3.5.29

阻火器 fire barrier

一种用于防火的安全装置。

2.4

水代法制油 oil extraction by water substitution

油料经过处理后加水将油代替出来的取油方法。

2.4.1

炒料 cooking

亦称"炒籽"。将油料加热搅拌均匀去水,使蛋白质受热变性。油料结构酥松的工序。

2.4.2

扬烟 smoking

炒料后泼水降温,通风散热出烟的工序。

2.4.3

吹净 aspiration

利用风选、筛选或扬簸等方法将炒料后皮壳焦末除去的工序。

2.4.4

磨籽 grinding

将炒熟吹净后的油料用磨研磨成酱状的工序。

2.4.5

兑浆搅油 water adding and mixing

将热水加入料酱中,随之搅拌,把油从料浆中取出来的工序。

2.4.6

震荡分油 oil separation by oscillation

借"葫芦"的震荡作用将料浆中油滴积聚起来浮于表面随之撇取的工序。

2.5

蒸煮法制油 oil extracting by steam-digestion

通过将油棕果捣碎、蒸煮、压榨、离心分离等工序制取油脂的方法。

2.6

水酶法制油 aqueous enzymatic extraction of oil

利用酶的作用,降解植物油籽细胞壁和脂类复合体,从而取油的工艺。

2.7

超临界萃取 super-critical extraction

利用超临界流体作溶剂对油物料进行萃取,提取油分的方法。

2.8

精炼工序 refining

亦称"炼油",即除去毛油中杂质的过程。

2.8.1

油脂精炼　oils and fats refining

清除植物油中所含固体杂质、游离脂肪酸、磷脂、胶质、蜡、色素、异味等的一系列工序的统称。

2.8.1.1

机械精炼　mechanical refining

用沉淀、过滤、离心分离等方法除去毛油中固体杂质和部分胶溶性杂质的方法。

2.8.1.2

物理精炼　physical refining

亦称"蒸馏脱酸"。藉甘油三酸酯与游离脂肪酸相对挥发度的不同，在高温、高真空下进行水蒸气蒸馏，除去游离脂肪酸的精炼方法。

2.8.1.3

化学精炼　chemical refining

在油脂中加入某种化学物质进行精炼的方法(碱炼、酸炼、氧化还原等)。

2.8.1.4

混合油精炼　miscella refining

对混合油进行精炼，除去油脂伴随物(如棉酚、游离脂肪酸、蜡等)，然后再从油中脱除溶剂的精炼方法。

2.8.1.5

毛油　crude oil

经压榨或浸出等工艺得到的未经处理的油。

2.8.1.6

精炼油　refined oil

毛油经一个或几个精炼工序后，所得符合标准的油脂之总称。

2.8.1.7

储油罐　oil tank

储存油脂用的容器，一般有卧式和立式两种。

2.8.1.8

油脂氧化　oil oxidation

油脂在空气中受氧的作用产生氢过氧化物，并分解为醛、酮、酸等一系列小分子物质的过程。包括自动氧化、光氧化和酶促氧化。

2.8.1.9

固体杂质　solid impurities

毛油中混入的泥沙、料坯粉末、纤维、草屑及其他固体杂质。

2.8.1.10

脂溶性杂质　oil soluble impurities

溶于油脂中的一类杂质(如游离脂肪酸、色素、甾醇、维生素 E、烃类等)。

2.8.1.11

胶体杂质　mucilaginous impurities

存在于油脂中的蛋白质、糖类、树脂、粘液等胶性物质。

2.8.1.12

油渣　oil residue

毛油的沉淀、过滤及油料压榨的回渣。

2.8.1.13

油脚　oil sediment

毛油水化后的沉淀物。

2.8.1.14

皂脚　soapstock

毛油碱炼后的沉淀物。

2.8.2

毛油初清　pre-purification of crude oil

去除毛油中所含的固体杂质的过程。

2.8.2.1

沉淀　precipitation

悬浮在油脂中的固体颗粒自然下沉而分离的工序。

2.8.2.2

刮板澄油箱　clarifying tank

亦称"澄油箱"。用以分离油渣,并能自动排渣的设备。

2.8.2.3

螺旋卸料沉降式离心机　settling centrifuge

主要工作构件为一高速旋转的转鼓和具有一定速差的螺旋推进器。依靠惯性离心力的作用,使油渣分离的机械。

2.8.2.4

过滤　filteration

在重力或动力作用下将毛油通过过滤介质,清除固体杂质的工序。

2.8.2.5

压滤机　filter press

在一定压力下,分离油和固体杂质的设备。

2.8.2.5.1

板框压滤机　plate-frame filter press

由多个滤板、滤框相间组合的滤油设备。

2.8.2.5.2

箱式压滤机　chamber filter press

由若干两面的四周都具有突出边缘的滤板结合而成许多小室的滤油设备。

2.8.2.6

圆盘过滤机　disc filter press

由若干可以转动的金属丝网滤盘叠放组成的间歇过滤,机械排渣的滤油设备。

2.8.2.7

卧式过滤机　horizontal pressure leaf filter

卧式筒体内排列有若干块直立不锈钢金属网滤板组成的过滤设备。

2.8.2.8

叶片过滤机　lamina filter

由多个呈片状过滤网组成的过滤设备。按外形可分为立式和卧式两种。

2.8.3

水化脱胶　hydrated degumming

把一定数量的水或稀盐、稀碱等电解质溶液在搅拌下加入热油中,促使油中胶溶性杂质凝聚,沉淀分离的工序。

2.8.3.1

连续水化脱胶 continuous hydration

油水混合、反应、分离等工序连续进行的脱胶方法。

2.8.3.2

间歇水化脱胶 batch hydration

非连续的水化方法。

2.8.3.3

超级脱胶 super degumming

在升温后的油脂中加酸反应后，降温与水混合滞留进行水化和凝聚，最后再升温分离胶质的一种脱胶工艺。

2.8.3.4

联合脱胶 unidegumming

在升温后的油脂中加酸反应后，降温与絮凝剂混合滞留进行水化和凝聚，最后再升温分离胶质的一种脱胶工艺。

2.8.3.5

全脱胶 total degumming

利用卵磷脂(PC)具有自我吸附脱胶的特性而开发出的一种脱胶工艺。

2.8.3.6

酶法脱胶 enzymic degumming

利用酶解技术脱除胶体杂质的工序。在一定反应条件下，加入磷脂酶 A_2，进行催化水解，把油脂的非水化性磷脂转化成水化磷脂，然后利用水化脱胶法将这些胶质除去。

2.8.3.7

水化罐 hydration tank

亦称“水化锅”。用于油脂间歇水化的一种设备。

2.8.3.8

碟式离心机 disc centrifugal separator, disc centrifuge

一种转鼓内装有很多叠起来的锥形盘的高速离心机，用于连续分离油(皂)脚或洗涤水的设备。

2.8.3.9

管式离心机 tubular bowl centrifuge

一种管状无孔转鼓悬于挠性轴上的高速离心机。有脱皂和脱水两种型式。

2.8.3.10

静置沉淀 settling

将加水后的毛油在一定的温度下放置一段时间，以保证油中磷脂的充分沉淀。

2.8.3.11

加热脱水 drying

在常压下除去水化净油中仍含有的少量水分的工序。

2.8.3.12

粗磷脂油脚 raw phosphoilpid

从水化设备中分离(或沉淀)出来的混合物。

2.8.3.13

中性油回收 neutral oil recovery

回收油脚(皂脚)中所含的中性油的工序。

2.8.3.14

乳化现象　emulsion

水化或碱炼过程中，由于操作不当，使得油与磷脂胶粒或皂粒很难分离的乳状现象。

2.8.3.15

盐析　salting out

在乳浊液或胶状溶液中，加入金属盐类，使该液得到分离的方法。

2.8.4

酸炼脱胶　acid degumming

在毛油中加入一定量的酸，以脱除蛋白质，粘液物等胶溶性杂质的精炼方法。

2.8.4.1

硫酸脱胶　sulphuric acid degumming

在毛油中加入浓硫酸进行脱胶的方法。

2.8.4.2

酸炼罐　acid-refining tank

由耐酸材料制成带有锥形底的圆柱形炼油锅。

2.8.4.3

磷酸脱胶　phosphoric acid degumming

在毛油中加入磷酸进行脱胶的方法。

2.8.4.4

酸炼混合器　acid-refining mixer

带有搅拌装置和折流板形式的密闭型混合器。

2.8.5

脱酸　de-acidification

脱除毛油中所含游离脂肪酸的工序，脱酸的方法有碱炼、水蒸气蒸馏、溶剂萃取等。

2.8.5.1

碱炼　caustic refining, alkali refining, neutralization

采用烧碱、纯碱等碱类中和油中的游离脂肪酸，使其生成皂脚从油中沉淀分离的精炼方法。

2.8.5.2

连续碱炼　continuous caustic refining, continuous neutralization

油碱混合、中和、脱皂、水洗、脱水等工序都是连续进行的碱炼方法。

2.8.5.3

间歇碱炼　batch caustic refining, batch neutralization

非连续的碱炼方法。

2.8.5.4

理论碱量　normal alkali quantity, theoretical alkali quantity

理论计算中和油脂中游离脂肪酸所需之碱量。

2.8.5.5

超碱量　excess alkali quantity

油脂碱炼时，实际用碱量超过理论碱量的部分。

2.8.5.6

总碱量　total alkali quantity

亦称“实际用碱量”。油脂碱炼时，实际用碱的数量，即理论碱量加超碱量之和。

2.8.5.7

碱炼损耗　losses of alkali refining

油脂在碱炼时的损耗。首先是除去游离脂肪酸、胶质和色素等杂质后引起的损失；其次是中性油被皂化和皂脚夹带而引起的损失，一般用威逊损耗来表示最低的损耗。

2.8.5.8

精炼率　refining yield

精炼油占所耗用过滤毛油的质量百分比(%)。

2.8.5.9

高温淡碱工艺　refining with high temperature and thin alkali

利用较高预热温度和中和时较低超碱量的一种碱炼工艺。适用于高水分蒸胚而制得的低酸价、色浅的毛油。

2.8.5.10

低温浓碱工艺　refining with low temperature and thick alkali

采用较低预热温度和中和时较高超碱量的一种碱炼工艺。适用于酸值较高、色泽较深的毛油。

2.8.5.11

湿法碱炼工艺　wet alkali refining technics

中和反应后添加一定量的软化水或电解质溶液，冲淡过剩碱液，使皂脚吸水，提高沉降速度或皂脚稀释溶解呈皂浆而有利于油皂分离的工艺。

2.8.5.12

脱胶-碱炼工艺　egluing-alkali refining technics

先行脱胶、脱磷处理，再进行加碱中和的工艺。

2.8.5.13

长混工艺　long mix process

油脂与碱液在低温下长时间接触反应的碱炼工艺。

2.8.5.14

短混工艺　short-mix process

高温下油脂与碱液短时间进行混合(1 min～15 min)反应的碱炼工艺。

2.8.5.15

静态混合器　static mixer

一种液-液或液-固接触混合设备。它没有运动部件，在混合器内按一定方式装填混合元件。

2.8.5.16

表面活性剂碱炼　surfactant alkali refining

在中和阶段掺进表面活性剂溶液，利用其选择性溶解特性，以降低炼耗而提高精炼率的一种碱炼工艺。

2.8.5.17

油碱比配机　proportionmeter，oil and alkali dosing machine

亦称"油碱比配泵"。碱炼时，根据毛油流量和酸值高低，按比例供给所需碱液的设备。

2.8.5.18

混合器　mixer

将两种液体均匀混合的设备。有离心式、浆板式、盘式、刀式等。

2.8.5.18.1

离心式混合器　centrifugal mixer

利用惯性离心力的作用，对液体混合并兼有输送作用的混合器。

2.8.5.18.2

浆板混合器　paddle mixer

长方形的混合箱中心轴上装有三角形桨式搅拌翅的混合机。

2.8.5.18.3

盘式混合器　disc mixer

亦称“中和混合器”。混合室内有一个可调速转盘，油和碱液进入混合室在转盘的搅动下充分混合的混合器。

2.8.5.18.4

刀式混合器　blade mixer

亦称“复炼混合器”，“水洗混合器”。混合室为立式圆柱体，其中心轴上装有菱形刀片的混合器。

2.8.5.19

水洗　washing

在碱炼过程中，用水洗去油脂中悬浮的微量皂粒的方法。

2.8.5.20

真空干燥　vacuum drying

在负压状态下除去油脂中水分的方法。

2.8.5.21

真空干燥机　vacuum drier

密闭的圆柱形容器，能够完成真空干燥的设备。

2.8.5.22

脱溶器　desolventizer

也称“脱溶锅”。脱除浸出油中残留溶剂的设备。

2.8.5.23

中和罐　neutralization tank

亦称“碱炼罐”。用于间歇碱炼的一种炼油罐。

2.8.5.24

洗涤-干燥罐　washing-drying column

带有碟盖、锥底的圆柱形真空容器，专门用于洗涤和干燥碱炼油用的设备。

2.8.5.25

皂脚罐　soapstock tank

用来处理皂脚，以回收中性油的设备。

2.8.5.26

泽尼斯炼油法　Zenith neutralization method

毛油从充满稀碱液的中和塔底部呈油滴状上升。穿过碱液层，达到中和脱酸的碱炼方法。

2.8.5.27

复炼　re-refining

亦称“二次碱炼”。经过一次碱炼的油，再加入一定的稀碱液进行碱炼的方法。

2.8.6

脱色　bleaching

除去油脂中某些色素及碱炼过程中没能除去的一些残余物质，改善色泽，提高油脂品质的精炼工序。

2.8.6.1

吸附脱色　adsorption bleaching

用具有吸附作用的物质，除去油脂中色素的方法。

2.8.6.2

吸附剂　adsorbent，adsorbing agent

具有强选择性吸附作用的物质，常用的有天然漂土、活性白土、活性碳等。

2.8.6.3

活性白土　activated bentonite

用膨润土为原料，经粗碎、酸活化、水洗、干燥、碾磨、过筛等工序制成的活性较高的吸附剂，用于油脂脱色。

2.8.6.4

脱色罐　bleaching tank

带有搅拌装置的密闭真空容器，对油脂进行间歇脱色的设备。

2.8.6.5

脱色塔　bleaching tower

一种密闭真空容器，用于对油脂进行连续脱色的设备。

2.8.6.6

助滤剂　filter aid

能提高滤液过滤效率的物质。

2.8.6.7

白土定量装置　bleaching earth dosing device

能够按照工艺的要求，连续定量地供给吸附剂的装置。

2.8.7

脱臭　deodorization

除去油脂中臭味物质的精炼工序。

2.8.7.1

脱臭馏出物　deodorized distillates

油脂脱臭时或物理精炼过程中从植物油水蒸气蒸馏时收集到的物质。脱臭馏出物的主要成分是游离脂肪酸、甘油酯、维生素 E、甾醇、甾醇酯及其他氧化分解产物。

2.8.7.2

脱臭损耗　deodorization loss

脱臭过程中油脂的总损耗，脱臭损耗包括蒸馏损耗和飞溅损耗。

2.8.7.3

蒸馏损耗　distillation loss

油脂在汽提脱臭过程中单纯因水蒸气蒸馏而引起的损耗。其中包括低分子的醛、酮、游离脂肪酸以及甾醇、其他不皂化物的损耗。

2.8.7.4

飞溅损耗　splash loss

在油脂脱臭过程中由于汽提蒸汽的机械作用而引起的油脂飞溅现象所造成的损耗。

2.8.7.5

蒸汽蒸馏脱臭　steaming deodorization

用水蒸气通过含有臭味组分的油脂中，汽-液表面相接触，水蒸气被挥发的臭味组分所饱和，并按其分压的比率逸出去掉油中臭味。

2.8.7.6

间歇脱臭　batch deodorization

整个脱臭过程是不连续的，一般分脱臭、冷却、过滤几个步骤。

2.8.7.7

脱臭罐　deodorizing tank

油脂在高温负压下进行脱臭的罐状设备。

2.8.7.8

连续式脱臭　continuous deodorization

整个脱臭过程中，油脂与汽提蒸汽逆流接触，连续进行汽提的脱臭过程。

2.8.7.9

组合式脱臭塔　assembled deodorizing tower

由不同类型结构的脱臭单元组合而成的脱臭塔。该设备可由上部是填料塔结构与下部是板式脱臭塔结构组成。

2.8.7.10

填料脱臭塔　filling deodorizing tower

也称软塔。用填料作为油脂脱臭时的接触界面的脱臭塔。该设备为直立塔，内部由若干段填料层组成，油脂从上部喷淋到整个填料截面上，蒸汽从下而上在填料层与油脂接触进行脱臭。

2.8.7.11

板式脱臭塔　plate deodorizing tower

在脱臭塔壳体内由隔离板或塔盘分隔成若干层脱臭区域的脱臭塔，一般常用的单壳体式和双壳体式都属于板式脱臭塔范围。

2.8.7.12

脂肪酸捕集器　fatty acids catcher

捕集脱臭时排出气体中脂肪酸等物质的设备。

2.8.7.13

析气器　deaerator

亦称“除氧器”。排出油脂中气体的容器。

2.8.7.14

连续式脱臭设备　continuous deodorization tower

主体为一直立的圆柱塔，塔内重叠着若干工作室，油脂自上而下来完成连续脱臭过程的设备。

2.8.7.15

半连续式脱臭设备　semi-continuous deodorizer

由几个单元工作层组成，油脂进出端是连续流动，而工作段是间歇进行的脱臭设备。

2.8.7.16

导热油　conduction oil

具有高稳定性、无毒、无味的传热介质油。

2.8.7.17

导热油炉　conduction oil boiler

将导热油加热到一定温度后，送至受热体进行传热，再回来循环加热的燃炉。

2.8.7.18

油屏蔽泵　canned motor pump

泵和电机为一整体结构，泵体和转子同处于一个密封装置内，在运转时能有效防止空气漏入的一种热油输送泵。

2.8.7.19

机械真空泵 mechanical vacuum pump

通过活塞的往复运动，周期地完成吸气和排气作用的真空泵，用于操作中真空度要求不高的情况。

2.8.7.20

蒸汽喷射真空泵 steam jet ejector vacuum pump

主要由泵体和扩压管构成，工作蒸汽以极高的速度射向扩压管，使泵内产生负压的真空泵，可获得较高的真空度。

2.8.7.21

水喷射真空泵 water jet ejector vacuum pump

离心泵把水打入泵内，由多个喷嘴高速射向扩压管中心的聚焦点上，造成泵体内部负压。用于真空度不高抽气量不大的情况。

2.8.8

脱蜡 dewaxing

除去油脂中蜡质和少量固体脂的精炼工序。

2.8.8.1

压滤分离脱蜡 dewaxing with pressure filter

油脂在冷冻结晶后，采用加压过滤脱除蜡质的方法。一般采用板式压滤机和90型液压机。

2.8.8.2

袋滤分离脱蜡 dewaxing with bag filtration

油脂冷冻结晶后，采用布袋过滤脱除蜡质的方法。常用的袋滤材料有涤卡、维棉和棉布。

2.8.8.3

溶剂脱蜡 solvent dewaxing

在蜡晶析出的油中添加选择性溶剂，然后进行蜡、油分离和溶剂蒸脱的工艺。可供工业使用的溶剂有乙烷、乙醇，异丙醇，丁酮和醋酸乙酯等，常用工业己烷。

2.8.8.4

表面活性剂脱蜡 surfactant dewaxing

在蜡晶析出的过程中，添加表面活性剂强化结晶，改善蜡油分离效果的脱蜡工艺。

2.8.8.5

综合脱蜡 integration dewaxing

将脱胶、脱酸、脱蜡三脱合一、同步进行，并采用离心机分离油、皂的常温碱炼脱蜡工艺。该法简化了脱蜡操作。

2.8.8.6

低温离心分离脱蜡 centrifugal dewaxing with low temperature

利用蜡分子在低温下的亲水性，通过稀碱液富集蜡的分子，以利结晶并采用离心分离的脱蜡工艺。

2.8.8.7

冬化 winterisation

将油冷却，使高熔点的甘油三酸酯凝结析出，分离固体脂得到液体油的工艺过程。

2.8.8.8

结晶罐 crystallizer

为油脂中的蜡质或固体脂提供适宜结晶条件的设备。

2.8.8.9

养晶罐　maturing tank, maturator

使蜡质或固体脂晶粒增大的设备。

2.8.8.10

真空转鼓过滤机　drum vacuum filter

用来分离蜡晶或固体脂的设备。

2.8.8.11

冬化过滤机　wintering filter

采用过滤方式分离蜡晶或固体脂的设备。冬化过滤机与普通板框式过滤机相似，由过滤板与框组成。油厂一般多采用多台组合，交替使用，使总的工艺过程具有连续作业的特点。

3　油脂加工术语

3.1

氢化　hydrogenation

在有催化剂和一定的工艺条件下，油脂双键加氢饱和的反应过程。

3.1.1

氢化油　hydrogenated oils and fats

经过氢化的油脂。

3.1.2

食用氢化油　edible hydrogenated oil

符合食用要求的氢化油。

3.1.3

间歇式氢化　batch hydrogenation

在氢化反应罐中对油脂分批进行氢化的生产方法。

3.1.4

氢化反应罐　hydrogenation tank

带有球形或碟形盖的钢制立式圆柱体，对油脂进行氢化的设备。

3.1.5

催化剂配料罐　catalyst dosing tank

将粉末状的催化剂连续均匀地带到油中，并使之混和均匀的罐状设备。

3.1.6

油氢比　oil hydrogen ratio

每吨油脂与每小时所耗用氢气的容积（Nm^3）的比值。

3.1.7

油氢分离　oil hydrogen separation

将氢化反应后的油脂与氢气分离的过程。

3.1.8

氢化后处理　hydrogenation post-treatment

通过精炼处理除掉氢化过程中产生的还原色素、溶于油脂中的微量催化剂和游离脂肪酸的过程。

3.1.9

选择性氢化　selective hydrogenation

在氢化反应中，采用适当的温度、压力、时间、搅拌速度和催化剂，使油脂加氢反应速度和分子结构具有一定的选择性。

3.1.10

极度氢化　deep hydrogenation

在一定条件下,通过加氢,将油脂分子中的不饱和脂肪酸全部转变成饱和脂肪酸的氢化工艺。

3.2

酯化　esterification

在适当条件下使油脂与油脂、脂肪酸、醇类、酯类等进行的置换反应。

3.2.1

酯交换　interesterification

在适当条件下使油脂与油脂(醇或脂肪酸)进行置换产生新的酯的过程。

3.2.2

醇解　alcoholysis

油脂与醇进行的置换反应。

3.2.3

酸解　acidolysis

油脂与脂肪酸进行的置换反应。

3.2.4

酯-酯互换　ester-ester interchange, transesterification

两种或两种以上的油脂间进行的交换脂肪酸酯基的反应。

3.2.5

随机酯-酯互换　random transesterification

酯-酯互换在均一相应中进行的时候,根据酰基的种类和能量按概率进行。在随机分布状态下达到平衡。

3.2.6

定向酯-酯互换　directed transesterification

交酯中,混合物的反应过程反复进行并朝一个方向发展的酯-酯互换。

3.2.7

油脂改质　oils and fats modification

通过交酯反应,使油脂性质改变。

3.3

水解　hydrolization, hydrolysis

油脂在有水存在的条件下,被分解生成脂肪酸,单(双)甘油脂和甘油的过程。

3.3.1

特威切尔法　Twitchell's process

用特威切尔催化剂加入油脂中,使油脂和水乳化,完成油脂的水解。

3.3.2

加压水解法　pressure steam hydrolysis

油脂加入某种催化剂在高压釜中用蒸汽搅拌,完成分解过程。

3.4

分提　fractionation

分离天然油脂或脂肪酸中一些物理和化学性质不同的组分的过程。

3.4.1

结晶分提　crystallizing fractionation

利用冷冻结晶，将高熔点组分从油脂或脂肪酸中分离出来的方法。

3.4.2

溶剂分提　fractionation with solvent

一种使用溶剂以助脂晶成长，为脂晶分离创造有利条件的分提方法。

3.4.3

乳化分提　emulsification fractionation

在析出的脂晶中加入表面活性剂水溶液进行乳化后分提的方法。

3.4.4

液-液萃取　liquid-liquid solvent extraction

利用油脂、脂肪酸及酯等在溶剂中的溶解程度不同进行萃取分提的方法。

3.4.5

蒸馏分提　distillation

利用碳原子数不同的各种脂肪酸蒸气压之差进行分提的方法。

3.4.6

脂肪酸蒸馏　fatty acid distillation

从混合脂肪酸里得到纯度高的脂肪酸的方法。

3.4.7

分子蒸馏　molecular distillation

在残压 0.013 Pa～13.3 Pa 范围里进行的真空蒸馏。

3.4.8

再沸器　reboiler

一种换热器。可用于脂肪酸精馏、甘油浓缩等。

3.5

喷雾干燥塔　spray dryer

一种使液体物料经过雾化，在干燥室的热干燥介质中，迅速脱水，转变成粉状或颗粒状固体的干燥设备。

3.6

解碎机　crusher

将酸沉离心分离的蛋白凝乳捣碎的设备。主要是捣碎蛋白颗粒，使溶液匀化。

3.7

造粒干燥器　pelleting dryer

对颗粒压制机压制后的米糠颗粒进行干燥的设备。一般采用流化床烘干。

3.8

膜分离　membrane separation

以膜为工作介质，以不同的能量形式，如压力差、电位差、浓度差和温度差等为推动力的分离技术。

3.8.1

超滤膜分离　ultrafiltration membrane separation

以压力为动力，过滤悬浮液的固体膜分离过程，所用的膜为孔径 0.001 μm～0.02 μm 的多孔膜。

3.8.2

反渗透　reverse osmosis

用半透性膜把水和水溶液隔开，水有一种趋向向水溶液内渗透，直至水溶液的液面比水面高出一定高度,水的渗透才停止。该数值的压力称为渗透压。若在溶液一侧施加一个比渗透压还大的压力,渗透过程便逆转,即水从水溶液一侧向水一侧渗透,称为反渗透。

3.8.3

微滤 microfiltration

也称“微孔过滤”。以压力为推动力,过滤含有微粒溶液的固体膜分离过程。

3.9

膨化保鲜 preservation of rice bran expansion

在合适的膨化工艺条件下,采用专用的米糠膨化机对米糠进行有控制的膨化,以杀死脂肪酶,保持米糠新鲜度的方法。

3.10

高温蒸煮脱毒法 high temperature cooking detoxification

将菜籽饼粕进行蒸煮,使其中的芥子酶钝化,以免引起芥子苷水解造成中毒的方法。

3.11

发酵中和脱毒法 fermenting neutralization detoxification

菜籽饼粕脱毒的方法之一,是生物法与化学添加剂法的综合。

3.12

两步浸出脱毒法 two-step extracting detoxification

一种采用溶剂萃取对棉籽脱毒的方法,常用己烷和丙酮分步浸出。

3.13

一步浸出脱毒法 one-step extracting detoxification

一种采用溶剂萃取对棉籽脱毒的方法,常用丙酮和己烷的混合物作为混合溶剂。

3.14

酸化油 acidificated oil

油脂碱炼后的皂脚中含有肥皂、油脂及水杂,经无机酸处理得到油水两相,分离后的油相含脂肪酸及油脂即酸化油。

3.15

生物柴油 biodiesel

以各种动植物油脂及废油为原料,在一定条件下,经甲酯化而成的脂肪酸甲酯产品。生产方法有化学法、生物法。

3.15.1

碱合成生物柴油方法 alkaline(basic)catalytic approaches for biodiesel production

以可再生的动植物油脂或废油和甲醇为主要原料,以碱为催化剂生产制备生物柴油(脂肪酸甲酯)的方法。

3.15.2

酶合成生物柴油方法 enzyme(lipase)catalytic approaches for biodiesel production

以可再生的动植物油脂和甲醇为主要原料,以酶(脂肪酶)为催化剂生产制备生物柴油的方法。

3.16

酶反应器 enzyme reactor

采用游离酶或固定化酶催化底物(作用物)反应时能提供良好条件的装置。一般有搅拌釜式、填料床式、沸腾床式、膜(平板或中空膜)式等类型。可用于生物柴油制取、污水处理等。

4 技术经济指标术语

4.1

油料含油率 oil ratio of oilseed

油料中所含油脂(干基)与油料的质量分数。

$$含油率=\frac{油料中油脂的质量(干基)}{油料的质量}\times 100\%$$

4.2

出油率　technological production target

油料经加工所得毛油占所耗用油料的质量分数。

注：毛油的水杂折算由企业自定。

$$出油率=\frac{毛油质量}{耗用油料质量}\times 100\%$$

4.3

出油效率　oil yield efficiency

出油率与油料含油率之比，折合成质量分数。

$$出油效率=\frac{出油率}{油料含油率}\times 100\%$$

4.4

出饼(粕)率　cake(meal)yield

油料经加工后所得饼(粕)占所耗用油料的质量分数。

$$出饼(粕)率=\frac{油饼(粕)质量}{耗用油料质量}\times 100\%$$

4.5

干饼(粕)残油率　dry cake (meal)residual oil rate

油料加工后，残留在干饼(粕)中油脂占饼(粕)的质量分数。

$$干饼(粕)残油率=\frac{饼(粕)中油脂质量}{饼(粕)质量\times[1-饼(粕)水分百分率]}\times 100\%$$

4.6

油分总损失　total oil loss

亦称“油分总损耗”。油料含油率与出油率之差，用质量分数表示。

$$油分总损失(\%)=含油率(\%)-出油率(\%)。$$

4.7

精炼率　refining yield

精炼油占所耗用过滤毛油的质量分数。

$$精炼率=\frac{精炼油质量}{过滤毛油质量}\times 100\%$$

4.8

炼耗酸价比　refining loss per acid value

每百份毛油精炼时的炼耗与精炼前后酸价之差之比值。

$$炼耗酸价比=\frac{每百份毛油炼耗}{毛油酸价-精油酸价}$$

4.9

炼耗　oil refining loss

过滤毛油与精炼油质量之差占过滤毛油的质量分数。

$$炼耗=\frac{过滤毛油质量-精炼油质量}{过滤毛油质量}\times 100\%=1-精炼率$$

4.10

威森损失　wesson loss

毛油中所含全部杂质占毛油的质量分数。

$$威森损失=\frac{毛油中所含全部杂质质量}{毛油质量}\times 100\%$$

4.11

煤耗　coal consumption

加工一吨油料或精炼一吨毛油所耗用的标准煤千克数。

$$煤耗=\frac{耗用标准煤量}{油料(或毛油)质量}$$

4.12

电耗　power consumption

加工一吨油料或精炼一吨毛油所耗用的电量(以千瓦时计)。

$$电耗=\frac{耗用电量}{油料(或毛油)质量}$$

4.13

汽耗　steam consumption

加工一吨油料或精炼一吨毛油所耗用的蒸汽千克数。

$$汽耗=\frac{耗用蒸汽量}{油料(或毛油)质量}$$

4.14

水耗　water consumption

加工一吨油料或精炼一吨毛油所耗用水的吨数。

$$水耗=\frac{耗用水量}{油料(或毛油)质量}$$

4.15

溶剂损耗多或少　solvent loss

浸出一吨油料(或预榨饼)所损耗的溶剂千克数。

$$溶剂损耗=\frac{溶剂损耗质量}{油料(或预榨饼)质量}$$

4.16

碘价氢耗比　hydrogen loss per iodine value

每吨油降低 1 个碘价所耗用的氢气量,单位 Nm^3。

4.17

溶剂残留量　residual solvent content in oil (meal)

每千克成品油(粕)中残留的溶剂毫克数。

中 文 索 引

英 文 索 引

A

B

C

E

F

N

O

P

R

S

T

U

V

W

ICS 67.040
X 90

中华人民共和国国家标准

GB/T 8874—2008
代替 GB/T 8874—1988

粮油通用技术、设备名词术语

General terminology of technology and equipment for grain and oils industry

2008-11-04 发布　　　　2009-01-20 实施

中华人民共和国国家质量监督检验检疫总局
中国国家标准化管理委员会　发布

前　言

本标准是对 GB/T 8874—1988《粮油通用技术、设备名词术语》的修订。

本标准与 GB/T 8874—1988 主要技术差异：

——增加了精选部分；

——增加了粉尘的基本概念；

——增加了灌包机的内容；

——增加了四散技术的基本概念；

——增加了检测控制的内容；

——增加了部分设备。

本标准自实施之日起代替 GB/T 8874—1988。

本标准由国家粮食局提出。

本标准由全国粮油标准化技术委员会归口。

本标准起草单位：河南工业大学。

本标准主要起草人：武文斌、白晓丽、王新。

本标准所代替标准的历次版本发布情况为：

——GB/T 8874—1988。

粮油通用技术、设备名词术语

1 范围

本标准规定了粮油通用技术、设备中有关清理、机械输送、通风除尘与气力输送、称量、喂配料设备、包装设备、四散技术、检测控制设备和管道、管件与闸门的名词术语和定义。

本标准适用于粮食行业生产、科研、教学等领域。

2 规范性引用文件

下列文件中的条款通过本标准的引用而成为本标准的条款。凡是注日期的引用文件，其随后所有的修改单(不包括勘误的内容)或修订版均不适用于本标准，然而，鼓励根据本标准达成协议的各方研究是否可使用这些文件的最新版本。凡是不注日期的引用文件，其最新版本适用于本标准。

ISO 4225 空气质量 一般特性 词汇

3 清理

3.1

清理流程 cleaning flow

表示原粮清理的全过程。

3.1.1

清理流程图 flow sheet of screenroom

表示原粮清理全过程的示意图。通常用细实线的图形及符号表示各种机器设备，再用粗实线将它们连接起来表示物料的流向。

3.2

筛选 screening,sifting

利用原粮、油料与杂质和原粮、油料自身在粒度上的差别，借助筛孔除杂或将原粮分级的工序或方法。

3.2.1

清理基本术语 cleaning basic term

有关清理的一些基本概念。

3.2.1.1

初清 preliminary cleaning,precleaning

原粮、油料除去大杂和灰土的工序。

3.2.1.2

进口数 number of feed inlet

物料进入作业机某一独立工作单元进行处理的路数，可以只有一路或均分为并联的几路。

3.2.1.2.1

单进口 single feed inlet

物料进入作业机一个独立工作单元后，以一路进行处理。

3.2.1.2.2

双(三)进口 double (triple) feed inlet

物料进入作业机一个独立工作单元后，均分为两(三)路进行并联处理，如：将物料均匀地分为两

(三)路,分别进入同一筛体的左右或上下(或上、中、下)两(或三)组技术特性(筛孔形状、大小、排列、筛面组合等)完全相同的筛格,进行筛选。

3.2.1.3

位度曲线 granulation curve

以试样粮粒的粒度(长、宽、厚)为横坐标,以该粒度粮位的质量百分率为纵坐标,画得表示粮食粒度分布情况的曲线。

3.2.1.4

筛理曲线 sifting analysis curve

用检验筛测得不同粒度的粮粒(或杂质)所占的质量百分率,以筛孔大小为横坐标,以该筛孔上的粮粒(或杂质)的质量百分率为纵坐标,所得表示粮(或杂)粒度分布情况的曲线。

3.2.1.5

筛理流程 sifting scheme

在多层筛面组合时,物料流动的路线。

3.2.1.6

名义筛面宽度 nominal sieve width

筛选机械、设备的筛格上所装筛板或筛网的宽度。

3.2.1.7

名义筛选面积 nominal sieve area

筛选机械、设备的筛格上所装筛板或筛网的面积(包括矩形或圆形)。

3.2.1.8

有效筛选面积 effective sieve area

未被筛框、撑条或压条挡住的筛面面积。

3.2.1.9

筛孔 sieve aperture

筛面上的孔眼,有圆孔、方孔、三角孔、鱼鳞孔和其他孔型。

3.2.1.10

筛孔排列 arrangement of sieve apertures

筛孔在筛板上的排列形式。

3.2.1.10.1

正列 in line arrangement

纵、横两个方向都相互对齐的筛孔排列形式。

3.2.1.10.2

错列 staggered arrangement

纵、横两个方向中只有一个方向相互对齐的排列形式。

3.2.1.10.3

成组排列 sectional arrangement

长孔的一种特殊排列方式,将几个平行并列的筛孔作为一组,分组横竖间隔排列,形成许多方格。

3.2.1.11

筛孔面积百分率 percentage of aperture area

筛面上筛孔总面积占整个筛面面积的百分率。

3.2.1.12

挂筛 sieve clinging

筛选的物料或杂质挂卡在筛面上的现象。

3.2.1.13

堵孔 screen blinding

筛孔被筛上物所卡插而堵塞的现象。

3.2.1.14

起跳 jump up

在筛选机械上，物料跳离筛面的现象。

3.2.1.15

走单边 running aside

在筛选过程中，物料向筛面的一侧偏流的现象。

3.2.1.16

振动角 angle of throw

筛体振动方向与筛面的夹角。

3.2.1.17

筛面倾角 inclination of sieve cover

筛面与水平面的夹角。

3.2.1.18

起跳频率 jump up frequency

物料开始跳离筛面时，筛体振动的频率。

3.2.1.19

第一临界转速 the first critical rotative velocity

物料在高速振动筛筛面上跳动一次的时间恰等于筛体振动一次所需的时间，此时筛体主轴的转速。

3.2.1.20

第二临界转速 the second critical rotative velocity

物料在高速振动筛筛面上跳动一次的时间恰等于筛体振动两次所需的时间，此时筛体主轴的转速。

3.2.1.21

偏心距 eccentricity

转轴轴线与偏心轴(或轴套)轴线的垂直距离。

3.2.1.22

回转半径 roto-radius

筛体回转运动稳定时，其重心的轨迹是一圆周，此圆周的半径即回转半径。

3.2.1.23

振幅 amplitude

筛体振动时从平衡位置到最远点的距离(对于偏心机构，其值等于偏心距)。

3.2.1.24

行程 stroke

筛体振动时两极点之间的距离(对于偏心振动机构，其值等于两倍的偏心距)。

3.2.1.25

频率 frequency

筛体每秒钟的振动次数。

3.2.2

筛选机械 sieve separator

用于筛选工作的各种机械。

3.2.2.1

初清筛　preliminary cleaning sieve, precleaner, scalperator

原粮、油料除去大杂和灰土的初步清理机械。

3.2.2.1.1

网带初清筛　endless screen precleaner

利用由钢丝编织成方形或菱形筛孔的筛网除去杂质的初清筛。

3.2.2.1.2

圆筒初清筛　drum sieve, drum scalper, rotary precleaning swparator

水平筛筒悬臂状安装于传动端主轴上，作回转运动以分离杂质的初清筛。

3.2.2.1.3

双层圆筒初清筛　double drum sieve

水平筛筒悬臂状安装于传动端主轴上，作回转运动以分离杂质的初清筛。

3.2.2.1.4

鼠笼筛　scalperator

筛筒外形像鼠笼的初清筛。

3.2.2.2

振动筛　reciprocating sieve, reciprocating separator, vibro-separator

筛体作纵向(与料流同向)直线往复运动的筛选机械。

3.2.2.2.1

偏心振动筛　eccentric oscillating separator, eccentric shaft reciprocating sieve

用偏心机构传动的振动筛。

3.2.2.2.2

自衡振动筛　self balanced reciprocating sieve, self balanced separator

用振动电机或自振器传动的振动筛。

3.2.2.3

横振筛　transverse oscillating separator

筛体作横向(垂直于料流方向)直线往复运动的筛选机械。

3.2.2.4

平面回转筛　rotary separator, rotary sieve classifier

筛体作水平回转运动的筛选机械。

3.2.2.5

平面回转振动筛　rotary vibrating separator

简称平转振动筛，筛体进口端作水平回转运动，出口端作近似的纵向直线往复运动的筛选机械。

3.2.2.6

高速振动筛　ripple sifter, high speed vibrating separator

利用惯性块高速旋转产生离心惯性力，使筛体获得垂直与水平方向相结合的振动条件(即双相振动圆轨迹)的筛选机械。

3.2.2.7

圆筛　reel

筛体为卧式圆筒，绕轴心线旋转的筛选机械，不带打板。

3.2.2.8

六角筛　hexagonal reel

筛体为卧式六棱柱形，绕轴心线旋转的筛选机械。

3.2.2.9

锥形圆筛　conicalred reel

筛体为卧式截锥形圆筒，进料端较出料端小，绕轴心线旋转的筛选机械。

3.2.2.10

锥形六角筛　conical hexagonal reel

筛体为卧式截锥形六棱柱，进料端较出料端小，绕轴心线旋转的筛选机械。

3.2.2.11

溜筛　inclined surface separator, gravity sieve separator

使物料在静止、倾斜的筛面上靠自流进行筛选的设备。

3.2.2.12

组合清理筛　multicleaner

多种筛子或多层筛面的组合。

3.2.3

筛选机械的零部件　main parts of sieve separator

筛选机械的一些主要零部件。

3.2.3.1

分料装置　feed divider

将入机原料均分为几份，使分别进入各组筛面的装置。

3.2.3.2

筛体　sieve body

筛选机械安装筛面及其他附属构件的主要工作部件，每台筛选机械通常有一至二个筛体。

3.2.3.3

筛筒　screen drum

筛面为筒形的筛体，有冲孔筛筒、编织筛筒等。

3.2.3.4

筛面　sieve surface

由金属丝、尼龙丝编织或薄钢板冲制成具有孔眼的筛选工作部件的统称。

3.2.3.4.1

筛板　perforated plate

冲有定型筛孔的金属薄板。

3.2.3.4.2

筛网　wire screen

编织成定型筛孔的金属丝网，尼龙丝网等。

3.2.3.4.3

接料筛面　receiving sieve cover

分离与粮粒、油料籽粒有显著差别的大形杂质（如麻绳、大泥块、麦秆）的筛面。

3.2.3.4.4

大杂筛面　sieve cover for large impurities

分离粒度大于粮粒、油料籽粒的杂质的筛面。

3.2.3.4.5

小杂筛面　sieve cover for small impurities

分离粒度小于粮粒、油料籽粒的杂质的筛面。

3.2.3.5

筛格　sieve frame

安装筛面的框格。

3.2.3.5.1

抽屉式筛格　drawer type sieve

装拆时可以像抽屉一样从筛体中推进，抽出的筛格。

3.2.3.5.2

固定式筛格　stationary sieve，fixed sieve

将筛面直接固定于筛体的结构型式。

3.2.3.6

筛面清理机构　sieve cover cleaning mechanism

清理筛面筛孔的机构，通常为橡皮球或刷帚。

3.2.3.7

限振器　amplitude limiter

为限制共振时筛体振幅过于增大而设置的限位装置，常用摩擦式、冲击式、弹簧式三种。

3.2.3.8

偏心振动机构　eccentric vibratory mechanism

利用曲轴或偏心轴套通过连杆使筛体作规定振幅的往复直线运动的机构。

3.2.3.9

自衡振动器　self-balancing vibrator

简称自振器。利用偏重块在转动时产生的离心惯性力驱使筛体运动，并可自动平衡筛体惯性力的机构。

3.2.3.9.1

水平双轴自振器　double shaft horizontal juby vibrator

亦称边轮机构。装置偏重块的两根小轴处于水平位置的自衡振动器。

3.2.3.9.2

垂直双轴自振器　double shaft vertical juby vibrator

亦称重偏机构。装置偏重块的两根小轴处于垂直位置的自衡振动器。

3.2.3.9.3

单轴自振器　single shaft juby vibrator

装置偏重块的转轴只有一根的自衡振动器。

3.2.3.9.3.1

可移重心自振器　adjustable balancing weights vibrator

偏重块的合成重心可随转速的变化而移动的单轴自衡振动器。

3.2.3.10

振动电机　vibrating motor

在负荷轴上装有偏重块的电动机。

3.2.3.11

阻杂翼片　curved baffles

装置在鼠笼初清筛筛筒内的长条曲面具片，用以阻挡长形杂质穿过筛筒，达到与粮粒分离的目的。

3.2.3.12

拔杂翼轮　impurity wiper

装置在鼠笼初清筛筛筒外面，一个或多个由翼片组成的翼轮，用以刮下杂质、清理筛筒，并按工艺要求的去向送走杂质。

3.3

风选　aspiration, air-classification

利用原粮、油料与杂质之间或粮油颗粒本身空气动力学性质的差别,借助气流除杂或分级的工序或方法。

3.3.1

风选的基本术语　basic term of aspiration

有关风选的基本概念。

3.3.1.1

开放式风选　open type aspiration

含尘气流全部排出机外净化的风选方法。

3.3.1.2

循环式风选　closed circuit type aspiration

含尘气流在机内净化,并送回风机循环使用的风选方法。

3.3.1.3

吹式风选　pressure type aspiration

物料的风选作业在正压状态下进行的方法。

3.3.1.4

吸式风选　suction type aspiration

物料的风选作业在负压状态下进行的方法。

3.3.1.5

悬浮速度　suspension velocity, floating velocity

使物料在垂直上升气流中保持悬浮状态(所受空气动力与其所受重力相等)时的气流速度。

3.3.1.6

飞行系数　coefficient of flight, flying ratio

在水平气流中,物料受到气流水平方向的压力与物体所受重力的比值。

3.3.1.7

空气动力学性质　aerodynamic property

物体在运动气流中的力学性质,可由悬浮速度及飞行系数等值的大小来表示。

3.3.2

风选设备与主要零部件　aspiration equipment and main parts

风选的主要设备和主要的零部件。

3.3.2.1

风选器　aspirator

利用物料的空气动力学性质的差别除杂或分级的设备的统称。

3.3.2.1.1

吸式风选器　suction type aspirator, duo-aspirator

在负压状态下,用垂直风道将物料进行分选的风选器,常用圆筒形吸式风选器、垂直吸风道等。

3.3.2.1.2

吹式风选器　pressure type aspirator

在正压状态下,用垂直风道将物料进行分选的风选器。

3.3.2.1.3

循环风选器　closed circuit aspirator, self-contained aspirator

用循环气流进行分选的风选器。

3.3.2.2

风箱　winnower

用水平或倾斜气流在风选室内将物料进行分选的风选设备。

3.3.2.2.1

吸式风箱　suction type winnower

在负压状态下将物料进行分选的风箱,一般不自带风机。

3.3.2.2.2

吹式风箱　pressure type winnower

自带宽叶风机,在正压状态下将物料进行分选的风箱。

3.3.2.2.3

循环风箱　closed circuit winnower, air recircusating aspirator

自带宽叶风机,用循环气流将物料进行分选的风箱。

3.3.2.3

风道　air channel

机器、设备内部的空气通道。

3.3.2.3.1

垂直吸风道(带振动喂料器)　aspiration channel(with oscillating feeder), vibrating aspirator

带有振动喂料器的垂直空气通道吸风装置。

3.3.2.3.2

垂直吸风道　aspiration channel

具有垂直空气通道的吸风装置。

3.3.2.4

沉降室　expansion chamber, settling chamber

风选器中利用重力沉降轻杂的空间。

3.3.2.5

活瓣　flap valve, seriate discharge valves

沉降室下部用于排出轻杂并阻挡气流进入的多块连续排列的活动小门。

3.4

干法比重分选　dry specific gravity separation, dry separation by specific gravity

利用物料与杂质之间(或物料之间)密度的差别,借助气流和筛面的作用在空气介质中除去杂质或分选粮粒的工序或方法。

3.4.1

去石设备　dry stoner equipment

主要用于清理粮食中石子及矿物质的设备。

3.4.1.1

比重去石机　dry stoner, specific gravity stoner

利用物料与杂质比重及悬浮速度的差别,借助气流和筛面分离并肩石(形状、大小与粮粒相似的石子)的干法处理机械。

3.4.1.1.1

吹式比重去石机　pressure type dry stoner, pressure type gravity stoner

自带风机,在正压状态下进行工作的比重去石机。

3.4.1.1.2

吸式比重去石机　suction type dry stoner, suction type gravity stoner

在负压状态下进行工作的比重去石机。

3.4.1.2

比重分级去石机　gravity selecting stoner, gravity selector

利用物料比重及悬浮速度的差别,借助气流和筛面分级并去砂石的设备。

3.4.1.3

重力分级机　gravity selector, gravity separator

利用物料比重及悬浮速度的差别,借助气流和筛面分级的设备。

3.4.2

去石设备部件及其他　main parts and other of dry stone

比重去石机主要的零部件和基本的概念。

3.4.2.1

去石筛面　shutter sieve, crimped wire woven mesh, crimped wire netting

比重去石机的主要构件,用以进行砂石分离工作,有鱼鳞孔板和弯曲钢丝编织筛网等。

3.4.2.2

聚石区　stone accumulating zone

比重去石机去石筛面三角形区段上聚集砂石的区域。

3.4.2.3

砂石检查装置　stone detective device

从砂石下脚中回收粮粒的检查装置,兼有将砂石排出机外的作用。

3.4.2.4

匀风装置　air uniform device

使气流均匀分布在风道工作面上的装置。

3.4.2.5

匀风板　air uniform plate

位于比重去石机风机与去石筛面之间的筛板,借板上各区段冲孔的大小不同产生不同阻力,起到均匀气流的作用。

3.4.2.6

去石筛面等宽段　equal width sieve of stoner

比重去石机筛面上宽度相同的区段(即去石部分)。

3.4.2.7

名义矩形面积　nominal rectangular area

比重去石筛面等宽区段的面积,三角形区段及砂石检查筛面不包括在内。

3.5

精选　fine selecting

谷物清理过程中,根据物料颗粒长度和形状的不同,利用专门的机械,从整粒谷物中分离出杂草种子、异种粮粒及碎粒的方法。

3.5.1

精选效率　efficiency of seed extraction

原粮经精选后,去除的杂质占应去除杂质的百分率(杂质中含粮应符合规定指标)。

3.5.2

滚筒精选机　indented cylinder

滚筒精选机是利用袋孔将物料按长度不同分级的。它按作用不同可分为荞子滚筒精选机、大麦滚筒精选机、分级滚筒精选机。

3.5.3

滚筒精选机流量　capacity of cylinder separator

滚筒单位工作面积每小时的精选量,以 kg/(m^2·h)表示。

3.5.4

碟片精选机　disc separator

碟片精选机主要是依靠碟片两面的袋孔提取短粒,而长粒则留在袋孔外机筒内,从而使长短粒得以分离。

3.5.5

碟片精选机流量　capacity of cylinder separator

一定直径的碟片,每片、每小时的精选量,以 kg/(片·h)表示。

3.5.6

碟片滚筒组合精选机　disc and indented cylinder, super rapid trieur battery, combined disc-cylinder separator

碟片滚筒组合精选机是集碟片精选机与滚筒精选机于一体的精选设备。主要由上部同轴安装的两组碟片、下部并列的两个滚筒和传动装置组成。具有能够缩短工艺流程、产量大、精选效率高、占地面积小等优点。在小麦制粉厂,通常设在毛麦清理工序的打麦机前,可有效去除荞子、草籽、大麦、燕麦等杂质。

3.5.7

螺旋除荞机　spiral seed separator

以螺旋槽的形式分离野绿豆、野豌豆及圆球形杂质的精选设备。

3.5.8

设备主要零部件及其他　main parts and other of fine selecting

精选设备的主要零部件和基本概念。

3.5.8.1

碟片　disc

碟片精选机的主要构件,是两面铸有密布袋孔的铸铁或铸钢环形圆片。

3.5.8.2

袋孔　pocket

密集排列于工作平面(或曲面)上的无数口袋状凹穴,工作面在粮堆中运动时,易于纳入短粒,使与长粒分离,起到精选作用。袋孔有多种形状和规格。

3.5.8.3

滚筒　cylinder

滚筒精选机的主要构件,是钢板制成的内表面密布袋孔的圆筒。

3.5.8.4

螺旋抛道　spiral channel

绕在抛车垂直轴上的螺旋形斜面。

3.5.8.5

抛道倾斜角　inclination of spiral channel

抛道的螺旋面与水平面的夹角。

3.6

磁选　magnetic separation

利用磁吸作用清除粮食、油料中磁性杂质的工序或方法。

3.6.1

磁钢　permanent magnet, magnetic steel

经过磁化的特种型钢，粮油企业中常用马蹄形磁钢。

3.6.2

铁氧体永久磁块　ferrite

由铁、钡、锶、钙等按一定配方烧结成型，再经磁化的永久磁体。

3.6.3

磁栏　magnetic barrier

用永久磁体集中装置成栏状的磁选设备，装于倾斜溜管中。

3.6.4

阶梯式磁选器　cascade magnet separator

工作磁极排列为阶梯状的磁选设备。

3.6.5

板式磁选器　inclined plane magnet

工作磁极排列为平板状的磁选设备。

3.6.6

永磁筒　pipe magnetic separator, vertical spoute magnet

由直管和在其中同心安装的，一端呈锥形的圆筒状永久磁体组成，磁体可随意的开启而转移到管外进行清理。

3.6.7

永磁滚筒　rotary magnet separator

采用永久磁体的旋转滚筒，在运转过程中能自动排除吸住的磁性金属。

3.6.8

电磁滚筒　electro-magnetic pulley, electro-magnetic cylinder

采用电磁铁的旋转滚筒，在运转过程中能自动排除吸住的磁性金属。

3.6.9

磁钢吸力　magnetic force

每块磁钢能吸住磁性金属物的质量，以 kg/块表示。

3.7

清理设备工艺效率指标　efficiency index

清理设备主要的技术指标。

3.7.1

除杂率　impurities removing efficiency

清理设备清除原粮、油料所含杂质的质量分数，各种杂质应分别计算。

$$\text{除杂率} = \frac{\text{进机含杂率} - \text{清理后含杂率}}{\text{进机含杂率}} \times 100\%$$

3.7.2

下脚含粮(油料)率　grain(oil seed) content in screenings, rate of grain(oil seed) content in screenings

下脚(清理设备清除出的杂质)试样中饱满粮粒(油料籽粒)与试样质量之比，以粒/kg 或质量表示。

3.7.3

产量　capacity, processing capacity

清理设备单位实际工作时间清理出的原粮(油料)量，以 kg/h 表示。

3.7.4

单位筛选面积产量　capacity per unit sieve area, capacity per unit area of screening

单位名义筛选面积清理的原粮(油料)量,以下式表示:

$$单位筛选面积产量[kg/(m^2 \cdot h)] = \frac{清理后的原粮(油料)量}{总名义筛选面积}$$

3.7.5

单位筛宽产量　capacity per unit sieve width, capacity per unit width of screening

单位名义筛面宽度清理的原粮(油料)量,以下式表示:

$$单位筛宽产量[kg/(cm \cdot h)] = \frac{清理后的原粮(油料)量}{筛面名义宽度 \times 进口数}$$

3.7.6

电耗　power consumption, electricity consumption

清理设备清理单位质量原粮(油料)耗用的电量,以 kW·h/t 表示。

3.7.7

使用可靠性　utilization reliability, reliability of use

在规定的条件下和规定的时间内完成规定生产的能力,设备实际工作时间占规定工作时间及故障时间总和的百分率,以下式表示:

$$使用可靠性 = \frac{实际工作时间}{规定工作时间 + 故障时间} \times 100\%$$

3.7.8

单位宽度产量　capacity per unit width

比重去石机,风选器等清理设备在单位时间内,单位名义宽度上清理出的原粮(油料)量,以 kg/(cm·h)表示。

3.7.9

等宽段单位面积产量　capacity per unit area of equal width sieve

比重去石机在单位时间内,单位等宽段名义矩形面积清理出的原粮(油料)量,以 kg/(m²·h)表示。

4　机械输送

4.1

带式输送机　belt conveyor, band conveyor

机架两端设有滚筒,用张紧的带作承载及牵引构件的连续输送设备。

4.1.1

带式输送机的基本术语　basic term

有关带式输送机的基本名词解释。

4.1.1.1

承载分支　carrying run, carrying belt

输送带在工作时,承受物料的部分。

4.1.1.2

无载分支　return run

输送带在工作时,不承受物料的部分。

4.1.1.3

进料段　feeding section

从物料接触输送带到物料速度达到输送带速度所经过的区段。

4.1.1.4

直线区段　straight section

带式输送机正常工作时输送带呈直线状态的区段。

4.1.1.5

曲线区段　curved section

输送带转向的区段。

4.1.1.6

粮层截面　cross-sectional area of bulk grain, cross-section of grain

输送带上物料的横截面面积。

4.1.1.7

带宽　belt width

输送带的宽度，以 mm 表示。

4.1.1.8

带速　belt speed

输送带在工作时的线速度，单位：m/s。

4.1.1.9

最大倾角　maximum angle of inclination, maximum slope angle

在保证带式输送机负载正常工作的前提下，输送带与水平面间的最大夹角。

4.1.1.10

输送带下垂度　belt sag, sag

输送带在两托辊间的下垂部分与两托辊顶点的切平面的最大垂直距离。

4.1.1.11

运动阻力　main resistance, moving resistance

输送带工作时各种阻力的总称。

4.1.1.12

输送带张力　belt tension

输送带承受的纵向拉力。

4.1.1.13

线载荷　linear load

承载分支上单位长度内所承受的物料质量，单位：kg/m。

4.1.1.14

最小张力　minimum belt tension

保证输送带下垂度不超过许可值的最小张紧力。

4.1.1.15

最小张力点　minimum belt tension point

胶带输送机工作时，输送带最小张力所在的位置。

4.1.1.16

最大张力　maximum belt tension

输送带上承受的最大纵向拉力。

4.1.1.17

大张力点　maximum belt tension point

带输送机工作时，输送带最大张力所在的位置。

4.1.1.18

输送带张力图　tension diagram of conveying belt

表示输送带各点张力的图形。

4.1.1.19

张紧力　tension, tensile force

张紧滚筒上输送带两端张力之和。

4.1.1.20

牵引力　drawing force, driving force

驱动滚筒上输送带两端张力之差。

4.1.1.21

托辊间距　idlers pitch, carrier spacing

两相邻托辊间的中心距离。

4.1.1.22

跑偏　sideslip

输送带在运动过程中向一侧滑行的现象。

4.1.1.23

张紧行程　stroke of tension, take-up distance

张紧装置可调节的距离。

4.1.2

带式输送机名称　name of conveyor

主要的带式输送机。

4.1.2.1

胶带输送机　rubber belt conveyor

以胶带作牵引及承载构件的带式输送机。

4.1.2.1.1

固定胶带输送机　fixed rubber belt conveyor, stationary rubber belt conveyor

固定在地面或建筑物上的胶带输送机。

4.1.2.1.2

移动胶带输送机　mobile rubber belt conveyor, movable rubber belt conveyor

可在地面上任意移动的胶带输送机。

4.1.2.1.3

平型胶带输送机　flat rubber belt conveyor

承载分支使用平直支承装置或平板支承的胶带输送机。

4.1.2.1.4

槽型胶带输送机　troughed rubber belt conveyor

承载分支使用槽型支承装置支承的胶带输送机。

4.1.2.1.5

挡边胶带输送机　walled rubber belt conveyor, raised edge rubber belt conveyor

使用挡边橡胶带的带式输送机。

4.1.2.1.6

封闭胶带输送机　enclosed rubber belt conveyor

用板材将接料、输料和卸料部分封闭的胶带输送机。

4.1.2.1.7

气垫胶带输送机 **air cushion conveyor, jet rubber belt conveyor**

用气垫装置代替承载托辊的胶带输送机。

4.1.2.2

塑料带输送机 **plastic belt conveyor**

使用塑料带作牵引及承载构件的带式输送机。

4.2

链式输送机 **chain conveyor**

借助刮板或刮板链条的运动,在封闭的机槽中连续输送物料的机械。

4.2.1

基本术语 **basic term**

有关链式输送机的基本概念。

4.2.1.1

水平段 **horizontal section**

链式输送机中水平输送段。

4.2.1.2

垂直段 **vertical section**

链式输送机中垂直输送段。

4.2.1.3

弯曲段 **bending section**

链式输送机中由水平段到垂直段,或由垂直段到水平段的过渡段。

4.2.1.4

进料段 **feeding section**

链式输送机中设有进料口的机槽区段。

4.2.1.5

多点进料 **multiple feedings**

机槽上开有多个进料口,可以在几个点同时或分别进料的方式。

4.2.1.6

多点卸料 **multiple discharges**

机槽下方可开设多个卸料口卸料的方式。

4.2.1.7

机槽有效截面 **effective cross-section of trough**

机槽中允许物料通过的最大截面。

4.2.1.8

刮板间距 **flights pitch, scrapers pitch**

链条上两相邻刮板间的距离。

4.2.1.9

链速 **chain speed**

链条运动的线速度。

4.2.1.10

料速 **product speed**

物料运动的线速度。

4.2.1.11

逆流　countercurrent,counterflow

链式输送机垂直段中,一部分物料运动方向与承载分支刮板链条运动方向相反的现象。

4.2.1.12

浮链　floating chain

链式输送机中刮板链条浮到物料之上的现象。

4.2.2

链式输送机名称　name of chain conveyor

主要的链式输送机的介绍。

4.2.2.1

刮板输送机　scraper conveyor,flight conveyor

借助刮板的运动,在机槽中连续输送物料的机械。

4.2.2.1.1

管式刮板输送机　tubular scraper conveyor

机壳为圆管形的刮板输送机。

4.2.2.1.2

U型槽刮板输送机　U-trough scraper conveyor

机壳为U形的刮板输送机。

4.2.2.2

埋刮板输送机　en mass conveyor

借助刮板链条的运动及物料的内摩擦力,在封闭的机槽中使物料整体流动而被输送的机械。可以作水平、倾斜、垂直输送。

4.2.3

链式输送机主要零部件　main parts

有关链式输送机主要零部件的说明。

4.2.3.1

机槽　trough,closed trough

链式输送机中盛装并输送物料的外壳。

4.2.3.2

机头　driving chainwheel section,head sprocket section

链式输送机物料前进方向的端部,是驱动装置所在的部位。

4.2.3.3

机尾　return chainwheel section,tail sprocket section

链式输送机物料前进方向的后端部,是张紧装置所在的部位。

4.2.3.4

刮板链条　scraper chain,flight chain

链式输送机中刮板与牵引链条的总称。

4.2.3.5

刮板　scraper,flight

用以推动物料运动的构件,有板形、框形、条形、半圆形等,用金属或非金属材料制成。

4.2.3.6

清扫刮板　cleaning flight

用橡胶板制成的防止卸料不净的刮板。

4.2.3.7

导轨　rail

链式输送机无载分支中用以支承刮板链条，并保证其正常运行的轨道。

4.2.3.8

压板　pressboard

防止链式输送机浮链的装置。

4.2.3.9

外溢阀　overflow valve

当机内超过一定压力时，可以自动开启，以排除堵塞物料的装置。

4.2.3.10

驱动链轮　drive sprocket

将牵引力传递给输送机链条并使其产生运动的链轮。

4.2.3.11

头部链轮　head sprocket

链式输送机头部的链轮。

4.2.3.12

尾部链轮　tail sprocket

链式输送机尾部的链轮。

4.2.3.13

张紧链轮　take-up sprocket，tension sprocket

对链条施加张力的链轮。

4.2.3.14

导向链轮　corner sprocket，snub sprocket，bend sprocket

设在链式输送机弯道转角处的链轮。

4.2.3.15

套筒链条　bushed chain

在内链节的内侧有套筒的链条。

4.2.3.16

滚子链条　roller chain

链节的连接处套有滚子的套筒链条。

4.3

螺旋输送机　screw conveyor

依靠旋转的螺旋体推进物料的连续输送机。

4.3.1

基本术语　basic term

有关螺旋输送机技术的基本概念。

4.3.1.1

螺旋母线　generating line

螺旋轴的轴向剖面与螺旋面的交线。

4.3.1.2

螺距　screw pitch，pitch

螺旋线上两相邻对应点间的距离。

4.3.1.3

螺旋升角　spiral angle

叶片上任一点法线与轴线的夹角。

4.3.1.4

螺旋外侧升角　outside spiral angle

螺旋叶片外缘螺旋线的升角。

4.3.1.5

螺旋内侧升角　inside spiral angle

螺旋叶片内缘螺旋线的升角。

4.3.1.6

螺旋临界转速　critical rotation rate，critical speed of revolution

立式螺旋轴送机在可以提升物料的条件下的最低转速，慢速螺旋输送机在避免物料翻腾条件下的最大转速。

4.3.2

螺旋输送机名称　name of screw conveyor

主要螺旋输送机的说明。

4.3.2.1

立式螺旋输送机　vertical screw conveyor，vertical screw elevator

工作位置为垂直或近于垂直的螺旋输送机。

4.3.2.2

高速螺旋轴送机　high speed screw conveyor

螺旋轴转速超过螺旋临界转速的螺旋输送机。

4.3.2.3

慢速螺旋输送机　low speed screw conveyor

螺旋轴转速低于螺旋临界转速的螺旋输送机。

4.3.2.4

无轴螺旋输送机　screw tube conveyor

螺旋叶片安装在输送筒内壁，依靠输送筒的转动来输送物料的螺旋输送机。

4.3.2.5

夹套螺旋输送机　screw conveyor with jacket

带有加热保温套的螺旋输送机。

4.3.2.6

移动螺旋输送机　mobile screw conveyor，movable screw conveyor

可在地面上任意移动的螺旋输送机。

4.3.2.7

裸式螺旋输送机　bare screw conveyor

不设输送槽或输送筒的螺旋输送机。

4.3.2.8

浮动轴螺旋输送机　floating shaft screw conveyor

进料端螺旋轴不装轴承的螺旋输送机。

4.3.3

螺旋输送机主要零部件　some parts

螺旋输送机主要零部件的解释。

4.3.3.1

机壳　trough,tube

螺旋输送机的外壳,有“U”形、圆筒形等。

4.3.3.2

输送筒　tube,transport tube

无轴螺旋输送机安装叶片的圆筒。

4.3.3.3

螺旋轴　screw shaft

安装螺旋叶片的传动轴。

4.3.3.4

螺旋叶片　screw blade,flight

安装在螺旋轴上,推进物料的构件。

4.3.3.4.1

满面式叶片　close blade,full blade,continuous blade

螺旋叶片为一整体,安装方法为螺旋叶片靠紧螺旋轴焊接。

4.3.3.4.2

带式叶片　ribbon spiral,ribbon blade,ribbon flight

螺旋叶片为一带形,依靠辐条与螺旋轴连接。叶片与轴之间有空隙。

4.3.3.4.3

桨式叶片　paddle blade,paddle flight

螺旋叶片为许多单个的桨片,按螺旋线位置分别安装在螺旋轴上,叶片方向可以改变。

4.3.3.4.4

月牙式叶片　crescent blade,crescent flight

螺旋叶片为许多单个的月牙形的零件,按螺旋线位置,分别安装在螺旋轴上,叶片方向可以改变。

4.3.3.5

螺旋体　screw body

简称螺旋。将各种形式的叶片按螺旋位置安装在螺旋轴上的构件,有等螺距螺旋体和变螺距螺旋体等。

4.3.3.5.1

变螺距螺旋体　variable pitch flight

叶片螺距沿前进方向变化的螺旋体。

4.3.3.5.2

锥形螺旋体　tapered screw

螺旋母线呈锥形的螺旋体。

4.3.3.6

悬挂轴承　centre bearing,hanger bearing,intermediate bearing

螺旋输送机中部悬吊于机壳顶部的轴承与轴承座的统称。

4.4

斗式提升机　bucket elevator

以畚斗为承载构件,以带或链作牵引构件,在垂直方向或一定的倾斜方向输送物料的连续输送机。

4.4.1

斗式提升机基本术语　basic term

有关斗式提升机技术的基本概念。

4.4.1.1

进料　pick up, feed

物料进入斗式提升机机座并被畚斗运走的过程。

4.4.1.1.1

顺向进料　back feed, feed on down side

物料以与底轮转动相同的方向进入机座的进料方式。

4.4.1.1.2

逆向进料　front feed, feed on up side

物料以与底轮转动相反的方向进入机座的进料方式。

4.4.1.1.3

混合进料　combined feed

顺向、逆向同时进行的进料方式。

4.4.1.2

卸料　discharge

物料离开畚斗送出机外的过程。

4.4.1.2.1

离心卸料　centrifugal discharge

依靠物料的离心作用完成卸料过程的方式。

4.4.1.2.2

重力卸料　gravitational discharge

依靠物料自重完成卸料过程的方式。

4.4.1.2.3

混合卸料　combined discharge

依靠物料的离心作用和自重共同完成卸料过程的方式。

4.4.1.3

畚料　digging, dredging

运动的畚斗从机座内或料堆中挖取物料的过程。

4.4.1.4

装满系数　fill factor, fill coefficient

亦称充满系数。斗式提升机工作时，畚斗所装物料的体积与畚斗容积的比值。

4.4.1.5

速度系数　speed coefficient

判断斗式提升机卸料方式的系数。

4.4.1.6

回流　back flow, back legging

卸料时部分物料回入无载分支机筒中的现象。

4.4.1.7

撒料　spillage

畚斗中物料在提升过程中撒落的现象。

4.4.1.8

底座堵塞　choking

机座中物料不能被及时畚走而导致停机的事故。

4.4.1.9

擦边 fouling

斗式提升机工作时，畚斗或畚斗带与机壳发生摩擦、碰撞的现象。

4.4.1.10

极点 focal point，polar point

畚斗中物料重力和离心力的合力的作用延长线与头轮或底轮垂直轴线或其延长线的交点。

4.4.1.11

极距 polar distance

头轮或底轮中心到极点的距离。

4.4.1.12

转动半径 radius

畚斗内物料的重心与头轮中心的距离。

4.4.1.13

滑移面 sliding surface

卸料时畚斗内物料逐次向畚斗内缘或外缘滑动所形成的物料曲面。

4.4.1.14

预拉伸 prestress，prestretching

畚斗带在使用前先给一定张力使之伸长的工序。

4.4.1.15

预拉伸力 prestressing force，prestretching force

预拉伸工序使用的拉力。

4.4.1.16

畚斗顶角(α) top angle of bucket

畚斗后壁与斗口平面构成的夹角。

4.4.1.17

畚斗底角(β) bottom angle of bucket

畚斗后壁与前壁构成的夹角。

4.4.1.18

畚斗凸度(l) projection of bucket

畚斗后壁与前壁的最大距离。

4.4.1.19

畚斗深度(h) depth of bucket

畚斗后壁的高度。

4.4.1.20

斗间距 buckets spacing，buckets interval

两相邻畚斗对应点间的距离。

4.4.1.21

组间距 bucket groups spacing，bucket groups interval

无底畚斗提升机中，两相邻畚斗组对应点间的距离。

4.4.2

斗式提升机名称 name of bucket elevator

目前使用的斗式提升机的介绍。

4.4.2.1

固定斗式提升机　fixed bucket elevator, stationary bucket elevator

固定在建筑物或地面上的斗式提升机。

4.4.2.2

移动斗式提升机　mobile bucket elevator, movable bucket elevator

装置在小车或机架上,可以在地面移动的斗式提升机。

4.4.2.3

圆筒斗式提升机　round leg elevator

机筒横截面为圆形的斗式提升机。

4.4.2.4

悬吊斗式提升机　suspended bucket elevator

机体悬挂于桁架上,机座敞开的斗式提升机。

4.4.2.5

链条斗式提升机　chain bucket elevator

以链条作牵引构件的斗式提升机。

4.4.2.6

无底畚斗提升机　bottomless bucket elevator

采用无底畚斗的斗式提升机。

4.4.2.7

密畚斗提升机　continuous bucket elevator

畚斗间距小,边缘搭接而形成一连续槽的斗式提升机。

4.4.3

斗式提升机主要零部件　main parts

有关斗式提升机主要零部件的说明。

4.4.3.1

畚斗　bucket

用薄金属板或塑料制成的一种装料容器。

4.4.3.1.1

深型畚斗　deep type bucket, bucket deeply embossed

用于提升输送颗粒状物料的畚斗,其底角较小,顶角较大。

4.4.3.1.2

浅型畚斗　shallow type bucket, bucket flatly embossed

用于提升粉状物料的畚斗,其底角较大,顶角较小。

4.4.3.1.3

无底畚斗　bottomless bucket

一种没有底的畚斗,成组使用,通常 5～7 个为一组,每组的最后一个畚斗有底。

4.4.3.1.4

隔板畚斗　partitioned bucket

内侧壁间装有一块隔板的畚斗。

4.4.3.1.5

开孔畚斗　bucket with aperture

底部和侧面开有小孔的畚斗。

4.4.3.2

机壳　casing

机头、机筒、机座的总称。

4.4.3.2.1

机头　head section, casing head section

设有卸料口,并包容头轮的机体外壳。

4.4.3.2.2

机座　boot section, casing boot section

设有进料口,并包容底轮的机体外壳。

4.4.3.2.3

机筒　leg

包容承载分支和无载分支的筒形外壳。

4.4.3.3

头轮　head pulley, drive pulley

畚斗带(链)在机头内绕过的轮。

4.4.3.4

底轮　return pulley

畚斗带(链)在机座内绕过的轮。

4.4.3.5

止逆装置　backstop, hold back

防止斗式提升机反转的装置。

4.4.3.5.1

棘轮止逆装置　ratchet wheel backstop

利用棘轮和棘爪的啮合,防止斗式提升机反转的装置。

4.4.3.6

回流挡板　throat plate

机头内为防止物料回流而在卸料口下面设置的挡板。

4.4.3.7

畚斗螺钉　bucket bolt

把畚斗固定在畚斗带上的专用螺钉。

4.4.3.8

观察窗　sight glass

机壳上开设的用来观察机器运转情况的窗孔。

4.4.3.9

检修门　inspection door

机壳上开设的用来检修机器的门孔。

4.4.3.10

释压口　explosion relief

斗式提升机机壳上的安全装置。当产生粉尘爆炸时,机内压力上升,气体冲破释压口排入大气,以大幅度减轻爆炸损失。

4.5

其他　other

介绍其他的输送机。

4.5.1

板式输送机　slat conveyor

以一系列平行排列成带形的板条作承载构件，以链条作牵引构件的包装连续输送机，有移动式和固定式两种。

4.5.2

带式抛运机　belt material thrower, belt thrower

使物料在输送带上获得较高的初速度后，按一定角度抛出的连续输送机。

4.5.3

叶轮式抛运机　rotary table thrower, rotary vane thrower

依靠叶轮的旋转将物料加速，并按规定路线抛出的连续输送机。

4.5.4

振动输送机　vibrating conveyor, oscillating conveyor, shaker conveyor

物料依靠机槽的振动获得惯性力，而在槽内产生运动的连续输送机。

4.5.4.1

机械振动输送机　mechanical vibrating conveyor, mechanical oscillating conveyor

利用机械方法产生振动的输送机。

4.5.4.2

电磁振动输送机　electromagnetic vibrating conveyor

利用电磁方法产生振动的输送机。

4.5.4.3

电动振动输送机　electrodynamic vibrating conveyor

利用振动电机产生振动的输送机。

4.5.5

辊道　roller conveyor

用许多各自能按自身轴线旋转的圆柱体辊子平行密集排列，包装物料放在上面，可依其自重和惯性进行输送的连续输送设备。

4.5.6

溜槽　sliding chute, sack chute, spiral chute

亦称滑槽。依靠包装物料自重使其在斜置的槽内溜送的连续输送设备，有直线形和螺旋形两种。

5　通风除尘与气力输送

5.1

基本术语　basic term

有关通风除尘与气力输送技术的基本概念。

5.1.1

空气重度　air specific weight

单位体积空气的重量，单位：N/m^3（kgf/m^3）。

5.1.2

空气密度　air density

单位体积空气的质量，单位：kg/m^3。

5.1.3

空气比容　air specific volume

1千克空气所占有的体积，单位：m^3/kg。

5.1.4

粘滞性　viscosity

流体抵抗滑动或变形的特性。

5.1.5

空气动力粘滞系数　coefficient of dynamic viscosity of air

描述空气粘滞性的系数,此值越大,空气的粘滞性也越大。

5.1.6

空气运动粘滞系数　coefficient of kinematic viscosity of air

空气动力粘滞系数与空气密度的比值。

5.1.7

雷诺数　Reynolds number

判别粘滞流体流动状态的一个无因次数。

5.1.8

层流　laminar flow

管道中的流体以彼此不相混杂的平行流层运动,且各流层速度不等的运动形式。

5.1.9

紊流　turbulent flow

管道中流体各流层的质点彼此相互混杂的运动形式。

5.1.10

边界层　boundary layer

由于受空气粘滞性和管壁摩擦影响,在管道内壁形成的很薄的附面层。

5.1.11

速度场分布　velocity field distribution

空气在管道横截面上运动速度的分布状况。

5.1.12

稳定流动　steady flow of air

空气中任何点处的压强、速度和密度都不随时间而变化的流动。

5.1.13

压强　pressure

垂直作用在物体单位面积上的力,单位:Pa(N/m^2)。

5.1.13.1

大气压　atmospheric pressure

在所在地点测得的大气绝对压强。

5.1.13.2

负压　negative pressure

低于大气压的压强。

5.1.13.3

正压　positive pressure

高于大气压的压强。

5.1.13.4

表压　gauge pressure

以大气压力为零点测得的压强。

5.1.13.5

绝对压强　absolute pressure

以绝对真空为零点的压强。

5.1.13.6

压头　pressure head

单位质量空气所具有的势能,单位:Pa(mmH_2O)。

5.1.13.7

静压　static pressure

气体分子作不规则热运动产生的压强,有正压、负压之分。

5.1.13.8

动压　velocity pressure,dynamic pressure

作用在气流运动方向上的压强。

5.1.13.9

全压　total pressure

动压、静压之代数和。

5.1.14

标准空气　standard air

温度为20 ℃、绝对压强为101.3 kPa (760 mmHg)、相对湿度为50%的空气。

5.1.15

标准状态　standard condition

温度为20 ℃、绝对压强为101.3 kPa(760 mmHg),相对湿度为50%的空气状态。

5.1.16

风速　air velocity,average speed of air

通常指平均风速,即风量与有效截面积之比,单位:m/s。

5.1.17

风量　air volume,air capacity,air quantity

单位时间内通过某一截面的空气量,单位:m^3/s,m^3/min,m^3/h。

5.1.18

噪声　noise

超过常人感官所能接受的,各种不同频率和声强的声音的无规律的杂乱组合。

5.1.19

毕托管　Pitot tube,Pitot

感受和传递压强的专用仪器。

5.1.20

U型压力计　U-tube manometer

一种测量压强的仪器,用玻璃管弯成U形,内充液体制成。

5.1.21

微压计　inclined manometer,differential manometer

一种测量范围较小,读数较精确的压力计。

5.1.22

风速计　airspeedometer,anemograph

能直接测量风速的仪器。

5.1.23

等截面测定法　equal cross-section measurement

将风管截面分成若干面积相等的环形来确定测点的测定法。

5.1.24

对数线性法　log-linear measurement

按圆管紊流的对数线性规律来确定测点的测定法。

5.1.25

最大风速法　max-airvelocity measurement

以风管中最大风速为根据确定管道风速的方法。

5.2

通风机　fan

输送空气的机械，压强等于或小于 14 700 Pa(1 500 kgf/m^2)。

5.2.1

通风机名称　name of fan

目前使用的通风机介绍。

5.2.1.1

离心通风机　centrifugal fan

叶轮在蜗形机壳内旋转时，借离心作用来输送空气的机械。

5.2.1.1.1

单级离心通风机　single-stage centrifugal fan

只有一个叶轮的离心通风机。

5.2.1.1.2

多级离心通风　multi-stage centrifugal fan

同轴安装多个叶轮的离心通风机。

5.2.1.1.3

单吸口离心通风机　single-inlet centrifugal

只有一个进风口或进气室的离心通风机。

5.2.1.1.4

双吸口离心通风机　double-inlet centrifugal fan

在机壳两侧各有一个进风口或进气室的离心通风机。

5.2.1.1.5

右转离心通风机　right-hand centrifugal fan

从风机传动的一方看，叶轮是按顺时针旋转的离心通风机。

5.2.1.1.6

左转离心通风机　left-hand centrifugal fan

从风机传动的一方看，叶轮是按逆时针旋转的离心通风机。

5.2.1.1.7

低压离心通风机　low pressure centrifugal fan

在标准状态下，全压值不超过 980 Pa(100 kgf/m^2)的离心通风机。

5.2.1.1.8

中压离心通风机　medium pressure centrifugal fan

在标准状态下，全压值为 980 Pa～2 940 Pa(100 kgf/m^2～300 kgf/m^2)的离心通风机。

5.2.1.1.9

高压离心通风机 high pressure centrifugal fan

在标准状态下，全压值为 2 940 Pa～14 700 Pa(300 kgf/m^2～1 500 kgf/m^2)的离心通风机。

5.2.1.2

轴流通风机 axial-flow fan, axial fan

进、出风口与机轴同向的一种大风量，低风压的输送空气的机械。

5.2.1.2.1

低压轴流通风机 low pressure axial fan

在标准状态下，全压值不超过 490 Pa (50 kgf/m^2)的轴流通风机。

5.2.1.2.2

高压轴流通风机 high pressure axial fan

在标准状态下，全压值为 490 Pa～4 900 Pa (50 kgf/m^2～500 kgf/m^2)的轴流通风机。

5.2.1.3

鼓风机 air-blower

将气体的压强从大气压提高到 14 700 Pa～196 000 Pa (1 500 kgf/m^2～20 000 kgf/m^2)之间的输送空气的机械。

5.2.1.3.1

罗茨鼓风机 Roots blower, rotary positive displacement blower

借一对两叶或三叶的转子在机壳内的回转作用来输送空气的机械。

5.2.1.4

空气压缩机 air compressor

用来产生压缩空气的机械，压强高于 196 kPa(20 000 kgf/m^2)。

5.2.1.5

罗茨鼓风机组 Roots blower set

把罗茨鼓风机装在底架上，配置传动装置、滤尘器，进口和出口消声器、安全阀、压力表和止回阀等的独立装置。

5.2.2

通风机主要零部件 main parts

主要通风机零部件的说明。

5.2.2.1

进口管 inlet tube

装在机壳进风口处，使空气均匀导向叶轮进口的管件。

5.2.2.2

蜗壳 volute

收集从叶轮中出来的气流并引向出风口的蜗卷形外壳。

5.2.2.3

通风机叶轮 fan wheel, fan impeller

通风机的转子，依靠它的旋转来提高气体的流速和压力。

5.2.2.4

前向弯叶片 forward-curved blade

弯曲方向与蜗壳中气流方向相同的叶片，出口角度 β_2 大于 90°。

5.2.2.4.1

前向末端弯叶片 forward-curved tip blade

仅末端弯曲的前向叶片。

5.2.2.5

后向弯叶片　backward-curved blade

弯曲方向与蜗壳中气流方向相反的叶片，出口角 β_2 小于 90°。

5.2.2.6

后向直叶片　backward-inclined blade

倾斜方向与蜗壳中气流方向相反的叶片。

5.2.2.7

径向弯叶片　radial-curved blade

出口角声，等于 90°的弯叶片。

5.2.2.8

机翼形叶片　airfoil blade，airfoil vane

与飞机机翼的横截面相似的叶片。

5.2.3

通风机性能、运转、设计、试验

5.2.3.1

圆周速度　peripheral velocity

当叶轮旋转时，空气随叶轮作圆周运动的速度，方向与空气质点所在位置的圆周切线方向一致。

5.2.3.2

相对速度　relative velocity

当叶轮旋转时，空气沿叶轮叶道作相对运动的速度，方向与空气质点所在位置的叶片切线方向一致。

5.2.3.3

叶片出口角　blade outlet angle

叶片出口处空气相对速度和圆周速度之间的夹角。

5.2.3.4

旋转方向　rotary direction

从通风机传动的一方看，叶轮的旋转方向。

5.2.3.5

离心通风机出风口位置　air outlet angle

用按照通风机旋转方向作通风机出口端面的垂线与水平轴线之间的夹角来表示。右旋风机的出口以水平向左定为 0°位置，而左旋风机则以水平向右定为 0°位置。

5.2.3.6

A 式传动　A-drive

通风机无轴承座，与电动机直联传动。

5.2.3.7

B 式传动　B-drive

通风机悬臂支承、带传动，带轮在轴承之间。

5.2.3.8

C 式传动　C-drive

通风机悬臂支承、带传动，带轮在两轴承外侧。

5.2.3.9

D 式传动　D-drive

通风机悬臂支承、联轴器传动。

5.2.3.10

E 式传动　E-drive

通风机双支承装置、带传动。

5.2.3.11

F 式传动　F-drive

通风机双支承装置、联轴器传动。

5.2.3.12

空气动力学图　aerodynamic model

将通风机叶轮和机壳的气体流道部分，以叶轮直径为 100 所绘制的尺寸比例图。

5.2.3.13

通风机性能试验　fan performance test

按照规定方法测定通风机的流量、全压、静压和功率等参数的试验。

5.2.3.14

通风机静平衡试验　static balancing test of fan

在静平衡机上测定通风机叶轮的静不平衡度的试验。

5.2.3.15

通风机动平衡试验　dynamic balancing test of fan

在动平衡机上测定通风机叶轮的动不平衡度的试验。

5.2.3.16

无因次性能曲线　zero dimensional performance curve

用无因次性能参数 $\overline{Q}$、$\overline{H}$、$\overline{N}$ 和 $\bar{\eta}$ 绘制的代表某一类型的通风机性能曲线。

5.2.3.17

性能曲线　performance curve

用有因次性能参数 Q、H、N 和 V 绘制的代表某一型号中某一机号的通风机性能曲线。

5.2.3.18

压力曲线　pressure curve

表示通风机压强与流量之间关系的曲线。

5.2.3.19

功率曲线　power curve

表示通风机输入功率与流量之间关系的曲线。

5.2.3.20

效率曲线　efficiency curve

表示通风机效率与流量之间关系的曲线。

5.2.3.21

最佳工作区域　optimum working zone

性能曲线上当流量变化时，效率 η 不低于最高效率的 90% 的区域。

5.2.3.22

选择曲线　selected curve

表示某类型通风机各机号的最佳工作区域的性能曲线。

5.2.3.23

通风机工作点　working point of fan

通风机性能曲线与管道特性曲线的交点。

5.2.3.24

性能参数　performance data

表征通风机主要性能的参数。

5.2.3.25

通风机流量　flow rate of fan

亦称通风机风量。单位时间内流过通风机入口的气体量。

5.2.3.26

体积流量　volume rate of flow

以气体体积表示的流量，单位：m^3/s，m^3/min。

5.2.3.27

通风机全压　fan total pressure

通风机出口截面上空气的全压与入口截面上空气的全压之差。

5.2.3.28

水力损失　loss of head

空气在通风机内因摩擦阻力和局部阻力而损失的能量。

5.2.3.29

容积损失　volumetric loss，leakage loss

因离开叶轮进入通风机机壳的高压空气，有一部分通过叶轮外缘与机壳间及叶轮吸气口与机壳间的缝隙漏回吸气口(低压)侧，未被压送出去而损失的能量。

5.2.3.30

机械损失　mechanical loss

由于机械部件的摩擦而损失的能量。

5.2.3.31

输入功率　input，power input

通风机的实际耗用功率。

5.2.3.32

输出功率　output，power output

通风机传递给空气的实际能量所耗用的功率。即空气从通风机获得的有效功率。

5.2.3.33

通风机效率　fan efficiency，fan total efficiency

通风机全压效率，即通风机输出功率与输入功率之比。

5.2.3.34

通风机静压效率　fan static efficiency

通风机效率乘以通风机静压与全压之比。

5.2.3.35

最高效率　maximum efficiency

效率曲线上最高点的效率。

5.2.3.36

通风机比转数　specific revolution of fan

叶轮直径为 1 dm 的标准通风机在最高效率下，产生风压为 9.8 Pa($1\ kg/m^2$)，流量为 $1\ m^3/s$ 时的转数。

5.2.3.37

通风机比例定律　propotional principle of fan

表明通风机全压、流量、功率与转速之间关系的定律。

5.2.3.38

无因次特性参数　zero dimensional performance parameter, dimensionless performance parameter

代表某一类型通风机的性能的参数。

5.2.3.39

流量系数　volumetric coefficient, flow coefficient

通风机无因次特性参数之一。

$$\overline{Q}=\frac{Q}{\frac{\pi}{4}D_2^2u_2}$$

式中：

$\overline{Q}$——流量系数；

Q——流量，m^3/s；

D_2——叶轮外径，m；

u_2——叶轮圆周速度，m/s。

5.2.3.40

全压系数　coefficient of total pressure, total pressure coefficient

通风机无因次特性参数之一。

$$\overline{H}=\frac{9.8H}{\rho u_2^2}$$

式中：

$\overline{H}$——全压系数；

H——风机全压，Pa(kgf/m^2)；

ρ——空气密度，kg/m^3；

u_2——叶轮圆周速度，m/s。

5.2.3.41

功率系数　power coefficient

通风机无因次特性参数之一。

$$\overline{N}=\frac{1\,000\,N}{\frac{\pi}{4}D_2^2\rho u_2^3}$$

式中：

$\overline{N}$——功率系数；

N——输入功率，kW；

D_2——叶轮外径，m；

ρ——空气密度，kg/m^3；

u_2——叶轮圆周速度，m/s。

5.2.3.42

通风机型号　fan type

表示通风机类型的代号。

5.2.3.43

通风机机号　fan size

通风机大小的代号,以叶轮直径的分米数表示。

5.3

通风除尘　dust control,exhaust

简称除尘,利用通风机产生的压力,通过管网控制各尘源,在粮食加工厂还包括按生产工艺要求对某些设备吸热、吸水汽等。

5.3.1

基本术语　basic term

有关通风除尘技术的基本概念。

5.3.1.1

粉尘　dust

在大气中依靠自身重力可沉淀下去,但也可持续悬浮在空气中一段时间的固体微小颗粒(包括ISO 4225中定义的粉尘和颗粒)。

5.3.1.1.1

可燃性粉尘　combustible dust

与空气混合后可能燃烧或闷燃、在常温常压下与空气形成爆炸性混合物的粉尘。

5.3.1.1.2

导电性粉尘　conductive dust

电阻系数等于或小于 10^3 欧姆的粉尘。

5.3.1.2

爆炸性粉尘环境　explosive dust atmosphere

在大气环境条件下,粉尘或纤维状的可燃性物质与空气混合的混合物点燃后,燃烧传至全部未燃混合物的环境。[见 GB/T 2900.35]

5.3.1.3

粉尘层的最低点燃温度　minimum ignition temperature of dust layer

规定厚度的粉尘层在热表面上发生点燃的热表面的最低温度。[见 GB/T 16429—1996]

5.3.1.4

粉尘云的最低点燃温度　minimum ignition temperature of dust cloud

炉内空气中所含粉尘云点燃时炉子内壁的最低温度。

5.3.1.5

防粉尘点燃(DIP)　dust-ignition protection

电气设备上的避免粉尘层或粉尘云点燃的所有有关措施(例如:防止粉尘进入和限制表面温度)。

5.3.1.6

尘密外壳　dust-tight enclosure

能够阻止所有可见粉尘颗粒进入的外壳。

5.3.1.7

防尘外壳　dust-protected enclosure

不能完全阻止粉尘进入,但其进入量不会阻碍设备安全运行的外壳。粉尘不应堆积在该外壳内易产生点燃危险的位置上。

5.3.1.8

最高表面温度　maximum surface temperature

在规定的无粉尘或有覆盖粉尘条件下试验时,电气设备表面的任何部分所达到的最高温度。

注:该温度是在试验条件下所达到的。由于粉尘的隔热性,该温度随着粉尘厚度的增加而升高。

5.3.1.9

允许的最高表面温度　maximum permissible surface temperature

为了避免粉尘点燃，在实际运行中允许电气设备表面达到的最高温度。而允许的最高表面温度取决于粉尘的类型、层厚和采用的安全系数。

5.3.1.10

区域 zone

根据爆炸性粉尘/空气混合物出现的频率和持续时间或出现的粉尘层划分区域。

5.3.1.11

20 区　zone 20

在正常操作过程中可燃性粉尘连续出现或经常出现，其数量足以形成可燃性粉尘与空气混合的爆炸性浓度混合物和/或可能形成无法控制的和极厚的粉尘层的场所。

这种情况可以发生在粉尘能经常或长时间形成爆炸性混合物的粉尘容量内部，在容积内出现这种情况是具有代表性的。

5.3.1.12

21 区　zone 21

未划为 20 区的场所，在正常操作条件下，可能出现足够量的可燃性粉尘。

该区域可能包括充入或排放粉尘点直接相邻的场所以及出现粉尘层，且在正常操作条件下与空气的混合可能产生爆炸浓度的可燃性粉尘场所。

5.3.1.13

22 区　zone 22

未划为 21 区的场所，可燃性粉尘云偶尔出现并且只是短时间存在，或在异常条件下出现可燃性粉尘的堆积或可能存在粉尘层，并且在空气中出现可燃性粉尘混合物。如果随后的异常条件下不能保证排除可燃性粉尘堆积或粉尘层，则应划为 21 区。

该区之一可能包括含有粉尘，而且粉尘能够从渗漏处漏出并形成沉积的设备附近的区域(例如磨面房，粉尘可能从磨面机中漏出并沉积)。

5.3.1.14

含尘浓度　dust content

单位体积空气中的含尘量，单位：mg/m^3 或粒/cm^3。

5.3.1.15

含尘空气　dust laden air

含有粉尘和灰尘的空气。

5.3.1.16

粉尘爆炸浓度　dust explosive concentration

在具有火种时能引起爆炸的含尘浓度。

5.3.1.17

粉尘爆炸　dust explosion

空气中含尘浓度达到爆炸浓度时，在火种作用下引起的爆炸。

5.3.1.18

集尘　dust collection

俗称除尘。将粉尘从含尘气流中分离出来的方法。

5.3.1.18.1

一级集尘　dust collection of single stage

含尘空气经离心集尘器处理后，排入大气的集尘方法。

5.3.1.18.2

二级集尘　dust collection of double stage

含尘空气经离心集尘器(或中间分离器)和布(纸)筒滤尘器二道处理后,排入大气的集尘方法。

5.3.1.19

集尘效率　dust separation efficiency

集尘器前后空气含尘浓度之差与集尘器前空气含尘浓度之比。

5.3.2

集尘器　dust collector

俗称除尘器。将含尘气流中的粉尘(或杂质)和空气进行分离的设备。

5.3.2.1

降尘室　expansion box separator,dust room,expansion chamber

靠重力沉降粉尘的房间或容器。

5.3.2.2

离心集尘器　cyclone dust collector

俗称刹克龙。靠离心作用和重力分离粉尘(或杂质)的集尘器。

5.3.2.2.1

双联集尘器　binary cyclone,binary cyclone dust collector

二个相同规格并联组合的离心集尘器。

5.3.2.2.2

四联集尘器　quadruple cyclone,quadruple dust collector

四个相同规格并联组合的离心集尘器。

5.3.2.2.3

扩散式集尘器　spread cyclone,dispersive cyclone

下部外筒体为渐扩形,并带有反射屏的离心集尘器。

5.3.2.2.4

水膜集尘器　water spray cyclone,wet cyclone

在外筒内壁喷水的离心集尘器。

5.3.2.3

中间分离器　intermediate separator

利用惯性作用和重力分离粉尘或杂质的设备。

5.3.2.4

布筒滤尘器　bag or sleeve filter,filter dust collector,fabric filter dust collector

亦称袋式滤尘器,利用多孔织物筒的过滤作用使空气净化的设备。

5.3.2.4.1

压入式布筒滤尘器　pressure filter dust collector

布筒处于正压下工作的滤尘器。

5.3.2.4.2

吸入式布筒滤尘器　suction filter dust collector

布筒处于负压下工作的滤尘器。

5.3.2.4.3

脉冲布筒滤尘器　pulsate filter dust collector,air jet filter dust collector

具有以压缩空气为气源的间歇反喷风装置的布筒滤尘器。

5.3.2.5

纸筒滤尘器　paper sleeve filter dust collector

用纸筒作过滤物的滤尘器。

5.3.2.6

水浴集尘器　spray washer, water bath duster

含尘空气通入水池或通过水雾的集尘器。

5.3.2.7

电集尘器　electric precipitator

利用高压电场使空气电离、空气中的粉尘带电，然后在电场内静电引力的作用下，使粉尘和空气分离的设备。

5.3.2.8

超声波集尘器　ultrasonic dust collector

使含尘空气受到声波振动，以致粉尘发生共振，碰撞、凝聚、而从空气中分离出来的设备。

5.4

气力输送　pneumatic conveying, pneumatic handling

亦称风运。利用气流在管道中输送物料。

5.4.1

气力输送的基本术语　basic term

有关气力输送技术的基本概念。

5.4.1.1

吸气式气力输送　suction conveying, suction pneumatic conveying

亦称气力吸运。物料输送在负压状态下进行的输送方式。

5.4.1.2

压气式气力输送　pressure conveying, pressure pneumatic conveying

亦称气力压运。物料输送在正压状态下进行的输送方式。

5.4.1.3

混合式气力输送　suck-blow conveying, combination pneumatic conveying

物料输送在正、负压状态下同时进行的输送方式。

5.4.1.4

稀相输送　dilute phase conveying

气力输送时，气流速度较大，质量浓度比较小的输送方式。

5.4.1.5

密相输送　dense phase conveying

气力输送时，气流速度较小，质量浓度比较大的输送方式。

5.4.1.6

脉冲输送　pulsating pneumatic conveying, pulse conveying

利用压缩空气分段，满管地输送物料的方式。

5.4.2

供(喂)料器　feeder

将物料喂入输料管和加工设备的装置。

5.4.2.1

接料器　inlet blender, receiver

气力吸运系统中，将物料与空气混合并送入输料管的装置。常用卧式三通、直立式三通、诱导式、补气式、弯头式、花篮式等。

5.4.2.2

吸嘴　suction nozzle

直接吸取物料使之与空气混合并送入箱料管的装置,常用单筒形,双筒形等.

5.4.2.3

正压供料器　blower-through feeder

亦称正压喂料器。气力压运系统中,将物料喂入输料管的设备。常用叶轮式、螺旋式、重力式、喷射式等。

5.4.2.3.1

压运关风器　blower-through seal,blower seal feeder

亦称压运喂料器。向气力压运系统输入物料,阻止压缩空气逸出的设备。

5.4.2.3.2

喷射式供料器　venturifeeder

利用高速气流的动能来使物料进入输料管的正压喂料器。

5.4.2.3.3

螺旋供料器　pressure screw feeder

利用锥形或变螺距螺旋使物料进入箱料管的正压供料器。

5.4.2.4

卸料器　air and material separator,separator

将物料从气流中分离出来的设备。

5.4.2.4.1

重力式卸料器　gravity separator

依靠重力来分离物料的卸料器,常用三角箱,喷泉式,大弯头式,圆筒式等。

5.4.2.4.2

离心式卸料器　centrifugal cyclone separator,cyclone separator

依靠离心作用和重力分离物料的卸料器。

5.4.2.4.3

大弯头卸料器　bend separator

借助惯性力使物料分离的卸料器,又叫惯性卸料器。

5.4.2.4.4

振动卸料器　vibrating discharger

依靠振动的作用分离物料的卸料器。

5.4.2.4.5

转运分离器　transit separator

在气力压运系统中,将物料从气流中分离出来的设备。

5.4.2.5

关风器　seal,air lock

阻止从卸料口进入空气的排料设备。

5.4.2.5.1

叶轮关风器　rotary seal,rotary airlock,rotary vane airlock

靠旋转的叶轮与机壳间的密闭性来阻止空气进入的关风器。

5.4.2.5.2

压力门关风器　gate type seal,counterweight valve

靠足够高度的物料柱来阻止空气进入的关风器。

5.4.2.5.3

螺旋关风器　screw airlock

靠装满于螺旋输送机中足够长度的物料来阻止空气进入的关风器。

5.4.2.6

输料管　conveying pipeline,conveying pipe

气力输送中用以输送物料的管道。

5.4.2.7

手动蝶阀　butterfly valve (manual)

靠人工关闭开启的蝶阀设备。

5.4.2.8

自动蝶阀　automatic butterfly valve

随高压风机的启动和停机而自动关闭、开启的设备。

5.4.2.8.1

气动蝶阀　pneumaticbutterfly valve

靠气动装置开启关闭的蝶阀设备。

5.4.2.8.2

电动蝶阀　eletricbutterfly valve

靠电动装置开启关闭的蝶阀设备。

5.4.2.9

声速阀　sonic valve

一根带有调节杆的喷管,气流通过时达到声速,使箱料管路和空压机之间产生声障以防止载荷变化影响空气分配。

5.4.2.10

双路阀　two-way divertervalve

气力压运系统中,使物料转换方向,到达预定的卸料点的设备。

5.4.2.11

多路选配阀　multi-way distributor,multi-way valve

气力压运系统中带有一根输入管、多根输出管,使物料转换方向到达预定的卸料点的设备。

5.4.2.12

风量调节器　air volume regulator

气力输送管路中阻力变化时,自动调节风量的装置。

5.5

网路计算　calculation of conveying system,calculation of pipe network

风网的设计计算(风量、静动压、阻力、风速等)。

5.5.1

独立风网　individual exhaust system,single exhaust system

一台设备或一个吸点用一台风机吸风所组成的风网。

5.5.2

集中风网　central exhaust system

两台或两台以上的设备或吸点合用一台风机吸风所组成的风网。

5.5.3

设备吸风量　air quantity of equipment,air volume of equipment

满足设备工艺要求所需的最小风量。

5.5.4

设备阻力　equipment resistance, machine resistance

空气通过设备结构时的压力损失。

5.5.5

压力损失　pressure drop, pressure loss

空气在管道中运动时,由于产生摩擦或流向、流速的变化等原因所引起的能量损失,单位:Pa(kgf/m^2)或 mmH_2O。

5.5.6

摩擦阻力　frictional resistance, friction loss

空气在管道中运动时,受粘滞性的影响所引起的能量损失,单位:Pa(kgf/m^2)或 mmH_2O。

5.5.7

局部阻力　partial resistance, local resistance

空气在管道中运动时,通过各种局部构件所引起的能量损失,单位:Pa(kgf/m^2)或 mmH_2O。

5.5.8

单位摩阻　unit frictional resistance

单位长度(一般指一米)管道所具有的摩擦阻力。

5.5.9

局部阻力系数　coefficient of partial resistance

局部构件的局部阻力与其动压值之比。

5.5.10

当量长度　equivalent pipe length

将局部阻力换算成摩擦阻力形式时的模代长度(即相当的直管长度)。

5.5.11

管道特性曲线　pipeline characteristic curve

表明管道中压力损失与风量平方成正比例变化的特性曲线。

5.5.12

垂直输送　vertical conveying

指物料在空气压差的作用下被自下而上的输送。

5.5.13

水平输送　horizontal conveying

指物料在空气压差的作用下沿水平方向由一处到另一处的输送。

5.5.14

硬物料　hard material

粮食及其加工过程中所分出的粗硬物料的统称,如大米,小麦,Ⅰ皮物料等。

5.5.15

软物料　soft material

粮食加工过程中,心磨、渣磨物料和米糠等的统称。

5.5.16

输送量　conveying capacity

输料管单位时间内输送的物料量,单位:kg/h。

5.5.17

质量浓度率　air-to-product ratio, solid-to-air ratio

单位时间内输送物料的质量与输送空气的质量之比。

5.5.18

输送风速　conveying air velocity

输料管中输送物料的风速。

5.5.19

稳定段　stable section

气力输送中,越过物料启动加速段,风速和物料速度较接近的管段。

5.5.20

接料器压力损失　pressure loss of receiver, pressure loss of inlet blender

接料器的局部阻力,即空气和物料通过接料器时损失的能量。

5.5.21

加速物料压力损失　pressure loss for accelerating material, pressure drop for accelerating material

接料器后,将物料加速达到与气流速度大体相等所损失的能量。

5.5.22

摩擦压力损失　frictional pressure drop

输料管中空气间、物料间、空气与物料间、空气和物料与管壁间的总摩擦阻力。

5.5.23

弯头压力损失　pressure loss of bend, pressure drop of bend

弯头的局部阻力,即空气和物料通过弯头时损失的能量。

5.5.24

恢复物料速度压力损失　pressure loss for resuming material velocity

物料通过弯头后,将物料重新加速达到与气流速度大体相等所损失的能量。

5.5.25

提升物料压力损失　pressure loss for lifting material, pressure drop for lifting material

将物料提升到一定高度所损失的能量。

5.5.26

卸料器压力损失　pressure loss of separator, pressure drop of separator

卸料器的局部阻力,即空气和物料通过卸料器所损失的能量。

5.5.27

汇集风管压力损失　pressure loss of manifold trunk, pressure drop of manifold trunk

一般指含尘风管摩擦阻力与局部阻力之总和。

5.5.28

集尘器压力损失　pressure loss of dust collector

集尘器的局部阻力,即含尘气流通过集尘器所损失的能量。

5.5.29

气力输送总压力损失　total pressure loss of pneumatic conveying

气力输送系统的总阻力,即空气和物料通过气力输送系统全程所损失能量的总和。

5.5.30

漏风量　air leakage

管道及设备等因不严密而吸入或泄出的空气量。

5.5.31

漏风系数　coefficient of air leakage

漏风量占理论总风量的百分比。

5.5.32

主阻管路　pipe of the largest drop, pipe of the largest loss

网路中具有最大阻力的管路。

5.5.33

阻力平衡　resistance balance

指并联各风管阻力值基本相等。

5.6

网路管件　pipe fitting of pneumatic system

使用在网路系统的管件。

5.6.1

风门　air gate

调节风量、阻力的装置。

5.6.2

插板闸　slide gate

利用插板的插入深度调节风量、阻力的装置。

5.6.3

蝶阀　butterfly valve

利用圆板的旋转角度调节风量、阻力的装置。

5.6.4

异形管件　special pipe fittings

联接直长风管的各种异形构件的统称。

5.6.5

变形管　converting pipe

两端面积大小或形状不同的管件。

5.6.6

汇集管　manifold trunk, trunk

使气流由支管顺序汇集起来的风管。

5.6.7

风帽　air cap

将空气排入大气用的管件，具有阻挡风雨及降低动压的作用。

5.6.8

转向器　direction converter

为降低空间高度而安装在离心集尘器出口的气流转向构件。

5.6.9

吸口　hood, suction inlet

除尘装置中的空气进口。

5.6.10

吸尘罩　enclosure, dust helmet, dust shield

控制灰尘扩散便于安装吸口的罩状装置。

5.7

技术经济指标　technology and economic index

5.7.1

单位电耗　unit power consumption

每输送一吨物料的实际耗电度数，以 kW · h/t 表示；对于车间之间的长距离水平输送，应考虑输料管长度的因素,以 kW·h/(t·m)表示,是生产管理的指标之一。

5.7.2

单位耗能量　unit energy consumption

每输送一吨物料所需的有效功,以 kW·h/t 表示。是指导风网改进的指标之一,其算式为:

$$单位耗能量=\frac{风机实际风量(m^3/s)\times 风机实际全压(Pa)}{1\,000\times 风机效率(\eta_{风})\times 传动效率(\eta_{风})\times 输送量(t/h)}$$

6　称量

6.1

秤的名称　name of scale

介绍目前使用的各种类型的秤。

6.1.1

秤(衡器)　scales (weighing instruments), weigher

利用物体受到的重力作用来确定其质量的计量器具。

6.1.2

杠杆秤　lever scale, beam weigher

应用杠杆原理设计制造的秤。

6.1.3

单杠杆秤　single lever scale, single beam weigher

只有一根杠杆的杠杆秤。

6.1.4

台秤　platform scale, bench scale, weighbridge

承重装置为台板的杠杆秤。

6.1.5

摆动杠杆式台秤　swing beam platform scale

承重杠杆通过摆动吊耳挂到秤框上的台秤。

6.1.6

摆动台板式台秤　swing plate bench scale

台板被支承在自由摆动的吊耳上的台秤。

6.1.7

球式台秤　ball platform scale, bail bench scale

将方架连同架上球碗内的钢(或瓷)球放在台板和重点刀之间,利用球体传递重力的台秤。

6.1.8

固定比率秤　fixed ratio scale

杠杆系统中,各杠杆臂比均固定不变的杠杆秤。

6.1.9

可变比率秤　variable ratio scale

杠杆系统中,计量杠杆的臂比在称量过程中可以变更的杠杆秤。

6.1.10

双斗秤　double-hopper scale, double-bucket weigher

二个相同的斗槽秤,称量时轮换重复使用,以达到连续称量的秤组。

6.1.11

地中衡　weigh-bridge, pit scale weighbridge, platform scale

可将汽车、拖拉机、马车等和所载货物一同称量的杠杆秤。

6.1.12

轨道衡　railway truck scale, railroad track scale

可将一节火车车箱和所载货物一同称量的杠杆秤。

6.1.13

象限秤　quadrant scale

应用象限理论和字盘式读数装置设计制造的秤。

6.1.14

字盘秤　dial scale

应用字盘式读数装置的秤。

6.1.15

自动秤　automatic scale

称量时加载、称量、卸载、记数等各环节都不需人工操作的秤。

6.1.16

机械自动秤　mechanical automatic scale

控制部分按机械原理设计的，不使用人操作的机械秤。

6.1.17

电子自动秤　electronic automatic scale

控制部分按传感器原理设计的电子秤。

6.1.18

翻斗秤　tipping bucket scale, skip weigher

称量后斗槽能翻倒卸载的定量秤。

6.1.19

斗槽秤　hopper scale, bucket weigher

承重装置为斗槽的杠杆秤。

6.1.20

开底斗槽秤　open-bottom hopper scale, open-bottom bucket weigher

称量后斗槽底部能开启卸载的定量秤。

6.1.21

定量秤　batch scale

每次称量固定质量物料的秤。

6.1.22

定量自动秤　automatic batch scale

每次称量固定质量物料的自动秤。

6.1.23

打包秤　packing scale

产品包装时所采用的定量秤。

6.1.24

连续秤　continuance scale

物料不间断地通过承重装置而进行称量的自动秤。

6.1.25

配料秤 batching scale

根据物料质量使其按比例搭配的秤。

6.1.26

自动记录秤 automatic recording scale

能在纸带或卡片上自动打印称量结果的秤。

6.1.27

带式秤 belt conveyor scale, automatic conveyor scale

安装在带式输送机上，称量其输送物料质量的秤。

6.1.28

机械秤 mechanical scale, mechanical weigher

单纯的机械原理与结构来完成物料称量的设备。

6.1.29

电控机械秤 electric controled mechanical scale

用电气或电子原件控制的机械秤。

6.1.30

电子秤 electronic scale

应用一次元件(传感器)和二次仪表，通过能量转换和模拟转换实现称量的设备。

6.1.31

核子秤 nuclear scale

利用吸收核辐射的原理来计量输送机载荷的秤。

6.2

主要零部件 main parts

有关秤上主要零部件的说明。

6.2.1

砝码 weight

杠杆秤称重时使用的已知质量，是衡定物重的标准。

6.2.2

标准砝码 standard weight

国家计量部门掌握的基准砝码。

6.2.3

计量杠杆 weighbeam

可表示称量结果的杠杆，有单、双、三标尺之分。

6.2.4

标尺 scale

臂上刻有分度，并有游砣在上移动的矩形截面的杆。

6.2.5

主标尺 main scale

计量杠杆主称量标尺。

6.2.6

副标尺 fractional scale, complementary scale

小数标尺，其称量等于主标尺上相邻两刻度值的差。

6.2.7

称量标尺　capacity scale

装在自动指示秤上扩大字盘称量范围的辅助标尺。

6.2.8

砣　weight

不等臂杠杆秤使用的砝码,其标明质量不等于本身质量。

6.2.9

游砣　poise

可沿计量杠杆纵轴线移动,以改变力臂大小的砝码。

6.2.10

整体式游砣　solid poise

由一块金属制成的游砣。

6.2.11

合成式游砣　composite poise

由若干个零件组成的游砣。

6.2.12

主游砣　main poise

主标尺上的游砣。

6.2.13

平衡砣　counterpoise, balance ball, counterbalance weight

调整空秤横梁使之处于平衡位置的构件。

6.2.14

粗调平衡砣　coarse balance ball, coarse counterpoise

质量较大,作粗调用的平衡砣。

6.2.15

细调平衡砣　fine balance ball, fine counterpoise

质量较小,作细调用的平衡砣。

6.2.16

增砣　counterpoise weight

根据称量需要,随意放上或取下,以平衡给定质量值的砣。

6.2.17

秤刀　pivot

安装在杠杆各受力点的支承转动件,通过其刃部来传递外力,有三角形、梨形、方形、锥形等。

6.2.18

互换刀　interchangeable pivot

可用同种刀替换而不改变秤的计量性能的秤刀。

6.2.19

承重刀　load pivot

位于杠杆重点承受由承重装置或其他杠杆传递的重力的秤刀。

6.2.20

端刀　tip pivot

位于杠杆力点,将重力传递给另一杠杆或横梁的秤刀。

6.2.21

支点刀 fulcrum pivot

位于杠杆支点，将杠杆支架于刀承上或吊耳上的秤刀。

6.2.22

明秤刀 visible pivot

高度的 1/3 嵌在杠杆体内的秤刀。

6.2.23

暗秤刀 invisible pivot

除刀刃外，全部嵌在杠杆体内的秤刀。

6.2.24

刀承 bearing, knife edge bearing

把外力传到秤刀或从秤刀上传出外力用的构件，有平面形、V 形等。

6.2.25

压合刀承 press fit edge knife bearing

用压合法固定在立柱或吊耳的刀承槽内的刀承。

6.2.26

自动调整刀承 self-adjusting knife edge bearing

装在有中间凸起点的刀承槽内，可以摇动的刀承。

6.2.27

十字弹簧支承 cross spring bearing

安装在杠杆系统各受力点取代秤刀和刀承的"4"字状薄板簧。

6.2.28

杠杆 lever

秤上有秤刀或挠性支承板的构件，供传递外力用。

6.2.29

杠杆系 leverage, levers

联接承重装置和读数装置的一整套杠杆。

6.2.30

杠杆组 levers

除传力杠杆外，杠杆系中作用相同各机构的统称。

6.2.31

不等臂杠杆 multiplying lever

臂比不为一的杠杆。

6.2.32

基层杠杆 base lever

承受由承重装置直接传递重力的杠杆。

6.2.33

传力杠杆 force transferring lever

将重力从基层杠杆传递给横梁的杠杆。

6.2.34

主杠杆 main lever

传递全部重力的基层杠杆。

6.2.35

副杠杆　fractional lever

承受部分重力再传给主杠杆的杠杆。

6.2.36

辅助杠杆　auxiliary lever

不传递重力，只是用来操纵附加装置的杠杆。

6.2.37

第一类杠杆　the first class lever

重点和力点分别在支点两边的杠杆。

6.2.38

第二类杠杆　the second class lever

支点和力点分别在重点两边的杠杆。

6.2.39

第三类杠杆　the third class lever

支点和重点分别在力点两边的杠杆。

6.2.40

反支杠杆　reverse supported lever

支点方向指向地面的杠杆。

6.2.41

象限杠杆　quadrant lever

根据象限理论，以杠杆倾角大小来表示物体质量的杠杆。

6.2.42

横梁　beam

本身装有平衡指示的杠杆。

6.2.43

读数装置　read-out device

供观察称量结果的装置。

6.2.44

字盘式读数装置　dial indicator

象限杠杆带动指针转动，指针在有分度的表盘上指出被称物体质量的两种读数装置。

6.2.45

扇形字盘　sectorial dial

字盘为扇形，称量范围较小。

6.2.46

圆形字盘　round dial

字盘为圆形，称量范围较大。

6.2.47

承重装置　load carrier，load supporting device

放置被称量物体的装置。

6.2.48

秤钩　steelyard hook

钩形承重装置。

6.2.49

秤盘　scale pan

盘形承重装置。

6.2.50

斗槽　hopper,bucket

斗槽形承重装置。

6.2.51

阻尼装置　dashpot,damping device

使秤的横梁或针迅速停止摆动的装置。

6.2.52

空气阻尼器　air dashpot,air damping device

使用空气作为阻尼流体的阻尼装置。

6.2.53

隔离装置　isolating device

杠杆秤不工作时,使秤刀脱离荷重的装置。

6.2.54

重点脚　suspension bearing

将承重台上外施负荷传到承重杠杆重点刀的传力吊挂组件,有单环、双环、球形等形式。

6.2.55

吊耳　ear,hanger

将秤刀和刀承连接在一起的构件,有时吊耳本身也作刀承用。

6.2.56

支点吊耳　fulcrum ear,fulcrum hanger

位于杠杆支点的吊耳。

6.2.57

承重吊耳　load fulcrum ear

位于杠杆重点,承受由承重装置或另一杠杆传来重力的吊耳。

6.2.58

端吊耳　tip fulcrum ear

位于杠杆力点,把重力传递到另一杠杆上的吊耳。

6.2.59

吊环　hanging ring

吊耳和其他装置间的活动联接构件。

6.2.60

连杆　connecting rod

联接基层杠杆和计量杠杆并传递重力的杆件。

6.2.61

横梁座　beam seat

承装标尺,并装有支点刀和承重刀的构件。

6.2.62

平衡指示器　balance indicator,equilibrium indicator

指示横梁是否处于平衡位置的机构。

6.2.63

立柱 upright post

支撑横梁支点刀的构件。

6.2.64

秤座 scale base

杠杆秤中用来安装杠杆系统的构件。

6.2.65

秤框 scale frame

移动式杠杆秤的秤座。

6.2.66

秤基 scale foundation

称量范围较大的固定式杠杆秤用水泥或砖石砌建的秤座。

6.2.67

秤基坑 scale pit

埋设秤基的砖砌坑或水泥坑。

6.2.68

铅直锤 lead,plumbing

秤中用来检查连杆和吊耳是否处于垂直位置的附加零件。

6.2.69

水准器 spirit level,level gauge

秤中供给检查秤座台板位置是否水平的气泡水准器。

6.2.70

横梁制动器 beam brake

使杠杆秤中横梁停止摆动的装置。

6.2.71

检衡车 railway scale probatory device

检定轨道衡计量性能及安装质量的工具。

6.2.72

砝码箱 weight box

定量自动秤中放置砝码的箱体。

6.2.73

对重 counter weight

翻斗秤中秤斗内安装的,用作调整秤斗重心使秤斗复位的重块。

6.2.74

门鼻 toggle

翻斗秤中铰接在吊架上防止秤斗过早旋转卸料的构件。

6.2.75

存料箱 buffer bin,buffer hopper

供给定量自动秤物料,并保证物料供应连续均匀的装置。

6.2.76

喂料控制装置 feed rate controller,feed rate regulator

控制进料口大小的机构。

6.2.77

闭锁装置　locking device,cut-off gate,trigger device

开底自动秤中,确保进料门和秤斗底开、关互锁的机构。

6.3

计量特性　metrological characteries and qualities

有关秤的技术性能指标。

6.3.1

稳定性　stability

秤的计量性能指标之一,指杠杆的平衡状态被扰动破坏后,经过几次摆动,仍回到原平衡位置的能力。

6.3.2

灵敏性　sensitivity

秤的计量性能指标之一,指平衡指示器的线位移或角位移与引起位移负载的比值。

6.3.3

不变性　consistency

秤的计量性能指标之一,指同一物体多次称量,各次结果的一致性。

6.3.4

准确性　accuracy

秤的计量性能指标之一,指被称量物体实际质量与测定值的近似程度。

6.3.5

正确性　validity

秤的计量性能指标之一,指杠杆各臂有正确固定的比值。

6.3.6

误差　error

测量值与被测真值间的差。

6.3.7

系统误差　systematic error

由称量系统造成的每次称量都有的差值相同的误差。

6.3.8

随机误差　random error

因外界环境影响造成的称量误差。

6.3.9

绝对误差　absolute error

以质量单位表示的误差值。

6.3.10

相对误差　relative error

误差值与被称量物体的质量的质量分数。

6.3.11

允差　tolerance

对各种秤规定的允许误差,称量范围不同,误差也不同。

6.3.12

最大秤量　maximum capacity

保证称量结果在设计的准确范围内的最大称量。

6.3.13

最小秤量　minimum capacity

保证称量结果在设计的准确范围内的最小称量。

6.3.14

精度等级　accuracy class, precision class

简称精度。根据秤的最大秤量误差将秤分级，精度越高(最高精度为一级)误差值越小。

6.3.15

最大秤量误差　maximum permissible error

从最大秤量到大于最大秤量 1/5 范围内，称量误差值与实际称量值的质量分数。

6.3.16

空秤变量误差　variable error of empty scale

秤空载平衡后，用外力破坏平衡，或轴向移动刀位后再度平衡所引起的误差。

6.3.17

秤的检定　testing of scale

检定秤的各种计量性能。

6.3.17.1

无负荷检定　no-load testing

检定空秤变量误差。

6.3.17.2

四角检定　four corners testing, quadratic testing

将标准砝码分别放在台板四个重点秤刀位置上，进行正确性、灵敏性等的检定。

6.3.17.3

超载检定　over load testing

用超过最大秤量 1/4 的载荷放在台秤上，检定计量杠杆能否均匀摆动.

6.3.17.4

加载检定　increasing load test

试验载荷逐次递增加到承重装置上观察读数的检定。

6.3.17.5

减载检定　decreasing load test

试验载荷从承重装置上逐次递减卸下时观察读数的检定。

6.3.18

感量　discrimination, sensitivity requirement

能破坏计量杠杆原有平衡的最小秤量。

6.3.19

秤量速度　weighing speed

保证定量自动秤正常工作的最大秤量次数，以次/min 表示。

6.4

其他　other

有关秤量的其他技术说明。

6.4.1

调零　zero setting

将空秤调整到平衡位置。

6.4.2

自动调零　automatic zero setting

称量前指针不在零位时，能自动调整到零位的性能。

6.4.3

回零性　back zero, zero restoring ability

质量取消后，传感器恢复原位的性能。

6.4.4

臂比　lever ratio

重份与力臂长度的比值。

6.4.5

杠杆系总臂比　systematic lever ratio

主杠杆臂比与横梁臂比的乘积，为杠杆秤的特性指标之一。

6.4.6

粗喂料　main feed, coarse feed

俗称粗给料。单位时间内进料量较大的进料方式。

6.4.7

细喂料　dribble feed

俗称细给料。单位时间内进料量较小的进料方式。

6.4.8

空中粮柱　drain column in mid sir

定量自动秤达到平衡时，已经离开进料门尚未落到粮面上的一部分物料。

7　喂配料设备

7.1

分配器　distributor

将物料分配到几个仓或地方的设备。

7.1.1

摆动分配器　pendulum distributor, swinging distributor

移动管摆动对接到各固定排料管口的分配器。

7.1.2

旋转分配器　rotary spout distributor

移动管旋转对接到各固定排料管口的分配器。

7.1.3

振动分配器　vibratory distributor

利用振动原理将物料分配到几个仓或地方的分配器。

7.2

喂料器　feeder

将物料稳定、均匀、适量地喂入作业机的设备。

7.2.1

辊式喂料器　toll feeder

利用表面有齿的，定速转动的辊子将物料喂入作业机的设备。

7.2.2

螺旋喂料器　screw feeder

利用旋转的螺旋将物料喂入作业机的设备。

7.2.3

双螺旋喂料器　twin speeds screw feeder

用双速电机驱动的螺旋,高速用于大喂料,低速用于细喂料。

7.2.4

重力喂料器　gravimetric feeder

利用物料的重力喂入作业机的设备。

7.2.5

叶轮喂料器　rotary vane feeder, rotary feeder

利用旋转叶轮将物料喂入作业机的设备。

7.2.6

振动喂料器　vibrating feeder, oscillating feeder

利用振动原理将物料喂入作业机的设备。

7.2.7

转盘喂料器　rotary table feeder, rotary disc feeder

利用旋转的圆盘将物料均匀撒向仓里的设备。

7.2.8

带式喂料器　belt feeder, band feeder

利用输送带将物料喂入作业机的设备。

7.3

配料器　measurer

根据生产工艺要求,按不同的配比量取物料,以搭配的设备,通常单台用作流量控制,多台并联用作物料的搭配。

7.3.1

容积式配料器　volumetric measurer

按物料容积来量取以搭配的设备。

7.3.2

重力式配料器　gravimetric measurer

按物料质量来量取以搭配的设备。

7.3.3

流量平衡器　flow balancer

利用物料的冲量通过气力控制系统调节进料门的大小以保证通过的料流恒定的设备。

8　包装设备

8.1

缝(封)口机　sack stitching machine, sack sewing machine

在包装袋内盛装物料后,对包装袋使用缝线缝口的机械。

8.1.1

麻袋缝口机　gunny sack stitching machine

用于包装袋为麻袋的缝口机械。

8.1.2

电热封口机　electric sealing machine

用电热的方法对包装袋封口的机械。

8.1.3

便携式缝口机　portable bag closer

可由人携带，在任意处缝包的机械。

8.2

打包缝口机　packing and stitching machine

可以完成灌包和缝口两道工序的机械。

8.3

灌包机　sacker

散粮灌包时使用的机械。

8.3.1

起场灌包机　grain shovelling sacker

从晒场上铲起散粮并灌包的机械。

8.3.2

气力灌包机　pneumatic sacker

作为散粮灌包用的吸入式气力输送机械。

8.3.3

螺旋灌包机　spiral sacker

作为成品或半成品灌包时用的螺旋输送机械。

8.4

打包机　packer

用于称量、灌包、墩实、缝口的打包机。

8.4.1

半自动打包机　semi-automatic packer

人工套袋，并能自动称量、灌包、墩实、缝口的打包机。

8.4.2

自动打包机　automatic packer

套袋、称量、灌包、墩实缝口全部自动化的打包机。

8.4.3

高速打包机　high speed packer

用于面粉散存，白天单班打包的打包机的统称。

8.4.4

螺旋打包机　spiral packer，screw packer

利用垂直的螺旋将物料灌进包装袋，且能缝口的机器。

9　四散技术

9.1

散装　bulk package

用于未经包装的原粮及成品粮的包装技术。

9.2

散运　bulk convey

用于未经包装的原粮及成品粮的运输技术。

9.3

散卸　bulk discharge

用于未经包装的原粮及成品粮的卸载技术。

9.4

散存　bulk storage

用于未经包装的原粮及成品粮的储存技术。

10　检测控制设备

10.1

检测器　monitor

在加工生产线上用于检测技术参数的仪器。

10.1.1

料流检测器　flow monitor

能在生产过程中检测流动物料有或没有，以控制有关设备动作的产生或停止的装置。

10.1.2

电流检测器　electric current monitor

检测电流强度的仪器。

10.1.3

转速检测器　speed monitor

检测转速的仪器。

10.1.4

跑偏检测器　off centre monitor

检测皮带跑偏的仪器。

10.1.5

温度检测器　temperature monitor

检测温度的仪器。

10.1.6

水分检测器　water monitor

检测物料含有水分的仪器。

10.1.7

电子料门控制器　electronic feed gate controller

采用电子元器件控制料门启闭及开口大小的装置。

10.1.8

料位器　level detector, level indicator

显示粮仓、料斗或溜管中物料料位的装置。

10.1.8.1

薄膜料位器　diaphragm level detector

用薄膜作为传感元件的料位器。

10.1.8.2

光电料位器　photoelectric level detector

采用光电控制的料位器。

10.1.8.3

机械料位器　mechanical level detector

采用机械控制的料位器。

10.1.8.4

电容料位器　capacitive level detector

根据电极之间电容变化来传感的料位器。

10.1.8.5

电阻料位器　resistance level detector

根据线路中电阻变化来传感的料位器。

10.2

报警器　alarm

显示危险情况和故障出现的报警显示器和蜂鸣器。

11　管道、管件与闸门

11.1

管道和管件　pipe and parts of pipe

在加工生产线上组成风网和输送物料管路的零部件。

11.1.1

溜管　spout

依靠散装物料自重使其在管内或槽内自上而下溜送的装置。

11.1.2

振动溜管　vibrating spout

依靠物料自重和管的振动，使物料在管内自上而下输送的设备。

11.1.3

预制溜管　prefabricated spout

在工厂制成的全套管道和管件。

11.1.4

直管　straight pipe，straight tube

溜管中的直线管段。

11.1.5

三通　three way

有三个通路的管件。

11.1.6

弯头　bend elbow

改变物料或气流方向的管件。

11.1.7

合流管　collecting fitting

将二路或多路溜送物料合并为一路的管件。

11.1.8

拨斗　divider

亦称分流装置。内部装有拨板的工艺流程控制装置。

11.1.8.1

手动双路拨斗　artificial (manual)double-way divider

采用手动的分流装置。

11.1.8.2

电动双路拨斗　electric double-way divider

采用电动控制的分流装置。

11.1.8.3

气动双路拨斗　pneumatic double-way divier

采用气动控制的分流装置。

11.1.9

转动管　turn head,swinging head

出料口可按一定回转半径以进口为中心转动的管件。

11.1.10

观察筒　inspection section

观察管路中物料情况的管件。

11.1.11

检查门　inspection door

用来检查或排除故障的装置。

11.1.12

缓冲箱　baffle-box

降低物料流速,或改变物料流向的管件。

11.1.13

管卡　pipe buckle

连接或固定管件位置的装置。

11.2

闸门　gate

11.2.1

插板闸　sliding gate

利用板状阀的插入深度调节物料流量的装置。

11.2.2

电动闸门　electric gate valve,electric slide gate

由电机带动机械传动系统启闭的闸门。

11.2.3

气动闸门　pneumatic gate valve,pneumatic slide gate

由电机带动气压系统启闭的闸门。

11.2.4

液动闸门　hydraulic gate valve

由电机带动液压系统启闭的闸门。

11.2.5

手动闸门　hand operated gate,manual gate valve

由人工启闭的闸门。

11.2.6

复合式闸门　compound gate

在一个壳体内上下安装两个闸板,手动和电动(气动)闸板。

参 考 文 献

[1] GB/T 16429—1996 粉尘云最低着火温度测定方法。

[2] GB/T 2900.35—1998 电工术语 爆炸性环境用电气设备。

中 文 索 引

D

E

F

G

H

J

T

Z

英 文 索 引

A

B

C

E

G

N

O

P

Q

R

S

T

W

Z